Theorie der Wechselstrommaschinen

mit einer Einleitung in die Theorie
der stationären Wechselströme

Nach

Dr.-Ing. e. h. O. S. Bragstad †

weil. Professor und Leiter der elektrotechnischen Abteilung der
Technischen Hochschule Drontheim

Nach dem hinterlassenen norwegischen Manuskript
übersetzt und bearbeitet

von

R. S. Skancke

Professor an der Technischen Hochschule
Drontheim

Mit 431 Textabbildungen

Berlin
Verlag von Julius Springer
1932

ISBN 978-3-642-50487-7   ISBN 978-3-642-50796-0 (eBook)
DOI 10.1007/978-3-642-50796-0

Vorwort.

Das vorliegende Buch über die Theorie der Wechselstrommaschinen ist aus einer Reihe Vorlesungen entstanden, welche Prof. Dr.-Ing. e. h. O. S. Bragstad an der hiesigen Technischen Hochschule in den letzten Jahren vor seinem Tode († 11. März 1927) abgehalten hat. Bragstad hatte häufig die Absicht geäußert, die Theorie der Wechselstrommaschinen in einer seinen Erfahrungen und seiner Einsicht entsprechenden Form zur Darstellung zu bringen. Doch ist es ihm leider nicht vergönnt worden, diese Idee zu verwirklichen. Einer der wesentlichen Gründe hierfür war unzweifelhaft der, daß seine Zeit und Arbeitskraft durch die Grundlegung und den weiteren Ausbau des Elektrotechnischen Instituts der hiesigen Technischen Hochschule und durch seine Wirksamkeit als Lehrer zu stark beansprucht wurde. Das Manuskript seiner Vorlesungen läßt jedoch vermuten, daß diese von ihm schon im Hinblick daraufhin ausgearbeitet wurden, einmal einem solchen Werke als Grundlage zu dienen.

Nach dem unerwarteten Ableben Prof. Bragstads fiel mir die Aufgabe zu, seine Vorlesungen für die Drucklegung vorzubereiten, eine Aufgabe, die ich in Erinnerung an meinen verehrten Lehrer und Kollegen gern übernahm. Während der Ausarbeitung des Werkes zeigte es sich, daß an vielen Stellen Ergänzungen und Bearbeitung des überlieferten Stoffes notwendig wurden. Da der Umfang des Werkes in gewissen Grenzen bleiben mußte, mußten nach Herstellung des Manuskriptes an vielen Stellen Kürzungen vorgenommen werden. Es wurde bewußt auf viele Ergänzungen verzichtet, die an und für sich wünschenswert gewesen wären. Die während der Arbeit gewonnene Erfahrung ergab außerdem, daß die Bearbeitung eines nachgelassenen Manuskriptes oft nicht viel weniger Mühe verursacht als die Niederschrift eines völlig neuen Buches. Deshalb wurde die Fertigstellung des Werkes weit über den von mir festgesetzten Termin hinaus verzögert. Ich möchte an dieser Stelle dem Verleger, der bei allen Gelegenheiten verständnisvolles Entgegenkommen zeigte, meinen besten Dank aussprechen.

Der Charakter des Buches ist der eines Lehrbuches. Es wendet sich in erster Linie an die Studierenden der Technischen Hochschulen und an diejenigen, die durch Selbststudium in das Gebiet eindringen wollen.

Um das Studium zu erleichtern, wurde ein erster Teil: „Einleitung in die Theorie der stationären Wechselströme" vorausgeschickt, zu dessen Verständnis nur die gewöhnlichen Grundlagen der Elektrotechnik notwendig sind.

Aber auch die in der Praxis stehenden Ingenieure werden gewiß in diesem Werke manches von Interesse finden; ich erwähne nur als Beispiel die für die Bragstadsche Darstellungsweise charakteristische und klare Form der Theorie des stationären und des allgemeinen Transformators (die asynchronen Wechselstrommaschinen).

Besondere Sorgfalt ist auf konsequente Schreibweise der Gleichungen gelegt. Die Bezeichnungen der Formelgrößen entsprechen den A. E. F.-Vorschriften mit der Ausnahme, daß sowohl für die Klemmenspannung wie für die induzierte EMK das Symbol E benutzt wurde.

An vielen Stellen sind zur Erläuterung der Theorie zahlenmäßig durchgerechnete Beispiele eingefügt, aber aus Rücksicht auf den Umfang konnte dies nur in beschränktem Maße stattfinden.

Bei der Ausarbeitung des Manuskriptes und bei der Fertigstellung des Buches wurde Herr Dipl.-Ing. Alf O. Hals, der längere Zeit Professor Bragstads Privatassistent war, weitgehend mit herangezogen. An der Bearbeitung des ersten bzw. zweiten Teils des Buches haben Dipl.-Ing. Are Hagemann und Dipl.-Ing. Jacob B. Barth teilgenommen. Beide Herren waren Assistenten am Elektrotechnischen Institut.

Ich möchte nicht verfehlen, auch an dieser Stelle den Genannten, die durch ihre wertvolle Mitarbeit das Erscheinen dieses Werkes gefördert haben, meinen verbindlichsten Dank auszusprechen.

Drontheim, im November 1931.   R. Skancke.

Inhaltsverzeichnis.

Fünfter Teil: Die Umformer.

Sechster Teil: Die Wechselstrom-Kommutatormaschinen.

Berichtigungen während des Druckes.

S. 83. In Gl. (376) muß stehen $\sqrt[m]{1}$ statt $\sqrt{1}$.

S. 89. In Zeile 4 von oben muß stehen $\overline{E}_{x_0} \cdot \overline{y}_x$ statt $\overline{E}_{x_0} \overline{y}_{x_0}$.

S. 343. In Zeile 19 von oben „Feldwicklung" statt „Feldwirkung".

Bedeutung der verwendeten Formelzeichen.

In der folgenden Zusammenstellung sind nur diejenigen Formelzeichen aufgenommen, die sich mehrfach wiederholen.

AS = Ampere-Stabzahl je 1 cm Umfang des Ankers 195.

AW_A = Amplitude für die Grundwelle der MMK des Ankerfeldes 187.

AW_{At} = Amplitude der MMK des Ankerfeldes für alle $2\,p$ Pole gerechnet 199.

AW_{ak} = Amperewindungen für den Ankerkern 164.

$A \cdot W_d$ = direkt- oder längsmagnetisierende Anker-Amperewindungen 189.

AW_{dp} = der Längsmagnetisierung entsprechenden Amperewindungszahl auf alle $2p$ Pole 190.

AW_j = Amperewindungen für das Joch 164.

AW_{k0} = Amperewindungen für den ganzen magnetischen Kreis bei Leerlauf 170.

AW_l = Amperewindungen für die beiden Luftspalten 164.

AW_m = Amperewindungen für den Magnetkern 164.

AW_p = totale Feldamperewindungen bei Belastung 200, 203.

AW_q = quermagnetisierende Anker-Amperewindungen 189.

AW_{qp} = der Quermagnetisierung entsprechende Amperewindungszahl auf alle $2p$ Pole 192.

AW_z = Amperewindungen für die Zähne 164.

a = halbe Anzahl Ankerstromzweige 294.

a_1 = Amplitude der Grundwelle einer Kurve 18, 168.

α = Phasenverschiebungswinkel zwischen Magnetisierungsstrom und Feld 69, 237.

α = elektrischer Winkel zwischen zwei aufeinanderfolgenden Nuten 173, 236.

α_i = b_i/τ = Füllfaktor der Feldkurve 169.

B = magnetische Induktion, Höchstwert bei Wechselfeld 62, 235.

B_l = Induktion im Luftspalt 164.

B_t = Augenblickswert der Induktion 64, 235.

B_z = Induktion in den Zähnen 165.

b = Suszeptanz oder Blindleitwert 10.

b_a = Blindkomponente von y_a 113, 247.

b_i = ideeller Polbogen 168, 297.

C = Kapazität 6.

$\bar{c}_1$ = $1 + \bar{z}_1 \bar{y}_a = c_1 e^{-j\gamma_1}$ komplexes Übersetzungsverhältnis der Spannungen bei reduzierten Sekundärgrößen 109, 114, 249.

$\bar{c}_2$ = $1 + \bar{z}_2 \bar{y}_a = c_2 e^{-j\gamma_2}$ komplexes Übersetzungsverhältnis der Ströme bei reduzierten Sekundärgrößen 109, 116, 249.

D = Drehmoment 244, 345.

D_a = Ankerdurchmesser 195, 244.

ΔE = Bürstenübergangsspannung 352.

ΔE_N = Stromwende-EMK in den kurzgeschlossenen Ankerspulen 347.

ΔE_p = EMK der Transformation in den kurzgeschlossenen Ankerspulen 348.

ΔE_r = EMK der Rotation in den kurzgeschlossenen Ankerspulen 348.

δ = Länge des Luftspaltes zwischen Stator und Rotor 164, 234.

E = Effektivwert von Spannung oder EMK, bei Synchronmaschinen vom Polfeld induziert 5, 161, 294.

E_a = induzierte EMK auf der Primärseite 113, 236.

E_{a2}' = induzierte EMK einer Rotorphase 239, 243.

E_{a2} = E_{a2}' auf Stator reduziert 240.

E_a' = induzierte EMK des Rotors bei Stillstand 246.

E_d = durch das Längsfeld Φ_d induzierte EMK 189, 203.

E_g = induzierte Gleich-EMK eines Umformers 294.

E_k, E_{1k} = Klemmenspannung beim primärseitigen Kurzschlußversuch 116, 134, 263.

E_q = durch das Querfeld Φ_q induzierte EMK 189, 203.

E_m = durch Pulsation induzierte EMK in der Feldwicklung einer Kommutatormaschine 343.

E_r = durch Rotation induzierte EMK eines Kommutatorankers 342.

E_1 = Klemmenspannung (auf der Primärseite) 51, 110, 204, 247.

E_{10}, E_0 = Klemmenspannung bei Leerlauf 130, 134, 206.

E_2 = sekundäre Klemmenspannung auf die Primärseite reduziert 111, 249.

e = Augenblickswert von Spannung oder EMK 1, 235.

η = Wirkungsgrad 50, 133, 216, 224.

F = Amplitude einer MMK-Kurve 184, 233.

f = Augenblickswert einer Ordinate einer MMK-Kurve 184, 232.

f = Frequenz in Perioden pro Sekunde 1, 160.

f_r = Rotationsfrequenz 342.

Φ = Höchstwert eines Kraftflusses 1; Kraftfluß pro Pol, der in den Anker eintritt 161, 235.

Φ_m = Kraftfluß in den Feldmagneten 164.

Φ_N = Kraftfluß des Ankerstreufeldes pro Nut 323, 347.

Φ_t = Augenblickswert eines Kraftflusses 1, 340.

φ_k = Phasenverschiebungswinkel des Kurzschlußstromes 52, 135, 251.

φ_{k2} = desgleichen beim sekundärseitigen Kurzschlußversuch 250.

φ_0 = Phasenverschiebungswinkel des Leerlaufstromes 135, 251.

g = Konduktanz oder Wirkleitwert 10.

g_a = Wirkkomponente von $\bar{y}_a$ 113, 247.

γ_1 = Argument der Konstante $\bar{c}_1$ 114, 249.

γ_2 = Argument der Konstante $\bar{c}_2$ 116, 249.

J = Effektivwert von Wechselstrom 5.

J_a = Magnetisierungsstrom bei Wechselstromerregung 113, 235.

J_b, J_{bl} = Blindkomponente von J 10.

J_g = Gleichstrombelastung eines Umformers 297.

J_k, J_{1k} = primärseitiger Kurzschlußstrom 107, 116, 135, 249.

J_0, J_{10} = primärseitiger Leerlaufstrom 107, 113, 135, 249.

J_1 = Primärstrom 53, 105, 240.

J_2 = Sekundärstrom auf die Primärseite reduziert 111, 240.

J_{2k} = Kurzschlußstrom in der Rotorwicklung bei primärseitiger Stromzufuhr, auf Stator reduziert 250.

i_m = Magnetisierungsstrom bei Gleichstromerregung 170.

j = $\sqrt{-1}$ = imaginäre Einheit 35.

K = Lamellenzahl 347.

k_B = Feldverteilungsfaktor 168.

k_f = Formfaktor 18, 161.

k_d = Längsmagnetisierungsfaktor 191.

k_q = Quermagnetisierungsfaktor 192.

k_w = Wicklungsfaktor 173, 184.

k_r = Verhältnis zwischen Wirkwiderstand zu Gleichstromwiderstand 202.

L = Selbstinduktionskoeffizient 5.

l = Summe der Breite von den Blechpaketen des Ankers 164.

l_i = ideelle Ankerlänge 164.

$m(m_1, m_2)$ = Phasenzahl 83, 187, 240.

$m(m_e, m_i, m_d)$ = Maßstabfaktor 3, 37, 41, 266.

μ = Permeabilität 34.

N = Anzahl wirksamer Ankerstäbe je Phase 161, des ganzen Kommutatorankers 294, 342.

$n\,(n_1, n_2, n_s)$ = Drehzahl in der Minute 160, 239, 241.

ω = Winkelgeschwindigkeit 1, 172, 179, 185.

P = Mittelwert der Leistung 5.

P_a = elektromagnetische Leistung 223, 243.

P_e = Eisenverluste 80, 214, 235.

P_k = Kurzschlußleistung 135, 263.

P_h = Hystereseverluste 68.

P_w = Wirbelstromverluste 70.

P_r = Stromwärmeverluste 46, 202.

P_1 = primär zugeführte Leistung 47, 135, 223, 253.

P_2 = sekundär abgegebene Leistung 47, 135, 225, 253.

P_ϱ = Reibungsverluste 214, 276.

P_0 = Leer- oder Leerlaufverluste 135, 225, 263.

$\psi\,(\psi_k, \psi_1, \psi_{2s})$ = innerer Phasenverschiebungswinkel 189, 204, 207, 242.

Q = Zahl der Nuten pro Pol bei Trommelwicklung oder Zahl der Spulen pro Pol bei Ringwicklung 173.

q = Zahl der Nuten pro Pol und Phase bei Trommelwicklung oder Zahl der Spulen in Serie pro Pol bei Ringwicklung 173.

r = Ohmscher Widerstand 4.

r_b = Belastungswiderstand auf Primärseite reduziert 117, 247.

r_g = Gleichstromwiderstand 201.

r_k = Kurzschlußwiderstand zwischen den Primärklemmen 116, 256.

r_{k2} = Kurzschlußwiderstand zwischen den Sekundärklemmen auf primär reduziert 255, 256.

r_1 = Ohmscher Widerstand einer Primärsphase 112, 223.

r_2 = Ohmscher Widerstand einer Sekundärphase auf primär reduziert 112, 241.

s = Schlupf der Asynchronmaschine 239.

σ = Streuungskoeffizient 164.

T = Periodendauer 1.

t = Zeitvariabel 1.

t_1 = Nutenteilung am Ankerumfang 164.

τ = Polteilung 161.

$u(u_e, u_i)$ = Übersetzungsverhältnis (der EKEe bzw. der Ströme) 110, 239, 240, 295, 298.

$v(v_1)$ = Umfangsgeschwindigkeit (des Drehfeldes) 179, 243.

$w(w_1, w_2)$ = Zahl der Windungen in Serie pro Phase 112, 161, 239.

x = Reaktanz oder Blindwiderstand 6, 12.

x_1 = Reaktanz einer Primärphase 111, 223, 247.

x_2 = Reaktanz einer Sekundärphase auf primär reduziert 112, 246.

x_k = Kurzschlußreaktanz zwischen den Primärklemmen 116, 256.

$x_s(x_{s1})$ = Streureaktanz des Ankers 193, 310.

y = Admittanz oder Scheinleitwert 10, 12.

y = Weite einer Ankerwindung 171, 177.

y_a = Magnetisierungsleitwert 111, 247.

$y_0(y_{10})$ = primärseitige Leerlaufadmittanz 107, 115, 249.

z = Impedanz oder Scheinwiderstand 8.

z_b = Belastungsimpedanz auf primär reduziert 117, 248.

$z_k(z_{1k})$ = primärseitige Kurzschlußimpedanz 116, 249.

z_1 = Impedanz der Primärwicklung pro Phase 111, 223.

z_2 = Impedanz einer Sekundärphase auf primär reduziert 112, 246.

Erster Teil

Einleitung in die Theorie der stationären Wechselströme.

Erstes Kapitel.
Sinusförmige Wechselströme.

1. Einfache Sinusströme und ihre Darstellung.

1. Als Wechselstrom bezeichnet man einen Strom, der periodisch Größe und Richtung ändert. Bei den allermeisten in der Praxis verwendeten Generatoren wird die induzierte Wicklung (die Ankerwicklung) von einem Wechselstrom durchflossen. Die einfachste Art eines Wechselstromes liegt dann vor, wenn das Gesetz, nach dem die Stromstärke variiert, das folgende ist

$$i = J_{\max} \sin (\omega t + \varphi). \tag{1}$$

Einen solchen Strom nennt man kurz Sinusstrom. $J_{\max}$ bezeichnet man als Amplitude und ist der größte Wert, den die Stromstärke annimmt;

ω ist die zyklische Frequenz oder Kreisfrequenz,

φ die Phasenverschiebung.

Die Werte der Stromstärke wiederholen sich je nach Verlauf einer Zeit $T = \dfrac{2\pi}{\omega}$ Sek., welche die Zeit einer Periode heißt.

In 1 s macht der Strom $\dfrac{1}{T} = f$ volle Schwingungen; f heißt die Periodenzahl. Die Kreisfrequenz ist somit gleich der Anzahl voller Schwingungen in 2π sek.

Eine sinusförmige EMK wird in einer Windung induziert, die sich mit konstanter Winkelgeschwindigkeit ω in einem konstanten, homogenen Magnetfelde um eine zum Felde senkrecht stehende Achse dreht.

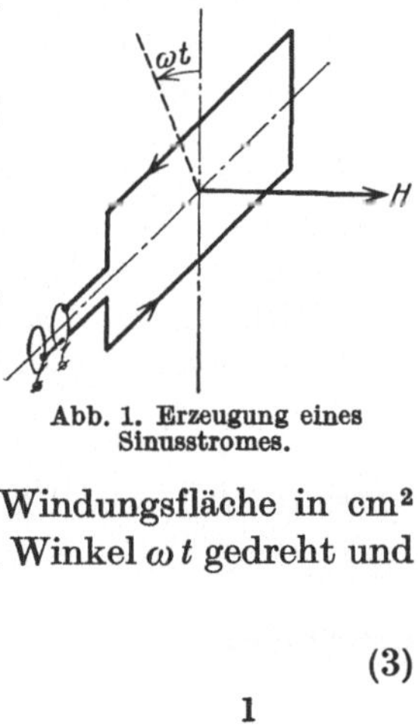

Nehmen wir an, daß die Windung im Augenblicke $t = 0$ mit ihrer Fläche senkrecht zur Feldrichtung steht (Abb. 1), dann umschlingt sie eine Kraftlinienzahl

$$\Phi = F \cdot H, \tag{2}$$

Abb. 1. Erzeugung eines Sinusstromes.

wo H die magnetische Feldstärke in Gauß und F die Windungsfläche in cm² bedeutet. Nach einer Zeit t hat sich die Windung um den Winkel ωt gedreht und sie umschlingt jetzt die Kraftlinienzahl

$$\Phi_t = \Phi \cos \omega t. \tag{3}$$

In diesem Augenblick wird in der Windung eine EMK induziert, welche in C.G.S-Einheiten gleich ist

$$e = -\frac{d\Phi_t}{dt} = \omega \cdot \Phi \cdot \sin \omega t \tag{4}$$

und in Volt

$$e = \omega \cdot \Phi \cdot 10^{-8} \cdot \sin \omega t = E_{max} \cdot \sin \omega t \, \mathrm{V}, \tag{5}$$

wobei zur Abkürzung

$$E_{max} = \omega \cdot \Phi \cdot 10^{-8} \, \mathrm{V} \tag{6}$$

gesetzt wurde.

Steht die Windungsfläche zur Zeit $t = 0$ nicht senkrecht zum Felde, sondern ist sie um einen Winkel φ in positiver Richtung an dieser Stellung vorbeigedreht, dann umschließt die Windung im Augenblicke t die Kraftlinienzahl

$$\Phi_t' = \Phi \cos(\omega t + \varphi)$$

und die EMK ist

$$e' = \omega \cdot \Phi \cdot 10^{-8} \sin(\omega t + \varphi) \, \mathrm{V}. \tag{7}$$

In Abb. 2 sind e und e' als Funktion der Zeit aufgetragen. Man sieht, daß die EMK e' um die Zeit $\frac{\varphi}{2\pi} \cdot T$ der EMK e vorauseilt.

Für die Momentanwerte der Ströme bzw. der EMKe werden im folgenden immer kleine Buchstaben benutzt.

Sind die folgenden zwei EMKe gegeben:

$$\left. \begin{array}{l} e_1 = E_{1\,max} \sin(\omega t + \varphi_1), \\ e_2 = E_{2\,max} \sin(\omega t + \varphi_2) \end{array} \right\} \tag{8}$$

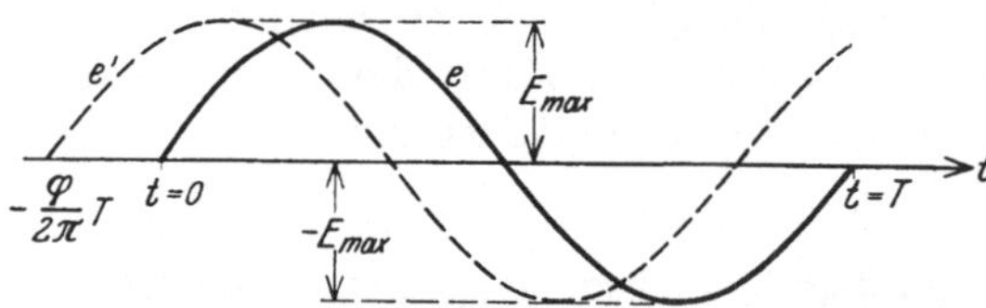

Abb. 2. Phasenverschobene Sinusspannungen.

und ist $\varphi_1 > \varphi_2$, so erreicht e_1 ihren Höchstwert um eine Zeit $\frac{\varphi_1 - \varphi_2}{2\pi} \cdot T$ früher als e_2.

Man sagt dann, daß e_1 voreilend gegenüber e_2 oder daß e_2 nacheilend gegenüber e_1 ist. $\varphi_1 - \varphi_2$ nennt man die Phasenverschiebung der beiden EMKe.

Ist die Phasenverschiebung Null, so sind die beiden EMKe miteinander in Phase oder wie man sagt: phasengleich.

Der eben dargestellte ideale Fall, wo sich eine Windung in einem konstanten Felde dreht, entspricht schematisch den Verhältnissen in einem zweipoligen Wechselstromgenerator. Man bezeichnet deshalb diese Darstellung als ein zweipoliges Schema, und wir erhalten die folgende Regel:

In einem zweipoligen Schema ist der Winkel zwischen zwei Windungen gleich dem Phasenverschiebungswinkel zwischen den in den Windungen induzierten EMKen.

Werden zwei Windungen, in welchen zwei EMKe nach Gl. (8) wirken, in Reihe geschaltet, so ist der Momentanwert der Gesamt-EMK

$$e = e_1 + e_2. \tag{9}$$

Diese resultierende EMK kann wieder in der einfachen Form

$$e = E_{max} \cdot \sin(\omega t + \varphi) \tag{10}$$

geschrieben werden, ist also wieder eine sinusförmige EMK der gleichen Frequenz.

Führen wir die Addition analytisch aus, so ergibt sich

$$e_1 + e_2 = E_{1\,max} \sin(\omega t + \varphi_1) + E_{2\,max} \sin(\omega t + \varphi_2)$$
$$= (E_{1\,max} \cos\varphi_1 + E_{2\,max} \cos\varphi_2) \sin\omega t + (E_{1\,max} \sin\varphi_1 + E_{2\,max} \sin\varphi_2) \cos\omega t.$$

Setzen wir

$$\left.\begin{aligned}
E_{1\,max} \cos\varphi_1 + E_{2\,max} \cos\varphi_2 &= E_{max}\,\cos\varphi\,, \\
E_{1\,max} \sin\varphi_1 + E_{2\,max} \sin\varphi_2 &= E_{max}\cdot\sin\varphi\,,
\end{aligned}\right\} \tag{11}$$

so wird

$$e_1 + e_2 = E_{max} \sin(\omega t + \varphi).$$

Quadrieren und Addieren der beiden Gl. (11) ergibt

$$E_{max} = \sqrt{E_{1\,max}^2 + E_{2\,max}^2 + 2\,E_{1\,max}\cdot E_{2\,max} \cos(\varphi_1 - \varphi_2)}. \tag{12}$$

Division der beiden Gl. (11) ergibt

$$\operatorname{tg}\varphi = \frac{E_{1\,max} \sin\varphi_1 + E_{2\,max}\cdot \sin\varphi_2}{E_{1\,max} \cos\varphi_1 + E_{2\,max}\,\cos\varphi_2}. \tag{13}$$

Wie man leicht einsieht, ergibt sich auf dieselbe Weise die Summe von beliebig vielen Sinusfunktionen. Der Momentanwert eines Wechselstromes

$$i = J_{max}\cdot \sin(\omega t + \varphi)$$

läßt sich graphisch auf folgende Weise darstellen. In einem rechtwinkligen Achsenkreuz (Abb. 3) tragen wir die Strecke

$$OA = \frac{J_{max}}{m} \tag{14}$$

unter dem Winkel φ mit der Ordinatenachse auf. m ist dann der Strommaßstab, so daß 1 cm m Amp. entspricht.

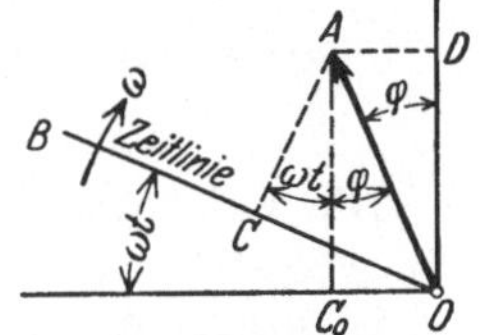

Abb. 3. Darstellung des Momentanwertes eines Sinusstromes mittels der Zeitlinie.

Der Winkel φ soll in dem entgegengesetzten Drehsinne des Uhrzeigers positiv gerechnet werden. Die Gerade OB rotiert mit der Winkelgeschwindigkeit ω um den Punkt O im Sinne des Uhrzeigers, und zur Zeit t bildet dieselbe den Winkel ωt mit der Abszissenachse.

Zeichnen wir nun AC senkrecht zu OB, so wird

$$OC = OA\cdot \sin(\omega t + \varphi)$$

und somit

$$i = m\cdot OA\cdot \sin(\omega t + \varphi).$$

Die Projektion des Vektors OA auf die rotierende Gerade OB, auch Zeitlinie genannt, stellt somit den Momentanwert des Stromes in demselben Maßstabe dar, in welchem der Vektor OA die Amplitude des Wechselstromes darstellt. Eine andere Darstellungsweise ist die folgende:

Der Vektor OA (Abb. 4) dreht sich mit der Winkelgeschwindigkeit ω in entgegengesetztem Sinne des Uhrzeigers. Der Augenblickswert des Stromes ergibt sich dann als die Projektion des Vektors OA auf die Abszissenachse.

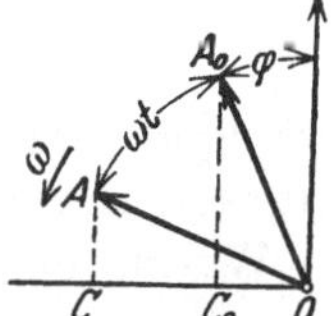

Abb. 4. Darstellung des Momentanwertes eines Sinusstromes mittels eines rotierenden Vektors.

Es ist

$$i = m\,OC = m\cdot OA\cdot \sin(\omega t + \varphi).$$

Wenn man den Vektor OA_0 für $t = 0$ zeichnet, was im allgemeinen geschieht, erhält man dasselbe Diagramm in den beiden Fällen, denn der Vektor OA in Abb. 3 fällt mit dem Vektor OA_0 in Abb. 4 zusammen.

Die durch Gl. (8) gegebenen EMKe können wir durch die Vektoren OA_1 und OA_2 in Abb. 5 darstellen. Die Momentanwerte sind dann

$$e_1 = OC_1,$$
$$e_2 = OC_2.$$

Aus den früher abgeleiteten Gl. (10), (12) und (13) geht dann hervor, daß die Summe der beiden Momentanwerte

$$e_1 + e_2 = OC_1 + OC_2 = OC$$

dargestellt ist durch die Projektion der Diagonale OA des Parallelogramms OA_2AA_1.

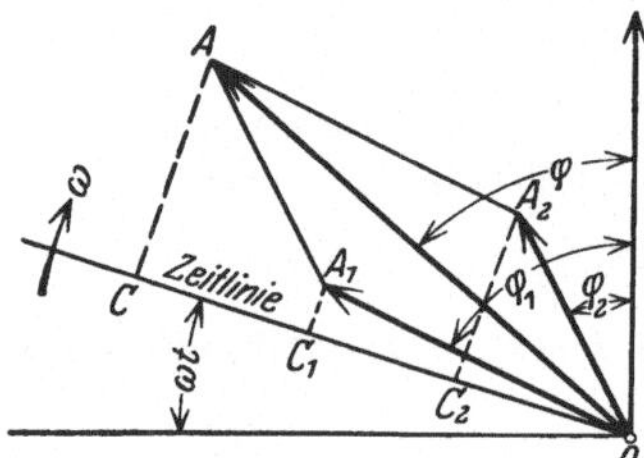

Abb. 5. Vektorielle Addition von Sinusspannungen.

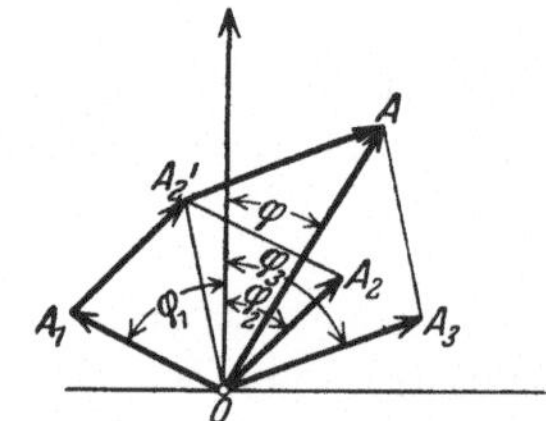

Abb. 6. Zerlegung einer Wechselstromgröße in drei Komponenten.

Die vektorielle Summe der beiden Amplituden $E_{1\,\mathrm{max}}$ und $E_{2\,\mathrm{max}}$ ergibt die Amplitude E_{max} der Summengröße.

In dieser Weise lassen sich beliebig viele Wechselstromgrößen addieren.

Die Abb. 6 zeigt z. B. die Addition der drei Wechselstromgrößen OA_1, OA_2 und OA_3 zu einem resultierenden OA. Umgekehrt läßt sich die resultierende OA in die drei Komponenten OA_1, OA_2 und OA_3 zerlegen. Die vektorielle Zusammensetzung von Wechselstromgrößen ist aber nur möglich, wenn diese gleichperiodig sind.

2. Läßt man durch einen Leiter, der nur Ohmschen Widerstand r enthält, einen sinusförmigen Strom

$$i = J_{\mathrm{max}} \sin (\omega t + \varphi)$$

fließen, so ist in jedem Augenblick die Klemmenspannung

$$e = i \cdot r = r \cdot J_{\mathrm{max}} \cdot \sin (\omega t + \varphi). \tag{15}$$

Die Spannungskurve ist also eine Sinuskurve von derselben Phase wie die Stromkurve. Die Arbeit, welche für diesen Stromkreis während des Zeitelementes dt in Wärme umgesetzt wird, ist

$$dA = r \cdot i^2 \, dt. \tag{16}$$

Der Augenblickswert p der Leistung ist somit

$$p = \frac{dA}{dt} = r \cdot i^2 = r \cdot J_{\mathrm{max}}^2 \cdot \sin^2 (\omega t + \varphi)$$
$$= \tfrac{1}{2} r \cdot J_{\mathrm{max}}^2 - \tfrac{1}{2} r \cdot J_{\mathrm{max}}^2 \cdot \cos (2\,\omega t + 2\,\varphi). \tag{17}$$

Die Kurve für p als Funktion der Zeit ist also auch eine Sinuskurve; sie hat aber die doppelte Periodenzahl und schwankt nicht um die Abszissenachse, sondern um eine Parallele im Abstand $\frac{1}{2} r J^2_{\max}$ von dieser.

Der Mittelwert der Leistung für eine ganze Anzahl Halbperioden ist demnach

$$P = \frac{1}{2} r \cdot J^2_{\max} = \frac{1}{2} E_{\max} \cdot J_{\max} = \frac{1}{2} \frac{E^2_{\max}}{r}. \tag{18}$$

Setzen wir nun

$$\left.\begin{aligned} \frac{1}{2} J^2_{\max} = J^2 \quad &\text{oder} \quad J = \frac{J_{\max}}{\sqrt{2}} \\[2mm] \frac{1}{2} E^2_{\max} = E^2 \quad &\text{oder} \quad E = \frac{E_{\max}}{\sqrt{2}} \end{aligned}\right\} \tag{19}$$

und

so wird

$$P = r \cdot J^2 = E \cdot J = \frac{E^2}{r}. \tag{20}$$

Wir finden somit für die Leistung dieselben Ausdrücke wie für einen Gleichstrom der Stärke J und der Spannung E.

Die Werte J und E werden die **Effektivwerte** des Stromes bzw. der Spannung genannt. Der Effektivwert eines Wechselstromes läßt sich unabhängig davon ermitteln, ob sich der Wechselstrom nach einem Sinusgesetze oder nach einer beliebigen periodischen Funktion ändert. Der Mittelwert der Leistung für eine Periode ist nämlich

$$P = \frac{r}{T} \int_0^T i^2 \, dt = r \cdot J^2$$

oder

$$P = \frac{1}{r} \cdot \frac{1}{T} \int_0^T e^2 \, dt = \frac{1}{r} E^2.$$

Hieraus folgen die allgemeinen Ausdrücke für die Effektivwerte

$$J = \sqrt{\frac{1}{T} \int_0^T i^2 \, dt} \quad \text{und} \quad E = \sqrt{\frac{1}{T} \int_0^T e^2 \, dt}. \tag{21}$$

Wenn nichts anderes gesagt wird, verstehen wir im folgenden unter Strom und Spannung immer die Effektivwerte.

3. Fließt ein Sinusstrom

$$i = J_{\max} \sin \omega t = \sqrt{2} \cdot J \cdot \sin \omega t$$

durch eine verlustlose Selbstinduktionsspule mit dem Selbstinduktionskoeffizienten L Henry, so wird in der Spule eine EMK

$$e'_s = - L \frac{di}{dt} = - \omega L \cdot J_{\max} \cdot \cos \omega t = \omega L \cdot J_{\max} \sin \left(\omega t - \frac{\pi}{2} \right) \tag{22}$$

induziert.

Der Effektivwert dieser EMK ist somit

$$E_s = \omega L \cdot J$$

und sie eilt dem Strome um den Winkel $\frac{\pi}{2}$ nach. Um den Strom durch die Spule zu treiben, muß an diese eine **Klemmenspannung** e_s gelegt werden, welche die gleiche Größe wie e_s' besitzt und dieser entgegengesetzt gerichtet ist.

$$e_s = - e_s' = \omega L \cdot J_{max} \sin\left(\omega t + \frac{\pi}{2}\right) = E_{max} \sin\left(\omega t + \frac{\pi}{2}\right). \tag{23}$$

Die Klemmenspannung der Spule eilt also dem Strome um den Winkel $\frac{\pi}{2}$ voraus.

Die Größe

$$x_s = \omega L = \frac{E_s}{J} \tag{24}$$

wird die **Reaktanz** oder der **Blindwiderstand** der Spule genannt und wird in Ohm gemessen. Der Augenblickswert der Leistung wird

$$p_s = e_s \cdot i = E_s \cdot J \cdot \sin 2\,\omega\,t. \tag{25}$$

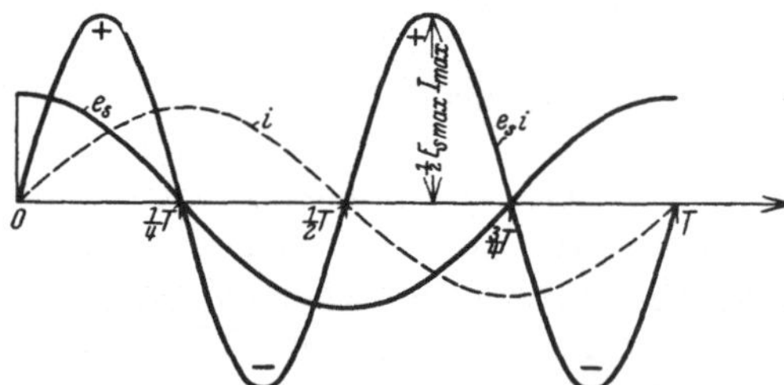
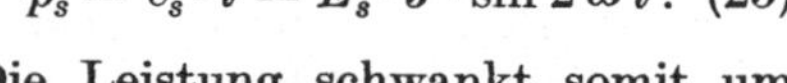

Abb. 7. Zeitlicher Verlauf von Spannung, Strom und Leistung einer verlustlosen Selbstinduktionsspule.

Die Leistung schwankt somit um den Mittelwert Null und hat den Höchstwert

$$P_{s\,max} = E_s \cdot J = \tfrac{1}{2} E_{s\,max} \cdot J_{max}. \tag{26}$$

In Abb. 7 sind e_s, i und p_s als Funktion der Zeit aufgetragen. Von $t = 0$ bis $t = \tfrac{1}{4}\,T$ steigt der Strom von Null bis J_{max}. Die zugeführte Leistung ist dann positiv und wird zur Erzeugung des magnetischen Feldes der Spule verwendet.

Die hierbei geleistete Arbeit ist

$$A = \int\limits_0^{\frac{1}{4}T} e_s \cdot i \cdot dt = E_s \cdot J \cdot \int\limits_0^{\frac{1}{4}T} \sin 2\,\omega\,t \cdot dt = \frac{1}{\omega}\,E_s \cdot J = L \cdot J^2 = \frac{1}{2}\,L \cdot J_{max}^2. \tag{27}$$

Von $t = \tfrac{1}{4}\,T$ bis $t = \tfrac{1}{2}\,T$ ist die zugeführte Leistung negativ, d. h. die Energie des Magnetfeldes wird an die Stromquelle zurückgegeben.

4. Wir werden nun eine Kapazität in einem Wechselstromkreise betrachten.

Die Ladung q eines Kondensators, dessen Kapazität gleich C ist, und welcher die Spannung e_c hat, ist bekanntlich

$$q = C \cdot e_c,$$

wobei q in Coulomb, C in Farad und e_c in Volt gemessen werden.

Der Strom, welcher durch den Kondensator fließt, wird somit

$$i = \frac{dq}{dt} = C \cdot \frac{de_c}{dt}. \tag{28}$$

Für eine Sinusspannung

$$e_c = \sqrt{2}\,E_c \cdot \sin\left(\omega t - \frac{\pi}{2}\right) \tag{29}$$

erhalten wir

$$i = \omega C \cdot \sqrt{2}\,E_c \cos\left(\omega t - \frac{\pi}{2}\right) = \omega C \cdot \sqrt{2}\,E_c \sin \omega t. \tag{30}$$

Die Klemmenspannung des Kondensators ist also gegenüber dem Strome desselben um den Winkel $\frac{\pi}{2}$ phasenverzögert.

Setzen wir

$$J_{\max} = \omega\, C \cdot E_{c\max} = \frac{1}{x_c} \cdot E_{c\max},$$

so wird x_c die Kapazitanz oder der Blindwiderstand des Kondensators genannt.

Es ist also

$$x_c = \frac{1}{\omega\, C}\, \Omega. \tag{31}$$

Der Augenblickswert der Leistung

$$p_c = e_c \cdot i = -\tfrac{1}{2} E_{c\max} \cdot J_{\max} \sin 2\,\omega\, t = - E_c \cdot J \cdot \sin 2\,\omega\, t$$

ändert sich wie im Falle der Selbstinduktion nach einer Sinuskurve mit der zweifachen Periodenzahl des Stromes. Der Mittelwert der Leistung über eine Periode des Stromes ist also Null.

Von $t = \tfrac{1}{4}\, T$ bis $t = \tfrac{1}{2}\, T$ wächst die Kondensatorspannung von Null bis $E_{c\max}$ und die zugeführte Leistung

$$A = \int\limits_{\frac{1}{4}T}^{\frac{1}{2}T} e_c \cdot i \cdot dt = - E_c \cdot J \int\limits_{\frac{1}{4}T}^{\frac{1}{2}T} \sin 2\,\omega\, t \cdot dt = \frac{1}{\omega} E_c \cdot J = C \cdot E_c^2 = \frac{1}{2}\, C \cdot E_{c\max}^2 \tag{32}$$

ist positiv und wird aufgespeichert in dem elektrischen Felde des Kondensators.

Von $t = \tfrac{1}{2}\, T$ bis $t = \tfrac{3}{4}\, T$ nimmt die Spannung ab von $E_{c\max}$ bis Null, und die zugeführte Leistung ist negativ, d. h. der Kondensator gibt dann die Energie des Feldes an die Stromquelle zurück.

In Abb. 8 sind e_c, i und p_c als Funktionen der Zeit aufgetragen.

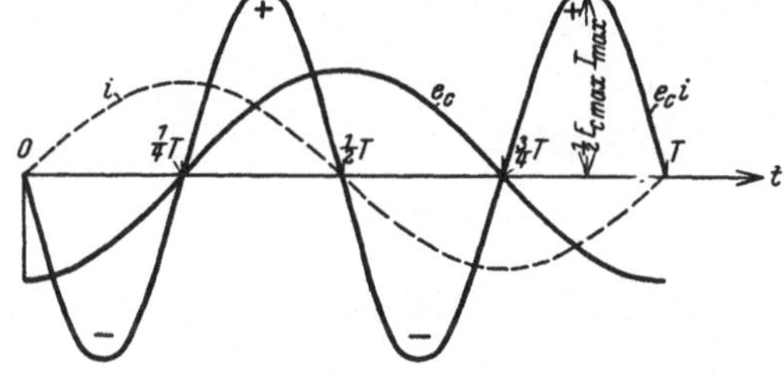

Abb. 8. Zeitlicher Verlauf von Spannung, Strom und Leistung eines verlustlosen Kondensators.

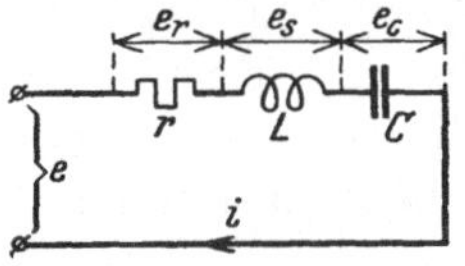

Abb. 9. Stromkreis mit Widerstand, Selbstinduktion und Kapazität in Reihe.

5. Abb. 9 zeigt einen Stromkreis mit Widerstand, Selbstinduktion und Kapazität in Reihenschaltung.

Fließt in dem Stromkreis ein Sinusstrom

$$i = \sqrt{2}\, J \cdot \sin \omega\, t,$$

so ist die Klemmenspannung des Ohmschen Widerstandes nach Gl. (15)

$$e_r = \sqrt{2} \cdot r \cdot J \cdot \sin \omega\, t. \tag{33}$$

Nach Gl. (23) ist die Klemmenspannung der Selbstinduktion

$$e_s = \sqrt{2} \cdot \omega\, L \cdot J \cdot \sin(\omega\, t + 90^0) = \sqrt{2} \cdot x_s \cdot J \cdot \sin(\omega\, t + 90^0) \tag{34}$$

und nach Gl. (29) und (30) ist die Klemmenspannung der Kapazität

$$e_c = \sqrt{2} \cdot \frac{1}{\omega C} \cdot J \cdot \sin(\omega t - 90^\circ) = \sqrt{2} \cdot x_c \cdot J \cdot \sin(\omega t - 90^\circ). \tag{35}$$

Die Effektivwerte dieser drei Spannungen sind also

$$E_r = r \cdot J; \qquad E_s = x_s \cdot J; \qquad E_c = x_c \cdot J \tag{36}$$

und sind als Vektoren in dem Diagramme Abb. 10 eingetragen. Es ist

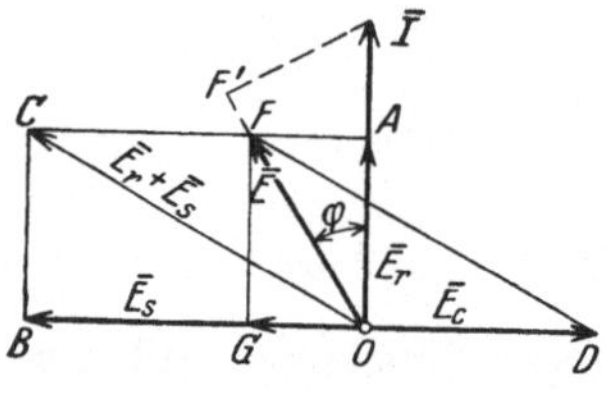

Abb. 10. Spannungsdiagramm des Stromkreises in Abb. 9.

$OA = E_r$ und mit J in Phase,
$OB = E_s$ und 90° voreilend gegenüber J,
$OD = E_c$ und 90° nacheilend gegenüber J.

Die Klemmenspannung über Widerstand und Selbstinduktion zusammen ist gleich der Resultante OC der Vektoren OB und OA.

Die Gesamtspannung E ist somit gleich der Resultante OF von OC und OD.

Der Momentanwert dieser Spannung ist

$$e = e_r + e_s + e_c = \sqrt{2}\, E \sin(\omega t + \varphi), \tag{37}$$

wo φ der Winkel zwischen OF und OA ist.

Aus dem Diagramm folgt nun

$$OF = \sqrt{OA^2 + (OB - OD)^2}$$

oder

$$E = \sqrt{E_r^2 + (E_s - E_c)^2} = J \cdot \sqrt{r^2 + (x_s - x_c)^2} \tag{38}$$

und

$$\varphi = \operatorname{arctg} \frac{OB - OD}{OA} = \operatorname{arctg} \frac{x_s - x_c}{r}. \tag{39}$$

Die Größe

$$z = \sqrt{r^2 + (x_s - x_c)^2} \tag{40}$$

wird die **Impedanz** oder der Scheinwiderstand des Stromkreises genannt und wird wie r und x in Ohm gemessen.

Wir haben somit für den Stromkreis die einfache Formel

$$E = z \cdot J \tag{41}$$

gefunden, welche das erweiterte Ohmsche Gesetz für Wechselstrom genannt wird.

Aus dem Diagramme Abb. 10 findet man weiter

$$\left.\begin{aligned} \cos\varphi &= \frac{OA}{OF} = \frac{r}{z}, \\[6pt] \sin\varphi &= \frac{OG}{OF} = \frac{x_s - x_c}{z}. \end{aligned}\right\} \tag{42}$$

Die während des Zeitelementes dt geleistete Arbeit ist

$$dA = e \cdot i \cdot dt = 2 \cdot E \cdot J \cdot \sin(\omega t + \varphi) \cdot \sin \omega t \cdot dt$$

und die entsprechende Leistung wird

$$p = \frac{dA}{dt} = e \cdot i = E \cdot J \cdot \cos\varphi - E \cdot J \cdot \cos(2\omega t + \varphi). \tag{43}$$

Der Momentanwert der Leistung schwankt also um den Mittelwert $E\,J\cdot\cos\varphi$ nach einer Sinuskurve mit der doppelten Periodenzahl des Stromes hin und her.

Der Mittelwert der Leistung eines Sinusstromes während einer Periode, d. h. die mittlere oder effektive Leistung, ist also

$$P = \frac{1}{T}\int_0^T e\cdot i\cdot dt = E\cdot J\cdot\cos\varphi\,. \tag{44}$$

Das Produkt $E\cdot J$ nennt man die scheinbare Leistung des Stromes, die in Voltampere (VA) angegeben wird. $\cos\varphi$ nennt man den Leistungsfaktor des Stromes.

In Abb. 10 ist OF' gleich $J\cdot\cos\varphi$ und ist diejenige Komponente des Stromes, welche mit der Spannung in Phase ist. Diese nennt man die Wirkkomponente des Stromes oder kurz den Wirkstrom.

Die andere hierzu senkrechte Komponente $J\sin\varphi$ nennt man die Blindkomponente des Stromes oder kurz den Blindstrom und die Leistung $E\cdot J\cdot\sin\varphi$ heißt die Blindleistung.

Mit Berücksichtigung der Gl. (41) und (42) erhalten wir

$$P = E\cdot J\cos\varphi = J\cdot z\cdot J\,\frac{r}{z} = r\cdot J^2\,. \tag{45}$$

Bei gegebener Stromstärke hängt also der Mittelwert der Leistung nur von dem Ohmschen Widerstande ab. Wir können aber auch schreiben

$$P = \frac{r}{z^2}\cdot E^2 = \frac{r\cdot E^2}{r^2 + (x_s - x_c)^2} \tag{46}$$

und sehen hieraus, daß die zugeführte Leistung bei gegebener Klemmenspannung auch von der Selbstinduktion und der Kapazität abhängt.

Für den speziellen Fall, daß $x_s - x_c = 0$ ist, d. h.

$$\omega = 2\pi f = \frac{1}{\sqrt{LC}}\,, \tag{47}$$

wird φ gleich Null und E gleich E_r gleich $r\cdot J$.

Der Stromkreis verhält sich also dann, als ob keine Selbstinduktion und Kapazität vorhanden wäre. Die der Selbstinduktion zugeführte Leistung ist in jedem Augenblicke gleich der von der Kapazität abgegebenen; denn es ist $e_s = -e_c$ und folglich $ie_s = -ie_c$.

Nach den Gl. (27) und (32) müssen wir haben

$$\tfrac{1}{2}CE^2_{c\,\mathrm{max}} = \tfrac{1}{2}LJ^2_{\mathrm{max}}\,, \tag{48}$$

woraus sich die Größe der pendelnden Energie ergibt. Ist der Widerstand r klein, können sehr hohe Spannungen über die Selbstinduktion bzw. die Kapazität auftreten, denn es ist

$$E_s = -E_c = E\,\frac{\omega L}{r}\,, \tag{49}$$

und diese Spannung nähert sich mit abnehmendem Widerstand dem Wert Unendlich.

Man nennt deshalb diesen Zustand des Stromkreises Spannungsresonanz.

6. Das Schema Abb. 11 zeigt eine Parallelschaltung von zwei induktiven Impedanzen. Die zugeführte Spannung sei

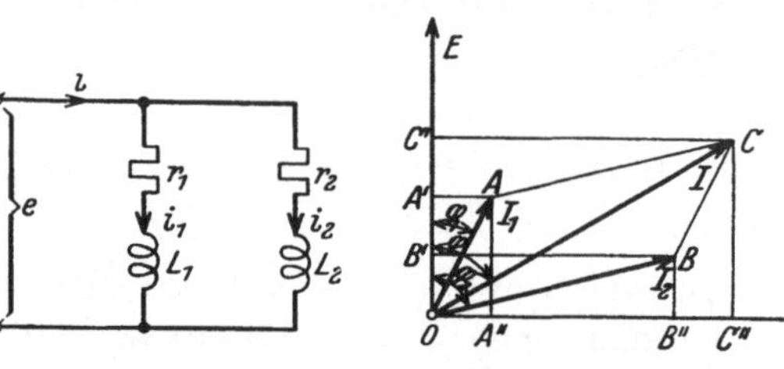

Abb. 11. Parallelschaltungen von zwei induktiven Impedanzen.

Abb. 12. Stromdiagramm des Stromkreises in Abb. 11.

$$e = \sqrt{2}\,E \cdot \sin \omega t. \qquad (50)$$

Dann sind die beiden Zweigströme

$$\left.\begin{aligned} i_1 &= \sqrt{2}\,\frac{E}{z_1}\sin(\omega t - \varphi_1); \\ i_2 &= \sqrt{2}\,\frac{E}{z_2}\sin(\omega t - \varphi_2). \end{aligned}\right\} \quad (51)$$

Dabei ist

$$z_1 = \sqrt{r_1^2 + (\omega L_1)^2};\; z_2 = \sqrt{r_2^2 + (\omega L_2)^2},$$
$$\varphi_1 = \operatorname{arctg}\frac{\omega L_1}{r_1};\quad \varphi_2 = \operatorname{arctg}\frac{\omega L_2}{r_2}.$$

Abb. 12 zeigt das zugehörige Diagramm. Es ist

$$OA = J_1 = \frac{E}{z_1}; \qquad OB = J_2 = \frac{E}{z_2}.$$

Die Wirkkomponenten dieser Ströme sind

$$\left.\begin{aligned} J_{1w} &= OA' = J_1 \cos\varphi_1 = \frac{E}{z_1}\cdot\frac{r_1}{z_1} = g_1 \cdot E, \\ J_{2w} &= OB' = J_2 \cos\varphi_2 = \frac{E}{z_2}\cdot\frac{r_2}{z_2} = g_2 \cdot E. \end{aligned}\right\} \qquad (52)$$

Die Blindkomponenten der Ströme sind

$$\left.\begin{aligned} J_{1bl} &= OA'' = J_1 \sin\varphi_1 = \frac{E}{z_1}\cdot\frac{x_1}{z_1} = b_1 \cdot E, \\ J_{2bl} &= OB'' = J_2 \sin\varphi_2 = \frac{E}{z_2}\cdot\frac{x_2}{z_2} = b_2 \cdot E. \end{aligned}\right\} \qquad (53)$$

Die neu eingeführten Größen

$$g_1 = \frac{r_1}{z_1^2} \qquad \text{und} \qquad g_2 = \frac{r_2}{z_2^2} \qquad (54)$$

werden Konduktanzen oder Wirkleitwerte genannt.
Die zwei anderen

$$b_1 = \frac{x_1}{z_1^2} \qquad \text{und} \qquad b_2 = \frac{x_2}{z_2^2} \qquad (55)$$

werden Suszeptanzen oder Blindleitwerte genannt. Demnach erhalten wir

$$\left.\begin{aligned} J_1 &= OA = \sqrt{J_{1w}^2 + J_{1bl}^2} = E\sqrt{g_1^2 + b_1^2} = E \cdot y_1 = \frac{E}{z_1}, \\ J_2 &= OB = \sqrt{J_{2w}^2 + J_{2bl}^2} = E\sqrt{g_2^2 + b_2^2} = E \cdot y_2 = \frac{E}{z_2}, \end{aligned}\right\} \qquad (56)$$

wobei die Größen

$$y_1 = \frac{1}{z_1} = \sqrt{g_1^2 + b_1^2} \qquad \text{und} \qquad y_2 = \frac{1}{z_2} = \sqrt{g_2^2 + b_2^2} \qquad (57)$$

die Admittanzen oder die Scheinleitwerte der betreffenden Stromzweige heißen.

Für die Phasenwinkel erhalten wir

$$\operatorname{tg} \varphi_1 = \frac{x_1}{r_1} = \frac{J_{1bl}}{J_{1w}} = \frac{b_1}{g_1}\,,$$

$$\cos \varphi_1 = \frac{r_1}{z_1} = \frac{J_{1w}}{J_1} = \frac{g_1}{y_1}$$

und

$$\sin \varphi_1 = \frac{x_1}{z_1} = \frac{J_{1bl}}{J_1} = \frac{b_1}{y_1}\,.$$

$$(58)$$

Für den Winkel φ_2 gelten entsprechende Ausdrücke. Die Konduktanzen, Suszeptanzen und Admittanzen werden in **Mho** oder **Siemens** gemessen.

Für den resultierenden Strom

$$i = i_1 + i_2 = \sqrt{2} \cdot J \cdot \sin(\omega t - \varphi)$$

ergibt sich

$$J_w = OC' = J \cdot \cos \varphi = J_{1w} + J_{2w} = E(g_1 + g_2) = E \cdot g\,,$$

$$J_{bl} = OC'' = J \cdot \sin \varphi = J_{1bl} + J_{2bl} = E(b_1 + b_2) = E \cdot b\,.$$

$$(59)$$

Hieraus folgt

$$J = OC = \sqrt{J_w^2 + J_{bl}^2} = E \sqrt{g^2 + b^2} = E \cdot y\,,$$

$$(60)$$

wo $y = \dfrac{1}{z} = \sqrt{g^2 + b^2}$ die **resultierende Admittanz** des Stromkreises ist.

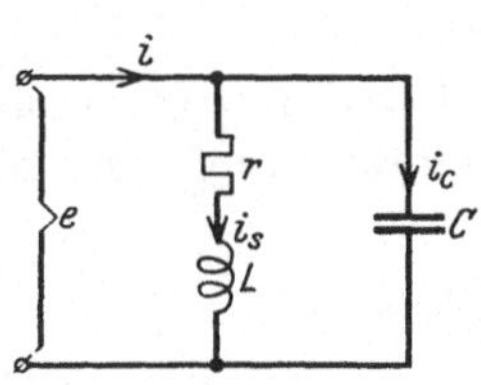

Abb. 13. Parallelschaltung einer induktiven Impedanz und einer Kapazität.

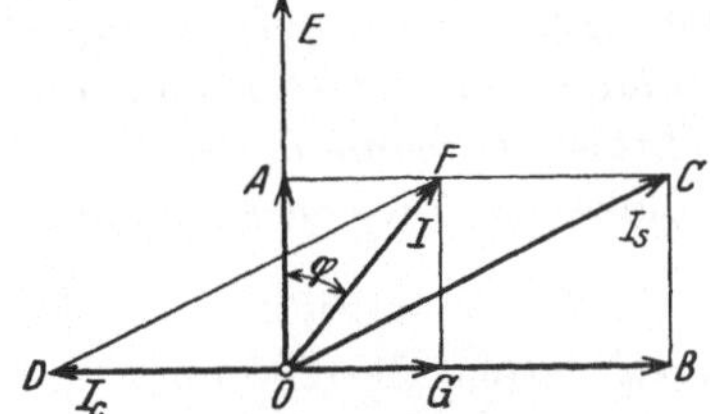

Abb. 14. Stromdiagramm des Stromkreises in Abb. 13.

7. In der Abb. 13 ist eine Parallelschaltung einer induktiven Impedanz und einer Kapazität dargestellt. Das zugehörige Diagramm zeigt die Abb. 14.

Der Kondensatorstrom ist

$$J_c = OD = \omega C \cdot E = b_c \cdot E\,.$$

$$(61)$$

b_c ist die Suszeptanz des Kondensators.

J_c ist ein reiner Blindstrom und eilt der Spannung E um 90° voraus.

Für den Strom in der induktiven Impedanz erhalten wir

$$J_s = OC = \frac{1}{z_s} \cdot E = \frac{E}{\sqrt{r^2 + (\omega L)^2}} = y_s \cdot E\,.$$

$$(62)$$

Die Wirk- bzw. Blindkomponente desselben ist

$$J_{sw} = OA = \frac{r}{z_s^2} \cdot E = g_s \cdot E\,,$$

$$J_{sbl} = OB = \frac{\omega L}{z_s^2} \cdot E = b_s \cdot E\,.$$

$$(63)$$

Den Gesamtstrom berechnen wir nun auf folgende Weise:

$$J_w = OA = J_{sw} = g_s \cdot E \,,$$
$$J_{bl} = OG = J_{sbl} - J_c = (b_s - b_c) \cdot E \,,$$

also

$$J = OF = \sqrt{J_w^2 + J_{bl}^2} = y \cdot E \,. \tag{64}$$

Dabei ist

$$y = \sqrt{g_s^2 + (b_s - b_c)^2} \,. \tag{65}$$

Betrachten wir den besonderen Fall, daß $b_s - b_c$ gleich Null ist, so wird

$$J = J_w = g_s \cdot E = \frac{r}{r^2 + (\omega L)^2} \cdot E = r\frac{C}{L} \cdot E \,. \tag{66}$$

Der Gesamtstrom sinkt also bei abnehmendem Widerstand, während der Kapazitätsstrom konstant bleibt und in jedem Augenblick dem Blindstrom der Selbstinduktion gleich ist. Diesen Zustand des Stromkreises nennt man Stromresonanz. Die Resonanzbedingung ist

$$\frac{\omega L}{r^2 + (\omega L)^2} = \omega C$$

oder

$$\omega = \sqrt{\frac{1}{LC} - \left(\frac{r}{L}\right)^2} \,. \tag{67}$$

Die Resonanzfrequenz hängt also auch von dem Widerstand ab, was bei der Spannungsresonanz [s. Gl. (47)] nicht der Fall war.

8. Wir können nun den Gesamtstrom für eine beliebige Anzahl parallelgeschalteter Stromkreise berechnen, indem wir die Konduktanzen bzw. die Suszeptanzen der einzelnen Zweige addieren:

$$g = g_1 + g_2 + \cdots g_n \,; \qquad b = b_1 + b_2 + \cdots b_n$$

und berechnen daraus die Gesamtadmittanz

$$y = \sqrt{g^2 + b^2} \,. \tag{68}$$

Ist die Spannung gegeben, folgt dann

$$J = y \cdot E \,. \tag{69}$$

Für den resultierenden Widerstand der Parallelschaltung erhalten wir

$$r = \frac{g}{y^2} \tag{70}$$

und für die resultierende Reaktanz

$$x = \frac{b}{y^2} \,. \tag{71}$$

Die resultierende Impedanz wird

$$z = \sqrt{r^2 + x^2} = \frac{1}{y} \,. \tag{72}$$

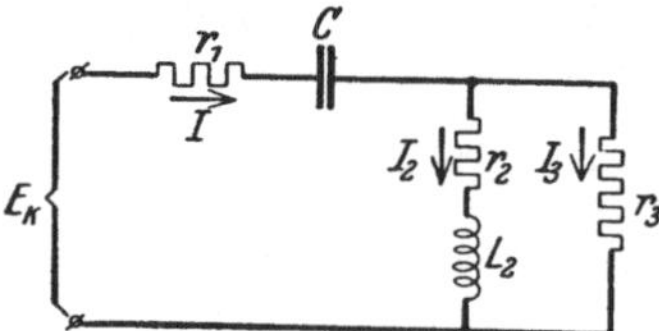

Abb. 15. Stromkreis für das Beispiel 1.

Beispiele.

1. Für den in der Abb. 15 dargestellten Stromkreis sind die folgenden Konstanten gegeben:

$$r_1 = 10\,\Omega, \qquad r_2 = 5\,\Omega, \qquad r_3 = 10\,\Omega, \qquad L_2 = 0{,}2\,\text{H}, \qquad C = 150\,\mu\text{F}.$$

Die Klemmenspannung ist $E_k = 250\,\text{V}$ und die Periodenzahl ist $f = 50\,\text{Hz}$.

Es sind die Stromstärken J, J_2 und J_3 und die Spannungen E_1, E_c und E_3 am Widerstand r_1 bzw. am Kondensator C und am Widerstand r_3 zu berechnen. Das zugehörige Strom- und Spannungsdiagramm ist aufzuzeichnen.

Es ist

$$x_2 = 2\pi f \cdot L_2 = 2\pi \cdot 50 \cdot 0{,}2 = 62{,}8\ \Omega,$$

$$z_2 = \sqrt{r_2^2 + x_2^2} = \sqrt{5^2 + 62{,}8^2} = \sqrt{3969} = 63\ \Omega,$$

und somit ist

$$g_2 = \frac{r_2}{z_2^2} = \frac{5}{3969} = 1{,}26 \cdot 10^{-3}\,\mho,$$

$$b_2 = \frac{x_2}{z_2^2} = \frac{62{,}8}{3969} = 15{,}83 \cdot 10^{-3}\,\mho,$$

$$g_3 = \frac{1}{r_3} = 0{,}1\ \mho,$$

$$b_3 = 0.$$

Für die parallelgeschalteten Zweige ergibt sich

$$g_4 = g_2 + g_3 = 101{,}26 \cdot 10^{-3}\ \mho,$$
$$b_4 = b_2 + b_3 = 15{,}83 \cdot 10^{-3}\ \mho,$$
$$y_4^2 = g_4^2 + b_4^2 = 10{,}5\ \cdot 10^{-3}\,\mho^2.$$

Für den resultierenden Widerstand bzw. für die resultierende Reaktanz findet man:

$$r_4 = \frac{g_4}{y_4^2} = \frac{101{,}26 \cdot 10^{-3}}{10{,}5 \cdot 10^{-3}} = 9{,}65\ \Omega,$$

$$x_4 = \frac{b_4}{y_4^2} = \frac{15{,}83 \cdot 10^{-3}}{10{,}5 \cdot 10^{-3}} = 1{,}51\ \Omega.$$

Für den ganzen Stromkreis ergibt sich somit

$$r = r_1 + r_4 = 10 + 9{,}65 = 19{,}65\ \Omega,$$

$$x_c = \frac{1}{2\pi f \cdot C} = \frac{10^6}{314 \cdot 150} = 21{,}2\ \Omega,$$

$$x = x_c - x_4 = 21{,}2 - 1{,}51 = 19{,}69\ \Omega\ \text{(kapazitiv)},$$

$$z = \sqrt{r^2 + x^2} = \sqrt{19{,}65^2 + 19{,}69^2} = 27{,}8\ \Omega.$$

Es wird also

$$J = \frac{E_K}{z} = \frac{250}{27{,}8} = 9\ \text{A},$$

$$\varphi = \operatorname{arctg} \frac{x}{r} = \operatorname{arctg} 1 = 45^0,$$

$$E_1 = J \cdot r_1 = 90\ \text{V},$$

$$E_c = J \cdot x_c = 190{,}8\ \text{V},$$

$$E_3 = J \cdot \sqrt{r_4^2 + x_4^2} = 88\ \text{V}.$$

Die Abb. 16 zeigt das Diagramm. Es ist

$$OA = E_K = 250\ \text{V},$$
$$BA = J \cdot r_1 = 90\ \text{V},$$
$$CB = J x_c = 190{,}8\ \text{V},$$
$$OC = E_3 = 88\ \text{V}.$$

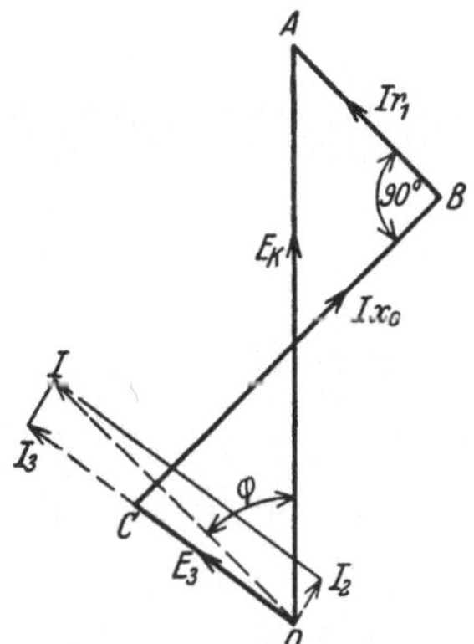

Abb. 16. Diagramm des Stromkreises Abb. 15.

2. Gegeben ist die Klemmenspannung E eines Stromkreises, bestehend aus Widerstand, Selbstinduktion und Kapazität in Reihenschaltung

$$E = 120\ \text{V}, \qquad r = 15\ \Omega, \qquad L = 0{,}2\ \text{H}, \qquad C = 30\ \mu\text{F}.$$

Es sind die Stromstärke J, der Phasenverschiebungswinkel φ, die Reaktanz x_s, die Kapazitanz x_c, die Impedanz z sowie die Spannungen E_c und E_L am Kondensator bzw. an der Selbstinduktion als Funktion der Periodenzahl zu berechnen und graphisch aufzutragen.

Es wird

$$x_L = 2\pi f \cdot L = 1{,}256 \cdot f,$$

$$x_c = \frac{1}{2\pi f \cdot C} = \frac{5305}{f},$$

$$\varphi = \operatorname{arctg} \frac{x_L - x_c}{r},$$

$$z = \sqrt{r^2 + (x_L - x_c)^2},$$

$$J = \frac{E}{z}, \qquad E_L = J \cdot x_L = E \frac{x_L}{z}, \qquad E_c = J \cdot x_c = E \frac{x_c}{z}.$$

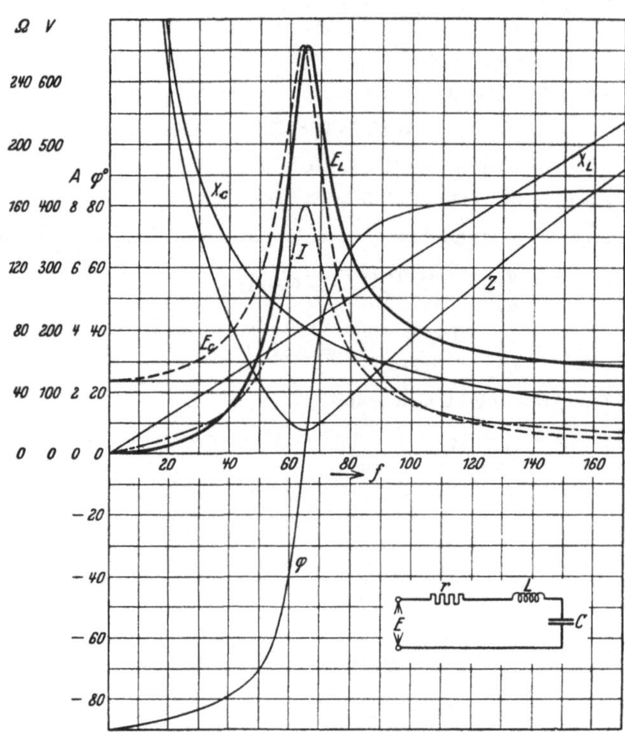

Abb. 17. Spannungsresonanz in einem Wechselstromkreise.

Resonanz tritt ein bei

$$f = \frac{1}{2\pi \sqrt{L \cdot C}} = \frac{1}{6{,}28 \sqrt{0{,}2 \cdot 30 \cdot 10^{-6}}} = 65 \text{ Hz}.$$

Die Stromstärke ist dann

$$J_r = \frac{120}{15} = 8 \text{ A}.$$

Bei Resonanz soll die pulsierende Energie der Selbstinduktion gleich derjenigen der Kapazität sein. In der Tat ist:

$$W_L = \tfrac{1}{2} L J_{r\,\mathrm{max}}^2 = L \cdot J_r^2 = 12{,}8 \text{ J}$$

und

$$W_c = \tfrac{1}{2} C E_{c\,r\,\mathrm{max}}^2 = C \cdot E_{cr}^2 = C \cdot J_r^2 \cdot x_c^2 = L \cdot J_r^2 = 12{,}8 \text{ J}.$$

In der Abb. 17 sind die Größen x_L, x_c, z, φ, E_L, E_c und J als Funktion der Frequenz f aufgetragen.

2. Ausgleichsvorgänge.

Wir haben in allen bisher betrachteten Fällen vorausgesetzt, daß unsere Stromkreise von reinen Sinusströmen durchflossen werden. Unter dieser Voraussetzung sind wir mit Hilfe der bisher abgeleiteten Formeln imstande, die Augenblickswerte der Ströme und Spannungen an den Widerständen, Selbstinduktionen und Kapazitäten der Stromkreise zu bestimmen.

Wir haben auch gezeigt, daß die Annahme eines Sinusstromes eine ganz bestimmte Energieverteilung im Stromkreise bedingt. Es seien z.B. $L_1, L_2, \ldots, L_n$ die Selbstinduktionen mit den Strömen $i_1, i_2, \ldots, i_n$ und es seien $C_1, C_2, \ldots, C_n$ die Kapazitäten, an denen in einem bestimmten Augenblick die Spannungen $e_1, e_2, \ldots, e_n$ herrschen mögen; dann ist die gesamte elektromagnetische Energie des Stromkreises zu diesem Zeitpunkt gegeben durch

$$W = \tfrac{1}{2}(L_1 i_1^2 + L_2 i_2^2 + \cdots L_n i_n^2)$$
$$+ \tfrac{1}{2}(C_1 e_1^2 + C_2 e_2^2 + \cdots C_n e_n^2). \tag{73}$$

Denken wir uns nun einen Stromkreis, in welchem eine Sinusspannung von gegebener Größe plötzlich eingeschaltet wird, und welcher im Einschaltmoment strom- und spannungslos ist, dann würde die Annahme des plötzlichen Auftretens eines Sinusstromes eine unendlich große Leistung bedingen, denn die Energie müßte dann von Null auf den endlichen Wert W in unendlich kleiner Zeit steigen.

Alle Leistungen müssen aber endlich bleiben, was bedeutet, daß die elektromagnetische Energie des Stromkreises sich stetig ändern muß. Daraus folgt nun weiter, daß die Ströme in den Selbstinduktionen sowie die Spannungen der Kondensatoren sich auch immer stetig ändern müssen. Der Strom steigt also allmählich von Null an und erreicht erst nach Ablauf einiger Zeit einen Zustand, in welchem er periodisch veränderlich ist, und zwar mit der Periode der EMK.

Diesen Zustand wollen wir den stationären Zustand oder den Beharrungszustand nennen. Wir haben mit anderen Worten im vorhergehenden nur die Stromkreise in dem stationären Zustand betrachtet, und die abgeleiteten Formeln gelten nur für diesen Fall.

Den Zustand des Stromkreises vom Einschaltmoment bis zum Zeitpunkt, wo der stationäre Zustand eingetreten ist, bezeichnet man als den nichtstationären Zustand oder den Einschwingungsvorgang. Wir wollen für den in der Abb. 9 dargestellten Stromkreis als Beispiel den Einschwingungsvorgang berechnen, indem wir die Differentialgleichung des Stromkreises aufstellen. Die Summe der Klemmenspannungen über Widerstand, Selbstinduktion und Kapazität muß in jedem Augenblick der aufgedrückten EMK gleich sein. Wir haben also

$$e = i \cdot r + L \frac{di}{dt} + \frac{q}{C}, \tag{74}$$

wobei

$$q = \text{Ladung des Kondensators} = \int i\, dt$$

oder

$$i = \frac{dq}{dt}.$$

Die zu lösende Differentialgleichung hat also die Form

$$\frac{de}{dt} = \frac{i}{C} + r\frac{di}{dt} + L\frac{d^2 i}{dt^2}. \tag{74a}$$

Die einzuschaltende EMK e soll eine Sinusspannung sein von der Form

$$e = E\sin(\omega t + \varphi) \tag{75}$$

und den Einschaltmoment wollen wir zu $t = 0$ annehmen.

Man kann nun den Zustand nach der Einschaltung dadurch beschreiben, daß man sich den stationären Zustand sofort eingetreten denkt, ihm jedoch einen Ausgleichvorgang überlagert, der so beschaffen ist, daß er den stetigen Anschluß des Anfangs- und Endzustandes vermittelt.

Wir machen also den Ansatz

$$i = i_v + i_s, \tag{76}$$

wo i_s den stationären und i_v den sogenannten vorübergehenden Strom bedeutet.

Nach Abschnitt 1 können wir dann sofort den Wert für i_s angeben. Es ist

$$i_s = \frac{E}{z}\sin(\omega t + \varphi - \psi), \tag{77}$$

wo

$$\psi = \operatorname{arctg}\frac{x}{r},$$

$$z = \sqrt{r^2 + x^2} \quad \text{und} \quad x = \omega L - \frac{1}{\omega C}.$$

Die Gl. (76) in die Differentialgleichung (74a) eingesetzt, ergibt

$$\frac{de}{dt} - \left(\frac{i_s}{C} + r\frac{di_s}{dt} + L\frac{d^2 i_s}{dt^2}\right) = \frac{i_v}{C} + r\frac{di_v}{dt} + L\frac{d^2 i_v}{dt^2}. \tag{78}$$

Setzt man hier den Wert für i_s [nach Gl. (77)] ein, so verschwindet die linke Seite. Dies ist auch unmittelbar einleuchtend, da ja die Differentialgleichung (74a) auch für den Beharrungszustand gültig ist. Hieraus ergibt sich der folgende Satz:

Den vorübergehenden Strom (Ausgleichstrom) i_v findet man als Lösung der Differentialgleichung, wenn man in dieser die EMK gleich Null setzt.

Der Ausgleichstrom ist somit in seinem Ablauf vollständig unabhängig von der Art und Größe der eingeschalteten EMK.

Wenn

$$r < 2\sqrt{\frac{L}{C}} \tag{79}$$

ist, so verläuft i_v oszillatorisch und hat bekanntlich die Form

$$i_v = e^{-\delta t}(A\sin\omega_1 t + B\cos\omega_1 t), \tag{80}$$

wobei

$$\delta = \frac{r}{2L} \quad \text{und} \quad \omega_1 = \sqrt{\frac{1}{LC} - \left(\frac{r}{2L}\right)^2}.$$

Man nennt $f_1 = \frac{\omega_1}{2\pi}$ die Eigenschwingungszahl oder natürliche Periodenzahl, weil jede Störung im Stromkreis oszillatorisch mit dieser Periodenzahl ausstirbt.

Die beiden Konstanten A und B müssen aus den Grenzbedingungen, hier den Anfangsbedingungen, bestimmt werden.

Im Einschaltmoment $t = 0$ ist sowohl der Strom als auch die Kondensatorladung gleich Null.

Als erste Bedingung haben wir sonach

$$i_0 = i_{s_0} + i_{v_0} = 0.$$

Der Index Null bedeutet, daß es sich um die Werte der betreffenden Größen zu dem Zeitpunkt $t = 0$ handelt. Nun ist aber für $t = 0$

$$i_{s_0} = \frac{E}{z} \sin (\varphi - \psi)$$

und

$$i_{v_0} = B.$$

Also ist

$$B = - \frac{E}{z} \sin (\varphi - \psi). \tag{81}$$

Als zweite Bedingung haben wir nach der Differentialgleichung (74) zum Zeitpunkt $t = 0$:

$$e_0 = L\left(\frac{di}{dt}\right)_0.$$

Diese Gleichung besagt, daß im Einschaltmoment nur die Selbstinduktion der aufgedrückten Spannung das Gleichgewicht hält. Die volle Einschaltspannung fällt also auf die Klemmen der Selbstinduktion.

Nun ist aber

$$L\left(\frac{di}{dt}\right)_0 = L\left(\frac{di_s}{dt}\right)_0 + L\left(\frac{di_v}{dt}\right)_0 = \frac{\omega L \cdot E}{z} \cos (\varphi - \psi) - \delta L B + \omega_1 L A$$

und

$$e_0 = E \sin \varphi.$$

Hieraus ergibt sich

$$A = \frac{E}{z}\left[\frac{z}{\omega_1 L} \sin \varphi - \frac{\omega}{\omega_1} \cos (\varphi - \psi) - \frac{\delta}{\omega_1} \sin (\varphi - \psi)\right]. \tag{82}$$

Gewöhnlich ist die Eigenschwingungszahl viel größer als die stationäre Periodenzahl ($\omega_1 \gg \omega$).

In einem beliebigen Zeitpunkt nach der Einschaltung ist also die Stromstärke gegeben durch

$$i = i_s + i_v = \frac{E}{z} \sin (\omega t + \varphi - \psi) + \varepsilon^{-\delta t} (A \sin \omega_1 t + B \cos \omega_1 t), \tag{83}$$

wo A und B die angegebenen Werte haben.

3. Mittelwert und Formfaktor.

Der Mittelwert eines Sinusstromes für eine ganze Anzahl Perioden wird natürlich gleich Null. Wenn man aber von dem Mittelwerte eines Wechselstromes spricht, so versteht man darunter den Mittelwert für eine positive Halbperiode.

Dieser ist

$$J_{mitt} = \frac{2}{T} \int_0^{T/2} i \, dt = \frac{2}{T} J_{\max} \int_0^{T/2} \sin \omega t \cdot dt$$

oder

$$J_{mitt} = \frac{2}{\pi}\, J_{max} = \frac{2\sqrt{2}}{\pi} \cdot J \,. \tag{84}$$

Das Verhältnis zwischen dem Effektivwert und dem Mittelwert wird Formfaktor (k_f) genannt.

Für einen Sinusstrom erhält man

$$k_f = \frac{J}{J_{mitt}} = \frac{\pi}{2\sqrt{2}} = 1{,}11 \,. \tag{85}$$

Die effektive EMK, welche in einer Wicklung induziert wird, die w in Reihe geschaltete gleiche Windungen enthält und sich mit konstanter Winkelgeschwindigkeit $\omega = 2\pi f$ in einem konstanten und homogenen Magnetfelde um eine in der Ebene der Wicklung liegende und senkrecht zum Felde stehende Achse dreht, läßt sich beispielsweise folgendermaßen mit Hilfe des Formfaktors berechnen.

Wenn die Wicklung senkrecht zum Felde steht, so umschließt jede Windung den Kraftfluß

$$\Phi = F \cdot H \quad [\text{s. Gl. (2)}].$$

Nachdem sich die Wicklung um 90° gedreht hat, so daß sie parallel zum Felde steht, umschließt jede Windung keine Kraftlinien. Bei jeder ganzen Umdrehung der Wicklung erhält man somit $4 \cdot w \cdot \Phi$ Kraftlinienschnitte, und weil die Wicklung f Umdrehungen in der Sekunde ausführt, ist der Mittelwert der induzierten EMK

$$E_{mitt} = 4 \cdot f \cdot w \cdot \Phi \cdot 10^{-8}\,\text{V}\,;$$

der Effektivwert wird also

$$E = k_f \cdot E_{mitt} = 4 \cdot k_f \cdot f \cdot w \cdot \Phi \cdot 10^{-8}\,\text{V} \,. \tag{86a}$$

In diesem Falle erhalten wir eine sinusförmige EMK, und daher wird

$$E = 4{,}44 \cdot f \cdot w \cdot \Phi \cdot 10^{-8}\,\text{V} \,. \tag{86b}$$

Zweites Kapitel.

Wechselströme von beliebiger Kurvenform.

4. Reihenentwicklung nach Fourier.

Man hat oft in der Technik mit Strömen zu tun, deren Augenblickswerte als Funktion der Zeit nicht nach einer Sinusfunktion, sondern nach anderen periodischen Funktionen variieren. In diesen Fällen läßt sich die Rechnung auch auf die Sinusfunktionen zurückführen.

Nach Fourier kann man nämlich eine beliebige, eindeutige, periodische Funktion ohne Unendlichkeitspunkte durch eine Reihe Sinusfunktionen darstellen. Die Anzahl der Glieder der Reihe kann endlich oder unendlich sein.

Es sei $f(x)$ eine solche Funktion, deren Periode wir der Einfachheit halber gleich 2π voraussetzen. Dann hat man

$$\begin{aligned}
f(x) = \;& a_1 \sin x + a_2 \sin 2x + \cdots + a_n \sin nx \\
& + b_1 \cos x + b_2 \cos 2x + \cdots + b_n \cos nx + c
\end{aligned} \tag{87}$$

oder

$$f(x) = A_1 \sin(x + \psi_1) + A_2 \sin(2x + \psi_2) + \cdots + A_n \sin(nx + \psi_n) + c, \quad (88)$$

wobei

$$A_n \sin(nx + \psi_n) = A_n \cos \psi_n \sin nx + A_n \sin \psi_n \cos nx = a_n \sin nx + b_n \cos nx.$$

Es ist also

$$A_n = \sqrt{a_n^2 + b_n^2} \quad \text{und} \quad \operatorname{tg} \psi_n = \frac{b_n}{a_n}. \quad (89)$$

Die Sinusfunktion mit der kleinsten Periodenzahl nennt man die Grundwelle oder die Grundschwingung (Grundharmonische). Die anderen Sinusfunktionen, deren Periodenzahl ein Vielfaches von jener der Grundwelle ist, werden die Oberwellen oder die Oberschwingungen (höhere Harmonische) genannt.

Die Konstante c ist der Mittelwert der Funktion und hat folglich den Wert

$$c = \frac{1}{2\pi} \int_0^{2\pi} f(x) \cdot dx. \quad (90)$$

Die konstanten Koeffizienten $a_1, a_2, \ldots, a_n$ bestimmt man folgendermaßen:

Es sei m eine ganze positive Zahl. Wir multiplizieren die Gl. (87) beiderseits mit $\sin mx \cdot dx$ und integrieren von 0 bis 2π. Wir erhalten dann rechts Integrale von der Form

$$\int_0^{2\pi} \sin nx \cdot \sin mx \cdot dx = \begin{cases} 0 & \text{für } m \gtrless n \\ \pi & \text{für } m = n > 0 \\ 0 & \text{für } m = n = 0 \end{cases} \quad (91)$$

oder

$$\int_0^{2\pi} \cos nx \cdot \sin mx \cdot dx = 0. \quad (92)$$

Hieraus ergibt sich

$$\int_0^{2\pi} f(x) \cdot \sin nx \cdot dx = a_n \int_0^{2\pi} \sin^2 nx \cdot dx = a_n \cdot \pi$$

oder

$$a_n = \frac{1}{\pi} \int_0^{2\pi} f(x) \sin nx \, dx. \quad (93)$$

Die Koeffizienten $b_1, b_2, \ldots, b_n$ findet man, indem man die Gl. (87) beiderseits mit $\cos mx \, dx$ multipliziert und von 0 bis 2π integriert. Wir erhalten dann entweder Integrale von der Form (92) oder von der Form

$$\int_0^{2\pi} \cos nx \cos mx \, dx = \begin{cases} 0 & \text{für } m \gtrless n \\ \pi & \text{für } m = n > 0 \\ 2\pi & \text{für } m = n = 0. \end{cases} \quad (94)$$

Man erhält somit

$$b_n = \frac{1}{\pi} \int_0^{2\pi} f(x) \cos nx \cdot dx. \quad (95)$$

Für $n = 0$ ergibt sich

$$b_0 = \frac{1}{\pi} \int_0^{2\pi} f(x)\, dx = 2c$$

in Übereinstimmung mit der Gl. (90).

Wenn bei einer Stromkurve der Mittelwert c gleich Null ist, so fließt in zwei aufeinanderfolgenden Halbperioden eine ebenso große Elektrizitätsmenge in der einen wie in der anderen Richtung, und wir haben dann einen reinen Wechsel- strom. Wir wollen im folgenden nur reine Wechselströme studieren und wollen außer- dem für diese eine weitere Einschränkung machen.

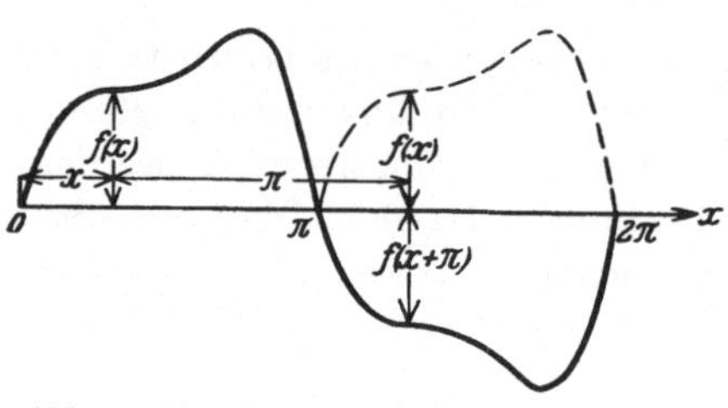

Abb. 18. Eine in bezug auf die Abszissenachse symmetrische Kurve.

Wie nämlich aus der Maschinentheorie hervorgehen wird, besitzen die gewöhnlichen Wechselstromkurven die Eigenschaft, daß beim Verschieben eines Teiles der Kurve um eine halbe Periode (s. Abb. 18) die beiden Teile symmetrisch in bezug auf die Abszissenachse werden.

Man hat somit

$$f(x) = -f(x + \pi) \,. \tag{96}$$

Nach Gl. (93) haben wir dann

$$\pi\, a_n = \int_{x=0}^{x=\pi} f(x) \sin nx \cdot dx + \int_{x=\pi}^{x=2\pi} f(x) \sin nx \cdot dx \,.$$

Setzen wir nun

$$x = \pi + t \quad \text{oder} \quad t = x - \pi,$$
$$f(x) = f(\pi + t) = -f(t)$$

und

$$dx = dt$$

und führen dies in das letzte Integral ein, so ergibt sich

a) wenn n eine gerade Zahl ist,

$$\pi \cdot a_n = \int_{x=0}^{x=\pi} f(x) \sin nx \cdot dx - \int_{t=0}^{t=\pi} f(t) \sin nt \cdot dt = 0 \,,$$

b) wenn n eine ungerade Zahl ist,

$$\pi \cdot a_n = \int_{x=0}^{x=\pi} f(x) \sin nx \cdot dx + \int_{t=0}^{t=\pi} f(t) \sin nt \cdot dt$$

oder

$$a_n = \frac{2}{\pi} \int_0^{\pi} f(x) \sin nx \cdot dx \,. \qquad n = 1, 3, 5, \ldots \tag{97}$$

In ähnlicher Weise erhalten wir

$$b_n = \frac{2}{\pi} \int_0^{\pi} f(x) \cos nx \cdot dx \,. \qquad n = 1, 3, 5, \ldots \tag{98}$$

Wenn also die Beziehung (96) erfüllt ist, besitzen die Wechselstromkurven nur Oberwellen, deren Ordnungszahl eine ungerade Zahl ist, und es genügt die Kenntnis einer Halbperiode der Kurve.

Eine Wechselstromkurve analysieren, heißt: ihre Oberwellen zu bestimmen.

5. Einige analysierte Wechselstromkurven.

1. Die rechteckige Stromkurve (Abb. 19), die durch Kommutierung eines Gleichstromes entsteht, befriedigt die Beziehung (96); also ist

$$a_n = \frac{2}{\pi} \cdot J \int_0^\pi \sin n\,x \cdot dx = \frac{2}{\pi} \cdot J \cdot \frac{1}{n} \Big[-\cos n\,x \Big]_0^\pi$$

und

$$b_n = \frac{2}{\pi} \cdot J \int_0^\pi \cos n\,x \cdot dx = \frac{2}{\pi} \cdot J \cdot \frac{1}{n} \Big[\sin n\,x \Big]_0^\pi = 0 \,.$$

Die Fouriersche Reihe dieser Stromkurve ist demnach

$$i = \frac{4}{\pi} \cdot J \Big[\sin x + \frac{1}{3} \sin 3\,x + \frac{1}{5} \sin 5\,x + \cdots \Big] \,. \tag{99}$$

Die drei ersten Glieder sind in Abb. 19 links eingetragen, und ihre Summe ist in derselben Abbildung rechts gezeichnet.

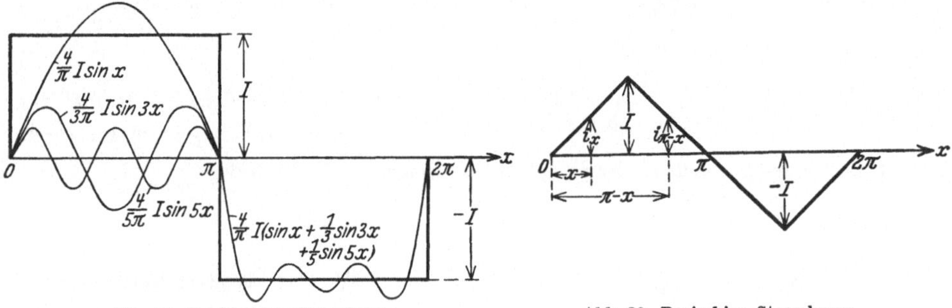

Abb. 19. Rechteckige Stromkurve.   Abb. 20. Dreieckige Stromkurve.

2. Die dreieckige Stromkurve (Abb. 20) befriedigt sowohl die Beziehung (96) als auch die folgende

$$f(x) = f(\pi - x) \,;$$

also ist

$$a_n = \frac{2}{\pi} \Big[\int_0^{\pi/2} f(x) \sin n\,x \cdot dx + \int_{\pi/2}^\pi f(x) \sin n\,x \cdot dx \Big] \,.$$

Substituieren wir in dem letzten Integral

$$x = \pi - t \quad \text{(d. h. } t = \pi - x)$$

und

$$f(x) = f(\pi - t) = f(t) \,, \quad dx = dt \,,$$

$$\sin n\,x = \sin n\,(\pi - t) = \sin n\,t \quad \text{für} \quad n = 1, 3, 5, \ldots,$$

so ergibt sich

$$a_n = \frac{2}{\pi}\left[\int\limits_{x=0}^{x=\pi/2} f(x)\,\sin n\,x\cdot dx - \int\limits_{t=\pi/2}^{t=0} f(t)\,\sin n\,t\cdot dt\right]$$

oder

$$a_n = \frac{4}{\pi}\int\limits_{0}^{\pi/2} f(x)\,\sin n\,x\cdot dx. \qquad\qquad n = 1, 3, 5,\ldots$$

Für b_n erhält man nach einer analogen Rechnung

$$b_n = 0.$$

Nach Abb. 20 ist

$$f(x) = \frac{2}{\pi}\cdot J\cdot x,$$

wenn x zwischen 0 und $\dfrac{\pi}{2}$ liegt.

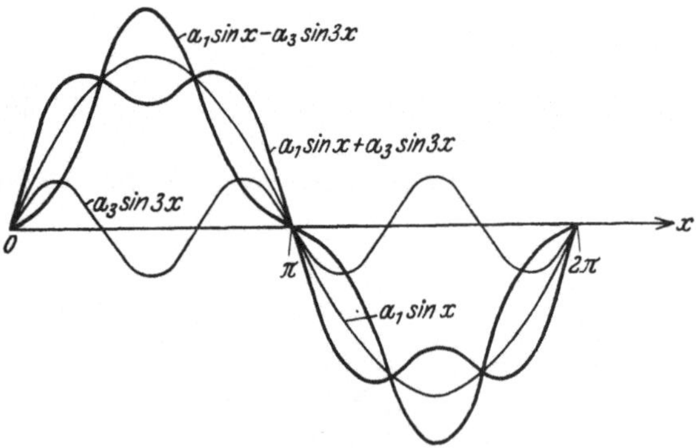

Abb. 21. Einfluß der dritten Harmonischen auf die Kurvenform.

Also ist

$$a_n = \frac{8}{\pi^2}\cdot J\int\limits_{0}^{\pi/2} x\cdot\sin n\,x\cdot dx$$

oder

$$a_n = \frac{8}{\pi^2\,n^2}\cdot J\cdot\sin n\,\frac{\pi}{2}.$$
$$n = 1, 3, 5,\ldots$$

Die Fouriersche Reihe für die dreieckige Stromkurve ist somit

$$i = \frac{8}{\pi^2}\cdot J\left(\sin x - \frac{1}{9}\sin 3\,x + \frac{1}{25}\sin 5\,x\ldots\right). \qquad (100)$$

3. Weitere Beispiele.

In Abb. 21 ist die Summe einer Grundwelle und der dritten Oberwelle dargestellt. Man sieht, wie sich die Form der Summenkurve mit der Phase der Oberwelle ändert. Die positive Halbperiode ist jedoch stets der negativen ähnlich. In der Abb. 22 dagegen ist die Grundwelle und eine zweite Oberwelle samt ihrer Summenkurve gezeichnet, um zu zeigen, daß die Gegenwart einer Oberwelle

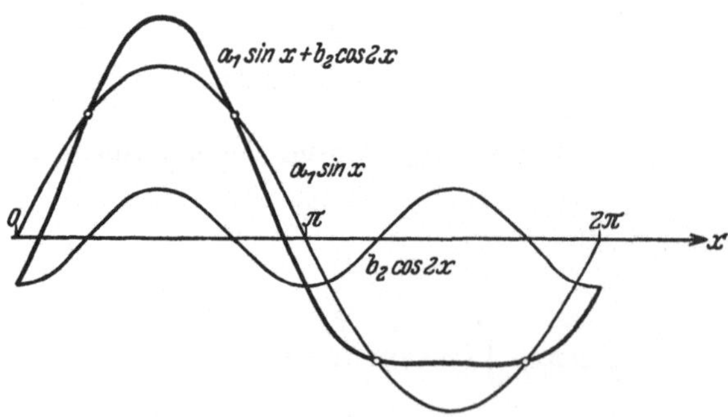

Abb. 22. Einfluß der zweiten Harmonischen auf die Kurvenform.

gerader Ordnungszahl die beiden Halbperioden ungleich macht.

Für die in der Abb. 23 dargestellte trapezförmige Kurve ist

$$i = f(x) = \frac{4\,J}{\pi\cdot\alpha}\left(\sin\alpha\sin x + \frac{1}{9}\sin 3\,\alpha\sin 3\,x + \frac{1}{25}\sin 5\,\alpha\sin 5\,x + \cdots\right) \qquad (101)$$

und für die **rechteckige Kurve** (Abb. 24) ist

$$i = f(x) = \frac{4\,J}{\pi}\left(\cos\alpha\sin x + \frac{1}{3}\cos 3\,\alpha\sin 3\,x + \frac{1}{5}\cos 5\,\alpha\sin 5\,x + \cdots\right). \qquad (102)$$

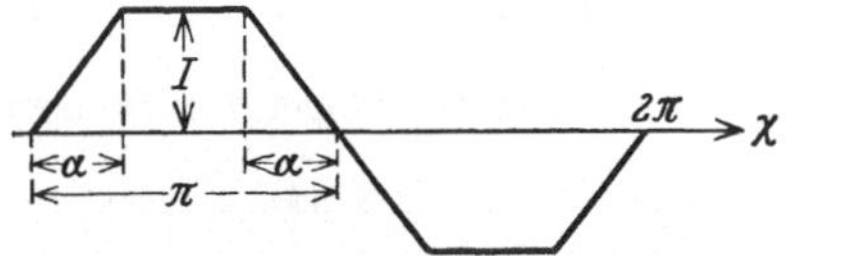

Abb. 23. Erläuterung zu Gl. (101).

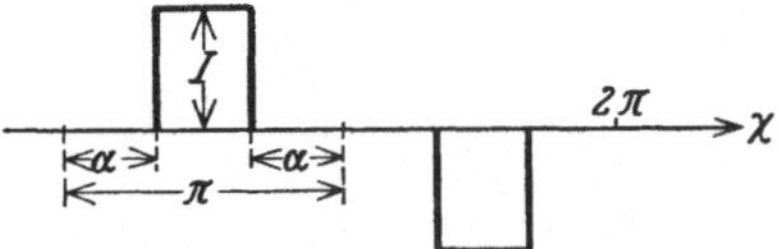

Abb. 24. Erläuterung zu Gl. (102).

6. Analyse einer experimentell bestimmten Wechselstromkurve.

Das Gesetz, nach welchem sich der Wechselstrom ändert, ist in der Technik gewöhnlich nur graphisch bekannt. Das oben erwähnte exakte Verfahren zur Kurvenanalyse läßt sich deswegen nicht stets verwenden, sondern man muß sich angenäherter Methoden bedienen. Nun ist bei den meisten Wechselstromkurven die Gl. (96) erfüllt. Man braucht dann nur die eine Halbperiode zu kennen. Wir teilen dann diese in m gleiche Teile und entnehmen die Stromwerte $i_1, i_2, \ldots,$ $i_\nu, \ldots, i_m$ der Kurve.

Dann lassen sich die Koeffizienten $a_1, a_3, a_5, \ldots$ und $b_1, b_3, b_5, \ldots$ angenähert auf folgende Weise berechnen[1]:

Wir setzen

$$\Delta x = \frac{\pi}{m}$$

und erhalten für einen beliebigen Teilpunkt ν

$$x = \nu\,\frac{\pi}{m} \quad \text{und} \quad f(x) = f\left(\nu\,\frac{\pi}{m}\right) = i_\nu.$$

Nach Gl. (97) haben wir dann

$$a_n = \frac{2}{\pi}\int_0^\pi f(x)\sin n\,x\cdot dx = \mathop{\mathrm{Lim}}_{m\to\infty}\frac{2}{\pi}\sum_{\nu=1}^{m}i_\nu\sin n\,\nu\,\frac{\pi}{m}\cdot\frac{\pi}{m} = \mathop{\mathrm{Lim}}_{m\to\infty}\frac{2}{m}\sum_{\nu=1}^{m}i_\nu\sin n\,\nu\,\frac{\pi}{m}.$$

Also ist angenähert

$$a_n \sim \frac{2}{m}\cdot\sum_{\nu=1}^{m}i_\nu\cdot\sin n\,\nu\,\frac{\pi}{m}. \qquad (103)$$

Analog ergibt sich

$$b_n \sim \frac{2}{m}\cdot\sum_{\nu=1}^{m}i_\nu\cdot\cos n\,\nu\,\frac{\pi}{m}. \qquad (104)$$

Für $m = 12$ findet man z. B.

$$a_n \sim \frac{1}{6}\cdot\sum_{\nu=1}^{12}i_\nu\cdot\sin n\,\nu\,15^0$$

und

$$b_n \sim \frac{1}{6}\cdot\sum_{\nu=1}^{12}i_\nu\cdot\cos n\,\nu\,15^0.$$

---

[1] Methode von **Runge**: ETZ 1905, 247.

Beispiel. Es sei in Ampere

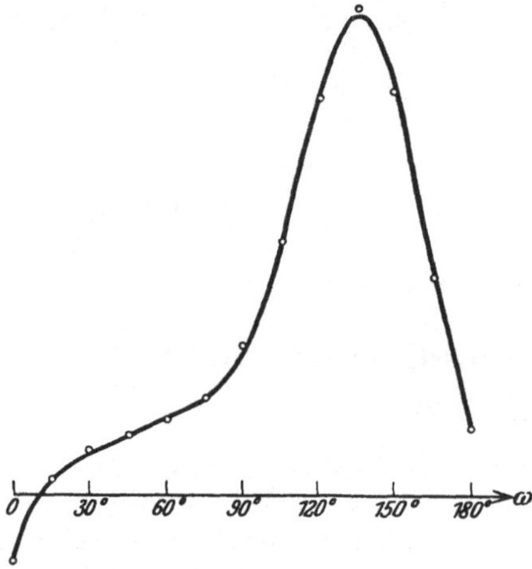

Abb. 25. Zur Analyse einer experimentell bestimmten Wechselstromkurve.

$$i_1 = 0,4, \quad i_2 = 1,2, \quad i_3 = 1,6, \quad i_4 = 2,0,$$
$$i_5 = 2,6, \quad i_6 = 4,0, \quad i_7 = 6,8, \quad i_8 = 10,6,$$
$$i_9 = 13,0, \quad i_{10} = 10,8, \quad i_{11} = 6,0, \quad i_{12} = 1,8,$$

dann erhält man nach den obigen Gleichungen

$$i = \quad 7,00 \sin \omega t + 2,70 \sin 3\,\omega t$$
$$- 0,44 \sin 5\,\omega t + \cdots$$
$$- 4,83 \cos \omega t + 2,31 \cos 3\,\omega t$$
$$+ 0,79 \cos 5\,\omega t + \cdots \text{A.}$$

Die Zahlenrechnung geht aus den Tabellen 1 und 2 hervor. Dabei sind folgende Beziehungen benutzt:

$$\sin n\,(12 - \nu) \cdot 15^0 = \sin n\,\nu \cdot 15^0$$

und

$$\cos n\,(12 - \nu) \cdot 15^0 = - \cos n\,\nu \cdot 15^0$$
$$\text{für} \quad n = 1, 3, 5, \ldots$$

In der Abb. 25 sind die Werte $i_1, i_2, \ldots, i_{12}$ und die Summe der 1., 3. und 5. Schwingung aufgetragen.

Tabelle 1.

	Grundschwingung		3. Oberschwingung		5. Oberschwingung	
	$\sin \nu\,15^0$	$(i_\nu + i_{12-\nu})$ $\sin \nu\,15^0$	$\sin \nu\,45^0$	$(i_\nu + i_{12-\nu})$ $\sin \nu\,45^0$	$\sin \nu\,75^0$	$(i_\nu + i_{12-\nu})$ $\sin \nu\,75^0$
$i_1 + i_{11} = 6,4$	0,259	1,66	0,707	4,52	0,966	6,18
$i_2 + i_{10} = 12,0$	0,500	6,00	1,000	12,00	0,500	6,00
$i_3 + i_9 = 14,6$	0,707	10,32	0,707	10,32	$-0,707$	$-10,32$
$i_4 + i_8 = 12,6$	0,866	10,91	0	0	$-0,866$	$-10,91$
$i_5 + i_7 = 9,4$	0,966	9,08	$-0,707$	$-6,64$	0,259	2,43
$i_6 = 4,0$	1,000	4,00	$-1,000$	$-4,00$	1,000	4,00
	$6a_1 = 41,97$		$6a_3 = 16,20$		$6a_5 = -2,62$	
	$a_1 = 7,00$		$a_3 = 2,70$		$a_5 = -0,44$	

Tabelle 2.

	Grundschwingung		3. Oberschwingung		5. Oberschwingung	
	$\cos \nu\,15^0$	$(i_\nu - i_{12-\nu})$ $\cos \nu\,15^0$	$\cos \nu\,45^0$	$(i_\nu - i_{12-\nu})$ $\cos \nu\,45^0$	$\cos \nu\,75^0$	$(i_\nu - i_{12-\nu})$ $\cos \nu\,75^0$
$i_1 - i_{11} = -5,6$	0,966	$-5,41$	0,707	$-3,96$	0,259	$-1,45$
$i_2 - i_{10} = -9,6$	0,866	$-8,31$	0	0	$-0,866$	8,31
$i_3 - i_9 = -11,4$	0,707	$-8,06$	$-0,707$	8,06	$-0,707$	8,06
$i_4 - i_8 = -8,6$	0,500	$-4,30$	$-1,000$	8,60	0,500	$-4,30$
$i_5 - i_7 = -4,2$	0,259	$-1,09$	$-0,707$	2,97	0,966	$-4,06$
$i_{12} = 1,8$	$-1,000$	$-1,80$	$-1,000$	$-1,80$	$-1,000$	$-1,80$
	$6b_1 = -28,97$		$6b_3 = 13,87$		$6b_5 = 4,76$	
	$b_1 = -4,83$		$b_3 = 2,31$		$b_5 = 0,79$	

Setzen wir

$$m_1 = \tfrac{1}{2}(i_1 + i_{11}), \qquad n_1 = \tfrac{1}{2}(i_5 - i_7),$$
$$m_2 = \tfrac{1}{2}(i_2 + i_{10}), \qquad n_2 = \tfrac{1}{2}(i_4 - i_8),$$
$$m_3 = \tfrac{1}{2}(i_3 + i_9), \qquad n_3 = \tfrac{1}{2}(i_3 - i_9),$$
$$m_4 = \tfrac{1}{2}(i_4 + i_8), \qquad n_4 = \tfrac{1}{2}(i_2 - i_{10}),$$
$$m_5 = \tfrac{1}{2}(i_5 + i_7), \qquad n_5 = \tfrac{1}{2}(i_1 - i_{11}),$$
$$m_6 = i_6, \qquad n_6 = -i_{12},$$

so folgt aus Gl. (103) und (104)

$$a_1 = 0{,}0863\,m_1 + 0{,}1667\,m_2 + 0{,}2358\,m_3 + 0{,}2887\,m_4 + 0{,}3220\,m_5 + 0{,}1667\,m_6,$$

$$a_3 = 0{,}2358\,m_1 + 0{,}3333\,m_2 + 0{,}2358\,m_3 \qquad\qquad - 0{,}2357\,m_5 - 0{,}1667\,m_6,$$

$$a_5 = 0{,}3220\,m_1 + 0{,}1667\,m_2 - 0{,}2357\,m_3 - 0{,}2886\,m_4 + 0{,}0863\,m_5 + 0{,}1667\,m_6,$$

$$a_7 = 0{,}3220\,m_1 - 0{,}1667\,m_2 - 0{,}2357\,m_3 + 0{,}2886\,m_4 + 0{,}0863\,m_5 - 0{,}1667\,m_6,$$

$$a_9 = 0{,}2358\,m_1 - 0{,}3333\,m_2 + 0{,}2357\,m_3 \qquad\qquad - 0{,}2358\,m_5 + 0{,}1667\,m_6,$$

$$a_{11} = 0{,}0863\,m_1 - 0{,}1667\,m_2 + 0{,}2358\,m_3 - 0{,}2887\,m_4 + 0{,}3220\,m_5 - 0{,}1667\,m_6.$$

Setzt man in diese Formeln an Stelle der m die entsprechenden n, so erhält man

$$b_1, \quad -b_3, \quad b_5, \quad -b_7, \quad b_9 \text{ und } -b_{11}.$$

7. Experimentelle Bestimmung von Strom- und Spannungskurven.

Um die Augenblickswerte einer Wechselspannung oder eines Wechselstromes zu messen, muß man dafür sorgen, daß nur ein und derselbe Augenblickswert auf das Meßinstrument zur Einwirkung gelangt, was mittels der „Joubertschen Scheibe" erreicht wird. Diese (Abb. 26) besteht aus zwei voneinander isolierten Metallscheiben mit zwei Schleifbürsten b_1 und b_2. Die Scheibe rotiert synchron mit dem Generator des Netzes, und mittels der Zunge Z werden die Bürsten einmal bei jeder Umdrehung miteinander leitend verbunden. Diese Kontaktschließung erfolgt daher bei jeder Umdrehung für den

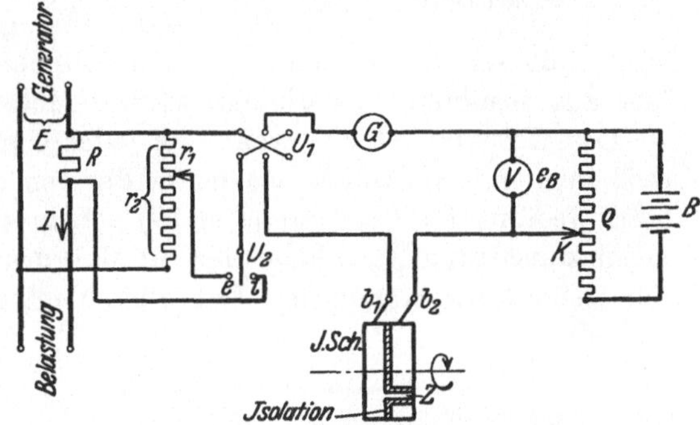

Abb. 26. Experimentelle Bestimmung von Strom- und Spannungskurven mittels Joubertscher Scheibe.

selben Augenblickswert des Wechselstromes. Die Bürsten sind um die Achse der Scheibe drehbar angeordnet, so daß man verschiedene Augenblickswerte messen kann.

Die Messung läßt sich auf verschiedene Weise ausführen. Am genauesten sind die Null- oder Kompensationsmethoden. Als Beispiel einer solchen Methode wollen wir die Schaltung nach Abb. 26 näher betrachten.

Durch den Umschalter U_1 läßt sich die richtige Stromrichtung gegenüber der Kompensationsspannung der Batterie B einstellen, und durch den Umschalter U_2 kann man entweder die Spannungs- oder die Stromkurve des Hauptstromkreises messen. In dem Stromkreis $U_1 - G - \varrho - k - b_2 - b_1 - U_2$ erhält man einen Stromstoß bei jeder Umdrehung der Joubertschen Scheibe, und das Galvanometer G macht einen Ausschlag. Verschiebt man nun den Gleitkontakt k so lange, bis das Galvanometer stromlos wird, so ist die Spannung e_B gleich dem zu messenden Augenblickswert der Spannung über r_1 bzw. R, welcher der Stellung der Bürste b_2 entspricht.

Für U_2 in der Stellung (e) hat man

$$e = \frac{r_2}{r_1}\,e_B$$

und für U_2 in der Stellung (i) ist

$$i = \frac{e_B}{R}\,.$$

Ein Differentialgalvanometer mit zwei festen und einer beweglichen Spule läßt sich auch bei der Kompensationsmethode verwenden. Die Schaltung geht aus Abb. 27 hervor. Die eine feste Spule ($FS\ 1$) führt den Wechselstrom i_w, dessen Kurvenform ermittelt werden soll, während die andere feste Spule ($FS\ 2$) einen Gleichstrom i_g führt. Die bewegliche Spule (BS) erhält Stromstöße von der Batterie B über die Joubertsche Scheibe. Man reguliert den Gleichstrom i_g, bis die bewegliche Spule in Ruhe bleibt. Dann ist i_g gleich dem Augenblickswert des Wechselstromes, welcher der Stellung der Bürsten der Joubertschen Scheibe entspricht.

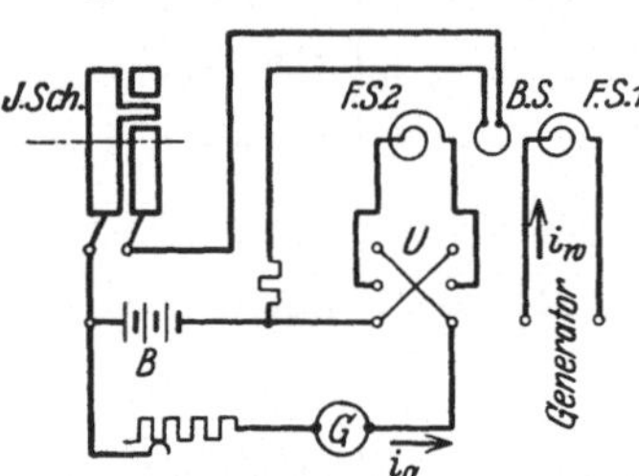

Abb. 27. Aufnahme von Wechselstromkurven mittels Differentialgalvanometer.

Wenn eine große Genauigkeit nicht gefordert wird, läßt sich die Schaltung nach Abb. 28 verwenden. Die Scheibe besteht hier aus Isolierstoff, worin ein kleines Metallstückchen eingelegt ist.

Das Galvanometer G erhält bei jeder Umdrehung der Scheibe einen Stromstoß in dem Augenblick, wo beide Bürsten das Metallstückchen berühren. Ein stark gedämpftes Galvanometer (G) von großer Schwingungsdauer macht dann einen konstanten Ausschlag, der ein Maß des entsprechenden Augenblickswertes der Generatorspannung ist. Der Ausschlag ist aber nicht dem Augenblickswert

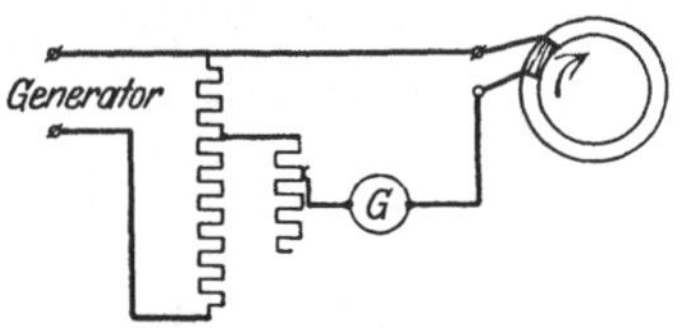

Abb. 28. Aufnahme von Wechselstromkurven mittels Galvanometer.

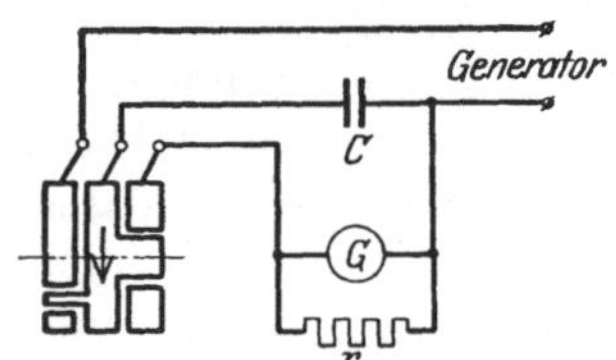

Abb. 29. Aufnahme von Wechselstromkurven nach der Methode von Blondel.

proportional, so daß das Galvanometer mittels Gleichspannung geeicht werden muß. Der Kontaktgeber muß sauber arbeiten; denn sonst treten leicht kleine Fünkchen auf, die das Meßresultat erheblich fälschen können.

In der Abb. 29 ist eine Anordnung nach Blondel angedeutet. Die zu messende Spannung ladet einen Kondensator auf, und dieser wird unmittelbar nachher durch das Galvanometer entladen.

Diese Methoden zur punktweisen Aufnahme von Wechselstromkurven sind immer mehr von den Oszillographen verdrängt worden, welche die vollständige Aufzeichnung der Kurven gestatten. Bei den heutigen großen Anforderungen an die Kurvenreinheit der Wechselstromgeneratoren ist jedoch die Untersuchung mittels Oszillographen nicht immer ausreichend. In der letzten Zeit verwendet man daher Methoden, welche gestatten, eine direkte experimentelle Fouriersche Analyse der Kurvenform auszuführen. Eine solche Anordnung nennt man einen harmonischen Analysator.

Es soll hier ein harmonischer Analysator nach M. Walker[1] angegeben werden (Abb. 30).

Die Methode beruht auf dem Prinzip, daß ein gewöhnliches Dynamometer für Leistungsmessung nur dann einen konstanten Ausschlag zeigen kann, wenn in dem festen und in dem beweglichen Spulensystem Ströme von derselben Periodenzahl fließen.

Die zu analysierende Spannung E wird an die Klemmen A und B geschaltet. In Reihe mit der beweglichen Spule (b) des astatischen Dynamometers (D) ist ein Kondensator C_1 eingeschaltet. Enthält nun die Spannung E eine n-te Oberschwingung mit dem Effektivwert E_n, so wird der Strom J_b, welcher durch die bewegliche Spule fließt, auch eine n-te Oberschwingung enthalten, die gegeben ist durch die Beziehung

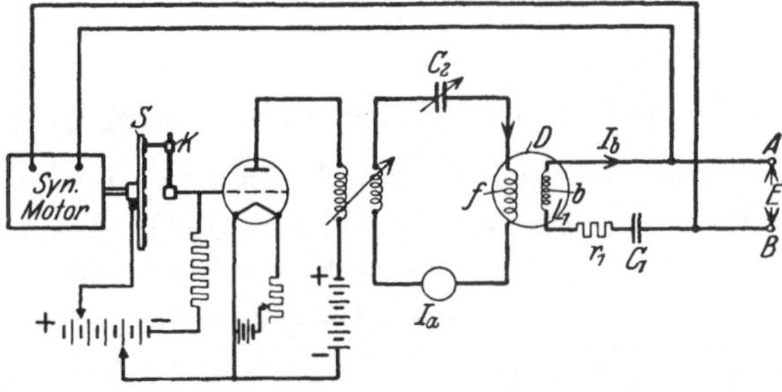

Abb. 30. Harmonischer Analysator.

$$J_n = \frac{E_n}{z_n}, \qquad \text{wo} \qquad z_n = \sqrt{r_1^2 + \left(2\,\pi\,n\,f\cdot L_1 - \frac{1}{2\,\pi\,n\,f\,C_1}\right)^2},$$

wenn f die Grundperiodenzahl bedeutet [siehe Gl. (112)]. Den Analysierstrom J_a erhält man mit Hilfe eines Synchronmotors, an dessen Welle eine Kontaktscheibe S angebracht ist. Auf der Vorderseite dieser Scheibe sind mehrere konzentrische Ringe mit abwechselnden Isolier- und Metallsegmenten angeordnet, und zwar ein Ring für jede Harmonische.

Die verschiebbare Bürste (K) wird auf den der n-ten Oberschwingung entsprechenden Ring eingestellt; das Gitter des Vakuumrohres erhält somit n Spannungsstöße in der Sekunde. Der im Anodenstromkreis fließende Strom besteht dann aus einem Gleichstrom und einem überlagerten, stark verzerrten Wechselstrom von der Grundperiodenzahl $n\cdot f$. Mittels eines auf Resonanz mit dieser Periodenzahl eingestellten Schwingungskreises wird ein nahezu rein sinusförmiger Strom (J_a) erhalten. Dieser Strom fließt nun durch die feste Spule des Dynamometers, dessen Ausschlag gleich

$$\alpha = k\cdot J_a\cdot J_n\cdot \cos\varphi$$

wird.

φ ist der Phasenverschiebungswinkel zwischen den Strömen J_a und J_n und kann bei Drehung der Bürste K zum Verschwinden gebracht werden. Das Dynamometer macht dann einen maximalen Ausschlag

$$\alpha_{\max} = k\cdot J_a\cdot J_n.$$

Der Analysierstrom J_a wird mittels eines Hitzdrahtamperemeters gemessen. Wenn die Konstante (k) des Dynamometers bekannt ist, findet man hieraus

$$J_n = \frac{\alpha_{\max}}{k\cdot J_a}$$

---

[1] An Electric Harmonic Analyser. J. Inst. El. Engs. **63**, 69.

und somit

$$E_n = \frac{\alpha_{max}}{k \cdot J_a} \cdot z_n \,.$$

Mit dieser Methode ließen sich in einem bestimmten Fall Oberschwingungen bis zu der 35. und bis zu der Größenordnung ein Zehntausendstel der Grundschwingung herab bestimmen.

8. Wechselströme von zusammengesetzter Kurvenform.

Alle Oberwellen eines Stromkreises lassen sich als Zeitvektoren darstellen. Wenn beispielsweise der Vektor $\overline{OA}$ in der Abb. 31 den Höchstwert der n-ten Oberwelle der Stromkurve eines Stromkreises darstellt, wobei nach Gl. (89)

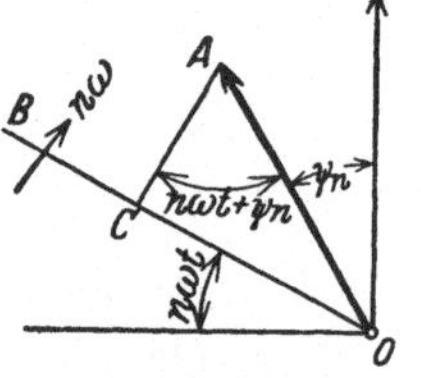

$$\overline{OA} = J_{n\,max} = \sqrt{a_n^2 + b_n^2}$$

und

$$\operatorname{tg} \psi_n = \frac{b_n}{a_n}$$

Abb. 31. Die n-te Oberwelle als Zeitvektor dargestellt.

ist, so erhält man für den Augenblickswert

$$i_n = \overline{OC} = J_{n\,max} \sin (n\,\omega\,t + \psi_n)\,. \tag{105}$$

Hierin ist $\overline{OC}$ die Projektion des Vektors $\overline{OA}$ auf die Zeitlinie OB, die mit der Winkelgeschwindigkeit $n \cdot \omega$ um den Punkt O rotiert.

Der Wert

$$J_n = \frac{1}{\sqrt{2}} \cdot J_{n\,max} \tag{106}$$

wird der **Effektivwert der n-ten Oberwelle der Stromkurve** genannt.

Fließt ein beliebiger Wechselstrom

$$\begin{aligned}
i &= J_{1\,max} \sin (\omega\,t + \psi_1) + J_{3\,max} \sin (3\,\omega\,t + \psi_3) + \cdots \\
&= \sqrt{2}\,(J_1 \sin (\omega\,t + \psi_1) + J_3 \sin (3\,\omega\,t + \psi_3) + \cdots)
\end{aligned} \tag{107}$$

durch den Widerstand r, die Selbstinduktion L und die Kapazität C, die in Reihe geschaltet sind, so wird jede Oberwelle der Stromkurve eine entsprechende Gegen-EMK erzeugen, und die Klemmenspannung e muß eine entgegengesetzt gerichtete Oberwelle besitzen. Für die n-te Oberwelle ergibt sich somit

$$e_n = \sqrt{2} \cdot E_n \cdot \sin (n\,\omega\,t + \psi_n + \varphi_n), \tag{108}$$

wobei

$$E_n = J_n \sqrt{r^2 + \left(n\,\omega\,L - \frac{1}{n\,\omega\,C}\right)^2} \tag{109}$$

und

$$\operatorname{tg} \varphi_n = \frac{n\,\omega\,L - \dfrac{1}{n\,\omega\,C}}{r}\,. \tag{110}$$

Umgekehrt wird jede Oberwelle der Spannungskurve eine entsprechende Oberwelle der Stromkurve erzeugen.

Die Größe

$$x_n = n\,\omega\,L - \frac{1}{n\,\omega\,C} \tag{111}$$

ist die **Reaktanz** des Stromkreises gegenüber der n-ten Oberwelle.

Das Verhältnis

$$\frac{E_n}{J_n} = \frac{E_{n\,max}}{J_{n\,max}} = \sqrt{r^2 + \left(n\,\omega\,L - \frac{1}{n\,\omega\,C}\right)^2} = z_n \qquad (112)$$

wird die **Impedanz** des Stromkreises gegenüber der n-ten Oberwelle genannt.
Spannungsresonanz für die n-te Oberwelle tritt ein, wenn

$$n\,\omega\,L = \frac{1}{n\,\omega\,C} \qquad \text{oder} \qquad n\,\omega = \frac{1}{\sqrt{LC}}. \qquad (113)$$

Dann wird

$$\frac{E_n}{J_n} = r \qquad \text{und} \qquad \varphi_n = 0.$$

In diesem Fall treten häufig Überspannungen auf, die z. B. zu Überschlägen in
den Wicklungen der Maschinen und Transformatoren oder im Dielektrikum von
Kabeln usw. führen können.

Da die Impedanz gegenüber den ungleichen Oberwellen verschieden ist, so
erhält die Stromkurve nur dann dieselbe Form wie die Spannungskurve, wenn
der Stromkreis ausschließlich Ohmschen Widerstand besitzt. Wenn der Stromkreis nur Ohmschen Widerstand und Selbstinduktion besitzt, so nimmt die
Impedanz mit der Ordnungszahl der Oberwellen zu, und die Oberwellen der
Stromkurve sind in diesem Falle kleiner als diejenigen der Spannungskurve.
Die Selbstinduktion bewirkt also, daß die Stromkurve sich der Sinusform nähert.

Das Umgekehrte ist der Fall, wenn der Stromkreis Widerstand und Kapazität
enthält. Die Oberwellen treten dann deutlicher in der Stromkurve als in der
Spannungskurve hervor, und die Stromkurve kann unter Umständen ganz deformiert werden.

9. Effektivwert, Leistung und Leistungsfaktor eines Wechselstromes von zusammengesetzter Kurvenform.

Nach Gl. (21) ist der Effektivwert eines Wechselstromes

$$J = \sqrt{\frac{1}{T} \int\limits_0^t i^2\,dt}.$$

Berechnet man diesen Wert für einen Wechselstrom zusammengesetzter Kurvenform

$$i = \quad a_1 \sin \omega\,t + a_3 \sin 3\,\omega\,t + \cdots + a_n \sin n\,\omega\,t + \cdots$$
$$+ b_1 \cos \omega\,t + b_3 \cos 3\,\omega\,t + \cdots + b_n \cos n\,\omega\,t + \cdots,$$

so erhalten wir eine Reihe bestimmter Integrale, welche alle, bis auf diejenige
der Formen

$$\frac{1}{T}\,a_n^2 \int\limits_0^T \sin^2 n\,\omega\,t \cdot dt = \frac{1}{2}\,a_n^2$$

und

$$\frac{1}{T}\,b_n^2 \int\limits_0^T \cos^2 n\,\omega\,t \cdot dt = \frac{1}{2}\,b_n^2,$$

gleich Null werden.

Wir erhalten somit

$$J^2 = \tfrac{1}{2}\,(a_1^2 + a_3^2 + \cdots + b_1^2 + b_3^2 + \cdots)$$

oder nach Gl. (89) und (106)

$$J = \frac{1}{\sqrt{2}}\,\sqrt{J_{1\,\text{max}}^2 + J_{3\,\text{max}}^2 + J_{5\,\text{max}}^2 + \cdots}$$

$$= \sqrt{J_1^2 + J_3^2 + J_5^2 + \cdots}\,. \tag{114}$$

In derselben Weise ergibt sich für den Effektivwert der Spannung

$$E = \sqrt{E_1^2 + E_3^2 + E_5^2 + \cdots}\,. \tag{115}$$

Eine graphische Ermittlung des Effektivwertes aus den Effektivwerten der einzelnen Oberwellen geht aus der Abb. 32 hervor.

Die Leistung eines Wechselstromes ist

$$P = \frac{1}{T}\int_0^T e \cdot i\, dt\,.$$

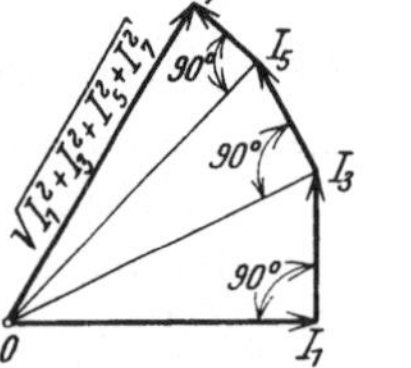

Abb. 32. Graphische Ermittlung desEffektivwertes aus den Effektivwerten der Oberwellen.

Setzen wir nun

$$i_m = \sqrt{2} \cdot J_m \sin (m\,\omega\,t + \psi_m - \varphi_m)$$

und

$$e_n = \sqrt{2} \cdot E_n \sin (n\,\omega\,t + \psi_n)\,,$$

so erhält man für die Leistung der n-ten Oberwelle eine Reihe bestimmter Integrale von der Form

$$\frac{2}{T}\,E_n \cdot J_m \int_0^T \sin (n\,\omega\,t + \psi_n)\sin (m\,\omega\,t + \psi_m - \varphi_m)\,dt, \qquad m = 1,\,2,\,3\ldots$$

welche alle, bis auf diejenige der Form

$$\frac{2}{T}\,E_n \cdot J_n \int_0^T \sin (n\,\omega\,t + \psi_n)\sin (n\,\omega\,t + \psi_n - \varphi_n)\,dt = E_n \cdot J_n \cdot \cos\varphi_n$$

gleich Null werden.

Wir erhalten somit

$$P = E_1 \cdot J_1 \cdot \cos\varphi_1 + E_3 \cdot J_3 \cdot \cos\varphi_3 + E_5 \cdot J_5 \cdot \cos\varphi_5 + \cdots \tag{116}$$

Die Gesamtleistung eines Wechselstromes ist also gleich der Summe der Leistungen der einzelnen Oberwellen.

Eine Oberwelle des Stromes erzeugt also keine Leistung mit einer Spannungsoberwelle von einer anderen Periodenzahl. (Vgl. Abschn. 7, harmonischer Analysator.)

Wechselströme ungleicher Periodenzahlen lassen sich daher über eine und dieselbe Leitung übertragen, ohne daß sie einander beeinflussen. Alle Aufgaben, welche Wechselströme zusammengesetzter Kurvenform betreffen, lassen sich in der Weise lösen, daß man jede einzelne Oberwelle für sich berechnet.

Es geht aus der Gl. (110) hervor, daß die einzelnen Oberwellen bei Wechselströmen ungleiche Phasenverschiebungswinkel gegenüber den entsprechenden

Spannungen besitzen. Der Phasenverschiebungswinkel eines Stromes von zusammengesetzter Kurvenform ist daher nicht unmittelbar gegeben. In solchen Fällen setzt man

$$P = E \cdot J \cdot \cos \varphi$$

oder

$$\cos \varphi = \frac{P}{E \cdot J}, \tag{117}$$

wobei P die Leistung, E und J die Effektivwerte der Spannung bzw. des Stromes sind.

Der Winkel φ wird der ideelle Phasenverschiebungswinkel genannt, und $\cos \varphi$ nennt man gewöhnlich den Leistungsfaktor des Stromes.

10. Einfluß der Kurvenform auf Messungen.

Die Skalen der gewöhnlichen, technischen Strom- und Spannungsmesser sind für Effektivwerte eingeteilt. Für die meisten Zwecke der Technik genügt dies; aber es ist nicht immer hinreichend, was wir im folgenden sehen werden.

1. Messung von Selbstinduktionskoeffizienten durch Strom- und Spannungsmessung. Hat man eine Selbstinduktionsspule mit verschwindend kleinem Ohmschen Widerstand, so läßt sich der Selbstinduktionskoeffizient L dadurch messen, daß man einen Wechselstrom von bekannter Periodenzahl durch die Spule schickt und den Strom J und die Spannung E mißt. Sind nun Oberwellen vorhanden, so entsteht bei der Bestimmung von L ein Fehler, wenn wir von den Effektivwerten ausgehen. Für die einzelnen Wellen haben wir nämlich

$$J_1 = \frac{E_1}{\omega L}, \qquad J_3 = \frac{E_3}{3 \omega L}, \qquad J_5 = \frac{E_5}{5 \omega L}$$

und für den Gesamtstrom

$$J = \sqrt{J_1^2 + J_3^2 + J_5^2 + \cdots}$$
$$= \frac{1}{\omega L} \cdot \sqrt{E_1^2 + \left(\frac{1}{3} E_3\right)^2 + \left(\frac{1}{5} E_5\right)^2 + \cdots}.$$

Die Gesamtspannung ist

$$E = \sqrt{E_1^2 + E_3^2 + E_5^2 + \cdots}.$$

E und J sind also die gemessenen Werte. Bestimmen wir nun L aus der Gleichung

$$L' = \frac{E}{\omega J}, \tag{118}$$

so erhalten wir einen zu großen Wert, denn der wirkliche Wert ist

$$L = \frac{E}{\omega J} \sqrt{\frac{1 + \frac{1}{9}\left(\frac{E_3}{E_1}\right)^2 + \frac{1}{25}\left(\frac{E_5}{E_1}\right)^2 + \cdots}{1 + \left(\frac{E_3}{E_1}\right)^2 + \left(\frac{E_5}{E_1}\right)^2 + \cdots}}. \tag{119}$$

Aus dieser Formel sehen wir, daß die Oberwellen E_3, E_5 usw. verhältnismäßig groß sein müssen, wenn die Wurzel erheblich von der Einheit verschieden sein soll. Es genügt daher in den meisten Fällen, L aus der einfachen Formel (118) zu berechnen.

Beispiel. Es sei

$$\frac{E_3}{E_1} = \frac{1}{3}.$$

Der Wurzelwert ist dann

$$\sqrt{\frac{1 + \frac{1}{9} \cdot \frac{1}{9}}{1 + \frac{1}{9}}} = 0{,}955.$$

Der Fehler, den man bei Anwendung der Formel (118) begeht, ist also nur $4^1/_2$ %.

2. Messung von Kapazitäten durch Strom- und Spannungsmessungen. Eine Kapazität kann auch durch Messung der Effektivwerte von Strom und Spannung bestimmt werden. Treten Oberwellen auf, so hat man

$$J_1 = \omega C \cdot E_1, \quad J_3 = 3\,\omega C \cdot E_3, \quad J_5 = 5\,\omega C \cdot E_5$$

und

$$J = \omega C \sqrt{E_1^2 + 9\,E_3^2 + 25\,E_5^2 + \cdots},$$

$$E = \sqrt{E_1^2 + E_3^2 + E_5^2 + \cdots}.$$

E und J sind dann wieder die gemessenen Werte; würden wir aber zur Bestimmung von C die Formel

$$C' = \frac{J}{\omega E} \tag{120}$$

verwenden, so würde hierbei ein großer Fehler entstehen; denn der wirkliche Wert ist

$$C = \frac{J}{\omega E} \sqrt{\frac{1 + \left(\frac{E_3}{E_1}\right)^2 + \left(\frac{E_5}{E_1}\right)^2 + \cdots}{1 + 9\left(\frac{E_3}{E_1}\right)^2 + 25\left(\frac{E_5}{E_1}\right)^2 + \cdots}}. \tag{121}$$

Beispiel. Es sei wieder

$$\frac{E_3}{E_1} = \frac{1}{3}.$$

Dann ist der Wurzelwert

$$\sqrt{\frac{1 + \frac{1}{9}}{1 + 1}} = 0{,}75,$$

und die Formel (120) würde also einen um etwa 25 % zu großen Wert ergeben.

3. Messung und Berechnung des Ohmschen Widerstandes eines Wechselstromkreises. Da die Gesamtleistung P, welche in einem Stromkreise verbraucht wird, immer der Summe der Leistungen der einzelnen Oberwellen gleich ist, so läßt sich

$$P = J_1^2 r_1 + J_3^2 r_3 + J_5^2 r_5 + \cdots$$

setzen.

Wenn diese Leistung nur in dem Stromleiter selbst verbraucht wird, so stellen $r_1, r_3, r_5, \ldots$ die Ohmschen Widerstände des Leiters gegenüber den 1., 3., 5. Oberwellen dar.

Wenn der Querschnitt des Leiters klein ist, so verteilt sich der Strom nahezu gleichmäßig über den Querschnitt. Unter dieser Voraussetzung hat man

$$r_1 = r_3 = r_5 = \cdots = r$$

und

$$P = (J_1^2 + J_3^2 + J_5^2 + \cdots)\, r = J^2\, r,$$

wobei J der Effektivwert des Stromes ist. Der Widerstand r läßt sich dann durch einen Leistungsmesser und einen Strommesser messen, der den Effektivwert des Stromes angibt, und derselbe stimmt mit dem mit Gleichstrom gemessenen Wert überein.

Im allgemeinen sind jedoch die Verhältnisse viel komplizierter als wir oben vorausgesetzt haben.

Befinden sich z. B. andere Leiter in der Nähe des Wechselstromkreises, so entstehen infolge der gegenseitigen Induktion zwischen diesen und dem Stromkreis induzierte, sogenannte sekundäre Ströme, auch Wirbelströme oder Foucaultsche Ströme genannt. Diese Wirbelströme erzeugen ihrerseits auch Joulesche Wärmeverluste, und diese müssen von dem primären Stromkreise gedeckt werden. Der Leistungsmesser würde also nicht nur den Jouleschen Wärmeverlust in dem Widerstand des Stromkreises selbst anzeigen, sondern auch die Verluste durch Wirbelströme in benachbarten Leitern. Der Widerstand des Stromkreises wird also scheinbar vergrößert. Es entstehen auch Ströme in benachbarten Leitern infolge der elektrostatischen Induktion. Der Stromkreis selbst wirkt dann wie die eine Belegung, die benachbarten Leiter wie die zweite Belegung eines Kondensators. Auch die hierdurch entstehenden Verluste müssen von dem primären Stromkreis gedeckt werden. In benachbarten Eisenmassen entstehen Verluste infolge der magnetischen Hysteresis, und in den Isolierstoffen treten Verluste durch dielektrische Hysteresis auf.

Aber auch in dem Innern der Leiter des primären Stromkreises selbst treten Wirbelströme auf. Denn wenn sich das magnetische Feld im Innern eines Leiters ändert, so werden in dem Leiter EMKe induziert, die eine Strömung hervorrufen. Sie wirken nach dem Lenzschen Gesetz entmagnetisierend, suchen also das innere magnetische Feld zu vernichten.

Die Folge davon ist, daß die Strömung im Innern des Leiters geschwächt wird. Die Stromdichte nimmt somit vom Innern bis zur Oberfläche zu. Dieser sogenannte Haut- oder Skineffekt (Stromverdrängung) ist um so größer, je größer der Leiterquerschnitt und je höher die Periodenzahl ist. Die Stromverdrängung ist daher größer für die Oberwellen als für die Grundwelle des Stromes. Auch die inneren Wirbelströme erzeugen Joulesche Wärmeverluste. Der Widerstand, eines Stromleiters für Wechselstrom (Wirkwiderstand) ist daher immer größer als für Gleichstrom. Der Widerstand für die Oberwellen ist größer als für die Grundwelle.

$$r_1 < r_3 < r_5 \cdots.$$

Es ist von großer Wichtigkeit, bei der Berechnung von elektrischen Maschinen und Transformatoren diese zusätzlichen Verluste berechnen zu können. Es sollen deshalb einige der wichtigsten Formeln hierfür angegeben werden.

a) **Wirbelströme in einem geraden Draht.** Die Feldverteilung und die Stromdichte als Funktion des Abstandes von der Achse eines kreiszylindrischen Drahtes soll später behandelt werden. Es sollen hier nur die Formeln zur Berechnung des effektiven Widerstandes in diesem Fall angegeben werden.

Ist

$a =$ Radius des Drahtes in cm,

$\varrho =$ spezifischer Widerstand in absoluten elektromagnetischen C.G.S.-Einheiten (Widerstand eines Würfels von 1 cm Seite),

$f =$ Periodenzahl,

$\mu =$ Permeabilität,

$$x = \pi \cdot a \cdot \sqrt{\frac{f \cdot \mu}{\varrho}} = a \cdot \sqrt{f} \cdot \pi \sqrt{\frac{\mu}{\varrho}} \tag{122}$$

und ist r_0 der Gleichstromwiderstand, r der Wirkwiderstand, dann ist für

$$\left.\begin{aligned}
x < 1 \quad & \frac{r}{r_0} = 1 + \frac{x^4}{3} - \frac{4}{45} \cdot x^8, \\[2mm]
x > 1 \quad & \frac{r}{r_0} = x + \frac{1}{4} + \frac{3}{64 \cdot x}, \\[2mm]
x = 1 \quad & \frac{r}{r_0} = 1{,}26.
\end{aligned}\right\} \tag{123}$$

Es ist für

$$\text{Kupfer} \quad \pi \sqrt{\frac{\mu}{\varrho}} = 0{,}075,$$

$$\text{Aluminium} \quad \pi \sqrt{\frac{\mu}{\varrho}} = 0{,}053,$$

$$\text{Eisen} \quad \pi \sqrt{\frac{\mu}{\varrho}} = 0{,}3 \text{ bis } 1{,}5.$$

Für $f = 50$ Hz ist z. B. für Kupfer $x = 0{,}53 \cdot a$.

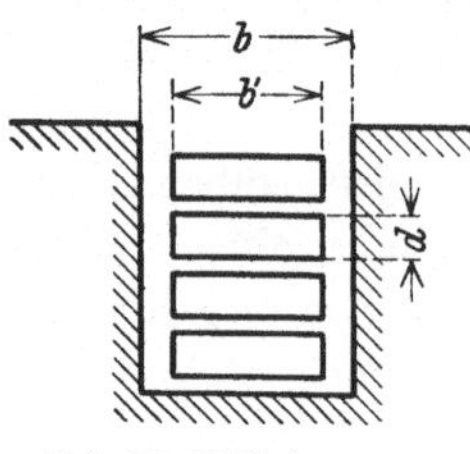

Abb. 33. Erläuterung zu Gl. (125).

b) **Wirbelströme in Ankerstäben bei sinusförmigem Wechselstrom.** Die Wirbelströme in Stäben, die im Eisen eingebettet sind, verlaufen im allgemeinen so, daß eine Zusammendrängung der Stromlinien an der oberen (äußeren) Kante des Stabquerschnittes stattfindet.

Man nennt diese Erscheinung **einseitige Hautwirkung.** Die darauf beruhenden Stromwärmeverluste sind von A. B. Field, R. Richter und W. Rogowski u. a. berechnet worden.

Mit den Bezeichnungen in der Abb. 33 ist der Joulesche Wärmeeffekt **in einem Stab** vom Gleichstromwiderstand r_0

$$P_r = r_0 \left[J_0^2 \, \varphi(x) + J_1 (J_1 + J_0) \, \psi(x) \right]. \tag{124}$$

$J_0 =$ Strom in dem betreffenden Stab,

$J_1 =$ Gesamtstrom aller darunter liegenden Stäbe.

$$x = 2\pi d \cdot \sqrt{\frac{f \cdot \mu}{\varrho} \cdot \frac{b'}{b}} = 2 d \cdot \sqrt{f} \cdot \pi \sqrt{\frac{\mu}{\varrho}} \cdot \sqrt{\frac{b'}{b}}. \tag{125}$$

Wie unter a) angegeben, ist für Kupfer $\pi \sqrt{\dfrac{\mu}{\varrho}} = 0{,}075$. Für $f = 50$ ist also x nahezu gleich d, wo d die Stabdicke in cm bedeutet. Die Funktionen φ und ψ sind gegeben durch

$$\left.\begin{aligned}
\varphi(x) &= x \cdot \frac{\mathfrak{Sin}\, 2x + \sin 2x}{\mathfrak{Cos}\, 2x - \cos 2x}, \\[2mm]
\psi(x) &= 2x \, \frac{\mathfrak{Sin}\, x - \sin x}{\mathfrak{Cos}\, x + \cos x}.
\end{aligned}\right\} \tag{126}$$

Der Wärmeeffekt P_r tritt in dem vom Nutenstreufeld durchsetzten Teil des Stabes ein.

Wenn jeder Stab denselben Strom J_0 führt, dann ist für den p-ten Stab (p vom Nutengrund aus gezählt)

$$J_1 = (p - 1) J_0,$$

und wir erhalten für den Wärmeeffekt des p-ten Stabes

$$P_r = J_0^2 r_0 \cdot [\varphi(x) + p(p-1) \cdot \psi(x)].$$ (127)

Wenn z die Zahl der übereinanderliegenden Stäbe ist, und jeder Stab denselben Gesamtstrom J_0 führt, dann wird der Stromwärmeverlust sämtlicher Stäbe der Nut

$$P'_r = J_0^2 \cdot z \cdot r_0 \left[\varphi(x) + \frac{z^2 - 1}{3} \psi(x) \right].$$ (128)

Enthält der Strom höhere Harmonische, so werden die Wirbelstromverluste größer als bei sinusförmigem Strom. Bei der Berechnung der Stromwärmeverluste der Oberwellen müssen zunächst die entsprechenden Werte von x bestimmt werden; im übrigen gelten ähnliche Ausdrücke wie oben.

Drittes Kapitel.

Analytische und graphische Methoden.

11. Das Rechnen mit komplexen Zahlen.

Bekanntlich läßt sich jede komplexe Zahl durch einen Punkt der Ebene darstellen.

Wir werden im folgenden die komplexen Zahlen durch überstrichene Buchstaben kennzeichnen. Die imaginäre Achse wählen wir horizontal und die reelle senkrecht dazu wie aus der Abb. 34 hervorgeht. Wir werden weiter die Drehung im entgegengesetzten Sinn des Uhrzeigers positiv wählen (mathematischer Drehsinn). Eine komplexe Zahl

$$\bar{r} = a + jb, \quad j = \sqrt{-1}$$ (129)

ist also dargestellt durch den Punkt (ab) in der Gaußschen Zahlenebene. j ist die imaginäre Einheit.

Nach der Eulerschen Formel ist

$$\bar{r} = r \cdot e^{j\varphi} = r(\cos\varphi + j\sin\varphi),$$ (130)

wobei $e = 2{,}718 \ldots$ die Basis der natürlichen Logarithmen bedeutet.

Es ist also

$$a = r\cos\varphi, \quad \text{und} \quad b = r\sin\varphi.$$ (131)

Hieraus ergibt sich

$$r = \sqrt{a^2 + b^2} \quad \text{und} \quad \varphi = \operatorname{arctg}\frac{b}{a},$$ (132)

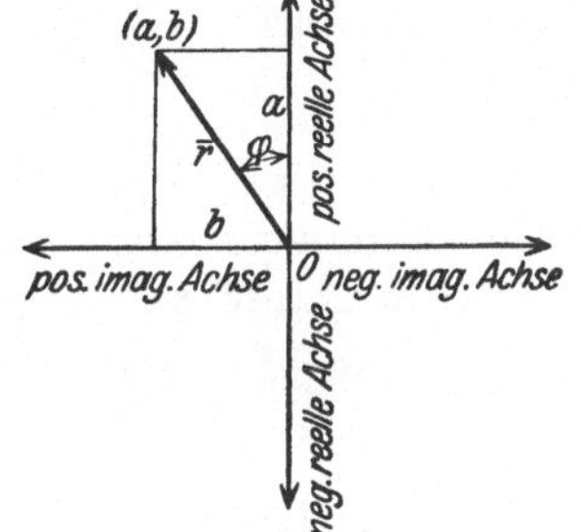

Abb. 34. Darstellung komplexer Zahlen.]

r wird der Modulus oder der absolute Betrag und φ das Argument der komplexen Zahl r genannt. Die komplexe Zahl r läßt sich somit auch als der Vektor $O(ab)$ deuten und umgekehrt.

Die große Bedeutung dieser Darstellung in der Elektrotechnik liegt vor allem darin, daß es mit ihrer Hilfe möglich wird, in bequemer Weise die Vektordiagramme in die Sprache der Algebra zu übersetzen.

Sind zwei komplexe Zahlen gegeben:

$$\bar{r}_1 = a_1 + jb_1 = r_1 \cdot e^{j\varphi_1},$$
$$\bar{r}_2 = a_2 + jb_2 = r_2 \cdot e^{j\varphi_2},$$ (133)

so ist ihre

Summe oder Differenz

$$\bar{r} = \bar{r}_1 \pm \bar{r}_2 = a_1 \pm a_2 + j(b_1 \pm b_2).$$ (134)

Die graphische Addition und Subtraktion geht aus der Abb. 35 hervor.
Ihr Produkt ist

$$\bar{r} = \bar{r}_1 \cdot \bar{r}_2 = a_1 a_2 - b_1 b_2 + j(a_1 b_2 + a_2 b_1) = r_1 \cdot r_2 \cdot e^{j(\varphi_1 + \varphi_2)}. \tag{135}$$

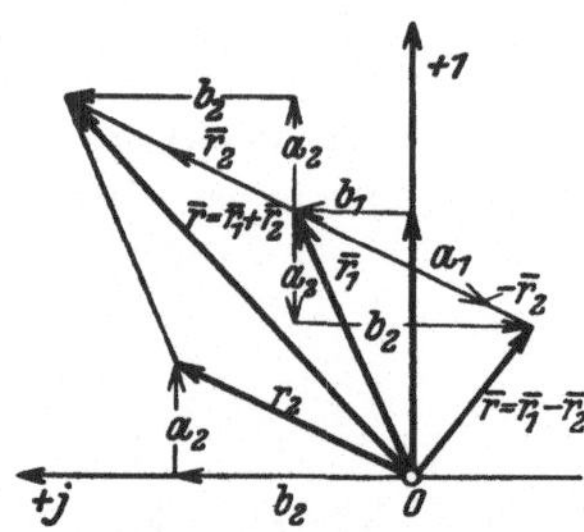

Abb. 35. Graphische Addition und
Subtraktion komplexer Zahlen.

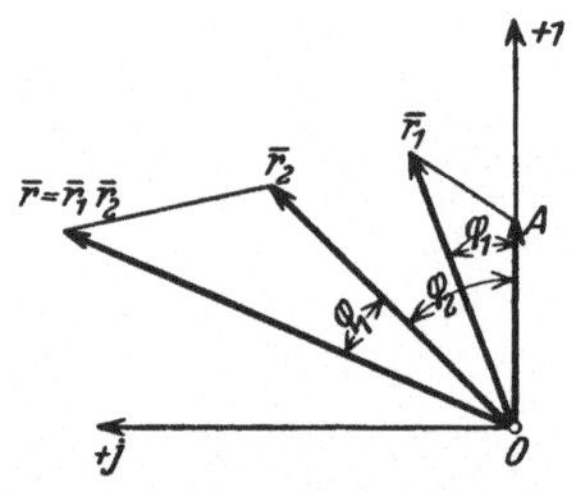

Abb. 36. Graphische Multiplikation und
Division komplexer Zahlen.

Die graphische Multiplikation zeigt die Abb. 36. Es ist $OA = 1$ und die zwei
Dreiecke sind ähnlich.

Ihr Quotient ist

$$\bar{r} = \frac{\bar{r}_2}{\bar{r}_1} = \frac{a_2 + jb_2}{a_1 + jb_1} = \frac{r_2}{r_1} e^{j(\varphi_2 - \varphi_1)}. \tag{136}$$

Vertauscht man $\bar{r}$ und $\bar{r}_2$ in der Abb. 36, wird die graphische Division ohne weiteres
ersichtlich.

Ist
$$\bar{r}_1 = \bar{r}_2,$$
so heißt dies
$$a_1 = a_2 \quad \text{und} \quad b_1 = b_2, \tag{137}$$
oder
$$r_1 = r_2 \quad \text{und} \quad \varphi_1 = \varphi_2.$$

Eine komplexe Gleichung ist daher stets zwei reellen Gleichungen äquivalent.

Zwei komplexe Zahlen

$$\bar{r} = a + jb = r\,e^{j\varphi},$$
$$\bar{r}^* = a - jb = r\,e^{-j\varphi} \tag{138}$$

nennt man konjugierte komplexe Zahlen. Ihr Produkt ist reell und dem Quadrate
des absoluten Betrages gleich.

Z. B. ist

$$\frac{a_2 + jb_2}{a_1 + jb_1} = \frac{a_2 + jb_2}{a_1 + jb_1} \cdot \frac{a_1 - jb_1}{a_1 - jb_1} = \frac{a_1 a_2 + b_1 b_2 + j(a_1 b_2 - a_2 b_1)}{a_1^2 + b_1^2}. \tag{139}$$

In dieser Weise kann man immer den Nenner eines komplexen Bruches reell machen.

Der Vektor $e^{j\varphi}$ hat die Länge 1 und bildet mit der reellen Achse den Winkel φ.
Ist dieser Winkel 2π oder $2k\cdot\pi$ (k = eine ganze Zahl), so fällt der Vektor in die
Richtung der reellen Achse. Es muß also sein

$$e^{j2k\pi} = 1 \tag{140}$$
und
$$\sqrt[n]{1} = e^{j\frac{2k\pi}{n}} = \cos\frac{2k\pi}{n} + j\sin\frac{2k\pi}{n}. \tag{141}$$

Ebenso sieht man, daß

$$e^{\pm j\frac{\pi}{2}} = \pm j \tag{142}$$

ist.

12. Darstellung der Wechselstromgrößen durch komplexe Zahlen. „Symbolische Darstellung."

In Abschn. 1 haben wir gesehen, wie sich ein Sinusstrom

$$i = \sqrt{2} \cdot J \cdot \sin (\omega t + \varphi_i) \tag{143}$$

durch einen ebenen Vektor — „Zeitvektor" — $\overline{OA}$ in Abb. 3 darstellen läßt. Dieser Vektor läßt sich also auch durch die komplexe Zahl

$$\overline{J} = J e^{j \varphi_i} = J \cos \varphi_i + j J \cdot \sin \varphi_i \tag{144}$$

ausdrücken.

In der Abb. 3 ist sonach

$$\left.\begin{aligned}
J \cos \varphi_i &= \frac{m}{\sqrt{2}} \cdot \overline{OD} = m_1 \cdot \overline{OD} \\[2ex]
J \sin \varphi_i &= \frac{m}{\sqrt{2}} \cdot \overline{OC_0} = m_1 \cdot \overline{OC_0}.
\end{aligned}\right\} \tag{145}$$

und

Diese Darstellung nennt man „symbolisch" und ihre ausgedehnte Verwendung in der Elektrotechnik verdankt sie in erster Reihe C. P. Steinmetz.

Fließt der Strom i durch die Reihenschaltung des Ohmschen Widerstandes r und der Reaktanz x, so ist die Klemmenspannung

$$e = \sqrt{2} \cdot J \cdot z \sin (\omega t + \varphi_i + \varphi),$$

$$z = \sqrt{r^2 + x^2} \quad \text{und} \quad \varphi = \operatorname{arctg} \frac{x}{r};$$

also ist der symbolische Ausdruck für diese Klemmenspannung

$$\overline{E} = J \cdot z \, e^{j(\varphi_i + \varphi)} = J \cdot e^{j \varphi_i} \cdot z \, e^{j \varphi},$$

oder

$$\overline{E} = \overline{J} \cdot z \, e^{j \varphi}. \tag{146}$$

Setzen wir

$$\bar{z} = z \cdot e^{j \varphi} = z (\cos \varphi + j \sin \varphi) = z \left(\frac{r}{z} + j \frac{x}{z}\right) = r + jx, \tag{147}$$

so wird $\bar{z}$ der symbolische Ausdruck der Impedanz des Stromkreises, und diese läßt sich somit auch als ein Vektor darstellen.

Wir erhalten demnach

$$\overline{E} = \bar{z} \cdot \overline{J}. \tag{148}$$

Dies ist das Ohmsche Gesetz für Wechselstrom in symbolischer Darstellung. $\overline{E}$, $\bar{z}$ und $\overline{J}$ sind hierbei Vektoren, die in der Ebene fest liegen.

Wir können aber auch rotierende Vektoren symbolisch ausdrücken. Dies geschieht einfach dadurch, daß wir den betreffenden Vektor mit dem Faktor $e^{j \omega t}$ multiplizieren. Denn dieser Faktor stellt einen Vektor dar, der den Betrag 1 hat und sich mit der Winkelgeschwindigkeit ω um den Nullpunkt dreht.

Da nun der Momentanwert des Stromes oder der Spannung der Projektion des rotierenden Vektors auf der horizontalen oder imaginären Achse gleich ist, so folgt hieraus

$$i = \sqrt{2} \cdot J \sin (\omega t + \varphi_i) = \Im\mathrm{m} \left(\sqrt{2} \cdot \overline{J} \cdot e^{j \omega t}\right), \tag{149}$$

wobei der letzte Ausdruck den imaginären Teil der in der Klammer enthaltenen komplexen Größe bedeutet.

Als symbolische Darstellung des Momentanwertes eines sinusförmigen Wechselstromes wollen wir daher den Ausdruck

$$i = \sqrt{2} \cdot \bar{J} \cdot e^{j\omega t} \tag{150}$$

benutzen, indem wir darunter den imaginären Teil desselben verstehen.

Fließt der Strom i durch eine Selbstinduktion L mit vernachlässigbarem Widerstand, so ist ihre Klemmenspannung nach Gl. (148)

$$\bar{E}_s = j\omega L \cdot \bar{J}.$$

Denselben Ausdruck erhalten wir aber, wenn wir die Gl. (150) nach t differenzieren und mit L multiplizieren. Es ist

$$L\frac{di}{dt} = \sqrt{2}\,j\omega L \cdot \bar{J}\,e^{j\omega t} = \sqrt{2} \cdot \bar{E}_s \cdot e^{j\omega t} = e_s. \tag{151}$$

Hiermit ist bewiesen, daß man den symbolischen Ausdruck für den Momentanwert einer Wechselstromgröße nach der Zeit differenzieren und integrieren darf.

Dieses, auf die komplexe Rechnung gegründete Rechnungsverfahren ist ebenso wie das Vektordiagramm nur auf bereits stationär gewordene Wechselstromvorgänge anwendbar.

So erhält man z. B. die stationäre Lösung der Differentialgleichung (74), wenn man in diese für i den symbolischen Ausdruck einsetzt.

Die Differentialgleichung lautet:

$$e = i\,r + L\frac{di}{dt} + \frac{\int i\,dt}{C}$$

Es wird

$$\frac{di}{dt} = \sqrt{2}\,j\omega\bar{J} \cdot e^{j\omega t} = j\omega i,$$

$$\int i\,dt = \frac{\sqrt{2} \cdot \bar{J}}{j\omega}\,e^{j\omega t} = \frac{1}{j\omega}\,i, \tag{152}$$

$$e = \sqrt{2}\,\bar{E} \cdot e^{j\omega t},$$

so daß sich ergibt:

$$\bar{E}\,e^{j\omega t} = \left(r + j\omega L + \frac{1}{j\omega C}\right) \cdot \bar{J} \cdot e^{j\omega t} \tag{153}$$

oder

$$\bar{E} = \bar{z} \cdot \bar{J}; \qquad \bar{z} = r + j\omega L + \frac{1}{j\omega C}$$

in Übereinstimmung mit der Gl. (148).

Aus Gl. (148) folgt weiter

$$\bar{J} = \frac{\bar{E}}{\bar{z}} = \bar{y} \cdot \bar{E}, \tag{154}$$

wobei

$$\bar{y} = \frac{1}{\bar{z}} = \frac{1}{z}\,e^{-j\varphi} = y \cdot e^{-j\varphi} \tag{155}$$

oder

$$\bar{y} = \frac{1}{r + jx} = \frac{r}{r^2 + x^2} - j\frac{x}{r^2 + x^2} = g - jb. \tag{156}$$

Wenn man, von dem Spannungsvektor ausgehend, den Stromvektor für einen induktiven Stromkreis bestimmen will, so muß man den Gln. (154) und (155) gemäß den Spannungsvektor um einen negativen Winkel φ drehen und mit dem absoluten Betrag der Admittanz multiplizieren.

Betrachten wir die Augenblickswerte der Ströme eines Knotenpunktes oder der Spannungen eines geschlossenen Vielecks, so ist nach den Kirchhoffschen Gesetzen

$$\sum_1^n i_x = 0 \quad \text{bzw.} \quad \sum_1^n e_x = 0.$$

Substituieren wir hier die symbolischen Ausdrücke nach Gl. (150), so ergibt sich

$$\sum_1^n \bar{J}_x = 0 \quad \text{bzw.} \quad \sum_1^n \bar{E}_x = 0. \tag{157}$$

Die Leistung läßt sich folgendermaßen durch komplexe Zahlen ausdrücken:

Es ist die Wirkleistung:

$$P_w = E \cdot J \cdot \cos(\varphi_e - \varphi_i) \tag{158}$$

und die Blindleistung:

$$P_b = E \cdot J \cdot \sin(\varphi_e - \varphi_i). \tag{159}$$

Es folgt daraus, daß die Scheinleistung

$$P_s = E \cdot J \tag{160}$$

als eine komplexe Zahl aufgefaßt werden kann, deren reeller Teil die Wirkleistung und deren imaginärer Teil die Blindleistung ist. Es ist also

$$\bar{P}_s = P_w + j P_b = E \cdot J \left(\cos(\varphi_e - \varphi_i) + j \sin(\varphi_e - \varphi_i)\right) \tag{161}$$

oder

$$\bar{P}_s = E \cdot J \cdot e^{j(\varphi_e - \varphi_i)} = P_s \cdot e^{j(\varphi_e - \varphi_i)}.$$

Diesen Vektor erhält man durch Multiplikation des Spannungsvektors mit dem konjugierten Stromvektor; denn wir haben

$$\bar{P}_s = \bar{E} \cdot \bar{J}^* = E \cdot e^{j\varphi_e} \cdot J \cdot e^{-j\varphi_i} = E \cdot J \cdot e^{j(\varphi_e - \varphi_i)}. \tag{162}$$

13. Strom- und Spannungsdiagramme. Transformation der Koordinaten.

In der Praxis hat man im allgemeinen mit Strömen zu tun, deren Effektivwerte und Phasenwinkel sich ändern. Die Endpunkte eines solchen Stromvektors J bilden dann eine Kurve, welche die Stromkurve oder das Stromdiagramm genannt wird (K_1 in der Abb. 37).

Die entsprechende Spannung E ändert sich gewöhnlich auch und die Endpunkte des Spannungsvektors bilden eine sogenannte Spannungskurve oder ein Spannungsdiagramm (K_2 in der Abb. 37). Ist die Impedanz z des Stromkreises eine Konstante, so sind K_1 und K_2 einander ähnlich.

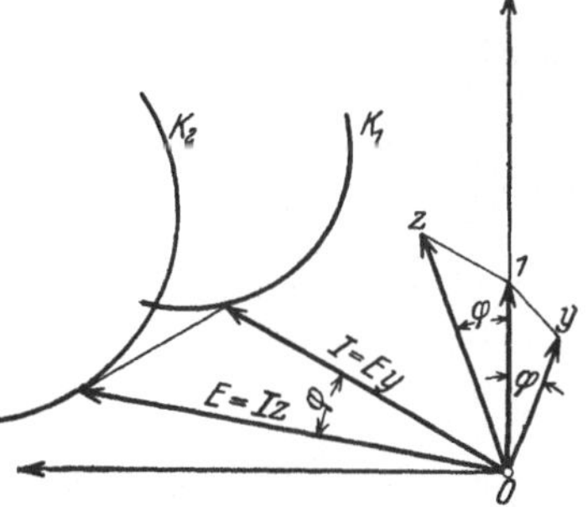

Abb. 37. Strom- und Spannungsdiagramm eines Stromkreises.

Man findet die Spannungskurve, indem man die Stromkurve um den Winkel φ dreht — wobei φ das Argument der Impedanz ist — und alle Stromvektoren mit dem absoluten Betrage der Impedanz multipliziert, d. h. die Spannungskurve ergibt sich durch Multiplikation der Werte der Stromkurve mit der komplexen Zahl $\bar z$. Umgekehrt erhält man die Stromkurve durch Multiplikation der Werte der Spannungskurve mit der komplexen Zahl $\bar y$, wobei $\bar y$ die Admittanz bedeutet.

Die eben erwähnte Drehung der Kurven läßt sich durch eine gleiche Drehung der Koordinatenachsen im entgegengesetzten Sinne, und die Multiplikation der Vektoren mit der Impedanz (bzw. Admittanz) läßt sich durch eine entsprechende Änderung des Maßstabes ersetzen. Durch diese Transformation der Koordinaten kann dieselbe Kurve sowohl die Änderung des Stromes wie die der Spannung darstellen. Dieses Verfahren ist sehr bequem bei graphischer Darstellung der Wechselstromgrößen. Zur Erläuterung dieser Methode wollen wir die nachstehenden Beispiele studieren.

1. Beispiel. Spannungsregulierung einer Arbeitsübertragung. In der Praxis wird oft eine konstante Spannung an der Sekundärstation verlangt. Dies kann dadurch geschehen, daß man die Primärspannung entsprechend reguliert. Ist beispielsweise eine

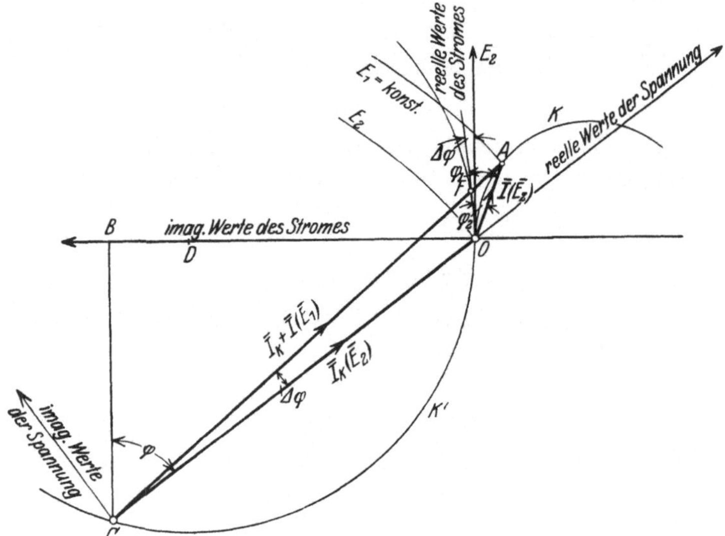

Abb. 38. Spannungsregulierung einer Arbeitsübertragung.

Sekundärstation mit Strom J bei konstanter Spannung $E_2 = 1000$ V über eine Leitung von der Impedanz

$$\bar z = z \cdot e^{j\varphi} = r + j\,x = 3 + j\,4\,\Omega \tag{163}$$

zu versorgen, so ist die Spannung in der Primärstation

$$\bar E_1 = E_2 + \bar J \cdot \bar z, \tag{164}$$

wobei E_2 reell gewählt ist.

Setzen wir hier

$$\bar E_1 = \bar z\,(\bar J_k + \bar J), \tag{165}$$

worin

$$\bar J_k = \frac{E_2}{\bar z} = \frac{1000}{3 + j\,4}\,\mathrm{A} = 120 - j\,160\,\mathrm{A} = 200 \cdot e^{-j\varphi}\,\mathrm{A} \tag{166}$$

den Kurzschlußstrom der Leitung bei der Spannung E_2 bezeichnet, so läßt sich die primäre Spannungsänderung für eine beliebige Belastung folgendermaßen graphisch ermitteln. In der Abb. 38 ist E_2 längs der Ordinatenachse abgetragen. Die Kurve K des Belastungsstromes sei in dem Maßstabe $m_i = 20$ A/cm gegeben.

Machen wir

$$\overline{OB} = \frac{160}{20} = 8\ \text{cm} \quad \text{und} \quad \overline{BC} = \frac{120}{20} = 6\ \text{cm},$$

so stellt der Vektor $\overline{CO}$ den Kurzschlußstrom in demselben Maßstabe dar:

$$\overline{J}_k = m_i \cdot \overline{CO}. \tag{167}$$

Für einen Belastungsstrom

$$\overline{J} = m_i \cdot \overline{OA} \tag{168}$$

ist

$$\overline{J}_k + \overline{J} = m_i \cdot \overline{CA}. \tag{169}$$

Aus der Gl. (163) haben wir

$$\varphi = \operatorname{arctg} \frac{4}{3} = \operatorname{arctg} \cdot \frac{OB}{BC} \tag{170}$$

und aus Gl. (165) folgt

$$\overline{E}_1 = \overline{z} \cdot m_i \cdot \overline{CA}. \tag{171}$$

Bei Leerlauf ($\overline{J} = 0$) wird

$$\overline{E}_1 = \overline{E}_2 = z \cdot m_i \cdot \overline{CO}; \tag{172}$$

bei Belastung ist also die **vektorielle** Spannungssteigerung

$$\overline{E}_z = \overline{z} \cdot \overline{J} = \overline{z} \cdot m_i \cdot \overline{OA}. \tag{173}$$

Das Dreieck CAO stellt somit die drei Spannungen E_1, E_2 und E_z im Maßstabe

$$m_e = z \cdot m_i \tag{174}$$

dar.

Führen wir nun ein neues Koordinatensystem mit der reellen Achse längs CO ein, so erhalten wir die drei Spannungen in diesem System in ihrer richtigen Phase.

Die **algebraische** Spannungssteigerung wird

$$\Delta E = m_e(CA - CO) \tag{175}$$

oder in Prozent:

$$\Delta E\% = \frac{CA - CO}{CO}\,100\%.$$

Die primäre Spannung E_1 eilt der sekundären Spannung um den Winkel $\Delta\varphi$ vor.

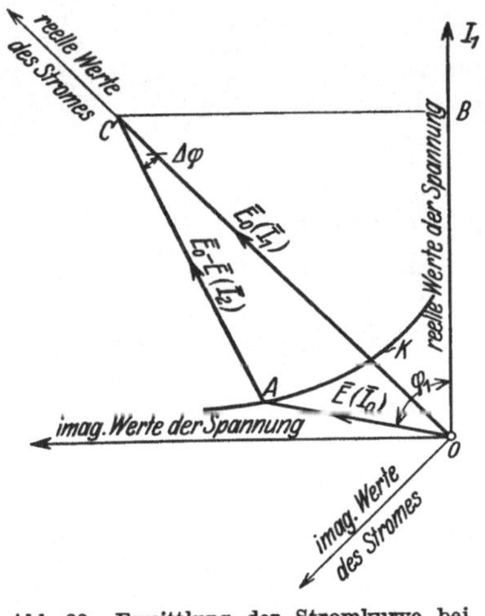

Mithin wird der Phasenwinkel zwischen $\overline{E}_1$ und $\overline{J}$

$$\varphi_1 = \varphi_2 + \Delta\varphi = \sphericalangle\,(\overline{OF}, \overline{OA}), \tag{176}$$

wobei F der Schnittpunkt zwischen dem Kreise K' und dem Vektor $\overline{CA}$ ist.

Diese Konstruktion ist, wie man sieht, für eine beliebige Stromkurve K gültig.

2. Beispiel. Im vorigen Beispiel setzten wir die Stromkurve als bekannt voraus. Wir können aber eine ähnliche Betrachtung für den Fall anstellen, daß die Spannungskurve gegeben ist und die Stromkurve gesucht wird.

In der Abb. 39 sei K die Kurve der Spannung E. Für den Stromkreis Abb. 40 wollen wir das Diagramm des Stromes J_2 ermitteln, wenn der Strom J_1 konstant ist. $\overline{J}_1 = J_1 =$ reell und konstant. Wir erhalten

$$\overline{J}_2 = J_1 - \overline{J}_0 = J_1 - \overline{E} \cdot \overline{y}_0$$

oder

$$\overline{J}_2 = \overline{y}_0(\overline{E}_0 - \overline{E}), \tag{177}$$

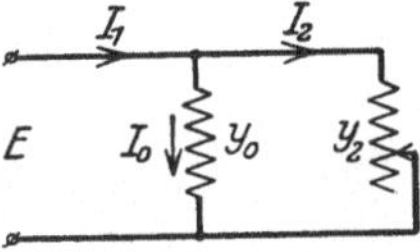

Abb. 40. Stromkreis für das Diagramm Abb. 39.

Abb. 39. Ermittlung der Stromkurve bei gegebener Spannungskurve durch Transformation der Koordinaten.

wobei

$$\overline{E}_0 = \frac{J_1}{\overline{y}_0} = (r_0 + j\,x_0) \cdot J_1 \tag{178}$$

die Spannung ist, welche den Strom J_1 bei Leerlauf ($J_2 = 0$) durch die Admittanz $\overline{y}_0$ treibt.

Es sei m_e der Maßstab der Spannung, dann ist

$$\overline{E}_0 = m_e \cdot \overline{OC},$$
$$\overline{E} = m_e \cdot \overline{OA},$$
$$\overline{E}_0 - \overline{E} = m_e \cdot \overline{AC}.$$

Mithin ist

$$\overline{J}_0 = \overline{y}_0 \cdot \overline{E} = \overline{y}_0 \cdot m_e \cdot \overline{OA},$$
$$\overline{J}_1 = \overline{y}_0 \cdot \overline{E}_0 = \overline{y}_0 \cdot m_e \cdot \overline{OC}, \tag{179}$$
$$\overline{J}_2 = \overline{y}_0 \cdot (\overline{E}_0 - \overline{E}) = \overline{y}_0 \cdot m_e \cdot \overline{AC}.$$

Das Dreieck OCA stellt also die Ströme in dem Maßstabe

$$m_i = m_e \cdot y_0 \tag{180}$$

dar. Führen wir zugleich ein neues Koordinatensystem mit der reellen Achse längs $\overline{OC}$ ein, so erscheinen die Ströme in diesem in ihren richtigen Phasenlagen.

Der Phasenwinkel zwischen $\overline{E}$ und $\overline{J}_2$ wird

$$\varphi_2 = \varphi_1 + \Delta\varphi, \tag{181}$$

und der relative Stromverlust in y_0 ist

$$\frac{OC - AC}{OC}. \tag{182}$$

14. Inversion.

Betrachten wir die zwei Kurven K und K_1 in der Abb. 41, und gilt für einen beliebigen Strahl durch den festen Punkt O die Beziehung

$$\overline{OA} \cdot \overline{OA}_1 = I, \tag{183}$$

wobei I eine Konstante ist, so heißen K und K_1 inverse Kurven, A und A_1 inverse oder korrespondierende Punkte. O heißt Inversionszentrum und I Inversionspotenz.

1. Satz. Die inverse Kurve einer Geraden ist ein Kreis durch das Inversionszentrum. Der Durchmesser des Kreises durch das Inversionszentrum steht senkrecht zu der Geraden (Abb. 42).

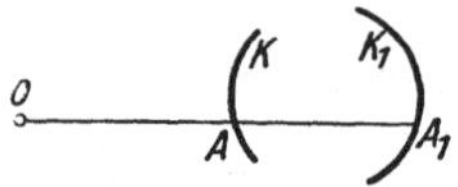

Abb. 41. Inverse Kurven.

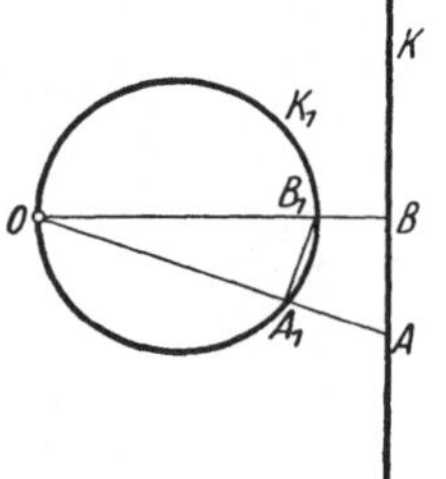

Abb. 42. Inversion einer Geraden.

Beweis: Die beiden Dreiecke OA_1B_1 und OBA sind ähnlich; also ist

$$OA_1 : OB_1 = OB : OA$$

oder

$$OA_1 \cdot OA = OB_1 \cdot OB = I.$$

Umgekehrt ist die inverse Kurve eines Kreises, der durch das Inversionszentrum geht, eine Gerade.

2. Satz. Die inverse Kurve eines Kreises, der nicht durch das Inversionszentrum geht, ist ein Kreis, und das Inversionszentrum ist ein Ähnlichkeitspunkt für die beiden Kreise (Abb. 43).

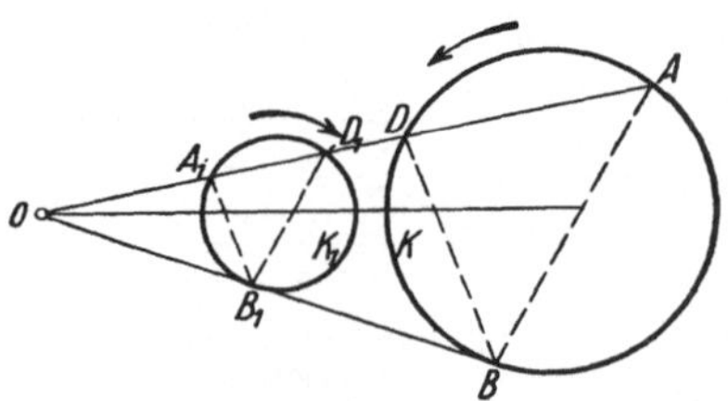

Abb. 43. Inverse Kurve eines Kreises.

Beweis:

$$OD_1 : OA = OA_1 : OD$$

oder

$$OA \cdot OA_1 = OD \cdot OD_1 = OB \cdot OB_1 = I.$$

Fallen beide Kreise zusammen, so ist der Kreis seine eigene inverse Kurve, und die Inversionspotenz ist

$$I = OB^2. \tag{184}$$

Der Satz gilt auch, wenn das Inversionszentrum O innerhalb des Kreises liegt (die Rolle der Polaren und Tangenten wird vertauscht).

Schneiden oder berühren sich zwei Kurven in dem Punkte A, so schneiden bzw. berühren sich die inversen Kurven in dem zu A korrespondierenden Punkt A_1.

Schneiden die zwei Kurven sich in A unter einem gewissen Winkel, so werden die inversen Kurven sich in A_1 unter demselben Winkel schneiden.

Der Inversion können wir die folgende ganz allgemeine Fassung geben.

In einem rechtwinkligen Koordinatensystem (x, y) sei eine Kurve $y = f(x)$ gegeben. Der Radiusvektor vom Koordinatenanfang nach einem beliebigen Punkt der Kurve ist dann

$$r = \sqrt{x^2 + y^2}.$$

Der Winkel φ, den r mit der y-Achse bildet, ist

$$\varphi = \operatorname{arctg} \frac{x}{y}.$$

Wir suchen dann in einem anderen rechtwinkligen Koordinatensystem (u, v) eine Kurve $u = F(v)$, welche die Eigenschaft hat, daß der Radiusvektor

$$\varrho = \sqrt{u^2 + v^2} = \frac{I}{r}$$

und

$$\operatorname{arctg} \frac{u}{v} = \varphi$$

ist.

Es ist dann

$$u^2 + v^2 = \frac{I^2}{x^2 + y^2} \tag{185}$$

und

$$\frac{u}{v} = \frac{x}{y},$$

Um die Transformation der Kurve $y = f(x)$ von der (x, y)-Ebene in die (u, v)-Ebene vorzunehmen, haben wir also die Substitutionen

$$x = \frac{I \cdot u}{u^2 + v^2} \quad \text{und} \quad y = \frac{I \cdot v}{u^2 + v^2} \tag{186}$$

in die Gleichung $y = f(x)$ einzuführen.

Es sei z. B. der Kreis

$$x^2 + y^2 + Ax + By + C = 0$$

gegeben.

Die Mittelpunktskoordinaten sind also

$$\mu = -\frac{A}{2}; \qquad \nu = -\frac{B}{2}$$

und der Kreisradius

$$R = \sqrt{\mu^2 + \nu^2 - C}.$$

Führen wir die Substitution aus, so erhalten wir in der (u, v)-Ebene die Kurve

$$u^2 + v^2 + I \cdot \frac{A}{C} u + I \cdot \frac{B}{C} v + I^2 \cdot \frac{1}{C} = 0.$$

Diese Gleichung stellt einen Kreis dar.

Die Mittelpunktskoordinaten dieses Kreises sind

$$\mu_1 = I \frac{\mu}{\mu^2 + \nu^2 - R^2}, \tag{187}$$

$$\nu_1 = I \frac{\nu}{\mu^2 + \nu^2 - R^2},$$

und der Radius ist

$$R_1 = I \frac{R}{\mu^2 + \nu^2 - R^2}. \tag{188}$$

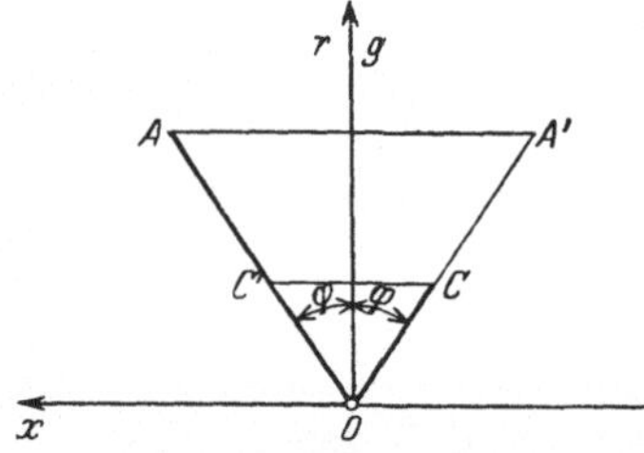

Abb. 44. Ermittlung der Admittanz durch Inversion des Spiegelbildes der Impedanz.

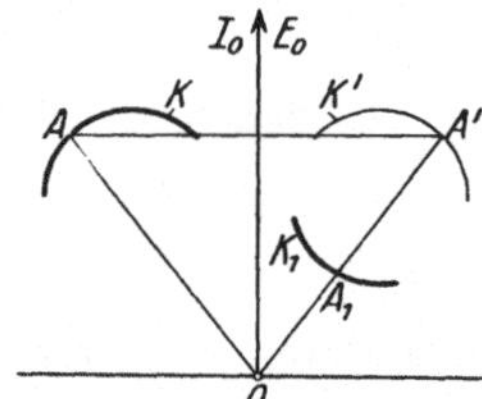

Abb. 45. Ermittlung der Stromkurve durch Inversion des Spiegelbildes der Spannungskurve.

In der Abb. 44 ist OA eine Impedanz

$$\bar{z} = z \cdot e^{j\varphi}; \tag{189}$$

die entsprechende Admittanz

$$\bar{y} = \frac{1}{\bar{z}} = \frac{1}{z} e^{-j\varphi} \tag{190}$$

ist durch den Vektor OC dargestellt.

Ist der Maßstab für die Impedanz gleich n und für die Admittanz gleich m, so ist

$$z \cdot y = n \cdot OA \cdot m \cdot OC = 1. \tag{191}$$

Ist A' das Spiegelbild des Punktes A in der reellen Achse, so ist

$$OC \cdot OA' = \frac{1}{n \cdot m} = I. \tag{192}$$

Hieraus ersieht man, daß sich eine Impedanzkurve in die entsprechende Admittanzkurve durch Inversion des Spiegelbildes der Impedanzkurve in der reellen Achse transformieren läßt.

In der Abb. 45 sei z. B. K das Spannungsdiagramm eines Stromkreises bei konstantem Strom J_0 bekannt. Ist die Impedanz z des Stromkreises von dem

Strom und der Spannung unabhängig, so ist für eine beliebige Belastung

$$E = n_e \cdot OA = J_0 \cdot z, \tag{193}$$

wobei n_e der Spannungsmaßstab ist.

Das Spannungsdiagramm ist also dem Impedanzdiagramm proportional.

Ebenso besteht Proportionalität zwischen dem Admittanz- und dem Strom-diagramme, wenn die Spannung als konstant angenommen wird; denn wir haben

$$J = m_i \cdot OA_1 = E_0 \cdot y. \tag{194}$$

Da nun z und y inverse Größen sind, findet man die Stromkurve durch Inversion des Spiegelbildes K' der Spannungskurve K.

Dabei ist m_i der Maßstab des Stromdiagrammes. Es sei K_1 die zu K' inverse Kurve, dann sind A_1 und A' korrespondierende Punkte. Wir haben jetzt

$$E \cdot J = n_e \cdot OA \cdot m_i OA_1 = n_e \cdot m_i OA' \cdot OA_1 = E_0 \cdot J_0$$

oder

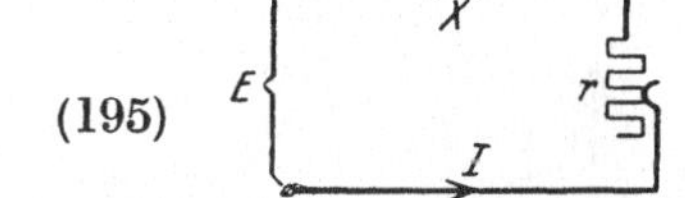

$$OA' \cdot OA_1 = \frac{E_0 \cdot J_0}{n_e \cdot m_i} = I. \tag{195}$$

In dem Stromkreise Abb. 46 sei z. B. x eine Konstante, während r veränderlich ist. Wir wollen das Stromdiagramm unter Voraussetzung einer konstanten Spannung E bestimmen.

Abb. 46. Stromkreis mit
veränderlichem Wider-
stand.

Wir zeichnen dann zuerst das Impedanzdiagramm (K in der Abb. 47).

Es ist

$$OB = \frac{x}{n} \tag{196}$$

und

$$BA = \frac{r}{n},$$

wo A ein laufender Punkt auf der vertikalen Geraden K ist. Das Spiegelbild der Impedanzkurve K in bezug auf die reelle Achse ist K'.

Die Admittanzkurve K_1 ist dann die zu K' inverse Kurve in bezug auf O, also ein Kreis, dessen Durchmesser

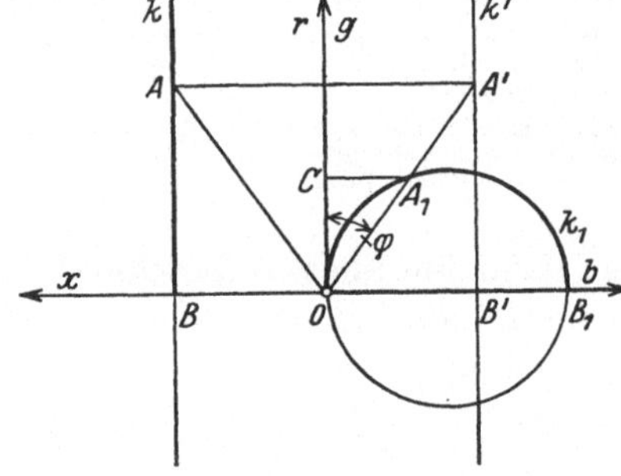

Abb. 47. Ermittlung des Stromdiagrammes der Schaltung Abb. 46 durch Inversion.

$$OB_1 = \frac{1}{n \cdot m \cdot OB'} = \frac{1}{m \cdot x} \tag{197}$$

ist.

Wählen wir den Strommaßstab

$$m_i = E \cdot m, \tag{198}$$

so stellt K_1 gleichzeitig die Stromkurve dar. Bei Kurzschluß ($r = 0$) ist der Stromvektor gleich OB_1. Wird immer mehr Widerstand eingeschaltet, so bewegt sich der Endpunkt des Stromvektors längs des Kreises von B_1 über A_1 bis O.

Der Blindstrom CA_1 nimmt ständig ab, während der Wirkstrom zuerst von Null an zunimmt, ein Maximum erreicht, um wieder bis Null abzunehmen. Der Halbmesser des Kreises gibt den Höchstwert des Wirkstromes an.

Der Phasenverschiebungswinkel zwischen Strom und Spannung ist
$\varphi = \measuredangle\, CO A_1$.

Der untere Teil des Kreises entspricht einem „negativen Widerstand", also
einer generatorischen Wirkung.

15. Graphische Darstellung des Verlustes in einer vorgeschalteten Impedanz.

Soll ein Strom J über eine Impedanz $z = r + jx$ übertragen werden, so wird
die Leistung

$$P_r = J^2 \cdot r \tag{199}$$

in der Impedanz verbraucht. Es soll jetzt gezeigt werden, wie sich diese als Stromwärmeverlust bezeichnete Leistung für den Fall, daß das Stromdiagramm ein
Kreis ist, graphisch darstellen läßt. In der Abb. 48 sind μ und ν die Mittelpunktskoordinaten des Kreises K mit dem Radius R, u
und v die Koordinaten eines Kreispunktes. Die Gleichung des Kreises ist

$$(u - \mu)^2 + (v - \nu)^2 = R^2$$

oder

$$u^2 + v^2 - 2\,\mu\,u - 2\,\nu\,v = R^2 - \mu^2 - \nu^2 = -\varrho^2. \tag{200}$$

Setzen wir den Strommaßstab gleich 1 voraus, so
ergibt sich

$$P_r = J^2 r = r(u^2 + v^2) = 2r\left(\mu\,u + \nu\,v - \frac{\varrho^2}{2}\right). \tag{201}$$

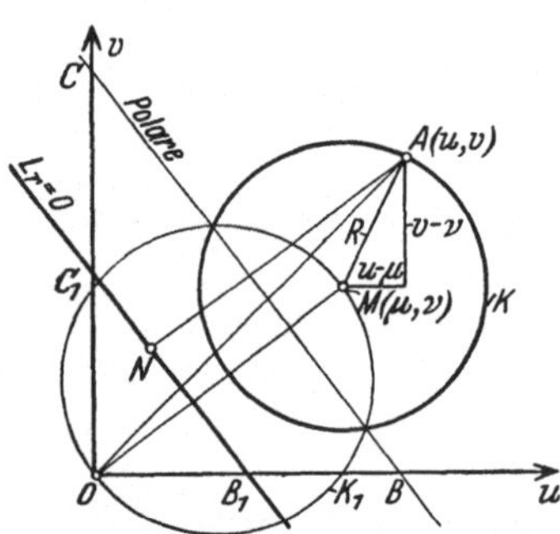
Abb. 48. Darstellung des Verlustes
in einer vorgeschalteten Impedanz
mittels der Halbpolare.

Schreiben wir zur Abkürzung

$$L_r = \mu\,u + \nu\,v - \frac{\varrho^2}{2}, \tag{202}$$

so stellt die lineare Gleichung $L_r = 0$ mit den laufenden Koordinaten u und v
eine Gerade dar. Die Polare des Kreises in bezug auf den Anfangspunkt O hat die
Gleichung

$$\mu\,u + \nu\,v - \varrho^2 = 0. \tag{203}$$

Die Gerade $L_r = 0$ verläuft also parallel zur Polare und halbiert den Abstand
zwischen der Polare und dem Anfangspunkt. Diese Gerade wird daher im folgenden die Halbpolare des Kreises in bezug auf den Anfangspunkt O genannt.

Die Konstruktion derselben geht aus der Abb. 48 hervor:

$$OB_1 = B_1 B \qquad \text{und} \qquad OC_1 = C_1 C.$$

Bringen wir die Gl. (202) auf die Normalform, so erhalten wir den Abstand AN
des Punktes $A(u, v)$ von der Halbpolare

$$A N = \frac{\mu\,u + \nu\,v - \dfrac{\varrho^2}{2}}{\sqrt{\mu^2 + \nu^2}} = \frac{L_r}{O M}. \tag{204}$$

Hieraus ergibt sich der Stromwärmeverlust

$$P_r = 2\,r \cdot L_r = 2\,r \cdot O M \cdot A N. \tag{205}$$

Es ist also der Stromwärmeverlust proportional dem Abstande des Belastungspunktes A von der Halbpolare des Kreises in bezug auf den Anfangspunkt des Stromvektors.

Ist der Strommaßstab des Diagrammes gleich m, so hat man

$$P_r = 2r \cdot m^2 \cdot OM \cdot AN. \tag{206}$$

Die Halbpolare wird auch als **Verlustlinie** bezeichnet.

Die Konstruktion der Verlustlinie, wenn der Anfangspunkt O innerhalb des Kreises liegt, geht aus der Abb. 49 hervor.

Wenn das Diagramm der Spannung E zwischen zwei Punkten eines Stromkreises durch einen Kreis dargestellt ist, und der Verlust in einer zwischen diesen Punkten geschalteten Admittanz $y = g - jb$ bestimmt werden soll, so erhalten wir dieselbe Konstruktion wie oben; denn der Verlust in der Admittanz ist

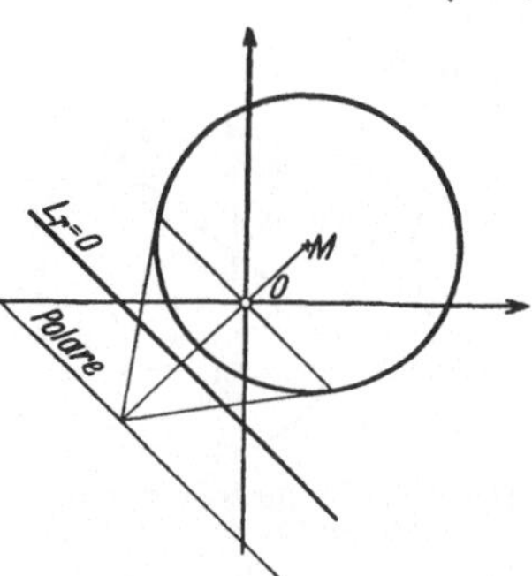

Abb. 49. Konstruktion der Verlustlinie.

$$P_y = E^2 \cdot g, \tag{207}$$

wobei E^2 sich ebenso wie vorhin J^2 durch die Entfernung der Kreispunkte von einer Verlustlinie $L_g = 0$ darstellen läßt.

16. Graphische Darstellung der Nutzleistung bei vorgeschalteter Impedanz.

Ist das Stromdiagramm eines Stromkreises gegeben derart, daß die zugeführte Spannung längs der Ordinatenachse aufgetragen ist, so ist die Leistung P_1, welche dem Stromkreis zugeführt wird,

$$P_1 = E \times \text{Wirkstrom} = E \cdot v, \tag{208}$$

wobei v die Ordinate der Stromkurve bedeutet. Der Unterschied zwischen dieser zugeführten Leistung und dem Stromwärmeverlust in einer vorgeschalteten Impedanz wollen wir in dieser Verbindung als **Nutzleistung** P_2 des Stromkreises bezeichnen; sie läßt sich auch graphisch darstellen, wenn die Stromkurve kreisförmig ist. Wir haben nämlich

$$P_2 = P_1 - P_r = E \cdot v - J^2 \cdot r = 2r \left(\frac{E}{2r} \cdot v - L_r \right), \tag{209}$$

wobei

$$L_r = \mu u + v v - \frac{\varrho^2}{2}$$

ist.

Setzen wir in ähnlicher Weise

$$L_1 = \frac{E}{2r} \cdot v \quad \text{und} \quad P_1 = 2r \cdot L_1,$$

so ist $L_1 = 0$ die Gleichung der Abszissenachse des Koordinatensystems. Dann ist

$$P_2 = 2r(L_1 - L_r) = 2r \cdot L_2, \tag{210}$$

wobei

$$L_2 = L_1 - L_r = -\mu \cdot u - \left(v - \frac{E}{2r} \right) v + \frac{\varrho^2}{2}. \tag{211}$$

Bei konstanter Spannung E ist $L_2 = 0$ die Gleichung einer Geraden durch den Schnittpunkt der Verlustlinie mit der Abszissenachse, und für irgendeinen Punkt $A(u, v)$ der Ebene besitzt der Ausdruck L_2 einen Wert, der dem Abstand des betrachteten Punktes von der Geraden $L_2 = 0$ proportional ist. Bezeichnen wir diesen Abstand mit $A N_2$ (Abb. 50), so ist nach der Normalform der linearen Gleichung (211)

$$L_2 = \sqrt{\mu^2 + \left(v - \frac{E}{2r}\right)^2} \cdot A N_2. \tag{212}$$

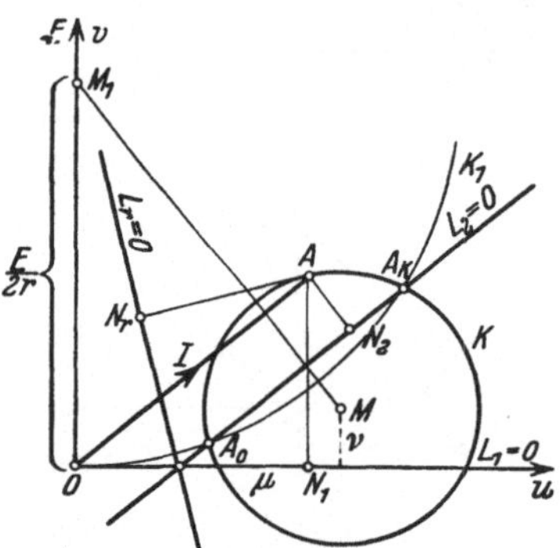

Abb. 50. Darstellung der Nutzleistung bei vorgeschalteter Impedanz.

Die Nutzleistung eines Stromkreises mit reihengeschalteter Impedanz, kreisförmigem Stromdiagramm und konstanter Spannung läßt sich somit graphisch durch den Abstand des betreffenden Punktes der Stromkurve von der Geraden $L_2 = 0$ darstellen. Man erhält die Gleichung $L_2 = 0$, wenn man die Kreisgleichung (K_1, Abb. 50)

$$u^2 + v^2 - \frac{E}{r} \cdot v = 0$$

von der Gleichung der Stromkurve

$$u^2 + v^2 - 2\mu u - 2\nu v + \varrho^2 = 0$$

subtrahiert. Die Linie der Nutzleistung geht daher durch die Schnittpunkte dieser beiden Kreise und läßt sich hierdurch konstruieren.

Ist $M M_1$ der Abstand der Kreismittelpunkte, so ist

$$L_2 = \sqrt{\mu^2 + \left(v - \frac{E}{2r}\right)^2} \cdot A N_2 = M M_1 \cdot A N_2. \tag{213}$$

Für den Strommaßstab m erhalten wir somit für die Nutzleistung

$$P_2 = 2r \cdot m^2 \cdot L_2 = 2r \cdot m^2 \cdot M M_1 \cdot A N_2 = m_2 \cdot A N_2 \tag{214}$$

und für die Verluste

$$P_r = 2r \cdot m^2 \cdot L_r = 2r \cdot m^2 \cdot O M \cdot A N_r = m_r \cdot A N_r. \tag{215}$$

Die Gesamtleistung ist

$$P_1 = 2r \cdot m \cdot L_1 = E \cdot m \cdot A N_1 = m_1 \cdot A N_1. \tag{216}$$

Hierin bedeuten m_1, m_2 und m_r die Maßstäbe der Leistungen. Diese sind also gewöhnlich voneinander verschieden. Man kann eine Leistung längs einer beliebigen Richtung messen, wenn der betreffende Maßstab mit dem Kosinus des Winkels zwischen der ursprünglichen und der gewählten Richtung multipliziert wird.

Der Maßstab z. B. für die Nutzleistung läßt sich auch dadurch berechnen, daß man für einen beliebigen Punkt der Verlustlinie die zugeführte Leistung berechnet und den Abstand des Punktes von der Linie der Nutzleistung mißt.

Der gesuchte Maßstab ergibt sich nun als das Verhältnis zwischen der zugeführten Leistung und dem gemessenen Abstand. Ähnlich erhält man den Maßstab der Verluste durch einen Punkt auf der Linie der Nutzleistung.

Die Konstruktion der Geraden $L_2 = 0$ mit Hilfe des Kreises K_1 läßt sich folgendermaßen erklären:

Zeichnet man das Stromdiagramm der Schaltung Abb. 51 bei konstanter Spannung E, so erhält man den Kreis K_1 (Abb. 50). Bei dieser Schaltung verschwindet die Nutzleistung und der Kreis K_1 wird somit der geometrische Ort der Belastungspunkte, deren Nutzleistung gleich Null ist.

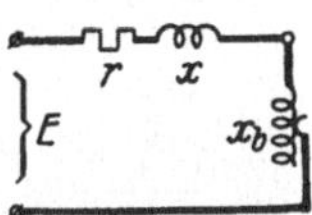

Abb. 51. Zur Ermittlung des Kreises K_1 in Abb. 50.

Eine Gerade ist durch zwei ihrer Punkte eindeutig bestimmt. Wenn daher zwei Punkte der Stromkurve bekannt sind, für welche die Nutzleistung verschwindet, so läßt sich die Linie $L_2 = 0$ unmittelbar konstruieren. Der eine dieser Punkte entspricht in der Regel dem sogenannten Kurzschlußpunkt A_k, für welchen der Stromkreis hinter der vorgeschalteten Impedanz $\bar{z}$ kurzgeschlossen ist, und der andere A_0 entspricht meistens dem sogenannten Leerlaufpunkt, für welchen der Belastungsstromkreis unterbrochen ist.

17. Geometrischer Hilfssatz. Graphische Darstellung von Wirkungsgraden.

Das in Abb. 52 gezeichnete Strahlenbüschel OA, OB, OC und OD wird von einer beliebigen Geraden AD, welche nicht durch den Punkt O geht, in den vier Punkten A, B, C, D geschnitten. Die Gerade AD heißt eine Transversallinie des Strahlenbüschels.

Setzen wir nun

$$\frac{AC}{BC} : \frac{AD}{BD} = v, \qquad (217)$$

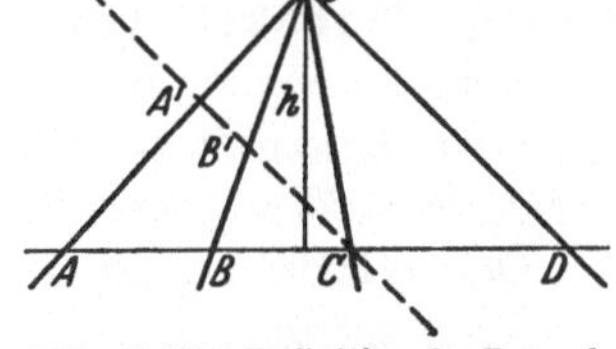

Abb. 52. Zur Definition des Doppelverhältnisses eines Strahlenbüschels.

so wird v das Doppelverhältnis der vier Punkte (A, B, C, D) genannt. Es gilt dann der Satz:

Das Doppelverhältnis der Schnittpunkte zwischen dem Strahlenbüschel und einer Transversallinie ist unabhängig von der Lage der Transversallinie in der Ebene.

Beweis: Es ist

$$\frac{\frac{1}{2}AC \cdot h}{\frac{1}{2}BC \cdot h} = \frac{\frac{1}{2}OA \cdot OC \cdot \sin(AOC)}{\frac{1}{2}OB \cdot OC \cdot \sin(BOC)}$$

und

$$\frac{\frac{1}{2}AD \cdot h}{\frac{1}{2}BD \cdot h} = \frac{\frac{1}{2}OA \cdot OD \cdot \sin(AOD)}{\frac{1}{2}OB \cdot OD \cdot \sin(BOD)}.$$

Somit wird

$$\frac{AC}{BC} : \frac{AD}{BD} = \frac{\sin(AOC)}{\sin(BOC)} : \frac{\sin(AOD)}{\sin(BOD)} = v$$

unabhängig von der Lage der Transversallinie. Für den Fall, daß

$$\frac{AD}{BD} = 1$$

ist, wird

$$v = \frac{A'C}{B'C}. \qquad (218)$$

Dies tritt ein, wenn die Transversallinie parallel zu der Geraden OD verläuft.

Es sei nun z. B. K (Abb. 53) ein Stromdiagramm mit den Leistungslinien $L_1 = 0$, $L_2 = 0$ und $L_r = 0$.

Für eine beliebige Belastung ist also

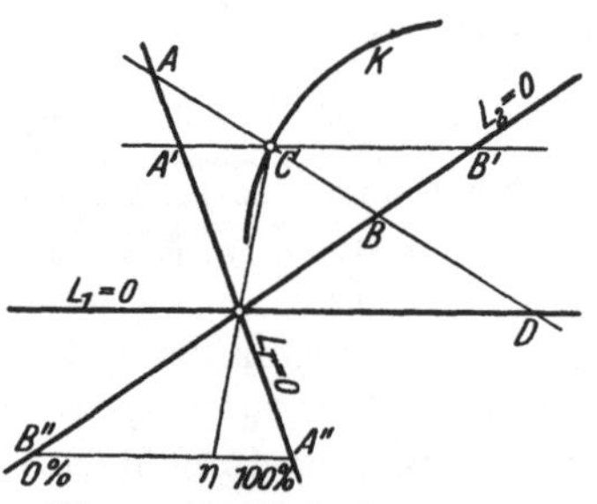

$$P_r = m_r \cdot AC$$
$$\text{und} \qquad P_2 = m_2 \cdot BC, \qquad (219)$$

wobei m_r und m_2 die Maßstäbe in der Richtung AD für die Verluste bzw. die Nutzleistung sind. Für den Punkt D ist die zugeführte Leistung gleich Null. Wir haben somit

$$m_r \cdot AD = m_2 \cdot BD. \qquad (220)$$

Abb. 53. Graphische Darstellung des Wirkungsgrades.

Hieraus folgt nun

$$\frac{P_r}{P_2} = \frac{AC}{BC} : \frac{m_2}{m_r} = \frac{AC}{BC} : \frac{AD}{BD}. \qquad (221)$$

Das Verhältnis der Leistungen läßt sich somit durch ein Doppelverhältnis darstellen. Zeichnet man AD parallel zu $L_1 = 0$, so wird

$$\frac{P_r}{P_2} = \frac{A'C}{B'C}. \qquad (222)$$

Es gilt daher der folgende Satz:

Wenn die Verluste und die Nutzleistung parallel zu der Linie der zugeführten Leistung gemessen werden, so erhält man denselben Maßstab für die beiden Leistungen.

Entsprechende Regeln ergeben sich, wenn die Nutzleistung und die zugeführte Leistung parallel zu der Verlustlinie, oder die Verluste und die zugeführte Leistung parallel zu der Linie der Nutzleistung gemessen werden.

Der Wirkungsgrad der Schaltung wird

$$\eta = \frac{P_2}{P_r + P_2} = \frac{P_2}{P_1} = \frac{B'C}{A'C + B'C} = \frac{B'C}{A'B'}. \qquad (223)$$

Es ist vorteilhaft, eine spezielle Skala ($A''B''$) für die Ablesung des Wirkungsgrades zu verwenden.

Wenn die wirkende Spannung an den Klemmen des Stromkreises geändert wird, ohne daß die Konstanten des Stromkreises sich ändern, so wird der Strom der Spannung proportional, und das Verhältnis zwischen den in den verschiedenen Teilen des Stromkreises auftretenden Leistungen bleibt ungeändert. Hieraus ergibt sich, daß das abgeleitete Verfahren zur Bestimmung des Verhältnisses zweier Leistungen für ein kreisförmiges Stromdiagramm gültig ist, selbst wenn die Spannung dem Betrage nach veränderlich ist. Ebenso ist das analoge Verfahren für ein kreisförmiges Spannungsdiagramm verwendbar, selbst wenn sich der Strom ändert.

18. Belastung mit konstanter Phasenverschiebung bei vorgeschalteter Impedanz.

Wir betrachten nun eine Arbeitsübertragung über eine Leitung mit Widerstand und Selbstinduktion, bei der die Stromempfänger unabhängig von der Belastung mit konstantem Leistungsfaktor $\cos \varphi_2$ arbeiten. Das Stromdiagramm dieser Schaltung für eine konstante Primärspannung E_1 läßt sich durch Inversion ermitteln, und zwar auf folgende Weise.

In der Abb. 54 sind zuerst die Strecken $OB = x_1$ und $BC = r_1$ abgetragen. Es ist also

$$OC = \bar{z}_1 = r_1 + j x_1$$

die Impedanz der Leitung.

Die Gerade K, welche den Winkel φ_2 mit der reellen Achse bildet, gibt uns dann das Impedanzdiagramm des gesamten Stromkreises. In der Abbildung ist eine induktive Belastungsimpedanz vorausgesetzt. Das Admittanzdiagramm K_1 ergibt sich durch Inversion des Spiegelbildes K' der Geraden K. Dies ist ein Kreis, welcher durch den Anfangspunkt geht und dessen Mittelpunkt M auf der Senkrechten zu K' durch O liegt.

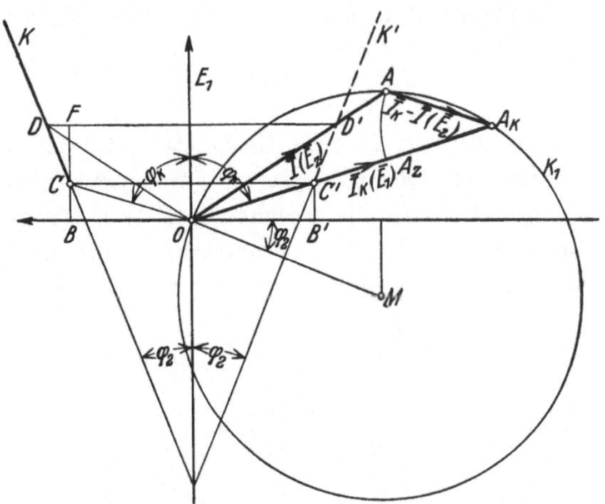

Abb. 54. Ermittlung des Stromdiagrammes einer Arbeitsübertragung bei $\cos \varphi_2 = $ konst.

Am einfachsten bestimmt man diesen Kreis, indem man den Kurzschlußpunkt A_k als den zu C' korrespondierenden Punkt einzeichnet. Multipliziert man nun den Maßstab der Admittanzkurve mit der konstanten Primärspannung E_1, so stellt das Admittanzdiagramm zugleich das Stromdiagramm dar, wenn E_1 längs der reellen Achse abgetragen wird. Für eine beliebige Belastungsimpedanz

$$z_2 = r_2 + j x_2 = \overline{CD} = \overline{CF} + j \cdot \overline{FD}$$

erhält man den Strom

$$\bar{J} = \overline{OA}.$$

Der Kurzschlußstrom ist

$$\bar{J}_k = \frac{E_1}{\bar{z}_1} = \overline{OA}_k. \tag{224}$$

Es ist ersichtlich, daß man den Stromkreis konstruieren kann, wenn der Kurzschlußstrom und der Phasenwinkel der Belastung bekannt sind.

Durch Transformation der Koordinaten läßt sich das Stromdiagramm in ein Spannungsdiagramm umwandeln. Denn wenn $\overline{E}_2$ die Spannung der Belastung und $\overline{E}_z$ den Spannungsabfall in der Leitung bedeuten, so ist

$$\left.\begin{aligned}
\overline{E}_1 &= E_1 = \bar{z}_1 \cdot \bar{J}_k = \bar{z}_1 \cdot \overline{OA}_k, \\
\overline{E}_2 &= E_1 - \bar{J} \cdot \bar{z}_1 = \bar{z}_1 (\bar{J}_k - \bar{J}) = \bar{z}_1 \cdot \overline{AA}_k \\
\overline{E}_z &= \bar{z}_1 \cdot \bar{J} = \bar{z}_1 \cdot \overline{OA}.
\end{aligned}\right\} \tag{225}$$

und

Die Spannungen ergeben sich somit durch Multiplikation der Vektoren $\overline{OA}_k$, $\overline{AA}_k$ und $\overline{OA}$ mit dem komplexen Faktor $\bar{z}_1$.

4*

Wählen wir daher ein neues Koordinatensystem für die Spannungen so, daß $\overline{OA_k}$ längs der reellen Achse fällt und gleich E_1 wird, so stellen $\overline{OA}$ die Spannung E_z und $\overline{AA_k}$ die Spannung E_2 unmittelbar dar.

Das neue Koordinatensystem der Spannungen erhält man also durch Drehung des Koordinatensystems der Ströme um den negativen Phasenwinkel des Kurzschlußstromes

$$- \varphi_k = - \operatorname{arctg} \frac{x_1}{r_1}. \tag{226}$$

Der prozentuale (algebraische) Spannungsabfall ist

$$\Delta E\,\% = 100 \cdot \frac{E_1 - E_2}{E_2} = 100\,\frac{OA_k - AA_k}{OA_k} = 100\,\frac{OA_z}{OA_k}.$$

In der Abb. 55 sind die Leistungslinien und die Linie des Wirkungsgrades eingezeichnet. Der Höchstwert der zugeführten Leistung tritt für den Belastungspunkt A_1 auf, für welchen der Wirkstrom seinen Höchstwert erreicht. Konstruiert man die Senkrechte von M auf die Leistungslinie $L_2 = 0$, so erhält man den Belastungspunkt A_2, für welchen die Nutzleistung am größten ist.

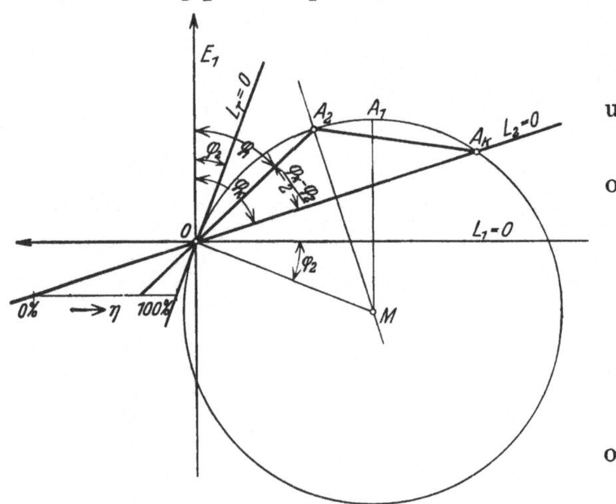

Abb. 55. Leistungslinien für das Diagramm Abb. 54.

Für diesen Fall ist

$$OA_2 = A_2 A_k$$

und somit

$$J \cdot z_1 = J \cdot z_2$$

oder

$$z_1 = z_2. \tag{227}$$

Der Strom ist dann

$$J = \tfrac{1}{2}\,\frac{J_k}{\cos(\varphi_k - \varphi_1)}$$

$$= \frac{1}{2}\,\frac{E_1}{z_1}\,\frac{1}{\cos\dfrac{\varphi_k - \varphi_2}{2}}$$

oder

$$J = \frac{E_1}{z_1}\,\frac{1}{\sqrt{2\,(1 + \cos(\varphi_k - \varphi_2))}}. \tag{228}$$

Die zugeführte Leistung ist

$$P_1 = J^2\,(r_1 + r_2) = J^2 \cdot z_1\,(\cos\varphi_k + \cos\varphi_2)$$

oder

$$P_1 = \frac{E_1^2}{2\,z_1} \cdot \frac{\cos\varphi_k + \cos\varphi_2}{1 + \cos(\varphi_k - \varphi_2)}. \tag{229}$$

Aus dem Diagramme ersieht man, daß die Gerade $A_2 M$ den geometrischen Ort der Kreismittelpunkte für verschiedene, aber konstante Phasenverschiebungswinkel der Belastung darstellt, und daß der Höchstwert der Nutzleistung bei kapazitiver Belastung größer als bei induktiver Belastung ist. Die Nutzleistung ist positiv für alle Belastungspunkte oberhalb der Geraden $L_2 = 0$, d. h. sie wird verbraucht. Unterhalb derselben wird sie negativ, d. h. die Belastung hat eine generatorische Wirkung.

19. Stromkreis mit mehreren Verlusten.

Wir haben bisher nur solche Verluste betrachtet, welche der zweiten Potenz des Stromes proportional sind. Im allgemeinen kommen nun auch solche Verluste hinzu, welche der zweiten Potenz der Spannung proportional sind. So z. B. sind die dielektrischen Verluste der Apparate und Leitungen sowie die Verluste durch mangelhafte Isolation und mit einer gewissen Annäherung auch die Eisenverluste der elektrischen Maschinen der zweiten Potenz der Spannung proportional. Bei den kreisförmigen Diagrammen lassen sich diese Verluste in ähnlicher Weise wie die Stromwärmeverluste darstellen. Dies soll für den in der Abb. 56 dargestellten Stromkreis gezeigt werden.

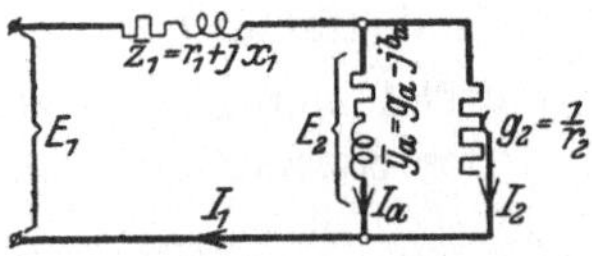

Abb. 56. Stromkreis mit mehreren Verlusten.

Die in der Konduktanz g_2 verbrauchte Leistung soll als die Nutzleistung betrachtet werden, während die in der Admittanz y_a verbrauchte Leistung die Verluste der Belastungsapparate darstellen soll.

Es ist also die Nutzleistung gleich $J_2^2 \cdot r_2 = E_2^2 \cdot g_2$, und die Verluste sind gleich $(J_1^2 \cdot r_1 + E_2^2 \cdot g_a)$.

Wir ermitteln zuerst das Stromdiagramm der Schaltung unter der Voraussetzung einer konstanten Primärspannung E_1.

In der Abb. 57 ist

$$\overline{A_k' B''} = b_a \quad \text{und} \quad \overline{B'' A_0''} = g_a. \quad (230)$$

Die Gerade K_1 stellt somit das Admittanzdiagramm der Parallelschaltung dar.

Inversiert man diese Gerade in bezug auf A_k' als Inversionszentrum, so erhalten wir den Kreis K, welcher das Spiegelbild der Impedanzkurve in der reellen Achse darstellt. Der Durchmesser dieses Kreises ist

$$\overline{A_k' B'} = \frac{1}{b_a}. \quad (231)$$

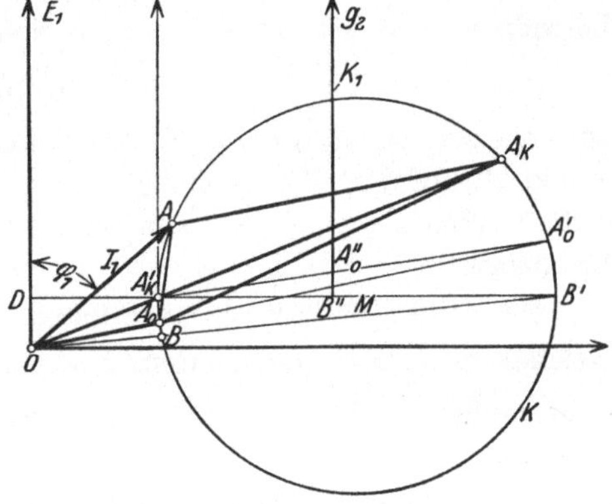

Abb. 57. Stromdiagramm des Stromkreises Abb. 56.

Bei Kurzschluß ($g_2 = \infty$) wird die Impedanz der Parallelschaltung gleich Null und dieser Zustand entspricht dem Punkte A_k'.

Bei Leerlauf ($g_2 = 0$) erhalten wir den zu A_0'' korrespondierenden Punkt A_0' des Impedanzdiagrammes. Wenn also die Belastungskonduktanz g_2 von Null bis Unendlich wächst, durchläuft der Endpunkt des Impedanzvektors

$$\frac{1}{g_a + g_2 - j\,b_a}$$

alle Punkte des Kreises von A_0' über A bis A_k'. Gehen wir von dem Punkte A_k' um $A_k' D = x_1$ nach links und um $DO = r_1$ nach unten, so kommen wir zum Punkte O. Parallel verschieben wir nun das Koordinatensystem von A_k' bis O, so stellt der Kreis das Spiegelbild des Diagrammes der Gesamtimpedanz

$$\bar{z} = r_1 + j\,x_1 + \frac{1}{g_a + g_2 - j\,b_a} \quad (232)$$

in bezug auf die reelle Achse dar.

Das Admittanzdiagramm ergibt sich dann durch Inversion des Kreises mit O als Inversionszentrum. Wir wählen den Maßstab bei der Inversion so, daß der Kreis in sich selbst übergeht. Wir erhalten so den Kurzschlußpunkt A_k und den Leerlaufpunkt A_0. Durch Änderung des Maßstabes stellt nun der Kreis auch das Stromdiagramm bei konstanter Spannung dar. Der Endpunkt des Stromvektors $\bar{J}_1 = \overline{OA}$ bewegt sich von A_0 längs des oberen Teiles des Kreises bis A_k.

Der Kurzschlußstrom wird

$$\bar{J}_{1k} = \overline{OA_k} = \frac{E_1}{\bar{z}_1} \tag{233}$$

und der Leerlaufstrom

$$\bar{J}_{10} = \overline{OA_0} = \frac{E_1}{\bar{z}_1 + \dfrac{1}{g_a - j\,b_{.}}}. \tag{234}$$

Wäre nun $g_a = 0$, so würden wir statt A_0 den Punkt B als Leerlaufpunkt erhalten, und der entsprechende Leerlaufstrom würde sein

$$\bar{J}'_{10} = \overline{OB} = \frac{E_1}{\bar{z}_1 + j\,b_a}. \tag{235}$$

Der Stromkreis läßt sich nun ohne Inversion in der folgenden Weise bestimmen.

Nach den Gln. (233) und (235) lassen sich die Vektoren $\overline{OA_k}$ und $\overline{OB}$ leicht berechnen, und wir tragen diese in das Koordinatensystem ein. Da nun

$$\measuredangle\,(A'_k\,B\,B') = 90^0$$

ist, errichten wir im Punkte B eine Senkrechte zu OB und erhalten dadurch den Punkt A'_k auf dem Vektor OA_k. Dieser Punkt liegt auf dem Kreise und hat dieselbe Ordinate wie der Kreismittelpunkt M. Dadurch wird der Kreis eindeutig festgelegt.

Das Stromdreieck (OAA_k) stellt in dem transformierten Koordinatensystem, welches durch Drehung des ursprünglichen Systems um den Winkel $\left(-\operatorname{arctg}\cdot\dfrac{x_1}{r_1}\right)$ hervorgeht, die Spannungen im Stromkreise dar.

Denn es ist

$$\bar{E}_2 = E_1 - \bar{E}_z,$$

wobei

$$\left.\begin{aligned}
E_1 &= \bar{z}_1\cdot\bar{J}_k = \bar{z}_1\cdot\overline{OA_k}, \\
\bar{E}_z &= \bar{z}_1\cdot\bar{J}_1 = \bar{z}_1\cdot\overline{OA} \\
\bar{E}_2 &= \bar{z}_1\cdot(\bar{J}_k - \bar{J}_1) = \bar{z}_1\cdot\overline{AA_k}.
\end{aligned}\right\} \tag{236}$$

und

Die Leerlaufspannung der Belastung ist

$$\bar{E}_{20} = \bar{z}_1\cdot(\bar{J}_k - \bar{J}_{10}) = \bar{z}_1\cdot\overline{A_0A_k}. \tag{237}$$

Die relative Spannungsänderung derselben wird somit

$$\frac{A_0A_k - AA_k}{A_0A_k} \tag{238}$$

und der relative Spannungsabfall der Übertragung

$$\frac{OA_k - AA_k}{OA_k}. \tag{239}$$

Die Ströme $\bar{J}_a$ und $\bar{J}_2$ der Belastung können ebenfalls dem Diagramm entnommen werden; denn wir haben

$$\bar{J}_a = \bar{E}_2 \cdot \bar{y}_a = \bar{z}_1 \cdot \bar{y}_a (\bar{J}_k - \bar{J}_1) = \bar{z}_1 \cdot \bar{y}_a \cdot \overline{AA_k}. \tag{240}$$

Den Faktor $(\bar{z}_1 \cdot \bar{y}_a)$ bestimmen wir am leichtesten, indem wir für den Leerlauf setzen

$$\bar{J}_{a0} = \bar{J}_{10} \quad \text{oder} \quad \overline{OA_0} = \bar{z}_1 \cdot \bar{y}_a \cdot \overline{A_0 A_k}.$$

Daraus ergibt sich

$$\bar{J}_a = \frac{\overline{OA_0}}{\overline{A_0 A_k}} \cdot \overline{AA_k}. \tag{241}$$

Der Belastungsstrom J_2 wird somit

$$\bar{J}_2 = \bar{J}_1 - \bar{J}_a = \bar{J}_1 - \bar{z}_1 \cdot \bar{y}_a (\bar{J}_k - \bar{J}_1).$$

Bei Leerlauf hat man

$$0 = \bar{J}_{10} - \bar{J}_{a0} = \bar{J}_{10} - \bar{z}_1 \cdot \bar{y}_a \cdot (\bar{J}_k - \bar{J}_{10}).$$

Subtrahiert man die letzte Gleichung von der vorhergehenden, so erhält man

$$\bar{J}_2 = (1 + \bar{z}_1 \cdot \bar{y}_a)(\bar{J}_1 - \bar{J}_{10}) = (1 + \bar{z}_1 \cdot \bar{y}_a) \cdot \overline{A_0 A}. \tag{242}$$

Bei Kurzschluß hat man

$$\bar{J}_{2k} = \bar{J}_{1k} \quad \text{oder} \quad \overline{OA_k} = (1 + \bar{z}_1 \cdot \bar{y}_a) \cdot \overline{A_0 A_k}$$

und demnach wird

$$\bar{J}_2 = \frac{\overline{OA_k}}{\overline{A_0 A_k}} \cdot \overline{A_0 A}. \tag{243}$$

Es geht daraus hervor, daß diejenigen Strecken im Diagramme, welche den sekundären Strömen proportional sind, nicht denselben Maßstab wie der Primärstrom haben. Jede Strecke hat ihren eigenen Maßstab. Wir wollen nun zeigen, daß alle Leistungslinien in dem Diagramme Geraden sind. Die Koordinaten des Belastungspunktes A seien wieder mit (u, v) bezeichnet.

1. Die zugeführte Leistung ist dann

$$P_1 = E_1 \cdot v = \varkappa_1 \cdot L_1, \tag{244}$$

und die Gleichung $L_1 = \dfrac{E_1}{\varkappa_1} \cdot v = 0$ stellt die Abszissenachse dar.

2. Der Leistungsverlust in der Impedanz $\bar{z}_1$ ist

$$P_r = J_1^2 \cdot r_1 = \varkappa_r \cdot L_r. \tag{245}$$

Weil r_1 eine Konstante ist, stellt $L_r = 0$ (siehe Abschn. 15) die Halbpolare des Kreises in bezug auf den Anfangspunkt O des Stromvektors $\bar{J}_1$ dar.

3. Die Gesamtleistung in der Belastung $\bar{y}_a$ und $\bar{g}_2$ ist

$$P_a = P_1 - P_r = \varkappa_1 L_1 - \varkappa_r L_r = \varkappa_a \cdot L_a. \tag{246}$$

$L_1 = 0$ und $L_r = 0$ sind lineare Gleichungen in u und v, und daher muß die Gleichung $L_a = 0$ auch linear sein. Sie stellt somit eine Gerade dar, welche durch den Schnittpunkt der beiden Leistungslinien L_1 und L_r geht.

4. Die Verluste in der Belastung sind

$$P_g = E_2^2 \cdot g_a = \varkappa_g \cdot L_g. \tag{247}$$

Da g_a konstant ist, stellt die Gleichung $L_g = 0$ die Halbpolare des Kreises in bezug auf den Anfangspunkt A_k des sekundären Spannungsvektors $E_2 = A_k A$ dar. Da nun A_k auf dem Kreise liegt, fällt die Halbpolare mit der Tangente des Kreises im Punkte A_k zusammen.

5. Die Nutzleistung ist

$$P_2 = E_2^2 \cdot g_2 .$$

Hierin sind sowohl E_2 wie g_2 veränderlich. Wir wollen daher, um diese Leistungslinie zu bestimmen, einen anderen Ausdruck für P_2 benutzen. Schreiben wir

$$P_2 = P_1 - P_r - P_g = P_a - P_g = \varkappa_a L_a - \varkappa_g \cdot L_g = \varkappa_2 \cdot L_2 , \tag{248}$$

so folgt hieraus, daß $L_2 = 0$ eine Gerade darstellt, und daß diese durch den Schnittpunkt der beiden Leistungslinien L_a und L_g geht.

In der Abb. 58 sind diese Leistungslinien für das Diagramm (Abb. 57) eingezeichnet.

Die Leistungslinien $L_1 = 0$, $L_r = 0$ und $L_g = 0$ lassen sich unmittelbar konstruieren. Für die Leistungslinie $L_a = 0$ haben wir nur den Schnittpunkt S_2 festgelegt. Einen weiteren Punkt finden wir, wenn wir beachten, daß die Gesamtleistung in der Belastung bei Kurzschluß gleich Null sein muß. Die Gerade L_a geht daher auch durch den Punkt A_k und ist somit vollständig bestimmt. Man sieht leicht ein, daß L_a auch durch den Punkt B gehen muß.

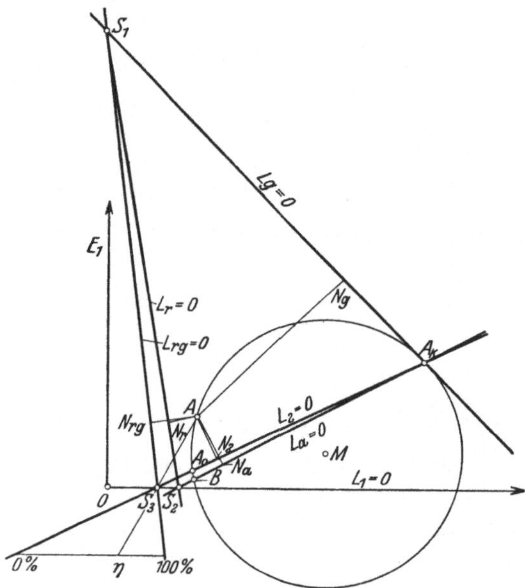

Abb. 58. Leistungslinien des Stromdiagrammes Abb. 57.

Zum Schluß wollen wir noch die Leistungslinie für die Gesamtverluste suchen. Wir haben

$$P_{rg} = P_r + P_g = \varkappa_r \cdot L_r + \varkappa_g \cdot L_g = \varkappa_{rg} L_{rg} . \tag{249}$$

$L_{rg} = 0$ ist also eine Gerade, welche den geometrischen Ort derjenigen Punkte darstellt, für welche sämtliche Verluste gleich Null sind. Diese Gerade geht durch den Schnittpunkt der beiden Geraden L_r und L_g.

Wir können aber auch schreiben

$$P_{rg} = P_1 - P_2 = \varkappa_1 L_1 - \varkappa_2 L_2 = \varkappa_{rg} L_{rg} . \tag{250}$$

Die Gerade geht also auch durch den Schnittpunkt von L_1 und L_2 und ist damit vollständig bestimmt. Wir können jetzt die entsprechenden Verluste durch die Abstände des Kreispunktes A von diesen Leistungslinien messen.

$$\left.\begin{aligned} P_1 &= m_1 \cdot AN_1 , & P_2 &= m_2 \cdot AN_2 , \\ P_a &= m_a \cdot AN_a , & P_{rg} &= m_{rg} \cdot AN_{rg} . \\ P_g &= m_g \cdot AN_g , \end{aligned}\right\} \tag{251}$$

Der Gesamtwirkungsgrad läßt sich, wie in Abschn. 17 angegeben, bestimmen.

Am einfachsten findet man in einem gegebenen Falle die Maßstabfaktoren in Gl. (251), indem man bei Leerlauf ($r_2 = \infty$) und bei Kurzschluß ($r_2 = 0$) die betreffende Leistung berechnet und den zugehörigen Abstand im Diagramm ausmißt.

20. Verluste und Wirkungsgrad einer Arbeitsübertragung mit Spannungsregulierung.

In Abschn. 13, erstes Beispiel, ist die Spannungsregulierung einer Arbeitsübertragung mit beliebiger Stromkurve behandelt worden. Wir werden nun die Annahme machen, daß die Stromkurve der Stromverbraucher bei der konstanten Sekundärspannung E_2 durch den Kreis K in der Abb. 59 dargestellt sei. Die Belastung besteht z. B. aus Induktionsmotoren. Wir wollen für diesen Fall den Verlust, die zugeführte Leistung und den Wirkungsgrad der Übertragung graphisch bestimmen. Der Leitungsverlust ist

$$P_r = J^2 \cdot r = \varkappa_r \cdot L_r$$

und wird wie gewöhnlich durch die Verlustlinie $L_r = 0$ dargestellt, welche die Halbpolare des Kreises in bezug auf den Anfangspunkt O ist.

Die sekundär abgegebene Leistung ist

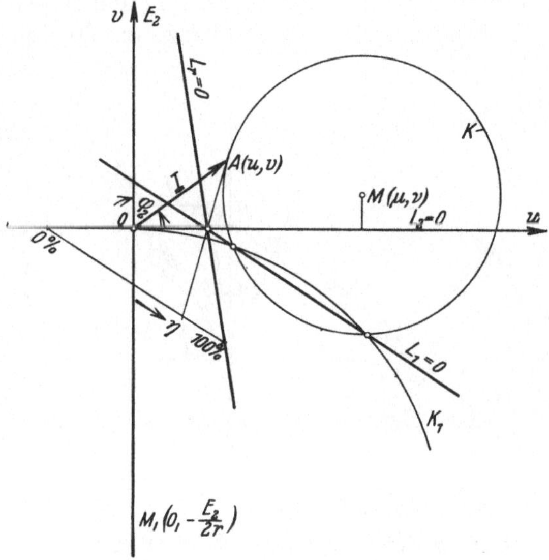

Abb. 59. Ermittlung der Leistungslinien und des Wirkungsgrades, wenn die Stromkurve der Belastung ein Kreis ist.

$$P_2 = E_2 \cdot J \cdot \cos \varphi_2 = E_2 \cdot v = \varkappa_2 \cdot L_2,$$

wobei v die Ordinate des Punktes A auf dem Kreise bedeutet. Die Gerade $L_2 = 0$ ist also hier die Abszissenachse.

Die primär zugeführte Leistung ist

$$P_1 = P_2 + P_r = E_2 \cdot v + (u^2 + v^2)\, r \,.$$

Schreiben wir die Gleichung des Kreises K in der Form

$$u^2 + v^2 = 2\left(\mu u + \nu v - \frac{\varrho^2}{2}\right),$$

so erhalten wir

$$P_1 = \varkappa_1\left[\mu u + \left(\frac{E_2}{2\,r} + \nu\right)v - \frac{\varrho^2}{2}\right] = \varkappa_1 \cdot L_1 \,, \tag{252}$$

wobei $L_1 = 0$ abgekürzt die Gleichung der Leistungslinie bedeutet.

Man sieht nun, daß die Gerade $L_1 = 0$ durch die Schnittpunkte des Stromkreises K mit dem Kreise K_1 geht, deren Gleichung

$$u^2 + \left(v + \frac{E_2}{2\,r}\right)^2 = \left(\frac{E_2}{2\,r}\right)^2 \tag{253}$$

ist.

Der Wirkungsgrad der Leitung $\eta = \dfrac{P_2}{P_1}$ für irgendeinen Punkt A der Stromkurve wird nun in der üblichen Weise bestimmt, indem man eine Strecke parallel zur Leistungslinie $L_1 = 0$ zwischen der Geraden $L_r = 0$ und $L_2 = 0$ zeichnet.

21. Kompoundierung einer Arbeitsübertragung.

Aus der Abb. 38 geht hervor, daß die Spannungserhöhung $E_1 - E_2$ nur durch die Größe und Richtung des Stromes der Leitung bestimmt wird, und daß E_1 und somit auch $E_1 - E_2$ konstant werden, sobald sich der Endpunkt A des Stromvektors auf einem Kreis um den Mittelpunkt C bewegt. Die Stromkurve K der Belastung der Anlage wird zwar selten eine solche Kreisform annehmen. Man kann sich aber dadurch helfen, daß man parallel zu der Belastung, also zwischen die Klemmen der Sekundärstation, einen Stromverbraucher bzw. Stromerzeuger schaltet, dessen Strom $\overline{J}_0$ so einreguliert wird, daß der Vektor des Leitungsstromes $\overline{J}_1$ einen Kreis um den Mittelpunkt C beschreibt. Eine Arbeitsübertragung, bei welcher dies erreicht ist, nennt man kompoundiert. Der Strom $\overline{J}_0$ kann ein reiner Blindstrom sein. Eine solche zwischen die Sekundärklemmen geschaltete Maschine, die den Blindstrom $\overline{J}_0$ zu führen hat, wird ein Phasenregler genannt. Als Phasenregler

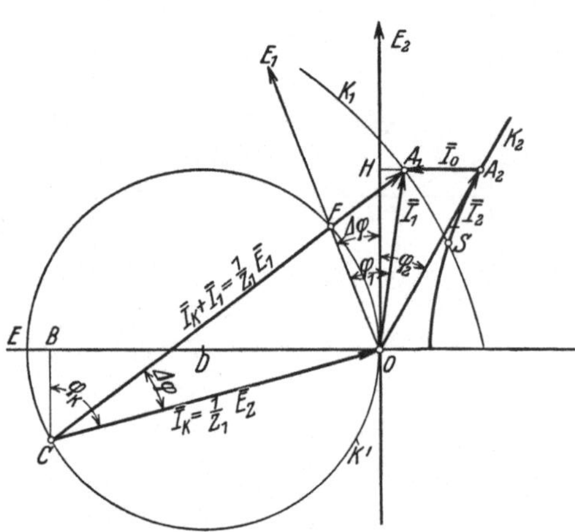

Abb. 60. Kompoundierung einer Arbeitsübertragung.

läßt sich beispielsweise ein über- bzw. untermagnetisierter Synchronmotor verwenden.

In der Abb. 60 stelle die Kurve K_2 die Stromkurve der Belastung für konstante Sekundärspannung E_2 dar. Der Strom ist

$$\overline{J}_2 = J_2(\cos \varphi_2 - j \sin \varphi_2) = E_2(g_2 - j\, b_2).$$

Faßt man den Phasenregler als einen Stromverbraucher auf, so ergibt sich

$$\overline{J}_2 = \overline{J}_1 - \overline{J}_0 .$$

C ist der Kurzschlußpunkt der Leitung mit der Impedanz

$$OB = E_2 \frac{x_1}{z_1^2} = E_2 \cdot b_1,$$

$$BC = E_2 \frac{r_1}{z_1^2} = E_2 \cdot g_1 .$$

Ist K_1 ein Kreis um C mit der gewählten konstanten Primärspannung E_1 als Halbmesser, so muß der Leitungsstrom $\overline{J}_1 = \overline{OA_1}$ und der von dem Phasenregler aufgenommene voreilende Blindstrom $\overline{J}_0 = \overline{A_2 \cdot A_1}$ sein. Der Strom $\overline{J}_1$ hat gegenüber der Sekundärspannung E_2 dieselbe Wirkkomponente $J_2 \cos \varphi_2 = OH$ wie der

Strom $\bar{J_2}$. Seine nacheilende Blindkomponente ist gleich $J_2 \sin \varphi_2 - J_0 = H A_1$. Der Strom J_0 läßt sich folgendermaßen berechnen:

$$(CB + OH)^2 + (BO + HA_1)^2 = CA_1^2$$

oder

$$E_2^2(g_1 + g_2)^2 + (E_2(b_1 + b_2) - J_0)^2 = E_1^2 \frac{1}{z_1^2} = E_1^2 y_1^2.$$

Hieraus ergibt sich

$$J_0 = E_2(b_1 + b_2) - \sqrt{E_1^2 y_1^2 - E_2^2(g_1 + g_2)^2}. \tag{254}$$

Dividieren wir überall mit E_2 und setzen wir

$$\frac{E_2}{E_1} = \alpha \qquad \text{und} \qquad \frac{J_0}{E_2} = b_0,$$

worin b_0 die Suszeptanz des Phasenreglers bedeutet, so erhalten wir

$$b_0 = b_1 + b_2 - \sqrt{\left(\frac{y_1}{\alpha}\right)^2 - (g_1 + g_2)^2}. \tag{255}$$

Der Phasenregler verhält sich, solange b_0 positiv ist, wie eine Kapazität. Der Blindstrom desselben ist immer durch die horizontale Entfernung der beiden Kurven K_1 und K_2 gegeben. Schneiden sie sich, so wird in diesem Punkte (S) $J_0 = 0$. Wenn sie sich überschneiden, wird J_0 negativ, d. h. der vom Phasenregler aufgenommene Strom wird nacheilend, und der Phasenregler wirkt als eine Induktanz. Der primäre Phasenwinkel φ_1 läßt sich durch den Kreis K' mit dem Mittelpunkte D darstellen (vgl. Abb. 38). Der Durchmesser dieses Kreises ergibt sich wie folgt:

$$\frac{OC}{OB} = \frac{OE}{OC}$$

oder

$$OE = \frac{OC^2}{OB} = \left(\frac{E_2}{z_1}\right)^2 \frac{1}{E_2 \cdot \frac{x_1}{z_1^2}} = \frac{E_2}{x_1}.$$

Schneiden sich die beiden Kreise K' und K_1, so wird φ_1 gleich Null für die Schnittpunkte. Dies tritt ein für

$$\frac{E_1}{z_1} < \frac{E_2}{x_1}$$

oder

$$\frac{E_2}{E_1} = \alpha > \frac{x_1}{z_1} = \sin \varphi_k,$$

worin φ_k den Kurzschlußwinkel der Leitung bezeichnet. Ist $\alpha = \sin \varphi_k$, dann berühren sich die beiden Kreise, und φ_1 wird gleich Null für eine einzige Belastung.

22. Allgemeiner Vierpol.

Ein Leitungsnetz von ganz beliebiger Zusammensetzung und mit den Primärklemmen PP und den Sekundärklemmen SS nennt man einen allgemeinen Vierpol. Wenn alle in dem Leitungsnetze vorkommenden Impedanzen von den Werten der Ströme und Spannungen unabhängig sind, stehen letztere in linearer Beziehung.

Das Leitungsnetz kann dann immer durch das äquivalente Schema in der Abb. 61 ersetzt werden, wobei $\bar{z}_1$, $\bar{z}_2$ und $\bar{z}_a$ konstante Impedanzen bedeuten.

Mit Benutzung der Bezeichnungen in der Abb. 61 findet man durch einfache Rechnung die Gleichungen

$$\left.\begin{aligned}\bar{E}_1 &= \bar{E}_2\left(1 + \frac{\bar{z}_1}{\bar{z}_a}\right) + \bar{J}_2\left(\bar{z}_1 + \bar{z}_2 + \frac{\bar{z}_1\bar{z}_2}{\bar{z}_a}\right),\\ \bar{J}_1 &= \bar{J}_2\left(1 + \frac{\bar{z}_2}{\bar{z}_a}\right) + \bar{E}_2\frac{1}{\bar{z}_a}.\end{aligned}\right\} \tag{256}$$

Befindet sich nun zwischen den Sekundärklemmen SS eine veränderliche Impedanz $\bar{z}_{2b}$, und wird die primäre Klemmenspannung $\bar{E}_1$ konstant angenommen, dann beschreibt der Endpunkt des Stromvektors $\bar{J}_1$ eine Kurve, die wir die Strom-

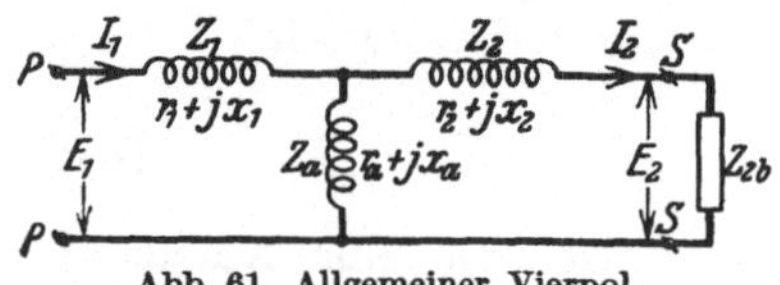

Abb. 61. Allgemeiner Vierpol.

kurve genannt haben. In den vorhergehenden Abschnitten ist gezeigt worden, wie man diese Stromkurve mittels Inversion bestimmen kann. Aus der Theorie der Inversion folgt unmittelbar, daß die Stromkurve nur dann ein Kreis ist, wenn das Impedanzdiagramm $\bar{z}_{2b} = r_{2b} + jx_{2b}$ eine gerade Linie oder ein Kreis ist.

Von großer praktischer Bedeutung ist der Fall, daß der Phasenverschiebungswinkel der Belastung konstant ist (s. S. 248)

$$\operatorname{tg}\varphi_{2b} = \frac{x_{2b}}{r_{2b}} = k. \tag{257}$$

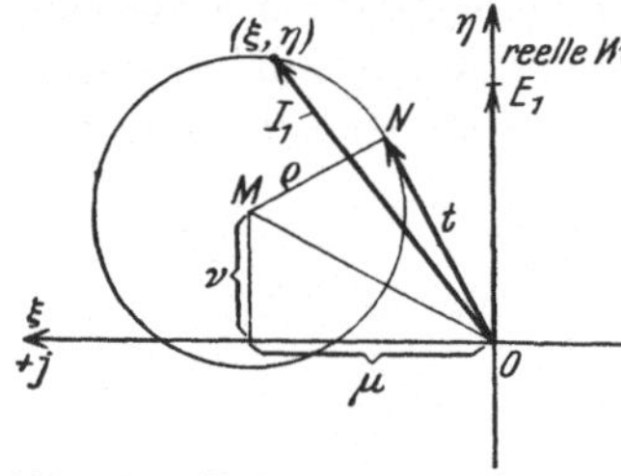

Abb. 62. Erläuterung zu den Gl. (260) und (262).

Das Impedanzdiagramm der Belastung ist dann eine gerade Linie, und wir wollen für diesen Fall den Mittelpunkt und den Radius des kreisförmigen Stromdiagramms rechnerisch bestimmen.

Setzen wir

$$\bar{E}_2 = \bar{J}_2 \cdot \bar{z}_{2b} = r_{2b}(1 + jk) \tag{258}$$

in den Gln. (256) ein, so ergibt sich

$$\bar{z}_{2b}[\bar{J}_1(\bar{z}_1 + \bar{z}_a) - \bar{E}_1] = (\bar{z}_2 + \bar{z}_a)\bar{E}_1 - \bar{J}_1(\bar{z}_1\bar{z}_2 + \bar{z}_1\bar{z}_a + \bar{z}_2 \cdot \bar{z}_a). \tag{259}$$

Führen wir nun die rechtwinkligen Koordinaten (ξ, η) ein (Abb. 62), so ist

$$\bar{J}_1 = \eta + j\xi. \tag{260}$$

Dies in Gl. (259) eingesetzt, ergibt nach Trennung der reellen und imaginären Teile zwei Gleichungen zwischen ξ, η und r_{2b}. Aus diesen läßt sich r_{2b} eliminieren, und wir erhalten dann die Kreisgleichung

$$A(\xi^2 + \eta^2) + B\xi + C\eta + D = 0. \tag{261}$$

Hierin ist

$$\left.\begin{aligned}A &= \{z_1^2[x_2 + x_a + k(r_2 + r_a)] + z_a^2[x_1 + x_2 + k(r_1 + r_2)]\\ &\quad + 2(r_1 r_a + x_1 x_a)(x_2 + kr_2)\},\\ B &= 2E_1\{x_1 x_2 + x_1 x_a + x_2 x_a + \tfrac{1}{2}z_a^2 + k(x_1 r_2 + x_1 r_a + x_a r_2)\},\\ C &= -2E_1\{r_1 x_2 + r_1 x_a + r_a x_2 + k(r_1 r_2 + r_1 r_a + r_2 r_a + \tfrac{1}{2}z_a^2)\},\\ D &= E_1^2\{x_2 + x_a + k(r_2 + r_a)\}.\end{aligned}\right\} \tag{262a}$$

Die Koordinaten des Kreismittelpunktes sind somit

$$\mu = -\frac{B}{2A}; \qquad \nu = -\frac{C}{2A} \qquad\qquad (262\,\mathrm{b})$$

und der Kreisradius ist

$$\varrho = \sqrt{\mu^2 + \nu^2 - \frac{D}{A}}. \qquad\qquad (262\,\mathrm{c})$$

Die Tangente von O an den Kreis ist

$$ON = t = \sqrt{\frac{D}{A}}. \qquad\qquad (262\,\mathrm{d})$$

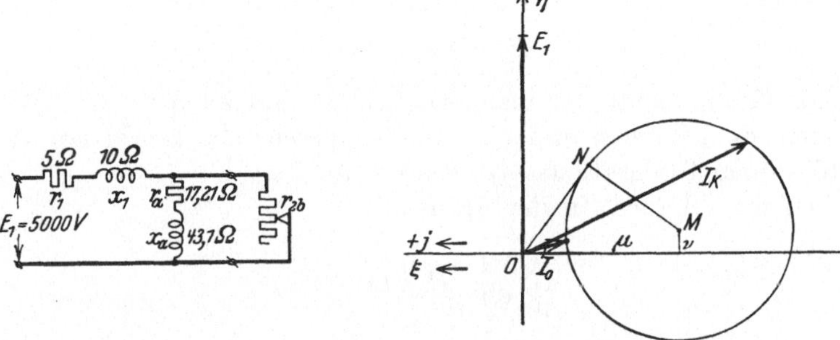

Abb. 63. Zur rechnerischen Ermittlung eines kreisförmigen Stromdiagrammes.

Beispiel. Für den in der Abb. 63 dargestellten Fall (vgl. Abschn. 19, Abb. 56 und das Schema eines asynchronen Drehstrommotors. IV. Teil, Abb. 279) haben wir

$$k = 0; \qquad r_1 = 5\,\Omega; \qquad r_a = 17{,}21\,\Omega; \qquad r_2 = 0;$$
$$E_1 = 5000\,\mathrm{V}; \qquad x_1 = 10\,\Omega; \qquad x_a = 43{,}1\,\Omega; \qquad x_2 = 0.$$

Somit wird

$$z_1^2 = r_1^2 + x_1^2 = 125\,\Omega,$$
$$z_a^2 = r_a^2 + x_a^2 = 2156\,\Omega.$$

$$\mu = -E_1 \cdot \frac{x_1 x_a + \frac{1}{2} z_a^2}{z_a^2 \cdot x_1 + z_1^2 \cdot x_a} = -5000 \cdot \frac{431 + 1078}{21560 + 5390} = -280,$$

$$\nu = E_1 \cdot \frac{r_1 x_a}{z_a^2 x_1 + z_1^2 x_a} = 5000 \cdot \frac{5 \cdot 43{,}1}{21560 + 5390} = 40,$$

$$\varrho^2 = \mu^2 + \nu^2 - \frac{E_1^2 \cdot x_a}{z_a^2 x_1 + z_1^2 x_a} = 1600 + 78400 - 40000 = 40000$$

oder $\qquad\qquad\qquad\qquad \varrho = 200.$

Wählen wir z. B. den Maßstab 1 cm = 155 A, so wird

$$\mu = -1{,}8\,\mathrm{cm}; \qquad \nu = 0{,}26\,\mathrm{cm}; \qquad \varrho = 1{,}3\,\mathrm{cm}.$$

Viertes Kapitel.

Verhalten des Eisens bei stationärer Wechselstrommagnetisierung.

Einleitung.

Die magnetische Feldstärke $\overline{H}$ an irgendeiner Stelle erzeugt die magnetische Induktion $\overline{B}$. Wirkt $\overline{H}$ auf einen magnetischen Körper, so tritt in diesem eine magnetische Polarisation auf, so daß im Innern des Magneten

$$\overline{B} = \overline{H} + 4\pi \overline{J}.$$

Im allgemeinen haben die Vektoren $\bar{H}$ und $4\pi\bar{J}$ verschiedene Richtung. Ist der Körper in magnetischer Beziehung ein homogener Körper, so gilt

$$\bar{B} = \mu\bar{H}, \tag{263}$$

worin μ die magnetische Permeabilität heißt. $\bar{J}$ heißt die Magnetisierungsstärke und ist gleich dem magnetischen Moment pro Volumeneinheit

$$\bar{J} = \frac{\bar{M}}{V}.$$

Die magnetische Umlaufspannung ist definiert durch

$$\oint H_s \cdot ds = 0{,}4\pi\,i\,w, \tag{264}$$

wobei H_s die Komponente der magnetischen Feldstärke $\bar{H}$ in der Richtung des Wegelementes ds bedeutet und (iw) die Amperewindungszahl ist, welche mit dem geschlossenen Integrationswege s verkettet ist.

Schreiben wir Gl. (264) in der Form

$$\oint \frac{1}{0{,}4\pi} H_s \cdot ds = iw,$$

so ist

$$aw = \frac{1}{0{,}4\pi} H_s \approx 0{,}8\,H_s \tag{265a}$$

die Amperewindungszahl pro cm Weglänge des Integrationsweges. Wählt man eine Kraftlinie als Integrationsweg, so wird

$$aw \approx 0{,}8\,H \tag{265b}$$

und

$$B = 0{,}4\pi\cdot\mu\cdot aw \approx 1{,}25\cdot\mu\cdot aw. \tag{265c}$$

Man hat schon lange gewußt, daß der Paramagnetismus im wesentlichen von dem molekularen Aufbau des Stoffes abhängig ist. Untersucht man z. B. Kristalle aus „Pyrrhotit" ($Fe_7\cdot S_8$), so findet man drei aufeinander senkrechtstehende Symmetrieebenen derart, daß der Kristall in einer Richtung senkrecht zu diesen Ebenen leichter magnetisierbar ist als in irgendeiner anderen Richtung. Die magnetischen Eigenschaften in einer solchen Richtung sind sehr einfach[1]. Ist der Kristall zu Anfang unmagnetisch, so bleibt er unmagnetisch, bis die magnetisierende Feldstärke H einen kritischen Wert H_s erreicht. Beim Überschreiten dieses Wertes steigt die Stärke der Magnetisierung (J) fast plötzlich auf den Sättigungswert (J_s) und behält diese Stärke bei, bis die magnetisierende Feldstärke den Wert $- H_s$ erreicht. Dann schlägt die Stärke der Magnetisierung fast plötzlich in den Wert $- J_s$ um. Ein solcher Kristall hat also eine nahezu rechteckige Hystereseschleife vom Flächeninhalt $4H_s\cdot J_s$. Nach Warburg stellt dies die in Wärme verwandelte Arbeitsmenge für 1 cm³ des Stoffes dar. Der Vorgang ist also nicht umkehrbar. Der Magnetisierungsvorgang in einer anderen Richtung, welche nicht mit einer der drei Hauptachsen zusammenfällt, ist stetig[2].

---

[1] Weiß, P.: J. Phys. 1905 und 1907.

[2] Bezüglich der neueren Theorien des Magnetismus sei auf „Theorien des Magnetismus. Aus dem Amerikanischen übersetzt von J. Würschmidt": Fr. Vieweg & Sohn, verwiesen.

Man hat hieraus geschlossen, daß die magnetische Polarisation des Eisens eine Eigenschaft von Molekülgruppen ist. Bei hohen Temperaturen werden die Molekülgruppen zerstört, und das Eisen zeigt sich dann nur schwach magnetisierbar. Wenn ein Stück Eisen von Hellglut sich abkühlt, wird das Glühen wegen des Wärmeverlustes immer schwächer, bis die Temperatur auf etwa 750^0 C gesunken ist; dann leuchtet es wieder auf. Bei dieser Temperatur findet also eine Umwandlung innerer Energie in Wärme statt. J. Hopkinson[1] zeigte, daß die Temperatur, bei der dies stattfindet, genau dieselbe ist, bei welcher die magnetischen Eigenschaften sich ändern und das Eisen aufhört, ferromagnetisch zu sein.

Es gibt auch eine andere aber weniger ausgeprägte kritische Temperatur (1280^0 C), bei welcher die Permeabilität sich plötzlich ändert. Solche Eigenschaften besitzen übrigens alle anderen ferromagnetischen Stoffe.

Die magnetischen Eigenschaften des Eisens sind in hohem Maße von der Art und Menge fremder Stoffe abhängig, welche im Eisen vorhanden sind oder zugesetzt werden. Von großem Einfluß sind z. B. Kohlenstoff, Silizium, Aluminium, Mangan und Nickel.

Bei den metallurgischen Prozessen nimmt das Eisen auch Gase auf, welche einen nicht unwesentlichen Einfluß auf die magnetischen Eigenschaften haben.

Eisen-Kohlenstofflegierungen. Das Eisen kommt bei verschiedenen Temperaturen in drei verschiedenen Modifikationen α-, β- und γ-Eisen vor. Von diesen ist nur das α-Eisen oder „Ferrit" stark magnetisch und kommt bei gewöhnlicher Temperatur vor. Bei Temperaturen über etwa 750^0 C kommt sowohl das β- wie das γ-Eisen vor, ersteres, welches keinen Kohlenstoff enthält, zwar nur in einem kleinen Temperaturintervall bis 900^0 C. Das γ-Eisen enthält bei 750^0 C etwa 0,9% und bei 1150^0 C etwa 1,7% Kohlenstoff in fester Lösung. Wenn Eisen mit weniger als 0,9% Kohlenstoff sich langsam abkühlt, scheidet sich der gelöste Kohlenstoff aus, und zwar in Form von dünnen Lamellen aus Eisenkarbid (Fe_3C), welche durch Lamellen aus α-Eisen voneinander getrennt sind. Unter dem Mikroskop betrachtet, hat dieses Eisen einen perlmutterähnlichen Glanz, und man nennt es aus diesem Grunde „Perlit". Bei 0,9% Kohlenstoff (eutektische Legierung) verteilt sich das Eisenkarbid gleichmäßig über die ganze Eisenmasse. Bei noch höherem Kohlengehalt scheidet sich Kohle als Eisenkarbid schon bei höherer Temperatur als 750^0 C aus und bildet Körner oder massive Platten von großer Härte, sogenanntes „Zementit". Das übrigbleibende Eisen wird daher ärmer an Kohle und enthält bei 750^0 C wieder 0,9% Kohlenstoff und geht dann in Perlit über. Bei gewöhnlicher Temperatur besteht also ein solches Eisen aus einer Mischung von Perlit und freiem Zementit. Bei plötzlicher Abkühlung können die eben genannten Ausfallungen teilweise unterdruckt werden, und man erhält dann aus der festen Lösung das sogenannte „Martensit", einen charakteristischen Bestandteil des gehärteten Stahls.

Eisen-Nickel-Legierung mit 30% Nickel ist bei gewöhnlicher Temperatur nahezu unmagnetisch, wird aber bei Abkühlung unter 0^0 C wieder magnetisierbar. Die von Arnold und Elmen (1923) hergestellte Legierung mit 78,5% Nickel, die unter dem Namen „Permalloy" bekannt ist, ist nach geeigneter thermischer Behandlung magnetisch außerordentlich weich. Die Anfangspermeabilität μ_0 ist etwa 6000 und die maximale Permeabilität μ_{max} ist etwa 100000.

---

[1] Phil. Trans. A. 180, 443 (1890).

Die Koerzitivkraft H_c ist kleiner als 0,05 Gauß und die Stärke der Magnetisierung bei Sättigung $J_\infty \approx 700$.

Eisen-Silizium-Legierungen (bis 5% Si) werden für Dynamobleche benutzt, und ihre Eigenschaften werden später näher erörtert.

23. Die Verluste durch Hysterese im Eisen.

Wird ein Stück Eisen durch Wechselstrom magnetisiert, so wird, wie eben erwähnt, die magnetische Induktion B_t im Eisen nicht eine einwertige Funktion der Stärke des magnetischen Feldes H_t sein.

Magnetisiert man den Eisenring in der Abb. 64 zyklisch, indem man die magnetische Feldstärke H gleichmäßig zwischen den Werten $+H_{max}$ und $-H_{max}$ ändert, so ändert sich B_t nach einer schleifenähnlichen Kurve, der sogenannten Hystereseschleife (Abb. 65). Der Flächeninhalt dieser Schleife gibt ein unmittelbares Maß der Arbeit, welche pro cm³ des Eisens verbraucht wird, wenn die Magnetisierung eine Periode durchläuft (Warburg).

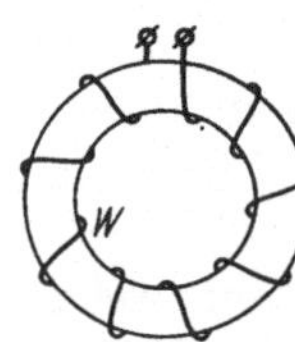

Abb. 64. Magnetisierter Eisenring.

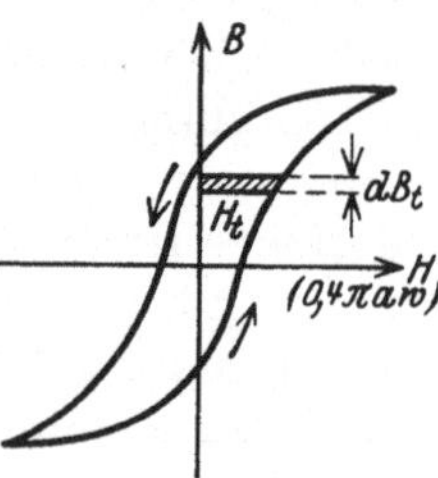

Abb. 65. Hystereseschleife.

Diese Arbeit A_h heißt die Hysteresearbeit und ist somit gleich

$$\frac{1}{4\pi} \oint H_t \cdot dB_t \quad \frac{\text{Erg}}{\text{cm}^3}. \tag{266}$$

Die Flächengröße der Hystereseschleife ist

$$F_H = \oint H_t \cdot dB_t; \tag{267}$$

also ist

$$A_h = \frac{1}{4\pi} \cdot F_H \quad \frac{\text{Erg}}{\text{cm}^3}. \tag{268}$$

Bezeichnet man mit aw_t den Augenblickswert der magnetisierenden Amperewindungen für 1 cm Kraftlinienweg, so ist

$$H_t = 0,4\,\pi \cdot aw_t$$

und folglich

$$A_h = \frac{1}{10} \oint aw_t \cdot dB_t \quad \frac{\text{Erg}}{\text{cm}^3}. \tag{269}$$

Wenn der Höchstwert der magnetischen Induktion im Eisen wächst, so nimmt die Flächengröße der Hystereseschleife und damit die Hysteresearbeit zu. Man findet, daß A_h schneller als die Maximalinduktion B zunimmt.

Ch. P. Steinmetz hat die Beziehung zwischen A_h und B für eine Reihe verschiedener Eisensorten experimentell untersucht und hat die folgende empirische Gleichung aufgestellt:

$$A_h = \eta \cdot B^{1,6} \quad \text{Erg}, \tag{270}$$

für 1 cm³ und 1 Periode des Wechselstromes. Die Größe η wird die Hysteresekonstante genannt. Für weiches, ausgeglühtes Dynamoblech findet man für η Werte zwischen 0,001 und 0,003. Ist die Periodenzahl der Ummagnetisierungen in der Sekunde gleich f, so wird der Verlust durch Hysterese

$$P_h = \eta \cdot f \cdot B^{1,6} \;\; \frac{\text{Erg}}{\text{cm}^3} \text{ in der Sekunde},$$

$$= \eta \cdot f \cdot B^{1,6} \cdot 10^{-7} \frac{\text{W}}{\text{cm}^3},$$

$$= \eta \cdot f \cdot B^{1,6} \cdot 10^{-4} \frac{\text{W}}{\text{dm}^3}. \tag{271}$$

Wenn wir diese Formel durch $1000^{1,6} = 63100$ dividieren und damit multiplizieren, so bekommen wir die für die Rechnung bequemere Formel

$$P_h = 631 \cdot \eta \left(\frac{f}{100}\right) \left(\frac{B}{1000}\right)^{1,6} \frac{\text{W}}{\text{dm}^3}. \tag{272}$$

Setzen wir

$$\sigma_h = 631 \, \eta, \tag{273}$$

so wird $\sigma_h = 0{,}63$ bis $1{,}9$ für die oben angegebenen Werte für η.

Wie aus den Versuchen von Steinmetz hervorgeht, ist der Wert für η jedoch keineswegs konstant für eine gegebene Eisensorte, sondern wächst für Induktionen oberhalb des Knies der Magnetisierungskurve. So ist z. B. der prozentuale Zuwachs von η für Dynamoblech

$$\frac{\Delta \eta}{\eta} 100 \approx 0{,}3 \cdot \left(\frac{B}{1000} - 5\right)^2, \tag{274}$$

wenn $B > 5000$ und $\eta = 0{,}00137$ für $B = 5000$. Rud. Richter hat für den Hystereseverlust die Formel

$$P_h = aB + b \cdot B^2 \tag{275}$$

aufgestellt. Diese Formel ergibt bessere Näherungswerte als die Steinmetzsche, verlangt aber die Ermittelung der beiden Konstanten a und b für zwei verschieden hohe Induktionen.

24. Die induzierte elektromotorische Kraft.

Ist die Klemmenspannung der Wicklung eines Eisenringes (s. Abb. 64)

$$e_k = -\sqrt{2} \, E_k \cdot \sin \omega t, \tag{276}$$

so fließt in der Wicklung ein Strom, der sogenannte Magnetisierungsstrom, der in dem Eisenring einen magnetischen Kraftfluß Φ erregt und in der Wicklung eine EMK

$$e_a = -\frac{d(w \cdot \Phi)}{dt} \cdot 10^{-8} \, \text{V} \tag{277}$$

induziert.

Ist r der Ohmsche Widerstand der Wicklung, so ist

$$e_k + e_a = i \, r. \tag{278}$$

Wenn (ir) klein ist, so können wir angenähert setzen:

$$e_k = -e_a = \frac{d(w \cdot \Phi)}{dt} \cdot 10^{-8} = \sqrt{2} \cdot E_k \sin \omega t. \tag{279}$$

Hieraus folgt

$$w\Phi \cdot 10^{-8} = \sqrt{2} \cdot E_k \int \sin \omega t \cdot dt = - \sqrt{2}\,\frac{E_k}{\omega} \cdot \cos \omega t,$$

$$\Phi = \sqrt{2}\,\frac{E_k}{w \cdot \omega} \cdot \sin\left(\omega t - \frac{\pi}{2}\right) \cdot 10^8. \tag{280}$$

Wir sehen hieraus, daß, wenn die aufgedrückte Spannung sich nach einer Sinusfunktion ändert, der Induktionsfluß Φ sich auch nach demselben Gesetz ändert. Φ ist aber um 90^0 gegenüber der Klemmenspannung phasenverzögert, eilt also gegen die induzierte Spannung um 90^0 vor.

Der Höchstwert des Induktionsflusses ist

$$\Phi_{\mathrm{max}} = \frac{\sqrt{2}}{2\pi f} \cdot \frac{E_k}{w} \cdot 10^8 = \frac{E_k \cdot 10^8}{4{,}44 \cdot f \cdot w}. \tag{281}$$

Setzen wir vorläufig $E_k = E_a$, so wird die induzierte Spannung

$$E_a = 4{,}44 \cdot f \cdot w \cdot \Phi_{\mathrm{max}} \cdot 10^{-8}\,\mathrm{V}. \tag{282}$$

Wir wollen nun die Annahme, daß die aufgedrückte Spannung Sinusform haben soll, fallen lassen und dafür eine beliebige periodische Funktion der Zeit voraussetzen. Nur sollen immer solche Momentanwerte, die um eine halbe Periode auseinanderliegen, numerisch gleich sein und entgegengesetztes Vorzeichen haben.

$$(e_k)_t = - (e_k)_{t + \frac{T}{2}}. \tag{283}$$

Die Spannungskurve hat dann nur ungerade Harmonische.

Weil ganz allgemein

$$e_k = - e_a = w \cdot \frac{d\Phi}{dt} \quad \text{CGS-Einheiten}, \tag{284}$$

so ist

$$\Phi = \frac{1}{w} \int e_k \cdot dt + \text{konst}. \tag{285}$$

Die Kurve für den Induktionsfluß Φ als Funktion der Zeit ist also, von der Integrationskonstanten abgesehen, die Integralkurve der Spannungskurve über der Zeit (Abb. 66). Legt man die Grenzen bei der Integration so, daß das Integral ein Maximum wird, so bezeichnet man

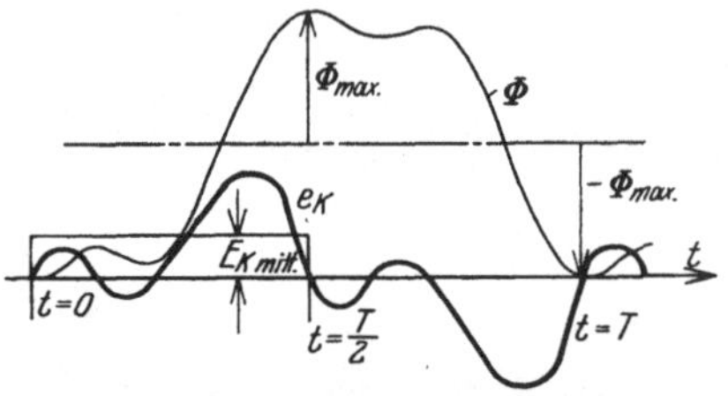

$$\frac{2}{T} \int\limits_{t}^{t + \frac{T}{2}} e_k \cdot dt = E_{k\,mittel} \tag{286}$$

Abb. 66. Der Induktionsfluß als Integralkurve der Spannungskurve dargestellt.

als den Mittelwert der periodischen Spannung; dieselbe durchläuft eine positive Halbwelle während der Zeit von t bis $t + \frac{T}{2}$ und eine negative Halbwelle während der Zeit von $t + \frac{T}{2}$ bis $t + T$.

Nun folgt aus Gl. (285), daß die Kurve des Induktionsflusses ebenso wie die Spannungskurve nur ungerade Harmonische enthalten kann. Es muß daher möglich sein, die Integrationskonstante so zu wählen, daß

$$\Phi_t + k = - \left(\Phi_{t + \frac{T}{2}} + k\right) = - \Phi_{\mathrm{max}} \tag{287}$$

oder

$$\Phi_t = -\,\Phi_{\max} - k,$$
$$\Phi_{t+\frac{T}{2}} = \Phi_{\max} - k.$$

Dann ist

$$\frac{1}{w}\int\limits_{t}^{t+\frac{T}{2}} e_k \cdot dt = \Phi_{t+\frac{T}{2}} - \Phi_t = 2\,\Phi_{\max};$$

also ist

$$E_{k\,mittel} = \frac{4}{T}\cdot w\cdot\Phi_{\max} = 4f\cdot w\,\Phi_{\max}\quad\text{CGS-Einheiten},$$

$$E_{k\,mittel} = 4f\cdot w\cdot\Phi_{\max}\cdot 10^{-8}\,\text{V}.\tag{288}$$

Ist k_f der Formfaktor der Spannungskurve, so ist

$$E_k = 4\cdot k_f\cdot f\cdot w\cdot\Phi_{\max}\cdot 10^{-8}\,\text{V}.\tag{289}$$

25. Die Form der Stromkurve bei sinusförmiger EMK.

Wir wollen jetzt die Form der Stromkurve untersuchen, wenn wir einen Eisenring von der in der Abb. 64 dargestellten Art mit Wechselstrom magnetisieren, und die zugeführte Spannung sinusförmig ist. Den Spannungsverlust in der Wicklung nehmen wir so klein an, daß ohne merklichen Fehler die induzierte EMK in jedem Moment der zugeführten Spannung gleich und entgegengesetzt gerichtet angenommen werden kann.

Dann muß, wie gezeigt, der Induktionsfluß Φ in dem Eisenring sich auch nach einem Sinusgesetz ändern. Der Magnetisierungsstrom dagegen wird einem

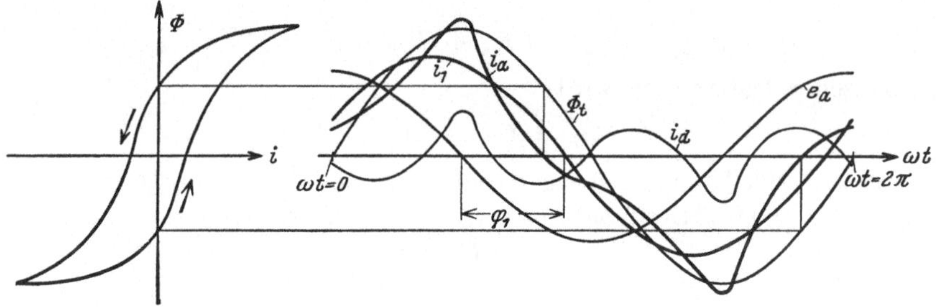

Abb. 67. Konstruktion der Kurve des Magnetisierungsstromes aus der Hystereseschleife bei sinusförmiger Spannung.

anderen Gesetze folgen, weil die Permeabilität nicht eine Konstante ist. Die Stromkurve können wir auf graphischem Wege bestimmen.

In der Abb. 67 ist links die Hystereseschleife gezeichnet und rechts die sinusförmige Kurve des Induktionsflusses Φ_t. Die Konstruktion der Stromkurve i_a geht aus der Abbildung hervor. Man sieht, daß die Stromkurve deformiert wird, und außerdem wird sie gegenüber dem Induktionsflusse in voreilender Richtung phasenverschoben. Die Kurve des Magnetisierungsstromes i_a kann in eine Grundharmonische i_1 und in eine Kurve i_d, welche die höheren Harmonischen enthält, zerlegt werden. Der Strom i_1 eilt dem Induktionsflusse um den Winkel $\left(\frac{\pi}{2}-\varphi_1\right)$ vor, gegenüber der induzierten Spannung somit um den Winkel φ_1 nach.

Wir haben demnach

$$i_a = i_1 + i_d. \tag{290}$$

Setzen wir für die induzierte Spannung

$$e_a = \sqrt{2} \cdot E_a \cdot \sin \omega t, \tag{291}$$

so wird

$$i_1 = \sqrt{2} \cdot J_1 \cdot \sin (\omega t - \varphi_1). \tag{292}$$

Der Strom J_1 hat die Wirkkomponente

$$J_{1w} = J_1 \cdot \cos \varphi_1, \tag{293}$$

und da der Strom i_d, welcher nur höhere Harmonische enthält, sich gegenüber der aufgedrückten Sinusspannung wie ein Blindstrom verhält, so stellt J_{1w} den ganzen Wirkstrom dar. Wenn wir von dem Einfluß der Wirbelströme absehen, so ist der Hystereseverlust

$$P_h = E_a \cdot J_{1w} = E_a \cdot J_{aw}. \tag{294}$$

Die Wirkkomponente J_{aw} des Magnetisierungsstromes findet man daher unmittelbar, indem man die zugeführte Leistung P_h und die Spannung E_a mißt. Die Blindkomponente des Magnetisierungsstromes setzt sich zusammen aus der Blindkomponente der ersten Harmonischen J_{1bl} und dem Effektivwerte der höheren Harmonischen J_d. Diese Komponente kann daher ersetzt werden durch einen äquivalenten Sinusstrom von dem Effektivwerte

$$J_{abl} = \sqrt{J_{1bl}^2 + J_d^2}. \tag{295}$$

Der ganze Magnetisierungsstrom kann nun ersetzt werden durch einen äquivalenten Sinusstrom von dem Effektivwerte

$$J_a = \sqrt{J_{aw}^2 + J_{abl}^2} = \sqrt{J_{1w}^2 + J_{1bl}^2 + J_d^2} = \sqrt{J_1^2 + J_d^2}. \tag{296}$$

In symbolischer Darstellung wird

$$J_a = J_{aw} - j J_{abl}. \tag{297}$$

Graphisch kann der Magnetisierungsstrom wie in der Abb. 68 dargestellt werden. Hierin ist

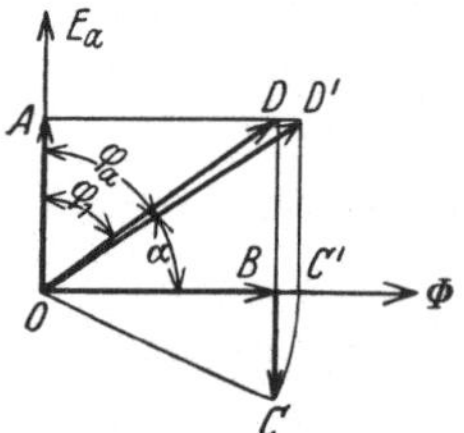

$$OA = J_{1w} = J_{aw},$$
$$OB = J_{1bl},$$
$$BC = J_d,$$
$$OC = J_{abl} = OC',$$
$$OD = J_1,$$
$$OD' = J_a.$$

Abb. 68. Diagramm de Magnetisierungsstromes. Mißt man die zugeführte Leistung P_h, die effektive Spannung E_a und den effektiven Magnetisierungsstrom J_a, so kann man den Vektor des äquivalenten Sinusstromes gleich bestimmen; denn es ist

$$P_h = E_a \cdot J_a \cdot \cos \varphi_a = E_a \cdot J_a \cdot \sin \alpha = E_a \cdot J_{aw} \tag{298}$$

und folglich

$$\sin \alpha = \frac{P_h}{E_a \cdot J_a}; \qquad J_{aw} = \frac{P_h}{E_a}; \qquad J_{abl} = \sqrt{J_a^2 - J_{aw}^2}. \tag{299}$$

Den Winkel α, um den der äquivalente Sinusstrom des Magnetisierungsstromes dem Induktionsflusse vorauseilt, heißt nach Steinmetz der **Hysteresewinkel**. Das Verhältnis

$$y_a = \frac{J_a}{E_a} \qquad (300)$$

ist die **effektive Admittanz** (Scheinleitwert) der magnetisierenden Wicklung. Ebenso setzt man

$$J_{aw} = J_a \cdot \sin\alpha = E_a \cdot g_a$$
$$J_{abl} = J_a \cdot \cos\alpha = E_a \cdot b_a, \qquad (301)$$

und

wobei g_a die **effektive Konduktanz** (Wirkleitwert) und b_a die **effektive Suszeptanz** (Blindleitwert) bedeuten.

Berechnet man zu g_a und b_a den entsprechenden effektiven Widerstand und die entsprechende effektive Reaktanz, so wird

$$r_a = \frac{g_a}{y_a^2}; \qquad x_a = \frac{b_a}{y_a^2}. \qquad (302)$$

Dabei stellt r_a den zusätzlichen Ohmschen Widerstand dar, den man sich in der magnetisierenden Wicklung denken müßte, wenn der Hystereseverlust P_h von dem Magnetisierungsstrome in diesem Widerstand geleistet würde, d. h. es ist

$$P_h = J_a^2 r_a$$

oder

$$r_a = \frac{P_h}{J_a^2},$$

$$z_a = \frac{1}{y_a} = \frac{E_a}{J_a},$$

$$x_a = \sqrt{z_a^2 - r_a^2} = \frac{\sqrt{(E_a \cdot J_a)^2 - P_h^2}}{J_a^2}. \qquad (303)$$

Man nennt:

x_a die **effektive Reaktanz** (Blindwiderstand),
r_a den **effektiven Widerstand** (Wirkwiderstand) und
z_a die **effektive Impedanz** (Scheinwiderstand)

der Magnetisierungswicklung, und diese Größen lassen sich aus den gemessenen Werten für P_h, E_a und J_a genau so berechnen, als ob man mit einem Sinusstrome zu tun hätte.

26. Die Verluste durch Wirbelströme.

Bei der Magnetisierung des Eisens mittels Wechselstrom treten im Eisen immer Wirbel- oder Foucaultströme auf. Sie wirken nach dem Lenzschen Gesetz entmagnetisierend und bewirken eine Erwärmung des Eisens unter entsprechender Energieaufnahme. Bei den rotierenden Maschinen wird der Verlust teils durch die mechanischen Kräfte, welche die Bewegung bewirken, teils elektrisch geleistet.

Zur Verminderung der Wirbelstromverluste baut man Eisenteile, die einen veränderlichen Induktionsfluß führen sollen, aus dünnen, isolierten Blechen oder Drähten auf. Die Teilfugen müssen parallel zu den Induktionslinien verlaufen, weil die Wirbelströme immer in Flächen, welche senkrecht zu den magnetischen

Induktionslinien stehen, sich zu schließen suchen. Gewöhnlich besteht die Isolation aus Papier oder Lack.

Den Verlauf der Wirbelströme in Drähten oder Blechen zeigt die Abb. 69. Vorausgesetzt ist dabei, daß die Induktionslinien senkrecht zu der Zeichenebene verlaufen.

Im folgenden sollen nun die Wirbelstromverluste für einige besondere Fälle berechnet werden und zuerst unter der Annahme, daß die Induktion sich gleichmäßig über den ganzen Querschnitt verteilt.

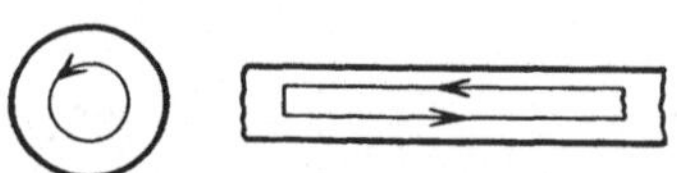

Abb. 69. Verlauf der Wirbelströme in Drähten bzw. Blechen.

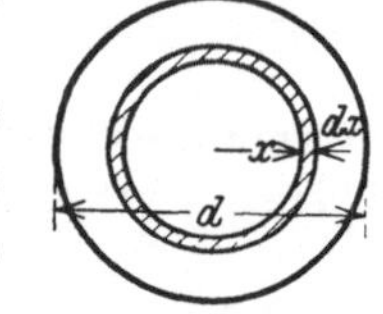

Abb. 70. Erläuterung zu den Gl. (305) und (310).

a) Das Eisen sei aus Drähten zusammengesetzt (Abb. 70). Der Induktionsfluß sei über den Drahtquerschnitt gleichmäßig verteilt und der zeitliche Maximalwert der Induktion sei B.

In einem Ring vom Radius x wird induziert

$$E_x = 4 \cdot k_f \cdot f \cdot \pi x^2 \cdot B \cdot 10^{-8} \text{ V.} \tag{304}$$

Für eine Drahtlänge von 1 cm ist der Widerstand des Ringes von der Stärke dx

$$\varrho \, \frac{2\pi x}{dx},$$

wobei ϱ den Widerstand in Ohm für 1 cm³ des Eisens ist. Der Stromwärmeverlust in dem betrachteten Ring ist dann

$$E_x^2 \cdot \frac{1}{\varrho} \cdot \frac{dx}{2\pi x} = 8\pi k_f^2 \cdot f^2 \cdot \frac{1}{\varrho} \cdot B^2 \cdot x^3 \cdot dx \cdot 10^{-16} \text{ W.} \tag{305}$$

Hieraus findet man den Stromwärmeverlust für 1 cm Drahtlänge gleich

$$\int_0^{d/2} \frac{E_x^2}{2\pi \varrho x} \, dx = \frac{\pi}{8} \frac{1}{\varrho} \cdot k_f^2 \cdot f^2 \cdot B^2 \cdot d^4 \cdot 10^{-16} \text{ W.} \tag{306}$$

Dividieren wir diesen Ausdruck durch das Volumen $\frac{\pi d^2}{4} \cdot 1$ cm³ und messen wir d in mm und das Volumen in dm³, so ergibt sich

$$P_w = \frac{1}{2} \frac{1}{\varrho} \cdot k_f^2 \cdot f^2 \cdot B^2 \cdot d^2 \cdot 10^{-15} \frac{\text{W}}{\text{dm}^3} \tag{307}$$

oder

$$P_w = \sigma_w \left[d \cdot \frac{f}{100} \cdot \frac{k_f \cdot B}{1000} \right]^2 \frac{\text{W}}{\text{dm}^3}, \tag{308}$$

wobei zur Abkürzung

$$\sigma_w = \frac{1}{2\varrho} \cdot 10^{-5}$$

gesetzt wurde.

Für Schmiedeeisen ist $\varrho = 5 \cdot 10^{-5}$ bis $10^{-5} \, \frac{\Omega}{\text{cm} \cdot \text{cm}^2}$. Hieraus folgt $\sigma_w = 0{,}1$ bis $0{,}5$.

b) Wir wollen jetzt die Annahme fallen lassen, daß der Induktionsfluß über den Drahtquerschnitt gleichmäßig verteilt sein soll. In der Wirklichkeit werden die Wirbelströme, die ja dem Induktionsfluß entgegenwirken, eine ungleichmäßige Verteilung des Induktionsflusses verursachen, und zwar so, daß die Induktion B in der Mitte des Drahtes am kleinsten wird und gegen die Oberfläche des Drahtes hin zunimmt.

Bezeichnen wir mit e_x die induzierte EMK für 1 cm Länge des Kreises mit dem Radius x, so wird in dem Kreise mit dem Radius $(x + dx)$ eine EMK $(e_x + de_x)$ für jeden cm Länge induziert. Es ist also e_x die elektrische Feldstärke im Abstande x vom Mittelpunkt des Drahtes. Der Zuwachs de_x der EMK rührt her von dem Zuwachs des Induktionsflusses, wenn man von dem Kreise mit dem Radius x auf den mit dem Radius $(x + dx)$ übergeht. Dieser Zuwachs des Induktionsflusses ist

$$d\Phi_x = B_x \cdot 2\pi x \cdot dx .\tag{309}$$

Nach dem Faraday-Maxwellschen Induktionsgesetz muß also

$$e_x \cdot 2\pi x - (e_x + de_x) 2\pi (x + dx) = -\frac{d\Phi_x}{dt} = -2\pi x \cdot dx \cdot \frac{dB_x}{dt}\tag{310}$$

sein, oder

$$\frac{e_x}{x} + \frac{de_x}{dx} = \frac{dB_x}{dt} .\tag{311}$$

Um hieraus die Induktion B_x zu bestimmen, müssen wir eine zweite Beziehung zwischen e_x und B_x suchen. Diese ergibt sich aus dem elektromagnetischen Grundgesetz, welches sagt, daß sich die Induktion B_x vom Radius x bis zum Radius $x + dx$ um den Betrag vergrößert, der der MMK des im Kreisringe induzierten Stromes entspricht. Da der Widerstand des Ringes von der Stärke dx und für eine Drahtlänge 1 cm den Wert

$$\varrho \frac{2\pi x}{dx}$$

hat, und die induzierte EMK

$$e_x \cdot 2\pi x$$

ist, entsteht in dem Kreisringe ein Strom von der Stärke

$$di_x = \frac{e_x \cdot dx}{\varrho} .\tag{312}$$

Berücksichtigen wir, daß dieser Strom dem induzierenden Magnetfeld entgegenwirkt, so erhalten wir die Zunahme der magnetischen Feldstärke

$$dH_x = -4\pi \, di_x = -4\pi \frac{e_x \cdot dx}{\varrho} .\tag{313}$$

Unter der Annahme, daß die Permeabilität μ als konstant betrachtet werden kann, erhalten wir die Zunahme der Induktion

$$dB_x = -4\pi \frac{\mu}{\varrho} \cdot e_x \cdot dx .\tag{314}$$

Gehen wir jetzt zu den symbolischen Werten über, indem wir setzen

$$\left. \begin{aligned} e_x = \sqrt{2} \cdot \overline{E} \cdot e^{j\omega t}; \qquad i_x = \sqrt{2} \cdot \overline{J} \cdot e^{j\omega t}; \qquad B_x = \sqrt{2} \cdot \overline{B} \cdot e^{j\omega t}; \\ \frac{de_x}{dx} = \sqrt{2} \frac{d\overline{E}}{dx} \cdot e^{j\omega t}; \qquad \frac{dB_x}{dt} = \sqrt{2} \cdot j\omega \cdot \overline{B} \cdot e^{j\omega t}, \end{aligned} \right\}\tag{315}$$

dann erhalten wir aus den Gln. (311) und (314)

$$\left. \begin{aligned} \frac{\overline{E}}{x} + \frac{d\overline{E}}{dx} = j\omega \overline{B} , \\ \frac{d\overline{B}}{dx} = -4\pi \frac{\mu}{\varrho} \cdot \overline{E} . \end{aligned} \right\}\tag{316}$$

Durch Einführung von $\overline{E}$ aus der zweiten Gleichung in die erste erhalten wir

$$\frac{d^2 \overline{B}}{dx^2} + \frac{1}{x} \frac{d\overline{B}}{dx} + j\, 4\pi \frac{\mu \omega}{\varrho} \cdot \overline{B} = 0 .\tag{317}$$

Diese Differentialgleichung führt auf Zylinderfunktionen, auch Besselsche Funktionen genannt[1]. Weil die Induktion innerhalb des Drahtes nicht unendlich werden kann, kommen hier nur die Besselschen Funktionen erster Art in Frage.

Wir setzen zur Abkürzung

$$\bar{k}^2 = j\,4\,\pi\,\frac{\mu\,\omega}{\varrho}\,, \qquad \bar{k} = \frac{1+j}{\sqrt{2}}\,\sqrt{4\,\pi\,\frac{\mu\,\omega}{\varrho}} = (1+j)\,2\,\pi\,\sqrt{\frac{\mu\,\omega}{2\,\pi\,\varrho}} \tag{318}$$

und erhalten dann als Lösung der Differentialgleichung (317)

$$\bar{B} = \bar{A} \cdot J_0(\bar{k}\,x)\,, \tag{319}$$

worin $J_0(\bar{k}\,x)$ die Besselsche Funktion nullter Ordnung bedeutet.

$$J_0(z) = 1 - \frac{(\tfrac{1}{2}z)^2}{1!} + \frac{(\tfrac{1}{2}z)^4}{2!^2} - \frac{(\tfrac{1}{2}z)^6}{3!^2} + \cdots \tag{320}$$

Die Konstante $\bar{A}$ können wir z. B. dadurch bestimmen, daß wir die Induktion an der Oberfläche des Drahtes als bekannt annehmen und setzen

$$B = B_{\mathrm{max}} \quad \text{für} \quad x = r.$$

Dann wird

$$\bar{B} = B_{\mathrm{max}}\,\frac{J_0(\bar{k}\,x)}{J_0(\bar{k}\,r)}\,. \tag{321}$$

Aus der Gl. (318) geht hervor, daß $\bar{k}$ ein Vektor ist, welcher mit der reellen Achse den Winkel 45^0 bildet, und dessen Modul

$$k = \sqrt{4\,\pi\,\frac{\mu\,\omega}{\varrho}} \tag{322}$$

ist.

Schreiben wir daher

$$J_0(\bar{k}\,x) = J_0(z \measuredangle 45^0) = p \measuredangle \varphi^0\,, \tag{323}$$

wobei

$$z = k \cdot x = \sqrt{4\,\pi\,\frac{\mu\,\omega}{\varrho}} \cdot x\,, \tag{324}$$

dann können wir den Wert von $J_0(z \measuredangle 45^0)$ in Polarkoordinaten $(p \measuredangle \varphi)$ (d. h. den vektoriellen Wert dieser Größe) aus der nachfolgenden Tabelle entnehmen.

In der ersten Kolonne sind die Werte von z aufgeführt. In der zweiten Kolonne sind die zugehörigen Werte des Moduls p der Besselschen Funktion und in der dritten Kolonne befinden sich die zugehörigen Phasenwinkel φ gegenüber der reellen Achse.

Aus der Tabelle geht hervor, daß der Phasenwinkel $\varphi = 180^0$ ist für $z = 5,05$.

Wenn daher der Radius des Drahtes so groß ist, daß

$$k \cdot r_1 = 5,05$$

wird, so hat die Induktion B_0 in der Mitte des Drahtes die entgegengesetzte Richtung von der Induktion B_{max} an der Oberfläche.

Setzen wir z. B. $\mu = 2000$, $\varrho = 10000$ CGS, $f = 50\,\frac{\text{Per.}}{\text{s}}$, so wird

$$k = \sqrt{8 \cdot \pi^2 \cdot \frac{2000 \cdot 50}{10000}} = 28;$$

somit

$$r_1 = \frac{5,05}{28} = 0,18\ \text{cm.}$$

---

[1] Siehe Jahnke u. Emde: Funktionentafeln.

Tabelle 3. Die Besselsche Funktion nullter und erster Ordnung mit halbimaginärem Argument.

[Beispiel: $J_0\,(2{,}5 \sphericalangle 45^0) = 1{,}5111 \cdot e^{j\,74{,}650^0}$; $J_1\,(5{,}6 \sphericalangle 45^0) = 8{,}437 \cdot e^{j\,117{,}473^0}$]

z	$J_0\,(z < 45^0)$		$J_1\,(z < 45^0)$		z	$J_0\,(z < 45^0)$		$J_1\,(z < 45^0)$	
	p_0	$\varphi_0{}^0$	p_1	$\varphi_1{}^0$		p_0	$\varphi_0{}^0$	p_1	$\varphi_1{}^0$
0,1	1,0000	0,15	0,0500	— 44,931	5,1	6,6203	183,002	6,1793	97,533
0,2	1,0001	0,567	0,1000	— 44,714	5,2	7,0339	187,071	6,5745	101,518
0,3	1,0002	1,283	0,1500	— 44,350	5,3	7,4752	191,140	6,9960	105,504
0,4	1,0003	2,283	0,2000	— 43,854	5,4	7,9455	195,209	7,4456	109,492
0,5	1,0010	3,617	0,2500	— 43,213	5,5	8,4473	199,279	7,9253	113,482
0,6	1,0020	5,150	0,3001	— 42,422	5,6	8,9821	203,348	8,4370	117,473
0,7	1,0037	7,000	0,3502	— 41,489	5,7	9,5524	207,417	8,9830	121,465
0,8	1,0063	9,150	0,4010	— 40,358	5,8	10,160	211,487	9,5657	125,459
0,9	1,0102	11,550	0,4508	— 39,207	5,9	10,809	215,556	10,187	129,454
1,0	1,0155	14,217	0,5014	— 37,837	6,0	11,501	219,625	10,850	133,452
1,1	1,0226	17,167	0,5508	— 36,343	6,1	12,239	223,694	11,558	137,450
1,2	1,0319	20,333	0,6032	— 34,706	6,2	13,027	227,762	12,313	141,452
1,3	1,0436	23,750	0,6549	— 32,928	6,3	13,805	231,830	13,119	145,454
1,4	1,0584	27,367	0,7070	— 31,011	6,4	14,761	235,987	13,978	149,458
1,5	1,0768	31,183	0,7599	— 28,952	6,5	15,717	239,964	14,896	153,462
1,6	1,0983	35,167	0,8136	— 26,768	6,6	16,737	244,031	15,876	157,469
1,7	1,1243	39,300	0,8683	— 24,451	6,7	17,825	248,098	16,921	161,477
1,8	1,1545	43,550	0,9233	— 22,000	6,8	18,986	252,164	18,038	165,486
1,9	1,1890	47,883	0,9819	— 19,428	6,9	20,225	256,228	19,228	169,498
2,0	1,2286	52,283	1,0411	— 16,732	7,0	21,548	260,294	20,500	173,510
2,1	1,2743	56,750	1,1022	— 13,923	7,1	22,959	264,358	21,858	177,523
2,2	1,3250	61,233	1,1659	— 11,000	7,2	24,465	268,422	23,308	181,536
2,3	1,3810	65,717	1,2325	— 7,970	7,3	26,074	272,486	24,856	185,554
2,4	1,4421	70,183	1,3019	— 4,838	7,4	27,790	276,540	26,509	189,571
2,5	1,5111	74,650	1,3740	— 1,613	7,5	29,622	280,612	28,274	193,589
2,6	1,5830	79,114	1,4505	1,701	7,6	31,578	284,674	30,158	197,608
2,7	1,6665	83,499	1,5300	5,099	7,7	33,667	288,736	32,172	201,627
2,8	1,7541	87,873	1,6148	8,570	7,8	35,896	292,798	34,321	205,646
2,9	1,8486	92,215	1,7045	12,111	7,9	38,276	296,859	36,617	209,670
3,0	1,9502	96,518	1,7998	15,714	8,0	40,817	300,920	39,070	213,692
3,1	2,0592	100,789	1,9012	19,372	8,1	43,532	304,981	41,691	217,716
3,2	2,1761	105,032	2,0088	23,081	8,2	46,429	309,042	44,487	221,739
3,3	2,3000	109,252	2,1236	26,833	8,3	49,524	313,102	47,476	225,764
3,4	2,4342	113,433	2,2459	30,622	8,4	52,829	317,162	50,670	229,790
3,5	2,5759	117,605	2,3766	34,445	8,5	56,359	321,222	54,081	233,815
3,6	2,7285	121,760	2,5155	38,295	8,6	60,129	325,282	57,725	237,842
3,7	2,8895	125,875	2,6640	42,171	8,7	64,155	329,341	61,618	241,868
3,8	3,0613	129,943	2,8226	46,067	8,8	68,455	333,400	65,779	245,896
3,9	3,2443	134,096	2,9920	49,978	8,9	73,049	337,459	70,222	249,925
4,0	3,4391	138,191	3,1729	53,905	9,0	77,957	341,516	74,971	253,953
4,1	3,6463	142,279	3,3662	57,840	9,1	83,199	345,577	80,048	257,981
4,2	3,8671	146,361	3,5722	61,789	9,2	88,796	349,566	85,466	262,011
4,3	4,1015	150,444	3,7924	65,743	9,3	94,781	353,693	91,259	266,041
4,4	4,3518	154,513	4,0274	69,706	9,4	101,128	357,751	97,449	270,071
4,5	4,6179	158,586	4,2783	73,672	9,5	108,003	361,811	104,063	274,102
4,6	4,9012	162,657	4,5460	77,638	9,6	115,291	365,868	111,131	278,133
4,7	5,2015	166,726	4,8317	81,615	9,7	123,110	369,958	118,683	282,164
4,8	5,5244	170,795	5,1390	85,590	9,8	131,429	373,983	126,752	286,197
4,9	5,8696	174,865	5,4619	89,571	9,9	140,300	378,002	135,374	290,229
5,0	6,2312	178,933	5,8118	93,549	10	149,831	382,099	144,586	294,266

Die Induktion in der Mitte des Drahtes ist dann

$$\overline{B}_0 = B_{max} \cdot \frac{J_0(0)}{J_0(\overline{k}\, r_1)} = \frac{B_{max}}{6{,}425}\, e^{-j\,180^0}.$$

Für $z = 9{,}455$ ist der Phasenwinkel $\varphi = 360^0$.

Für einen Draht mit dem Radius

$$r_2 = \frac{9{,}455}{28} = 0{,}336\,\text{cm}$$

würde also die Induktion in der Mitte des Drahtes um den Winkel 360^0 in der Phase hinter der Induktion an der Oberfläche nacheilen, d. h. beide Induktionen sind phasengleich.

Wir finden dann

$$\overline{B}_0 = \frac{B_{max}}{105} \cdot e^{-j\,360^0} = \frac{B_{max}}{105}.$$

c) Wir wollen jetzt die Wirkung der Wirbelströme auf die Stromverteilung in einem von Wechselstrom durchflossenen Draht bestimmen. In diesem Falle verlaufen die Stromlinien parallel zur Drahtachse, während die magnetischen Induktionslinien in konzentrischen Kreisen um die Drahtachse verlaufen. Vergleichen wir diesen mit dem vorigen, unter b) behandelten Fall, so sehen wir, daß hier die Stromlinien an die Stelle der Induktionslinien treten und umgekehrt.

Nennen wir die Stromdichte im Abstande x von der Drahtachse c_x, dann gibt das elektromagnetische Grundgesetz

$$(H_x + d H_x)\, 2\,\pi\,(x + d x) - H_x \cdot 2\,\pi\,x = 4\,\pi\,i_x = 4\,\pi \cdot 2\,\pi\,x \cdot d x \cdot c_x$$

oder

$$\frac{d H_x}{d x} + \frac{H_x}{x} = 4\,\pi\,c_x. \tag{325}$$

Durch Multiplikation mit der als konstant angenommenen Permeabilität μ erhalten wir

$$\frac{d B_x}{d x} + \frac{B_x}{x} = 4\,\pi\,\mu \cdot c_x. \tag{326}$$

Ist der Spannungsabfall für 1 cm Länge des Drahtes im Abstande x von der Drahtachse gleich E_x, dann ist der Spannungsabfall im Abstande $(x + d x)$ gleich $E_x + d E_x$. Nach dem Induktionsgesetz ist

$$E_x - (E_x + d E_x) = - d E_x = - \frac{d}{d t}\,(B_x \cdot d x)$$

oder

$$\frac{d E_x}{d x} = \frac{d B_x}{d t}. \tag{327}$$

Ist der spezifische Widerstand für 1 cm³ gleich ϱ, dann ist die Stromdichte

$$c_x = \frac{E_x}{\varrho}. \tag{328}$$

Wir erhalten so die beiden Gleichungen

$$\left.\begin{aligned}
\frac{d B_x}{d x} + \frac{B_x}{x} &= 4\,\pi\,\mu\,c_x, \\[2mm]
\frac{d c_x}{d x} &= \frac{1}{\varrho} \cdot \frac{d B_x}{d t}.
\end{aligned}\right\} \tag{329}$$

Gehen wir zu den symbolischen Werten Gl. (315) über, erhalten wir:

$$\left.\begin{aligned}
\frac{d \overline{B}}{d x} + \frac{\overline{B}}{x} &= 4\,\pi\,\mu\,\overline{c}, \\[2mm]
\frac{d \overline{c}}{d x} &= \frac{j\,\omega}{\varrho} \cdot \overline{B}.
\end{aligned}\right\} \tag{330}$$

Durch Einführung von $\overline{B}$ aus der zweiten Gleichung in die erste erhalten wir

$$\frac{d^2\,\overline{c}}{d\,x^2} + \frac{1}{x}\,\frac{d\,\overline{c}}{d\,x} - j\,\frac{4\,\pi\,\mu\,\omega}{\varrho}\,\overline{c} = 0. \tag{331}$$

Diese Gleichung hat dieselbe Form wie Gl. (317) mit dem einzigen Unterschied, daß das letzte Glied auf der linken Seite negativ ist.

Setzen wir daher

$$\overline{k}^2 = -\,j\,4\,\pi\frac{\mu\,\omega}{\varrho}; \qquad \overline{k} = (1-j)\,2\,\pi\,\sqrt{\frac{\mu\,\omega}{2\,\pi\,\varrho}}\,, \tag{332}$$

so hat die Konstante $\overline{k}$ denselben Modul wie im Falle (b) (Gl. 318), liegt aber, als Vektor betrachtet, um 90° hinter diesen.

Wir erhalten so die Lösung der Differentialgleichung (331)

$$\overline{c} = c_{\max} \cdot \frac{J_0\,(\overline{k}\,x)}{J_0\,(\overline{k}\,r)}\,, \tag{333}$$

wobei $c_{\max}$ die Stromdichte an der Oberfläche des Drahtes bedeutet.

Wenn $\overline{k}^2$ hier negativ ist, so bedeutet das nur, daß der Winkel φ der Besselschen Funktion hier negativ wird.

Setzen wir z. B., wie früher berechnet, für Eisendraht $k = 28$ und nehmen den Drahtradius zu $r_1 = 0{,}18$ cm an, dann wird die Stromdichte in der Mitte des Drahtes

$$\overline{c}_0 = \frac{c_{\max}}{6{,}425} \cdot e^{j\,180°}\,.$$

Der Strom im Inneren des Drahtes ist somit voreilend gegenüber dem Strom an der Oberfläche.

Für Kupfer ist $\mu = 1$ und $\varrho = 1750$.

Bei der Periodenzahl 50 wird

$$k = \sqrt{8\,\pi^2\,\frac{50}{1750}} = 1{,}5$$

und für einen Drahtradius $r_1 = 0{,}18$ cm ist somit

$$k \cdot r_1 = 0{,}27\,.$$

Die Stromdichte in der Mitte ist daher

$$\overline{c}_0 = \frac{c_{\max}}{1{,}000\,17} \cdot e^{j\,1{,}0°}\,.$$

Die Stromstärke für den ganzen Querschnitt ist

$$i = \int_0^r 2\,\pi\,x \cdot c_x \cdot d\,x = \frac{2\,\pi \cdot c_{\max}}{J_0\,(\overline{k}\,r)} \int_0^r x \cdot J_0\,(\overline{k}\,x) \cdot d\,x\,. \tag{334}$$

Bekanntlich ist

$$\int z \cdot J_0\,(z) \cdot d\,z = z \cdot J_1\,(z); \tag{335}$$

danach wird

$$i = 2\,\pi \cdot c_{\max} \cdot \frac{r}{\overline{k}} \cdot \frac{J_1\,(\overline{k}\,r)}{J_0\,(\overline{k}\,r)}\,. \tag{336}$$

Der Spannungsabfall für 1 cm Länge des Drahtes war nach Gl. (328)

$$E_r = \varrho \cdot c_{\max};$$

somit haben wir

$$E_r = i\,\frac{\varrho \cdot \overline{k}}{2\,\pi\,r} \cdot \frac{J_0\,(\overline{k}\,r)}{J_1\,(\overline{k}\,r)}\,. \tag{337}$$

Wenn R_w der effektive Widerstand und L_i die effektive, innere Selbstinduktion für 1 cm Länge des Drahtes bedeutet, so ist

$$E_r = i \left(R_w + j \, \omega \, L_i \right).$$ (338)

Aus den beiden letzten Gleichungen können wir R_w und L_i berechnen. Es ist

$$R_w + j \, \omega \, L_i = \frac{\varrho}{2} \cdot \frac{\bar{k} \, r}{\pi \, r^2} \cdot \frac{J_0 (\bar{k} \, r)}{J_1 (\bar{k} \, r)}.$$ (339)

Setzen wir

$$J_0 (\bar{k} \, r) = p_0 \cdot e^{j \, \varphi_0}; \qquad J_1 (\bar{k} \, r) = p_1 \cdot e^{j \, \varphi_1}$$

und

$$\bar{k} = \frac{k}{\sqrt{2}} (1 - j); \qquad k = \sqrt{4 \, \pi \frac{\mu \, \omega}{\varrho}},$$

$$\frac{\varrho}{\pi \, r^2} = R_{Gl} = \text{Gleichstromwiderstand für 1 cm Drahtlänge,}$$

dann erhalten wir

$$\frac{R_w}{R_{Gl}} + j \frac{\omega \, L_i}{R_{Gl}} = \frac{k \cdot r}{2 \sqrt{2}} \cdot \frac{p_0}{p_1} (1 - j) \left[\cos (\varphi_0 - \varphi_1) + j \sin (\varphi_0 - \varphi_1) \right]$$

$$= \frac{k \cdot r}{2 \sqrt{2}} \cdot \frac{p_0}{p_1} \left[\sin (\varphi_0 - \varphi_1) + \cos (\varphi_0 - \varphi_1) + j \left[\sin (\varphi_0 - \varphi_1) - \cos (\varphi_0 - \varphi_1) \right] \right].$$ (340)

Somit wird

$$\frac{R_w}{R_{Gl}} = \frac{k \cdot r}{2 \sqrt{2}} \cdot \frac{p_0}{p_1} \left[\sin (\varphi_0 - \varphi_1) + \cos (\varphi_0 - \varphi_1) \right]$$

$$= \frac{k \cdot r}{2} \cdot \frac{p_0}{p_1} \sin (\varphi_0 - \varphi_1 + 45^0).$$ (341)

$$\frac{\omega \, L_i}{R_{Gl}} = \frac{k \cdot r}{2} \cdot \frac{p_0}{p_1} \cdot \sin (\varphi_0 - \varphi_1 - 45^0).$$ (342)

Beispiel. Man soll den effektiven Widerstand eines Kupferdrahtes vom Durchmesser 0,1 cm bei der Periodenzahl $f = 100000$ berechnen.

Es wird

$$k = \sqrt{4 \, \pi \frac{\mu \, \omega}{\varrho}} = \sqrt{8 \, \pi^2 \frac{f}{\varrho}} = \sqrt{79 \cdot \frac{10^5}{1700}} = 68,$$

$$z = k \cdot r = 68 \cdot 0{,}05 = 3{,}4.$$

Nach der Tabelle für die Besselschen Funktionen haben wir für das Argument $z = 3{,}4$

$$p_0 = 2{,}4342; \qquad p_1 = 2{,}2459.$$

$$\varphi_0 = 113{,}433^0; \qquad \varphi_1 = 30{,}622^0.$$

$$\varphi_0 - \varphi_1 + 45^0 = 127{,}811^0; \qquad 180^0 - 127{,}811^0 = 52{,}189^0.$$

Somit

$$\frac{R_w}{R_{Gl}} = 1{,}7 \cdot \frac{2{,}4342}{2{,}2459} \sin 52{,}189^0 = 1{,}45$$

und

$$\frac{\omega \, L_i}{R_{Gl}} = 1{,}7 \cdot \frac{2{,}4342}{2{,}2459} \cdot \sin 37{,}811^0 = 1{,}126.$$

Für einen Eisendraht von demselben Durchmesser und bei $\mu = 2000$; $\varrho = 10000$ und $f = 300 \, \frac{\text{Per.}}{\text{s}}$ würden wir ungefähr dasselbe Ergebnis erhalten.

d) Das Eisen sei aus dünnen Blechen zusammengesetzt. Abb. 71 zeigt einen Schnitt durch ein Blech senkrecht zu den Induktionslinien. Wir wollen zunächst annehmen, daß der Induktionsfluß über den Blechquerschnitt gleichmäßig verteilt sei. — In einem Stromfaden von 1 cm Länge im Abstande x von der Mittellinie des Bleches wird eine EMK induziert:

$$2\,E_x = 4\,k_f \cdot f \cdot 2\,x \cdot B \cdot 10^{-8}\ \text{V}. \tag{343}$$

Der Widerstand eines Streifens von der Tiefe 1 cm (senkrecht zur Schnittebene gemessen) ist:

$$\frac{\varrho}{d\,x}\,\Omega\,. \tag{344}$$

Der Verlust in einem Stromfaden von 1 cm Länge, 1 cm Tiefe und $d\,x$ cm Stärke ist somit

$$\frac{E_x^2}{\varrho}\,d\,x = \frac{16}{\varrho} \cdot k_f^2 \cdot f^2 \cdot B^2 \cdot x^2\,d\,x \cdot 10^{-16}\ \text{W}. \tag{345}$$

Für die ganze Blechstärke ist der Verlust:

$$2\int_0^{\varDelta/2} E_x^2 \cdot \frac{d\,x}{\varrho} = \frac{4}{3} \cdot \frac{1}{\varrho} \cdot k_f^2 \cdot f^2 \cdot B^2 \cdot \varDelta^3 \cdot 10^{-16}\ \text{W}. \tag{346}$$

Der Verlust in 1 dm³ ist daher, wenn $\varDelta$ in mm gemessen wird

$$P_w = \frac{4}{3}\,\frac{1}{\varrho} \cdot 10^{-5} \left[\varDelta\,\frac{f}{100} \cdot \frac{k_f \cdot B}{1000}\right]^2 \frac{\text{W}}{\text{dm}^3} \tag{347}$$

oder

$$P_w = \sigma_w \cdot \left[\varDelta\,\frac{f}{100} \cdot \frac{k_f \cdot B}{1000}\right]^2 \frac{\text{W}}{\text{dm}^3}\,, \tag{348}$$

wobei

$$\sigma_w = \frac{4}{3}\,\frac{1}{\varrho} \cdot 10^{-5} \tag{349}$$

der Wirbelstromkoeffizient des Bleches ist.

Die Formel (348) ist, wie man sieht, identisch mit der Formel (308).

Setzen wir wie oben $\varrho = 5 \cdot 10^{-5}$ bis $10^{-5}\ \dfrac{\Omega}{\text{cm} \cdot \text{cm}^3}$ ein, so wird

$$\sigma_w = 0{,}27 \text{ bis } 1{,}33\,.$$

In der Praxis wird σ_w jedoch bedeutend größer, wie aus dem folgenden Abschnitt hervorgehen wird. Die abgeleiteten Formeln behalten aber trotzdem ihre qualitative Gültigkeit, jedenfalls für niedrige Frequenzen und dünne Drähte oder Bleche.

e) Die wirkliche Verteilung der Induktion über den Blechquerschnitt finden wir, indem wir die elektromagnetischen Grundgleichungen anwenden. Für den Stromfaden im Abstand x von der Mitte des Bleches (Abb. 71) ist die induzierte EMK E_x und im Abstande $(x + d\,x)$ ist dieselbe $E_x + d\,E_x$ für 1 cm Länge. Somit ist

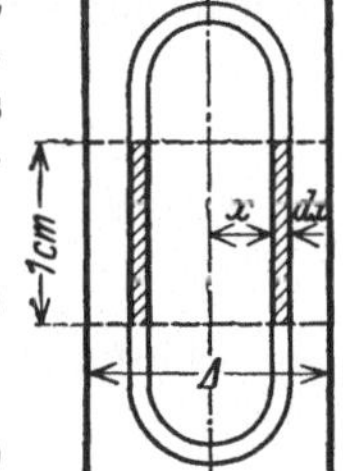

Abb. 71. Erläuterung zu den Gln. (345) u. (350).

$$E_x - (E_x + d\,E_x) = -\frac{d}{dt} \cdot B_x \cdot d\,x \tag{350}$$

oder

$$\frac{d\,E_x}{d\,x} = \frac{d\,B_x}{d\,t}\,. \tag{351}$$

Die Stromstärke für den Streifen von der Breite $d\,x$ und von der Tiefe 1 cm wird

$$i_x = \frac{E_x}{\varrho} \cdot d\,x\,, \tag{352}$$

worin ϱ der spez. elektrische Widerstand des Eisens ist. Diesem Strom entspricht eine Zunahme der Induktion von

$$d\,B_x = -4\,\pi\,\frac{\mu}{\varrho} \cdot E_x \cdot d\,x\,, \tag{353}$$

wobei wir mit dem negativen Vorzeichen die entmagnetisierende Wirkung des Stromes berücksichtigt haben. Führen wir wieder die symbolischen Werte wie im Falle b) ein, so ergibt sich

$$\left.\begin{aligned} \frac{d\overline{E}_x}{dx} &= j\omega\overline{B}_x, \\ \frac{d\overline{B}_x}{dx} &= -4\pi\frac{\mu}{\varrho}\cdot\overline{E}_x. \end{aligned}\right\} \tag{354}$$

Durch Einführung von E_x aus der zweiten Gleichung in die erste erhalten wir

$$\frac{d^2\overline{B}_x}{dx^2} = -j4\pi\frac{\mu\omega}{\varrho}\cdot\overline{B}_x. \tag{355}$$

Setzen wir hier

$$\overline{k}^2 = -j4\pi\frac{\mu\omega}{\varrho}; \qquad \overline{k} = (1-j)\sqrt{2\pi\frac{\mu\omega}{\varrho}}, \tag{356}$$

dann ist die Lösung dieser Differentialgleichung:

$$\overline{B}_x = \overline{A}\cdot\operatorname{Cos}\overline{k}x. \tag{357}$$

Den Wert für $\overline{A}$ bestimmen wir so, daß die Induktion an der Oberfläche des Bleches gleich $B_{\max}$ wird, oder

$$B_{\max} = \overline{A}\cdot\operatorname{Cos}\overline{k}\delta, \tag{358}$$

worin $\delta = \dfrac{\varDelta}{2}$ gleich der halben Blechbreite ist.

Wir erhalten somit

$$\overline{B}_x = B_{\max}\cdot\frac{\operatorname{Cos}\overline{k}x}{\operatorname{Cos}\overline{k}\delta}. \tag{359}$$

Diesen Ausdruck können wir folgendermaßen umformen. Wir setzen

$$\alpha = \sqrt{2\pi\frac{\mu\omega}{\varrho}}; \qquad \overline{k} = \alpha - j\alpha, \tag{360}$$

dann wird

$$\operatorname{Cos}\overline{k}x = \operatorname{Cos}(\alpha x - j\alpha x) = \operatorname{Cos}\alpha x\cdot\cos\alpha x - j\operatorname{Sin}\alpha x\cdot\sin\alpha x = s_x\cdot e^{-j\varphi_x}, \tag{361}$$

wobei

$$\left.\begin{aligned} s_x &= \sqrt{\tfrac{1}{2}(\operatorname{Cos}2\alpha x + \cos 2\alpha x)} \\ \operatorname{tg}\varphi_x &= \operatorname{Tg}\alpha x\cdot\operatorname{tg}\alpha x. \end{aligned}\right\} \tag{362}$$

Gl. (359) nimmt dann die folgende Form an:

$$\overline{B}_x = B_{\max}\frac{s_x}{s_\delta}\cdot e^{-j(\varphi_x - \varphi_\delta)}. \tag{363}$$

Setzen wir für Eisen wie früher

$$\mu = 2000 \quad \text{und} \quad \varrho = 10000\,\text{CGS},$$

dann wird für $f = 50$ und $\varDelta = 0{,}5$ mm

$$2\alpha = 2\sqrt{4\pi^2\frac{2000\cdot 50}{10000}} = 40;$$

also wird für

$$x = 0; \qquad s_0 = 1 \quad \text{und} \quad \varphi_0 = 0$$

und für

$$x = \delta = 0{,}025\ \text{cm}; \qquad 2\alpha\delta = 1,$$

$$s_\delta = \sqrt{\tfrac{1}{2}(\operatorname{Cos}1 + \cos 1)} = \sqrt{\tfrac{1}{2}(1{,}543 + 0{,}540)} = 1{,}0205,$$

$$\operatorname{tg}\varphi_\delta = \operatorname{Tg}\cdot 0{,}5\cdot\operatorname{tg}0{,}5 = 0{,}4621\cdot 0{,}5463 = 0{,}252,$$

$$\varphi_\delta = 14^0\,26'.$$

Somit ist die Induktion in der Mitte des Bleches

$$\overline{B}_0 = \frac{B_{\mathrm{max}}}{1,0205} \cdot e^{-j\,14^{\circ}\,26'}.$$

Wenn αx_1 gleich π wird, dann ist auch φ_δ gleich π. Dies bedeutet, daß die Induktion in der Tiefe $x_1 = 0,16$ cm unter der Oberfläche des Bleches die entgegengesetzte Richtung von der Induktion an der Oberfläche hat. Übrigens sieht man aus Gl. (363), daß die Induktion sich nach einer sinusähnlichen Welle von der Oberfläche in das Innere des Eisens fortpflanzt. Die Wellenlänge λ ergibt sich aus $\alpha \cdot \lambda = 2\pi$ zu

$$\lambda = \frac{2\pi}{\alpha} = \sqrt{\frac{2\pi\varrho}{\mu \cdot \omega}} = \sqrt{\frac{\varrho}{\mu \cdot f}}. \tag{364}$$

Für die obenstehenden Werte für ϱ, μ und f ergibt sich $\lambda = 3,2$ mm.

Für legiertes Eisen ist ϱ etwa 4 bis 5 mal größer als für gewöhnliches Eisen.

27. Die Messung der Verluste durch Hysterese und Wirbelströme im Eisen.

Zur Prüfung der Eisenbleche werden besondere Apparate verwendet, deren magnetische Kreise ausschließlich Eisen der zu prüfenden Qualität enthalten sollen. Das Eisen wird durch Wechselstrom magnetisiert, und die hierbei verbrauchte Leistung wird mittelst eines Wattmeters gemessen.

Nach den Normalien des VDE wird ein Apparat nach Epstein benutzt (Abb. 72). Der magnetische Kreis wird aus vier Kernen von je 500 mm Länge, 30 mm Breite und mindestens 2½ kg Gewicht zusammengesetzt. Die einzelnen Bleche sind durch Seidenpapier voneinander isoliert und sollen zur Hälfte parallel und zur Hälfte senkrecht zur Walzrichtung mit einem scharfen Werkzeug gratfrei geschnitten werden. An den Stoßstellen sind die Kerne durch eine Preßspanschicht von

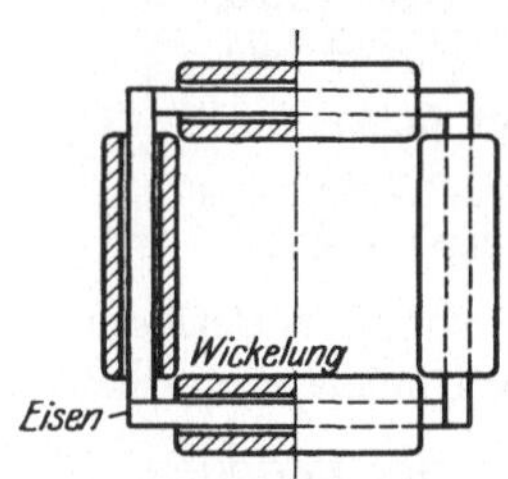

Abb. 72. Apparat von Epstein zur Untersuchung von Eisenblechen.

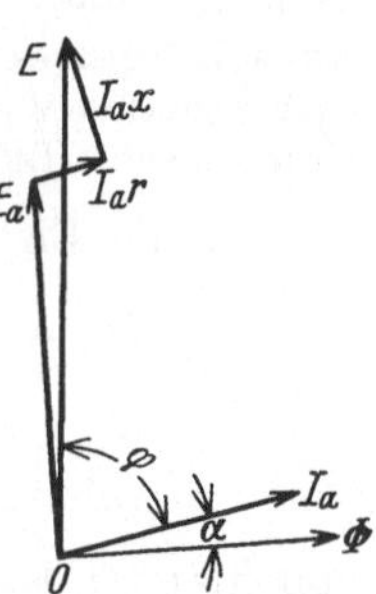

Abb. 73. Spannungsdiagramm für den Epsteinschen Apparat.

0,15 mm getrennt. Die Magnetspulen bestehen aus Preßspanhülsen, auf die je 100 Windungen von 14 mm^2 Drahtquerschnitt aufgebracht sind. Das Spannungsdiagramm ist in der Abb. 73 dargestellt.

Ist die gemessene Klemmenspannung E, der Magnetisierungsstrom J_a und die zugeführte Leistung P, so berechnet sich der Phasenverschiebungswinkel aus

$$\cos\varphi = \frac{P}{E \cdot J_a}. \tag{365}$$

Die Eisenverluste sind

$$P_e = P - J_a^2 \cdot r, \tag{366}$$

wobei r gleich dem Ohmschen Widerstand der Wicklung ist. Die vom Wechselfelde induzierte Spannung ist

$$E_a \approx E - J_a \cdot x \sin\varphi - J_a \cdot r \cos\varphi. \tag{367}$$

Hieraus berechnet man den Maximalwert des Induktionsflusses

$$\Phi = \frac{E_a \cdot 10^8}{4,44 \cdot f \cdot w} \tag{368}$$

und findet so die maximale Induktion

$$B = \frac{\Phi}{S}, \qquad (369)$$

wobei S den Eisenquerschnitt bedeutet. Es sei G das Eisengewicht, s das spezifische Gewicht des Eisens und L die Gesamtlänge der Eisenkerne. Dann findet man

$$S = \frac{G}{s \cdot L}. \qquad (370)$$

Die induzierte Spannung E_a sowie die Eisenverluste werden am besten mittels einer Hilfswicklung gemessen. Diese Wicklung liegt dann innerhalb der Magnetspulen möglichst nahe an den Kernen und hat dieselbe Windungszahl wie die Hauptspulen[1]. Die Eisenverluste werden gewöhnlich als Funktion der Induktion B bei konstanter Periodenzahl bestimmt und durch Division durch das Eisenvolumen auf $1\,\mathrm{dm^3}$ umgerechnet.

Die Eisenverluste in $\mathrm{W/kg}$, bezogen auf rein sinusförmigen Verlauf der induzierten Spannung bei den Maximalwerten $B_{\max} = 10000$ und $B_{\max} = 15000$ bei $50\,\mathrm{Hz}$, heißen „Verlustziffern" und werden abgekürzt mit V_{10} und V_{15} bezeichnet.

Im Durchschnitt findet man für die Verlustziffern etwa folgende Werte:

normales Blech $\varDelta = 0{,}5\,\mathrm{mm}$, $V_{10} > 3{,}0$ $V_{15} > 7{,}0$, $s = 7{,}8$,
schwach legiertes Blech $\varDelta = 0{,}5\,\mathrm{mm}$, $V_{10} = 2{,}6\text{—}3{,}0$, $V_{15} = 6\text{—}7$, $s = 7{,}75$,
hoch legiertes Blech $\varDelta = 0{,}5\,\mathrm{mm}$, $V_{10} < 1{,}85$ $V_{15} < 4{,}0$ $s = 7{,}55$,
hoch legiertes Blech $\varDelta = 0{,}3\,\mathrm{mm}$ $V_{10} < 1{,}6$, $V_{15} < 3{,}6$, $s = 7{,}55$.

Für die Eisenverluste haben wir nach den Gln. (272) und (348)

$$P_e = P_h + P_w = \sigma_h \frac{f}{100} \cdot \left(\frac{B}{1000}\right)^{1{,}6} + \sigma_w \cdot \left(\varDelta \cdot \frac{f}{100} \cdot \frac{k_f \cdot B}{1000}\right)^2 \frac{\mathrm{W}}{\mathrm{dm^3}}. \qquad (371)$$

Nehmen wir an, daß der Hystereseverlust für eine Periode von der Periodenzahl f unabhängig ist, dann können wir die Hysterese- und Wirbelstromverluste voneinander trennen, indem wir die Größe $\left(\frac{P_e}{f}\right)$ als Funktion der Periodenzahl bei konstanter Maximalinduktion B zeichnen (Abb. 74). Hält man während der Versuche die Erregung des als Stromquelle dienenden Generators konstant, indem man seine Umdrehungszahl verändert, dann ändert sich die EMK der Periodenzahl proportional, und der Induktionsfluß bleibt konstant.

Die mittels Wattmeter gemessenen Verluste werden durch Division durch das Eisenvolumen auf $1\,\mathrm{dm^3}$ umgerechnet. Diese Werte werden durch die jeweilige Periodenzahl f dividiert und als Funktion von f aufgetragen, und sie müssen nach Gl. (371) auf einer Geraden liegen.

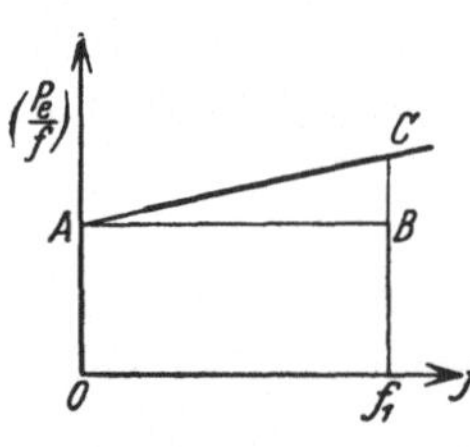
Abb. 74. Trennung der Eisenverluste nach der Periodenzahl.

Der Abschnitt dieser Geraden auf der Ordinatenachse OA ist gleich

$$\frac{\sigma_h}{100}\left(\frac{B}{1000}\right)^{1{,}6};$$

somit wird

$$\sigma_h = \frac{100 \cdot \overline{OA}}{\left(\dfrac{B}{1000}\right)^{1{,}6}}. \qquad (372)$$

[1] Gumlich, E.: Magnetische Messungen. 1918. Fr. Vieweg & Sohn.

Für eine bestimmte Periodenzahl f_1 finden wir

$$BC = f_1 \cdot \sigma_w \cdot \left(\frac{\Delta}{100} \cdot \frac{k_f \cdot B}{1000}\right)^2,$$

oder

$$\sigma_w = \frac{\overline{BC}}{f_1 \left(\frac{\Delta}{100} \cdot \frac{k_f \cdot B}{1000}\right)^2}. \tag{373}$$

Der Wirbelstromkoeffizient σ_w wird durch den Versuch meistens bedeutend größer gefunden, als die Ableitung aus der Blechstärke und der Leitfähigkeit des Eisens ergibt. Teilweise hat dies seinen Grund darin, daß der Hystereseverlust pro Periode nicht ganz unabhängig von der Periodenzahl ist. Gewöhnlich nimmt er mit zunehmender Periodenzahl etwas zu.

Bei der Berechnung der Wirbelstromverluste in Eisenblechen wurde vorausgesetzt, daß die Induktionslinien parallel zu der Blechebene verlaufen. Dies trifft nicht immer zu. Die Induktionslinien können auch zum Teil von einem Blechstreifen zu dem benachbarten übertreten und verursachen dadurch Wirbelströme, welche sich in der Blechebene schließen. Diese Wirbelströme verursachen große Verluste. Die Untersuchungen von Ruder und Spooner[1] lassen vermuten, daß die Größe der Eisenkristalle einen großen Einfluß auf die Wirbelstromverluste hat.

Das beste Eisen hinsichtlich kleiner Eisenverluste ist das sogenannte legierte Eisen, welches die folgende Zusammensetzung hat

Eisen	96,2%		Schwefel	0,04%
Silizium	3,4%		Kohle	0,03%
Mangan	0,3%		Phosphor	0,01%

Andere Bestandteile 0,02%.

Solches Eisen besitzt bei einer Blechstärke $\Delta = 0,35$ mm eine Verlustziffer $V_{10} = 1,5$ bis $2,0$ W/kg.

Dabei ist　　　　　　　　　　　$\eta = 0,0007$ bis $0,001$

und　　　　　　　　　　　　　$\sigma_h = 0,45$ bis $0,65$

$$\sigma_w = 0,7 \text{ bis } 0,9.$$

Der spezifische Widerstand für 1 cm³ ist $\varrho = 53500$ CCS
$$= 0,535 \cdot 10^{-4} \ \Omega.$$

28. Die Eisenverluste bei drehender Magnetisierung.

In den meisten elektrischen Maschinen wird das Eisen nicht fortwährend nach zwei diametralen Richtungen magnetisiert, sondern oft bleibt die Induktion mehr oder weniger konstant bestehen, während ihre Richtung sich dreht.

Betrachten wir einen Punkt in dem Anker der in Abb. 75 gezeichneten vierpoligen Dynamomaschine, so sehen wir, daß sich die Induktion $\overline{B}$ um 180° dreht,

---

[1] Ruder, W. E.: Grain Growth in Silicon Steel. Trans. A. J. M. E. Oct. 1913. Thomas Spooner: Properties and Testing of Magnetic Materials. McGraw-Hill 1927.

wenn sich der Anker um $90°$ dreht. Die Induktion dreht sich also für jede Periode einmal herum. Gewöhnlich ändert sich auch die Größe der Induktion während der Drehung.

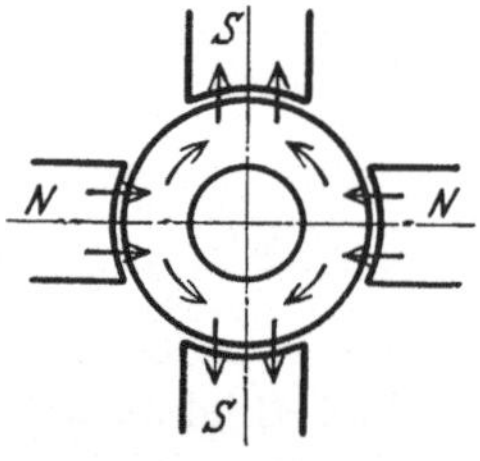

Abb. 75. Ummagnetisierung des Ankers einer vierpoligen Dynamomaschine.

Denken wir uns daher in dem betrachteten Punkte ein in dem Anker festliegendes Koordinatensystem und tragen wir hierin den Vektor $\bar{B}$ auf, so beschreibt der Endpunkt dieses Vektors eine ellipsenähnliche Kurve (Abb. 76). Das Verhältnis zwischen den beiden Halbachsen B_a und B_b hängt von der Lage des Punktes im Ankereisen ab[1].

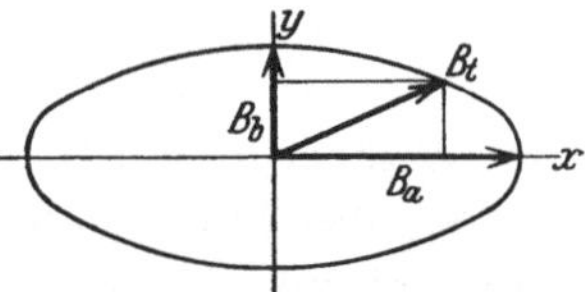

Abb. 76. Elliptische Magnetisierung.

Eine elliptische Magnetisierung läßt sich durch zwei senkrecht zueinander stehende, lineare Wechselmagnetisierungen darstellen.

Die Wirbelstromverluste, die bei drehender Magnetisierung im Eisen auftreten, werden somit einfach durch Addition der von den beiden Komponenten der Induktion erzeugten Verluste erhalten.

Bezeichnen wir mit k_{fa} und k_{fb} die Formfaktoren der EMKe, die von B_a und B_b durch ihre Pulsation induziert werden, so finden wir für die Wirbelstromverluste folgende Formel

$$P_w = P_{wa} + P_{wb} = \sigma_w \left(\Delta \frac{f}{100} \right)^2 \left[\left(\frac{k_{fa} \cdot B_a}{1000} \right)^2 + \left(\frac{k_{fb} \cdot B_b}{1000} \right)^2 \right] \frac{\text{W}}{\text{dm}^3}. \qquad (374)$$

Über den Hystereseverlust bei drehender Magnetisierung (die sogenannte drehende Hysterese) liegen noch wenige Untersuchungen vor. Aus den bisherigen Versuchen geht hervor, daß die Hystereseverluste bei drehender und bei linearer Magnetisierung für denselben Maximalwert der Induktion bis 10000 Gauß ungefähr gleich sind. Bei größeren Induktionen dagegen wird der Hystereseverlust bei drehender Magnetisierung etwas kleiner als bei linearer Wechselstrommagnetisierung. Einige Versuche deuten darauf hin, daß der Hystereseverlust bei drehender Magnetisierung ein Maximum bei einer Induktion von 16000 bis 20000 erreicht, um bei noch höheren Werten sehr schnell auf einen sehr kleinen Betrag zu sinken.

In der Praxis wird es meistens genügen, denselben Hysteresekoeffizient für rotierende wir für lineare Wechselstrommagnetisierung anzuwenden.

Fünftes Kapitel.

Mehrphasenströme.

29. Mehrphasensysteme.

Ein System von zwei oder mehreren Stromkreisen, in welchen zwei oder mehrere gegeneinander phasenverschobene EMKe von gleicher Periodenzahl phasenverschobene Ströme erzeugen, nennt man allgemein ein Mehrphasensystem.

---

[1] Rüdenberg, R.: Energie der Wirbelströme. **1906** und ETZ **1905**.

Die Leitungen, in welchen die einzelnen Ströme fließen, heißen die **Phasen** des Systems. Die Ströme selbst nennt man **Phasenströme**, und die **Spannung** zwischen den Klemmen einer Phase wird die **Phasenspannung** genannt.

Ein Mehrphasenstrom wird in einem sogenannten **Mehrphasengenerator** erzeugt. Dies ist ein Wechselstromgenerator, welcher ebenso viele Spulen besitzt als Anzahl Phasen des Mehrphasensystems. Die einzelnen Spulen liegen auf dem Ankerumfange und sind gegeneinander verschoben. Diese Verschiebung ist in „elektrischen Graden" gleich der Phasenverschiebung der EMKe der betreffenden Phasen. Der elektrische Winkel ist so definiert, daß eine Verschiebung um die doppelte Polteilung am Ankerumfange 360 elektrischen Graden entspricht.

Die Mehrphasensysteme lassen sich wie folgt einteilen:

1. Symmetrische und unsymmetrische Systeme.
2. Abhängige oder verkettete und unabhängige Systeme.
3. Balancierte und unbalancierte Systeme.

Die abhängigen oder verketteten Systeme zerfallen in a) Sternsysteme, b) Ringsysteme und c) kombinierte Stern- und Ringsysteme.

30. Die symmetrischen Mehrphasensysteme.

Wenn in einem Mehrphasensystem m Spannungen wirken, die von gleicher Größe und um $\dfrac{1}{m}$ Periode gegeneinander phasenverschoben sind, so heißt man dieses System symmetrisch, andernfalls unsymmetrisch. Besitzt das System m Phasen, so nennt man es ein symmetrisches m-Phasensystem. Sind sämtliche Spannungen sinusförmig, so sind ihre Momentanwerte

$$\left.\begin{aligned}
e_1 &= \sqrt{2}\,E \sin \omega t,\\[4pt]
e_2 &= \sqrt{2}\,E \sin \left(\omega t - \frac{2\pi}{m}\right),\\[4pt]
e_3 &= \sqrt{2}\,E \sin \left(\omega t - 2\,\frac{2\pi}{m}\right),\\[4pt]
&\;\cdot\;\cdot\;\cdot\;\cdot\;\cdot\;\cdot\;\cdot\;\cdot\;\cdot\;\cdot\;\cdot\;\cdot\\[4pt]
e_m &= \sqrt{2}\,E \sin \left(\omega t - (m-1)\,\frac{2\pi}{m}\right).
\end{aligned}\right\} \tag{375}$$

Diese Spannungen können wir als Vektoren darstellen und erhalten dann m Vektoren von gleicher Größe, welche gegeneinander um den Winkel $\dfrac{360^0}{m}$ gedreht sind, wie in der Abb. 77 für den Fall $m = 6$ gezeigt ist.

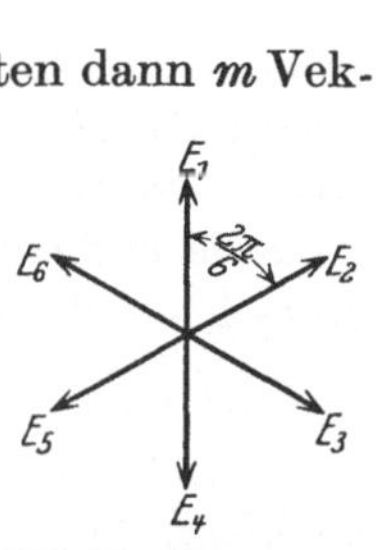

Weil die Drehung eines Vektors um den Winkel $\dfrac{2\pi}{m}$ in der positiven Drehrichtung der Zeitlinie einer Multiplikation des Vektors mit der Größe

$$e^{-j\frac{2\pi}{m}} = \sqrt[m]{1} = a \tag{376}$$

Abb. 77. Phasenspannungen eines Sechsphasensystems.

entspricht, so können wir für die m Phasenspannungen in symbolischer Darstellung schreiben

$$\left.\begin{aligned}
\overline{E}_1 &= \overline{E}, \\
\overline{E}_2 &= a \cdot \overline{E}, \\
\overline{E}_3 &= a^2 \overline{E}, \\
&\cdots\cdots \\
&\cdots\cdots \\
\overline{E}_m &= a^{m-1} \cdot \overline{E}.
\end{aligned}\right\} \tag{377}$$

Addiert man graphisch sämtliche Phasenspannungen, erhalten wir ein regelmäßiges m-Eck (Abb. 78). Die Resultante der m Phasenspannungen wird somit gleich Null.

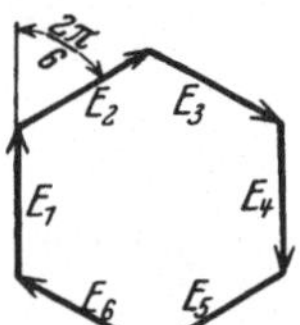

Der mathematische Ausdruck hierfür wird nach Gl. (377)

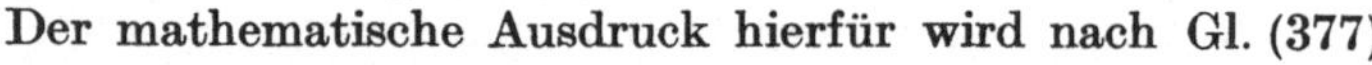

$$\sum_{x=1}^{m} \overline{E}_x = \overline{E}\,(1 + a + a^2 + \cdots + a^{m-1}) = 0. \tag{378}$$

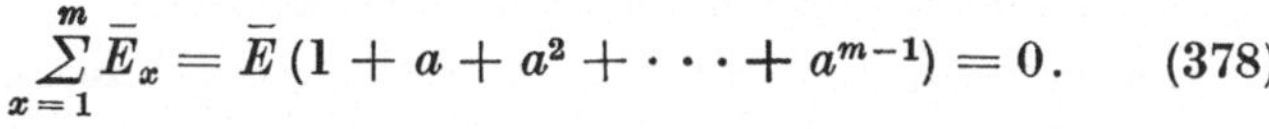

Daraus folgt dann unmittelbar, daß die Summe der Momentanwerte der Phasenspannungen nach Gl. (375) auch gleich Null sein muß:

Abb. 78. Graphische Addition der Phasenspannungen eines Sechsphasensystems.

$$\sum_{x=1}^{m} e_x = 0. \tag{379}$$

In den Mehrphasensystemen können die Phasen, und zwar jede für sich, vollständig geschlossene Stromkreise bilden. Ein solches Mehrphasensystem besteht dann aus m ganz getrennten Einphasensystemen, welche dieselbe Periodenzahl besitzen, und deren gegenseitige Phasenverschiebungen bestimmte Werte haben.

Man kann nun die Wicklungen der einzelnen Phasen miteinander leitend verbinden, d. h. die Phasen verketten. Diese Verkettungen müssen so ausgeführt werden, daß keine geschlossenen Kreise entstehen, in denen die Summe der induzierten EMKe von Null verschieden ist. Denn dann würde eine solche Schaltung sich wie ein kurzgeschlossener Stromkreis mit einer induzierten EMK verhalten, und es würde ein großer Strom in ihm fließen. Die am häufigsten vorkommenden verketteten Schaltungen bilden die Stern- und die Ringsysteme.

1. Die Sternsysteme entstehen dadurch, daß man die Anfangspunkte aller Phasen zu einem einzigen Punkte verbindet. Dieser Punkt wird dann der neutrale Punkt genannt, weil er sich bei den symmetrischen Sternsystemen tatsächlich neutral verhält und das Potential der Umgebung besitzt. Man kann diesen Punkt mit der Erde oder mit einem anderen neutralen Punkt verbinden oder auch isolieren und setzt sein Potential gewöhnlich gleich Null.

Zwischen der Klemme der x-ten Phase (Abb. 79) und dem neutralen Punkte herrsche z. B. die Phasenspannung

$$e_x = E \sin\left(\omega t - (x-1)\frac{2\pi}{m}\right). \tag{380}$$

Dann ist die Phasenspannung der $(x+1)$-ten Phase

$$e_{x+1} = E \sin\left(\omega t - x\frac{2\pi}{m}\right). \tag{381}$$

Zwischen den Klemmen zweier benachbarter Phasen herrscht dann eine Spannung, welche man die **verkettete Spannung** nennt. Diese Spannung wird auch **Linienspannung** genannt, weil sie auf den äußeren Belastungsstromkreis wirkt.

Die x-te Linienspannung eines symmetrischen m-Phasen-Systems ist somit

$$e_{l_x} = e_x - e_{x+1} = 2E \sin\frac{\pi}{m} \cdot \sin\left(\omega t + \frac{\pi}{2} - (2x-1)\frac{\pi}{m}\right), \qquad (382)$$

woraus folgt, daß die Linienspannung für die Sternschaltung

$$E_l = 2\sin\frac{\pi}{m} \cdot E \qquad (383)$$

ist, wenn E die Phasenspannung bedeutet. Dies geht auch unmittelbar aus der Abb. 79 hervor.

Der Phasenwinkel der x-ten Linienspannung wird nach Gl. (382)

$$\alpha_x = \frac{\pi}{2} - (2x-1)\frac{\pi}{m}, \qquad (384)$$

wenn der Phasenwinkel der ersten Phasenspannung gleich Null gewählt wird (siehe Abb. 79).

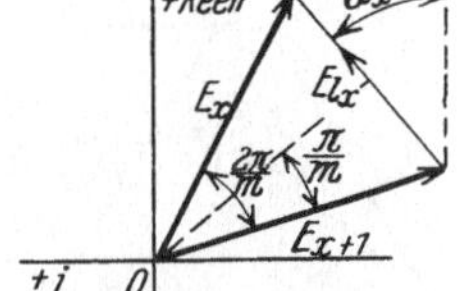

Abb. 79. Erläuterung zu Gl. (382).

Da man in einem Sternsystem die Linienströme von den Klemmen der Phasen abnimmt, so sind die Linienströme gleich den Phasenströmen

$$J_l = J. \qquad (385)$$

2. **Die Ringsysteme** entstehen, wenn man das Ende einer Phase mit dem Anfang der nächsten verbindet, wodurch alle Phasen in Reihe geschaltet werden. Deshalb ist diese Schaltung nur zulässig, wenn die Summe der EMKe aller Phasen für jeden Augenblick gleich Null ist, was bei den symmetrischen Mehrphasensystemen mit rein sinusförmigen EMKen der Fall ist.

Von den Verbindungspunkten je zweier benachbarter Phasen nimmt man die Ströme ab, wodurch die Zahl der Leitungen gleich der Phasenzahl wird. Durch jede Leitung fließt dann nach dem ersten Kirchhoffschen Gesetz die Differenz der Ströme zweier benachbarter Phasen. Der Linienstrom ist also hier nicht gleich dem Phasenstrom, sondern, weil die Ströme in zwei benachbarten Phasen um $\frac{2\pi}{m}$ gegeneinander verschoben sind,

$$\begin{aligned}
i_{l_x} &= J\sin\left[\omega t - \varphi - (x-1)\frac{2\pi}{m}\right] - J\sin\left(\omega t - \varphi - x\frac{2\pi}{m}\right) \\
&= 2J\sin\frac{\pi}{m} \cdot \cos\left(\omega t - \varphi - (2x-1)\frac{\pi}{m}\right) \\
&= 2J\sin\frac{\pi}{m} \cdot \sin\left(\omega t - \varphi + \frac{\pi}{2} - (2x-1)\frac{\pi}{m}\right), \qquad (386)
\end{aligned}$$

also

$$J_l = 2\sin\frac{\pi}{m} \cdot J \qquad (387)$$

und

$$\overline{J}_{l_x} = 2\sin\frac{\pi}{m} \cdot J \cdot e^{j\left(-\varphi + \frac{\pi}{2} - (2x-1)\frac{\pi}{m}\right)}. \qquad (388)$$

Die Linienspannung stimmt hier mit der Phasenspannung überein:

$$E_l = E. \qquad (389)$$

a) **Dreiphasen-Sternsystem.** Abb. 80 zeigt ein symmetrisches Drei-phasen-Sternsystem

$$m = 3; \qquad \frac{2\pi}{m} = 120^0.$$

Es ist

$$\overline{J}_1 = \overline{J}_a; \qquad \overline{J}_2 = \overline{J}_b; \qquad \overline{J}_3 = \overline{J}_c$$

und

$$E_{ab} = E_{bc} = E_{ca} = E_l = 2\sin\frac{\pi}{3}\cdot E = \sqrt{3}\,E.$$

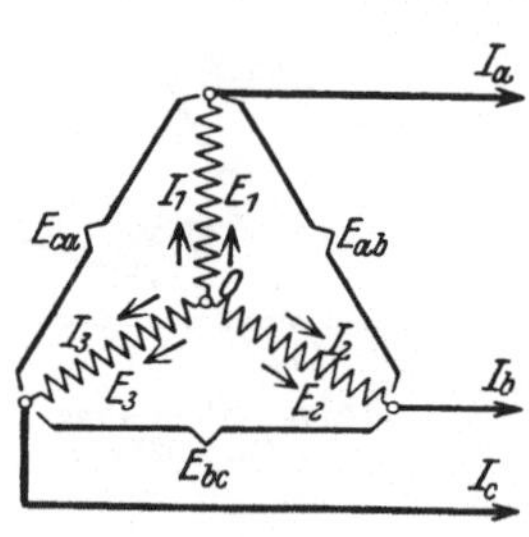

Abb. 80. Dreiphasen-Sternsystem.

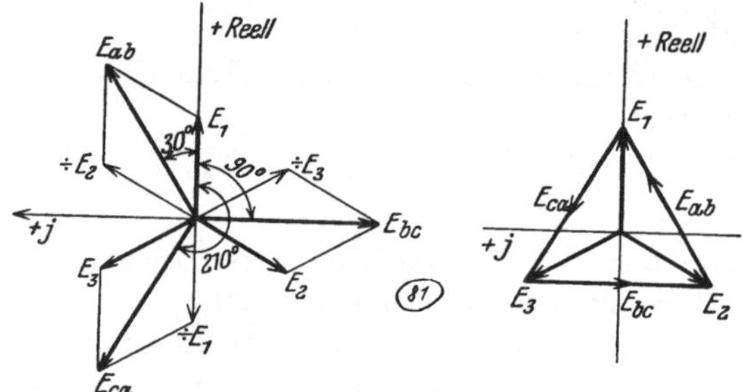

Abb. 81. Phasenspannungen und Linienspannungen eines
Dreiphasen-Sternsystems.

In vektorieller Darstellung ist [gemäß Gl. (383) und (384)]

$$E_{ab} = \sqrt{3}\cdot E\cdot e^{j\left(\frac{\pi}{2}-\frac{\pi}{3}\right)} = \sqrt{3}\cdot E\cdot e^{j\,30^0},$$

$$E_{bc} = \sqrt{3}\cdot E\cdot e^{j\left(\frac{\pi}{2}-\pi\right)} = \sqrt{3}\cdot E\cdot e^{-j\,90^0},$$

$$E_{ca} = \sqrt{3}\cdot E\cdot e^{j\left(\frac{\pi}{2}-5\frac{\pi}{3}\right)} = \sqrt{3}\cdot E\cdot e^{-j\,210^0}.$$

In der Abb. 81 sind die Phasenspannungen und die Linienspannungen auf-getragen.

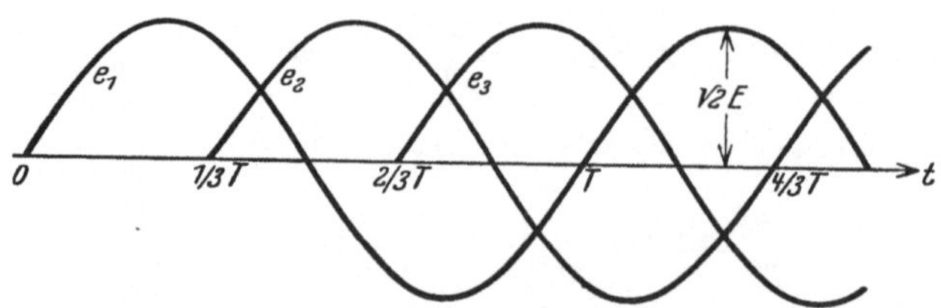

Abb. 82. Die Momentanwerte der Phasenspannungen eines Dreiphasen-Sternsystems.

Die Abb. 82 stellt die Momentanwerte der Phasenspannungen als Funktion der Zeit dar. Dasselbe Bild erhält man für die Momentanwerte der Linienspannun-gen, nur ist die Amplitude für diesen Fall $\sqrt{6}\cdot E$.

b) **Dreiphasen-Ringsystem.** Abb. 83 stellt das Dreiphasen-Ringsystem oder die sogenannte **Dreieckschaltung** dar.

Abb. 84 zeigt das zugehörige Stromdiagramm. Hier ist

$$E_1 = E_2 = E_3 = E_l$$

und

$$J_a = J_b = J_c = J_l = 2\sin\frac{\pi}{3} \cdot J = \sqrt{3}\, J,$$

wobei J den Phasenstrom bedeutet.

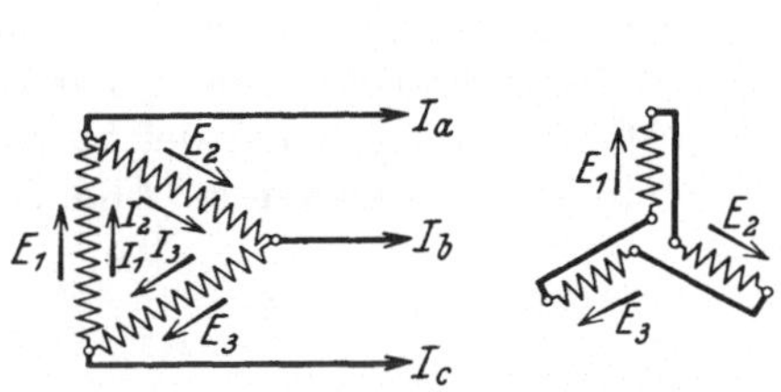

Abb. 83. Dreiphasen-Ringsystem oder Dreieckschaltung.

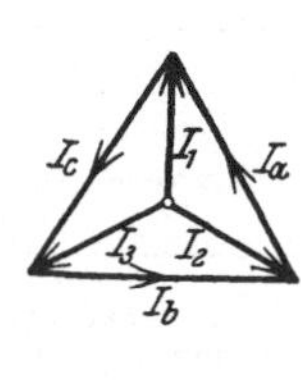

Abb. 84. Phasenströme und Linienströme eines Dreiphasen-Ringsystems.

31. Balancierte Mehrphasensysteme.

Betrachten wir eine einphasige Belastung mit der Klemmenspannung

$$e = \sqrt{2}\, E \cdot \sin \omega t$$

und dem Strome

$$i = \sqrt{2} \cdot J \cdot \sin (\omega t - \varphi),$$

so wird der Augenblickswert der Leistung

$$p = e \cdot i = E \cdot J \left[\cos \varphi - \cos (2\,\omega t - \varphi)\right]. \tag{390}$$

Diese ändert sich also zeitlich nach einer Kosinusfunktion mit der doppelten Frequenz des Stromes um den Mittelwert $E \cdot J \cdot \cos \varphi$. Diese Pulsation der Leistung eines Einphasenstromes bewirkt, daß das Drehmoment der Motoren nicht konstant wird und ihre Drehgeschwindigkeit schwankt infolgedessen. Die Größe dieser Schwankungen ist natürlich von den Trägheitsmomenten der bewegten Körper abhängig. Man sagt: das Einphasensystem ist un balan ciert.

Bei einem Mehrphasensystem ist die Leistung gleich der Summe der Leistungen der einzelnen Phasen.

Es sei die Spannung und der Strom der $x$ten Phase eines vollständig symmetrischen m-Phasen-Systems

$$e_x = \sqrt{2} \cdot E_p \cdot \sin \left(\omega t - (x-1)\frac{2\,\pi}{m}\right),$$

$$i_x = \sqrt{2} \cdot J_p \cdot \sin \left(\omega t - \varphi - (x-1)\frac{2\,\pi}{m}\right).$$

Dann ist der Augenblickswert der Leistung dieser Phase

$$p_x = e_x \cdot i_x = E_p \cdot J_p \left[\cos \varphi - \cos \left(2\,\omega t - \varphi - (x-1)\frac{4\,\pi}{m}\right)\right].$$

Die Gesamtleistung des m-Phasen-Systems ist somit

$$p = \sum_{x=1}^{m} e_x i_x = m\, E_p \cdot J_p \cdot \cos \varphi - E_p \cdot J_p \sum_{x=1}^{m} \cos \left(2\,\omega t - \varphi - (x-1)\frac{4\,\pi}{m}\right).$$

Nun ist

$$\sum_{x=1}^{m} \cos\left(2\,\omega\,t - \varphi - (x - 1)\,\frac{4\,\pi}{m}\right) = 0 \qquad \text{für} \qquad m > 2,$$

also ist

$$p = P = m\,E_p \cdot J_p \cdot \cos \varphi. \tag{391}$$

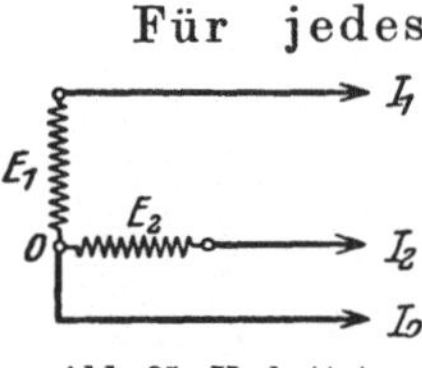

Abb. 85. Verkettetes Zweiphasensystem.

Für jedes symmetrische Mehrphasensystem $(m > 2)$ ist der Augenblickswert der Gesamtleistung konstant. Solche Systeme werden balancierte Mehrphasensysteme genannt. Es gibt auch unsymmetrische Mehrphasensysteme, welche balanciert sind, z. B. das verkettete Zweiphasensystem (Abb. 85) mit gleich belasteten Phasen. Hier ist

$$e_1 = \sqrt{2}\,E \cdot \sin \omega\,t; \qquad\qquad i_1 = \sqrt{2} \cdot J \cdot \sin(\omega\,t - \varphi),$$

$$e_2 = \sqrt{2}\,E \cdot \sin(\omega\,t - 90^0); \quad i_2 = \sqrt{2} \cdot J \cdot \sin(\omega\,t - \varphi - 90^0).$$

Somit ist

$$p_1 = e_1\,i_1 = E \cdot J\,[\cos \varphi - \cos(2\,\omega\,t - \varphi)],$$

$$p_2 = e_2\,i_2 = E \cdot J\,[\cos \varphi - \cos(2\,\omega\,t - \varphi - 180^0)]$$

oder

$$p = p_1 + p_2 = 2\,E \cdot J \cdot \cos \varphi = \text{konst.}$$

32. Analytische Stromberechnung eines Sternsystems.

Es soll nun ganz allgemein gezeigt werden, wie man die Ströme und den Spannungsmittelpunkt O' eines Sternsystems mit und ohne neutrale Leitung rechnerisch bestimmen kann.

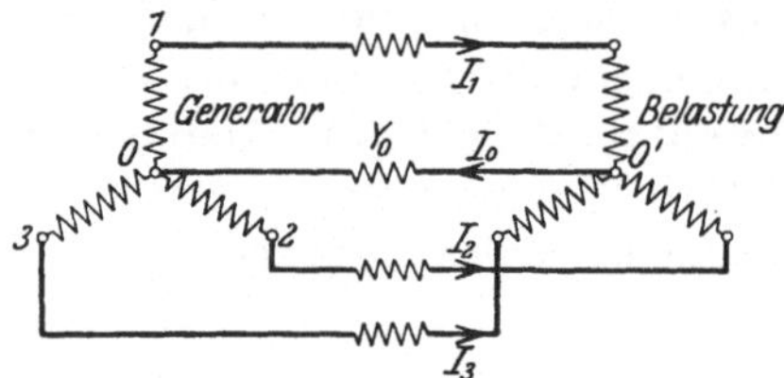

Abb. 86. Erläuterung zu Gl. (393).

Wir wählen zuerst das Potential des Generatornullpunktes gleich Null. Das Potential im Sternpunkt O' der Belastung setzen wir gleich $\bar{E}_0$.

Die Leerlaufpotentiale $\bar{E}_{10}$, $\bar{E}_{20}$ usw. der einzelnen Phasen, die gleich den induzierten EMKen sind, sollen allgemein für eine Phase mit E_{x0}, die Admittanzen der Phasen allgemein mit $\bar{y}_x$ bezeichnet werden. Dann ist

$$\bar{J}_x = \bar{y}_x\,(\bar{E}_{x0} - \bar{E}_0). \tag{392}$$

Es sei jetzt $\bar{J}_0$ und $\bar{y}_0$ der Strom bzw. die Admittanz der neutralen Leitung, dann ist nach der Abb. 86

$$\bar{J}_0 = \bar{y}_0 \cdot \bar{E}_0 = \sum_{x=1}^{m} \bar{J}_x. \tag{393}$$

Wir erhalten somit

$$\bar{y}_0 \cdot \bar{E}_0 = \sum_{x=1}^{m} \bar{y}_x\,(\bar{E}_{x0} - \bar{E}_0) = \sum_{x=1}^{m} \bar{y}_x\,\bar{E}_{x0} - \bar{E}_0 \sum_{x=1}^{m} \bar{y}_x$$

oder

$$\overline{E}_0 = \frac{\sum\limits_{x=1}^{m} \overline{y}_x \, \overline{E}_{x0}}{\sum\limits_{x=1}^{m} \overline{y}_x + \overline{y}_0} \; . \tag{394}$$

Alle Ströme lassen sich nun durch Gln. (392) und (394) berechnen.

Es ist ohne weiteres ersichtlich, daß $\overline{E}_{x0} \cdot \overline{y}_{x0}$ der Strom ist, welcher in der x-ten Phase fließen würde, wenn die beiden neutralen Punkte widerstandslos miteinander verbunden wären, während $\sum\limits_{x=1}^{m} \overline{E}_{x0} \, \overline{y}_x$ der Strom zwischen den neutralen Punkten ist.

Beispiel. Es seien die Leerlaufpotentiale eines Dreiphasengenerators ohne neutrale Leitung

$$\overline{E}_{10} = E_{10} = E \, ,$$
$$\overline{E}_{20} = E \, e^{-j\,120^0} \, ,$$
$$\overline{E}_{30} = E \, e^{+j\,120^0} \, .$$

Die Admittanzen der drei Phasen seien

$$\overline{y}_1 = y_1; \qquad \overline{y}_2 = y_2 \, e^{-j\,60^0}; \qquad \overline{y}_3 = y_2 \, e^{j\,60^0} \, .$$

Dann ist

$$\overline{E}_0 = E \, \frac{\overline{y}_1 + \overline{y}_2 \, e^{-j\,120^0} + \overline{y}_3 \cdot e^{-j\,120^0}}{\overline{y}_1 + \overline{y}_2 + \overline{y}_3} = E \, \frac{y_1 + y_2 \, e^{-j\,180^0} + y_2 \cdot e^{j\,180^0}}{y_1 + 2\,y_2 \cdot \cos 60^0}$$

oder

$$E_0 = E \, \frac{y_1 - 2\,y_2}{y_1 + y_2} \, .$$

Das Potential des Sternpunktes der Belastung verschiebt sich also in positiver oder in negativer Richtung der reellen Achse, je nachdem y_1 größer oder kleiner als $2\,y_2$ ist.

Vertauschen wir die Admittanzen der zweiten und der dritten Phase, so daß

$$\overline{y}_1 = y_1; \qquad \overline{y}_2 = y_2 \, e^{j\,60^0}; \qquad \overline{y}_3 = y_2 \, e^{-j\,60^0} \, ,$$

dann erhalten wir

$$\overline{E}_0 = E \, \frac{y_1 + y_2 \, e^{-j\,60^0} + y_2 \, e^{j\,60^0}}{y_1 + y_2 \, e^{j\,60^0} + y_2 \, e^{-j\,60^0}} = E \, .$$

In diesem Falle fällt das Potential des Sternpunktes der Belastung mit dem Klemmenpotential der ersten Phase zusammen. Der Strom in der ersten Phase wird also gleich Null; denn

$$\overline{J}_1 = \overline{y}_1 \, (\overline{E}_{10} - E) = 0 \, .$$

Die zwei anderen Ströme sind

$$\overline{J}_2 = \overline{y}_2 \, (\overline{E}_{20} - E) = y_2 \, e^{+j\,60^0} \, E \, (e^{-j\,120^0} - 1) = -\,2\,j\,y_2 \, E \, \frac{e^{j\,60^0} - e^{-j\,60^0}}{2\,j}$$
$$= -\,2\,j\,y_2 \, E \cdot \sin 60^0 = -\,j \, \sqrt{3} \cdot E \cdot y_2$$

und

$$\overline{J}_3 = y_3 \, (\overline{E}_{30} - E) = y_2 \, e^{-j\,60^0} \, E \, (e^{j\,120^0} - 1) = 2\,j\,y_2 \, E \, \frac{e^{j\,60^0} - e^{-j\,60^0}}{2\,j}$$
$$= 2\,j\,y_2 \, E \cdot \sin 60^0 = j \, \sqrt{3} \cdot E \cdot y_2 \, .$$

Die Bedingung

$$\overline{J}_1 + \overline{J}_2 + \overline{J}_3 = 0$$

ist gleichzeitig erfüllt.

33. Transfigurierung einer Dreieckschaltung in eine Sternschaltung.

Im vorhergehenden Paragraphen ist gezeigt, wie der Spannungsmittelpunkt einer Sternschaltung leicht bestimmt werden kann, und dadurch ist die Strom

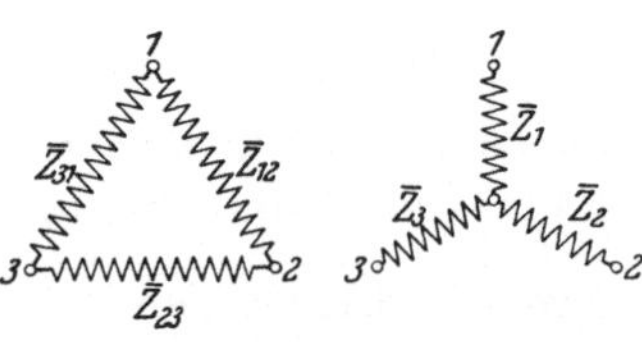

berechnung eines Sternsystems auf die Behandlung von einfachen Stromleitern zurückgeführt worden. Um bei Dreieckschaltung dieselbe Vereinfachung zu erreichen, kann man die folgende von A. E. Kennelly angegebene Transfigurierungsmethode einer Dreieckschaltung für eine in bezug auf den äußeren Stromkreis äquivalente Sternschaltung verwenden.

Abb. 87. Dreieckschaltung und die dazu äquivalente Sternschaltung.

Die Abb. 87 stellt eine Dreieck- und eine Sternschaltung dar.

Wir setzen die Impedanzen der Dreieckschaltung als bekannt voraus.

Die Gesamtimpedanzen zwischen den Klemmen *1—2*, *2—3* und *3—1* müssen dann in beiden Fällen einander gleich sein.

Wir erhalten somit:

$$\left.\begin{aligned}
\bar{z}_1 + \bar{z}_2 &= \frac{\bar{z}_{12}\,(\bar{z}_{23} + \bar{z}_{31})}{\bar{z}_{12} + \bar{z}_{23} + \bar{z}_{31}}, \\[2mm]
\bar{z}_2 + \bar{z}_3 &= \frac{\bar{z}_{23}\,(\bar{z}_{31} + \bar{z}_{12})}{\bar{z}_{12} + \bar{z}_{23} + \bar{z}_{31}}, \\[2mm]
\bar{z}_3 + \bar{z}_1 &= \frac{\bar{z}_{31}\,(\bar{z}_{12} + \bar{z}_{23})}{\bar{z}_{12} + \bar{z}_{23} + \bar{z}_{31}}.
\end{aligned}\right\} \qquad (395)$$

Addiert man alle diese Gleichungen, nachdem die eine mit -1 multipliziert ist, so erhält man

$$\left.\begin{aligned}
\bar{z}_1 &= \frac{\bar{z}_{12}\cdot\bar{z}_{31}}{\bar{z}_{12} + \bar{z}_{23} + \bar{z}_{31}}, \\[2mm]
\bar{z}_2 &= \frac{\bar{z}_{23}\cdot\bar{z}_{12}}{\bar{z}_{12} + \bar{z}_{23} + \bar{z}_{31}}, \\[2mm]
\bar{z}_3 &= \frac{\bar{z}_{31}\cdot\bar{z}_{23}}{\bar{z}_{12} + \bar{z}_{23} + \bar{z}_{31}}.
\end{aligned}\right\} \qquad (396)$$

Beispiel. Die Impedanzen eines symmetrischen Dreiecksystems seien

$$\bar{z}_{12} = \bar{z}_{23} = \bar{z}_{31} = \bar{z}_\triangle.$$

Dann ist die Impedanz $z_\curlyvee$ pro Phase des äquivalenten symmetrischen Sternsystems

$$\bar{z}_\curlyvee = \tfrac{1}{3}\,\bar{z}_\triangle.$$

Soll umgekehrt eine gegebene Sternschaltung in eine äquivalente Dreieckschaltung umgewandelt werden, so führen wir am besten die Admittanzen

$$\bar{y}_1 = \frac{1}{\bar{z}_1}, \qquad y_{12} = \frac{1}{\bar{z}_{12}} \;\text{usw.}$$

ein.

Dann finden wir

$$\left.\begin{aligned}
\bar{y}_{23} + \bar{y}_{31} &= \frac{\bar{y}_3\,(\bar{y}_1 + \bar{y}_2)}{\bar{y}_1 + \bar{y}_2 + \bar{y}_3}, \\[2mm]
\bar{y}_{31} + \bar{y}_{12} &= \frac{\bar{y}_1\,(\bar{y}_2 + \bar{y}_3)}{\bar{y}_1 + \bar{y}_2 + \bar{y}_3}, \\[2mm]
\bar{y}_{12} + \bar{y}_{23} &= \frac{\bar{y}_2\,(\bar{y}_3 + \bar{y}_1)}{\bar{y}_1 + \bar{y}_2 + \bar{y}_3}.
\end{aligned}\right\} \qquad (397)$$

Hieraus ergibt sich dann

$$\left.\begin{aligned}
\bar{y}_{12} &= \frac{\bar{y}_1 \cdot \bar{y}_2}{\bar{y}_1 + \bar{y}_2 + \bar{y}_3}, \\[2mm]
\bar{y}_{23} &= \frac{\bar{y}_2 \cdot \bar{y}_3}{\bar{y}_1 + \bar{y}_2 + \bar{y}_3}, \\[2mm]
\bar{y}_{31} &= \frac{\bar{y}_3 \cdot \bar{y}_1}{\bar{y}_1 + \bar{y}_2 + \bar{y}_3}.
\end{aligned}\right\} \tag{398}$$

34. Graphische Stromberechnung eines Sternsystems.

Die Bestimmung des Potentials in dem neutralen Punkte der Stromverbraucher nach Gl. (394) erfordert im allgemeinen eine ziemlich große Rechenarbeit. Es soll daher im folgenden eine graphische Methode zur Bestimmung dieses Potentials angegeben werden.

Die Generatoren und Belastungsadmittanzen sollen alle in Stern geschaltet sein. Wir setzen die in den einzelnen Phasen induzierten EMKe, die Widerstände und Reaktanzen und die Belastungsadmittanzen der verschiedenen Phasen als bekannt voraus.

Es sei dann die EMK der x-ten Phase

$$\bar{E}_{x0} = E_{x0} \cdot e^{-j\,\psi_x} \tag{399}$$

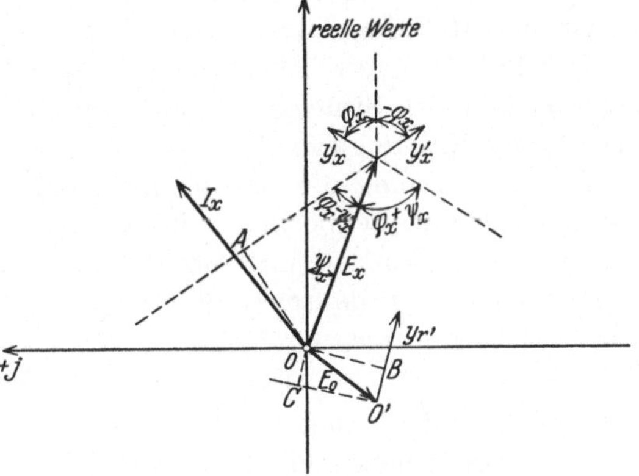

Abb. 88. Bestimmung des Spannungsmittelpunktes eines Sternsystems.

und die totale Admittanz der x-ten Phase, zwischen den beiden Sternpunkten gerechnet,

$$\bar{y}_x = y_x \cdot e^{j\,\varphi_x}, \tag{400}$$

dann ist

$$\bar{E}_{x0} \cdot \bar{y}_x = E_{x0} \cdot y_x \cdot e^{j\,(\varphi_x - \psi_x)} = E_{x0} \cdot y_x \cos(\varphi_x - \psi_x) + j E_{x0} \cdot y_x \sin(\varphi_x - \psi_x). \tag{401}$$

In der Abb. 88 ist die Admittanz $\bar{y}_x$ und ihr Spiegelbild $\bar{y}'_x$ in bezug auf die reelle Achse an dem Endpunkt des Spannungsvektors $\bar{E}_x$ aufgetragen.

Fassen wir nun das Spiegelbild $\bar{y}'_x$ der Admittanz $\bar{y}_x$ als eine Kraft auf, die auf den Hebelarm $\bar{E}_x$ wirkt, so bestimmen diese beiden Vektoren zusammen ein Koppelmoment, dessen absoluter Betrag gleich

$$y'_x \cdot E_{x0} \cdot \sin(\varphi_x - \psi_x) = y'_x \cdot \overline{OA} = \left| y_x \cdot \overline{OA} \right| \tag{402}$$

ist. Dies ist aber der imaginäre Teil des Ausdruckes Gl. (401).

Drehen wir $\bar{y}'_x$ um 90°, dann erhalten wir das Koppelmoment vom absoluten Betrag

$$y''_x \cdot E_{x0} \cdot \cos(\varphi_x - \psi_x) = \left| y_x \cdot E_{x0} \cdot \cos(\varphi_x - \psi_x) \right|, \tag{403}$$

welcher dem reellen Teil des Ausdruckes Gl. (401) gleich ist.

Schreiben wir jetzt Gl. (394) in der Form

$$\sum \bar{E}_{x0}\,\bar{y}_x = \bar{E}_0 \left(\sum \bar{y}_x + \bar{y}_0 \right) = \bar{E}_0\,\bar{y}_r, \tag{404}$$

wo $\bar{y}_r = \sum \bar{y}_x + \bar{y}_0$ die resultierende Admittanz zwischen den Sternpunkten bedeutet, so sehen wir, wenn wir in dieser Gleichung sämtliche Admittanzen durch ihre Spiegelbilder in bezug auf die reelle Achse ersetzen und diese als Kräfte auffassen, welche an den Endpunkten der Spannungsvektoren als Hebelarme angreifen, daß Gl. (404) in die äquivalente Gleichung

$$\sum [\bar{E}_{x0}\,\bar{y}'_x] = [\bar{E}_0 \cdot \bar{y}'_r] \tag{405}$$

übergeht, wobei die eckige Klammer das Momentprodukt bedeutet.

Diese Gleichung besagt dann, daß das statische Moment der resultierenden Kraft y'_r gleich der Summe der statischen Momente der Einzelkräfte $\bar{y}'_x$ ist, wobei verschiedener Drehsinn durch das Vorzeichen zu berücksichtigen ist.

Gl. (405) ist dann identisch mit der aus der Mechanik starrer Körper bekannten Gleichgewichtsbedingung eines starren Systems gegen Drehung um den Punkt O.

Den Punkt O', in welchem die resultierende Kraft y'_r angreift, können wir den Schwerpunkt des Systems nennen, weil für diesen Punkt die Summe der Momente aller Kräfte gleich Null ist.

Die Bestimmung des Kräftemittelpunktes eines starren Systems mit Hilfe von Kräfte- und Seilpolygon wird als bekannt vorausgesetzt.

Am einfachsten verfährt man folgendermaßen: Man trägt zuerst sämtliche Vektoren E_{x0} und die Spiegelbilder $\bar{y}'_x$ in das Diagramm auf und bestimmt graphisch die Resultante

$$\bar{y}'_r = \sum \bar{y}'_x + \bar{y}'_0 \,.$$

Sodann verschiebt man die Vektoren y'_x an die Endpunkte der Spannungsvektoren, bestimmt graphisch die Abstände OA und bildet dann auf rechnerischem Wege die Momente der Einzelkräfte. Daraus ergibt sich der senkrechte Abstand OB der resultierenden Kraft y'_r.

Dann werden sämtliche Kräfte $\bar{y}'_x$ und $\bar{y}'_r$ um 90^0 gedreht, und man wiederholt dieselbe Rechnung. Daraus ergibt sich dann der Abstand OC, wobei Punkt O' eindeutig festgelegt ist.

35. Höhere Harmonische in Dreiphasensystemen.

Wir haben bis jetzt angenommen, daß die Spannungen und Ströme der Mehrphasensysteme sinusförmig waren. Wenn dies nicht zutrifft, kann man wie bei den Einphasensystemen jede Harmonische für sich getrennt behandeln. In einem unsymmetrischen System mit nicht sinusförmigen Strömen und Spannungen hat man eine solche Mannigfaltigkeit, daß es vorläufig nur von Interesse sein kann, die Oberwellen der symmetrischen Systeme zu behandeln.

Wir werden daher im folgenden nur die Verhältnisse bei dem symmetrischen Dreiphasensystem untersuchen. Die Phasenspannungen der drei Phasen sind:

$$e_a = \sqrt{2}\,\{E_1 \sin(\omega t + \psi_1) + E_3 \sin(3\,\omega t + \psi_3) + E_5 \sin(5\,\omega t + \psi_5)$$
$$+ \cdots E_{2p-1}\sin((2p-1)\,\omega t + \psi_{2p-1}) + \cdots\}, \tag{406}$$

$$e_b = \sqrt{2}\,\Big\{E_1 \sin\Big(\omega t - \frac{2\pi}{3} + \psi_1\Big) + E_3 \sin\Big(3\Big(\omega t - \frac{2\pi}{3}\Big) + \psi_3\Big)$$
$$+ E_5 \sin\Big(5\Big(\omega t - \frac{2\pi}{3}\Big) + \psi_5\Big) + \cdots + E_{2p-1}\sin\Big[(2p-1)\Big(\omega t - \frac{2\pi}{3}\Big)$$
$$+ \psi_{2p-1}\Big] + \cdots\Big\}, \tag{407}$$

$$e_c = \sqrt{2}\left\{E_1 \sin\left(\omega t - \frac{4\pi}{3} + \psi_1\right) + E_3 \sin\left(3\left(\omega t - \frac{4\pi}{3}\right) + \psi_3\right)\right.$$

$$+ E_5 \sin\left(5\left(\omega t - \frac{4\pi}{3}\right) + \psi_5\right) + \cdots + E_{2p-1}\sin\left[(2p-1)\left(\omega t - \frac{4\pi}{3}\right)\right.$$

$$\left.\left. + \psi_{2p-1}\right] + \cdots\right\}, \qquad (408)$$

wobei

$$p = 1, 2, 3 \ldots$$

ist. Setzen wir $2p - 1 = n$, so sind also die Momentanwerte der $n$ten Harmonischen der drei Phasen

$$\left.\begin{array}{l} e_{an} = E_n \cdot \sin\left[n\omega t + \psi_n\right], \\[2mm] e_{bn} = E_n \cdot \sin\left[n\omega t - n\dfrac{2\pi}{3} + \psi_n\right], \\[2mm] e_{cn} = E_n \cdot \sin\left[n\omega t - n\dfrac{4\pi}{3} + \psi_n\right] \end{array}\right\} \qquad (409)$$

oder in symbolischer Schreibweise

$$\left.\begin{array}{l} e_{an} = E_n \cdot e^{j(n\omega t + \psi_n)}, \\[2mm] e_{bn} = E_n \cdot e^{j(n\omega t + \psi_n)} \cdot e^{-jn\frac{2\pi}{3}}, \\[2mm] e_{cn} = E_n \cdot e^{j(n\omega t + \psi_n)} \cdot e^{-jn\frac{4\pi}{3}}. \end{array}\right\} \qquad (410)$$

Hieraus ergibt sich für den Fall, daß n durch 3 teilbar ist:

$$e_{an} = e_{bn} = e_{cn} \qquad\qquad n = 3, 9, 15, 21 \ldots$$

Alle Harmonischen, deren Periodenzahlen ein Vielfaches der dreifachen Grundperiodenzahl sind, haben also in allen Phasen die gleiche Größe und Richtung.

Man sieht weiter, daß bei den 5., 11., 17. .... Harmonischen e_{bn} um 120^0 gegenüber e_{an} voreilt, während e_{cn} um denselben Winkel gegenüber e_a nacheilt. Bei den 7., 13., 19. .... Harmonischen ist die zeitliche Reihenfolge dieselbe wie für die Phasenspannungen der Grundharmonischen. Nach Gl. (410) lassen sich die höheren Harmonischen als Vektoren in einem Zeitdiagramme darstellen. Dabei muß man aber beachten, daß in dem Zeitdiagramme der $n$ten Harmonischen die Zeitlinie n mal so große Drehgeschwindigkeit hat wie im Zeitdiagramme der Grundharmonischen. Man benutzt oft dasselbe Koordinatensystem für die Darstellung der Vektoren der Grundharmonischen und der höheren Harmonischen.

Diese Darstellung ist dann so aufzufassen, daß n verschiedene Diagrammebenen so übereinandergelegt sind, daß sämtliche Koordinatensysteme zusammenfallen. Dann hat man aber auch n Zeitlinien, die mit den Winkelgeschwindigkeiten $\omega, 3\omega, 5\omega, \ldots, n\omega$ rotieren.

Nur diejenigen Vektoren, welche zu derselben Ebene gehören, dürfen additiv zusammengesetzt werden. Die Abb. 89 stellt die Zeitdiagramme der Harmonischen dar. Dabei sind die Phasenwinkel $\psi_1, \psi_3, \ldots$ der Einfachheit halber gleich Null gesetzt.

Ist die zeitliche Reihenfolge der drei Phasen a, b, c, so wollen wir das System als ein „positiv drehendes System" bezeichnen. Ist die zeitliche Reihenfolge a, c, b, so wollen wir es ein „negativ drehendes System" nennen.

Dann haben wir

$$\left.\begin{array}{l}\text{positiv drehende Systeme für } n = 1,\ 7, 13, 19, \ldots, (1 + 6\,k), \\ \text{negativ drehende Systeme für } n = 5, 11, 17, 23, \ldots, (5 + 6\,k), \\ \qquad\qquad k = 0, 1, 2, 3, \ldots \end{array}\right\} \quad (411)$$

Aus den Momentanwerten e_a, e_b und e_c der in den drei Phasen induzierten EMKe ergeben sich die Momentanwerte der verketteten Spannungen e_1, e_2 und e_3 eines Sternsystems. Es ist

$$\left.\begin{array}{l}e_1 = e_a - e_b = (e_{a1} - e_{b1}) + (e_{a3} - e_{b3}) + (e_{a5} - e_{b5}) + \cdots \\ e_2 = e_b - e_c = (e_{b1} - e_{c1}) + (e_{b3} - e_{c3}) + (e_{b5} - e_{c5}) + \cdots \\ e_3 = e_c - e_a = (e_{c1} - e_{a1}) + (e_{c3} - e_{a3}) + (e_{c5} - e_{a5}) + \cdots \end{array}\right\} \quad (412)$$

Hierin ist

$$\left.\begin{array}{lll}e_{a3} - e_{b3} = 0, & e_{b3} - e_{c3} = 0, & e_{c3} - e_{a3} = 0, \\ e_{a9} - e_{b9} = 0, & e_{b9} - e_{c9} = 0, & e_{c9} - e_{a9} = 0, \\ \cdots\cdots\cdots & \cdots\cdots\cdots & \cdots\cdots\cdots \\ \cdots\cdots\cdots & \cdots\cdots\cdots & \cdots\cdots\cdots \end{array}\right\} \quad (413)$$

Hieraus folgt, daß die Linienspannungen eines symmetrischen Dreiphasen-Sternsystems nicht solche Harmonischen enthalten können, deren Periodenzahlen ein Vielfaches der dreifachen Grundperiodenzahl sind.

Diese Regel gilt auch allgemein für symmetrische, verkettete Dreiphasensysteme.

Nach den Diagrammen in der Abb. 89 gilt für alle anderen Harmonischen der Phasenspannungen, daß ihre Vektoren sich unter 120^0 zusammensetzen. Somit ist

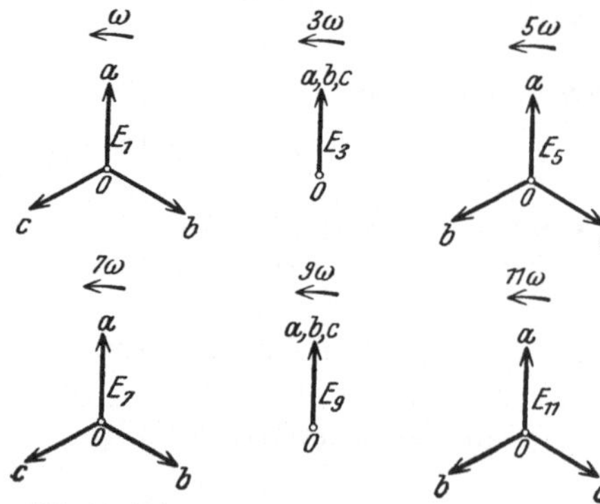

Abb. 89. Zeitdiagramme der Harmonischen eines symmetrischen Dreiphasensystems.

$$E_{l1} = \sqrt{3} \cdot E_1; \qquad E_{l5} = \sqrt{3} \cdot E_5; \qquad E_{l7} = \sqrt{3} \cdot E_7 \ \text{usw.,} \qquad (414)$$

wo E_{l1}, E_{l5}, $E_{l7}, \ldots$ die Linienspannungen der 1., 5., 7., $\ldots$ Harmonischen bedeuten. Der Effektivwert der Phasenspannung ist

$$E_p = \sqrt{E_1^2 + E_3^2 + E_5^2 + E_7^2 + \cdots}, \qquad (415)$$

während die Linienspannung

$$\begin{aligned}E_l &= \sqrt{E_{l1}^2 + E_{l5}^2 + E_{l7}^2 + \cdots} \\ &= \sqrt{3} \cdot \sqrt{E_1^2 + E_5^2 + E_7^2 + \cdots}\end{aligned} \qquad (416)$$

ist.

Die Spannung

$$E_i = \sqrt{E_3^2 + E_9^2 + E_{15}^2 + \cdots} \qquad (417)$$

nennt man die „innere Spannung" des Systems, denn sie tritt nur in den Phasen auf und hat keinen Einfluß auf die äußeren Stromkreise.

Es ist

$$E_l = \sqrt{3} \cdot \sqrt{E_p^2 - E_i^2}. \tag{418}$$

Die Abb. 90 zeigt ein Verfahren zur Messung der inneren Spannung eines symmetrischen Dreiphasen-Sternsystems. Die Belastung besteht aus drei Ohmschen Widerständen r_b. V ist ein Spannungsmesser mit dem inneren Widerstand r, welcher durch den Schalter S zwischen den beiden Sternpunkten O und O' eingeschaltet werden kann. Zeigt der Spannungsmesser nach dem Einschalten die Spannung E_i', so ist die innere Spannung der Generatorphasen

$$E_i = E_i' + \frac{1}{3}\,\frac{E_i'}{r}\,r_b = E_i'\,\frac{r + \frac{1}{3}\,r_b}{r}.$$

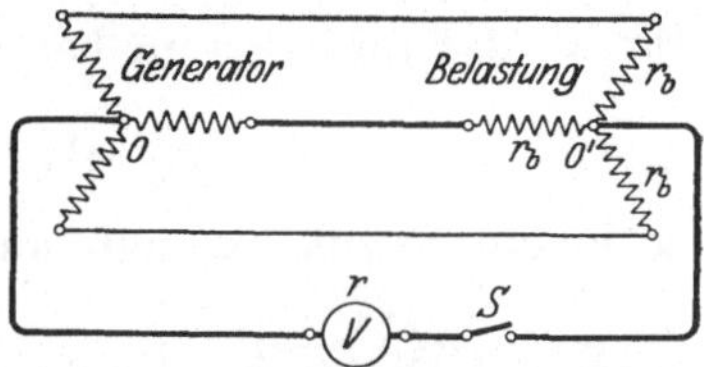

Abb. 90. Messung der inneren Spannung eines symmetrischen Dreiphasen-Sternsystems.

In einer symmetrischen Dreieckschaltung entstehen sogenannte „innere Ströme", weil die dreifachen Harmonischen der induzierten EMKe in diesem Falle sich addieren. Diese Ströme fließen aber nur durch die Phasen und kommen nicht auf die äußeren Leitungen hinaus. Die inneren Ströme sind nahezu unabhängig von der äußeren Belastung und fließen auch bei Leerlauf.

Der Effektivwert des Phasenstromes ist

$$J_p = \sqrt{J_1^2 + J_3^2 + J_5^2 + \cdots}, \tag{419}$$

und der Effektivwert des inneren Stromes ist

$$J_i = \sqrt{J_3^2 + J_9^2 + \cdots}. \tag{420}$$

Der Effektivwert des Linienstromes ist

$$J_l = \sqrt{3} \cdot \sqrt{J_1^2 + J_5^2 + J_7^2 + \cdots}; \tag{421}$$

somit ist

$$J_l = \sqrt{3} \cdot \sqrt{J_p^2 - J_i^2}. \tag{422}$$

Die inneren Ströme der Dreieckschaltung bewirken also, daß das Verhältnis zwischen Phasenstrom und Linienstrom größer als $\dfrac{1}{\sqrt{3}}$ wird, und weil sie die Kupferverluste vergrößern, müssen sie möglichst vermieden werden.

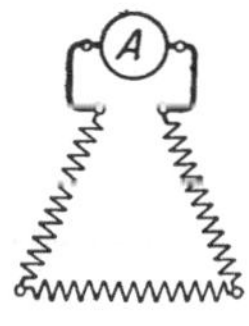

Bei der Dreieckschaltung kann man die inneren Ströme und Spannungen messen, wie in der Abb. 91 gezeigt ist. Ist A ein Strom- bzw. ein Spannungsmesser, so mißt man den inneren Strom bzw. die Spannung $3\,E_i$.

Abb. 91.

Als Beispiel seien die gemessenen Werte der inneren Ströme und Spannungen eines Drehstromgenerators angegeben[1].

Es wurde gemessen

$$E_p = 71{,}8\,\text{V}, \qquad E_i = 20\,\text{V}.$$

---

[1] Bragstad, O. S.: ETZ 1900, H. 13.

Die verkettete Spannung bei Sternschaltung berechnet man zu

$$E_l = \sqrt{3}\ \sqrt{71{,}8^2 - 20^2} = 119{,}8\ \text{V}.$$

Durch Messung wurde 120 V gefunden.

Die Formel $E_l = \sqrt{3}\,E_p$, die nur für Sinusspannung gilt, ergibt 124,5 V.
Der innere Strom bei Dreieckschaltung war

$$J_i = 30\ \text{A},$$

während der Linienstrom bei Vollast $\sqrt{3}\cdot 35$ A betrug. Daraus erhalten wir

$$J_p = \sqrt{35^2 + 30^2} = 46\ \text{A}.$$

Der innere Strom erzeugt somit eine Vergrößerung der Kupferverluste von

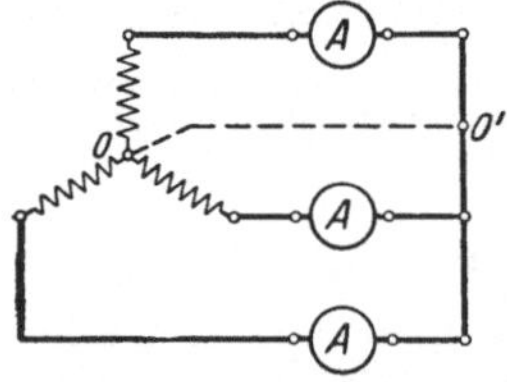

Abb. 92. Kurzschlußmessung von Generatoren in Sternschaltung.

$$\frac{46^2 - 35^2}{35^2}\cdot 100\% \approx 70\%.$$

In manchen praktischen Fällen müssen die inneren Ströme und Spannungen berücksichtigt werden, z. B. bei der Kurzschlußmessung von Generatoren in Sternschaltung (Abb. 92). Wenn der Nulleiter OO' fehlt, dann können keine dreifachen harmonischen Ströme fließen. Dagegen kann die innere Spannung zwischen O und O' oft ziemlich große Werte annehmen.

Ist der Nulleiter vorhanden, so können die Kurzschlußströme bedeutend vergrößert werden.

36. Messung der Leistung eines Dreiphasenstromes.

Bei einem symmetrischen m-Phasen-System mit symmetrischer Belastung ist die Leistung aller Phasen gleich groß und $\dfrac{1}{m}$ mal der totalen Leistung. Es genügt dann, die Leistung in einer Phase zu messen.

Bei einer Sternschaltung mit zugänglichem Nullpunkt ist diese Messung sehr einfach wie in Abb. 93 gezeigt. Läßt sich eine Dreieckschaltung öffnen, geschieht die Leistungsmessung für eine Phase, wie die Abb. 94 zeigt.

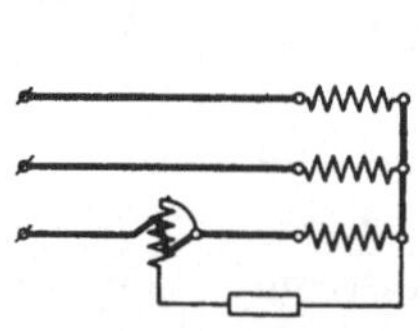

Abb. 93. Messung der Leistung eines symmetrischen Dreiphasensystems mit zugänglichem Nullpunkt.

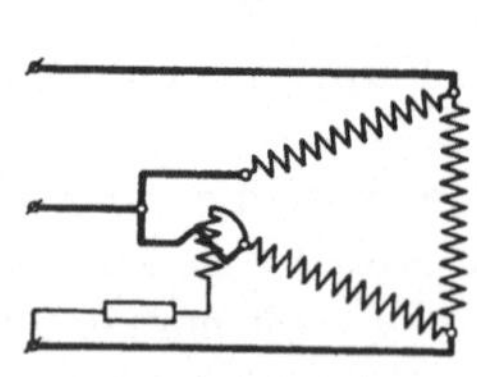

Abb. 94. Leistungsmessung für eine Phase bei Dreieckschaltung.

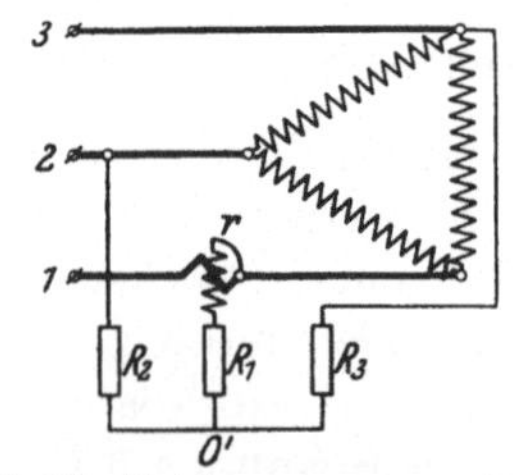

Abb. 95. Leistungsmessung eines symmetrischen Dreiphasenstromes mittels eines Wattmeters.

In den übrigen Fällen, bei denen nur die drei Klemmen des Dreiphasensystems zugänglich sind, kann man die Leistung einer Phase mittels eines aus Widerständen gebildeten „künstlichen Nullpunkts" messen (Abb. 95).

Bei dieser Methode liegt die Stromspule des Wattmeters in einer der Hauptleitungen und die Spannungsspule zwischen dieser Hauptleitung und dem künstlichen Nullpunkt O'.

Es sei
$$R_1 + r = R_2 = R_3,$$

wobei r den Ohmschen Widerstand der Spannungsspule bedeutet; dann ist das Potential in O' gleich dem Potential des neutralen Punktes der Belastung.

Das Wattmeter zeigt dann die Leistung P' einer Phase an, und die totale Leistung ist somit
$$P = 3 P'.$$

Wählt man
$$R_1 = R_2 = R_3 = R,$$

so wird das Potential in O' einen anderen Wert haben als im neutralen Punkte der Belastung. Dieser Potentialunterschied läßt sich nach der Formel (394) folgendermaßen berechnen.

Die Potentiale der Leitungen 1, 2 und 3 seien
$$E, \quad E \cdot e^{-j120^0} \quad \text{und} \quad E \cdot e^{-j240^0}.$$

Dann wird das Potential in O'
$$\overline{E}_0 = E \frac{\dfrac{1}{R+r} + \dfrac{1}{R}\left(-\dfrac{1}{2} - j\dfrac{\sqrt{3}}{2} - \dfrac{1}{2} + j\dfrac{\sqrt{3}}{2}\right)}{\dfrac{1}{R+r} + \dfrac{1}{R} + \dfrac{1}{R}}$$

oder
$$\overline{E}_0 = - E \frac{r}{3R + 2r}. \tag{423}$$

Die Spannung E' des Wattmeters ist somit
$$\overline{E}' = \overline{E} - \overline{E}_0 = E \frac{3(R+r)}{3(R+r) - r}. \tag{424}$$

Zeigt das Wattmeter die Leistung P' an, so ist die totale Leistung
$$P = 3 \frac{E}{E'} \cdot P' = 3\left(1 - \frac{r}{3(R+r)}\right) \cdot P'. \tag{425}$$

Bei unsymmetrischer Belastung kann man drei Wattmeter benutzen, wie die Abb. 96 zeigt. Die Gesamtleistung ist dann gleich der Summe der gemessenen Einzelleistungen
$$P = P_1 + P_2 + P_3. \tag{426}$$

Wenn ein neutraler Leiter OO' vorhanden ist, mißt jedes Wattmeter die Leistung der betreffenden Phase. Ist der Neutralpunkt O der Belastung nicht zugänglich, muß die Leitung OO' fortgelassen werden. Auch in diesem Falle ist die Summe der gemessenen Leistungen zwar gleich der totalen Leistung, aber die gemessenen Einzelleistungen sind im allgemeinen von den Leistungen der einzelnen Phasen

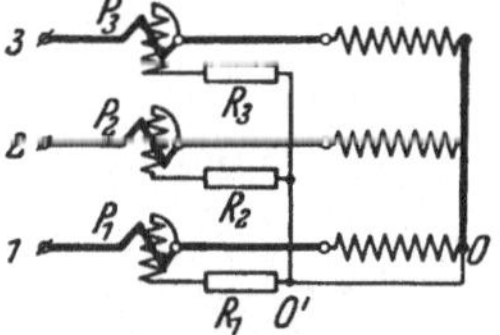

Abb. 96. Leistungsmessung eines unsymmetrischen Dreiphasenstromes mittels dreier Wattmeter.

verschieden. Wir wollen die Richtigkeit der Gl. (426) für diesen Fall beweisen.

Es seien e_1, e_2 und e_3 die Momentanwerte der Phasenspannungen der Belastung, e_1', e_2' und e_3' dieselben für die Spannungszweige der Wattmeter und e_0

der Momentanwert der Spannung zwischen O' und O, i_1, i_2 und i_3 die Momentanwerte der Leitungsströme und p_1, p_2, p_3 die Momentanleistungen für die Wattmeter. Dann ist

$$\left.\begin{aligned}
p_1 &= i_1\, e_1' = i_1\, (e_1 - e_0),\\
p_2 &= i_2\, e_2' = i_2\, (e_2 - e_0),\\
p_3 &= i_3\, e_3' = i_3\, (e_3 - e_0).
\end{aligned}\right\} \qquad (427)$$

Die Summe der Leistungen ist

$$p_1 + p_2 + p_3 = e_1\, i_1 + e_2\, i_2 + e_3\, i_3 - e_0\, (i_1 + i_2 + i_3). \qquad (428)$$

Da nun

$$i_1 + i_2 + i_3 = 0,$$

so ist hiermit die Richtigkeit der Messung bewiesen.

Bei unsymmetrischer Belastung ohne neutrale Leitung wird gewöhnlich eine Meßmethode nach **Aron** und **Behn-Eschenburg** benutzt (Abb. 97). Hierzu braucht man nur zwei Wattmeter; denn irgendeiner der drei Leiter kann als Rückleitung für die beiden Ströme der anderen Leitungen angesehen werden, da die Summe der Ströme aller Leitungen gleich Null ist. Mit denselben Bezeichnungen wie oben haben wir

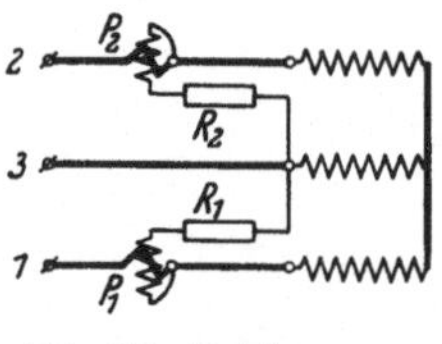

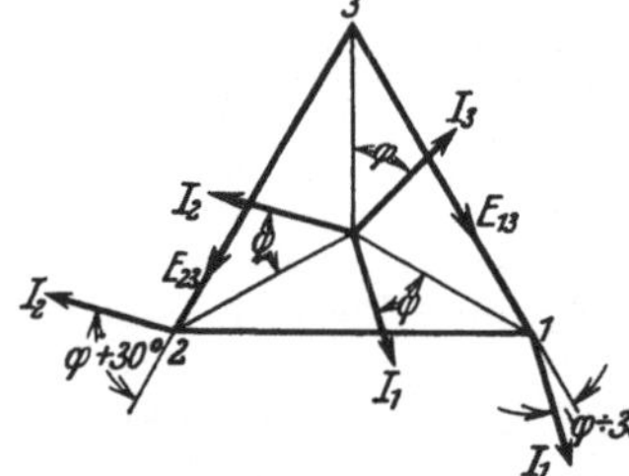

Abb. 97. Leistungsmessung eines Dreileiter-Dreiphasensystems mittels zweier Wattmeter.

$$\left.\begin{aligned}
p_1 &= i_1\, (e_1 - e_3),\\
p_2 &= i_2\, (e_2 - e_3), \qquad i_3 = -\,(i_1 + i_2),
\end{aligned}\right\} \qquad (429)$$

woraus

$$p_1 + p_2 = e_1\, i_1 + e_2\, i_2 + e_3\, i_3. \qquad (430)$$

Die algebraische Summe der gemessenen Leistungen gibt uns also die totale Leistung des Dreiphasensystems.

Für das in der Abb. 98 gezeigte Diagramm eines symmetrischen Systems mit sinusförmigen Strömen und Spannungen haben wir

$$\left.\begin{aligned}
P_1 &= J_l \cdot E_l \cdot \cos(\varphi - 30^0),\\
P_2 &= J_l \cdot E_l \cdot \cos(\varphi + 30^0).
\end{aligned}\right\} \qquad (431)$$

Hieraus ergibt sich

$$\left.\begin{aligned}
P_1 + P_2 &= P = \sqrt{3} \cdot E_l \cdot J_l \cdot \cos\varphi,\\
P_1 - P_2 &= E_l \cdot J_l \cdot \sin\varphi,
\end{aligned}\right\} \qquad (432)$$

woraus

Abb. 98. Erläuterung zu Gl. (431).

$$\operatorname{tg}\varphi = \sqrt{3} \cdot \frac{P_1 - P_2}{P_1 + P_2}. \qquad (433)$$

Wenn $\varphi = 0$ ist, zeigen beide Wattmeter dieselbe Leistung an. Für induktive Belastung und $\varphi < 60^0$ sind P_1 und P_2 beide positiv und außerdem ist $P_1 > P_2$. Bei $\varphi = 60^0$ wird $P_2 = 0$ und für $\varphi > 60^0$ ist P_2 negativ. Da die gewöhnlichen Wattmeter nur Ausschläge in einer Richtung machen können, muß das Wattmeter umgeschaltet werden und die abgelesene Leistung das negative Vorzeichen erhalten.

Bei kapazitiver Belastung wird $P_2 > P_1$ und φ negativ. Dies hat seinen Grund darin, daß die Formel (433) für eine induktive Belastung hergeleitet wurde.

37. Unsymmetrische Dreiphasensysteme.

Die symmetrischen Mehrphasensysteme haben im allgemeinen so große Vorteile gegenüber den unsymmetrischen, daß man in der Praxis immer versuchen wird, die Systeme möglichst symmetrisch zu machen. Trotzdem kann man nicht vermeiden, daß ein System unsymmetrisch wird, z. B. bei einphasiger Belastung oder ungleichbelasteten Phasen oder bei Erdschlüssen oder Kurzschlüssen in den Leitungsnetzen.

Die Berechnung solcher unsymmetrischen Systeme nach den früher angegebenen Methoden wird sehr kompliziert und unübersichtlich, besonders dann, wenn die einzelnen Phasen des Systems sich gegenseitig beeinflussen.

Im folgenden soll nun eine Methode angegeben werden, welche gestattet, solche unsymmetrischen Systeme in einer sehr übersichtlichen Weise zu behandeln[1]. Sie beruht auf der Tatsache, daß ein einphasiges Wechselfeld oder ein elliptisches Drehfeld in zwei in entgegengesetzten Richtungen rotierende, symmetrische und konstante Drehfelder zerlegt werden kann.

Die drei Phasenströme eines unsymmetrischen Dreiphasensystems seien

$$\left.\begin{aligned}
i_1 &= \sqrt{2} \cdot J_1 \cdot \cos\left(\omega t + \psi_1\right), \\
i_2 &= \sqrt{2} \cdot J_2 \cdot \cos\left(\omega t + \psi_2 - 120^0\right), \\
i_3 &= \sqrt{2} \cdot J_3 \cdot \cos\left(\omega t + \psi_3 - 240^0\right).
\end{aligned}\right\} \tag{434}$$

Im Kapitel I ist gezeigt, wie man diese Ströme in einem gewöhnlichen Zeitdiagramm als Zeitvektoren darstellen kann.

Fließen diese Ströme durch die drei Spulen eines Dreiphasenmotors, so hat die räumliche Lage dieser Spulen keinen Einfluß auf die Stromvektoren im Zeitdiagramme. Das resultierende magnetische Feld dieser Ströme dagegen ist abhängig von der räumlichen Lage der Spulen.

Im folgenden soll gezeigt werden, daß man zur Darstellung des magnetischen Feldes ein anderes Zeitdiagramm einführen kann, in welchem die räumliche Lage der Spulen zum Ausdruck kommt. In diesem neuen Zeitdiagramme müssen also sowohl die Phasenwinkel der Ströme ψ_1, $\psi_2 - 120^0$ und $\psi_3 - 240^0$ als auch diejenigen Phasenwinkel, welche die räumliche Lage der Spulen kennzeichnen, zum Ausdruck kommen.

Die Stromvektoren in diesem Zeitdiagramme wollen wir Richtungsvektoren nennen.

Die Berechtigung dafür, solche Richtungsvektoren einzuführen, liegt vor allem darin, daß sie uns einen direkten Aufschluß über das Verhalten des von den Strömen hervorgerufenen magnetischen Feldes geben.

Wie die folgende Entwicklung zeigen wird, lassen sich im allgemeinen die drei Ströme des Dreiphasensystems nicht durch drei Richtungsvektoren allein darstellen, sondern sie sind durch sechs Richtungsvektoren gekennzeichnet.

Wir benutzen die bekannte Beziehung

$$\cos x = \frac{1}{2}\left(e^{jx} + e^{-jx}\right)$$

---

[1] **Bragstad**, O. S.: Usymmetriske trefasesystemer. D. K. N. V. S. Skrifter **1928**. (F. Bruns Bokhandel, Trondhjem).

Fortescue, C. L.: Method of Symmetrical Coordinates. Applied to the Solution of Polyphase Networks. Trans. Am. Inst. El. Engs. 37/II, 1027—1115 (1918).
Dieser Aufsatz behandelt die analytische Berechnung eines willkürlichen n-Phasen-Systems. Es wird gezeigt, daß ein solches System immer in $(n - 1)$ symmetrische Mehrphasensysteme und 1 Einphasensystem zerlegt werden kann.

Müller, P.: Unsymmetrische Mehrphasensysteme. ETZ 1918, H. 35—36.
Diese Abhandlung behandelt auf rein geometrischem Wege unsymmetrische 2- und 3-Phasen-Systeme und zeigt ebenso wie die vorgenannte Abhandlung die Zerlegung solcher Systeme in symmetrische Systeme.

Lundholm, R.: A Generalized Vector Theory. Tekn. med. från kungl. Vattenfallstyrelsen Ser. E. Nr. 8. Centraltryckeriet, Stockholm, und Das Rechnen mit Vektoren. Centraltryckeriet, Stockholm liefert einen wertvollen und umfassenden Beitrag zu der Theorie und Berechnung unsymmetrischer Systeme.

und können dann anstatt der Gl. (434) schreiben

$$
\left.
\begin{aligned}
\frac{1}{\sqrt{2}}\, i_1 &= \frac{J_1}{2}\left(e^{j(\omega t + \psi_1)} + e^{-j(\omega t + \psi_1)}\right), \\[2mm]
\frac{1}{\sqrt{2}}\, i_2 &= \frac{J_2}{2}\left(e^{j(\omega t + \psi_2 - 120^0)} + e^{-j(\omega t + \psi_2 - 120^0)}\right), \\[2mm]
\frac{1}{\sqrt{2}}\, i_3 &= \frac{J_3}{2}\left(e^{j(\omega t + \psi_3 - 240^0)} + e^{-j(\omega t + \psi_3 - 240^0)}\right)
\end{aligned}
\right\}
\tag{435}
$$

oder

$$
\left.
\begin{aligned}
\frac{1}{\sqrt{2}}\, i_1 &= \frac{1}{2}\left(e^{j\omega t}\cdot J_1 \cdot e^{j\psi_1} + e^{-j\omega t}\cdot J_1 \cdot e^{-j\psi_1}\right), \\[2mm]
\frac{1}{\sqrt{2}}\, i_2 &= \frac{1}{2}\left(e^{j\omega t}\cdot J_2 \cdot e^{j(\psi_2 - 120^0)} + e^{-j\omega t}\cdot J_2 \cdot e^{-j(\psi_2 - 120^0)}\right), \\[2mm]
\frac{1}{\sqrt{2}}\, i_3 &= \frac{1}{2}\left(e^{j\omega t}\cdot J_3 \cdot e^{j(\psi_3 - 240^0)} + e^{-j\omega t}\cdot J_3 \cdot e^{-j(\psi_3 - 240^0)}\right).
\end{aligned}
\right\}
\tag{436}
$$

Hier treten die rotierenden Einheitsvektoren $e^{j\omega t}$ und $e^{-j\omega t}$ und die gewöhnlichen Wechselstromvektoren $J_1 e^{j\psi_1}$ usw. und ihre Spiegelbilder in bezug auf die reelle Achse $J_1 e^{-j\psi_1}$ usw. auf.

Der Momentanwert eines Phasenstromes ist hier dargestellt durch zwei sich in entgegengesetzten Richtungen drehende Vektoren. Ihre Resultante fällt somit immer in die Richtung der reellen Achse.

Fließen diese Ströme durch drei Spulen, deren Achsen räumlich um 120^0 gegeneinander verschoben sind, so erhalten wir die Richtungsvektoren der Ströme, indem wir die zweite Gl. (436) mit e^{j120^0} und die dritte mit e^{j240^0} multiplizieren. Die erste Spulenachse ist dabei mit der reellen Achse zusammenfallend gedacht.

Bezeichnen wir nun die Richtungsvektoren mit einem Punkte über den betreffenden Buchstaben, so können wir schreiben

$$
\left.
\begin{aligned}
\frac{1}{\sqrt{2}}\,\dot{\bar{i}}_1 &= \frac{1}{\sqrt{2}}\, i_1 = \frac{1}{2}\left(J_1 \cdot e^{j\psi_1}\cdot e^{j\omega t} + J_1 \cdot e^{-j\psi_1} e^{-j\omega t}\right), \\[2mm]
\frac{1}{\sqrt{2}}\,\dot{\bar{i}}_2 &= \frac{1}{\sqrt{2}}\, i_2\, e^{j120^0} = \frac{1}{2}\left(J_2 \cdot e^{j\psi_2}\cdot e^{j\omega t} + J_2 \cdot e^{-j(\psi_2 - 240^0)} e^{-j\omega t}\right), \\[2mm]
\frac{1}{\sqrt{2}}\,\dot{\bar{i}}_3 &= \frac{1}{\sqrt{2}}\, i_3\, e^{j240^0} = \frac{1}{2}\left(J_3 \cdot e^{j\psi_3}\cdot e^{j\omega t} + J_3 \cdot e^{-j(\psi_3 - 120^0)} e^{-j\omega t}\right).
\end{aligned}
\right\}
\tag{437}
$$

Diese Gleichungen charakterisieren also das von dem Spulensystem hervorgerufene räumliche magnetische Feld. Die in dem positiven Drehsinn rotierenden Richtungsvektoren sind jetzt definiert durch

$$
\left.
\begin{aligned}
\dot{\bar{J}}_1 &= J_1 \cdot e^{j\psi_1} = \bar{J}_1, \\[1mm]
\dot{\bar{J}}_2 &= J_2 \cdot e^{j\psi_2} = \bar{J}_2 \cdot e^{j120^0}, \\[1mm]
\dot{\bar{J}}_3 &= J_3 \cdot e^{j\psi_3} = \bar{J}_3 \cdot e^{j240^0}.
\end{aligned}
\right\}
\tag{438}
$$

Die in dem negativen (inversen) Drehsinn rotierenden Richtungsvektoren sind definiert durch

$$
\left.
\begin{aligned}
\dot{\bar{J}}_{1i} &= J_1 \cdot e^{-j\psi_1} = \bar{J}_1 \cdot e^{-j2\psi_1}, \\[1mm]
\dot{\bar{J}}_{2i} &= J_2 \cdot e^{-j(\psi_2 - 240^0)} = \bar{J}_2 \cdot e^{-j2\psi_2}, \\[1mm]
\dot{\bar{J}}_{3i} &= J_3 \cdot e^{-j(\psi_3 - 120^0)} = \bar{J}_3 \cdot e^{-j2\psi_3}.
\end{aligned}
\right\}
\tag{439}
$$

Die Vektoren $\bar{J}_1$, $\bar{J}_2$ und $\bar{J}_3$ auf der rechten Seite sind die gewöhnlichen Wechselstromvektoren, und wir zeichnen sie in das Diagramm ein wie gewöhnlich (siehe Abb. 99).

Aus den gewöhnlichen Zeitvektoren erhalten wir somit die positiv rotierenden Richtungsvektoren, indem wir den Vektor $\bar{J}_2$ um 120^0 und den Vektor $\bar{J}_3$ um 240^0 in positiver Richtung drehen.

Die invers rotierenden Richtungsvektoren sind die Spiegelbilder der gewöhnlichen Zeitvektoren in bezug auf die jeweiligen Spulenachsen.

In der Abb. 99 ist $\psi_1 = 0$ angenommen, $01 = \bar{J}_1$, $02 = \bar{J}_2$ und $03 = \bar{J}_3$. Bilden wir die Summe der momentanen Richtungsvektoren nach Gl. (437), so erhalten wir

$$\frac{1}{\sqrt{2}}\left(\bar{i}_1 + \bar{i}_2 + \bar{i}_3\right) = \frac{1}{2}\left\{\left(\bar{J}_1 + \bar{J}_2 + \bar{J}_3\right)e^{j\omega t} + \left(\bar{J}_{1i} + \bar{J}_{2i} + \bar{J}_{3i}\right)e^{-j\omega t}\right\}$$

$$= \frac{3}{2}\left(\bar{J} \cdot e^{j\omega t} + \bar{J}_i \cdot e^{-j\omega t}\right), \tag{440}$$

wobei $3\bar{J}$ und $3\bar{J}_i$ die Resultanten der positiv bzw. negativ rotierenden Richtungsvektoren sind.

Die beiden Vektoren $\bar{J}$ und $\bar{J}_i$ wollen wir ein **unsymmetrisches Vektorpaar** nennen. In der Abb. 99 ist $OM = \bar{J}$ und $OM_i = \bar{J}_i$. Zeichnet man die beiden Dreiecke mit den Ecken in den Endpunkten von $\bar{J}_1, \bar{J}_2, \bar{J}_3$ bzw. $\bar{J}_{1i}\,\bar{J}_{2i}\,\bar{J}_{3i}$, dann sind M bzw. M_i die Schwerpunkte dieser Dreiecke. In derselben Weise wie für die Ströme können wir selbstverständlich auch von den Richtungsvektoren der Spannungen eines Dreiphasensystems sprechen.

Aus den Gl. (438), (439) und (440) ergeben sich folgende Bestimmungsgleichungen für das unsymmetrische Vektorpaar.

$$\left.\begin{aligned}3\bar{J} &= \bar{J}_1 + \bar{J}_2 + \bar{J}_3 = \bar{J}_1 + \bar{J}_2 \cdot e^{j120^0} + \bar{J}_3 \cdot e^{-j120^0}, \\ 3\bar{J}_i &= \bar{J}_{1i} + \bar{J}_{2i} + \bar{J}_{3i} = \bar{J}_1 \cdot e^{-j2\psi_1} + \bar{J}_2 \cdot e^{-j2\psi_2} + \bar{J}_3 \cdot e^{-j2\psi_3}.\end{aligned}\right\} \tag{441}$$

Es empfiehlt sich, anstatt $\bar{J}_i$ den konjugierten Vektor $\overset{*}{\bar{J}_i}$ einzuführen.

Es ist nach Gl. (439)

$$3\overset{*}{\bar{J}_i} = J_1 \cdot e^{j\psi_1} + J_2 \cdot e^{j(\psi_2 - 240^0)} + J_3 \cdot e^{j(\psi_3 - 120^0)}$$

$$= \bar{J}_1 + \bar{J}_2 \cdot e^{-j120^0} + \bar{J}_3 \cdot e^{j120^0}. \tag{442}$$

Bildet man nun die Summe

$$3\left(\bar{J} + \overset{*}{\bar{J}_i}\right) = 2\bar{J}_1 + \left(\bar{J}_2 + \bar{J}_3\right)\left(e^{j120^0} + e^{-j120^0}\right)$$

und beachtet man, daß

$$1 + e^{j120^0} + e^{-j120^0} = 0$$

ist, so folgt

$$3\left(\bar{J} + \overset{*}{\bar{J}_i}\right) = 2\bar{J}_1 - \bar{J}_2 - \bar{J}_3.$$

Ist weiter

$$\bar{J}_1 + \bar{J}_2 + \bar{J}_3 = 0,$$

so wird

$$\bar{J} + \overset{*}{\bar{J}_i} = \bar{J}_1. \tag{443}$$

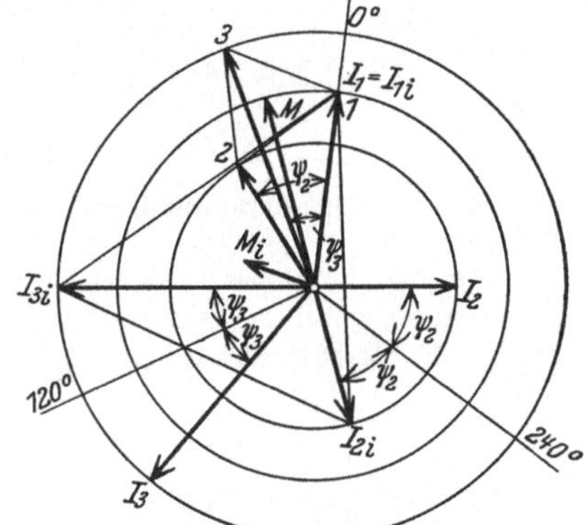

Abb. 99. Ermittlung der Richtungsvektoren aus den gewöhnlichen Zeitvektoren eines unsymmetrischen Dreiphasensystems.

Die Summe des positiv rotierenden und des konjugierten negativ rotierenden Richtungsvektors ist stets gleich dem Stromvektor (bzw. Spannungsvektor) der ersten Phase.

In derselben Weise beweist man leicht, daß

und

$$\left.\begin{aligned}\bar{J}_2 &= \left(\bar{J} + \overset{*}{\bar{J}_i} \cdot e^{-j120^0}\right) \cdot e^{-j120^0} \\ \bar{J}_3 &= \left(\bar{J} + \overset{*}{\bar{J}_i} \cdot e^{j120^0}\right) \cdot e^{j120^0}.\end{aligned}\right\} \tag{444}$$

Ist also das konjugierte Vektorpaar gegeben, so lassen sich die Zeitvektoren mit Hilfe der Gln. (443) und (444) leicht bestimmen unter der Voraussetzung, daß $\bar{J}_1 + \bar{J}_2 + \bar{J}_3 = 0$ ist.

Ist die geometrische Summe der Zeitvektoren nicht Null, sondern gleich $\bar{J}_0$, so bestimmt man zuerst aus den gegebenen Werten von $\bar{J}$ und $\overset{*}{\bar{J}_i}$ die entsprechenden Zeitvektoren nach den Gln. (443) und (444) und addiert zu jedem den Vektor $\frac{1}{3}\bar{J}_0$.

Es sei ein unsymmetrisches Dreiphasensystem mit den Phasenspannungen E_{1p}, E_{2p} und E_{3p} gegeben. Die Linienspannungen werden mit E_{1l}, E_{2l} und E_{3l} bezeichnet (Abb. 100).

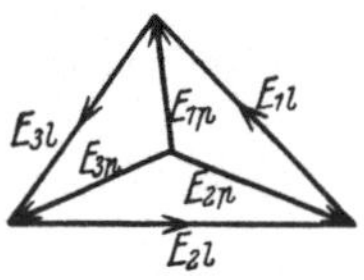

Wir wollen den folgenden Satz beweisen:

a) **Das unsymmetrische Vektorpaar der Linienspannungen ist gleich dem unsymmetrischen Vektorpaar der Phasenspannungen, multipliziert mit $\sqrt{3}$. Das erstere eilt um 30^0 gegenüber dem letzteren vor.**

Beweis: Nach Gl. (441) ist

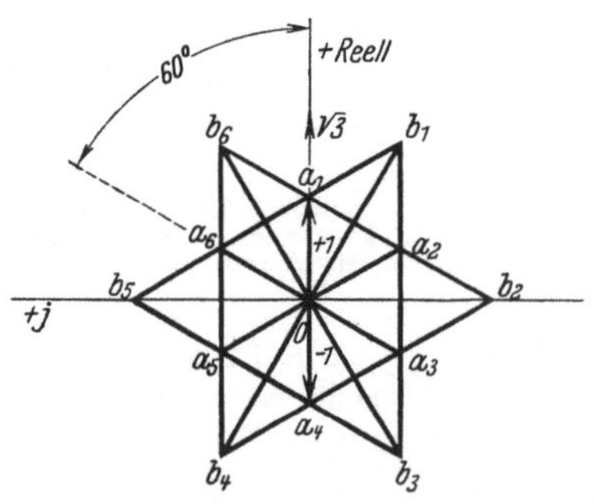

Abb. 100. Spannungsdiagramm eines unsymmetrischen Dreiphasensystems.

$$3\,\dot{\overline{E}}_l = \overline{E}_{1l} + \overline{E}_{2l}\cdot e^{j\,120^0} + \overline{E}_{3l}\cdot e^{-j\,120^0} \tag{445}$$

Nun ist

$$\left.\begin{aligned} \overline{E}_{1l} &= \overline{E}_{1p} - \overline{E}_{2p}, \\ \overline{E}_{2l} &= \overline{E}_{2p} - \overline{E}_{3p}, \\ \overline{E}_{3l} &= \overline{E}_{3p} - \overline{E}_{1p}. \end{aligned}\right\} \tag{446}$$

Setzen wir dies in Gl. (445) ein, ergibt sich

$$3\,\dot{\overline{E}}_l = \overline{E}_{1p}\,(1 - e^{-j\,120^0}) + \overline{E}_{2p}\,(e^{j\,120^0} - 1) + \overline{E}_{3p}\,(e^{-j\,120^0} - e^{j\,120^0}).$$

Die in den Klammern stehenden Größen bestimmt man leicht aus der Abb. 101. Es ist

$$1 - e^{-j\,120^0} = 0\,b_6 = \sqrt{3}\cdot e^{j\,30^0},$$

$$e^{j\,120^0} - 1 = 0\,b_4 = \sqrt{3}\cdot e^{j\,150^0} = \sqrt{3}\cdot e^{j\,120^0}\cdot e^{j\,30^0},$$

$$e^{-j\,120^0} - e^{j\,120^0} = 0\,b_2 = \sqrt{3}\cdot e^{-j\,90^0} = \sqrt{3}\cdot e^{-j\,120^0}\cdot e^{j\,30^0}.$$

Somit ist

$$3\,\dot{\overline{E}}_l = \sqrt{3}\cdot e^{j\,30^0}\,(\overline{E}_{1p} + \overline{E}_{2p}\cdot e^{j\,120^0} + \overline{E}_{3p}\cdot e^{-j\,120^0}) = \sqrt{3}\cdot e^{j\,30^0}\cdot 3\,\dot{\overline{E}}_p$$

oder

$$\dot{\overline{E}}_l = \sqrt{3}\cdot\dot{\overline{E}}_p\cdot e^{j\,30^0}. \tag{447}$$

Aus Gl. (443) folgt dann ohne weiteres, daß diese Beziehung auch für die invers rotierenden Vektoren gilt.

Nach den deutschen Vorschriften gilt ein Mehrphasenstrom- oder -spannungssystem als symmetrisch, wenn das gegenläufige System nicht mehr als 5% vom rechtsläufigen System beträgt. Es bleibt dann nach Gl. (447) gleichgültig, ob man das unsymmetrische Vektorpaar

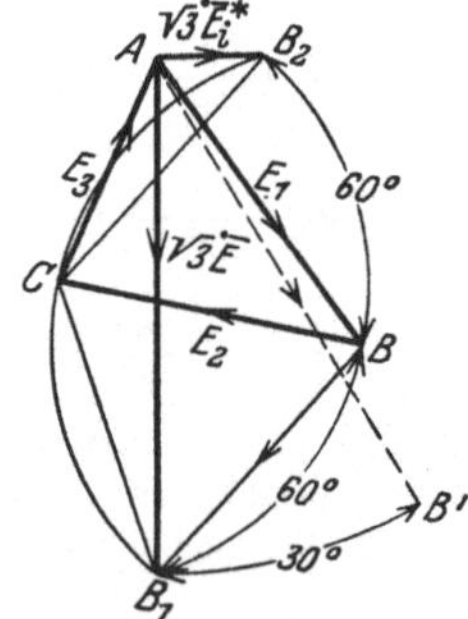

Abb. 101. Hilfsdiagramm bei der Zusammensetzung der Vektoren eines Dreiphasensystems.

Abb. 102. Konstruktion des unsymmetrischen Vektorpaares.

aus den Linienspannungen oder den Phasenspannungen bestimmt. In dem Beweis wurde keine Voraussetzung gemacht über die Lage des Sternpunktes der Phasenspannungen. Aus Gl. (447) folgt dann weiter

b) **Das unsymmetrische Vektorpaar ist unabhängig von der Lage des Sternpunktes eines Dreiphasensystems.**

Eine einfache Konstruktion des unsymmetrischen Vektorpaars geht aus der Abb. 102 hervor.

Beweis: Die Linienspannungen des unsymmetrischen Dreiphasensystems seien $\overline{E}_1$, $\overline{E}_2$ und $\overline{E}_3$.

Dann ist

$$3\,\dot{\overline{E}} = \overline{E}_1 + \overline{E}_2 \cdot e^{j\,120^0} + \overline{E}_3 \cdot e^{-j\,120^0}$$

und

$$\overline{E}_3 = -\,\overline{E}_1 - \overline{E}_2.$$

Dies eingesetzt ergibt

$$3\,\dot{\overline{E}} = \overline{E}_1\,(1 - e^{-j\,120^0}) + \overline{E}_2\,(e^{j\,120^0} - e^{-j\,120^0}).$$

Nach Abb. 101 ist

$$1 - e^{-j\,120^0} = \sqrt{3} \cdot e^{j\,30^0},$$

$$e^{j\,120^0} - e^{-j\,120^0} = \sqrt{3} \cdot e^{j\,90^0},$$

somit ist

$$3\,\dot{\overline{E}} = \sqrt{3} \cdot e^{j\,30^0}\,(\overline{E}_1 + \overline{E}_2\,e^{j\,60^0}).$$

Nun ist

$$\overline{A\,B}_1 = \overline{E}_1 + \overline{E}_2 \cdot e^{j\,60^0}$$

oder

$$\dot{\overline{E}} = \frac{\overline{A\,B}_1}{\sqrt{3}} \cdot e^{j\,30^0}.$$

Ebenso beweist man, daß

$$\dot{\overline{E}}_i^* = \frac{\overline{A\,B}_2}{\sqrt{3}} \cdot e^{j\,30^0}.$$

Daraus folgt die Richtigkeit der Konstruktion[1]. Sind E_1, E_2 und E_3 die Phasenspannungen, dann stellen $A\,B_1$ und $A\,B_2$ die dreifache Länge des Vektorpaares dieser Spannungen dar.

c) Die Endpunkte der positiv bzw. negativ rotierenden Richtungsvektoren bilden ein gleichschenkeliges Dreieck ($\triangle$ $1, 2, 3$ und $\triangle$ $J_{1\,i}, J_{2\,i}, J_{3\,i}$ in der Abb. 99).

Beweis: Die Dreieckseite $1, 2$ ist in symbolischer Schreibweise

$$\overline{J}_2 \cdot e^{j\,120^0} - \overline{J}_1 = \overline{J}_2 \cdot e^{j\,120^0} + \overline{J}_2 + \overline{J}_3$$

$$= \overline{J}_2 \cdot e^{j\,120^0} - \overline{J}_2 \cdot e^{j\,120^0} - \overline{J}_2 \cdot e^{j\,240^0} + \overline{J}_3$$

$$= \overline{J}_3 - \overline{J}_2 \cdot e^{j\,240^0} = e^{j\,120^0}\,(\overline{J}_3 \cdot e^{-j\,120^0} - \overline{J}_2 \cdot e^{j\,120^0}).$$

Hierin ist $\overline{J}_3 \cdot e^{-j\,120^0} - \overline{J}_2 \cdot e^{j\,120^0}$ der symbolische Ausdruck für die Dreieckseite $2, 3$.

Die beiden Seiten $1, 2$ und $2, 3$ sind also gleich lang, und ihr Richtungsunterschied ist 120^0. Daraus folgt, daß auch die dritte Seite dieselbe Länge hat. Das Dreieck $1, 2, 3$ ist also gleichschenkelig. Ist M der Mittelpunkt dieses Dreiecks, so ist $\dot{\overline{J}}$ gleich $\overline{OM}$, und die Resultante der positiv rotierenden Richtungsvektoren ist

$$3\,\dot{\overline{J}} = 3\,\overline{OM}.$$

In derselben Weise zeigt man leicht, daß die Endpunkte $\dot{\overline{J}}_{1\,i}$, $\dot{\overline{J}}_{2\,i}$ und $\dot{\overline{J}}_{3\,i}$ der negativ rotierenden Richtungsvektoren in den Eckpunkten eines gleichschenkeligen Dreiecks liegen.

Ist M_i der Mittelpunkt dieses Dreiecks, so ist die Resultante der negativ rotierenden Richtungsvektoren

$$3\,\dot{\overline{J}}_i = 3\,\overline{OM}_i.$$

Wir erhalten somit auch den folgenden Satz: Es seien drei willkürliche Punkte (J_1, J_2, J_3) in der Ebene und ihr Schwerpunkt O gegeben (dieser ist dadurch bestimmt, daß $\overline{OJ}_1 + \overline{OJ}_2 + \overline{OJ}_3 = 0$). Durch den Schwerpunkt zeichnet man drei Achsen, welche miteinander die Winkel 120^0 bilden. Die Spiegelbilder der gegebenen Punkte in bezug auf diese Achsen bilden die Eckpunkte eines gleichschenkeligen Dreiecks.

---

[1] Die richtige Lage des Vektors $\dot{\overline{E}}$ ist $\overline{A\,B'}$.

Zweiter Teil

Die Transformatoren.

Theorie des Einphasentransformators bei stationärem Wechselstrom.

1. Einleitung.

In diesem Teil soll der sogenannte stationäre Transformator behandelt werden. Darunter versteht man einen elektromagnetischen Apparat ohne bewegliche Teile, der dazu dient, die Spannung des Wechselstromes von einem Werte in einen anderen unter gleichbleibender Frequenz zu ändern.

Ein solcher Transformator besteht aus zwei magnetisch verketteten Stromkreisen, einer primären oder induzierenden und einer sekundären oder induzierten Spule, die beide mit einem gemeinschaftlichen magnetischen Felde, dem sogenannten Hauptfelde, verkettet sind. Außerdem kommen noch örtliche Felder vor, die nur mit einer der beiden Spulen oder gar nur mit einem Teil einer solchen verkettet sind, welche Streufelder genannt werden.

Die Streufelder sind im allgemeinen schädlich, sie haben Spannungsverluste und Vergrößerung der Phasenverschiebung des Stromes hinter der Spannung zur Folge.

Man sucht daher die Streufelder herabzusetzen, so daß der größte Teil des ganzen Feldes dem Hauptfelde anhört. Um dies zu erreichen, läßt man beim Starkstromtransformator das Hauptfeld in einem ringförmig geschlossenen Eisenkörper verlaufen. Dieser Eisenkern, auf den die Stromspulen gewickelt sind, wird aus dünnen Blechplatten in Richtung des Feldes aufgebaut, um Energieverluste durch Wirbelströme und davon herrührende Erwärmung des Transformators möglichst zu unterdrücken.

2. Arbeitsgleichungen und Ersatzstromkreis für zwei induktiv gekuppelte Stromkreise.

Wir betrachten zwei magnetisch verkettete Stromspulen oder Wicklungen *1* und *2* (s. Abb. 103), und sehen zunächst von den etwas komplizierten Verhältnissen bei Anwesenheit von Eisen ab, indem wir annehmen wollen, daß das ganze magnetische Feld in Luft verbreitet ist.

Sind i_1 und i_2 die Momentanwerte der Ströme, e_1 und e_2 die Momentanwerte der aufgedrückten Klemmenspannungen, r_1, r_2 die Widerstände, L_1, L_2 die

Eigeninduktivitäten und $L_{12} = L_{21}$ die gegenseitige Induktivität der beiden Spulen, so gelten folgende Differentialgleichungen:

$$\left.\begin{aligned} e_1 &= r_1 i_1 + \frac{d}{dt}(L_1 i_1) + \frac{d}{dt}(L_{12} i_2), \\ e_2 &= r_2 i_2 + \frac{d}{dt}(L_2 i_2) + \frac{d}{dt}(L_{12} i_1). \end{aligned}\right\} \qquad (1)$$

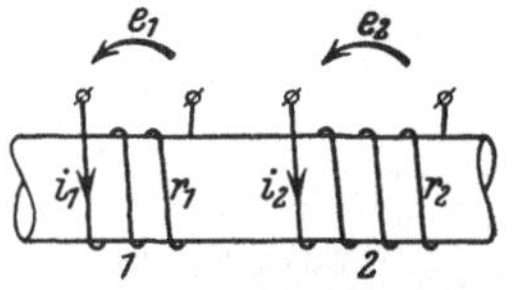

Abb. 103. Magnetisch verkettete Wicklungen.

Diese Gleichungen gelten für beliebige zeitliche Änderungen der Ströme i_1 und i_2.

Setzen wir Sinusform der Ströme und Spannungen voraus und betrachten wir nur den stationären Zustand, dann lassen sich die Differentialgleichungen (1) mit Hilfe der symbolischen Methode leicht integrieren (siehe I. Teil, Kap. III, Abschn. 12).

Wir setzen

$$e_1 = \sqrt{2}\,\bar{E}_1 \cdot e^{j\omega t}, \qquad i_1 = \sqrt{2}\,\bar{J}_1 \cdot e^{j\omega t},$$
$$e_2 = \sqrt{2}\,\bar{E}_2 \cdot e^{j\omega t}, \qquad i_2 = \sqrt{2}\,\bar{J}_2 \cdot e^{j\omega t}.$$

Hieraus folgt

$$\frac{d}{dt}(L_1 i_1) = \sqrt{2}\,j\omega L_1 \cdot \bar{J}_1 \cdot e^{j\omega t}; \qquad \frac{d}{dt}(L_2 i_2) = \sqrt{2}\,j\omega L_2 \cdot \bar{J}_2 \cdot e^{j\omega t};$$
$$\frac{d}{dt}(L_{12} i_1) = \sqrt{2}\,j\omega L_{12} \cdot \bar{J}_1 \cdot e^{j\omega t}; \qquad \frac{d}{dt}(L_{12} i_2) = \sqrt{2}\,j\omega L_{12} \cdot \bar{J}_2 \cdot e^{j\omega t}.$$

Setzen wir dies in die Differentialgleichungen (1) ein, so ergibt sich

$$\left.\begin{aligned} \bar{E}_1 &= \bar{z}_1 \bar{J}_1 + \bar{z}_{12} \bar{J}_2, \\ \bar{E}_2 &= \bar{z}_{12} \bar{J}_1 + \bar{z}_2 \bar{J}_2. \end{aligned}\right\} \qquad (2)$$

Hierin bezeichnen $\bar{z}_1$ und $\bar{z}_2$ die Eigenimpedanzen der Wicklungen, während $\bar{z}_{12} = \bar{z}_{21}$ ihre „gegenseitige Impedanz" heißt. Bei offener Sekundärwicklung ($\bar{J}_2 = 0$) läßt sich $\bar{z}_1$ zwischen den Klemmen der Primärwicklung messen.

Ebenso kann $\bar{z}_2$ zwischen den Sekundärklemmen bei offener Primärwicklung ($J_1 = 0$) gemessen werden.

Für $\bar{z}_1$, $\bar{z}_2$ und $\bar{z}_{12}$ erhalten wir nach der obigen Rechnung folgende Ausdrücke

$$\left.\begin{aligned} \bar{z}_1 &= r_1 + j x_1 = r_1 + j\omega L_1, \\ \bar{z}_2 &= r_2 + j x_2 = r_2 + j\omega L_2. \end{aligned}\right\} \qquad (3)$$
$$\bar{z}_{12} = j\omega L_{12}. \qquad (4)$$

Bei einem Transformator mit Eisen bewirken die Eisenverluste, daß die Phasenverzögerung der in einer Wicklung induzierten EMK gegenüber den wirksamen Amperewindungen um einen Betrag α größer als $\frac{\pi}{2}$ ist. Um diesen Eisenverlustwinkel und dadurch die Eisenverluste selbst zu berücksichtigen, wäre $\bar{z}_{12}$ nicht rein imaginär, sondern komplex zu schreiben und somit eine Wirkkomponente $r_{12} = r_{21}$ beizufügen. Als Verallgemeinerung der gegenseitigen Impedanz könnte dann Gl. (4) durch die folgende ersetzt werden:

$$\bar{z}_{12} = r_{12} + j\omega L_{12}, \qquad (4a)$$

wobei $\dfrac{r_{12}}{\omega L_{12}} = \mathrm{tg}\,\alpha$ sein würde.

Wir können nun Gl. (2) folgendermaßen umformen:

$$\left.\begin{aligned}
\overline{E}_1 &= (\overline{z}_1 - \overline{z}_{12})\,\overline{J}_1 + \overline{z}_{12}\,(\overline{J}_1 + \overline{J}_2),\\
\overline{E}_2 &= (\overline{z}_2 - \overline{z}_{12})\,\overline{J}_2 + \overline{z}_{12}\,(\overline{J}_1 + \overline{J}_2).
\end{aligned}\right\} \tag{5}$$

Hieraus ersieht man die Gültigkeit des in Abb. 104 dargestellten Ersatzstromkreises für ein System aus zwei einander induzierenden Wicklungen.

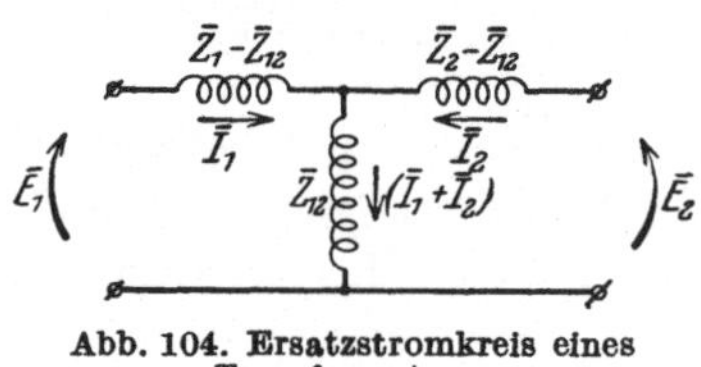

Abb. 104. Ersatzstromkreis eines Transformators.

Mit den hier angegebenen unreduzierten Werten der Impedanzen ist dieser Ersatzstromkreis im allgemeinen stark unsymmetrisch und wird negative Impedanzkonstanten enthalten können, weil eine der Differenzen

$$\overline{z}_1 - \overline{z}_{12} \quad \text{oder} \quad \overline{z}_2 - \overline{z}_{12}$$

negativ werden kann.

Für die Behandlung gewöhnlicher Starkstromtransformatoren ist der Ersatzstromkreis in Abb. 104 mit unreduzierten Konstanten nicht praktisch. Wir werden daher auf einen anderen, aus reduzierten Impedanzen gebildeten Ersatzstromkreis später zurückkommen.

3. Die Superpositionsgleichungen des Transformators.

Bei Umformung der Arbeitsgleichungen (2) können die primären Größen $\overline{E}_1$ und $\overline{J}_1$ durch die sekundären $\overline{E}_2$ und $\overline{J}_2$ ausgedrückt werden. Nach leichter Rechnung erhalten wir

$$\overline{E}_1 = \frac{\overline{z}_1}{\overline{z}_{12}}\,\overline{E}_2 - \frac{\overline{z}_1\,\overline{z}_2 - \overline{z}_{12}^2}{\overline{z}_{12}}\,\overline{J}_2,$$

$$\overline{J}_1 = \frac{1}{\overline{z}_{12}}\,\overline{E}_2 - \frac{\overline{z}_2}{\overline{z}_{12}}\,\overline{J}_2.$$

In allen bisherigen Gleichungen sind als positive Richtungen der Ströme der beiden Wicklungen dieselben wie die der aufgedrückten Klemmenspannungen angenommen. Bei dem Transformator wird aber die sekundäre Wicklung im allgemeinen Leistung abgeben. Es ist daher zweckmäßiger, für den Sekundärstrom die Richtung der sekundär induzierten EMK, also die entgegengesetzte der Klemmenspannung, als positiv zu wählen.

Durch Vertauschung des Vorzeichens für $\overline{J}_2$ erhalten wir dann

$$\left.\begin{aligned}
\overline{E}_1 &= \frac{\overline{z}_1}{\overline{z}_{12}}\,\overline{E}_2 + \frac{\overline{z}_1\,\overline{z}_2 - \overline{z}_{12}^2}{\overline{z}_{12}}\,\overline{J}_2,\\
\overline{J}_1 &= \frac{1}{\overline{z}_{12}}\,\overline{E}_2 + \frac{\overline{z}_2}{\overline{z}_{12}}\,\overline{J}_2.
\end{aligned}\right\} \tag{6}$$

Wir nehmen zunächst an, daß die Sekundärwicklung offen und somit $J_2 = 0$ sei. Dieser Zustand wird als Leerlauf bezeichnet. Aus Gl. (6) ergibt sich dabei die Primärspannung

$$\overline{E}_{10} = \frac{\overline{z}_1}{\overline{z}_{12}}\,\overline{E}_2 = \overline{c}_{10}\,\overline{E}_2, \tag{7}$$

worin

$$\overline{c}_{10} = \frac{\overline{z}_1}{\overline{z}_{12}} = \frac{\overline{E}_{10}}{\overline{E}_2}$$

eine komplexe Zahl, das Spannungsverhältnis bei Leerlauf, ist. Anderseits gilt auch

$$\overline{E}_{10} = \overline{z}_1 \frac{\overline{E}_2}{\overline{z}_{12}} = \overline{z}_1 \overline{J}_{10}$$

oder

$$\overline{J}_{10} = \overline{y}_{10} \overline{E}_{10},\tag{8}$$

worin

$$\overline{y}_{10} = \frac{1}{\overline{z}_1}$$

die primäre Leerlaufadmittanz und $\overline{J}_{10}$ der Leerlaufstrom ist.

Nehmen wir jetzt an, daß die Sekundärwicklung kurzgeschlossen und somit $\overline{E}_2 = 0$ sei, so ergibt sich aus Gl. (6) der Primärstrom bei Kurzschluß

$$\overline{J}_{1k} = \frac{\overline{z}_2}{\overline{z}_{12}} \overline{J}_2 = \overline{c}_{1k} \overline{J}_2,\tag{9}$$

worin

$$\overline{c}_{1k} = \frac{\overline{z}_2}{\overline{z}_{12}} = \frac{\overline{J}_{1k}}{\overline{J}_2}$$

ebenso eine komplexe Zahl, das Stromverhältnis bei Kurzschluß, ist.

Weiter erhält man aus (6) und (9) die Kurzschlußspannung

$$\overline{E}_{1k} = \frac{\overline{z}_1 \overline{z}_2 - \overline{z}_{12}^2}{\overline{z}_{12}} \overline{J}_2 = \frac{\overline{z}_1 \overline{z}_2 - \overline{z}_{12}^2}{\overline{z}_2} \overline{J}_{1k} = \overline{z}_{1k} \overline{J}_{1k},\tag{10}$$

worin

$$\overline{z}_{1k} = \frac{\overline{z}_1 \overline{z}_2 - \overline{z}_{12}^2}{\overline{z}_2}$$

die primäre Kurzschlußimpedanz des Tranformators ist. Durch Einführung der Gln. (7) bis (10) in (6) ergibt sich

$$\begin{aligned}
\overline{E}_1 &= \overline{c}_{10} \overline{E}_2 + \overline{c}_{1k} \overline{z}_{1k} \overline{J}_2 = \overline{E}_{10} + \overline{E}_{1k}, \\
\overline{J}_1 &= \overline{c}_{10} \overline{y}_{10} \overline{E}_2 + \overline{c}_{1k} \overline{J}_2 = \overline{J}_{10} + \overline{J}_{1k},
\end{aligned}\right\}\tag{11}$$

welche wir die Superpositionsgleichungen des Transformators nennen werden. Sie besagen, daß jeder beliebige Belastungszustand als Übereinanderlagerung oder Superposition eines Leerlauf- und eines Kurzschlußzustandes aufgefaßt werden kann. Dabei ist zu beachten, daß die Sekundärspannung E_2 bei Leerlauf und der Sekundärstrom J_2 bei Kurzschluß dieselben Werte wie bei Belastung haben sollen, und daß die Superposition unter der bei Belastung auftretenden Phasenverschiebung φ_2 zwischen E_2 und J_2 auszuführen ist.

Die vier neuen Konstanten des Transformators: $\overline{c}_{10}, \overline{c}_{1k}, \overline{y}_{10}, \overline{z}_{1k}$ können nicht untereinander unabhängig sein, weil sie aus den ursprünglichen drei Wicklungsimpedanzen $\overline{z}_1, \overline{z}_2, \overline{z}_{12}$ abgeleitet sind.

Aus Gln. (7) bis (10) ergibt sich

$$\overline{y}_{10} \overline{z}_{1k} = \frac{1}{\overline{z}_1} \frac{\overline{z}_1 \overline{z}_2 - \overline{z}_{12}^2}{\overline{z}_2} = 1 - \frac{\overline{z}_{12}^2}{\overline{z}_1 \overline{z}_2}$$

oder

$$\overline{y}_{10} \overline{z}_{1k} = 1 - \frac{1}{\overline{c}_{10} \overline{c}_{1k}}.\tag{12}$$

Die Gln. (11) gelten, wenn die mit *1* bezeichnete Wicklung als primär und die mit *2* bezeichnete als sekundär arbeitet. Durch Vertauschung der Rolle der Wicklungen, so daß *2* jetzt die primäre und *1* die sekundäre Seite des Transformators wird, erhält man folgende Superpositionsgleichungen, die mit Gln. (6) und (11) analog sind:

$$\left.\begin{aligned} \bar{E}_2 &= \frac{\bar{z}_2}{\bar{z}_{12}}\,\bar{E}_1 + \frac{\bar{z}_1\bar{z}_2 - \bar{z}_{12}^2}{\bar{z}_{12}}\,\bar{J}_1, \\[2mm] \bar{J}_2 &= \frac{1}{\bar{z}_{12}}\,\bar{E}_1 + \frac{\bar{z}_1}{\bar{z}_{12}}\,\bar{J}_1 \end{aligned}\right\} \tag{13}$$

oder

$$\left.\begin{aligned} \bar{E}_2 &= \bar{c}_{20}\bar{E}_1 + \bar{c}_{2k}\bar{z}_{2k}\bar{J}_1 = \bar{E}_{20} + \bar{E}_{2k}, \\[2mm] \bar{J}_2 &= \bar{c}_{20}\bar{y}_{20}\bar{E}_1 + \bar{c}_{2k}\bar{J}_1 = \bar{J}_{20} + \bar{J}_{2k}. \end{aligned}\right\} \tag{14}$$

Durch Vergleichung ergeben sich hieraus folgende Beziehungen, indem wir wiederum die Klemmen *1* „primär" und *2* „sekundär" nennen:

1.

oder

$$\left.\begin{aligned} \bar{c}_{20} &= \frac{\bar{z}_2}{\bar{z}_{12}} = \bar{c}_{1k} \\[3mm] \frac{\bar{E}_{20}}{\bar{E}_1} &= \frac{\bar{J}_{1k}}{\bar{J}_2}. \end{aligned}\right\} \tag{15}$$

Das Verhältnis der Leerlaufspannungen bei Stromzuführung durch die Sekundärklemmen ist gleich dem Verhältnis der Kurzschlußströme bei Stromzuführung durch die Primärklemmen.

2.

oder

$$\left.\begin{aligned} \bar{c}_{2k} &= \frac{\bar{z}_1}{\bar{z}_{12}} = \bar{c}_{10} \\[3mm] \frac{\bar{J}_{2k}}{\bar{J}_1} &= \frac{\bar{E}_{10}}{\bar{E}_2}. \end{aligned}\right\} \tag{16}$$

Das Verhältnis der Kurzschlußströme bei Stromzuführung durch die Sekundärklemmen ist gleich dem Verhältnis der Leerlaufspannungen bei Stromzuführung durch die Primärklemmen.

3.
$$\bar{c}_{20}\,\bar{c}_{2k} = \frac{\bar{z}_1\bar{z}_2}{\bar{z}_{12}^2} = \bar{c}_{10}\,\bar{c}_{1k}. \tag{17}$$

Das Produkt aus dem Spannungsverhältnis bei Leerlauf und dem Stromverhältnis bei Kurzschluß hat bei Stromzuführung an die Sekundärklemmen denselben Wert wie bei Stromzuführung an die Primärklemmen.

4.
$$\left.\begin{aligned} \bar{y}_{20} &= \frac{1}{\bar{z}_2}, \\[2mm] \bar{z}_{2k} &= \frac{\bar{z}_1\bar{z}_2 - \bar{z}_{12}^2}{\bar{z}_1}, \\[2mm] \bar{y}_{20}\bar{z}_{2k} &= 1 - \frac{\bar{z}_{12}^2}{\bar{z}_1\bar{z}_2} = \bar{y}_{10}\bar{z}_{1k}. \end{aligned}\right\} \tag{18}$$

Das Produkt aus Leerlaufadmittanz und Kurzschlußimpedanz ist für die Primärklemmen und die Sekundärklemmen dasselbe. Dies Produkt hat den Wert

$$1 - \frac{1}{\bar{c}_{10}\,\bar{c}_{1k}} = 1 - \frac{1}{\bar{c}_{20}\,\bar{c}_{2k}}. \tag{19}$$

5. Endlich bestehen auch die Gleichheiten:

$$\bar{c}_{10}\,\bar{y}_{10} = \frac{1}{\bar{z}_{12}} = \bar{c}_{20}\,\bar{y}_{20}\,,$$

$$\bar{c}_{1k}\,\bar{z}_{1k} = \frac{\bar{z}_1\,\bar{z}_2 - \bar{z}_{12}^2}{\bar{z}_{12}} = \bar{c}_{2k}\,\bar{z}_{2k}\,. \qquad (20)$$

In allen bisherigen Gleichungen haben die betreffenden Größen wirkliche oder direkt durch Messung bestimmte Werte.

Es ist aber zweckmäßig und gebräuchlich, anstatt der sekundär wirklich auftretenden Werte von Strom J_2 und Spannung E_2 mit reduzierten Größen E_2' und J_2' zu rechnen. Dabei sind Strom und Spannung im umgekehrten Verhältnis zu reduzieren. Bezeichnet u den Reduktionsfaktor, so schreiben wir demnach:

$$E_2' = u\,E_2\,, \qquad J_2' = \frac{1}{u}\,J_2\,,$$

woraus

$$E_2'\,J_2' = E_2\,J_2\,. \qquad (21)$$

Somit ändert sich die sekundäre Scheinleistung bei der Reduktion nicht. Durch Einführung der reduzierten Sekundärgrößen nach Gl. (21) erhalten wir:

$$\bar{c}_{10} = \bar{c}_{2k} = \frac{\overline{E}_{10}}{\overline{E}_2} = u\,\frac{\overline{E}_{10}}{\overline{E}_2'} = u \cdot \bar{c}_1\,,$$

$$\bar{c}_{1k} = \bar{c}_{20} = \frac{\overline{J}_{1k}}{\overline{J}_2} = \frac{1}{u}\cdot\frac{\overline{J}_{1k}}{\overline{J}_2'} = \frac{1}{u}\,\bar{c}_2\,, \qquad (22)$$

wobei zwei neue Konstanten durch

$$\bar{c}_1 = \frac{\overline{E}_{10}}{\overline{E}_2'}\,, \qquad \bar{c}_2 = \frac{\overline{J}_{1k}}{\overline{J}_2'} \qquad (22\,\mathrm{a})$$

definiert sind.

Aus Gl. (20) ergibt sich

$$u\,\bar{c}_1\,\bar{y}_{10} = \frac{1}{u}\,\bar{c}_2\,\bar{y}_{20}\,,$$

$$\bar{c}_1\,\bar{y}_{10} = \frac{1}{u^2}\,\bar{c}_2\,\bar{y}_{20} = \bar{c}_2\,\bar{y}_{20}'\,,$$

worin

$$\bar{y}_{20}' = \frac{1}{u^2}\,\bar{y}_{20} \qquad (23)$$

die reduzierte sekundäre Leerlaufadmittanz ist. Ebenso finden wir:

$$\frac{1}{u}\,\bar{c}_2 \cdot \bar{z}_{1k} = u\,\bar{c}_1\,\bar{z}_{2k}\,,$$

$$\bar{c}_2\,\bar{z}_{1k} = u^2\,\bar{c}_1\,\bar{z}_{2k} = \bar{c}_1\,\bar{z}_{2k}'\,,$$

worin

$$\bar{z}_{2k}' = u^2\,\bar{z}_{2k} \qquad (24)$$

die reduzierte sekundäre Kurzschlußimpedanz ist.

Man ersieht hieraus, daß, wenn man mit reduzierten Werten von Sekundärstrom und Sekundärspannung rechnet, auch reduzierte Werte von sekundären Impedanzen und Admittanzen samt ihren Komponenten benutzt werden müssen. Der Reduktionsfaktor ist dabei u^2, also das Quadrat des Reduktionsfaktors für Spannungen und Ströme.

4. Ersatzstromkreis des Transformators bei reduzierten Werten von sekundärem Strom und sekundärer Spannung.

Bei den gewöhnlichen Starkstromtransformatoren ist das Verhältnis der Primärspannung E_{10} zur Sekundärspannung E_2 bei offener Sekundärwicklung ($J_2 = 0$) dem Verhältnis aus primärer Windungszahl w_1 zur sekundären w_2 ziemlich nahe gleich, und zwar ist $\dfrac{E_{10}}{E_2}$ ein wenig größer als $\dfrac{w_1}{w_2}$. Anderseits ist das Verhältnis des Primärstromes J_{1k} zum Sekundärstrome J_2 bei kurzgeschlossener Sekundärwicklung ($E_2 = 0$) dem umgekehrten Windungsverhältnis beinahe gleich, und zwar ist $\dfrac{J_{1k}}{J_2}$ ein wenig größer als $\dfrac{w_2}{w_1}$.

Es ist daher praktisch der im vorigen Abschnitt eingeführte Reduktionsfaktor dem Windungsverhältnis gleich zu setzen, also

$$u = \frac{w_1}{w_2}.$$

Diesen Quotienten nennt man gewöhnlich das „Übersetzungsverhältnis" des Transformators.

Werden die in diesem Verhältnis reduzierten Werte für Sekundärspannung und Sekundärstrom mit

$$E_2' = u E_2 = \frac{w_1}{w_2} E_2 \qquad \text{bzw.} \qquad J_2' = \frac{1}{u} J_2 = \frac{w_2}{w_1} J_2$$

bezeichnet, so sagt man, daß die Sekundärgrößen auf die Windungszahl der Primärwicklung reduziert sind.

Die Transformatorgleichungen (2) können dann wie folgt geschrieben werden:

$$\bar{E}_1 = \bar{z}_1 \bar{J}_1 + \bar{z}_{12} \bar{J}_2 = \bar{z}_1 \bar{J}_1 + u \bar{z}_{12} \bar{J}_2',$$

$$u \bar{E}_2 = \bar{E}_2' = u \bar{z}_{12} \bar{J}_1 + u \bar{z}_2 \bar{J}_2 = u \bar{z}_{12} \bar{J}_1 + u^2 \bar{z}_2 \bar{J}_2',$$

und durch leichte Umformung ergibt sich

$$\left. \begin{aligned} \bar{E}_1 &= (\bar{z}_1 - u \bar{z}_{12}) \bar{J}_1 + u \bar{z}_{12} (\bar{J}_1 + \bar{J}_2'), \\ \bar{E}_2' &= (u^2 \bar{z}_2 - u \bar{z}_{12}) \bar{J}_2' + u \bar{z}_{12} (\bar{J}_1 + \bar{J}_2'). \end{aligned} \right\} \tag{25}$$

Aus diesen Gleichungen ersieht man die Gültigkeit des in Abb. 105 dargestellten Ersatzstromkreises eines Transformators bei Benutzung von reduzierten Sekundärgrößen E_2' und J_2'.

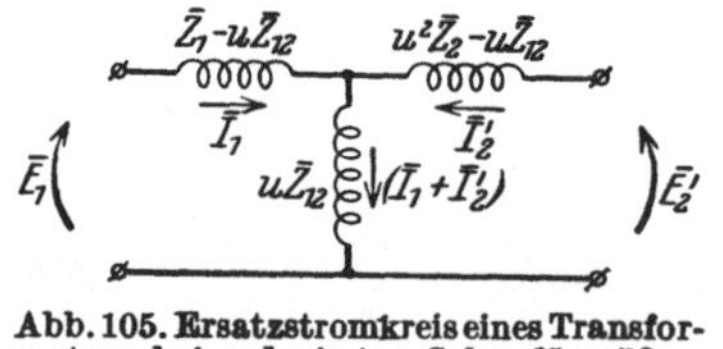

Wegen $E_2' J_2' = E_2 J_2$, und da außerdem der Reduktionsfaktor $u = \dfrac{w_1}{w_2}$ eine reelle Zahl ist, bleibt der Phasenwinkel zwischen $\bar{E}_2'$ und $\bar{J}_2'$ immer derselbe wie der Winkel zwischen $\bar{E}_2$ und $\bar{J}_2$, d. h.

$$\varphi_2' = \varphi_2.$$

Abb. 105. Ersatzstromkreis eines Transformators bei reduzierten Sekundärgrößen.

Bei der Reduktion im Windungsverhältnis bleiben somit die sekundäre Schein-, Wirk- und Blindleistung unverändert.

Bei allen gewöhnlichen Transformatoren werden durch diese Reduktion sämtliche Zweige im Ersatzstromkreis positive, induktive Impedanzen. Für normale

Starkstromtransformatoren besteht sogar mit Annäherung die folgende Gleichheit:

oder

$$\left.\begin{array}{c} \bar{z}_1 - u\,\bar{z}_{12} = u^2\,\bar{z}_2 - u\,\bar{z}_{12}, \\[2mm] \bar{z}_1 = u^2\,\bar{z}_2. \end{array}\right\} \tag{26}$$

Der Ersatzstromkreis wird dann als **symmetrisch** bezeichnet.

Wie schon früher (Abschn. 3) erläutert wurde, haben wir in Gl. (25) sowie im Ersatzstromkreis, Abb. 105, angenommen, daß der Sekundärstrom J_2 oder J'_2 ähnlich wie der Primärstrom J_1 von einer äußeren Stromquelle in die bezüglichen Transformatorwicklungen eingeführt wurde. Da indessen der Transformator im allgemeinen den Sekundäreffekt selbst leistet, ist es praktischer, die umgekehrte Richtung für den Sekundärstrom als positiv zu wählen. Außerdem werden wir im folgenden fast ausschließlich reduzierte Sekundärgrößen benutzen und für diese der größeren Einfachheit halber nur ungestrichelte Buchstaben schreiben. Wir schreiben somit:

für reduzierte Sekundärspannung: E_2 statt $E'_2 = u E_2$,

für reduzierten Sekundärstrom: J_2 statt $J'_2 = \dfrac{1}{u}\,J_2$.

Ebenfalls schreiben wir im Ersatzstromkreis:

für reduzierte Primärimpedanz: $\bar{z}_1$ statt $\bar{z}_1 - u\,\bar{z}_{12}$,

für reduzierte Sekundärimpedanz: $\bar{z}_2$ statt $u^2\,\bar{z}_2 - u\,\bar{z}_{12}$,

für reduzierte Ableitungsadmittanz: $\bar{y}_a$ statt $\dfrac{1}{u\,\bar{z}_{12}}$.

Mit diesen Festsetzungen erscheint der Ersatzstromkreis des Transformators in der in Abb. 106 dargestellten praktischen Form.

Es wird ausdrücklich betont, daß die neuen Bezeichnungen der Sekundärgrößen, die jetzt bei dem reduzierten Transformator gelten, mit deren wirklichen Werten nie verwechselt werden dürfen. Die letzteren sollen durch die Zufügung „wirkl." hervorgehoben werden.

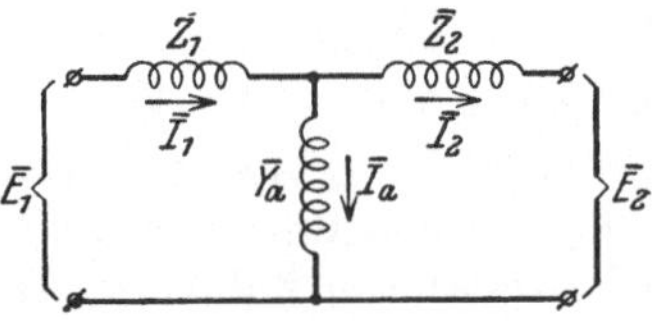

Abb. 106. Ersatzstromkreis eines Transformators in praktischer Form.

In dieser Ersatzschaltung kann $\bar{y}_a$ als ein Ausdruck des für die beiden Wicklungen gemeinschaftlichen magnetischen Feldes, des wirksamen oder transformierenden Hauptfeldes, angesehen werden, und wird daher Magnetisierungsadmittanz genannt. Demgemäß wird der in $\bar{y}_a$ fließende Strom

$$\bar{J}_a = \bar{J}_1 - \bar{J}_2$$

als **Magnetisierungsstrom** des Transformators betrachtet.

Die Primärimpedanz schreiben wir

$$\bar{z}_1 = r_1 + j\,x_1,$$

worin r_1 der (Ohmsche) Widerstand der Primärwicklung, und x_1 die Reaktanz des mit dieser Wicklung allein verketteten Feldes ist. Daher wird x_1 „primäre Streureaktanz" des Transformators genannt.

Die Sekundärimpedanz schreiben wir ähnlich:

$$\bar{z}_2 = r_2 + j\,x_2.$$

Dabei sind r_2 und x_2 reduzierte Werte für sekundären Widerstand und Reaktanz. Die Reduktion ist in der Weise vorzunehmen, daß der Verlust an Wirkleistung sowie der Verlust an Blindleistung in der Sekundärwicklung unverändert bleibt. Wir schreiben demnach:

$$J_2^2\, r_2 = J_{2\,wirkl.}^2 \cdot r_{2\,wirkl.}$$

und mit

$$J_2 = \frac{1}{u} J_{2\,wirkl.} = \frac{w_2}{w_1} J_{2\,wirkl.}$$

folgt

$$r_2 = u^2\, r_{2\,wirkl.} = \left(\frac{w_1}{w_2}\right)^2 r_{2\,wirkl.} \;\cdot$$

In derselben Weise erhalten wir

$$x_2 = u^2 \cdot x_{2\,wirkl.} = \left(\frac{w_1}{w_2}\right)^2 x_{2\,wirkl.} \,,$$

also

$$z_2 = u^2\, z_{2\,wirkl.}$$

Hier ist $r_{2\,wirkl.}$ der (Ohmsche) Widerstand der Sekundärwicklung, und $x_{2\,wirkl.}$ die Reaktanz des mit dieser Wicklung allein verketteten Feldes, also die sogenannte „sekundäre Streureaktanz" des Transformators.

Soll der reduzierte Ersatzstromkreis wirklich symmetrisch sein, muß, wie wir früher gesehen haben, unter den reduzierten Größen Gleichheit bestehen:

$$z_1 = z_2, \qquad r_1 = r_2, \qquad x_1 = x_2.$$

Daraus folgt, daß die entsprechenden wirklichen Werte dieser Größen sich wie die Quadrate der Windungszahlen verhalten müssen. Das ist auch meistens der Fall. Betrachten wir z. B. die Wicklungswiderstände, so verhalten sich die Drahtlängen l_1 bzw. l_2 der Wicklungen ungefähr wie ihre Windungszahlen. Die Drahtquerschnitte q_1 bzw. q_2 verhalten sich dagegen etwa umgekehrt wie die Windungszahlen, wenn die primäre und die sekundäre Stromdichte ungefähr gleich sind. Mit Annäherung dürfen wir somit setzen

$$\frac{l_1}{l_2} = \frac{w_1}{w_2} = u, \qquad \frac{q_1}{q_2} = \frac{w_2}{w_1} = \frac{1}{u},$$

woraus

$$\frac{r_1}{r_{2\,wirkl.}} = \frac{\frac{l_1}{q_1}}{\frac{l_2}{q_2}} = \frac{l_1}{l_2} \cdot \frac{q_2}{q_1} = \frac{w_1^2}{w_2^2} = u^2.$$

Die Symmetriebedingung wird somit von den Widerständen angenähert befriedigt. Dasselbe läßt sich auch für die Reaktanzen zeigen.

Normale Starkstromtransformatoren dürfen daher im allgemeinen als symmetrische Stromkreise angesehen werden.

5. Der Transformator bei Leerlauf und Kurzschluß.

A. Leerlauf.

Im Leerlaufzustand ist die Sekundärwicklung offen ($J_2 = 0$), und die Primärklemmen sind an eine Stromquelle angeschlossen. Die Schaltung von Instrumenten zur Strom- und Spannungsmessung bei Leerlauf ist in Abb. 107 dar-

gestellt. Die Stromaufnahmen der beiden Spannungsmesser müssen vernach·
lässigbar klein sein. Während der Messung wird die Sekundärspannung $E_{2\,wirkl.}$
auf den bei Belastung normalen Betrag einreguliert. Durch Verwendung eines
nicht eingezeichneten Leistungsmessers läßt sich auch die Leistungsaufnahme
im Leerlauf messen.

Die Primärwicklung des Transformators nimmt einen sogenannten Leerlaufstrom J_{10} auf, der im Ersatzstromkreis (Abb. 108) durch die Reihenschaltung
von $\bar{z}_1$ und $\bar{y}_a$ fließt, welcher in diesem Fall die Primärwicklung entspricht.

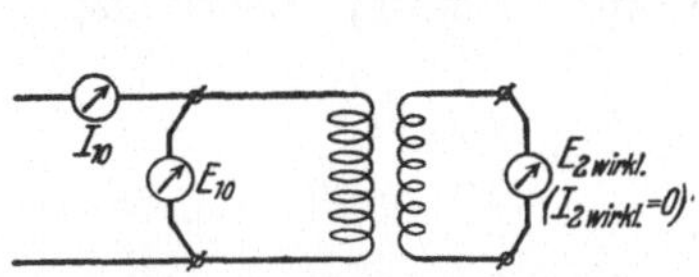

Abb. 107. Meßschaltung bei Leerlauf.

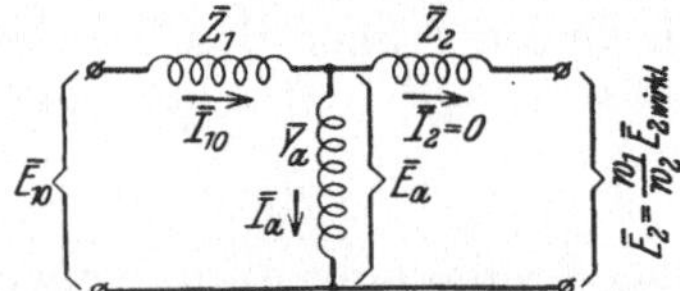

Abb. 108. Ersatzstromkreis eines Transformators bei Leerlauf.

Der Leerlaufstrom J_{10} erzeugt im Eisenkern des Transformators einen sogenannten Hauptkraftfluß, dessen Amplitude mit Φ_a bezeichnet und in
CGS-Einheiten oder Maxwell ausgedrückt wird.

Dieser Kraftfluß ist mit der primären sowie mit der sekundären Wicklung
verkettet. Er induziert in der Primärwicklung eine EMK vom Betrag

$$E_a = 4{,}44 f w_1 \Phi_a 10^{-8} \text{V} . \tag{27}$$

In der Sekundärwicklung induziert der Hauptkraftfluß eine EMK, die
$\dfrac{w_2}{w_1} = \dfrac{1}{u}$ mal so groß ist. Der auf die Windungszahl der Primärwicklung reduzierte
Wert der sekundären EMK ist daher auch gleich E_a.

Die Phasenverhältnisse bei Leerlauf gehen aus dem Vektordiagramm, Abb. 109,
hervor. Hierin ist die eigentlich induzierte EMK durch den
Vektor $-E_a$ dargestellt. Er eilt dem Kraftfluß Φ_a um 90^0
nach. Der Vektor E_a ist die entsprechende Komponente
der aufgedrückten Klemmenspannung. Bei Leerlauf ist der
Magnetisierungsstrom mit dem Leerlaufstrom gleichdeutig,
also

$$\bar{J}_a = \bar{J}_{10} .$$

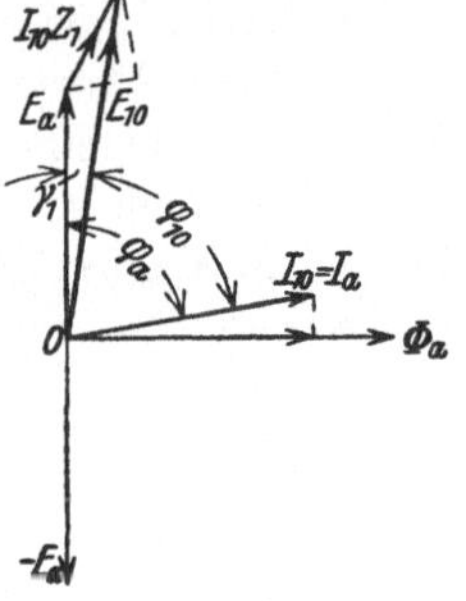

Abb. 109. Vektordiagramm
eines Transformators bei
Leerlauf.

Wegen der Leistungsverluste im Eisenkern des Transformators, der sogenannten Eisenverluste, liegt der Magnetisierungsstrom J_a nicht in Phase mit seinem Kraftflusse Φ_a,
sondern eilt ihm etwas vor. Dadurch wird J_a hinter E_a um
einen Winkel φ_a phasenverschoben, welcher etwas kleiner
als 90^0 ist.

Der Magnetisierungsstrom bei Leerlauf hat die Blindkomponente

$$J_a \sin \varphi_a = E_a b_a$$

und die Wirkkomponente

$$J_a \cos \varphi_a = E_a g_a .$$

Folglich sind die Eisenverluste

$$E_a J_a \cos \varphi_a = E_a^2 g_a .$$

In symbolischer Schreibweise setzen wir demnach den Leerlaufstrom

$$\overline{J}_{10} = \overline{J}_a = \overline{E}_a\,(g_a - j\,b_a) = \overline{E}_a\,\overline{y}_a\,. \tag{28}$$

Wie schon im vorigen Paragraphen bemerkt wurde, ist somit im Ersatzstromkreis die Magnetisierung des Transformators durch die Ableitungsadmittanz $\overline{y}_a$ dargestellt.

Aus Abb. 108 ersieht man weiter, daß bei Leerlauf

$$\overline{E}_a = \overline{E}_2$$

ist. Wir haben früher den Leerlaufstrom zur primären Leerlaufspannung in Beziehung gesetzt, und schrieben [Gl. (8)]:

$$\overline{J}_{10} = \overline{E}_{10}\,\overline{y}_{10},$$

wobei $\overline{y}_{10}$ Leerlaufadmittanz genannt wurde.

Dem Ersatzstromkreis und Spannungsdiagramm (Abb. 108 u. 109) gemäß ergibt sich die Leerlaufspannung

$$\overline{E}_{10} = \overline{E}_a + \overline{J}_{10}\,\overline{z}_1$$

oder mit $\overline{E}_a = \overline{E}_2$ und $\overline{J}_{10} = \overline{E}_a\,\overline{y}_a$ [Gl. (28)] wird

$$\overline{E}_{10} = \overline{E}_2\,(1 + \overline{z}_1\,\overline{y}_a) = \overline{c}_1\,\overline{E}_2\,, \tag{29}$$

worin $\overline{c}_1$ eine schon früher [Gl. (22)] eingeführte komplexe Konstante bezeichnet.

Wir setzen

$$\overline{c}_1 = (1 + \overline{z}_1\,\overline{y}_a) = c_1\,\varepsilon^{-j\gamma_1}\,. \tag{30}$$

Der absolute Betrag oder Modul c_1 dieser komplexen Zahl ist nur ein wenig größer als 1. Ihr Argument ist der sehr kleine Winkel zwischen den Spannungsvektoren $\overline{E}_a = \overline{E}_2$ und $\overline{E}_{10}$, und zwar ist dieser Winkel im Sinne einer Drehung von $\overline{E}_a$ nach $\overline{E}_{10}$ positiv zu rechnen.

Aus Abb. 109 ersieht man leicht, daß bei Abwesenheit von Eisenverlusten (d. h. J_{10} in Phase mit Φ_a) der genannten Drehung immer ein negatives Argument entspricht, weshalb $-\gamma_1$ für das Argument in Gl. (30) geschrieben ist.

Wenn aber Eisenverluste und primäre Streureaktanz hinreichend groß sind, kann das Argument Null oder sogar positiv werden.

Wegen

$$\overline{J}_a = \overline{J}_{10}$$

oder

$$\overline{E}_a\,\overline{y}_a = \overline{c}_1\,\overline{E}_a\,\overline{y}_{10}$$

folgt

$$\overline{y}_a = y_a\,\varepsilon^{-j\,\varphi_a} = \overline{c}_1\,\overline{y}_{10} = c_1\,y_{10}\,\varepsilon^{-j\,(\varphi_{10}+\gamma_1)} \tag{31}$$

und somit

$$\gamma_1 = \varphi_a - \varphi_{10},$$

was mit Abb. 109 in Übereinstimmung ist.

Die Leerlaufadmittanz schreibt sich auch

$$\overline{y}_{10} = g_{10} - j\,b_{10}, \tag{32}$$

und als gesamte Leistungsaufnahme bei Leerlauf erhalten wir infolge Abb. 108:

$$E_{10}^2\,g_{10} = J_{10}^2\,r_1 + E_a^2\,g_a\,, \tag{33}$$

worin das erste Glied rechts die Verluste durch Stromwärme oder die sogenannten Kupferverluste darstellt, welche im Leerlaufzustand verhältnismäßig klein sind, während das zweite Glied die Eisenverluste bedeutet.

Für käufliche Transformatoren, wie sie gewöhnlich in Wechselstromanlagen Verwendung finden, lassen sich der primäre Widerstand und die primäre Reaktanz ohne erhebliche Fehler außer Betracht setzen, so daß die folgenden Annäherungen gelten

$$\bar{y}_a \approx \bar{y}_0 \,, \qquad g_a \approx g_0 \,, \qquad b_a \approx b_0 \,. \tag{34}$$

Diese Annäherungen besagen, daß die Kupferverluste des Leerlaufstromes gegen die Eisenverluste zu vernachlässigen sind. Um aber an Eisenmaterial etwas zu ersparen, gibt man oft dem Eisenkern große Sättigung, so daß der Leerlaufstrom und die ihm entsprechenden Kupferverluste bei Leerlauf ganz bedeutend werden. Ähnliche Verhältnisse sind auch vorhanden, wenn der magnetische Kreislauf durch Luftspalte unterbrochen ist, z. B. bei asynchronen Induktionsmotoren.

B. Kurzschluß.

Im Kurzschlußzustand ist die Sekundärwicklung kurzgeschlossen, $E_2 = 0$, und es wird der Primärwicklung Strom zugeführt. Die Schaltung von Strom- und Spannungsmesser ist in Abb. 110 dargestellt.

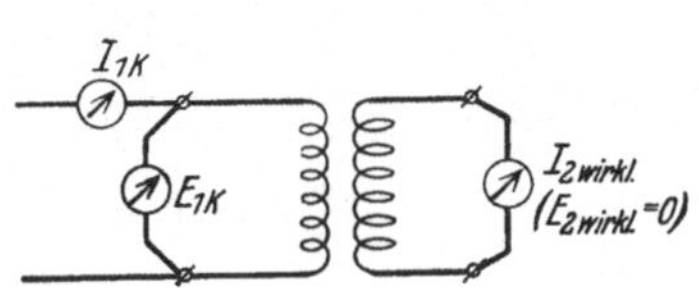

Abb. 110. Meßschaltung bei Kurzschluß.

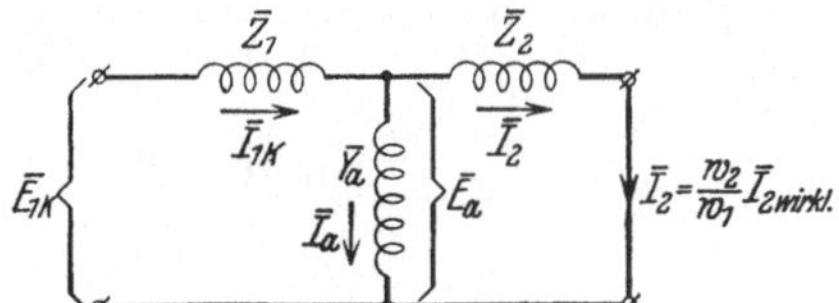

Abb. 111. Ersatzstromkreis eines Transformators bei Kurzschluß.

Der Sekundärstrom $J_{2\,wirkl.}$ wird auf den bei Belastung normalen Betrag einreguliert. Die Leistungsaufnahme bei Kurzschluß kann mittels eines nicht eingezeichneten Leistungsmessers gemessen werden.

Der Ersatzstromkreis bei Kurzschluß hat die in Abb. 111 dargestellte Form, und Abb. 112 zeigt das entsprechende Vektordiagramm des Transformators.

Bei Kurzschluß mit Normalwert des Sekundärstromes wird die von dem Hauptkraftfluß induzierte EMK

$$\bar{E}_a = \bar{z}_2 \, \bar{J}_2, \tag{35}$$

also etwa von Größenordnung der sekundären Streuspannung. Die Magnetisierung des Transformators ist daher

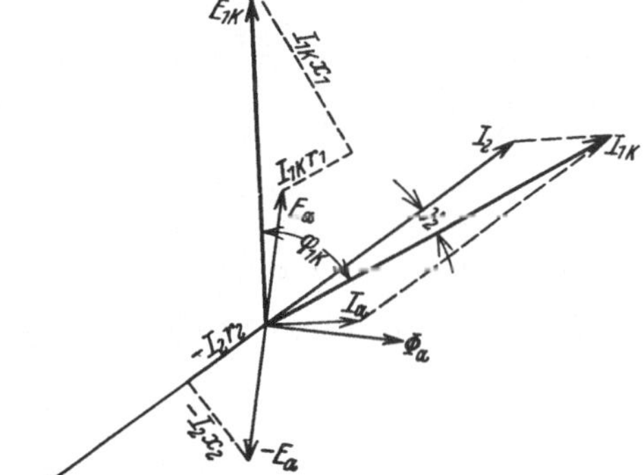

Abb. 112. Vektordiagramm eines Transformators bei Kurzschluß.

sehr schwach, und demgemäß sind die Eisenverluste bei Kurzschluß vernachlässigbar klein.

Der Magnetisierungsstrom ist

$$\bar{J}_a = \bar{y}_a \bar{E}_a = \bar{z}_2 \bar{y}_a \bar{J}_2$$

und hat einen entsprechend kleinen Betrag.

Der primäre Kurzschlußstrom setzt sich aus Sekundärstrom und Magnetisierungsstrom zusammen:

$$\bar{J}_{1k} = \bar{J}_2 + \bar{J}_a = \bar{J}_2 (1 + \bar{z}_2 \bar{y}_a) = \bar{c}_2 \bar{J}_2. \tag{36}$$

Hierin ist $\bar{c}_2$ eine schon früher [Gl. (22)] eingeführte komplexe Konstante, deren absoluter Betrag (Modul) c_2 nur ein wenig größer als 1, und deren Argument der sehr kleine Winkel zwischen den Stromvektoren $\bar{J}_2$ und $\bar{J}_{1k}$ ist. Dieser Winkel ist im Sinne einer Drehung von $\bar{J}_2$ nach $\bar{J}_{1k}$ positiv zu rechnen.

Aus Abb. 112 geht aber hervor, daß dieser Drehung bei Abwesenheit von Eisenverlusten (d. h. J_a in Phase mit Φ_a) immer ein negatives Argument entspricht. Aus diesem Grunde wollen wir $-\gamma_2$ für das Argument setzen, und schreiben

$$\bar{c}_2 = (1 + \bar{z}_2 \bar{y}_a) = c_2\, \varepsilon^{-j\gamma_2}. \tag{37}$$

Wenn aber Eisenverluste und sekundäre Streureaktanz hinreichend groß sind, kann das Argument von c_2 Null oder gar positiv werden.

Als primäre Kurzschlußspannung erhalten wir aus Abb. 111 oder 112 und Gl. (35)

$$\bar{E}_{1k} = \bar{J}_{1k}\bar{z}_1 + \bar{J}_2\bar{z}_2 = \bar{J}_{1k}\left(\bar{z}_1 + \frac{\bar{z}_2}{\bar{c}_2}\right) = \bar{J}_{1k}\bar{z}_{1k}, \tag{38}$$

worin

$$\bar{z}_{1k} = \bar{z}_1 + \frac{\bar{z}_2}{\bar{c}_2} \tag{39}$$

die primäre Kurzschlußimpedanz ist.

Diese Impedanz schreiben wir auch

$$\bar{z}_{1k} = r_{1k} + j\,x_{1k}, \tag{40}$$

und als gesamte Leistungsaufnahme bei Kurzschluß erhalten wir gemäß Abb. 111:

$$J_{1k}^2\, r_{1k} = J_{1k}^2\, r_1 + J_2^2\, r_2 + E_a^2\, g_a. \tag{41}$$

Das letzte Glied in Gl. (41) stellt die Eisenverluste im Kurzschlußzustand dar. Für käufliche Starkstromtransformatoren können aber diese Eisenverluste den Kupferverlusten gegenüber vernachlässigt werden. Die Kurzschlußverluste sind daher mit Annäherung als reine Kupferverluste anzusehen.

Dementsprechend kann im Ersatzstromkreis die Admittanz $\bar{y}_a$ in Parallelschaltung mit $\frac{1}{\bar{z}_2}$ vernachlässigt werden, und wir erhalten

$$\bar{z}_k \approx \bar{z}_1 + \bar{z}_2, \quad r_k \approx r_1 + r_2, \quad x_k \approx x_1 + x_2. \tag{42}$$

6. Diagramme des Transformators bei Belastung.

Bei Belastung eines Transformators gibt die Sekundärwicklung einen Strom $J_{2\,wirkl.}$ bei gleichzeitig auftretender Spannung $E_{2\,wirkl.}$ ab. Aus dem Ersatzstromkreis (Abb. 106) ersieht man, daß, wenn J_2 gesteigert wird, auch der Primärstrom J_1 wächst, und ebenfalls, wenn E_2 gesteigert wird, die Primärspannung E_1

wächst. In beiden Fällen wird auch der Hauptkraftfluß anwachsen. Es stellt sich somit bei Belastung ein gewisser Gleichgewichtzustand zwischen Strömen, Hauptkraftfluß und Spannungen ein. Dieser Gleichgewichtszustand hängt übrigens von der sekundären Phasenverschiebung φ_2 ab.

Wir denken uns im Ersatzstromkreis die Belastung durch eine Impedanz

$$\bar{z}_b = r_b + j x_b = z_b \, \varepsilon^{j \varphi_b}$$

zwischen den Sekundärklemmen dargestellt, wobei

$$\varphi_b = \varphi_2$$

ist, und wollen im folgenden die Diagramme für Ohmsche und induktive Belastung angeben.

A. Ohmsche oder induktionsfreie Belastung.

$$\varphi_2 = \varphi_b = 0, \quad \bar{z}_b = r_b, \quad x_b = 0.$$

Das Strom- und Spannungsdiagramm für Ohmsche Belastung ist in Abb. 113 dargestellt.

Wir nehmen an, daß die sekundären Vektoren $- J_2$ und $- E_2$ nach Größe und wirklicher Phasenrichtung gegeben sind. In diesem Falle soll $- E_2$ in Phase mit $- J_2$ sein, und es folgt

$$- E_2 = - J_2 r_b.$$

Aus $- E_2$ erhält man die von dem Hauptkraftfluß induzierte EMK $- E_a$ durch Hinzufügung von den kleinen Vektoren für Ohmschen und induktiven Spannungsverlust in der Sekundärwicklung $- J_2 r_2$ bzw. $- J_2 x_2$. Wegen der sekundären Streureaktanz x_2 wird daher die Sekundärspannung $- E_2$ der induzierten EMK $- E_a$ um einen Winkel Θ_2 nacheilen. Der Hauptkraftfluß Φ_a eilt der EMK $- E_a$ um 90° vor, und die zur Erzeugung von Φ_a erforderliche Magnetisierungskomponente J_a des Primärstromes ist noch um einen kleinen, den Eisenverlusten entsprechenden Winkel vor dem Hauptkraftfluß in Phase verschoben. Zur Kompensierung der sekundären Amperewindungen ist außerdem eine Komponente J_2 des Primärstromes erforderlich,

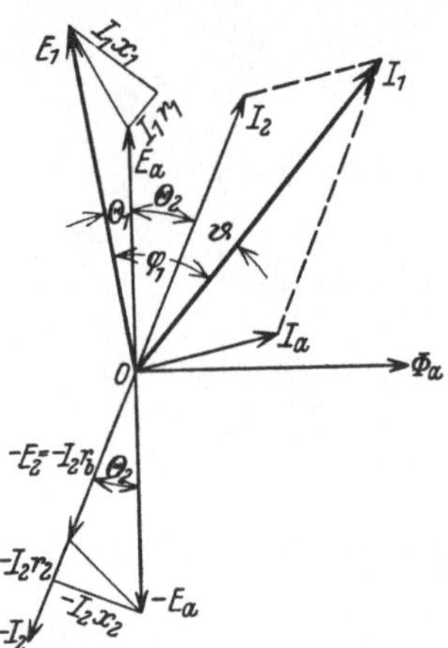

Abb. 113. Strom- und Spannungsdiagramm eines Transformators bei Ohmscher Belastung.

welche dem Vektor des sekundären Belastungsstromes $- J_2$ gleich und entgegengesetzt ist. Der gesamte Primärstrom J_1 bei Belastung ergibt sich somit als Resultante von J_a und J_2, und J_1 wird dabei um einen Winkel ϑ hinter J_2 in der Phase verschoben.

Die der EMK entgegengesetzte Komponente der Primärspannung ist E_a; fügt man zu ihr die kleinen Vektoren der primären Spannungsverluste $J_1 r_1$ bzw. $J_1 x_1$, so erhält man endlich die primäre Klemmenspannung E_1 des Transformators, die bei induktionsfreier Belastung erforderlich sein wird. E_1 ist in bezug auf E_a um den Winkel Θ_1 phasenverschoben. Wir sehen, daß die gesamte primäre Phasenverschiebung φ_1 zwischen Strom und Klemmenspannung induktiv ist und verhältnismäßig groß werden kann, weil sie als Summe von insgesamt 3 „inneren" Phasenwinkeln hervorgeht, nämlich

$$\varphi_1 = \Theta_1 + \Theta_2 + \vartheta.$$

Somit bewirken sowohl Magnetisierungsstrom als magnetische Streuung eine Vergrößerung der Phasenverschiebung und des Spannungsverlustes bei der Transformierung.

B. Induktive Belastung.

$$\varphi_2 = \varphi_b > 0, \qquad \overline{z}_b = r_b + j x_b.$$

Das Strom- und Spannungsdiagramm ist in derselben Weise wie im vorigen Falle zu erhalten. Hier ist aber $- J_2$ hinter $- E_2$ um den Winkel $\varphi_2 = \varphi_b$ phasenverzögert, und wir haben

$$- \overline{E}_2 = - J_2 r_b - j J_2 x_b$$

und die induzierte EMK:

$$- E_a = - J_2 (r_b + r_2) - j J_2 (x_b + x_2).$$

Das vollständige Vektordiagramm für induktive Belastung ist in Abb. 114 dargestellt. Hieraus ergibt sich die primäre Phasenverschiebung

$$\varphi_1 = \varphi_2 + \Theta_1 + \Theta_2 + \vartheta.$$

In Abb. 114 liegen die Hypotenusen der kleinen Dreiecke der Spannungsverluste etwas mehr in Richtung der Hauptspannungen, als es in Abb. 113 der Fall ist. Bei induktiver Belastung ist daher die Transformierung mit relativ größeren Spannungsverlusten verbunden als bei induktionsfreier Belastung.

Die oben angegebenen Diagramme des Transformators sind übersichtlich, für den praktischen Gebrauch aber wenig geeignet, weil man in einem vorliegendem Falle genötigt wäre, in gewaltigem Maßstab zu zeichnen, damit die kleinen Verlustvektoren zur Geltung kommen. In der Praxis werden daher die Hauptvektoren ausgelassen; man zeichnet Diagramme für die Verlustvektoren allein und rechnet direkt mit ihnen.

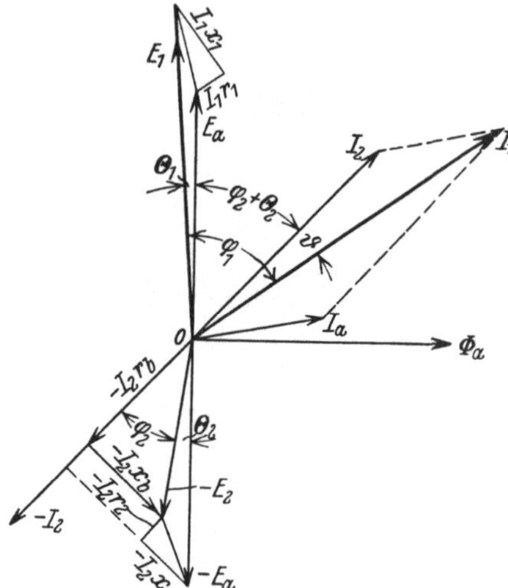

Abb. 114. Strom- und Spannungsdiagramm eines Transformators bei induktiver Belastung.

Zweites Kapitel.

Die Leistungsverluste im Transformator.

7 Berechnung der Verluste an Wirkleistung.

Bei Belastung wird natürlich die sekundär abgegebene Wirkleistung kleiner ausfallen als die primär zugeführte, und zwar werden die Leistungsverluste

$$E_1 J_1 \cos \varphi_1 - E_2 J_2 \cos \varphi_2$$

in den aktiven Konstruktionsteilen des Transformators in Wärme umgesetzt.

Unter der Besprechung der Vektordiagramme des Transformators haben wir früher gesehen (Abschn. 6), daß bei Ohmscher und induktiver Belastung die Phasenverschiebung und damit auch die Blindleistung größer auf der Primärseite als auf der Sekundärseite des Transformators sein wird.

Wir können daher auch von Verlusten an Blindleistung reden, die mit der Erzeugung von magnetischen Feldern im Transformator unlösbar verbunden sind, und deren Gesamtgröße durch

$$E_1 J_1 \sin \varphi_1 - E_2 J_2 \sin \varphi_2$$

ausgedrückt wird.

Wir werden zuerst die Verluste an Wirkleistung behandeln.

A. Die Eisenverluste.

Diese Verluste werden durch Hysterese und Wirbelströme erzeugt. Sie können in bekannter Weise berechnet werden, wenn man die Induktion und die Verlustkoeffizienten σ_h und σ_w des Eisens kennt, oder wenn die gesamten Eisenverluste in Abhängigkeit von der Induktion für die bezügliche Frequenz bekannt sind. Diese Eisenverluste werden bekanntlich mit dem Epsteinschen Prüfapparat gemessen. Im allgemeinen werden aber die Eisenverluste eines fertigen Transformators etwas größer ausfallen, als im Epsteinapparat unter sonst gleichen Verhältnissen.

Es entstehen somit zusätzliche Eisenverluste, welche größtenteils Wirbelströmen zugeschrieben werden müssen. Um die Blechplatten zusammenzuhalten, verwendet man nämlich im allgemeinen massive, eiserne Konstruktionsteile, worin immer eine gewisse Magnetisierung und daraus folgende Wirbelströme und Verluste auftreten werden. Außerdem ist es schwierig, die einzelnen Bleche ebenso vollkommen wie im Eisenprüfapparat voneinander zu isolieren, was eine Erleichterung der Wirbelstrombildung und Vergrößerung der Wirbelstromverluste zur Folge hat. Durch sorgfältiges Entwerfen und Zusammensetzen des Transformators aber wird der Zuschlag am Eisenverluste selten mehr als 10 bis 20% sein.

Häufig werden Transformatoren in der Weise konstruiert, daß die Induktion in allen Teilen des magnetischen Kreislaufes ungefähr dieselbe ist; der Eisenquerschnitt muß dabei überall gleiche Größe besitzen. Bezeichnen wir diesen Querschnitt mit S, so berechnet sich die Induktion B aus folgender Formel für die induzierte EMK, wenn dieselbe sinusförmig mit der Zeit variiert:

$$E_a - 1{,}11 f\, w\, B\, S\, 10^{-8}\ \mathrm{V},$$

worin f die Frequenz und w die Windungszahl der induzierten Wicklung bedeutet. Danach erhält man das Produkt aus Frequenz und Induktion

$$f B = \frac{E_a\, 10^8}{4{,}44\, w\, S} = K, \tag{43}$$

also für einen gegebenen Transformator eine von der Frequenz unabhängige, konstante Größe, wenn die EMK konstant gehalten wird. Hieraus folgt, daß auch die Wirbelstromverluste, die proportional $(f B)^2$ sind, für unveränderte EMK bei demselben Transformator konstant bleiben.

Lassen sich die Hystereseverluste proportional $f B^x$ setzen, wobei x nach Steinmetz im allgemeinen gleich 1,6 gesetzt wird, so haben wir

$$f B^x = \frac{K^x}{f^{x-1}} = \frac{K^{1,6}}{f^{0,6}}. \tag{44}$$

Die Hystereseverluste ändern sich somit bei konstanter EMK umgekehrt wie die 0,6-te Potenz der Frequenz. Bei einem gegebenen Transformator sind daher die gesamten Eisenverluste um so kleiner, je höher die Frequenz ist.

B. Die Kupferverluste

oder Stromwärmeverluste sind für einen Stromkreis mit Widerstand r, welcher von einem Strome J durchflossen wird:

$$P_{\mathrm{cu}} = J^2 r = J^2 \varrho \frac{l}{q}.$$

Die Temperaturabhängigkeit des spezifischen Widerstandes für Kupfer kann durch folgende Formel ausgedrückt werden:

$$\varrho = \varrho_0 \frac{t + 234,5}{t_0 + 234,5}. \tag{45}$$

Hierin bezeichnet:

ϱ den spezifischen Widerstand bei Temperatur t^0 C,

ϱ_0 den spezifischen Widerstand bei Temperatur t_0^0 C,

l Länge des Wicklungsdrahtes in Meter

q Querschnitt des Wicklungsdrahtes in mm².

Weiter setzen wir:

$V = l q\, 10^{-3}$ für das Kupfervolumen der Wicklung, in mm² ausgedrückt, und

$s = \dfrac{J}{q}$ für die Stromdichte in Amp. pro mm². Durch Einsetzen in obige Formel für die Kupferverluste erhalten wir dann:

$$P_{\mathrm{cu}} = \varrho\, s^2\, V \cdot 10^3\ \mathrm{W}. \tag{46}$$

Wir wollen nun die folgende Frage stellen, wie müssen die Stromdichten s_1 und s_2 in Primär- bzw. Sekundärwicklung gewählt werden, damit man die kleinstmöglichen Kupferverluste bei gleichem Wicklungsmaterial und gegebenem Volumen des Wicklungsdrahtes erhalte? Wir verlangen also die Erfüllung folgender Gleichungen:

$$\varrho\, s_1^2\, V_1 + \varrho\, s_2^2\, V_2 = \text{Minimum},$$
$$V_1 + \qquad V_2 = \text{Konstante},$$

Hier ist aber

$$V_1 = l_1\, q_1\, 10^{-3},$$
$$V_2 = l_2\, q_2\, 10^{-3},$$
$$s_2\, q_2 = J_2 \approx u\, J_1 = u\, s_1\, q_1,$$

wobei $u = \dfrac{w_1}{w_2}$ das Übersetzungsverhältnis des Transformators bedeutet. Dabei vernachlässigen wir den Magnetisierungsstrom dem Belastungsstrome gegenüber. Durch Einsetzen und geeignete Umformung erhalten wir

$$s_1\, l_1 + u\, s_2\, l_2 = \text{Minimum},$$
$$\frac{l_1}{s_1} + u\, \frac{l_2}{s_2} = \text{Konstante}.$$

Durch Differenzieren erhält man hieraus:

$$l_1 \frac{ds_1}{ds_2} + u\, l_2 = 0,$$

$$-\frac{l_1}{s_1^2} \frac{ds_1}{ds_2} - u\, \frac{l_2}{s_2^2} = 0.$$

Dividiert man die erste dieser Gleichungen mit s_1^2 und addiert sie dann zu der letzten, so ergibt sich

$$s_1 = s_2. \tag{47}$$

Die Voraussetzung dieser Rechnung ist, daß die Drahtlängen mit hinreichender Genauigkeit als unabhängig von den Stromdichten angenommen werden können. Um kleinstmögliche Stromwärmeverluste bei gegebener Menge von Leitungsmaterial zu erhalten, müssen dann die Stromdichten in primärer und sekundärer Wicklung gleich groß gewählt werden.

Die wirklichen Kupferverluste in einem fertigen Transformator werden immer etwas größer ausfallen als diejenigen, die sich aus dem Ohmschen Widerstand für Gleichstrom berechnen.

Die zusätzlichen Stromwärmeverluste werden von Wirbelströmen erzeugt, die von den Streufeldern in den massiven Kupferleitern selbst oder in anderen benachbarten Leitern induziert werden. Diese Verluste sind angenähert der zweiten Potenz der Ströme proportional; sie betragen etwa 5 bis 25%, je nach der Bauweise des Transformators.

C. Günstigste Verteilung der Verluste auf Kupfer und Eisen in einem gegebenen Transformator.

Bei vorgeschriebener Scheinleistung eines zu entwerfenden Transformators können die Verluste entweder im Eisen oder im Kupfer größer sein, je nachdem zur Erreichung dieser Scheinleistung eine hohe Spannung und entsprechend niedriger Strom verwendet wird oder umgekehrt.

Wir wollen uns die Aufgabe stellen, die Verluste in solcher Weise zu verteilen, daß der Wirkungsgrad des Transformators einen Höchstwert erreicht, d. h. die Gesamtverluste sollen einen Kleinstwert haben.

Als angenäherten Ausdruck für die Scheinleistung nehmen wir das Produkt von EMK und Stromstärke in der Sekundärwicklung an, also durch wirkliche Sekundärwerte in VA ausgedrückt:

$$E_a J_2 = 4\, k_f f\, (w_2 J_2) \cdot (BS) \cdot 10^{-8}.$$

Hier ist aber

$$w_2 J_2 = w_2 q_2 s_2 = Q_2 s_2,$$

wobei Q_2 den gesamten Kupferquerschnitt der Sekundärwicklung bezeichnet.

Ähnlich setzen wir

$$w_1 J_1 = w_1 q_1 s_1 = Q_1 s_1$$

und bei Vernachlässigung des Magnetisierungsstromes angenähert:

$$w_2 J_2 = w_1 J_1 \qquad \text{oder} \qquad Q_2 s_2 = Q_1 s_1.$$

Setzen wir weiter gleiche primäre und sekundäre Stromdichte voraus:

$$s_1 = s_2 = s,$$

so wird

$$Q_1 = Q_2 = \tfrac{1}{2} Q,$$

wobei

$$Q = Q_1 + Q_2$$

der gesamte Kupferquerschnitt der beiden Transformatorwicklungen ist. Wir haben somit

$$J_2 w_2 = \tfrac{1}{2} s Q$$

und

$$E_a J_2 = 4 k_f f \tfrac{1}{2} (s Q) \cdot (BS) \cdot 10^{-8},$$

woraus

$$(s Q) \cdot (BS) = \frac{E_a J_2 \, 10^8}{2 k_f f} = \text{Konstante}$$

oder

$$s B = \text{Konstante} . \tag{48}$$

Die Gesamtverluste bei Belastung bestehen aus Hysterese-, Wirbelstrom- und Kupferverlusten, und sollen einen Kleinstwert haben.

Demnach schreiben wir

$$P_h + P_w + P_{cu}' = C_1 V_{fe} B^x + C_2 V_{fe} B^2 + C_3 V_{cu} s^2 = \text{Minimum} . \tag{49}$$

Hierin bezeichnet V_{fe} aktives Eisenvolumen und V_{cu} gesamtes Kupfervolumen des Transformators, während C_1, C_2 und C_3 für gegebene Materialien und gegebene Frequenz konstante Faktoren sind. Der Exponent x für die Hystereseverluste können wir im allgemeinen für Induktionen bis etwa 10000 Gauß gleich 1,6 setzen; für höhere Induktionen steigt aber x ungefähr bis auf den Wert 2.

Durch Derivation der Gln. (48) und (49) in bezug auf s bekommt man

$$s \frac{dB}{ds} + B = 0,$$

$$(x C_1 V_{fe} B^{x-1} + 2 C_2 V_{fe} B) \frac{dB}{ds} + 2 C_3 V_{cu} s = 0,$$

woraus

$$- (x C_1 V_{fe} B^{x-1} + 2 C_2 V_{fe} B) \frac{B}{s} + 2 C_3 V_{cu} s = 0,$$

oder

$$2 C_3 V_{cu} s^2 = x C_1 V_{fe} B^x + 2 C_2 V_{fe} B^2,$$

d. h.

$$P_{cu} = \frac{x}{2} P_h + P_w. \tag{50}$$

Mit einem Hystereseexponent $x = 1,6$ wird

$$P_{cu} = 0,8 P_h + P_w. \tag{50a}$$

Man kann dieses Ergebnis auch so aussprechen, daß für einen gegebenen Transformator bei gegebener Scheinleistung $E_a J_2$ die Verluste am kleinsten und der Wirkungsgrad daher am größten wird, wenn man das Verhältnis zwischen E_a und J_2 so wählt, daß die Stromwärmeverluste ungefähr gleich oder ein wenig kleiner als die Eisenverluste sind.

Diese Berechnungsweise setzt voraus, daß Eisenquerschnitt und Wicklungsraum gegeben sind, und sie berücksichtigt nicht den Preis des Transformators. Außerdem wird volle Belastung vorausgesetzt. Indessen sind häufig auch die

Betriebsverhältnisse bestimmend für die Wahl des Verhältnisses zwischen den Kupfer- und Eisenverlusten. Wird man variierende Belastung und Verluste während längerer Zeit der Berechnung zugrunde legen, so müssen diese Größen z. B. über ein ganzes Jahr integriert werden. Man spricht von dem „Jahreswirkungsgrad", und dieser wird im allgemeinen kleiner ausfallen als der Wirkungsgrad bei normaler Vollast. In dieser Hinsicht unterscheiden sich ein „Lichttransformator" und ein „Krafttransformator". Der Lichttransformator arbeitet in großen Teilen des Tages und des Jahres beinahe im Leerlauf. Dieser muß daher für kleine Leerlaufsverluste, d. h. kleine Eisenverluste bemessen werden, während die Kupferverluste keine große Rolle spielen. Bei einem Krafttransformator sind die Verhältnisse anders, er ist für kleine Kupferverluste zu bemessen, weil er am meisten bei Vollast arbeitet.

8. Berechnung der Verluste an Blindleistung.

Die Gesamtverluste an Blindleistung im Transformator sind $E_1 J_1 \sin \varphi_1 - E_2 J_2 \sin \varphi_2$, und sie verteilen sich auf die einzelnen felderzeugenden Stromkomponenten in folgender Weise:

A. Blindleistungsverlust des Magnetisierungsstromes durch das Hauptfeld: $E_a^2 b_a = E_a J_a \sin \varphi_a$.

B. Blindleistungsverlust des Primärstromes durch primäre Streufelder: $J_1^2 x_1$ und des Sekundärstromes durch sekundäre Streufelder $J_2^2 x_2$.

A. Verlust an Blindleistung durch das Hauptfeld.
Der Magnetisierungsstrom.

Die Berechnung dieses Verlustes kommt darauf hinaus, die Blindkomponente des effektiven Magnetisierungsstromes

$$J_{a\,bl} = J_a \sin \varphi_a$$

für gegebene EMK des Transformators zu berechnen. Aus der Formel für die EMK bei Annahme einer sinusförmigen Variation des Feldes

$$E_a = 4{,}44 f w B \cdot S \cdot 10^{-8} \text{ V}$$

berechnet man den Höchstwert der Induktion B. Mit Hilfe einer Magnetisierungskurve für die zu verwendende Eisenblechsorte, welche mit Wechselstrom z. B. im Epsteinschen Prüfapparat aufgenommen worden ist, findet man die bei der gegebenen Induktion B notwendigen effektiven Amperewindungen $a w_{el}$ pro cm Kraftlinienweg in Eisen. Wir setzen einen Einphasentransformator voraus, und schätzen die gesamte gleichwertige Luftlänge δ, welche die Kraftlinien in den Stoßfugen oder Zwischenräumen zwischen Säulen und Jochen des Eisenkörpers zu überbrücken haben (siehe Abb. 115).

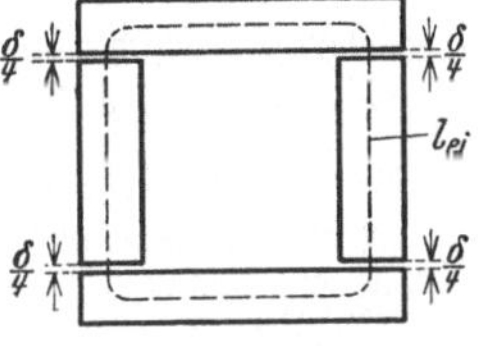

Abb. 115. Magnetischer Kreis eines Einphasentransformators.

Als notwendige Luftamperewindungen für die Stoßfugen erhalten wir dann

$$\sqrt{2} A W_\delta = \frac{1}{0{,}4\,\pi} \delta B$$

oder den Effektivwert

$$A W_\delta = 0{,}563\,\delta B.$$

Bezeichnet l_{ei} die mittlere Länge der Kraftlinien im Eisenkörper, so sind die effektiven Eisenamperewindungen

$$A W_{ei} = a\, w_{ei}\, l_{ei}.$$

Hieraus erhält man die Blindkomponente des Magnetisierungsstromes in der Primärwicklung

$$E_a\, b_a = J_{a\,bl} = \frac{a\, w_{ei}\, l_{ei} + 0{,}563\, \delta\, B}{w_1}, \qquad (51)$$

worin w_1 die primäre Windungszahl bedeutet.

B. Verluste an Blindleistung durch die Streufelder.
Die Streureaktanz.

Eine getrennte Berechnung der Streureaktanzen x_1 und x_2 je für sich ist bei einem gewöhnlichen stationären Transformator kaum möglich, aber auch nicht erforderlich, weil J_1 und J_2 nicht sehr viel voneinander verschieden sind, und daher die entsprechenden Blindleistungsverluste $J_1 x_1^2 + J_2 x_2^2 \approx J_1^2 (x_1 + x_2)$ gesetzt werden dürfen. Es genügt deshalb bei gewöhnlichen Erfordernissen, die Reaktanzsumme $(x_1 + x_2)$ zu berechnen, und zwar wollen wir für diese eine angenäherte, vereinfachte Berechnung angeben.

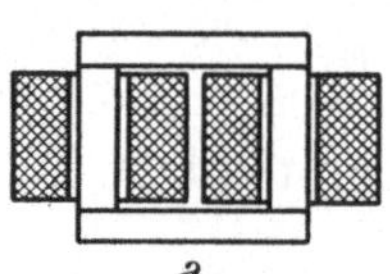 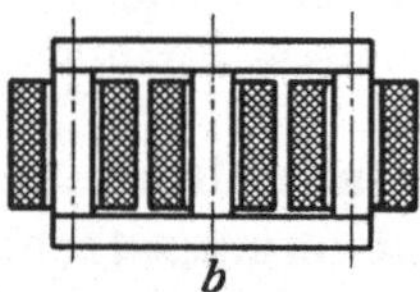

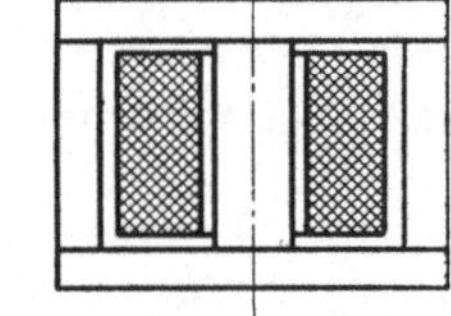

<table>
<tr><td>

Abb. 116. Schematische Darstellung eines einphasigen bzw. dreiphasigen Kerntransformators.

</td><td>

Abb. 117. Schematische Darstellung eines einphasigen Manteltransformators.

</td></tr>
</table>

Hat man einen Transformator mit gleich viel primären wie sekundären Windungen, $w_1 = w_2$, so läßt sich die Reaktanz $(x_1 + x_2)$ durch derartige Reihenschaltung der beiden Wicklungen messen, daß letztere sich mit Rücksicht auf ihre magnetomotorischen Kräfte entgegenwirken. Dann entsteht kein Hauptfeld im Transformator und somit keine vom Hauptfelde induzierte EMK, und es bleiben nur die von den Streufeldern induzierten EMKe übrig. Bei der rechnerischen Ermittlung der Reaktanzsumme wird eine dieser Messung ähnliche Betrachtung zugrunde gelegt.

Was nun den Wert der Reaktanz betrifft, so ist dieser zugunsten einer geringen Vermehrung der Phasenverschiebung im Transformator möglichst klein zu halten. Anderseits ist aber eine große Reaktanz erforderlich, um die Gefahr durch Kurzschluß des Transformators in Betrieb mit voller Spannung möglichst herabzusetzen.

Durch geeignete Anordnung der Wicklungen auf dem Eisenkörper hat man es nun in der Hand, die Reaktanz nahezu beliebig zu beeinflussen. Je nach der Bauweise des Eisenkörpers und Ausführung der Wicklung unterscheidet man zwei Hauptarten von Transformatoren. Bei den sogenannten **Kerntransformatoren** umschließt die Wicklung den kernförmigen Eisenkörper, während bei den **Manteltransformatoren** das Eisen die Wicklung mantelförmig umschlingt.

Abb. 116a und 116b stellt einen einphasigen bzw. dreiphasigen Kerntransformator schematisch dar, während Abb. 117 einen einphasigen Manteltransformatorzeigt.

Im folgenden soll nur die Reaktanzberechnung für Kerntransformatoren behandelt werden. Für solche Transformatoren werden aber zwei verschiedene Wicklungsarten verwendet, nämlich entweder eine sogenannte Zylinderwicklung oder eine Scheibenwicklung.

Bei der erstgenannten Wicklungsart bilden die primäre sowie die sekundäre Wicklung lange, zylindrische Spulen (eine innere und eine äußere), die koaxial auf derselben Eisensäule des Transformators angebracht sind. Bei der Scheibenwicklung aber werden primäre sowie sekundäre Wicklung in kleinere scheibenförmige Spulen vielfach unterteilt, welche abwechselnd zwischen einander gestellt werden. Durch diese Vermischung der Spulen wird die Streuung beträchtlich verkleinert.

Wir betrachten zuerst einen Kerntransformator mit Zylinderwicklung, der in Abb. 118 dargestellt ist. Die Wicklung für hohe Spannung wird im allgemeinen als Außenspule angeordnet, weil sie zur Erzielung einer guten Isolation gegen Erde von dem Eisenkern am weitesten entfernt liegen soll. Die Niederspannungsspule ist wegen guter Isolation von der Hochspannungsspule durch einen zylindrischen Zwischenraum von der Breite Δ getrennt. Wir nehmen an, daß die Amperewindungen der Primärspule und der Sekundärspule angenähert gleich und um 180° phasenverschoben, d. h. entgegengesetzt gerichtet sind. Dementsprechend verlaufen die Kraftlinien des Streufeldes um die Spulen etwa wie es in Abb. 118 angedeutet ist.

In dem Zwischenraum zwischen den Spulen wirkt eine MMK oder Amperewindungszahl $i \cdot w$, wobei i der Augenblickswert des Stromes und w

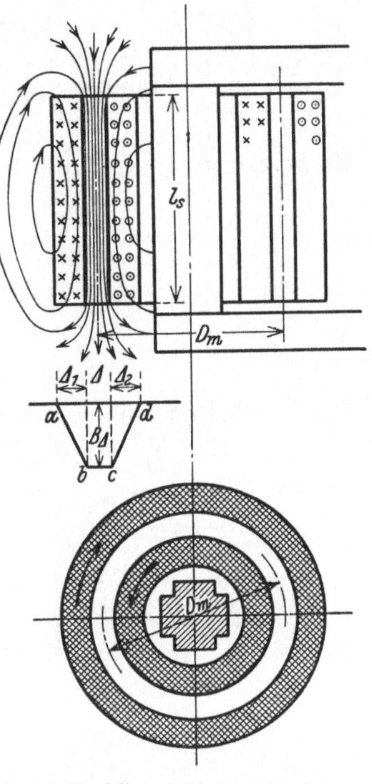

Abb. 118. Kraftlinienbild eines Kerntransformators mit Zylinderwickelung.

die Windungszahl von Primärspule oder Sekundärspule bezeichnet. In diesem engen Raume von Breite Δ und Länge l_s verlaufen die Kraftlinien nahezu parallel; die Stärke des Feldes oder die Induktion kann hier somit als angenähert konstant angesehen werden. Ihre mittlere Größe setzen wir

$$B_\Delta = 0{,}4\,\pi \frac{i\,w}{k_s\,l_s} = 1{,}25 \frac{i\,w}{k_s\,l_s}, \tag{52}$$

wobei k_s einen korrigierenden Zahlenfaktor bezeichnet, dessen Betrag größer als 1 ist, und welcher aus dem Grunde eingeführt wird, weil der magnetische Widerstand der Kraftlinien nicht nur in dem Raume zwischen den Spulen, sondern auch in dem ganzen Außenraume auftritt. Weiter wollen wir annehmen, daß an der Außenfläche der äußeren Spule sowie an der Innenfläche der inneren Spule das Feld angenähert gleich Null ist. Die Induktion variiert in radialer Richtung nach einer Kurve a—b—c—d (Abb. 118), die aus geradlinigen Stücken bestehend angenommen wird.

Bei Bestimmung der gesamten Anzahl von Kraftlinienverkettungen dieses Feldes $abcd$ mit Primär- und Sekundärspule hat man darauf Rücksicht zu nehmen, daß nur die Linien, welche im Zwischenraume Δ verlaufen, mit sämtlichen Windungen einer Spule verkettet sind. Für diese Kraftlinien ist die Zahl der Verkettungen

$$B_\Delta\, \Delta\, w\, U_m,$$

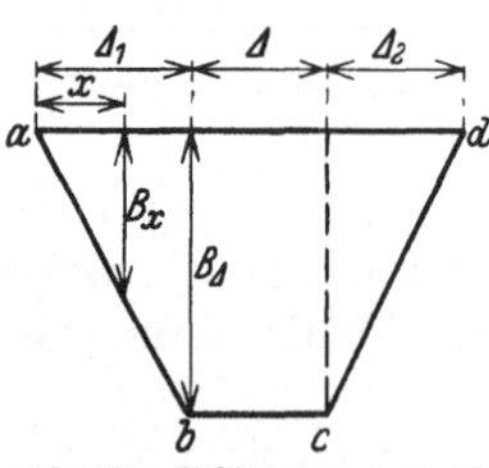

Abb. 119. Erläuterung zur Berechnung der Kraftlinienverkettungen einer Zylinderwicklung.

wobei $U_m = \pi D_m$ der (mittlere) Umfang der Spulen in Mitte des Zwischenraumes gemessen ist. Für das Feld zwischen a und b finden wir die Kraftlinienverkettungen durch folgende Integration (siehe Abb. 119):

In einer Schicht im Abstand x von der linken Außenfläche der äußeren Spule ist die Induktion

$$B_x = \frac{x}{\Delta_1} B_\Delta,$$

und die außen von dieser Schicht liegende Windungszahl

$$w_x = \frac{x}{\Delta_1}\cdot w.$$

Somit erhalten wir die Kraftlinienverkettungen im Bereiche der Außenspule:

$$\int\limits_0^{\Delta_1} B_x w_x U_x\, dx \approx U_m\, \frac{B_\Delta \cdot w}{\Delta_1^2} \int\limits_0^{\Delta_1} x^2\, dx = \frac{1}{3}\, B_\Delta\, \Delta_1\, w\, U_m.$$

Hier ist eigentlich der Umfang U_x der betrachteten Schicht variabel, aber wir setzen ihn angenähert konstant und gleich U_m, der etwas zu klein sein wird. In gleicher Weise finden wir die Kraftlinienverkettungen des Feldes cd im Bereiche der Innenspule von der Breite Δ_2 gleich

$$\tfrac{1}{3}\, B_\Delta\, \Delta_2\, w\, U_m,$$

wobei U_m etwas zu groß ist.

Diese beiden durch Einführung von U_m hervorgerufenen Fehler heben einander gegenseitig zum Teil auf, wenn die folgende Summe von sämtlichen Verkettungen gebildet wird:

$$B_\Delta\, w\, U_m\left(\Delta + \frac{\Delta_1}{3} + \frac{\Delta_2}{3}\right) = \frac{1{,}25\, i\, w^2}{k_s\, l_s}\, U_m\left(\Delta + \frac{\Delta_1}{3} + \frac{\Delta_2}{3}\right).$$

Der entsprechende Streuinduktionskoeffizient der ganzen Transformatorwicklung wird somit unter Berücksichtigung von Gl. (52)

$$S_1 + S_2 = \frac{1{,}25}{k_s\, l_s}\, w^2\, U_m\left(\Delta + \frac{\Delta_1}{3} + \frac{\Delta_2}{3}\right)\cdot 10^{-8}\ \text{H}. \tag{53}$$

Setzen wir zur Abkürzung

$$\lambda = \frac{1{,}25}{k_s\, l_s}\left(\Delta + \frac{\Delta_1}{3} + \frac{\Delta_2}{3}\right), \tag{54}$$

so gibt dieser Ausdruck das scheinbare magnetische Leitvermögen im Raume zwischen den Spulenmitten pro cm mittlerer Spulenumfang. Es wird dann

$$S_1 + S_2 = w^2 \lambda U_m \, 10^{-8} \text{ H},$$

und die Streureaktanz bei Frequenz f

$$x_1 + x_2 = 2 \pi f w^2 \lambda U_m \, 10^{-8} \, \Omega. \tag{55}$$

Diese Formel gilt für eine Transformatorsäule; und w bedeutet die Windungszahl der einen Spule auf derselben Säule. Bei einem gewöhnlichen Einphasentransformator aber hat der Eisenkern im allgemeinen zwei Säulen, je mit einer primären und einer sekundären Spule. Bedeutet jetzt w die gesamte Windungszahl auf der Primär- oder Sekundärseite, und sind beide Spulenpaare in Reihe geschaltet, so ist die Streureaktanz des ganzen Transformators doppelt so groß wie die Reaktanz für eine einzige Säule, also

$$x_1 + x_2 = 2 \pi f \cdot 2 \cdot \left(\frac{w}{2}\right)^2 \cdot \lambda U_m \, 10^{-8} \, \Omega. \tag{56}$$

Bei einem Dreiphasentransformator, wobei die Wicklung jeder Phase auf einer Säule liegt, gibt Formel (55) direkt die Streureaktanz pro Phase, wenn w die Windungszahl primär oder sekundär in einer Phase bedeutet.

An Stelle einer Zylinderwicklung verwendet man auch häufig eine Scheibenwicklung, wenn kleine Streureaktanz erwünscht ist.

Die gewöhnliche Anordnung der Spulen ist in Abb. 120 gezeigt. Die Endspulen, welche den Eisenjochen am nächsten kommen, und daher am schwierigsten zu isolieren sind, werden im allgemeinen als Niederspannungsspulen ausgeführt. Da dann die Anzahl der Niederspannungsspulen die der Hochspannungsspulen um eine übersteigt, so werden die beiden Endspulen

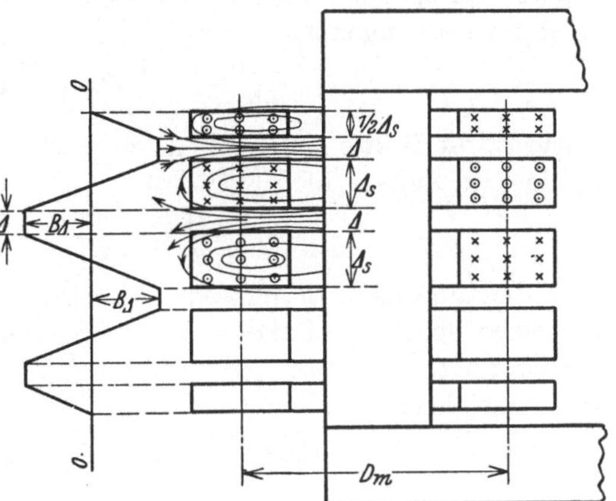

Abb. 120. Schematische Darstellung einer Scheibenwicklung und des zugehörigen Streufeldes.

nur halb so breit wie die übrigen gemacht. In Abb. 120 sind die mittlere und die beiden Endspulen die Niederspannungsspulen. Wenn alle Spulen einer Wicklung in Reihe geschaltet sind, so wird die Windungszahl der Endspulen nur halb so groß wie die anderen. Sind aber die einer Wicklung zugehörigen Spulen parallel geschaltet, so macht man den Drahtquerschnitt für die Endspulen nur halb so groß wie für die übrigen. Bezeichnen wir mit q die Zahl der Hochspannungsspulen und mit w die gesamte Windungszahl der Hochspannungswicklung oder der Niederspannungswicklung auf einer Eisensäule, so ist die Windungszahl einer vollen Spule gleich $\dfrac{w}{q}$.

Wenn der Strom in einer Spule gleich i ist, so wirkt im Raume zwischen zwei Spulen eine MMK $i \dfrac{w}{q}$; die Kraftlinien verlaufen hier angenähert senkrecht zur Eisensäule, und wir wollen annehmen, daß in dem Zwischenraume die Induktion beinahe konstant sei.

Ist l_s die radiale Höhe der Spulen, und $\varDelta$ die Breite des Zwischenraumes, so schreiben wir für die mittlere Induktion in diesem Raume:

$$B_\varDelta = \frac{1{,}25}{2\,k_s\,l_s}\,i\,\frac{w}{q}\,, \tag{57}$$

wobei der Korrektionsfaktor k_s für den magnetischen Widerstand etwas größer als 1 ist.

Für das Feld im Zwischenraume berechnet sich die Zahl der Kraftlinienverkettungen mit den Windungen einer Spule angenähert zu

$$B_\varDelta\,\frac{\varDelta}{2}\,\frac{w}{q}\,U_m\,,$$

wobei $U_m = \pi D_m$ der mittlere Umfang der Spulen ist.

Wir nehmen weiter an, daß auch die Kraftlinien im Inneren einer Spule ungefähr senkrecht zur Eisensäule verlaufen, und daß ihre Dichte etwa geradlinig von dem Werte $B_\varDelta$ bei der Kante der Spule bis 0 in Mitte derselben abnimmt (siehe Abb. 120). Die Zahl der Verkettungen dieser Linien kann daher in derselben Weise, wie oben für eine Zylinderspule gezeigt, berechnet werden, und es ergibt sich angenähert

$$\frac{1}{3}\,B_\varDelta\,\frac{\varDelta_s}{2}\,\frac{w}{q}\,U_m\,,$$

worin $\varDelta_s$ die Breite einer vollen Spule ist. Die gesamte Verkettungszahl für eine Spule wird daher:

$$\frac{w}{q}\,B_\varDelta\left(\frac{\varDelta}{2} + \frac{1}{3}\,\frac{\varDelta_s}{2}\right)U_m\,.$$

Nun sind auf einem Einphasentransformator mit 2 bewickelten Säulen insgesamt $2q$ solche Spulen vorhanden. Bezeichnet jetzt w die gesamte Windungszahl des Transformators primär oder sekundär, so wird die Reaktanz der ganzen Bewicklung gleich

$$2\,w\,B_\varDelta\left(\frac{\varDelta}{2} + \frac{1}{3}\,\frac{\varDelta_s}{2}\right)U_m = \frac{1{,}25}{k_s\,l_s}\,i\,\frac{w}{q}\,w\left(\frac{\varDelta}{2} + \frac{\varDelta_s}{6}\right)U_m\,.$$

Setzen wir das scheinbare magnetische Leitvermögen für das Feld zwischen zwei Spulenmitten pro cm mittleren Spulenumfanges gleich

$$\lambda = \frac{1{,}25}{k_s\,l_s}\left(\frac{\varDelta}{2} + \frac{\varDelta_s}{6}\right), \tag{58}$$

so erhalten wir den gesuchten Streuinduktionskoeffizienten

$$S_1 + S_2 = \frac{w^2}{q}\,\lambda\,U_m\,10^{-8}\ \mathrm{H}$$

und die Reaktanz bei Frequenz f

$$x_1 + x_2 = 2\,\pi f\,\frac{w^2}{q}\,\lambda\,U_m\,10^{-8}\ \varOmega \tag{59}$$

für einen Einphasentransformator. Für einen Dreiphasentransformator mit Scheibenwicklung, der w Windungen und q Spulen primär oder sekundär pro Phase hat, wobei die Wicklung jeder Phase auf einer Säule liegt, wird die Streureaktanz pro Phase

$$x_1 + x_2 = 2\,\pi f\,\frac{w^2}{2\,q}\,\lambda\,U_m\,10^{-8}\ \varOmega\,. \tag{60}$$

Wie aus den Formeln (59) und (60) hervorgeht, ist bei einer Scheibenwicklung die Reaktanz desto geringer je größer die Zahl der Spulen, d. h. je mehr die Wicklung unterteilt ist. Außerdem ist λ und damit die Reaktanz desto geringer je kleiner die Höhe $\varDelta_s$ der Spulen und je kleiner der Abstand $\varDelta$ zwischen den Spulen gemacht wird.

Der Korrektionsfaktor k_s, welcher in die Ausdrücke (54) und (58) für das magnetische Leitvermögen λ eingeht, ist eine Erfahrungszahl und hängt etwas von der Bauweise des Transformators ab. — Für Zylinderwicklungen ist k_s im allgemeinen nicht sehr viel von 1 verschieden. Für Scheibenwicklungen schwankt k_s nach Gispert Kapp zwischen 1,2 und 2,1 und kann im Mittel gleich 1,8 gesetzt werden.

Drittes Kapitel.

Untersuchung eines Transformators durch Leerlauf- und Kurzschlußversuch. Anwendungen der Superpositionsgleichungen.

9. Allgemeines.

Für die Beurteilung der Arbeitsweise eines vorhandenen Transformators sind unter anderem die folgenden aus Messungen ermittelten Bestimmungsgrößen von entscheidender Bedeutung:

1. Die Spannungserhöhung zwischen Lerlauf und Belastung mit vollem sekundären Strom.

2. Die Stromerhöhung zwischen Kurzschluß und Belastung mit voller sekundärer Spannung.

3. Verluste und Wirkungsgrad für Wirkleistung und für Blindleistung. (Die Blindleistungsverluste hängen mit einer Vermehrung der Phasenverschiebung durch den Transformator zusammen.)

Sowohl Spannungserhöhung und Stromerhöhung als auch Leistungsverluste betragen bei einem normalen Starkstromtransformator nur wenige Prozente. Eine hinreichend genaue Bestimmung derselben, etwa durch direkte Messung an Primär- und Sekundärseite des Transformators unter Belastung, ist deshalb mit erheblichen experimentellen Schwierigkeiten verbunden, weil die Differenzbildung zweier beinahe gleichgroßen Meßwerten bekanntlich die Anforderungen an Meßgenauigkeit ganz außerordentlich erhöht. Auch ist es für Meßzwecke im Prüfraum schwierig, eine Vollbelastung des Transformators herzustellen, da im allgemeinen weder Energiequellen noch Belastungsimpedanzen von hinreichender Größe zur Verfügung stehen.

Genauer und einfacher lassen sich aber die genannten Größen für jeden beliebigen Belastungszustand aus einem einzigen Leerlaufversuch und einem Kurzschlußversuch berechnen.

10. Die Spannungserhöhung zwischen Leerlauf und Belastung.

Wir denken uns die sekundäre Spannung E_2 konstant gehalten, während der Sekundärstrom von $J_2 = 0$ bis zum vollen Betriebsstrome allmählich wächst.

Dann muß die Spannung an den Primärklemmen von dem Leerlaufswerte E_{10} bis zur Betriebsspannung E_1 gesteigert werden. Infolge des Superpositionsgesetzes ist dann

$$\bar{E}_1 = \bar{E}_{10} + \bar{E}_{1k},$$

wobei $\bar{E}_{10}$ die primäre Leerlaufspannung bei $\bar{J}_2 = 0$ und Sekundärspannung $\bar{E}_2$, $\bar{E}_{1k}$ die primäre Kurzschlußspannung bei $\bar{E}_2 = 0$ und Sekundärstrom $\bar{J}_2$ bezeichnet.

Denken wir andererseits daran, daß der Sekundärstrom J_2 vom Kurzschluß bis zur vollen sekundären Betriebsspannung konstant gehalten wird, dann muß der Strom durch die Primärklemmen vom Kurzschlußstrome J_{1k} bis zum Betriebsstrome J_1 wachsen, und es besteht die folgende Superpositionsgleichung:

$$\bar{J}_1 = \bar{J}_{10} + \bar{J}_{1k}.$$

Da hier

$$\frac{\bar{E}_{10}}{\bar{J}_{1k}} = \frac{\bar{c}_{10}\,E_{2\,wirkl.}}{\bar{c}_{1k}\,J_{2\,wirkl.}} = \frac{\bar{c}_1\,\bar{E}_2}{\bar{c}_2\,\bar{J}_2} = \frac{c_1}{c_2}\cdot\frac{\bar{E}_2}{\bar{J}_2}\cdot\varepsilon^{-j(\gamma_1-\gamma_2)}, \tag{61}$$

worin $\gamma_1 - \gamma_2$ ein sehr kleiner Winkel ist und angenähert gleich 0 gesetzt werden darf, so ersehen wir, daß der Winkel zwischen $\bar{E}_{10}$ und $\bar{J}_{1k}$ sehr nahe gleich dem sekundären Phasenverschiebungswinkel bei Belastung φ_2 ist.

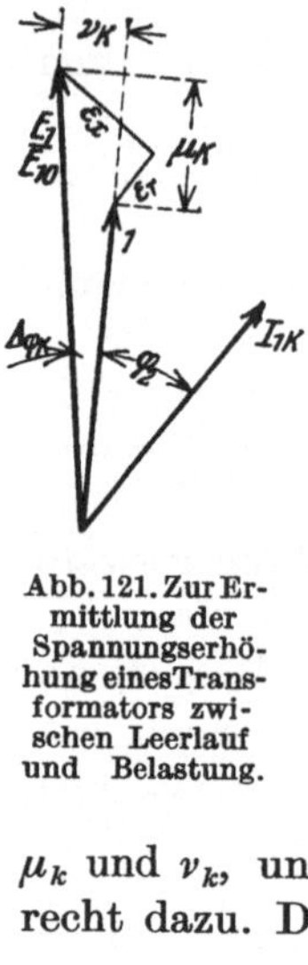

Setzen wir nun

$$\bar{E}_{1k} = \bar{J}_{1k}(r_{1k} + jx_{1k}),$$

$$\bar{J}_{10} = \bar{E}_{10}(g_{10} - jb_{10}),$$

so erhalten wir das in Abb. 121 gezeigte Diagramm. Wir führen jetzt relative Spannungswerte ein und schreiben zur Abkürzung:

$$\varepsilon_r = \frac{J_{1k}\,r_{1k}}{E_{10}} \quad \text{und} \quad \varepsilon_x = \frac{J_{1k}\,x_{1k}}{E_{10}}. \tag{62}$$

Abb. 121. Zur Ermittlung der Spannungserhöhung eines Transformators zwischen Leerlauf und Belastung.

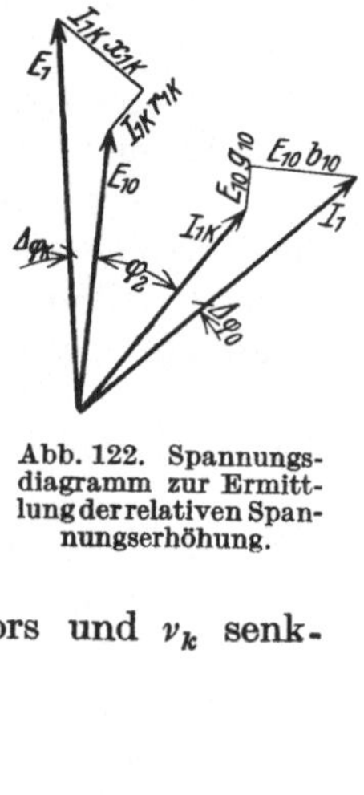

Abb. 122. Spannungsdiagramm zur Ermittlung der relativen Spannungserhöhung.

Für solche relativen Werte läßt sich das Spannungsdiagramm im Verhältnis zum Einheitsvektor $\bar{E}_{10} = 1$ wie Abb. 122 aufzeichnen.

Die gesamte relative Kurzschlußspannung zerlegen wir jetzt in zwei neue Komponenten μ_k und ν_k, und zwar liegt μ_k in Richtung des Einheitsvektor und ν_k senkrecht dazu. Dann ergibt sich

$$\frac{E_1}{E_{10}} = \frac{1+\mu_k}{\cos\Delta\,\varphi_k}.$$

Da hier $\Delta\varphi_k$ ein kleiner Winkel ist, setzen wir angenähert

$$\cos\Delta\,\varphi_k = \sqrt{1 - \sin^2\Delta\,\varphi_k} \approx 1 - \tfrac{1}{2}\sin^2\Delta\,\varphi_k,$$

$$\frac{1}{\cos\Delta\,\varphi_k} \approx 1 + \frac{1}{2}\sin^2\Delta\,\varphi_k \approx 1 + \frac{1}{2}\cdot\frac{\nu_k^2}{(1+\mu_k)^2}.$$

somit

$$\frac{E_1}{E_{10}} \approx (1+\mu_k)\left(1 + \frac{1}{2}\frac{\nu_k^2}{(1+\mu_k)^2}\right) \approx 1 + \mu_k + \frac{1}{2}\cdot\frac{\nu_k^2}{1+\mu_k}$$

Die relative Spannungserhöhung wird

$$\frac{E_1 - E_{10}}{E_{10}} = \frac{E_1}{E_{10}} - 1 \approx \mu_k + \frac{1}{2} \cdot \frac{v_k^2}{1 + \mu_k}. \tag{63}$$

Die Größen μ_k und v_k können durch Aufzeichnung des Diagrammes graphisch ermittelt werden. Um in einem für die Genauigkeit hinreichend großen Maßstab zu erscheinen, müssen allein die Verlustvektoren aufgezeichnet und die Hauptvektoren fortgelassen werden, wie aus Abb. 123 ersichtlich ist.

Dies ist das **vereinfachte Kurzschlußdiagramm** des Transformators.

Aus Abb. 123 folgt:

$$\left.\begin{aligned} \mu_k &= \varepsilon_r \cos \varphi_2 + \varepsilon_x \sin \varphi_2, \\ v_k &= \varepsilon_x \cos \varphi_2 - \varepsilon_r \sin \varphi_2. \end{aligned}\right\} \tag{64}$$

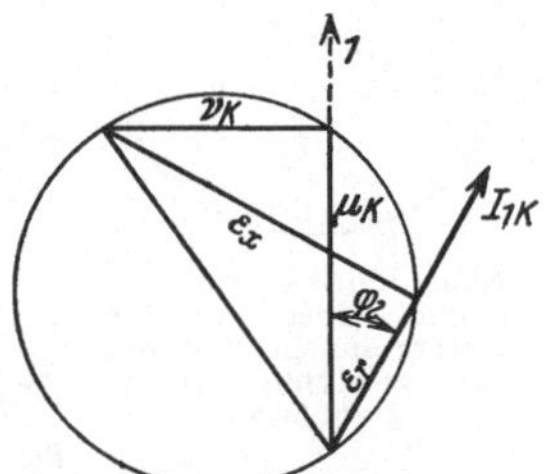

Abb. 123. Vereinfachtes Kurzschlußdiagramm eines Transformators zur Bestimmung der relativen Spannungserhöhung.

Ein von obiger Darstellung etwas abweichendes Verfahren besteht auch darin, daß man unter Voraussetzung **konstanter Primärspannung** die relative **Spannungsabnahme** an den Sekundärklemmen vom Leerlauf bis zur Belastung berechnet. Da die Ermittlung derselben dem hier gezeigten Verfahren gegenüber keinerlei grundsätzliche Unterschiede aufweist, soll hierauf nicht näher eingegangen werden.

11. Die Stromerhöhung zwischen Kurzschluß und Belastung.

Bei Kurzschluß des Transformators mit einem Sekundärstrom J_2 ist der zugeführte Primärstrom J_{1k}. Soll unter Beibehaltung desselben Sekundärstromes J_2 auch gleichzeitig an den Sekundärklemmen eine Spannung E_2 bestehen, so muß der Primärwicklung ein größerer Strom J_1 zugeführt werden, weil jetzt auch der Magnetisierungs- oder Leerlaufstrom J_{10} hinzukommt. Dabei besteht die bereits im vorigen Abschnitt benutzte Superpositionsgleichung

$$\bar{J}_1 = \bar{J}_{10} + \bar{J}_{1k}.$$

Wir führen jetzt relative Stromwerte ein und schreiben somit für die Komponenten des Leerlaufstromes:

$$c_g = \frac{E_{10}\, g_{10}}{J_{1k}} \quad \text{und} \quad c_b = \frac{E_{10}\, b_{10}}{J_{1k}}. \tag{65}$$

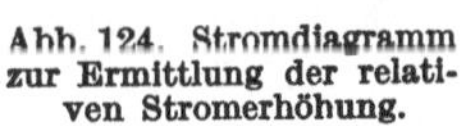

Abb. 124. Stromdiagramm zur Ermittlung der relativen Stromerhöhung.

Für solche relativen Werte läßt sich das Stromdiagramm (Abb. 124) im Verhältnis zum Einheitsvektor $\bar{J}_{1k} = 1 \cdot \varepsilon^{-j\varphi_2}$ in der in Abb. 125 gezeigten Weise abändern.

Durch Zerlegung des gesamten relativen Leerlaufstromes in die Komponenten μ_0 in Verlängerung des Einheitsvektors und v_0 senkrecht dazu ergibt sich

$$\frac{J_1}{J_{1k}} = \frac{1 + \mu_0}{\cos \Delta \varphi_0}.$$

Unter Berücksichtigung der Kleinheit von $\Delta \varphi_0$ und Wiederholung der im vorigen

Abschnitt gezeigten Näherungsberechnung für den Faktor $\dfrac{1}{\cos \varDelta\,\varphi_0}$ erhält man die relative Stromerhöhung

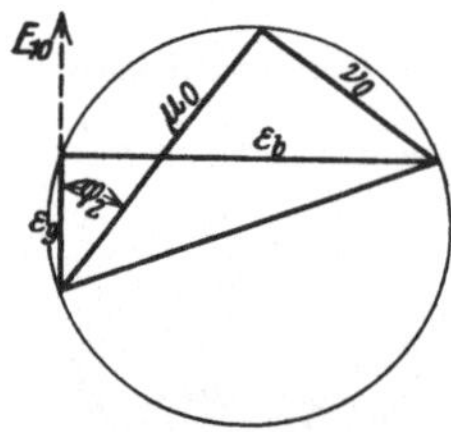

$$\frac{J_1 - J_{1k}}{J_{1k}} \approx \mu_0 + \frac{1}{2} \cdot \frac{v_0^2}{1 + \mu_0}. \qquad (66)$$

Die Größen μ_0 und v_0 lassen sich auf zeichnerischem Wege aus dem **vereinfachten Leerlaufdiagramm** des Transformators ermitteln, wobei nur die Verlustvektoren aufgezeichnet, aber die Hauptvektoren fortgelassen werden, wie es aus Abb. 125 hervorgehen wird.

Abb. 125. Leerlaufdiagramm eines Transformators zur Bestimmung der relativen Stromerhöhung.

Das oben zur Bestimmung der Stromänderung des Transformators dargestellte Verfahren läßt sich auch derart abändern, daß man nicht die Stromerhöhung an der Primärseite, sondern die **Stromabnahme an der Sekundärseite** zwischen Kurzschluß und Belastung unter Voraussetzung von **konstant** bleibendem **Primärstrom** ermittelt. Da das Verfahren keinerlei grundsätzliche Schwierigkeiten bietet, soll aber hierauf nicht näher eingegangen werden.

12. Bestimmung von Leistungsverlusten und Wirkungsgrad aus Leerlauf- und Kurzschlußmessungen.

A. Angenähertes Verfahren.

Im Abschn. 10 wurde gezeigt, daß die Primärspannung eines Transformators bei wachsender Belastung und konstanter Sekundärspannung wegen steigender Ohmscher und induktiver Spannungsverluste etwas erhöht werden muß, und zwar beträgt diese Spannungserhöhung im allgemeinen nur wenige Prozent.

Aus demselben Grunde, aber in kleinerem Maße, erhält man auch eine Erhöhung der in den Wicklungen induzierten EMKe und damit eine entsprechende Erhöhung des magnetischen Hauptfeldes im Eisenkern des Transformators. Durch Betrachtung des Ersatzstromkreises des Transformators (Abb. 106) erkennt man leicht, daß die relative Zunahme der EMK E_a und diejenige des mit ihr proportionalen Hauptfeldes $\varPhi_a$ nur etwa halb so groß wie die relative primäre Spannungserhöhung ist. Im großen und ganzen bleiben somit die Eisenverluste von Leerlauf bis Vollast angenähert konstant, und zwar sind die Eisenverluste etwa gleich den Leerlaufverlusten, weil im Leerlauf die Kupferverluste verhältnismäßig gering sein werden.

Für die Leerlaufverluste haben wir

$$P_{10} = E_{10}^2 g_{10} = c_1^2 E_2^2 g_{10}, \qquad (67\,\text{a})$$

worin $c_1 = \dfrac{E_{10}}{E_2}$ das konstante Spannungsverhältnis bei Leerlauf und g_{10} die Leerlaufkonduktanz ist. Die Leerlaufverluste sollen bei einer Sekundärspannung E_2 gemessen werden, welche derjenigen bei Belastung entspricht.

In ähnlicher Weise müssen die Kurzschlußverluste angenähert gleich den Kupferverlusten sein, weil bei Kurzschluß das Hauptfeld und die von ihm herrührenden Eisenverluste verhältnismäßig klein sind.

Für die Kurzschlußverluste haben wir

$$P_{1k} = J_{1k}^2 r_{1k} = c_2^2 J_2^2 r_{1k}, \qquad (67\,\text{b})$$

worin $c_2 = \dfrac{J_{1k}}{J_2}$ das konstante Stromverhältnis bei Kurzschluß und r_{1k} der Kurzschlußwiderstand ist. Die Kurzschlußverluste sollen bei einem Sekundärstrom J_2
gemessen werden, welcher demjenigen bei Belastung entspricht. Wenn P_{10}
größtenteils aus Eisenverlusten und P_{1k} größtenteils aus Kupferverlusten bestehen, so werden die Gesamtverluste bei Be-
lastung angenähert gleich der Summe der
beiden, also

$$P_w \approx P_{10} + P_{1k} \approx c^2 \left(E_2^2 g_{10} + J_2^2 r_{1k}\right), \quad (68)$$

worin $c_1^2 \approx c_2^2 = c^2$ eingesetzt worden ist. Als
Funktion des Belastungsstromes — oder an-
ders ausgedrückt, als Funktion der abgegebenen Wirkleistung P_{2w} bei konstanter Phasenverschiebung φ_2 und konstanter Spannung E_2 — werden die Leerlaufverluste durch
eine mit der Abszissenachse parallele Gerade, die Kurzschlußverluste dagegen durch
eine Parabel dargestellt (siehe Abb. 126).

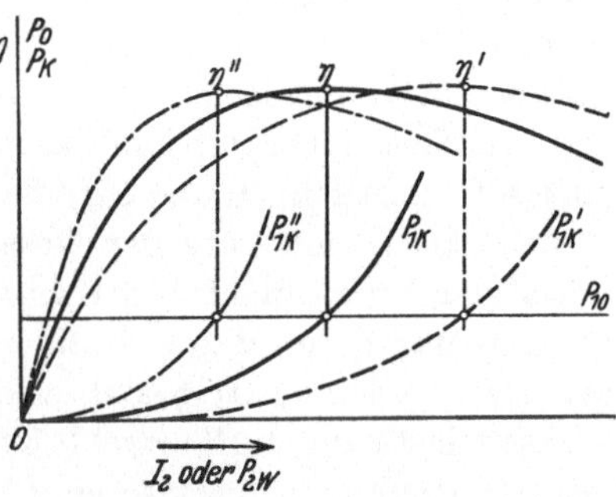

Abb. 126. Leerlauf- und Kurzschlußverluste
samt Wirkungsgrad eines Transformators als
Funktion der Belastung.

Das Verhältnis der abgegebenen Wirkleistung zur Summe der abgegebenen
Leistung und der Gesamtverluste ist der Wirkungsgrad:

$$\eta = \frac{E_2 J_2 \cos \varphi_2}{E_2 J_2 \cos \varphi_2 + P_w}. \quad (69)$$

Der Wirkungsgrad wird einen Höchstwert erreichen, wenn

$$\frac{1}{\eta} - 1 = \frac{P_w}{E_2 J_2 \cos \varphi_2} = \text{Minimum},$$

oder wegen Gl. (68), da c^2 und $\cos \varphi_2$ Konstante sind:

$$\frac{E_2^2 g_{10} + J_2^2 r_{1k}}{E_2 J_2} = \frac{E_2 g_{10}}{J_2} + \frac{J_2 r_{1k}}{E_2} = \text{Minimum}.$$

Da E_2 konstant sein soll, ergibt sich hieraus durch Differentiation in bezug auf J_2

$$-\frac{E_2 g_{10}}{J_2^2} + \frac{r_{1k}}{E_2} = 0,$$

oder

$$c^2 J_2^2 r_{1k} = c^2 E_2^2 g_{10},$$

d. h. $P_{1k} = P_{10}$.

Der größte Wirkungsgrad wird also bei einer Belastung auftreten, welche dadurch bestimmt ist, daß bei ihr die Eisenverluste und die Kupferverluste etwa
gleich groß ausfallen, vgl. auch hierzu Abschn. 7 C, Gl. (50).

In Abb. 126 sind drei verschiedene Fälle dargestellt, bei denen die Bedingung
$P_{1k} = P_{10}$ für verschiedene Belastungen erfüllt ist. Die Abszissen der Höchstwerte der drei Wirkungsgradkurven η, η' und η'' sind durch die Schnittpunkte
der bezüglichen Parabeln P_{1k}, P'_{1k} und P''_{1k} mit der Geraden P_{10} bestimmt.

Die praktische Ermittlung des Wirkungsgrades aus den gemessenen Leistungen
etwa durch direktes Einsetzen in Gl. (69) ist wegen nicht ausreichender Genauigkeit im allgemeinen nicht zu empfehlen. Besser berechnet man zunächst die relativen Verluste $1 - \eta$, woraus sich η mit ausreichender Genauigkeit ergibt.

B. Exaktes Verfahren[1].

In Kapitel I, Abschn. 3 haben wir die Gültigkeit des Gesetzes der Superposition für die Ströme und Spannungen eines Transformators bewiesen. Das mathematische Superpositionsprinzip ist aber bekanntlich nur für lineare Funktionen der unabhängigen Variabeln gültig. Die Gln. (11) des Transformators, welche die Superposition von Leerlauf und Kurzschluß ausdrücken, enthalten darum nur Ströme und Spannungen, die in linearer Beziehung zueinander stehen. Eine direkte Superposition elektrischer Leistungen dagegen ist eigentlich nicht zulässig, weil diese zu den Strömen und Spannungen in quadratischer Beziehung stehen. Die Ermittlung der Gesamtverluste bei Belastung durch einfache Addition der bei Leerlauf und Kurzschluß gemessenen Leistungsverluste ist grundsätzlich nur dann einwandfrei, wenn die beiden Leistungen physikalisch vollständig verschiedenartig sind, also z. B. wenn die Leerlaufverluste ausschließlich Eisenverluste und die Kurzschlußverluste ausschließlich Kupferverluste enthalten. Bei normalen Transformatoren wird aber diese Bedingung nur angenähert erfüllt, und die direkte Addition der Verluste mag einen Fehler von einigen Prozenten ergeben. Somit ist die Genauigkeit des Ergebnisses mit der aus den Verlustmessungen zu erwartenden nicht in Übereinstimmung.

Ein grundsätzlicher Fehler des angenäherten Verfahrens liegt zum Teil darin, daß die Kupferverluste des Magnetisierungsstromes J_{10} bei Leerlauf in Rechnung gestellt sind, statt der von diesem Strome eigentlich bedingten Vermehrung der Kupferverluste, wenn er mit dem Belastungsstrome J_2 in der Primärwicklung zusammenfließt. Im ersten Fall rechnet man die gesamten primären Kupferverluste zu

$$(J_{10}^2 + J_2^2)\, r_1.$$

In Wirklichkeit betragen aber diese Verluste

$$J_1^2\, r_1,$$

wobei

$$\overline{J}_1 = \overline{J}_{10} + \overline{J}_2$$

ist.

Da die beiden Ströme J_{10} und J_2 sich unter einem Winkel zusammensetzen, der im allgemeinen kleiner als $\dfrac{\pi}{2}$ ist, so folgt

$$J_1^2 > J_{10}^2 + J_2^2.$$

Es wird also die angenäherte Berechnung etwas zu kleine Verluste ergeben.

Im folgenden soll eine Methode entwickelt werden, welche gestattet, von den Superpositionsgleichungen für Ströme und Spannungen ausgehend, die wirklichen Verluste aus Leerlauf- und Kurzschlußmessungen zu berechnen.

Da im folgenden alle Leerlauf- und Kurzschlußgrößen sich auf die Primärwicklung des Transformators beziehen, wollen wir für diese Größen zur Vereinfachung den Index 1 weglassen und schreiben nur E_0 statt E_{10}, E_k statt E_{1k} usw.

Die genannten Superpositionsgleichungen für Leerlauf und Kurzschluß wurden im Abschn. 3 entwickelt; sie lauten bei reduzierten sekundären Strömen

---

[1] Siehe O. S. Bragstad: „Determination of efficiency and phase displacement in Transformers by measurement on open circuit and short circuit tests." First World Power Conference, Transactions **3**, 1004 (1924).

und Spannungen:

$$\left. \begin{aligned} \bar{E}_1 &= \bar{E}_0 + \bar{E}_k = \bar{c}_1\,\bar{E}_2 + \bar{c}_2\,\bar{z}_k\,\bar{J}_2\,, \\ \bar{J}_1 &= \bar{J}_0 + \bar{J}_k = \bar{c}_1\,\bar{y}_0\,\bar{E}_2 + \bar{c}_2\,\bar{J}_2\,. \end{aligned} \right\} \tag{11a}$$

Um hieraus die primär zugeführte Leistung berechnen zu können, bildet man den zu J_1 konjugierten Stromvektor

$$\bar{J}_1^* = \bar{J}_0^* + \bar{J}_k^* = \bar{c}_1^*\,\bar{y}_0^*\,\bar{E}_2^* + \bar{c}_2^*\,\bar{J}_2^*$$

und es ergibt sich die symbolische Primärleistung

$$\left. \begin{aligned} \bar{P}_1 &= \bar{E}_1\,\bar{J}_1^* = (\bar{E}_0 + \bar{E}_k)\,(\bar{J}_0^* + \bar{J}_k^*) \\ &= \bar{E}_0\,\bar{J}_0^* + \bar{E}_k\,\bar{J}_k^* + \bar{E}_0\,\bar{J}_k^* + \bar{E}_k\,\bar{J}_0^*. \end{aligned} \right\} \tag{70}$$

Hier erkennt man das Glied

$$\bar{E}_0\,\bar{J}_0^* = \bar{P}_0 \quad \text{als symbolischen Leerlaufverlust}$$

und

$$\bar{E}_k\,\bar{J}_k^* = \bar{P}_k \quad \text{als symbolischen Kurzschlußverlust.}$$

Außerdem enthält die Primärleistung nach Gl. (70) noch die zwei Glieder $\bar{E}_0\,\bar{J}_k^*$ und $\bar{E}_k\bar{J}_0^*$. Bei Benutzung der früher eingeführten Bezeichnungen

$$\bar{c}_1 = c_1\,\varepsilon^{-j\,\gamma_1} = \frac{\bar{E}_0}{\bar{E}_2}; \qquad \bar{c}_2 = c_2\,\varepsilon^{-j\,\gamma_2} = \frac{\bar{J}_k}{\bar{J}_2};$$

$$\bar{y}_0 = y_0\,\varepsilon^{-j\varphi_0}; \qquad \bar{z}_k = z_k\,\varepsilon^{j\varphi_k}$$

erhält man

$$\bar{E}_0\,\bar{J}_k^* = \bar{c}_1\,\bar{c}_2^*\,\bar{E}_2\,\bar{J}_2^* = E_0\,J_k\,\varepsilon^{j\,(\varphi_2 - \gamma_1 + \gamma_2)},$$

$$\bar{E}_k\,\bar{J}_0^* = \bar{z}_k\,\bar{J}_k\,\bar{y}_0^*\,\bar{E}_0^* = \bar{z}_k\,\bar{c}_2\,\bar{J}_2\,\bar{y}_0^*\,\bar{c}_1^*\,\bar{E}_2^* = E_k\,J_0\,\varepsilon^{j\,(\varphi_0 + \varphi_k - \varphi_2 + \gamma_1 - \gamma_2)}.$$

Die Winkeldifferenz $(\gamma_1 - \gamma_2)$ ist im Vergleich zu den übrigen Winkeln außerordentlich klein. Unter Vernachlässigung derselben ergibt sich mit großer Annäherung:

$$\bar{P}_1 = \bar{P}_0 + \bar{P}_k + E_0\,J_k\,\varepsilon^{j\varphi_2} + E_k\,J_0\,\varepsilon^{j\,(\varphi_0 + \varphi_k - \varphi_2)}. \tag{71}$$

Die von dem Transformator sekundär abgegebene Leistung ist

$$\bar{P}_2 = \bar{E}_2\,\bar{J}_2^* = E_2\,J_2\,\varepsilon^{j\varphi_2} = \frac{1}{c_1\,c_2}\,E_0\,J_k\,\varepsilon^{j\varphi_2}, \tag{72}$$

was sich durch Berücksichtigung von Gl. (22) ergibt.

Hier muß zunächst das Produkt $c_1 c_2$ durch die gemessenen Größen ausgedrückt werden. Aus Gl. (22) und (12) folgt

$$\frac{1}{\bar{c}_1\,\bar{c}_2} = 1 - \bar{y}_0\,\bar{z}_k$$

oder

$$\frac{1}{c_1\,c_2}\cdot\varepsilon^{j\,(\gamma_1 + \gamma_2)} = 1 - y_0\,z_k\cdot\varepsilon^{-j\,(\varphi_0 - \varphi_k)}.$$

Diese Gleichung zerfällt in zwei reelle Gleichungen:

$$\frac{1}{c_1 c_2} \cos (\gamma_1 + \gamma_2) = 1 - y_0 z_k \cos (\varphi_0 - \varphi_k) ,$$

$$\frac{1}{c_1 c_2} \sin (\gamma_1 + \gamma_2) = \qquad y_0 z_k \sin (\varphi_0 - \varphi_k) .$$

Da die Winkelsumme $(\gamma_1 + \gamma_2)$ im allgemeinen sehr klein ist, so setzen wir ohne merkbaren Fehler

$$\cos (\gamma_1 + \gamma_2) \approx 1 \quad \text{und} \quad \operatorname{tg} (\gamma_1 + \gamma_2) \approx \gamma_1 + \gamma_2 .$$

Somit ergibt sich

$$\left. \begin{aligned} \frac{1}{c_1 c_2} &\approx 1 - y_0 z_k \cos (\varphi_0 - \varphi_k) , \\ \gamma_1 + \gamma_2 &\approx \frac{y_0 z_k \sin (\varphi_0 - \varphi_k)}{1 - y_0 z_k \cos (\varphi_0 - \varphi_k)} . \end{aligned} \right\} \tag{73}$$

Durch Einsetzen von Gl. (73) in (72) erhalten wir angenähert

$$\overline{P}_2 = E_0 J_k \, \varepsilon^{j \varphi_2} - E_k J_0 \cos (\varphi_0 - \varphi_k) \, \varepsilon^{j \varphi_2} . \tag{74}$$

Die gesamten Leistungsverluste im Transformator erhält man, wenn man Gl. (74) von Gl. (71) subtrahiert:

$$\overline{P}_1 - \overline{P}_2 = \overline{P}_0 + \overline{P}_k + E_k J_0 [\cos (\varphi_0 - \varphi_k) \, \varepsilon^{j \varphi_2} + \varepsilon^{j (\varphi_0 + \varphi_k - \varphi_2)}] . \tag{75}$$

Die Gesamtverluste unter Belastung können somit als Summe von Leerlaufverlusten, Kurzschlußverlusten und einem noch hinzukommenden Korrektionsglied ausgedrückt werden.

In die weitere Rechnung wollen wir zweckmäßig relative Werte für Ströme, Spannungen und Leistungen einführen. Wir schreiben also:

$$\frac{E_0}{E_2} = e_0; \qquad \frac{J_0}{J_2} = i_0; \qquad \frac{E_k}{E_2} = e_k; \qquad \frac{J_k}{J_2} = i_k ,$$

$$\frac{\overline{P}_0}{E_2 J_2} = \frac{E_0 J_0}{E_2 J_2} \, \varepsilon^{j \varphi_0} = e_0 i_0 \, \varepsilon^{j \varphi_0} = p_0 \, \varepsilon^{j \varphi_0} ,$$

$$\frac{\overline{P}_k}{E_2 J_2} = \frac{E_k J_k}{E_2 J_2} \, \varepsilon^{j \varphi_k} = e_k i_k \, \varepsilon^{j \varphi_k} = p_k \, \varepsilon^{j \varphi_k} ,$$

$$\frac{E_k J_0}{E_2 J_2} = e_k i_0 .$$

Als relative Verluste, symbolisch ausgedrückt, erhalten wir

$$\overline{p} = \frac{\overline{P}_1 - \overline{P}_2}{E_2 J_2} = e_0 i_0 \, \varepsilon^{j \varphi_0} + e_k i_k \, \varepsilon^{j \varphi_k} + e_k i_0 [\cos (\varphi_0 - \varphi_k) \, \varepsilon^{j \varphi_2} + \varepsilon^{j (\varphi_2 + \varphi_k - \varphi_2)}] . \tag{75a}$$

Diese relativen Verluste können jetzt in zwei Komponenten, eine reelle und eine imaginäre zerlegt werden.

Wir schreiben also

$$\overline{p} = p_w + j p_b ,$$

worin p_w die relativen Verluste an Wirkleistung und p_b die relativen Verluste an Blindleistung darstellen.

Somit erhalten wir aus Gl. (75a):

$$p_w = e_0\,i_0\cos\varphi_0 + e_k\,i_k\cos\varphi_k + e_k\,i_0\,[\cos(\varphi_0 - \varphi_k)\cos\varphi_2 + \cos(\varphi_0 + \varphi_k - \varphi_2)],$$

$$p_w = p_{0w} + p_{kw} + e_k\,i_0\,[2\cos\varphi_0\cos\varphi_k\cos\varphi_2 + \sin(\varphi_0 + \varphi_k)\sin\varphi_2]. \tag{76a}$$

$$p_b = e_0\,i_0\sin\varphi_0 + e_k\,i_k\sin\varphi_k + e_k\,i_0\,[\cos(\varphi_0 - \varphi_k)\sin\varphi_2 + \sin(\varphi_0 + \varphi_k - \varphi_2)],$$

$$p_b = p_{0b} + p_{kb} + e_k\,i_0\,[2\sin\varphi_0\sin\varphi_k\sin\varphi_2 + \sin(\varphi_0 + \varphi_k)\cos\varphi_2]. \tag{76b}$$

Hieraus ersehen wir, daß im Transformator bei Belastung außer den gemessenen Leerlauf- und Kurzschlußverlusten an Wirk- und Blindleistung noch gewisse zusätzliche Verluste auftreten, und zwar sind die letzteren von der sekundären Phasenverschiebung abhängig.

Wir bezeichnen diese zusätzlichen, relativen Wirkleistungsverluste mit Δp_w und die entsprechenden Blindleistungsverluste mit Δp_b. Wir haben also

$$\left.\begin{aligned}\Delta p_w &= e_k\,i_0\,[2\cos\varphi_0\cos\varphi_k\cos\varphi_2 + \sin(\varphi_0 + \varphi_k)\sin\varphi_2],\\\Delta p_b &= e_k\,i_0\,[2\sin\varphi_0\sin\varphi_k\sin\varphi_2 + \sin(\varphi_0 + \varphi_k)\cos\varphi_2].\end{aligned}\right\} \tag{77}$$

Die Komponenten der relativen Gesamtverluste bei Belastung sind somit:

$$\left.\begin{aligned}p_w &= p_{0w} + p_{kw} + \Delta p_w,\\p_b &= p_{0b} + p_{kb} + \Delta p_b.\end{aligned}\right\} \tag{78}$$

Die einzelnen Bestandteile der relativen Verluste ändern sich mit dem Belastungsstrom J_2 in verschiedener Weise.

Bezüglich der **relativen** Zusatzverluste ergibt sich, daß dieselben von dem Belastungsstrome J_2 unabhängig sind, weil in dem Verhältnis

$$e_k\,i_0 = \frac{E_k\,J_0}{E_2\,J_2}$$

die Größe

$$\frac{J_0}{E_2} = \frac{y_0\,E_0}{E_2} = y_0\,c_1$$

bei konstanter magnetischer Sättigung konstant ist, und

$$\frac{E_k}{J_2} = \frac{z_k\,J_k}{J_2} = z_k\,c_2$$

gleichfalls konstant sein muß.

Diese relativen Zusatzverluste hängen somit nur von dem sekundären Leistungsfaktor $\cos\varphi_2$ ab.

Setzen wir zur Abkürzung

$$\left.\begin{aligned}a &= 2\,e_k\,i_0\cos\varphi_0\cos\varphi_k,\\b &= 2\,e_k\,i_0\sin\varphi_0\sin\varphi_k,\\c &= e_k\,i_0\sin(\varphi_0 + \varphi_k),\end{aligned}\right\} \tag{79}$$

dann wird

$$\left.\begin{aligned}\Delta p_w &= a\cos\varphi_2 + c\cdot\sin\varphi_2,\\\Delta p_b &= b\sin\varphi_2 + c\cdot\cos\varphi_2.\end{aligned}\right\} \tag{80}$$

Die Konstanten a, b und c sind aus den Leerlauf- und Kurzschlußmessungen nach Gl. (79) zu berechnen und in Gl. (80) einzuführen, wodurch Δp_w und Δp_b bei gegebenem $\cos\varphi_2$ berechnet werden können.

Wir betrachten dann die relativen **Leerlaufverluste**

$$\bar{p}_0 = \frac{\bar{P}_0}{E_2 J_2} = \frac{E_0 J_0}{E_2 J_2} \, \varepsilon^{j\,\varphi_0} = e_0 \, i_0 \, \varepsilon^{j\,\varphi_0}$$

und erinnern uns, daß E_0, J_0 und φ_0 bei konstanter Sekundärspannung E_2 ebenfalls konstant sind.

Daraus ersehen wir, daß die relativen Leerlaufverluste umgekehrt proportional dem Belastungsstrom J_2 variieren. Für einen anderen Strom J_2'' berechnet man somit die relativen Leerlaufverluste zu

$$\bar{p}_0'' = \frac{J_2}{J_2''} \, e_0 \, i_0 \, \varepsilon^{j\,\varphi_0} \,.$$

Endlich haben wir die relativen **Kurzschlußverluste**

$$\bar{p}_k = \frac{\bar{P}_k}{E_2 J_2} = \frac{E_k J_k}{E_2 J_2} \, \varepsilon^{j\,\varphi_k} = e_k \, i_k \, \varepsilon^{j\,\varphi_k} \,,$$

worin sowohl E_k als J_k proportional J_2 variiert. Bei konstanter Sekundärspannung E_2 ändern sich somit die relativen Kurzschlußverluste direkt proportional dem Belastungsstrome J_2. Bei einem anderen Strome J_2'' ergibt sich folglich

$$\bar{p}_k'' = \frac{J_2''}{J_2} \, e_k \, i_k \, \varepsilon^{j\,\varphi_k} \,.$$

Sowohl Leerlauf- als Kurzschlußverluste sind aber von dem sekundären Leistungsfaktor $\cos \varphi_2$ unabhängig.

Wenn man also die Komponenten der relativen Leistungsverluste für einen Belastungsstrom J_2 ermittelt hat, so kann man dieselben auf einen anderen Strom J_2'' mit Hilfe der folgenden Formeln umrechnen:

$$\left. \begin{aligned} p_w &= \frac{J_2}{J_2''} \, p_{0w} + \frac{J_2''}{J_2} \, p_{kw} + \varDelta p_w \,, \\[2mm] p_b &= \frac{J_2}{J_2''} \, p_{0b} + \frac{J_2''}{J_2} \, p_{kb} + \varDelta p_b \,, \end{aligned} \right\} \tag{81}$$

worin $\varDelta p_w$ und $\varDelta p_b$ nach Gl. (79) und (80) zu bestimmen sind.

Es ist noch die Berechnung der Arbeitsverhältnisse des belasteten Transformators durch die aus den Leerlauf- und Kurzschlußmessungen ermittelten relativen Wirk- und Blindverluste p_w bzw. p_b übrig. In dieser Absicht können wir folgendermaßen verfahren. Der Definition von p_w und p_b gemäß haben wir:

$$E_2 J_2 \, p_w = E_1 J_1 \cos \varphi_1 - E_2 J_2 \cos \varphi_2 \,,$$
$$E_2 J_2 \, p_b = E_1 J_1 \sin \varphi_1 - E_2 J_2 \sin \varphi_2$$

oder

$$E_1 J_1 \cos \varphi_1 = E_2 J_2 \, (\cos \varphi_2 + p_w) \,,$$
$$E_1 J_1 \sin \varphi_1 = E_2 J_2 \, (\sin \varphi_2 + p_b) \,.$$

Hieraus folgt aber

$$\operatorname{tg} \varphi_1 = \frac{\sin \varphi_2 + p_b}{\cos \varphi_2 + p_w} \,, \tag{82}$$

$$\frac{E_1 J_1}{E_2 J_2} = \sqrt{(\cos \varphi_2 + p_w)^2 + (\sin \varphi_2 + p_b)^2} \,, \tag{83}$$

woraus der Wirkungsgrad des Transformators jetzt berechnet werden kann.

Da der Transformator ein Apparat zur Übertragung von sowohl **Wirkleistung** als Blindleistung ist, so kann man auch dementsprechend von zwei verschiedenen Wirkungsgraden reden. Wir wollen den Wirkungsgrad für Wirkleistung mit η_w und denjenigen für Blindleistung mit η_b bezeichnen. Diese beiden Größen können aus den früher gefundenen relativen Verlusten in folgender Weise berechnet werden:

$$\left.\begin{aligned}
\eta_w &= \frac{E_2 J_2 \cos\varphi_2}{E_1 J_1 \cos\varphi_1} = \frac{E_2 J_2 \cos\varphi_2}{E_2 J_2 \cos\varphi_2 + E_1 J_1 \cos\varphi_1 - E_2 J_2 \cos\varphi_2} = \frac{\cos\varphi_2}{\cos\varphi_2 + p_w}, \\
\eta_b &= \frac{E_2 J_2 \sin\varphi_2}{E_1 J_1 \sin\varphi_1} = \frac{E_2 J_2 \sin\varphi_2}{E_2 J_2 \sin\varphi_2 + E_1 J_1 \sin\varphi_1 - E_2 J_2 \sin\varphi_2} = \frac{\sin\varphi_2}{\sin\varphi_2 + p_b}.
\end{aligned}\right\} \quad (84)$$

Noch genauer rechnet man indessen mit den Größen

$$\left.\begin{aligned}
1 - \eta_w &= \frac{p_w}{\cos\varphi_2 + p_w}, \\
1 - \eta_b &= \frac{p_b}{\sin\varphi_2 + p_b}.
\end{aligned}\right\} \quad (85)$$

In vorstehender Darstellung haben wir vorausgesetzt, daß sowohl Leerlauf- als Kurzschlußmessungen mit Stromzuführung an die gewöhnlichen Primärklemmen des Transformators vorgenommen werden. Außerdem soll die Leerlaufspannung E_0 so geregelt werden, daß sich die normale, betriebsmäßige Sekundärspannung einstellt, während ein Kurzschlußstrom J_k gewählt werden muß, welcher dem normalen, betriebsmäßigen Belastungsstrom J_2 entspricht.

Am häufigsten ist aber E_0 von ganz anderer Größenordnung als E_2, und ebenso ist J_k von ganz anderer Größenordnung als J_2. Es müssen darum genaue Meßinstrumente für sehr verschiedene Ströme und Spannungen zur Verfügung stehen, was gewissermaßen als ein Übelstand anzusehen ist. Um diesen Mangel zu vermeiden, kann man sich bei den Leerlauf- und Kurzschlußmessungen mit irgendeiner der folgenden Methoden helfen.

Wenn z. B. das Windungsverhältnis der Transformatorwicklungen $u = \frac{w_1}{w_2}$ mit hinreichender Genauigkeit bekannt ist, so kann man die Messungen im Sekundärkreise ganz fortfallen lassen, wodurch eine wesentliche Vereinfachung erreicht und eine Quelle zu Irrtümern umgangen wird.

Außerdem erhält man in dieser Weise einen physikalisch vollkommeneren Leerlauf- bzw. Kurzschlußzustand des Transformators, als wenn Meßinstrumente dem sekundären Stromkreise angeschlossen sind.

Es wird dann die Leerlaufmessung mit einer Primärspannung vorgenommen, welche der zur Windungszahl der Primärwicklung reduzierten Sekundärspannung E_2 entspricht. Ebenso ist die Kurzschlußmessung mit einem zur primären Windungszahl reduzierten Strom J_2 in der Primärwicklung auszuführen. Daraus folgt aber, daß die Leerlaufspannung und der als ihr proportional angenommene Leerlaufstrom jetzt im Verhältnis $\frac{1}{c_1}$ gegenüber den früheren Größen verkleinert sind.

Gleichfalls ist Kurzschlußstrom und Kurzschlußspannung im Verhältnis $\frac{1}{c_2}$ gegen früher verkleinert worden. Die gemessenen **Leerlaufverluste** müssen somit im Verhältnis c_1^2 und die gemessenen **Kurzschlußverluste** im Verhältnis c_2^2 erhöht werden. Als richtige Werte der relativen Verluste erhalten wir dann

$$\frac{P_{0\,wirkl.}}{E_2\,J_2} = \frac{c_1\,E_{2\,wirkl.}\,c_1\,J_{0\,wirkl.}}{E_2\,J_2}\,\varepsilon^{j\,\varphi_0} = c_1^2\,i_{0\,wirkl.}\,\varepsilon^{j\,\varphi_0}\,,$$

$$\frac{P_{k\,wirkl.}}{E_2\,J_2} = \frac{c_2\,E_{k\,wirkl.}\,c_2\,J_{2\,wirkl.}}{E_2\,J_2}\,\varepsilon^{j\,\varphi_k} = c_2^2\,e_{k\,wirkl.}\,\varepsilon^{j\,\varphi_k}\,,$$

$$\frac{E_k\,J_0}{E_2\,J_2} = c_1\,c_2\,e_{k\,wirkl.}\,i_{0\,wirkl.}\,.$$

Da der Transformator mit großer Annäherung als symmetrischer Stromkreis angesehen werden kann, setzen wir nach Gl. (73)

$$c_1^2 \approx c_2^2 \approx c_1\,c_2 = \frac{1}{1 - y_0\,z_k\cos(\varphi_0 - \varphi_k)}\,,$$

oder, da $y_0 z_k$ sehr klein gegen 1 ist:

$$c_1\,c_2 \approx 1 + y_0\,z_k\cos(\varphi_0 - \varphi_k)\,. \tag{73a}$$

Die prozentuale Korrektion der gemessenen Verluste wird somit:

$$c_1\,c_2 - 1 \approx y_0\,z_k\,(\cos\varphi_0\cos\varphi_k + \sin\varphi_0\sin\varphi_k)\,,$$

$$c_1\,c_2 - 1 \approx g_0\,r_k + b_0\,x_k\,. \tag{86}$$

Für die Gesamtverluste bei Belastung erhalten wir dann in symbolischer Darstellung [vgl. Gl. (75)]:

$$\bar{P}_1 - \bar{P}_2 = c_1\,c_2\,\{\,\bar{P}_0 + \bar{P}_k + E_k\,J_0\,[\cos(\varphi_0 - \varphi_k)\,\varepsilon^{j\,\varphi_2} + \varepsilon^{j\,(\varphi_0 + \varphi_k - \varphi_2)}]\,\}\,, \tag{87}$$

worin alle Größen mit Index 0 oder k an der Primärseite wirklich gemessene Werte bedeuten. Für die Berechnung der relativen Wirk- und Blindverluste können wir also genau in der früher angegebenen Weise verfahren, nur mit der einzigen Abänderung, daß alle Absolutwerte mit dem reellen Faktor $c_1 c_2$ zu korrigieren sind. Der Korrektionsfaktor selbst ist nach Gl. (73a) oder (86) aus den Messungen unschwer zu berechnen.

Die Argumente φ_0 und φ_k ergeben sich dagegen direkt aus den Messungen in richtiger Größe und brauchen nicht korrigiert zu werden.

Eine dritte Abänderung des Verfahrens besteht auch noch darin, daß man die Leerlauf- und Kurzschlußmessungen bei Stromzuführung an die gewöhnlich als sekundär benutzten Klemmen des Transformators ausführt. In diesem Fall wird der Leerlaufversuch mit normaler Betriebsspannung E_2 zwischen den Sekundärklemmen und offener Primärwicklung vorgenommen. Beim Kurzschlußversuch schließt man die Primärwicklung kurz und macht den Strom im Sekundärkreise gleich dem betriebsmäßigen Belastungsstrom.

Unter derselben Voraussetzung wie für Gl. (71), nämlich $\gamma_1 \approx \gamma_2$, läßt sich zeigen[1], daß man auch bei diesem Verfahren auf die Gl. (87) formal zurückkommt[2]. Alle in dieser Gleichung vorkommenden Größen werden jetzt an den Sekundärklemmen gemessen; die Messungen im Kreise der Primärwicklung fallen fort, und das Windungsverhältnis $\frac{w_1}{w_2}$ braucht nicht bekannt zu sein.

---

[1] Siehe O. S. Bragstad: First World Power Conference, Transactions 3, 1004 (1924).
[2] Es braucht also nicht c_1 gleich c_2 sein.

Es ist noch ein viertes Meßverfahren möglich und praktisch denkbar. Man kann nämlich die Leerlaufmessungen auf der einen Seite und die Kurzschlußmessungen auf der anderen Seite des Transformators vornehmen. Am zweckmäßigsten ist es vielleicht in manchen Fällen, alle Messungen bei Leerlauf in den Niederspannungskreis und bei Kurzschluß in den Hochspannungskreis zu verlegen, was besonders bei größeren Hochspannungstransformatoren vorteilhaft sein wird, weil man dabei mit den kleinstmöglichen Strömen und Spannungen zu tun hat. Dies bedeutet nicht nur eine größtmögliche persönliche Sicherheit während der Messungen, sondern ist aus rein meßtechnischen Gründen vorzuziehen, da im allgemeinen die Kurzschlußleistung ohne Zuhilfenahme von Stromwandlern gemessen werden kann, was sonst mit nicht unbeträchtlichen Meßfehlern verbunden wäre. Außerdem wird im allgemeinen eine Stromquelle für Niederspannung und mäßige Strombelastung ausreichen.

Bei derjenigen Messung, welche im primären Stromkreis vor sich geht, wird dann eine primär aufgedrückte Stromgröße (d. h. Strom oder Spannung) gewählt, die der im Windungsverhältnis reduzierten sekundären Betriebsgröße entspricht. Das Übersetzungsverhältnis muß somit auch hier genau bekannt sein.

Es läßt sich nun zeigen[1], daß auch das letzte Verfahren formal auf Gl. (75a) leitet, wenn man wie dort die Voraussetzung macht, der Transformator sei als symmetrischer Stromkreis anzusehen, d. h. wenn $c_1 = c_2$ gesetzt werden kann. Die weitere Berechnung erfolgt hiernach, ganz wie früher gezeigt worden ist.

Beispiel einer Verlustmessung an einem Dreiphasentransformator.

$$100 \text{ kVA}, \quad 6300/225 \text{ V}, \quad 256,8 \text{ A}.$$

$$\text{Windungsverhältnis } u = \frac{w_1}{w_2} = 28.$$

1. **Leerlaufversuch.** Stromzuführung an die Sekundärwicklung (Niederspannungsseite). Gemessene Werte:

$$E_0' = 226,6 \text{ V}, \quad J_0' = 11,88 \text{ A}, \quad P_{0w} = 760 \text{ W}.$$

Somit

$$\cos \varphi_0 = 0,1631, \quad \sin \varphi_0 = 0,9866$$

und für

$$E_0 = 225 \text{ V}, \quad P_0 = 4610 \text{ VA}.$$

2. **Kurzschlußversuch.** Stromzuführung an die Primärwicklung (Hochspannungsseite).

$$J_k = \frac{256,8}{28} = 9,17 \text{ A}, \quad E_k = 201,5 \text{ V}, \quad P_{kw} = 1473 \text{ W}.$$

Somit

$$\cos \varphi_k = 0,460, \quad \sin \varphi_k = 0,888,$$

$$P_k = 3205 \text{ VA},$$

$$y_0 z_k = \frac{1}{28^2} \cdot \frac{J_0'}{E_0'} \frac{E_k}{J_k} = 0,00148,$$

$$\cos (\varphi_0 - \varphi_k) = 0,95,$$

$$c^2 = 1 + y_0 z_k \cos (\varphi_0 - \varphi_k) = 1,0014.$$

Der Korrektionsfaktor c^2 ist somit ohne jede praktische Bedeutung.

---

[1] **Bragstad**, O. S.: loc. cit.

Gemäß den Gln. (79) und (80) haben wir nun:

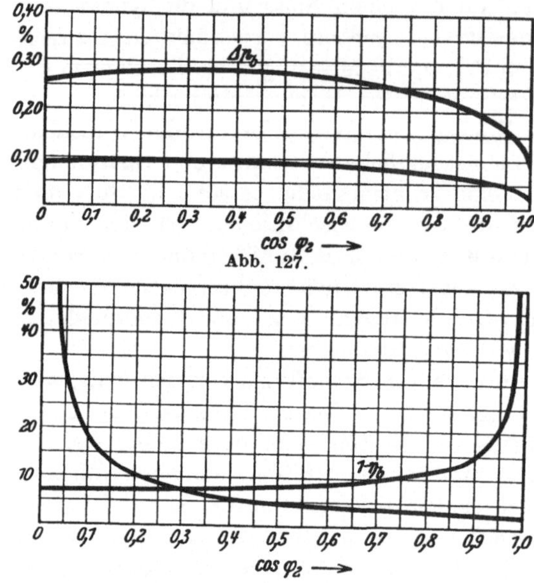

Abb. 127.

Abb. 128.

$$p_0 = 4{,}62\%,$$

$$p_{0w} = p_0 \cos \varphi_0 = 0{,}752\%,$$

$$p_{0b} = p_0 \sin \varphi_0 = 4{,}550\%,$$

$$p_k = 3{,}21\%,$$

$$p_{kw} = p_k \cos \varphi_k = 1{,}475\%,$$

$$p_{kb} = p_k \sin \varphi_k = 2{,}852\%,$$

$$i_0 e_k = \tfrac{1}{100} p_0 p_k = 0{,}148\%,$$

$$a = 0{,}296 \cos \varphi_0 \cos \varphi_k = 0{,}0222\%,$$

$$b = 0{,}296 \sin \varphi_0 \sin \varphi_k = 0{,}2590\%,$$

$$c = 0{,}148 \sin (\varphi_0 + \varphi_k) = 0{,}0886\%.$$

Nach Gl. (78) sind also die relativen Gesamtverluste des Transformators in Abhängigkeit von dem sekundären Leistungsfaktor $\cos \varphi_2$

$$p_w \% = 2{,}227 + 0{,}0222 \cos \varphi_2 + 0{,}0886 \sin \varphi_2,$$

$$p_b \% = 7{,}402 + 0{,}2590 \sin \varphi_2 + 0{,}0886 \cos \varphi_2.$$

Die von φ_2 abhängigen Teile dieser Gleichungen werden durch die Kurven in Abb. 127 dargestellt.

Abb. 128 zeigt außerdem die hieraus nach Gl. (85) ermittelten Größen $(1-\eta_w)$ und $(1-\eta_b)$ bei Belastung des Transformators mit voller Scheinleistung, aber variierendem Leistungsfaktor $\cos \varphi_2$.

Viertes Kapitel.

Transformierung der Mehrphasenströme.

13. Dreiphasentransformatoren.

Zur Transformierung der Dreiphasenströme können drei Einphasentransformatoren, einer für jede Phase, benutzt werden.

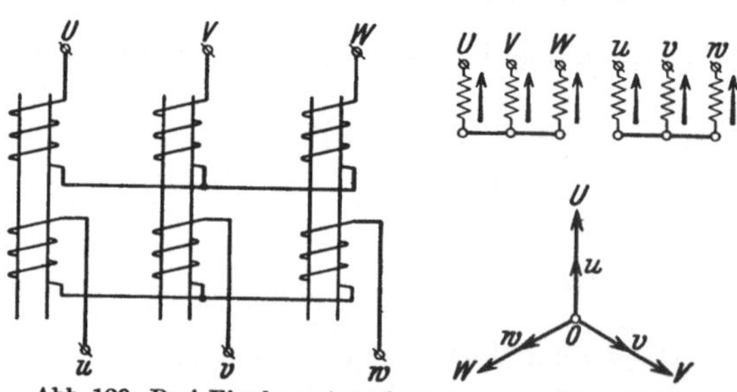

Abb. 129. Drei Einphasentransformatoren in Stern-Stern-Schaltung.

Je nach der Schaltung der Wicklungen können wir vier Gruppen unterscheiden:

Gruppe I. Normalschaltungen. Die Abb. 129 zeigt drei Einphasentransformatoren in Stern-Stern-Schaltung und das zugehörige Potentialdiagramm. In dem vereinfachten Schema ist der Wicklungssinn durch Pfeile angedeutet. Diese Schaltung wird gekennzeichnet durch das Symbol (Y Y).

Die Abb. 130 zeigt drei Einphasentransformatoren in Dreieck-Dreieck-Schaltung und das zugehörige Potentialdiagramm. Für diese Schaltung benutzt man das Symbol ($\triangle \triangle$).

Bezeichnen wir die Leerlaufpotentiale der drei Primärklemmen mit U, V, W und diejenigen der entsprechenden Sekundärklemmen mit u, v, w, so ist das Kennzeichen der ersten Schaltungsgruppe, daß die primären und sekundären Leerlaufpotentiale gleichphasig sind, wenn man von dem primären Leerlaufstrom absieht. Die ($\triangle\,\triangle$)-Schaltung wird am meisten verwendet. Man kann z. B. bei dieser Schaltung einen Transformator zur Instandsetzung herausnehmen, ohne daß der Betrieb gestört zu werden braucht.

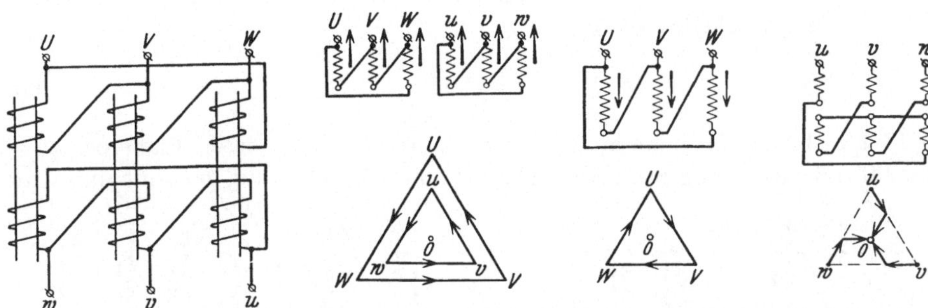

Abb. 130. Drei Einphasentransformatoren in Dreieck-Dreieck-Schaltung.

Abb. 131. Dreiphasentransformator mit aufgeteilter Sekundärwicklung in Normalschaltung.

Eine andere Schaltung, die auch zu der ersten Gruppe gehört, zeigt Abb. 131.

Gruppe II. Gemischte Schaltungen. Zwei Schaltungen, welche zu dieser Gruppe gehören, zeigen die Abb. 132 und 133.

Bei diesen Schaltungen sind die sekundären Leerlaufpotentiale um 180° gegenüber den primären Leerlaufpotentialen in der Phase verschoben.

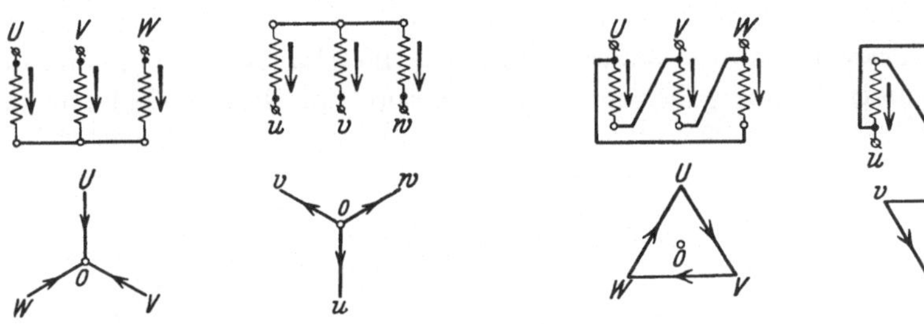

Abb. 132. Dreiphasentransformator in gemischter Stern-Schaltung.

Abb. 133. Dreiphasentransformator in gemischter Dreieckschaltung.

Gruppe III. Zu dieser Gruppe gehören alle Schaltungen, bei welchen die sekundären Leerlaufpotentiale gegenüber den primären Leerlaufpotentialen um − 120° in der Phase verschoben sind. Ein Beispiel hierfür zeigt die Abb. 134.

Gruppe IV. Zu dieser Gruppe gehören alle Schaltungen, bei welchen die sekundären Leerlaufpotentiale gegenüber den primären Leerlaufpotentialen um 30° in der Phase verschoben sind. Die Abb. 135 zeigt ein Beispiel von solcher Schaltung.

Wird in der ($\triangle\,\triangle$)-Schaltung ein Transformator entfernt, so entsteht eine Schaltung, wie in der Abb. 136 gezeigt. Diese Schaltung hat den Nachteil, daß die Leistung verringert wird, und es tritt Unsymmetrie auf.

Ist der Strom für jeden Transformator gleich J, so ist die Gesamtleistung bei symmetrischer, dreiphasiger Belastung

$$P_1 = \sqrt{3} \cdot J \cdot E_l \cdot \cos \varphi, \tag{88}$$

während die Leistung bei drei Transformatoren in $(\triangle\triangle)$-Schaltung wird

$$P_2 = \sqrt{3} \cdot \sqrt{3} \cdot J \cdot E_l \cdot \cos \varphi. \tag{89}$$

Hierzu wird eine $\frac{3}{2}$mal so große Transformatorkapazität benötigt.

Das letzte System leistet also

$$\frac{\sqrt{3}}{\frac{3}{2}} = 1{,}16 \tag{90}$$

oder 16 % mehr als das erste im Verhältnis zu der aufgewendeten Transformatorkapazität. Die Schaltung nach Abb. 136 wird auch V-Schaltung genannt und wird

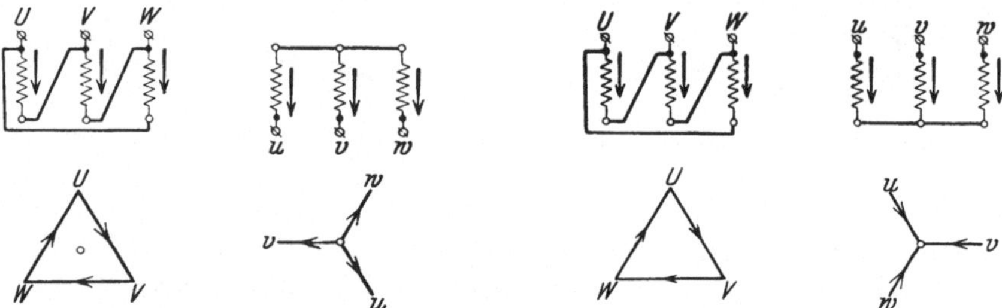

Abb. 134. Dreiphasentransformator mit Schaltung nach Gruppe III.

Abb. 135. Dreiphasentransformator mit Schaltung nach Gruppe IV.

oft bei Anlaßschaltungen für Synchronmotoren, rotierenden Umformern usw. benutzt.

Um die Transformatoren eines Netzes parallelschalten zu können, müssen sie zu derselben Gruppe gehören. Transformatoren in Normalschaltung und in

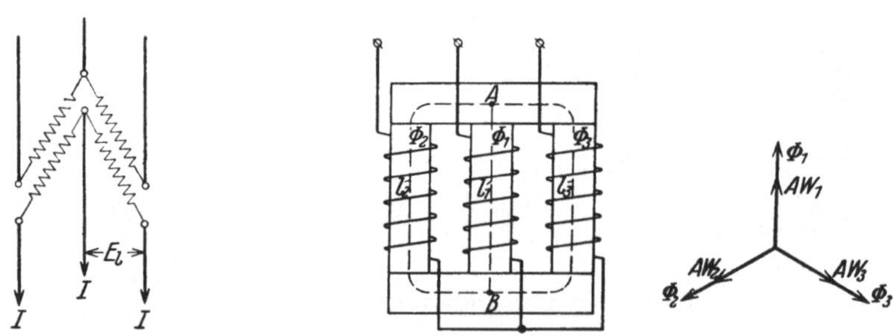

Abb. 136. Transformator in V-Schaltung.

Abb. 137. Dreiphasentransformator mit drei Schenkeln in einer Ebene.

gemischter Schaltung können also nicht zusammen in demselben Netze verwendet werden.

Anstatt dreier Einzeltransformatoren benutzt man oft einen einzelnen Transformator mit drei Schenkeln in einer Ebene, wie die Abb. 137 zeigt.

Dieser Transformator besitzt eine gewisse Unsymmetrie, welche sich in den Leerlaufströmen der drei Phasen bemerkbar macht.

Bezeichnen

Φ_1, Φ_2 und Φ_3 die Maximalwerte der Induktionsflüsse in den drei Schenkeln, wobei $\Phi_1 = \Phi_2 = \Phi_3$ angenommen wird,

l_1, l_2 und l_3 die Länge der Kraftlinienwege durch die drei Schenkel zu den Knotenpunkten A und B,

aw die Amperewindungszahl für 1 cm Kraftlinienweg bei der Maximalinduktion B,

δ_1, δ_2 und δ_3 die Länge der Stoßfugen zwischen den Schenkeln und den Querstücken,

dann sind die Blindkomponenten der Amperewindungen der drei Schenkel

$$\left.\begin{aligned} A\,W_1 &= l_1\,a\,w \cdot \frac{1}{\sqrt{2}} + \frac{0{,}8}{\sqrt{2}}\,\delta_1 \cdot B\,, \\[2mm] A\,W_2 &= l_2\,a\,w \cdot \frac{1}{\sqrt{2}} + \frac{0{,}8}{\sqrt{2}}\,\delta_2 \cdot B\,, \\[2mm] A\,W_3 &= l_3\,a\,w \cdot \frac{1}{\sqrt{2}} + \frac{0{,}8}{\sqrt{2}}\,\delta_3 \cdot B\,. \end{aligned}\right\} \tag{91}$$

Im allgemeinen ist $\qquad\qquad l_2 = l_3 = l$

und $\qquad\qquad\qquad\qquad \delta_1 = \delta_2 = \delta_3 = \delta\,.$

Wir erhalten dann das Diagramm in der Abb. 137, wobei $A\,W_2 = A\,W_3 > A\,W_1$ ist.

Wir haben jetzt folgende Fälle:

1. Die einzelnen Phasen sind voneinander unabhängig, z. B. wenn eine Neutralleitung vorhanden ist (Abb. 138).

Dann ist

$$\left.\begin{aligned} J_2 &= J_3 > J_1\,, \\ J_1 + J_0 &= J_2\,. \end{aligned}\right\} \tag{92}$$

Außerdem ist

$$\bar{J}_1 + \bar{J}_2 + \bar{J}_3 + \bar{J}_0 = 0\,. \tag{93}$$

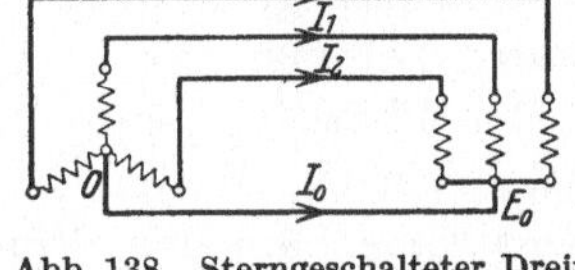

Abb. 138. Sterngeschalteter Dreiphasentransformator mit Neutralleitung.

2. Die Phasen sind in Stern geschaltet und es ist kein Neutralleiter vorhanden (Abb. 139a).

Der Strom J_0 kann jetzt nicht von O bis E_0 fließen; er verteilt sich dann gleichmäßig auf die drei Phasen, und zwar mit $\frac{1}{3} J_0$ auf jede Phase. Nach dem Diagramm in der Abb. 139b haben wir also die folgenden Phasenströme:

$$\left.\begin{aligned} \bar{J}_1' &= \bar{J}_1 + \tfrac{1}{3}\bar{J}_0\,, \\[1mm] \bar{J}_2' &= \bar{J}_2 + \tfrac{1}{3}\bar{J}_0\,, \\[1mm] \bar{J}_3' &= \bar{J}_3 + \tfrac{1}{3}\bar{J}_0\,. \end{aligned}\right\} \tag{94}$$

Nach Gl. (93) ist die Bedingung

$$\bar{J}_1' + \bar{J}_2' + \bar{J}_3' = 0 \tag{95}$$

erfüllt.

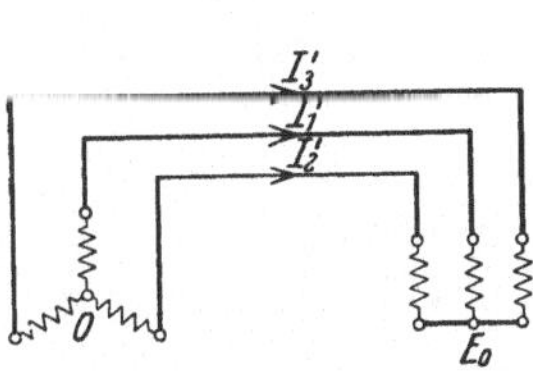

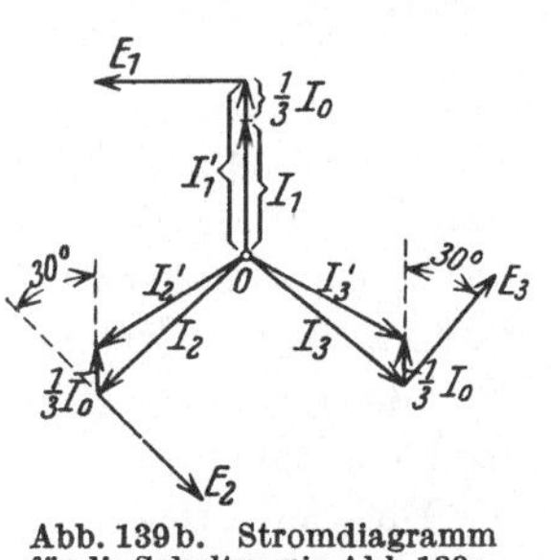

Abb. 139a. SterngeschalteterDreiphasentransformator ohne Neutralleitung.

Abb. 139b. Stromdiagramm für die Schaltung in Abb.139a.

Der Transformator enthält drei magnetische Kreise, von denen jeder aus zwei Phasen besteht. Sollen die Induktionsflüsse Φ_1, Φ_2 und Φ_3 unverändert sein, so müssen die magnetomotorischen Kräfte der drei Kreise auch unverändert sein.

Daß dies der Fall ist, ersieht man daraus, daß die Ströme $\frac{1}{3} J_0$ in irgend zwei Phasen sich in ihren Wirkungen auf den magnetischen Kreis aufheben, denn wir haben

$$\left.\begin{aligned} \bar{J}_1' - \bar{J}_2' &= \bar{J}_1 - \bar{J}_2, \\ \bar{J}_2' - \bar{J}_3' &= \bar{J}_2 - \bar{J}_3, \\ \bar{J}_3' - \bar{J}_1' &= \bar{J}_3 - \bar{J}_1. \end{aligned}\right\} \tag{96}$$

Sehen wir von den Verlusten ab, so müssen die aufgedrückten Phasenspannungen den Strömen J_1, J_2 und J_3 um 90^0 vorauseilen.

Die zugeführten Leistungen sind dann

für die Phase 1:
$$P_1 = 0,$$

für die Phase 2:
$$P_2 = E_2 \tfrac{1}{3} J_0 \cos 30^0 = \tfrac{1}{6} \sqrt{3} \cdot E_2 J_0$$

und für die Phase 3:
$$P_3 = E_3 \cdot \tfrac{1}{3} J_0 \cos 150^0 = - \tfrac{1}{6} \sqrt{3} \cdot E_3 J_0. \tag{97}$$

Da nun E_2 gleich E_3 ist, so wird P_2 gleich $-P_3$, und die Summe der Leistungen ist Null. Es fließt nur Energie von der Phase 2 durch das Magnetsystem des Transformators zur Phase 3, und von dieser fließt die Energie durch den elektrischen Stromkreis, um so der Phase 2 wieder zugeführt zu werden.

Wir können eine ähnliche Betrachtung für den Fall anstellen, daß die Eisenverluste nicht vernachlässigt werden.

1. Mit neutraler Leitung. Die drei gleich großen Induktionsflüsse Φ_1, Φ_2 und Φ_3 sind in der Phase um einen und denselben Winkel α gegenüber den Magnetisierungsströmen J_1, J_2 und J_3 verzögert. Die Phasenspannungen eilen somit den Phasenströmen um den Winkel $90 - \alpha$ voraus.

Es sei wieder $E_1 = E_2 = E_3$, dann sind die den Phasen zugeführten Leistungen

$$\left.\begin{aligned} P_1 &= E_1 \cdot J_1 \cdot \sin \alpha, \\ P_2 &= E_2 \cdot J_2 \cdot \sin \alpha, \\ P_3 &= E_3 \cdot J_3 \cdot \sin \alpha, \end{aligned}\right\} \tag{98}$$

wobei
$$P_2 = P_3 > P_1$$

ist. Jede Phase leistet dann ihren Anteil an den Eisenverlusten entsprechend den Kraftlinienwegen zu den Knotenpunkten A und B.

2. Ohne neutrale Leitung. Das Stromdiagramm (Abb. 139b) gilt unabhängig davon, ob die Ströme mit den Induktionsflüssen in Phase sind oder nicht. Die Spannungsvektoren müssen alle um denselben Winkel α im Uhrzeigersinne gedreht werden.

Die den einzelnen Phasen zugeführten Leistungen sind dann:

$$\left.\begin{aligned} P_1' &= E_1 (J_1 + \tfrac{1}{3} J_0) \cos (90 - \alpha) = P_1 + \tfrac{1}{3} E_1 \cdot J_0 \sin \alpha, \\ P_2' &= P_2 + \tfrac{1}{3} E_2 \cdot J_0 \cos (30 + \alpha) = P_2 + \tfrac{1}{3} E_2 \cdot J_0 (\tfrac{1}{2} \sqrt{3} \cos \alpha - \tfrac{1}{2} \sin \alpha), \\ P_3' &= P_3 - \tfrac{1}{3} E_3 \cdot J_0 \cos (30 - \alpha) = P_3 - \tfrac{1}{3} E_3 \cdot J_0 (\tfrac{1}{2} \sqrt{3} \cos \alpha + \tfrac{1}{2} \sin \alpha). \end{aligned}\right\} \tag{99}$$

Wenn $E_1 = E_2 = E_3$ ist, so erhält man

$$P_1' + P_2' + P_3' = P_1 + P_2 + P_3.$$

Die gesamten Eisenverluste sind also dieselben wie im ersten Falle, nur ist die Verteilung zwischen den einzelnen Phasen ungleich.

14. Der Scottsche Transformator.

Das Dreiphasensystem eignet sich besonders gut für Kraftübertragungen, weil nur drei Leitungen notwendig sind. Das Zweiphasensystem hat jedoch gewisse Vorteile bei Installationen, weil man die Belastung nur zwischen zwei Phasen zu verteilen hat. Das Zweiphasensystem ist also leichter auszubalancieren als das Dreiphasensystem.

Zur Umwandlung von Dreiphasenstrom in Zweiphasenstrom benutzt man bisweilen die Scottsche Transformatorschaltung (Abb. 140).

Die zwei Einphasentransformatoren I und II werden so miteinander verbunden, wie die Abb. 140 zeigt. Die Übersetzungsverhältnisse

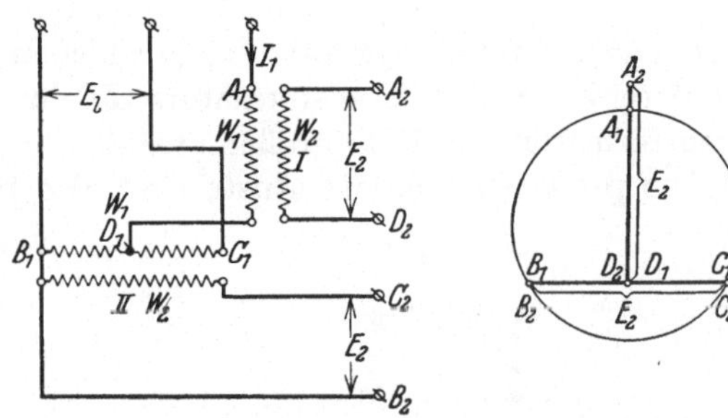

Abb. 140. Scottsche Transformatorschaltung.

der beiden Transformatoren sind aber verschieden. Setzen wir beispielsweise das Übersetzungsverhältnis des Transformators II gleich 1, dann ist die Linienspannung des Zweiphasensystems gleich derjenigen des Dreiphasensystems

$$E_2 = E_l,$$
$$u_{II} = \left(\frac{w_1}{w_2}\right)_{II} = 1.$$

Aus dem Potentialdiagramm geht dann hervor, daß die Primärspannung des Transformators I gleich

$$\overline{A_1 D_1} = \frac{3}{2}\frac{E_2}{\sqrt{3}} = \frac{\sqrt{3}}{2}E_2$$

sein muß.

Das Übersetzungsverhältnis dieses Transformators ist daher

$$u_I = \left(\frac{w_1}{w_2}\right)_I = \frac{\overline{A_1 D_1}}{E_2} = \frac{\overline{A_1 D_1}}{\overline{B_1 C_1}} = \frac{\sqrt{3}}{2} = 0{,}865.$$

Bei symmetrischer Belastung des Zweiphasensystems mit dem Strom J_2 pro Phase wird der Primärstrom des Transformators I

$$J_{1I} = \frac{1}{u_I}J_2 = \frac{2}{\sqrt{3}}J_2.$$

Dieser Strom teilt sich im Punkte D_1 in zwei gleiche Teile durch den Transformator II.

Den Strom in der Primärwicklung des Transformators II findet man nach dem Stromdiagramm (Abb. 141) zu

$$J_{1II} = \sqrt{J_2^2 + \tfrac{1}{3}J_2^2} = \frac{2}{\sqrt{3}}J_2 = J_{1I}.$$

Die Anzahl Voltampere im Primärsystem ist somit

$$3 \frac{2}{\sqrt{3}} J_2 \frac{E_2}{\sqrt{3}} = 2 E_2 \cdot J_2$$

und somit gleich der Anzahl Voltampere im Sekundärsystem.

Bei derselben sekundären Windungszahl der beiden Transformatoren ($W_{2I} = W_{2II}$) sind die transformierten Leistungen, die Induktionsflüsse und die sekundären Ströme der beiden Transformatoren gleich groß.

Die primäre Windungszahl des Transformators II ist im Verhältnis

$$\frac{w_{1II}}{w_{1I}} = \frac{2}{\sqrt{3}} = 1,15$$

größer als die Windungszahl des Transformators I. Hieraus folgt, daß das primäre Kupfergewicht des Transformators II im Vergleich zu einem gewöhnlichen Transformator um 15% größer ausfällt.

Die primären Kupferverluste sind also in demselben Verhältnis vergrößert.

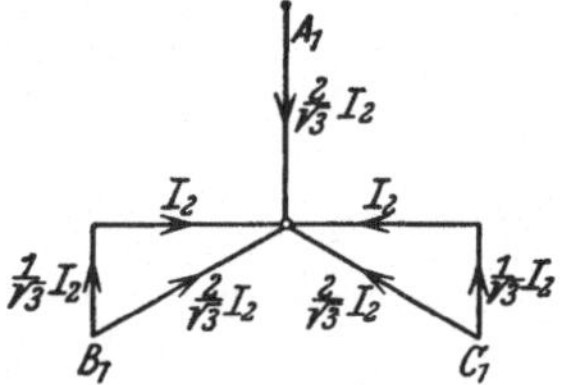

Abb. 141. Stromdiagramm des Scottschen Transformators.

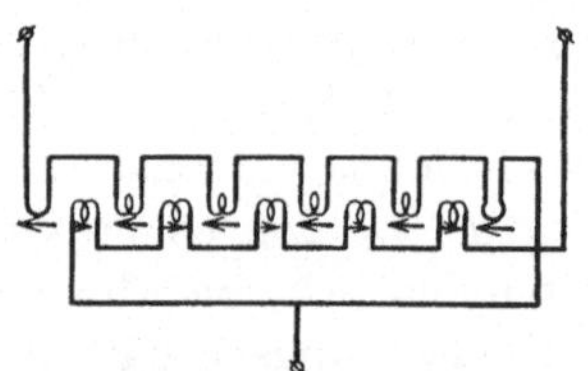

Abb. 142. Scheibenwicklung des Transformators II in der Scottschen Schaltung.

Bei dem Scottschen Transformator besteht eine Eigentümlichkeit mit Rücksicht auf die Reaktanz im Primärstromkreis.

Wie aus dem Schema der Abb. 140 hervorgeht, teilt sich der Strom J_1 bei D_1 in zwei gleiche Teile. Diese Teilströme durchfließen die beiden Hälften der Primärwicklung des Transformators II in entgegengesetzten Richtungen und bleiben somit ohne Wirkung auf die Sekundärwicklung dieses Transformators. Der Strom J_1 verursacht aber einen induktiven Spannungsverlust infolge der Streureaktanz des Transformators II, und diese muß deshalb so klein wie möglich gehalten werden, z. B. durch Anwendung einer Scheibenwicklung, wie in der Abb. 142 angedeutet ist.

Bezeichnen wir die Streureaktanz der einen Hälfte der Wicklung gegenüber der zweiten Hälfte mit $\frac{x_1'}{2}$ und den Ohmschen Widerstand der halben Wicklung mit $\frac{r_1}{2}$, so ist der Spannungsverlust beim Strom J_1 in der Primärwicklung des Transformators II

$$\frac{\bar{J}_1}{2} \cdot \frac{1}{2} \left(r_1 + j x_1' \right).$$

Dieser Spannungsverlust kann gemessen werden, indem man die Klemmen B_1 und C_1 kurzschließt (s. Abb. 143). In dem Potentialdiagramm dieser Schaltung ist

$$\overline{D_{10} D_1} = \tfrac{1}{4} \bar{J}_1 \left(r_1 + j x_1' \right).$$

$\overline{D_1 A_1}$ ist die Potentialdifferenz zwischen den Klemmen des Transformators I.

Wird nun der Transformator *II* unter Spannung gesetzt (nachdem die Verbindung $B_1 C_1$ geöffnet ist), so verschiebt sich das Potential B_1 nach links und Potential C_1 nach rechts.

Die Potentiale der Sekundärklemmen liegen dann in den Eckpunkten des Dreiecks $A_1 B_2 C_2$ anstatt in den Eckpunkten des Dreiecks $A_1 B_1 C_1$, wie in dem Potentialdiagramm der Abb. 140 angenommen wurde.

Die Abb. 144 zeigt als Beispiel die Anwendung der Scottschen Schaltung in Verbindung mit dem Lichtbogenofen von Rennerfeld für Elektrostahlgewinnung.

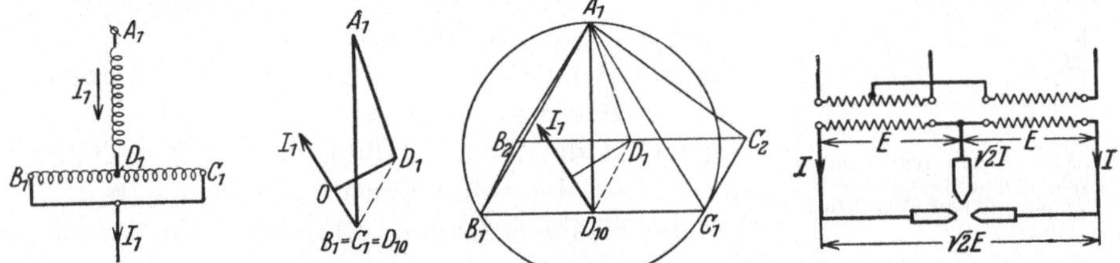

Abb. 143. Zur Bestimmung des Spannungsverlustes des Scottschen Transformators.

Abb. 144. Lichtbogenofen von Rennerfeld von einem Scottschen Transformator gespeist.

15. Parallelschaltung von Transformatoren.

Sollen Transformatoren sowohl primär als auch sekundär parallelgeschaltet werden, dann müssen sie die folgenden Bedingungen erfüllen:

1. Die Schaltungen der Transformatoren müssen zu derselben Schaltungsgruppe gehören.

2. Die Transformatoren müssen dasselbe Übersetzungsverhältnis haben.

3. Die Spannungsabfälle, sowohl die Ohmschen als auch die induktiven, von Leerlauf bis Vollbelastung, müssen möglichst gleich sein für sämtliche parallelarbeitenden Transformatoren.

Die erste Bedingung ist eine Hauptbedingung, die zweite und die dritte sind dagegen in der Praxis nicht immer erfüllt.

In speziellen Fällen kann es vorkommen, daß man die Übersetzungsverhältnisse der Transformatoren absichtlich verschieden macht, um eine bestimmte Verteilung der Gesamtbelastung auf die einzelnen Transformatoren zu erzielen. Die parallel zu schaltenden Transformatoren müssen dann Anzapfungen an den Wicklungen besitzen, so daß man das Übersetzungsverhältnis stufenweise verändern kann. Die Parallelschaltung von Transformatoren von verschiedener Leistung und verschiedenen prozentualen Spannungsabfällen kann in Notfällen, z. B. bei Betriebsstörungen, vorkommen, wo es in erster Linie auf die Aufrechterhaltung der Energielieferung und erst in zweiter Linie auf den Wirkungsgrad ankommt.

Verschiedenheiten in den Kurzschlußreaktanzen der Transformatoren können auch durch Einschaltung von Reaktanzspulen in den Leitungen vor oder hinter den Transformatoren ausgeglichen werden.

Die Vorausberechnung der Verteilung der Belastung auf zwei parallelarbeitende Transformatoren läßt sich wie folgt ausführen:

Die Leerlaufströme der Transformatoren können wir bei dieser Berechnung in fast allen praktischen Fällen vernachlässigen. Denken wir uns weiter die ganze

Impedanzspannung nach der Sekundärseite verlegt, dann folgt, daß die sekundär induzierten Spannungen E_1 und E_2 phasengleich sind. Aus dem Spannungsdiagramm der Abb. 145 erhalten wir jetzt die folgenden Gleichungen:

$$\left.\begin{aligned} \bar{E}_1 &= \bar{E} + \bar{J}_1\,\bar{z}_1\,, \\ \bar{E}_2 &= \bar{E} + \bar{J}_2\,\bar{z}_2\,, \\ \bar{J} &= \bar{J}_1 + \bar{J}_2\,. \end{aligned}\right\} \qquad (100)$$

Hierin bedeutet

J den Gesamtbelastungsstrom,

J_1 den Belastungsstrom des ersten Transformators,

J_2 den Belastungsstrom des zweiten Transformators,

z_1 und z_2 die Kurzschlußimpedanzen der Transformatoren, von der Sekundärseite aus gemessen,

E die Klemmenspannung an der Sekundärseite.

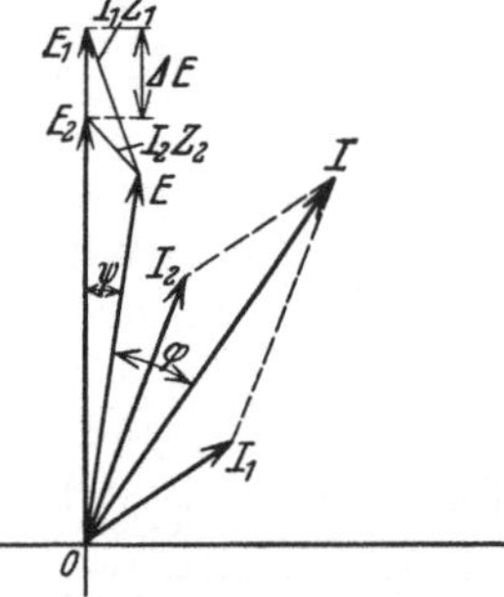
Abb. 145. Strom- und Spannungsdiagramm zweier parallelgeschalteter Transformatoren.

Aus diesen Gleichungen folgt:

$$\left.\begin{aligned} \bar{J}_1 &= \frac{\varDelta E + \bar{J}\cdot z_2}{\bar{z}_1 + \bar{z}_2}\,, \\ \bar{J}_2 &= \bar{J} - \bar{J}_1 = \frac{-\varDelta E + \bar{J}\cdot\bar{z}_1}{\bar{z}_1 + \bar{z}_2}\,, \end{aligned}\right\} \qquad (101)$$

wobei $E_1 - E_2$ gleich $\varDelta E$ gesetzt ist.

Man sieht hieraus, daß sich die Ströme $\bar{J}_1$ und $\bar{J}_2$ durch Superposition des Stromes

$$\bar{J}_0 = \frac{\varDelta E}{\bar{z}_1 + \bar{z}_2} \qquad (102)$$

und der Ströme

$$\left.\begin{aligned} \bar{J}_1' &= \bar{J}\,\frac{\bar{z}_1}{\bar{z}_1 + \bar{z}_2} \\ \bar{J}_2' &= \bar{J}\,\frac{\bar{z}_2}{\bar{z}_1 + \bar{z}_1}\,. \end{aligned}\right\} \qquad (103)$$

darstellen lassen.

Diese Superposition ist in dem äquivalenten Schema Abb. 146 angedeutet.

In der Abb. 147 ist das Stromdiagramm dargestellt.

z_1 und z_2 sind die Kurzschlußimpedanzen, und

$$\bar{z}_r = \bar{z}_1 + \bar{z}_2 = z_r \cdot e^{j\,\varphi_r}$$

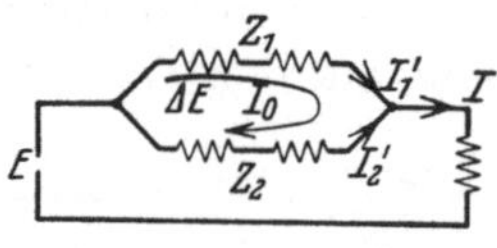

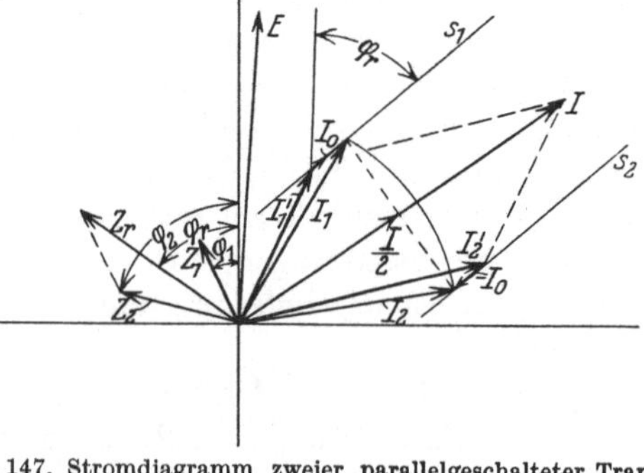

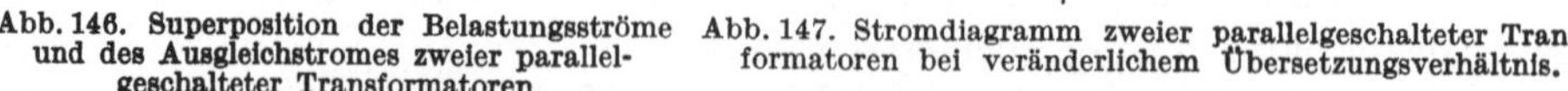

Abb. 146. Superposition der Belastungsströme und des Ausgleichstromes zweier parallelgeschalteter Transformatoren. Abb. 147. Stromdiagramm zweier parallelgeschalteter Transformatoren bei veränderlichem Übersetzungsverhältnis.

ist somit die resultierende Impedanz gegenüber dem Ausgleichsstrom J_0.

J_1' und J_2' sind die Ströme der beiden Transformatoren, wenn ihre Übersetzungsverhältnisse genau gleich sind, so daß $\varDelta E = 0$ ist.

Wird jetzt das Übersetzungsverhältnis des ersten Transformators so geändert, daß $E_1 > E_2$ wird, so wandern die Endpunkte der Vektoren $\bar{J}_1$ und $\bar{J}_2$ auf den Geraden s_1 bzw. s_2, welche den Winkel φ_r mit der reellen Achse bilden. Es ist dann z. B. leicht, einen Wert für J_0 zu finden, bei dem die beiden Ströme J_1 und J_2 gleich groß werden. Aus dem gefundenen Werte für J_0 ergibt sich dann die entsprechende Spannungserhöhung

$$\varDelta E = J_0 \cdot z_r.$$

Da φ_r in der Regel ein großer Winkel ist, wird diese Methode zur Verteilung der Leistung wohl nur in seltenen Fällen vorteilhaft sein, nämlich in solchen, wo die Belastung stark induktiv ist.

Beispiel. Zwei sterngeschaltete Dreiphasentransformatoren

$$6300/225 \text{ V}, \quad 257 \text{ A}, \quad 100 \text{ kVA}.$$

sollen parallelgeschaltet werden.

Die Kurzschlußmessung wurde von der Sekundärseite aus vorgenommen. Die Primärklemmen waren also kurzgeschlossen.

Für den ersten Transformator wurde gemessen

$$E_{2k} = 7,2 \text{ V}, \quad J_{2k} = 257 \text{ A}, \quad P_{2k} = 1473 \text{ W}.$$

Daraus findet man die Phasenspannung $= \dfrac{E_{2k}}{\sqrt{3}} = 4,16$ V.

$$\cos \varphi_1 = \frac{1473}{3 \cdot 4,16 \cdot 257} = 0,460; \quad \varphi_1 = 62^0\, 35',$$

$$z_1 = \frac{4,16}{257} = 0,0162\ \varOmega,$$

$$\bar{z}_1 = 0,0075 + j\, 0,0144\ \varOmega.$$

Für den zweiten Transformator wurde gefunden

$$\cos \varphi_2 = 0,258, \quad \varphi_2 = 75^0,$$

$$z_2 = 0,0211\ \varOmega, \quad \bar{z}_2 = 0,0055 + j\, 0,0204\ \varOmega.$$

Somit ist

$$\bar{z}_r = \bar{z}_1 + \bar{z}_2 = 0,013 + j\, 0,0348 = 0,0371 \cdot e^{j\, 69^0\, 30'}.$$

Für $\varDelta E = 0$ ergibt sich dann

$$\bar{J}_1' = \bar{J} \cdot \frac{0,0162 \cdot e^{j\, 62^0\, 35'}}{0,0371 \cdot e^{j\, 69^0\, 30'}} = 0,437 \cdot \bar{J} \cdot e^{-j\, 7^0\, 5'} \text{ A}$$

und

$$\bar{J}_2' = \bar{J} \cdot \frac{0,0211 \cdot e^{j\, 75^0}}{0,0371 \cdot e^{j\, 69^0\, 30'}} = 0,560 \cdot \bar{J} \cdot e^{j\, 5^0\, 30'} \text{ A}.$$

Ändert man das Übersetzungsverhältnis des ersten Transformators, so daß die Spannung um 1% steigt, so entsteht zwischen den beiden Transformatoren bei Leerlauf ein Ausgleichstrom von

$$\bar{J}_0 = \frac{2,25}{\sqrt{3 \cdot 0,0371}}\, e^{-j\, 69^0\, 30'} = 35 \cdot e^{-j\, 69^0\, 30'} \text{ A}.$$

Das Parallelschalten von zwei Einphasentransformatoren wird in folgender Weise ausgeführt (siehe Abb. 148). Die Schalter u_1, v_1 und v_2 werden geschlossen. Der Spannungsmesser V, welcher den letzten und offenen Schalter u_2 überbrückt, zeigt dann entweder die Spannung Null oder $2E_2$. Im ersten Falle ist die Schaltung richtig und der Schalter u_2 kann geschlossen werden. Die beiden Transformatoren sind dann parallelgeschaltet.

Das Parallelschalten von Dreiphasentransformatoren geschieht nach der Abb. 149 in folgender Weise:

Zuerst werden die Schalter *1, 1'* und *2* eingeschaltet. Mit einem Spannungsmesser prüft man nun, ob die Spannung zwischen den Kontakten des Schalters *2'* Null ist. Ist dies der Fall, kann dieser Schalter geschlossen werden. Dann wird der Schalter *3* geschlossen

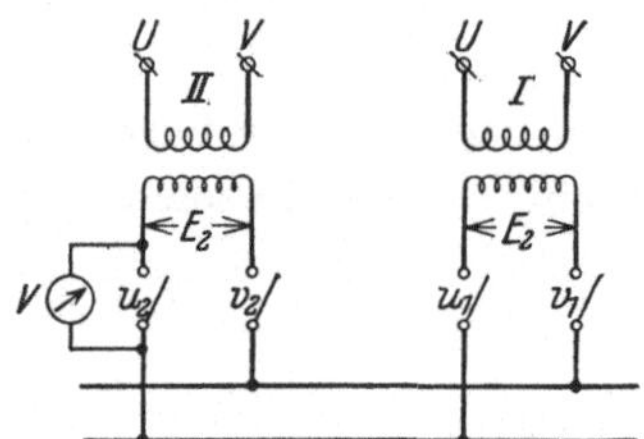

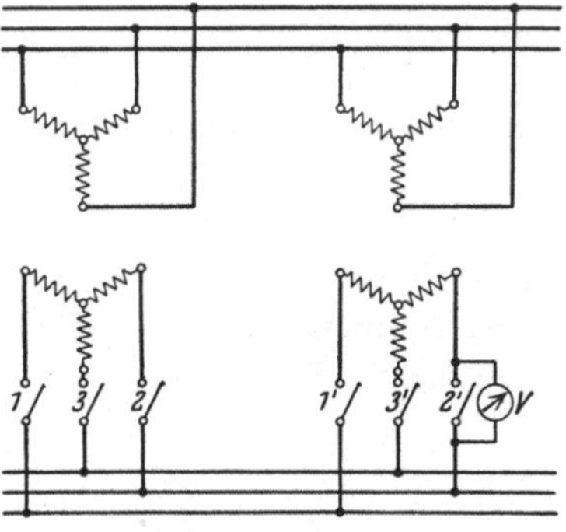

Abb. 148. Parallelschalten von zwei Einphasentransformatoren.

Abb. 149. Parallelschalten von zwei Dreiphasentransformatoren.

und man prüft mit dem Spannungsmesser, ob die Spannung über den Schalter *3'* Null ist. Wenn dies der Fall ist, kann auch dieser Schalter geschlossen werden, und die beiden Transformatoren sind parallelgeschaltet.

16. Nullpunktspannungen bei sterngeschalteten Transformatoren.

In einer Wicklung eines sterngeschalteten Dreiphasentransformators ohne neutrale Leitung können keine solchen Ströme fließen, deren Periodenzahlen gleich $3\,n\cdot f$ sind, wo f die Grundperiodenzahl und n eine ganze Zahl bedeutet. Nun sind aber solche höheren Harmonischen im Magnetisierungsstrom eines Transformators notwendig, wenn dieser eine sinusförmige Spannung liefern soll oder — was auf dasselbe hinauskommt — wenn der Transformator ein sinusförmig variierendes verkettetes Hauptfeld haben soll.

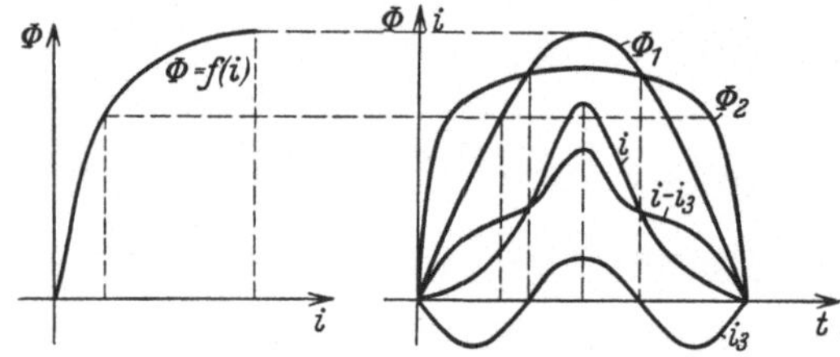

Abb. 150. Konstruktion des Magnetisierungsstromes aus der Magnetisierungskurve bei sinusförmiger Spannung.

In der Abb. 150 ist Φ_1 ein solches sinusförmiges Hauptfeld.

Aus der Magnetisierungskurve $\Phi = f(i)$ findet man dann die Stromkurve i, welche der Feldkurve Φ_1 entspricht. Diese Stromkurve enthält eine dritte Harmonische i_3. Dieser Strom kann aber nicht durch die Wicklung des Transformators fließen, weshalb i_3 von i abgezogen werden muß. So entsteht der wirkliche Magnetisierungsstrom $(i - i_3)$, und es sei angenommen, daß dieser weiter keine durch 3 teilbaren höheren Harmonischen enthält. Mit Hilfe dieser Kurve kann nun das wirkliche Hauptfeld Φ_2 eines Transformatorschenkels gezeichnet werden. Dieses Feld enthält jetzt eine starke Harmonische dritter Ordnung, welche nur die Wicklungen einer Phase umschlingt.

Wenn ein in Stern geschalteter Generator auf einen in Stern geschalteten Transformator arbeitet, so entsteht also zwischen den neutralen Punkten der beiden eine verhältnismäßig hohe Spannung von der dreifachen Grundperiodenzahl.

Dies kann man verhindern, indem man die eine Wicklung (z. B. die Sekundärwicklung) des Transformators in Dreieck schaltet. In dieser Wicklung entsteht dann ein innerer Strom von der dreifachen Grundperiodenzahl, welcher auf das Hauptfeld zurückwirkt. Dadurch wird die dritte Harmonische des Hauptfeldes stark reduziert.

In Kraftanlagen, wo die Generatorspannung zu einer hohen Übertragungsspannung hinauftransformiert wird, schaltet man oft die Primärwicklungen der Transformatoren in Dreieck und die Sekundärwicklungen in Stern. Die dreifachen Harmonischen können dann in der Primärwicklung fließen. Gleichzeitig kann der neutrale Punkt der Sekundärwicklung geerdet werden, so daß statische Ladungen auf den Fernleitungen nach der Erde abfließen können.

Fünftes Kapitel.

Transformatoren für besondere Zwecke.

17. Transformatoren mit nur einer Wicklung
(Spar- oder Auto-Transformatoren).

Wenn der Unterschied zwischen der primären und der sekundären Spannung nicht sehr groß ist, und wenn der primäre Stromkreis nicht von dem sekundären isoliert zu sein braucht, ist es vorteilhaft, nur eine Wicklung auf dem Transformator anzubringen.

Das Schema eines solchen Transformators zeigt die Abb. 151.

Abgesehen von dem Spannungsverlust bei Belastung und von dem Stromverlust infolge des Magnetisierungsstromes gilt

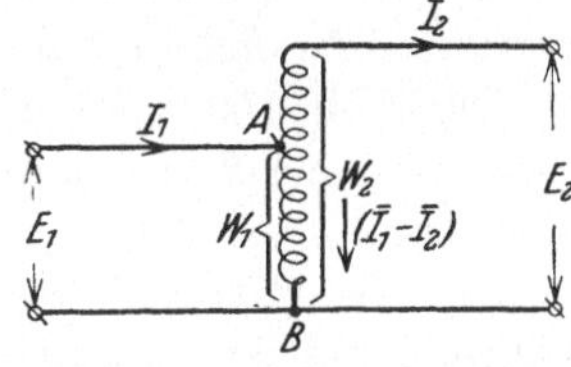

Abb. 151. Autotransformator.

$$E_2 = \frac{w_2}{w_1} E_1 \quad \text{und} \quad J_2 = \frac{w_1}{w_2} J_1. \qquad (104)$$

Der Strom für den Teil der Wicklung, welcher zwischen den Punkten A und B liegt, ist somit

$$J_1 - J_2 = \frac{w_2 - w_1}{w_2} J_1. \qquad (105)$$

Der Vorteil dieser Anordnung im Vergleich mit einem gewöhnlichen Transformator mit zwei Wicklungen liegt also in dem verminderten Kupferverbrauch und in den kleineren Stromwärmeverlusten.

Nehmen wir z. B. an, daß die Stromdichten in beiden Fällen gleich sind, dann nehmen die Stromwärmeverluste proportional dem Kupfervolumen ab. Da die erste Wicklung wegfällt, so bedeutet dies eine Verminderung des Kupferverbrauchs um 50%. Da nun weiter der Wicklungsteil $A B$ nur den Strom $J_1 - J_2$ führt, so wird hier auch etwas Kupfer gespart, wenn $(J_1 - J_2) < J_2$ ist, d. h. wenn $w_2 < 2 w_1$ ist. Bei derselben Stromdichte ist das Verhältnis der Kupfergewichte eines einspuligen und eines zweispuligen Transformators:

$$\left. \begin{aligned} g &= \frac{(w_2 - w_1)\, J_2 + w_1\, (J_1 - J_2)}{J_1\, w_1 + J_2\, w_2} = \frac{w_2\, J_2 + w_1\, J_1 - 2\, w_1\, J_2}{J_1\, w_1 + J_2\, w_2}, \\ g &\sim \frac{2\, J_2\, w_2 - 2\, J_2\, w_1}{2\, J_2\, w_2} = \frac{w_2 - w_1}{w_2}, \end{aligned} \right\} \qquad (106)$$

Z. B.

$$\frac{w_1}{w_2} = \frac{1}{2}; \qquad J_1 = 2J_2; \qquad g = \frac{1}{2}.$$

Die Kupferersparnis ist also in diesem Falle etwa 50%.

Die einspuligen Transformatoren werden aus diesem Grunde oft **Spartransformatoren** oder auch **Autotransformatoren** genannt.

Die Abb. 152 zeigt das Schema eines Spartransformators, mit Scheibenwicklung ausgeführt, um den induktiven Spannungsverlust bei Belastung zu vermindern.

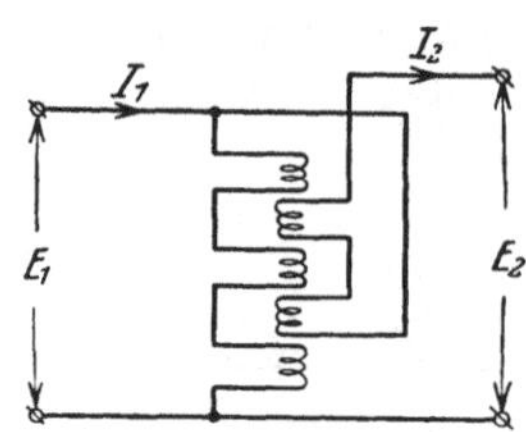

Abb. 152. Autotransformator mit Scheibenwicklung.

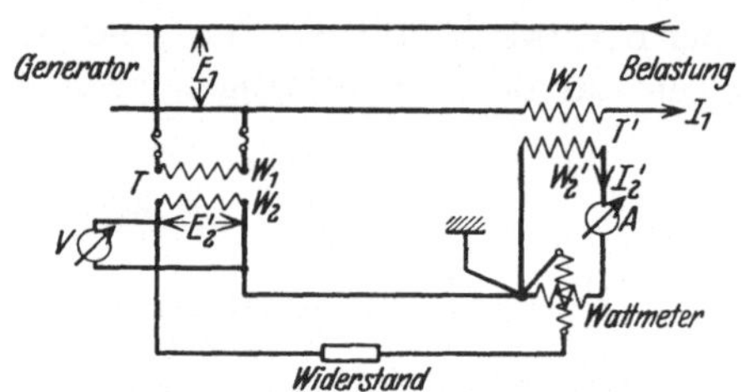

Abb. 153. Schaltung von Strom- und Spannungstransformator bei Einphasenstrom.

18. Meßtransformatoren.

Bei der Messung von starken Wechselströmen oder hohen Wechselspannungen können die Meßinstrumente nicht direkt in den Arbeitsstromkreis geschaltet werden. In solchen Fällen werden sogenannte Meßtransformatoren verwendet.

Die Abb. 153 zeigt die Strom-, Spannungs- und Leistungsmessung bei Einphasenstrom. T ist der Spannungstransformator und T' ist der Stromtransformator.

Der Stromtransformator wirkt wie ein kurzgeschlossener Transformator, während der Spannungstransformator wie ein leerlaufender Transformator sich verhält, indem der Strom durch das Voltmeter V und der Strom in der Spannungsspule des Wattmeters als verschwindend klein angesehen werden können.

Für die Leistungsmessung ergibt sich folgendes:

Es ist die wirkliche Leistung

$$P_1 = E_1 \cdot J_1 \cdot \cos \varphi_1$$

und die vom Wattmeter angezeigte Leistung

$$P_2' = E_2' \cdot J_2' \cdot \cos \varphi_1'.$$

Nun ist

$$J_1 = u_i \cdot J_2' \approx \frac{w_2'}{w_1'} \cdot J_2',$$

und

$$E_1 = u_e \cdot E_2' \approx \frac{w_1}{w_2} \cdot E_2'.$$

Somit wird

$$P_1 = u_i \cdot u_e \cdot E_2' \cdot J_2' \cdot \cos \varphi_1. \tag{107}$$

Setzen wir

$$\cos \varphi_1 = k \cdot \cos \varphi_1', \tag{108}$$

so ist k ein Korrektionsfaktor, welcher bei guten Meßtransformatoren nicht sehr viel von 1 verschieden ist.

Dann ist

$$P_1 = u_i \cdot u_e \cdot k \cdot P_2' . \tag{109}$$

Das Übersetzungsverhältnis der Strom- und Spannungswandler stimmt infolge von Energieverlusten und Streuung nicht genau mit dem Verhältnis der Windungszahlen überein. Auch sind die Ströme bzw. Spannungen des sekundären Kreises in der Phase nicht genau um 180° gegen diejenigen des primären Kreises verschoben, sondern weichen um einen kleinen Winkel ab. Die Größe dieser Winkel hängt von der Belastung der sekundären Kreise ab. Die Stromwandler haben in der Regel größere Phasenfehler als die Spannungswandler. Es seien α_e und α_i die kleinen Phasenwinkel, um welche die primären Vektoren gegen die sekundären in induktiver Richtung verschoben sind, dann ist

$$\varphi_1' = \varphi_1 - \alpha_i + \alpha_e . \tag{110}$$

Setzen wir

$$\alpha_i - \alpha_e = \delta ,$$

so wird

$$\cos \varphi_1' = \cos \varphi_1 \cos \delta + \sin \varphi_1 \sin \delta .$$

Weil δ ein kleiner Winkel ist, können wir setzen:

$$\cos \delta \approx 1 \quad \text{und} \quad \sin \delta \approx \delta$$

und erhalten

$$\cos \varphi_1 = k \cos \varphi_1' = k \cos \varphi_1 (1 + \delta \cdot \operatorname{tg} \varphi_1) .$$

Somit ist der Korrektionsfaktor

$$k = \frac{1}{1 + \delta \cdot \operatorname{tg} \varphi_1} . \tag{111}$$

Der Phasenfehler und das Übersetzungsverhältnis eines Stromwandlers kann z. B. nach einer Methode von Schering und Alberti experimentell bestimmt werden (Abb. 154).

In den primären und sekundären Stromkreis des Stromwandlers wird je ein induktionsfreier Normalwiderstand R_1 bzw. R_2 eingeschaltet. Die Spannungen an r_1 und R_2 werden einander nach Größe und Phase gleichgemacht, was mit Hilfe eines Vibrationsgalvanometers (VG) festgestellt werden kann.

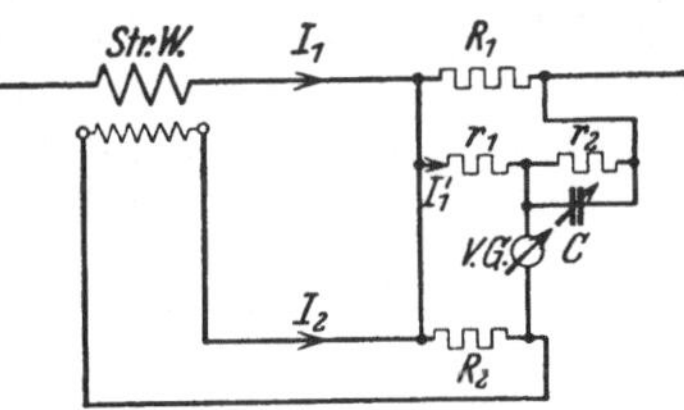

Abb. 154. Bestimmung des Phasenfehlers eines Stromwandlers.

Die Impedanz von r_2 und C in Parallelschaltung ist

$$\bar{z}_2 = \frac{r_2 \cdot \dfrac{1}{j\,\omega\,C}}{r_2 + \dfrac{1}{j\,\omega\,C}} = \frac{r_2}{1 + j\,\omega\,r_2\,C} = \frac{r_2}{1 + (\omega\,r_2\,C)^2} - j\,\frac{\omega\,r_2^2\,C}{1 + (\omega\,r_2\,C)^2} .$$

In allen praktischen Fällen wird

$$(\omega\,r_2\,C)^2 \ll 1 ,$$

so daß wir mit großer Annäherung setzen können

$$\bar{z}_2 \approx r_2 - j\,\omega\,r_2^2\,C\,.$$

Bleibt das Vibrationsgalvanometer in Ruhe, dann ist

$$\bar{J}_1' \cdot r_1 = \bar{J}_2 \cdot R_2\,,$$

$$\bar{J}_1' = \bar{J}_1 \cdot \frac{R_1}{R_1 + r_1 + \bar{z}_2}\,.$$

Wählen wir J_1 reell, dann ist

$$\bar{J}_2 = J_2 \cdot e^{j\,\alpha_i}\,,$$

wo α_i der Phasenfehler des Stromwandlers bedeutet. Wir erhalten **hieraus**

$$\frac{J_1 \cdot R_1 \cdot r_1}{R_1 + r_1 + \bar{z}_2} = J_2 \cdot R_2 \cdot e^{j\,\alpha_i} = J_2 R_2 \cos\alpha_i + j\,J_2 R_2 \sin\alpha_i\,.$$

Setzen wir hier den Wert für $\bar{z}_2$ ein, und trennen wir die reellen und imaginären Teile, so erhalten wir

$$J_1 R_1 \cdot r_1 = J_2 R_2\,(R_1 + r_1 + r_2)\cos\alpha_i + \omega\,r_2^2\,C\,J_2 R_2 \sin\alpha_i\,,$$

$$(R_1 + r_1 + r_2)\sin\alpha_i = \omega\,r_2^2\,C \cdot \cos\alpha_i\,.$$

In der ersten Gleichung können wir $\cos\alpha_i \approx 1$ setzen und das letzte Glied auf der rechten Seite vernachlässigen, so daß wir erhalten:

und

$$\left.\begin{aligned} \frac{J_1}{J_2} &= u_i = \frac{R_2}{R_1}\frac{R_1 + r_1 + r_2}{r_1}\,,\\[2mm] \mathrm{tg}\,\alpha_i &= \frac{\omega\,r_2^2\,C}{R_1 + r_1 + r_2}\,. \end{aligned}\right\} \tag{112}$$

R_1 kann aber gegenüber $r_1 + r_2$ vernachlässigt werden, so daß wir schließlich erhalten:

und

$$\left.\begin{aligned} \frac{J_1}{J_2} &= u_i = \frac{R_2}{R_1}\Big(1 + \frac{r_2}{r_1}\Big)\,,\\[2mm] \mathrm{tg}\,\alpha_i &= \omega \cdot r_2 \cdot C\,\frac{r_2}{r_1 + r_2}\,. \end{aligned}\right\} \tag{113}$$

Da die Stromwandler im Kurzschluß arbeiten, ist die magnetische Induktion B im Eisenkern sehr gering. Wird der Sekundärkreis geöffnet, während die Primärwicklung vom Strom durchflossen wird, so steigt die Induktion sehr stark. Der Transformator kann dann so stark erwärmt werden, daß er beschädigt wird, und außerdem können hohe Spannungen zwischen den Sekundärklemmen auftreten. Selbst eine kurzzeitige Unterbrechung des Sekundärkreises kann eine Änderung des Übersetzungsverhältnisses und der Phasenabweichung α_i zur Folge haben. Man darf aus diesem Grunde keine Sicherungen im Sekundärkreis eines Stromwandlers anbringen. Nur die Spannungswandler sind durch Sicherungen zu schützen.

Bei Kraftverteilungsanlagen mit langen Übertragungsleitungen können die
Stromwandler leicht durch
Wanderwellen beschädigt
werden. Gegenüber solchen
elektrischen Wellen haben
die Stromwandler eine große
Induktivität, und es ent-
stehen hohe Spannungen
zwischen den Klemmen. Zum
Schutz schaltet man Widerstände parallel (Silitwider-
stände). Für Stromwandler
für etwa 5 A, 500 Ω parallel,
für Stromwandler für etwa
200 A, 50 Ω parallel.

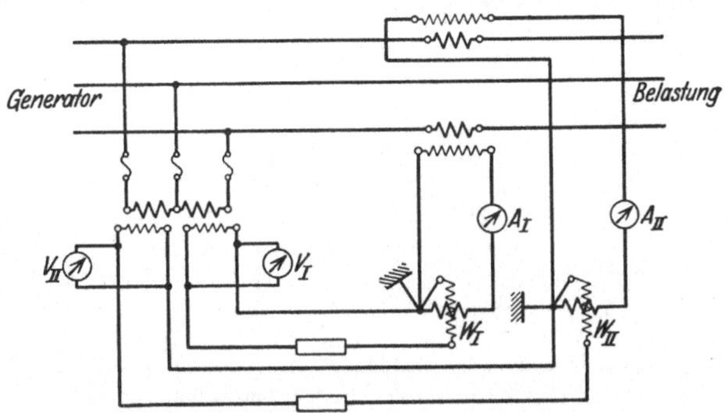

Abb. 155. Strom-, Spannungs- und Leistungsmessung bei
Dreiphasenstrom mit Meßwandler.

Abb. 155 zeigt das Schema für Strom-, Spannungs- und Leistungsmessung
bei Dreiphasenstrom mit Meßwandler.

19. Transformatoren für Spannungsregulierung.

Wünscht man die Spannung an einer bestimmten Stelle eines Wechselstromnetzes konstant zu halten, unabhängig von den übrigen Spannungen des Netzes
und führt eine unabhängige Leitung zu dieser Stelle, so pflegt man in diese
Leitung einen Spannungsregulator oder einen Induktionsregulator ein-
zuschalten.

Die ersten brauchbaren Spannungsregulatoren wurden von Kapp und
Stillwell nach dem Prinzip eines Autotransformators mit veränderlichem
Übersetzungsverhältnis gebaut (Abb. 156).

Eine automatische Regulierung der Spannung bei kleinen primären Spannungsschwankungen erhält man durch Anwendung eines stark gesättigten
Transformators (Abb. 157). Ein solcher Transformator ist
aber nur für kleine Leistungen zweck-
mäßig wegen des verhältnismäßig großen Magnetisierungsstromes.

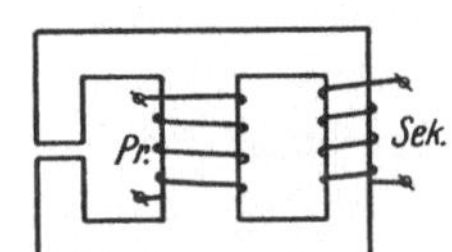

Abb. 157. Spannungsregu-
lierung durch Anwendung
eines gesättigten Transformators.

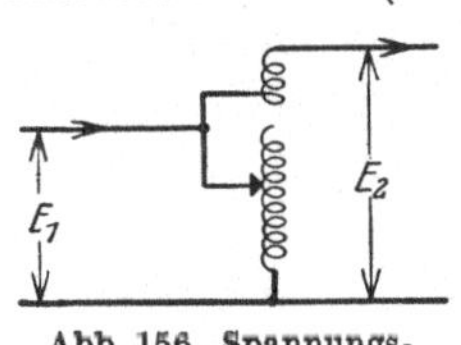

Abb. 156. Spannungs-
regulator.

Am meisten verwendet man die sogenannten Induktionsregulatoren,
welche eine gleichmäßige Änderung der
Spannung gestatten, und deren Prinzip
durch die Anordnung der Abb. 158 dargestellt ist. Die Primärwicklung ist auf einem
drehbaren Anker angeordnet und läßt sich in verschiedene Stellungen gegenüber
der Sekundärwicklung mit Hilfe eines von Hand angetriebenen Schneckenrades
bringen. In der in der Abb. 158 eingezeichneten Stellung geht der maximale, von
der Primärwicklung erzeugte Induktionsfluß durch die Sekundärwicklung. In
dieser tritt also die maximale induzierte EMK auf. Wird der Anker um 90° gedreht, ist die induzierte EMK gleich Null.

Ist die sekundäre Wicklung gleichmäßig auf dem Eisenring verteilt, so ist die
induzierte EMK annähernd proportional cos α, wo α der Winkel ist, den der Anker
mit der eingezeichneten Stellung bildet.

Die Anordnung nach Abb. 158 ist nicht praktisch, weil der Magnetisierungsstrom zu stark steigt, und auch die induktiven Spannungsabfälle wegen primärer und sekundärer Streuung viel zu groß werden.

Die Abb. 159 zeigt eine bessere Anordnung. Dieser Induktionsregulator hat gleichmäßig verteiltes Eisen und eine Kurzschlußwicklung, welche um 90° gegen die Primärwicklung verschoben ist. Diese wird also nicht von der Kurzschlußwicklung beeinflußt.

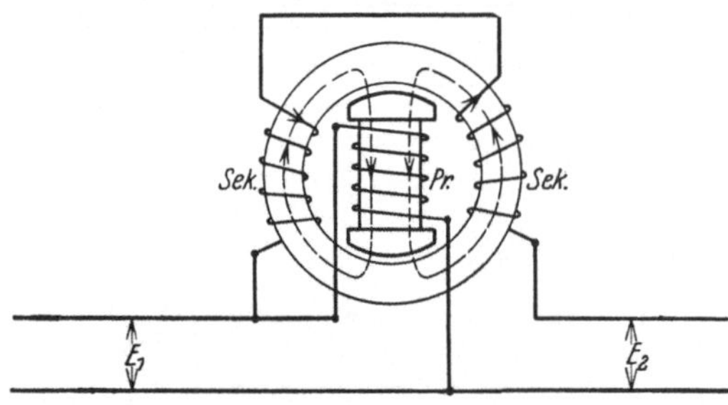

Abb. 158. Schaltung eines Induktionsregulators.

Wird die Sekundärwicklung um den Winkel α gegen die Primärwicklung gedreht, dann können wir die sekundäre Amperewindungszahl $J_s \cdot w_s$ in zwei Komponenten zerlegen:

$$J_s \cdot w_s \cos \alpha \quad \text{und} \quad J_s \cdot w_s \cdot \sin \alpha .$$

Die Komponente $J_s \cdot w_s \cdot \cos \alpha$ ist ungefähr gleich, aber entgegengesetzt gerichtet der primären Amperewindungszahl. Die andere Komponente $J_s \cdot w_s \cdot \sin \alpha$ wird von der Amperewindungszahl der Kurzschlußwicklung aufgehoben. Bei dieser Anordnung erreicht man also eine Kompensation der Amperewindungen, welche in der Sekundärwicklung infolge des Belastungsstromes entsteht. Die in der Sekundärwicklung induzierte Spannung wird dann proportional der primären Spannung und $\cos \alpha$.

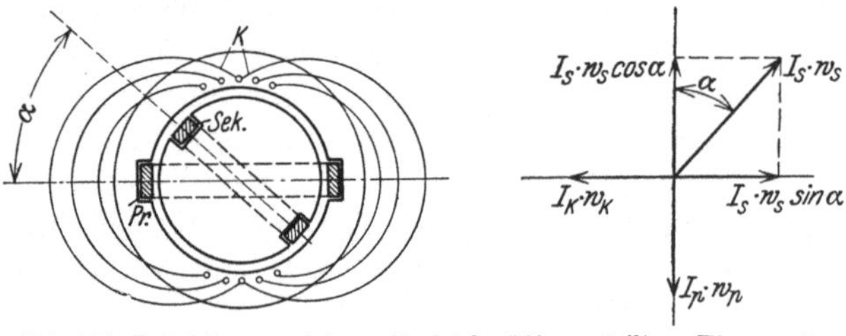

Abb. 159. Induktionsregulator mit gleichmäßig verteiltem Eisen und Kompensationswicklung.

Auch bei dieser Anordnung tritt natürlich ein induktiver Spannungsabfall auf, aber er ist hier wie bei einem Transformator verhältnismäßig klein.

Anstatt den Regulator mit 3 Wicklungen zu versehen, kann man ihn auch wie die Abb. 160 zeigt, mit nur zwei Wicklungen ausführen, indem man die beiden Punkte a und b der Primärwicklung kurzschließt. Ist die Sekundärwicklung stromlos, so haben die beiden Punkte a und b dasselbe Potential, und es fließt kein Strom in der Kurzschlußverbindung. Die Anordnung nach Abb. 160 ist nur der Übersichtlichkeit wegen für Ringanker gezeichnet. In Wirklichkeit hat man sich die Anordnung für Trommelanker ausgeführt zu denken.

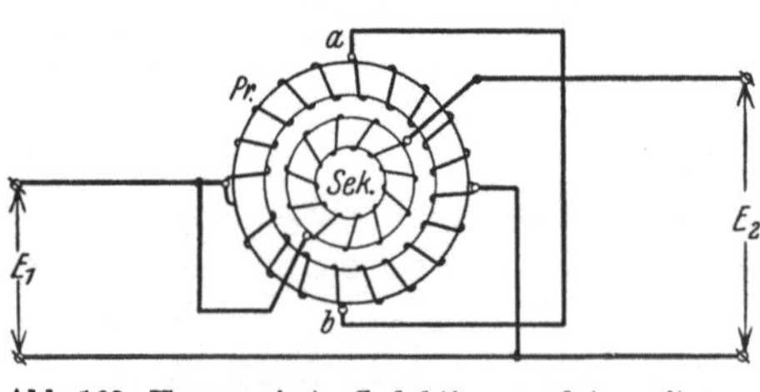

Abb. 160. Kompensierter Induktionsregulator mit nur zwei Wicklungen.

Für Mehrphasenströme können sowohl Reguliertransformatoren als auch Induktionsregulatoren zur Anwendung kommen. In der Praxis verwendet man meistens Induktionsregulatoren, welche im Prinzip wie ein Induktionsmotor gebaut sind (Abb. 161; siehe Teil IV, Abschn. 7). Es entsteht hier ein konstantes Drehfeld, welches in der sekundären Wicklung eine konstante EMK E_r induziert.

Die Spannungsänderung erfolgt dann durch Drehung der primären Wicklung (Rotor) gegenüber der feststehenden sekundären Wicklung (Stator). Durch diese Drehung ändert sich nicht die Größe der induzierten EMK (E_r), sondern nur ihre Phase, wie das Spannungsdiagramm Abb. 162 zeigt.

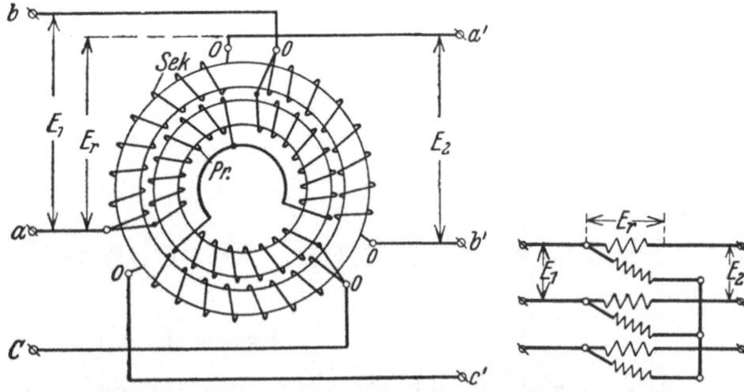

Abb. 161. Induktionsregulator für Dreiphasenstrom.

Da E_1 und E_2 verschiedene Phase haben, kann ein solcher Induktionsregulator nicht zur Spannungsregulierung in einem geschlossenen Netz verwendet werden. Wünscht man, daß E_1 und E_2 dieselbe Phase haben sollen, müssen zwei Regula-

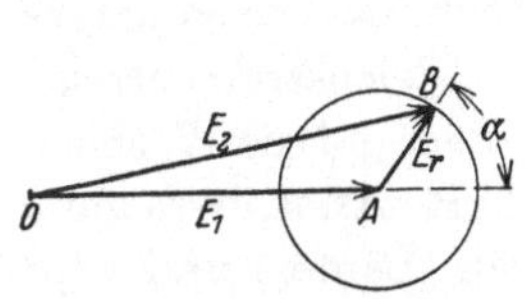

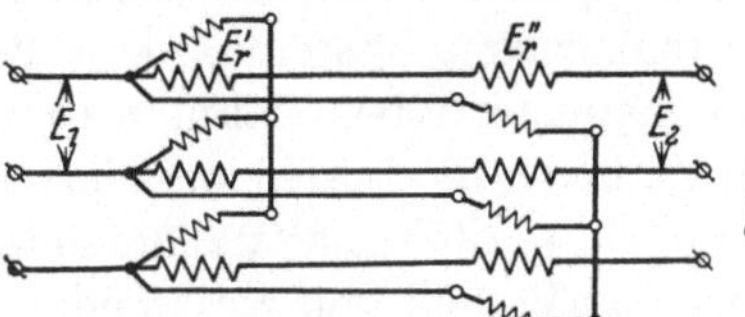

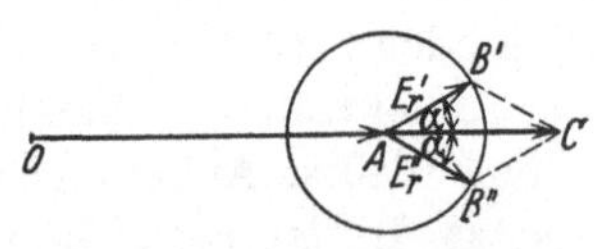

Abb. 162. Spannungsdiagramm eines Induktionsregulators nach Abb. 161.

Abb. 163. Schaltung eines doppelten Induktionsregulators.

Abb. 164. Spannungsdiagramm des Induktionsregulators in Abb. 163.

toren verwendet werden. Diese werden dann mit ihren sekundären Wicklungen in Reihe geschaltet, und die primären Drehfelder haben entgegengesetzten Drehsinn.

Die Rotoren für die sekundären Wicklungen müssen auf derselben Achse angeordnet sein. Das resultierende Drehmoment auf der Regulatorachse ist dann gleichzeitig Null.

Die Abb. 163 zeigt das Schema eines solchen doppelten Regulators und die Abb. 164 das zugehörige Spannungsdiagramm. OA ist die Primärspannung E_1 und $A B'$ bzw. $A B''$ sind die in den beiden hintereinander geschalteten Sekundärwicklungen induzierten EMKe. OC ist dann die Sekundärspannung E_2, welche mit E_1 in Phase ist.

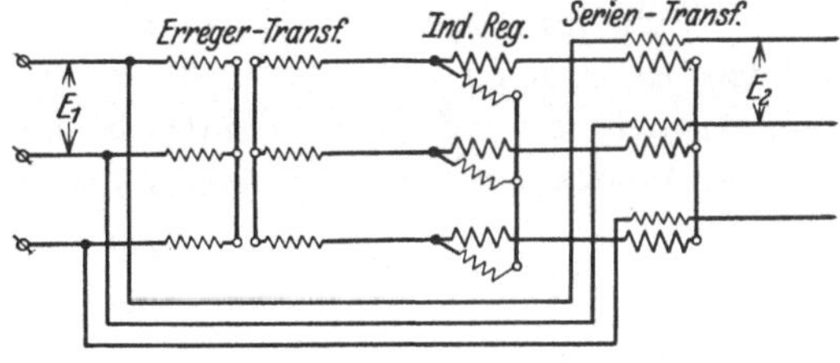

Abb. 165. Induktionsregulator mit Erregertransformator und Serientransformator bei Hochspannung.

Da die Induktionsregulatoren wegen Isolationsschwierigkeiten nicht für sehr hohe Spannungen gebaut werden können, schaltet man sie in solchen Fällen zwischen zwei Transformatoren, so wie die Abb. 165 zeigt.

Dritter Teil

Die synchronen Wechselstrommaschinen.

Übersicht über die magnetischen Verhältnisse.

1. Einleitung.

Die synchronen Wechselstrommaschinen bestehen im wesentlichen aus einem sogenannten Polfelde oder Polsystem (dem induzierenden Systeme) und einem sogenannten Anker (dem induzierten Systeme). Das Polfeld, das ausgeprägte Pole oder zylindrische Feldmagnete haben kann, wird mit Gleichstrom erregt. Der Anker trägt die Wicklung, in der die EMKe induziert werden und die Wechselströme fließen. Anker und Polfeld werden relativ zueinander in Rotationsbewegung gesetzt. In der Regel bildet das Polfeld den rotierenden Teil (Läufer) und wird darum auch Polrad genannt. Der Gleichstrom für die Erregung wird dann der rotierenden Feldwicklung über Bürsten und Schleifringe, welche auf der Welle sitzen, zugeführt. Der in diesem Falle feststehende Anker (Ständer) wird oft Stator genannt. Die Ausführung mit rotierendem Polsysteme und feststehendem Anker bietet den Vorteil, daß die Ankerwicklung, die häufig hochgespannten Strom führt, leichter zu isolieren ist. Außerdem sind kleinere Energiemengen über Bürsten und Schleifringe zu führen.

Die Synchronmaschinen können als Generatoren und als Motoren verwendet werden. Sie können ein- oder mehrphasig ausgeführt werden. Die Drehzahl ist immer synchron mit der Frequenz des erzeugten oder zugeführten Wechselstromes. Bei der Frequenz f und Polpaarzahl p wird die Drehzahl

$$n = \frac{60\,f}{p} \text{ Uml./min} \tag{1}$$

oder

$$f = \frac{p\,n}{60}\,. \tag{2}$$

2. Allgemeines über die Arbeitsweise einer Synchronmaschine.

Als Beispiel wollen wir einen Dreiphasengenerator betrachten. In dieser Maschine ist die Ankerwicklung aus drei Spulensystemen gebildet. Jedes Spulensystem ist auf dem Anker relativ zu den anderen um 120 elektrische Grade verschoben. In jedem System wird durch die Rotation des Polrades eine EMK induziert. Die drei EMKe sind relativ zueinander um 120° phasenverschoben. Der

Abstand zwischen den Mittellinien zweier aufeinander folgenden Pole, auf dem Ankerumfang gemessen, wird die Polteilung τ genannt. Eine Polteilung entspricht 180 elektrischen Graden. Eine doppelte Polteilung entspricht einer Periode.

Die in Abb. 166 gezeichnete Ankerwicklung hat eine Nut pro Pol und Phase. Die Kurvenform der induzierten EMKe ist dann dieselbe wie die Kurvenform des Feldes[1]. Ist die Anzahl der Leiter pro Phase gleich N und die Kraftlinienzahl pro Pol gleich Φ, wird die Anzahl der Kraftlinienschnitte pro Periode gleich $2\,\Phi N$. Der Mittelwert der im Anker induzierten EMK wird somit pro Phase

$$E_{mitt} = 2\,f\,N\,\Phi \cdot 10^{-8} \text{ V},$$

oder, wenn die Windungszahl pro Phase $w = \dfrac{N}{2}$ eingeführt wird:

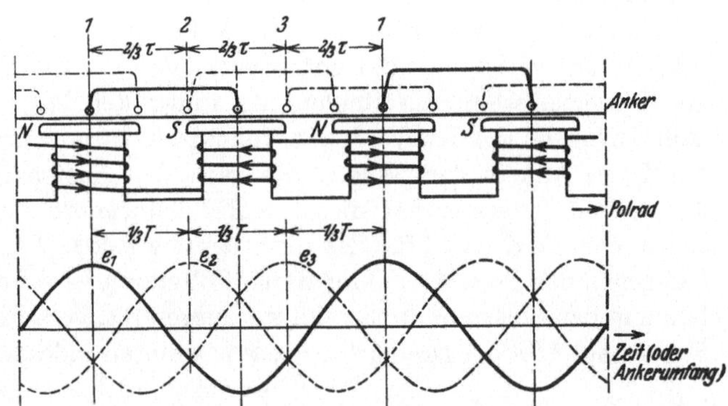

Abb. 166. Schematische Darstellung eines Dreiphasengenerators und die in den Wicklungen induzierten EMKe.

$$E_{mitt} = 4\,f\,w\,\Phi\,10^{-8} \text{ V}.$$

Bezeichnet $k_f = \dfrac{E}{E_{mitt}}$ den Formfaktor der EMK-Kurve, wird der Effektivwert der induzierten EMK pro Phase

$$E = 4\,k_f\,f\,w\,\Phi \cdot 10^{-8} \text{ V}.$$

In diesem Falle gilt auch für die Induktion auf dem Ankerumfange

$$\frac{B_{eff}}{B_{mitt}} = k_f.$$

Man sucht die Pole derart zu formen, daß die Feldkurve als Funktion des Ankerumfanges möglichst sinusförmig wird. Dann ist $k_f = 1{,}11$, und folglich

$$E = 4{,}44\,f\,w\,\Phi \cdot 10^{-8} \text{ V}. \tag{3}$$

Hat die Wicklung mehrere Nuten pro Pol und Phase, und ist die Feldkurve nicht sinusförmig, so ändert sich die Formel für die Berechnung der EMK ein wenig, wie später gezeigt werden soll.

Wenn der Generator belastet wird, fließt in seiner Ankerwicklung ein Dreiphasenstrom. Dieser Ankerstrom wirkt auf das Feld zurück. Es tritt die sogenannte Ankerrückwirkung auf, indem die Ströme der einzelnen Phasen eine gemeinsame MMK[2] hervorrufen, welche in demselben Sinne wie das Polfeld rotiert und mit diesem Felde synchron ist. Wir müssen also unterscheiden:

1. Die MMK, welche von den Feldpolen erzeugt wird. Der betreffende Magnetisierungsstrom ist ein Gleichstrom, und die MMK rotiert, weil die Pole rotieren.

---

[1] Die augenblickliche Richtung der induzierten EMK in Phase 1 ist in bekannter Weise durch Kreuze und Punkte angedeutet.

[2] Unter MMK soll im folgenden die auf den betreffenden magnetischen Kreis wirkende Amperewindungszahl verstanden werden.

2. Die MMK, welche von dem Ankerstrome erzeugt wird. Diese MMK rotiert längs des Ankerumfanges, weil der Strom im Anker ein mehrphasiger Wechselstrom ist.

Diese beiden MMKe haben verschiedene Stellung relativ zueinander, abhängig von der Phasenverschiebung des Ankerstromes gegenüber der in der Ankerwicklung von dem Polfelde induzierten EMK.

Nehmen wir erstens an, daß der Ankerstrom mit der vom Polfeld induzierten EMK in Phase ist. Sowohl der Strom als auch die EMK erreichen dann ihre Höchstwerte, wenn die Spulenseite unter der Mitte des Poles liegt. In der Abb. 167 stellt die Kurve *1* das Polfeld und die Kurve *2* die Grundwelle der MMK des Ankers dar. Wegen des variablen Luftspaltes wird die Kurve *3* für das Ankerfeld gegenüber dieser MMK deformiert. Die Kurven *1* und *3* bilden zusammen die Kurve *4* für das resultierende Feld[1]. Wie man sieht, ist das Ankerfeld gegen das Polfeld um eine halbe Polteilung verschoben. Wird, wie in der Abbildung, das Polsystem rotierend vorausgesetzt, verschiebt sich das resultierende Feld entgegen der Drehrichtung. Wir könnten indessen ebensogut eine Drehung

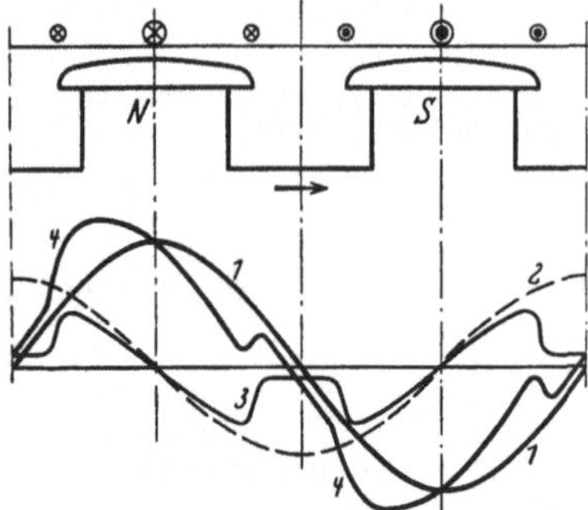

Abb 167. Ankerrückwirkung bei Ohmscher Belastung.

des Ankers bei feststehendem Polsystem annehmen, und das resultierende Feld würde dann wie bei einem Gleichstromgenerator eine Verschiebung in der Drehrichtung des Ankers erfahren. Die hier angedeutete Wirkung der Ankerströme wird als Quermagnetisierung bezeichnet.

Bei den in Abb. 167 eingezeichneten Stromrichtungen wirken die Ankerströme auf die Bewegung des Polrades bremsend, und die Maschine arbeitet als Generator, indem mechanische Energie in elektrische umgesetzt wird. Wird für die Ankerströme die entgegengesetzte Richtung angenommen — also 180° Phasenverschiebung gegen die vom Polfelde induzierten EMKe —, so werden diese Ströme auf das Polfeld im Uhrzeigersinn treibend wirken. Man hat dann einen Synchronmotor. Die Richtung des Ankerfeldes wird in diesem Falle umgekehrt von der in Abb. 167 eingezeichneten, und das resultierende Feld wird in der Drehrichtung des Polrades verschoben. Wenn der Anker drehbar wäre und das Polrad feststünde, würde sich das resultierende Feld entgegen der Drehrichtung verschieben, so daß also die Verhältnisse wie bei einem Gleichstrommotor liegen würden.

Als zweiter Fall wollen wir annehmen, daß die Ankerströme gegen die vom Polfelde induzierte EMK um 90° verschoben sind. In Abb. 168 sind die Ströme mit 90° Verzögerung gegen die induzierte EMK eingezeichnet. Wie früher bezeichnet Kurve *1* das Polfeld, Kurve *2* die MMK des Ankers, Kurve *3* das Ankerfeld und Kurve *4* das resultierende Feld. Wie man sieht, ist das Ankerfeld hier dem Polfelde direkt entgegengesetzt. Das Ankerfeld bewirkt also, daß das resultierende Feld schwächer als das Polfeld wird. Dieser Fall liegt vor, wenn ein Generator rein induktiv belastet wird.

---

[1] In Abb. 167 und 168 ist die Polfeldkurve sinusförmig angenommen und die Eisensättigung vernachlässigt.

Die schematische Darstellung Abb. 168 kann auch für einen Motor gelten. Wenn man sich erinnert, daß die aufgedrückte Klemmenspannung des Motors um 180^0 gegen die induzierte EMK verschoben ist, sieht man ein, daß die in der Abbildung eingezeichneten Ankerströme jetzt der Klemmenspannung um 90^0 voreilen. Der Motor wirkt also in diesem Falle wie eine kapazitive Belastung.

Nimmt man an, daß alle Ankerströme die entgegengesetzte Richtung von Abb. 168 haben, also der induzierten EMK um 90^0 voreilen, so wird auch die Richtung des Ankerfeldes umgekehrt. Das Ankerfeld wirkt dann in derselben Richtung wie das Polfeld, und das resultierende Feld wird stärker als das Polfeld.

Daraus ersieht man, daß das Ankerfeld in einem kapazitiv belasteten Generator auf das Polfeld verstärkend wirkt, und daß dasselbe in einem Motor der Fall ist, wenn dieser nacheilenden (induktiven) Blindstrom aufnimmt.

Wenn ein Generator mit konstanter Spannung arbeiten soll, muß man durch Regulierung des Polfeldes (d. h. der Erregung) den Einfluß der Ankerrückwirkung derart ausgleichen, daß das resultierende Feld ungefähr konstant wird. Darum muß bei Belastung mit induktivem Blindstrom die Erregung verstärkt und bei Belastung mit kapazitivem Blindstrom geschwächt werden.

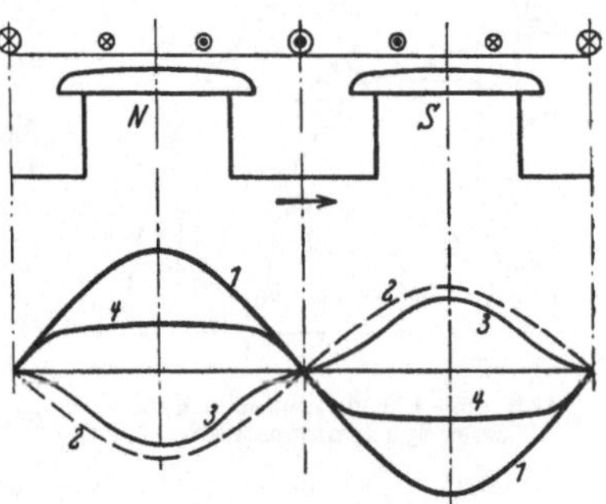

Abb. 168. Ankerrückwirkung bei 90^0 Verzögerung des Stromes gegen die induzierte EMK.

Wenn ein Motor bei konstanter Spannung arbeiten soll, muß das resultierende Feld ebenfalls ungefähr konstant sein. Wird daher das Polfeld durch Reduktion des Erregerstromes geschwächt, so nimmt der Motor induktiven Blindstrom auf; er wirkt also wie eine induktive Belastung. Wird dagegen das Polfeld durch Erhöhung des Erregerstromes verstärkt, so nimmt der Motor kapazitiven Blindstrom auf; er wirkt also wie eine kapazitive Belastung.

Die obigen Ergebnisse sind in der Tabelle 4 zusammengefaßt.

Tabelle 4. Übersicht über die Ankerrückwirkung.

Die Phase des Stromes gegen die ind. EMK des Polfeldes	Generator	Motor
in gleicher Phase	Quermagnetisierung. Verschiebung des Feldes gegen die Drehrichtung	
in entgegengesetzter Phase		Quermagnetisierung. Verschiebung des Feldes in der Drehrichtung
um 90 nacheilend	Belastung induktiv. Ankerfeld wirkt auf das Polfeld schwächend, negative Längsmagnetisierung	wirkt als kapazitive Belastung
um 90 voreilend	Belastung kapazitiv. Ankerfeld wirkt auf das Polfeld verstärkend, positive Längsmagnetisierung	wirkt als induktive Belastung

3. Der magnetische Kreis.

a) Der Verlauf des Polfeldes durch die Maschine. Abb. 169 zeigt den magnetischen Kreis einer Synchronmaschine mit ausgeprägten Polen. Er besteht aus den in der Tabelle 5 aufgeführten Teilstrecken und führt die Hälfte vom Kraftfluß eines Poles. Bezeichnet Φ_s den gesamten Streufluß, der direkt durch

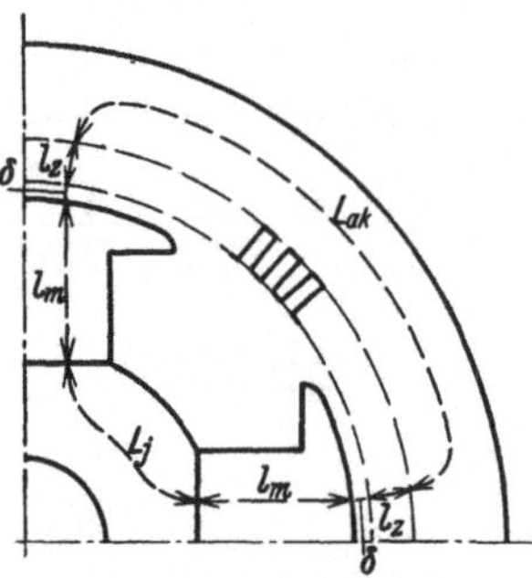

Abb. 169. Der magnetische Kreis einer Synchronmaschine.

Tabelle 5.

Teilstrecke	mittlere Kraftlinienlänge	Querschnitt	Amperewindungszahl
Luftspalt .	$2\,\delta$	$\frac{1}{2}S_l$	AW_l
Ankerzähne	$L_z = 2l_z$	$\frac{1}{2}S_z$	AW_z
Ankerkern .	L_{ak}	S_{ak}	AW_{ak}
Magnetkern	$L_m = 2l_m$	$\frac{1}{2}S_m$	AW_m
Joch . . .	L_j	S_j	AW_j

die Luft von einem Pol zu den Nachbarpolen hinübergeht, und Φ den Kraftfluß, der je Pol in das Ankereisen eintritt, so wird der totale Kraftfluß eines Pols $\Phi_m = \Phi + \Phi_s$. Das Verhältnis

$$\frac{\Phi_m}{\Phi} = 1 + \frac{\Phi_s}{\Phi} = \sigma \tag{5}$$

heißt der (Hopkinsonsche) Streukoeffizient und hat gewöhnlich für normalen Leerlauf einen Wert in der Nähe von 1,2.

b) Die ideelle Ankerlänge. Die für die Berechnung der Luftinduktion B_l maßgebende ideelle Ankerlänge l_i ist durch die axiale Eisenlänge des Ankers l (Lüftungsschlitze abgezogen) und der Polschuhe l_p gegeben. Die Kraftflüsse, welche in die Stirnflächen des Eisens eintreten, werden im Betrieb durch die Rückwirkung der von denselben erzeugten Wirbelströme stark verkleinert, so daß wir praktisch rechnen können:

$$l_i = \tfrac{1}{2}(l + l_p). \tag{6}$$

c) Die Amperewindungen des Luftspaltes. Die Nuten des Ankers bewirken eine Vergrößerung des magnetischen Widerstandes für den Luftspalt. Bei der Berechnung der notwendigen Amperewindungen AW_l kann man diese Wirkung dadurch berücksichtigen, daß man mit einem scheinbaren Wert des Luftspaltes $\delta' = k_1\delta$ rechnet. Der Faktor k_1, der stets größer als 1 sein muß, wird Nutenfaktor oder Carterscher Faktor genannt. Ist die Luftinduktion vor einem Zahn B_l', so wird

$$AW_l = 1{,}6\,\delta\,B_l' = 1{,}6\,k_1\,\delta\,B_l. \tag{7}$$

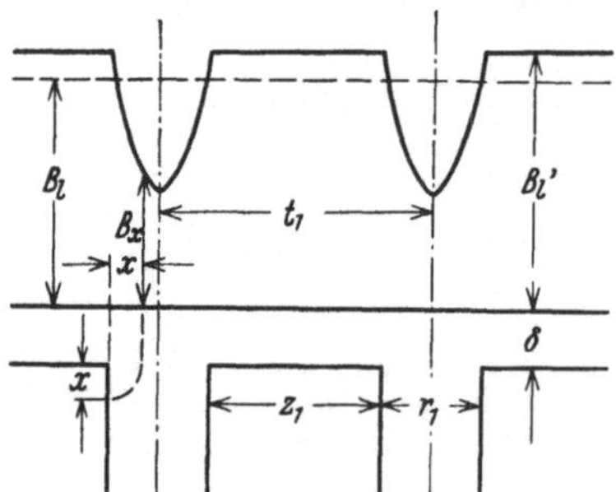

Abb. 170. Angenäherter Verlauf der Luftspaltinduktion über einem Nutenanker.

An der Stelle x der Poloberfläche (Abb. 170) wird eine Größe der Luftinduktion angenommen:

$$B_x = B_l' \frac{\delta}{\delta + \dfrac{\pi}{2}\,x}.$$

Die Summe der Kraftlinien für eine ganze Nut wird pro 1 cm axiale Länge

$$\sum B_x = 2\,\delta\,B_l' \int\limits_0^{\frac{r_1}{2}} \frac{d\,x}{\delta + \frac{\pi}{2}\,x} = \frac{4}{\pi}\,\delta\,B_l' \cdot 2{,}3 \cdot \log\left(1 + \frac{\pi}{4}\,\frac{r_1}{\delta}\right).$$

Der durchschnittliche Wert der Luftinduktion unter dem Pole sei B_l. Dann ist angenähert

$$B_l\,t_1 = B_l'\,z_1 + \frac{4}{\pi}\,\delta\,B_l' \cdot 2{,}3 \cdot \log\left(1 + \frac{\pi}{4}\,\nu_1\right),$$

wo $\nu_1 = \dfrac{r_1}{\delta}$ ist. Daraus folgt

$$k_1 = \frac{B_l'}{B_l} = \frac{t_1}{z_1 + 2{,}93 \cdot \delta \cdot \log\left(1 + \dfrac{\pi}{4}\,\nu_1\right)}. \tag{7}$$

Nach E. Arnold[1] wird gesetzt:

$$k_1 = \frac{t_1}{z_1 + X\,\delta}, \tag{8}$$

wo $X = f(\nu_1)$ einer berechnungsmäßig ermittelten Kurve zu entnehmen ist.

Wenn sowohl der Anker als auch das Feldsystem genutet sind, denkt man sich nach Arnold[2] den Luftspalt δ in zwei Teile, δ_s und δ_r, derart aufgeteilt, daß

$$\frac{r_{1s}}{\delta_s} = \frac{r_{1r}}{\delta_r} = \frac{r_{1s} + r_{1r}}{\delta} = \nu_1$$

ist (Abb. 171). Folglich wird

$$\delta_s = \frac{r_{1s}}{r_{1s} + r_{1r}}\,\delta \quad \text{und} \quad \delta_r = \frac{r_{1r}}{r_{1s} + r_{1r}}\,\delta. \tag{9a u. b}$$

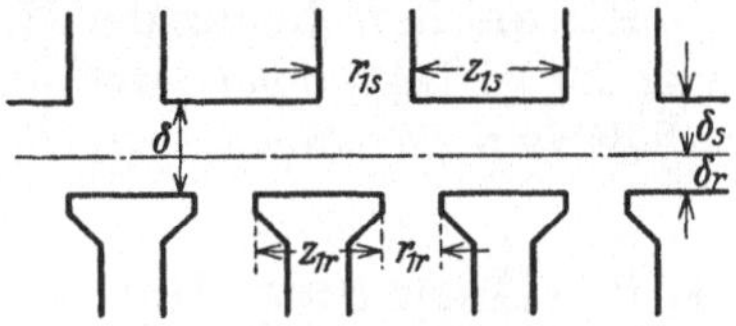

Abb. 171. Aufteilung des Luftspaltes bei doppelseitiger Nutung.

Die Grenzlinie zwischen den Teilluftspalten wird nun näherungsweise als eine Niveaufläche des Feldes angenommen, und man berechnet wie oben die Nutenfaktoren für δ_s und δ_r:

$$k_s = \frac{t_s}{z_s + X\,\delta_s} \quad \text{und} \quad k_r = \frac{t_r}{z_r + X\,\delta_r}. \tag{10a und b}$$

Der resultierende Faktor k_1 für den ganzen Luftspalt ergibt sich aus der Beziehung

$$k_1\,\delta = k_s\,\delta_s + k_r\,\delta_r,$$

d. h.

$$k_1 = \frac{k_s\,\delta_s + k_r\,\delta_r}{\delta}. \tag{11}$$

d) Die Amperewindungen der Ankerzähne. An einer Stelle mit Zahnbreite z (Abb. 172) sei die Zahninduktion B_z. Dann gilt beim Blechfüllfaktor k_2 ($\approx 0{,}9$ für Papierisolation), wenn die Nutenräume feldfrei angenommen werden:

$$B_z\,k_2\,l\,z = B_l\,l_i\,t_1,$$

---

[1] Siehe z. B. Die Wechselstromtechnik. 4, 79 (1913).
[2] Siehe z. B. Die Wechselstromtechnik. 4, 107.

oder

$$B_z = \frac{l_i}{k_2\,l}\,\frac{t_1}{z}\,B_l.$$

Man erhält am Zahnkopf:

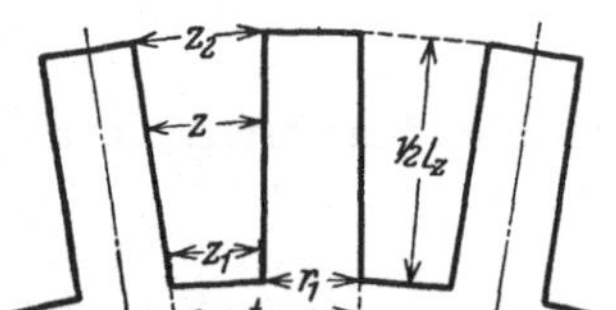
Abb. 172. Maßskizze der Nutung.

$$B_{z\,\mathrm{max}} = \frac{l_i}{k_2\,l}\,\frac{t_1}{z_1}\,B_l \tag{12}$$

und am Zahnfuß:

$$B_{z\,\mathrm{min}} = \frac{l_i}{k_2\,l}\,\frac{t_1}{z_2}\,B_l. \tag{13}$$

Die entsprechenden Amperewindungszahlen pro Zentimeter $aw_{z\,\mathrm{max}}$ und $aw_{z\,\mathrm{min}}$ werden aus der Magnetisierungskurve des Eisenbleches entnommen, und man erhält:

$$A W_z = \tfrac{1}{2} L_z\,(a\,w_{z\,\mathrm{max}} + a\,w_{z\,\mathrm{min}}). \tag{14}$$

Gegebenenfalls werden B_z und die entsprechenden aw_z für mehrere Zahnquerschnitte berechnet, wonach z. B. die Regel von Simpson benutzt werden kann.

Wenn $B_{z\,\mathrm{max}} > 18000$ Gauß ist, muß man in Betracht ziehen, daß die Nutenräume und die Isolationszwischenlagen der Bleche mit dem Eisen der Zähne magnetisch parallelgeschaltet sind. Die Berechnung kann dann z. B. nach Arnold-la Cour[1] ausgeführt werden.

Für die Berechnung der Maschine ist es notwendig, $A W_z$ für mehrere Werte von B_l zu bestimmen, wodurch man eine Magnetisierungskurve für die Zähne erhält (vgl. Abschn. 4).

4. Bestimmung der Kurvenform und des Verteilungsfaktors des Polfeldes.

Die Kurve, welche die Stärke des Polfeldes als Funktion des Ankerumfanges darstellt, kann in folgender Weise graphisch ermittelt werden.

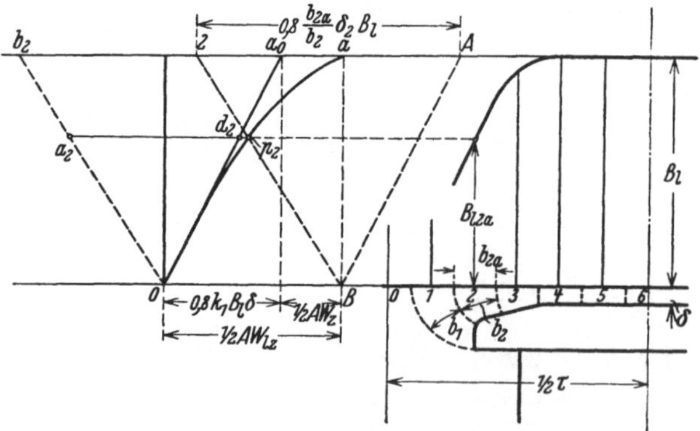
Abb. 173. Graphische Ermittlung der Polfeldkurve.

Die halbe Polteilung wird z. B. in 6 gleiche Teile geteilt, wie es in Abb. 173 gemacht ist. Für jeden Teil wird eine Kraftröhre nach Gutdünken gezeichnet, indem man sich erinnert, daß sie nahezu senkrecht aus der Poloberfläche aus- und in den Ankerumfang ein- treten muß. Unter der Polmitte ist die MMK für den Luftspalt („die Luftamperewindungen")

$$\tfrac{1}{2} A W_l = 0{,}8\,k_1\,B_l\,\delta.$$

---

[1] Arnold-la Cour: Die Wechselstromtechnik 4, 81.

Die Linie Oa_0 stellt diese Amperewindungen als Funktion der Luftinduktion B_l dar. Hierzu werden die Amperewindungen der Zähne, pro Pol gleich $\frac{1}{2}AW_z$ addiert, und es ergibt sich die sogenannte Übertrittscharakteristik Oa, die somit $\frac{1}{2}AW_{lz} = \frac{1}{2}AW_l + \frac{1}{2}AW_z$ in Abhängigkeit von B_l darstellt.

Für den gewählten Wert von B_l wird also die MMK für Luftspalt und Zähne gleich OB. Wir nehmen an, daß diese MMK konstant über der ganzen Polteilung herrscht. Bei abnehmender Luftinduktion nehmen die Zahnamperewindungen schneller als die Luftamperewindungen ab, wie aus der Kurve Oa ersichtlich ist.

Für die Kraftröhre beim Teilungspunkt n unter der Polspitze wird gesetzt:

durchschnittliche Länge $\quad\quad = \delta_n$,

durchschnittliche Breite $\quad\quad = b_n$,

durchschnittliche Induktion $\quad = B_{l\,n}$ (bei Breite b_n),

Breite am Ankerumfang $\quad\quad = b_{n\,a}$,

durchschnittliche Induktion am Ankerumfang $= B_{l\,n\,a}$.

Die Luftamperewindungen der Röhre sind dann:

$$\tfrac{1}{2}AW_{l\,n} = 0{,}8\,B_{l\,n}\,\delta_n\,,$$

indem wir bei größeren Werten von δ_n $k_1 = 1$ setzen. Nun ist

$$B_{l\,n} = \frac{b_{n\,a}}{b_n}\,B_{l\,n\,a}$$

und somit

$$\tfrac{1}{2}AW_{l\,n} = 0{,}8\,\frac{b_{n\,a}}{b_n}\,\delta_n\,B_{l\,n\,a}\,.$$

Um $B_{l\,n\,a}$ für den Teilungspunkt n (z. B. $B_{l\,2\,a}$ für den Punkt 2) zu bestimmen, kann man die Konstruktion in Abb. 173 benutzen. Der Punkt A wird derart bestimmt, daß

$$a_0 A = \tfrac{1}{2}AW_{l\,z} = OB\,.$$

Weiter wird festgelegt ein Punkt n, so daß

$$An = 0{,}8\,\frac{b_{n\,a}}{b_n}\,\delta_n\,B_l$$

wird, z. B. für die Kraftröhre 2

$$A2 = 0{,}8\,\frac{b_{2\,a}}{b_2}\,\delta_2\,B_l\,.$$

Man zieht die Linie Bn, die die Kurve Oa in p_n schneidet, und die Ordinate dieses Punktes ergibt die gesuchte Luftinduktion $B_{l\,n\,a}$. (In der Abbildung ist die Konstruktion für den Punkt $n = 2$ ausgeführt.)

Der Beweis geht unmittelbar aus der Abbildung hervor, wenn die Linie $Ob_2 \parallel B2$ gezogen wird. Man sieht dann, daß

$$a_0 b_2 = 0{,}8\,\frac{b_{2\,a}}{b_2}\,\delta_2\,B_l$$

und

$$d_2 a_2 = 0{,}8\,\frac{b_{2\,a}}{b_2}\,\delta_2\,B_{l2a} = \tfrac{1}{2}AW_{l2}$$

ist. Weiter ist

$$d_2\,p_2 = \tfrac{1}{2}\,A\,W_{z\,2}\,,$$

d. h.

$$a_2\,p_2 = \tfrac{1}{2}\,A\,W_{l z}\,.$$

In derselben Weise kann man für eine beliebige andere Kraftröhre n verfahren, und die Feldkurve, für einen Pol allein erregt, kann Punkt für Punkt aufgezeichnet werden. Dann denkt man sich den Nachbarpol erregt und bekommt für diesen eine entsprechende Feldkurve. Durch Addieren der beiden Kurven ergibt sich das resultierende Polfeld (Abb. 174).

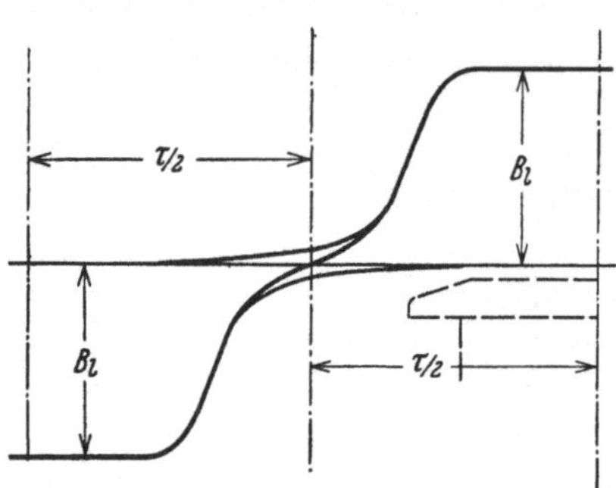

Abb. 174. Die resultierende Feldkurve eines Polpaares.

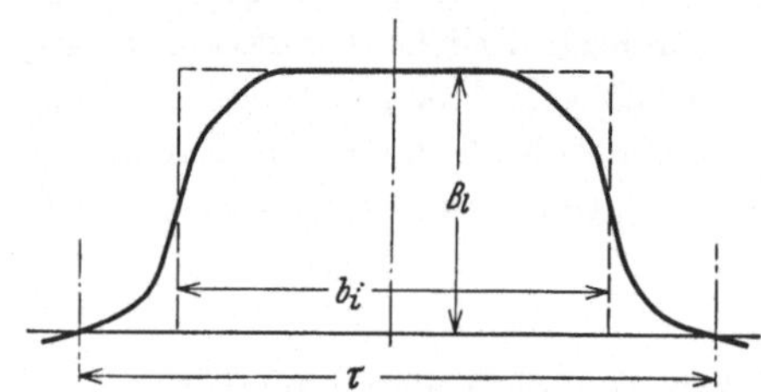

Abb. 175. Bestimmung des ideellen Polbogens.

Die von der resultierenden Feldkurve einer Polteilung umschlossene Fläche denkt man sich in ein inhaltsgleiches Rechteck mit der Höhe B_l umgewandelt (Abb. 175). Die Breite dieses Rechteckes nennt man den ideellen Polbogen b_i. Somit ist die Anzahl der Kraftlinien, die pro Pol in das Ankereisen eintreten,

$$\Phi = l_i\,b_i\,B_l\,. \tag{15}$$

Wie wir später sehen werden, kommt hiervon im wesentlichen nur der Kraftfluß $\Phi_{(1)}$, der der Grundwelle des Feldes entspricht, für die Berechnung der induzierten EMK in Betracht. Man setzt

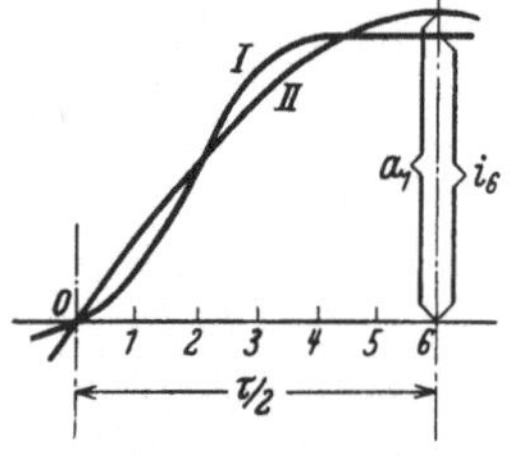

Abb. 176. Ermittlung der Grundwelle der Feldkurve.

$$k_B = \frac{\Phi_{(1)}}{\Phi} = \frac{\text{Fläche der Grundwelle}}{\text{Fläche der Feldkurve}} \tag{16}$$

und nennt die Größe k_B den Feldverteilungsfaktor. Die Grundwelle der Feldkurve kann nun in folgender Weise bestimmt werden (siehe Abb. 176):

Die Polteilung ist wie früher in 12 gleiche Teile geteilt und die den Teilungspunkten 0, 1, 2 usw. entsprechenden Ordinaten der Feldkurve I seien i_0, i_1, i_2 usw.
Infolge der Symmetrie ist $i_0 = i_{12} = 0$, $i_1 = i_{11}$, $i_2 = i_{10}$ usw. Die Amplitude der Grundwelle II sei a_1, und man hat laut Abschn. I 6:

$$a_1 = \frac{1}{6}\left[i_1\cdot\sin\frac{\pi}{12} + i_2\cdot\sin\frac{2\,\pi}{12} + i_3\cdot\sin\frac{3\,\pi}{12} + \cdots + i_6\cdot\sin\frac{6\,\pi}{12} \right.$$

$$\left. + i_{11}\cdot\sin\frac{11\,\pi}{12} + i_{10}\cdot\sin\frac{10\,\pi}{12} + i_9\cdot\sin\frac{9\,\pi}{12} + \cdots \right]$$

$$a_1 = \frac{1}{6}\left[2\,i_1\cdot\sin 15^0 + 2\,i_2\cdot\sin 30^0 + 2\,i_3\cdot\sin 45^0 + 2\,i_4\cdot\sin 60^0 + i_5\cdot\sin 75^0 + i_6 \right]$$

Es ist hier praktisch, die folgende Tabelle 6 aufzustellen, indem wir mit v die Ordnungszahl eines beliebigen Teilungspunktes bezeichnen:

Tabelle 6. **Zusammenstellung von Ordinatenprodukten der Feldkurve.**

1	2	3	4
$2\,i_v$	$\sin\dfrac{v\pi}{12}$	$2\,i_v \cdot \sin\dfrac{v\pi}{12}$	$2\,i_v \cdot \sin^2\dfrac{v\pi}{12}$
$2\,i_1$	0,259	. . .	. . .
$2\,i_2$	0,500	. . .	. . .
$2\,i_3$	0,707	. . .	. . .
$2\,i_4$	0,866	. . .	. . .
$2\,i_5$	0,966	. . .	. . .
i_6	1,000	. . .	. . .
$\Sigma_1 = \ldots$		$\Sigma_2 = \ldots$	$\Sigma_2' = \ldots$

Die Kolonne 4 in dieser Tabelle ist mit Hinblick auf die Berechnungen in Abschn. 12 hinzugefügt. Man erhält also:

$$a_1 = \tfrac{1}{6}\Sigma_2. \tag{17}$$

Die Ordinaten i_v können in einem beliebigen Maßstabe aufgetragen werden. Gewöhnlich wird $i_6 = 100$ gesetzt. Für die Berechnung der Kraftflüsse muß dann mit dem Maßstabfaktor B_l/i_6 multipliziert werden.

Der durchschnittliche Wert der Induktion, über der ganzen Polteilung genommen, wird

$$B_{ld} = \frac{1}{12}\Sigma_1 \frac{B_l}{i_6},$$

und somit ist der totale Kraftfluß

$$\varPhi = l_i\tau\,B_{ld} = l_i\tau\,\frac{1}{12}\Sigma_1 \frac{B_l}{i_6}. \tag{18}$$

Durch Vergleich mit Gl. (15) ergibt sich

$$b_i = \tau\,\frac{1}{12}\Sigma_1 \frac{1}{i_6}. \tag{19}$$

Setzt man das Verhältnis von ideellem Polbogen zu Polteilung gleich α_i, wird

$$\alpha_i = \frac{b_i}{\tau} = \frac{1}{12}\Sigma_1 \frac{1}{i_6}. \tag{20}$$

Der Kraftfluß der Grundwelle wird

$$\varPhi_{(1)} = l_i\tau\,\frac{2}{\pi}\,a_1 \frac{B_l}{i_6} = l_i\tau\,\frac{2}{\pi}\,\frac{1}{6}\,\Sigma_2 \frac{B_l}{i_6}. \tag{21}$$

$\varPhi_{(1)}$ kann als der aktive oder wirksame Kraftfluß pro Pol bezeichnet werden. Das Verhältnis des aktiven zu dem wirklich existierenden Kraftfluß, d. h. der Feldverteilungsfaktor wird somit

$$k_B = \frac{\varPhi_{(1)}}{\varPhi} = \frac{\dfrac{2}{\pi}\,\dfrac{1}{6}\,\Sigma_2}{\dfrac{1}{12}\Sigma_1} = \frac{4}{\pi}\,\frac{\Sigma_2}{\Sigma_1}. \tag{22}$$

5. Berechnung der Feldamperewindungen bei Leerlauf.

a) Maschinen mit ausgeprägten Polen. Für einen angenommenen Kraftfluß Φ ist

$$B_l = \frac{\Phi}{l_i\, b_i}.$$

Die entsprechenden Werte von $A\,W_l$ und $A\,W_z$ werden dann nach Abschn. 3 berechnet.

Bei Höhe h und Länge l hat der Ankerkern den effektiven Eisenquerschnitt $S_{ak} = lhk_2$, und die Induktion im Ankerkern wird

$$B_{ak} = \frac{\Phi}{2\, l\, h\, k_2}.$$

Die entsprechende Amperewindungszahl je 1 cm Länge sei aw_{ak}, dann ist

$$A\,W_{ak} = a\,w_{ak}\,L_{ak}. \tag{23}$$

Jetzt kann eventuell der Streufluß Φ_s (und σ) in derselben Weise wie für Gleichstrommaschinen berechnet werden[1], wodurch der Kraftfluß Φ_m festgelegt ist, für welchen sich die Größen von $A\,W_m$ und $A\,W_j$ ohne weiteres ergeben.

Die gesamte MMK des magnetischen Kreises (gleich den $A\,W$ zweier Pole) wird somit bei stromlosem Anker

$$A\,W_{k\,0} = A\,W_l + A\,W_z + A\,W_{ak} + A\,W_m + A\,W_j. \tag{24}$$

Wenn diese Berechnung für mehrere Werte von Φ durchgeführt wird, und die Endresultate wie in Abb. 177 aufgetragen werden, ergibt sich die Magnetisierungskurve der Maschine. Diese Kurve weicht für normale Generatoren nie viel von dem in der Abbildung dargestellten Verlauf ab. Bei der Skaleneinteilung entsprechen 100% die normalen Werte für Leerlauf.

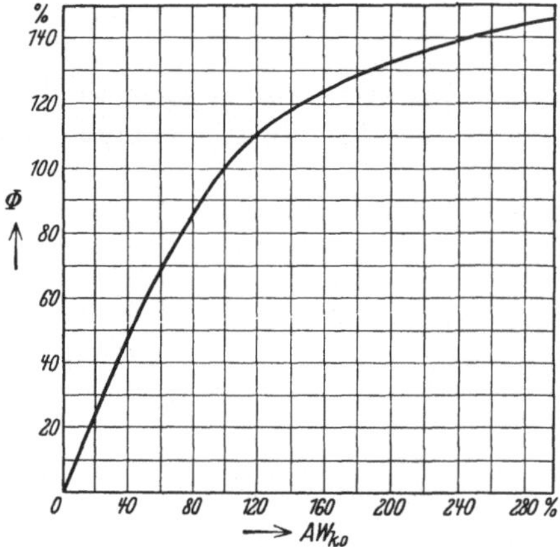

Abb. 177. Die Magnetisierungskurve einer Synchronmaschine.

b) Maschinen mit Vollpolen. Bei diesen Maschinen ist die Erregerwicklung über etwa ⅔ der Polteilung in Nuten verteilt, so daß etwa ⅓ Polteilung ohne Nuten oder unbewickelt bleibt. Die totale Amperewindungszahl eines Poles wirkt hier nur für den zentralen Teil des Kraftflusses. Gegen die Seiten nimmt die MMK treppenartig ab und wird für jede Nut um die Amperewindungszahl der Nut vermindert, d. h. um den Wert $s_m i_m$, wenn s_m Leiter pro Nut den Erregerstrom i_m führen. Eine Kurve, die die MMK längs des Ankerumfanges darstellt, wird also verlaufen, wie in Abb. 178 gezeigt ist.

Ist der ganze Rotorumfang genutet, gilt überall ein Faktor k_1 für doppelseitige Nutung nach Formel (11). Wenn der unbewickelte Teil nicht genutet ist, also nur aus einem breiten Zahn besteht, muß k_1 für diesen Teil gemäß der ein-

---

[1] Siehe z. B.: R. Richter: Elektrische Maschinen 1, 193.

seitigen Nutung berechnet werden. Für verschiedene angenommene Werte von B_l werden jetzt die Luftamperewindungen samt den Amperewindungen der Stator- und Rotorzähne, bzw. AW_{zr} und AW_{zs}, in derselben Weise wie im Falle a) berechnet. Dies muß eventuell gesondert für den breiten und den schmalen Rotorzahn geschehen. Durch Addition der betreffenden Amperewindungen erhält man die Übertrittscharakteristiken (Abb. 179), die $B_l = f(AW_{zr} + AW_l + AW_{zs})$ darstellen. Man hat hier die Streuung vernachlässigt.

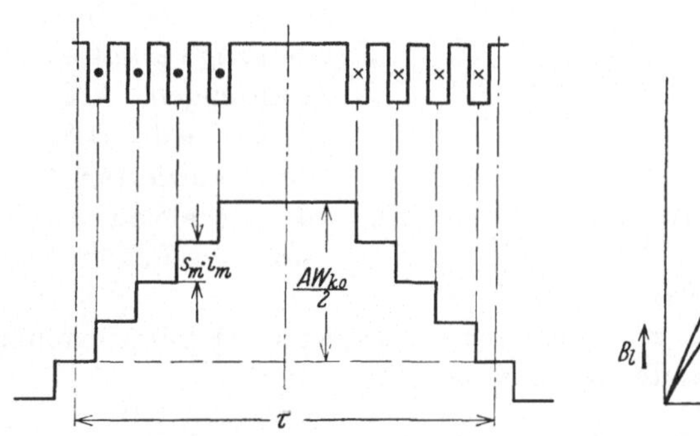

Abb. 178. MMK eines Vollpolläufers.

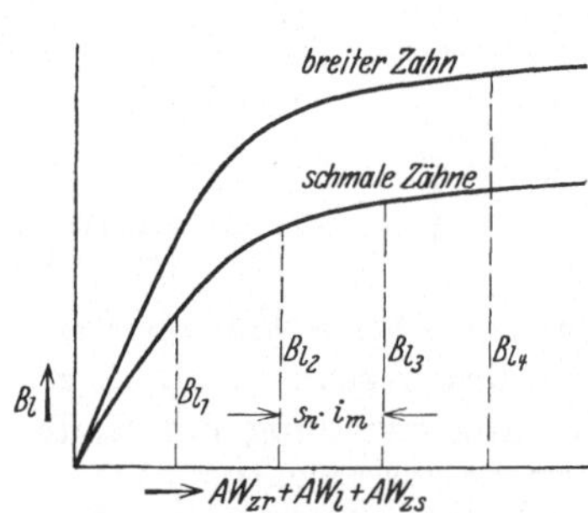

Abb. 179. Übertrittscharakteristiken einer Vollpolmaschine.

Wird weiter von dem magnetischen Widerstand des Stator- und Rotorkernes abgesehen, kann man die Luftinduktion an jeder Stelle des Polbogens für eine gegebene Erregung AW_{k0} bestimmen. Aus der Kurve Abb. 178 erhält man die zu jedem Rotorzahn zugehörige MMK, und diese Werte werden auf der Abszissenachse (Abb. 179) abgetragen. Die hierdurch erhaltenen Ordinaten der betreffenden Übertrittscharakteristik ergeben die Luftinduktionen B_{l1}, B_{l2} usw. der verschiedenen Zähne.

Für jeden Rotorzahn wird die Kraftlinienzahl gleich $l_i t_1 B_l$, wo für t_1 und B_l die zugehörigen Werte von Nutenteilung und Luftinduktion einzusetzen sind. Summiert man die Kraftflüsse der Zähne einer Polteilung, ergibt sich der Kraftfluß Φ pro Pol. Wenn von verschiedenen Werten von AW_{k0} ausgegangen wird, bekommt man also die Magnetisierungskurve der Maschine.

Zweites Kapitel.

Die in der Ankerwicklung bei Leerlauf induzierte EMK.

6. Berechnung der induzierten EMK einer Phase.

Die momentane induzierte EMK einer Ankerwindung ist proportional der Induktion an den Orten, wo sich die Windungsseiten gerade befinden. Ist eine mehrpolige und mehrphasige Ankerwicklung mit Spulenweite $y = \tau$ in einer Nut pro Pol und Phase angeordnet, so ist die EMK einer Phase von derselben Form wie die Feldkurve. Die Kurve stellt sowohl das Feld als Funktion des Ankerumfanges als auch die EMK als Funktion der Zeit dar.

Wenn die Wicklung in mehreren Nuten pro Pol und Phase angeordnet ist, setzen sich die EMKe der verschiedenen Nuten zu einer Resultierenden zusammen, deren Kurvenform sich der Sinusform immer mehr nähert, je größer die Nutenzahl wird. Aus Gründen, die später gezeigt werden sollen, wird die EMK viel weniger von den Oberwellen der Feldkurve als von der Grundwelle des Feldes beeinflußt. Bei derartig verteilten Ankerwicklungen kann man daher bei der Berechnung der induzierten EMK in der Regel von der Grundwelle des Feldes ausgehen

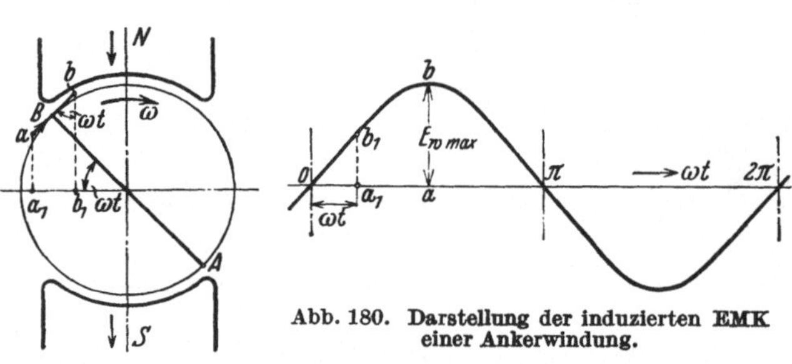

Abb. 180. Darstellung der induzierten EMK einer Ankerwindung.

und von den Oberwellen absehen.

Wenn dies geschieht, erhält man den Augenblickswert der induzierten EMK für eine Ankerwindung mit Spulenweite $y = \tau$:

$$e_w = E_{w\,\mathrm{max}} \cdot \sin \omega\, t,$$

wo $E_{w\,\mathrm{max}}$ die Amplitude ist. In Abb. 180 ist $E_{w\,\mathrm{max}} = ab$ eingetragen, und es wird

$$e_w = a\, b \cdot \sin \omega\, t = a_1 b_1.$$

Der Augenblickswert ist also gleich der Projektion der Linie ab auf einem Durchmesser durch die neutrale Zone.

Sind mehrere Spulen in Serie geschaltet, und liegen diese Spulen am Ankerumfange verschoben, so besteht zwischen den in den Spulen induzierten EMKen eine Phasenverschiebung, die der Verschiebung der Spulen relativ zueinander am Anker entspricht. Die resultierende EMK für die Spulen wird dann durch geometrische Addition der in den einzelnen Spulen induzierten EMKe gefunden.

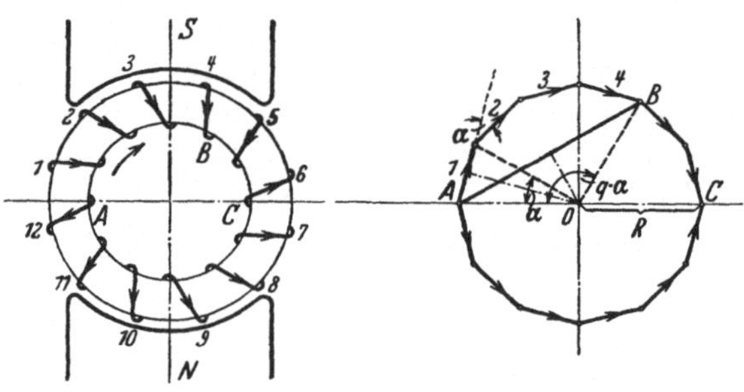

Abb. 181a u. b. Potentialdiagramm einer Wicklung.

Abb. 181a zeigt das Schema einer zweipoligen Maschine mit einem Ringanker, der 12 gleichmäßig verteilte Spulen hat. Die EMKe dieser Spulen haben den gleichen absoluten Betrag, sind aber relativ zueinander um $\dfrac{360^0}{12} = 30^0$ verschoben. Die Vektoren der 12 EMKe bilden somit die Seiten eines regulären 12 seitigen Polygons (Abb. 181 b). Die Ecken des Polygons stellen die Potentiale in den Verbindungspunkten der Spulen dar. Gehen wir von A durch 4 Spulen nach B, so gibt AB im Potentialdiagramm den Vektor für die Spannung zwischen diesen Punkten. Für zwei diametrale Punkte A und C im Schema ist die Spannung durch die Punkte A und C im Potentialdiagramm gegeben, usw.

Wir sehen somit, daß die Spannung, die wir aus der Wicklung bekommen, zwar von der Anzahl der Spulen abhängig ist, aber sie erreicht nicht die Größe der algebraischen Summe der Spulenspannungen. Das Verhältnis der geometrischen zur algebraischen Summe der Spulenspannungen wird als **Wicklungsfaktor** der Wicklung bezeichnet.

Der allgemeine Ausdruck für den Wicklungsfaktor kann in folgender Weise gefunden werden. Es bezeichne:

Q = Anzahl der Spulen, die gleichmäßig über der Polteilung verteilt sind,

$\alpha = \dfrac{\pi}{Q}$ = elektrischer Winkel zwischen zwei Spulen,

q = Anzahl der aufeinander folgenden Spulen im Stromkreise.

Dann wird die geometrische Summe der EMKe in den q Spulen (s. Abb. 181b):

$$E_{\max} = 2R \cdot \sin \frac{q\alpha}{2} = 2R \cdot \sin \frac{\pi q}{2Q},$$

und die algebraische Summe:

$$q E_{w\max} = 2qR \cdot \sin \frac{\pi}{2Q}.$$

Der Wicklungsfaktor wird somit

$$k_w = \frac{E_{\max}}{q E_{w\max}} = \frac{\sin \dfrac{\pi q}{2Q}}{q \cdot \sin \dfrac{\pi}{2Q}}. \tag{25}$$

Diese Formel gilt auch für Trommelwicklungen, wo Q die Anzahl der Nuten pro Polteilung und q die Anzahl der in Serie geschalteten Spulenseiten pro Polteilung bezeichnet.

Nimmt man beispielsweise bei der in Abb. 181a dargestellten Wicklung mit 6 wirksamen Spulenseiten pro Polteilung 4 Spulen in Serie an, wird

$$k_w = \frac{\sin \dfrac{\pi \cdot 4}{2 \cdot 6}}{4 \cdot \sin \dfrac{\pi}{2 \cdot 6}} = \frac{\sin 60^0}{4 \cdot \sin 15^0} = 0{,}836.$$

Werden alle 6 Spulen der Polteilung in Serie geschaltet, bekommt man

$$k_w = \frac{\sin 90^0}{6 \cdot \sin 15^0} = 0{,}643.$$

Die EMK einer Wicklung kann nun folgendermaßen berechnet werden:

Die q Spulen, welche in Serie geschaltet sind, haben eine totale Windungszahl w. Jede Windung besteht bei den gewöhnlichen Maschinentypen aus zwei induzierten (aktiven) Leitern. Die Kraftlinienzahl pro Pol für die Grundwelle der Feldkurve wird gleich $\Phi_{(1)}$ gesetzt. Dann ist nach Gl. (3) der Effektivwert der von dieser Grundwelle induzierten EMK:

$$E_{(1)} = 4{,}44 f k_w w \, \Phi_{(1)} \, 10^{-8} \, \text{V} \tag{26}$$

oder bei Einführung des Feldverteilungsfaktors:

$$E_{(1)} = 4{,}44 f k_w w k_B \, \Phi \cdot 10^{-8} \, \text{V}. \tag{26a}$$

Die hier abgeleiteten Formeln gelten nur, wenn alle Spulen die gleiche Leiterzahl haben. Wenn dies nicht der Fall ist, werden die Seiten in dem Polygone, der

das Wicklungsdiagramm bildet, verschieden lang. Man kann das Wicklungsdiagramm in derselben Weise, wie oben gezeigt, aufzeichnen, indem man sich
vor Augen hält, daß die Winkel ungeändert sind. Der Wicklungsfaktor ergibt sich
dann gleich dem Verhältnis der geometrischen zur algebraischen Summe der betreffenden Polygonseiten.

7. Wicklungsfaktoren in bezug auf die Oberwellen des Feldes.

Bisher haben wir nur mit der Grundwelle des Feldes gerechnet. Indessen wird die Feldkurve auch Oberwellen enthalten. Wir können uns eine solche Feldkurve von willkürlicher
Form analysiert und ihre verschiedene harmonische Wellen bestimmt denken (Abb. 182).

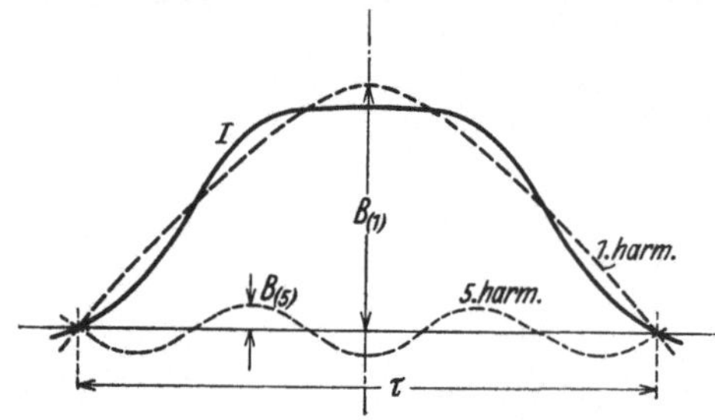

Abb. 182. Feldkurve mit 5. Oberwelle.

Die $n$te Schwingung kann als ein sinusförmiges Feld von n-facher Polzahl betrachtet werden. Diese Schwingung induziert daher eine EMK von n-facher Frequenz, also eine $n$te Oberwelle in der Spannungskurve.

Ist der Maximalwert der Grundwelle des Feldes $B_{(1)}$, so wird:

$$\Phi_{(1)} = \frac{2}{\pi}\,\tau\,l_i\,B_{(1)}.$$

Bezeichnet ebenfalls $B_{(n)}$ den Maximalwert der $n$ten Feldschwingung, so wird, weil ihre Polteilung τ/n ist:

$$\Phi_{(n)} = \frac{2}{\pi}\,\frac{\tau}{n}\,l_i\,B_{(n)}.$$

Der Effektivwert der $n$ten Oberwelle in der Spannungskurve wird:

$$E_{(n)} = 4{,}44\,n f k_{w\,(n)}\,w\,\Phi_{(n)}\,10^{-8}\,\text{V}, \tag{27}$$

wo $k_{w\,(n)}$ der Wicklungsfaktor in bezug auf die $n$te Feldschwingung ist.

Dieser Wicklungsfaktor wird in entsprechender Weise wie der Faktor in bezug auf die
Grundwelle bestimmt. Da die Polteilung der $n$ten Feldwelle gleich τ/n ist, werden die elektrischen Winkel gegenüber dieser Welle $n$mal größer als gegenüber der Grundwelle. Mit
den Bezeichnungen im vorigen Abschnitt erhalten wir daher (siehe Abb. 181 b):

$$k_{w\,(n)} = \frac{\sin\dfrac{n\,q\,\alpha}{2}}{q\cdot\sin\dfrac{n\,\alpha}{2}} = \frac{\sin\dfrac{n\,\pi\,q}{2Q}}{q\cdot\sin\dfrac{n\,\pi}{2Q}}. \tag{28}$$

Diese höheren Wicklungsfaktoren können oft ganz kleine Werte annehmen. Sie können
auch Null werden, wie z. B. in folgendem Falle:

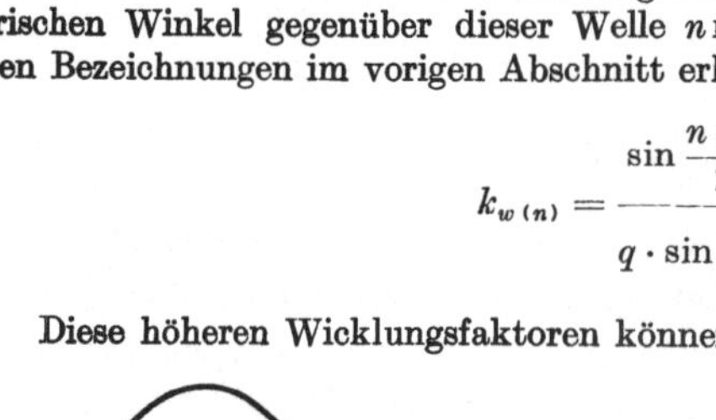

Eine Dreiphasenwicklung, mit jeder Phase über ⅔ der Polteilung verteilt, hat

$$\frac{q}{Q} = \frac{2}{3} \quad \text{und} \quad \frac{n\,\pi\,q}{2Q} = \frac{n\,\pi\cdot 2}{2\cdot 3} = \frac{n\,\pi}{3}.$$

Nun ist $\sin\dfrac{n\,\pi}{3}$ gleich Null für $n = 3, 9, 15$ usw.

Für diese Wicklung wird also

$$k_{w\,(3)} = k_{w\,(9)} = k_{w\,(15)} \cdots = 0.$$

Abb. 183. Ankerwicklung mit Spulenweite $\frac{2}{3}\,\tau$,
Grundwelle und 3. Oberwelle des Feldes.

Dasselbe kann durch Verwendung einer Wicklung mit reduzierter Spulenweite (verkürztem Schritt) erreicht werden. Abb. 183 zeigt, daß bei einer Spulenweite $y = \frac{2}{3}\,\tau$ die in

den beiden Spulenseiten von der dritten Oberwelle des Feldes induzierten EMKe einander aufheben, so daß die resultierende EMK dieser Ordnungszahl hier gleich Null wird.

Die Kurvenform der EMK einer verteilten Wicklung nähert sich mehr der Sinusform als die Feldkurve, weil die Wicklungsfaktoren für die Oberwellen kleiner als der Faktor der Grundwelle sind (vgl. Tabelle 7 und 8, S. 177 und 178).

8. Potentialdiagramme für Dreiphasensysteme.

Um eine einfache Darstellung der Potentialdiagramme für Dreiphasensysteme zu erhalten, gehen wir von einer zweipoligen Ringwicklung aus, die in verschiedener Weise aufgeschnitten wird.

In Abb. 184a ist diese Wicklung in zwei Punkten aufgeschnitten, und die beiden Hälften sind in Serie geschaltet. Das Potentialdiagramm für die beiden Wicklungshälften ist in Abb. 184b gezeigt, und Abb. 184c stellt das Diagramm der Serienschaltung dar. Wir haben also hier ein Einphasensystem mit Klemmenspannung $E = CC_1$.

Abb. 185a zeigt die Wicklung in drei Punkten aufgeschnitten, und Abb. 185b das zugehörige

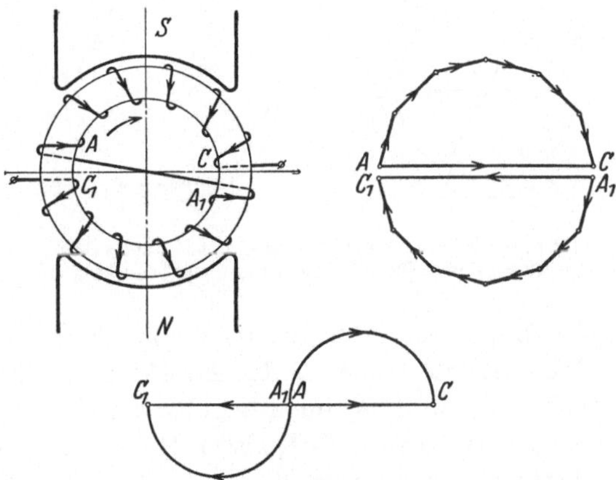

Abb. 184a bis c. Reihengeschaltete einphasige Ringwicklung mit Potentialdiagramm.

Potentialdiagramm. Werden jetzt die Wicklungsteile in Stern geschaltet, bekommt man ein Dreiphasensystem, dessen Potentialdiagramm in Abb. 185c dargestellt ist. Jede Phase der Wicklung ist über ⅔ der Polteilung verteilt.

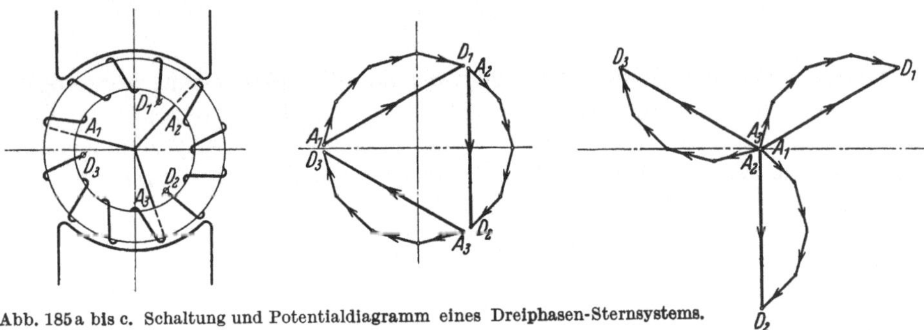

Abb. 185a bis c. Schaltung und Potentialdiagramm eines Dreiphasen-Sternsystems.

Für $Q = 6$ und $q = 4$ wird der Wicklungsfaktor nach Gl. (25): $k_w = 0{,}836$.

Wenn die Anzahl der Spulen sehr groß ist, wie es z. B. bei einem glatten Anker mit gleichmäßig verteilter Drahtwicklung der Fall wäre, geht der Wicklungsfaktor in das Verhältnis Sehnenlänge zu Bogenlänge über:

$$k_w = \frac{\text{Sehne } AD}{\text{Bogen } AD}.$$

Ist diese Wicklung über 120 elektrische Grade verteilt, wird

$$k_w = \frac{\sqrt{3}}{2\,\pi/3} = 0{,}827.$$

Der Wicklungsfaktor wird größer, wenn die Wicklung in sechs Punkten aufgeschnitten wird (Abb. 186a). Das Potentialdiagramm der Wicklungsteile ist in Abb. 186b gezeigt, woraus sich die richtige Verbindung für eine Sternschaltung leicht

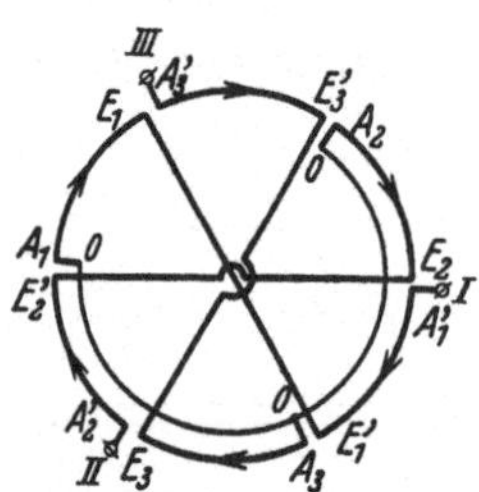
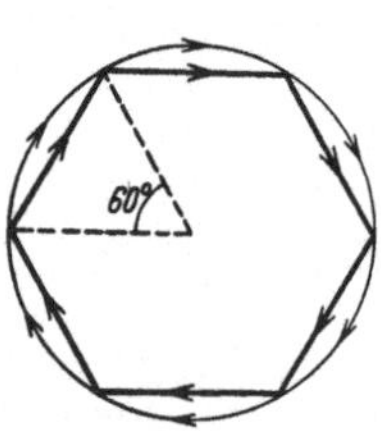
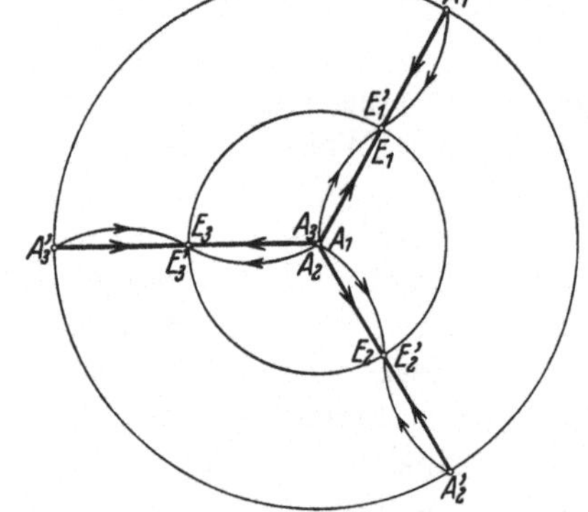

Abb. 186a bis c. Schaltung und Potentialdiagramm eines Dreiphasen-Sternsystems. Die Wicklung einer Phase bedeckt $\frac{1}{6}\,\tau$.

ergibt. Das Potentialdiagramm dieser Sternschaltung geht aus Abb. 186c hervor.

Hier ist wie früher Q die Anzahl der Spulen einer Polteilung, also für den halben Ankerumfang im zweipoligen Schema. Weiter ist q die Spulenzahl pro Phase unter einem Pol, also z. B. zwischen A_1 und E_1, in Abb. 186a. Wird beispielsweise $Q = 6$ angenommen, so wird $q = 2$ und der Wicklungsfaktor

$$k_w = \frac{\sin\dfrac{\pi \cdot 2}{2 \cdot 6}}{2 \cdot \sin\dfrac{\pi}{2 \cdot 6}} = \frac{\sin 30^0}{2 \cdot \sin 15^0} = 0{,}966.$$

Ist die Anzahl der Spulen sehr groß, wird

$$k_w = \frac{\text{Sehne } A\,E}{\text{Bogen } A\,E} = \frac{1}{\pi/3} = 0{,}955.$$

Bei Generatoren wird die Sternschaltung der Dreieckschaltung vorgezogen, um das Entstehen von inneren Strömen durch eventuelle EMKe $3\,n$-facher Ordnung zu verhüten. Bei der Sternschaltung ist der Strom in einer Wicklungsphase gleich dem Strom im äußeren Leiter derselben Phase. Die Spannung zwischen zwei Außenleitern wird

$$E_l = 2 \cdot \sin 60^0 \cdot E_p = \sqrt{3}\,E_p, \tag{29}$$

wenn alle Phasen die Spannung E_p haben.

9. Die Wicklungsfaktoren der gewöhnlichen Wechselstromwicklungen.

Praktisch werden nur Trommelwicklungen verwendet, bei denen jede Windung von zwei aktiven (induzierten), am Ankerumfange liegenden Leitern besteht. Bei mehreren Leitern pro Pol können diese in verschiedener Weise verbunden werden. Dabei hat die Reihenfolge der Leiter einer Phase keinen Einfluß auf den Wicklungsfaktor, wenn nur die Verteilung der Wicklung am Anker-umfange beibehalten wird. Dann bleiben nämlich auch die algebraische und die geometrische Summe der EMKe der einzelnen Leiter ungeändert. Die Wicklungen, welche in Abb. 187, 188a und 188b ausgebreitet dargestellt sind, haben also denselben Wicklungsfaktor.

Abb. 187 stellt eine sogenannte umlaufende Wicklung dar, während Abb. 188a und b zwei Beispiele von

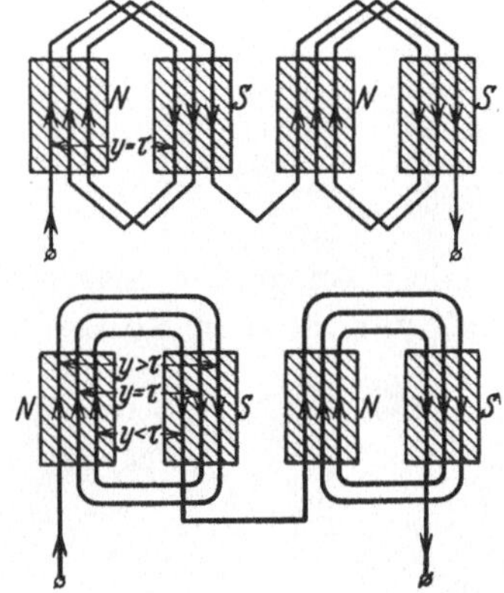

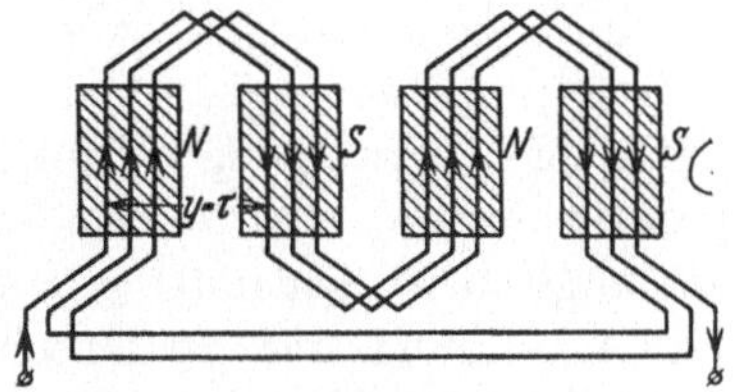

Abb. 187. Umlaufende Einphasenwicklung.

Abb. 188a bis b. Einphasige Schleifen-wicklungen.

Schleifenwicklungen geben. Bei dem ersten von diesen haben alle Spulen (Win-dungen) dieselbe Weite $y = \tau$. Bei dem letzten sind die Spulenweiten ver-schieden, $y \gtreqless \tau$.

Bei Einphasenwicklungen werden gewöhnlich nur ⅔ der gleichmäßig über der Polteilung verteilten Nuten bewickelt. Dann bekommt man die in der Tabelle 7 angegebenen Werte der Wicklungsfaktoren in bezug auf die verschiedenen Teil-schwingungen des Feldes.

Tabelle 7. Wicklungsfaktoren der einphasigen Wicklungen.

q	Q	n = Ordnungszahl der Schwingung						
		1	3	5	7	9	11	13
2	3	0,866	0	− 0,866	− 0,866	0	0,866	0,866
4	6	0,836	0	− 0,224	0,224	0	− 0,836	− 0,836
6	9	0,831	0	− 0,188	0,154	0	− 0,154	0,188
8	12	0,829	0	− 0,178	0,136	0	− 0,109	0,109
∞	∞	0,827	0	− 0,165	0,118	0	− 0,075	0,064

Wie man sieht, werden einige Werte der Wicklungsfaktoren negativ. Dies be-deutet, daß die induzierte EMK das entgegengesetzte Vorzeichen der entsprechen-Welle in der Induktionskurve erhält.

Eine Dreiphasenwicklung besteht aus drei Einphasenwicklungen, die gegeneinander um ⅔ einer Polteilung ver-schoben sind. Bei den in Europa bisher am häufigsten verwendeten Wicklungen liegen die aktiven Teile der Phasen in einer Schicht nebeneinander angeordnet, wie es in Abb. 189 angedeutet ist. Alle Nuten sind bewickelt, und die Nuten einer Phase nehmen ⅓ der Pol-teilung auf. Für diese Wicklungsart ergeben sich die Werte der Wicklungs-faktoren, die in der Tabelle 8 aufgeführt sind.

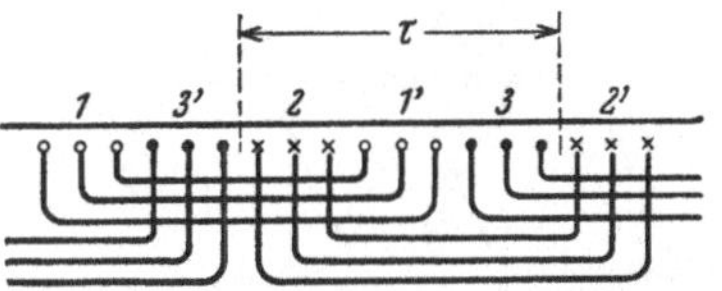

Abb. 189. Dreiphasige Einschichtwicklung.

Tabelle 8. Wicklungsfaktoren der dreiphasigen Wicklungen.

q	$\nu = $ Ordnungszahl der Schwingung						
	1	3	5	7	9	11	13
1	1,000	1,000 ·	1,000	1,000	1,000	1,000	1,000
2	0,966	0,707	0,259	− 0,259	− 0,707	− 0,966	− 0,966
3	0,960	0,667	0,217	− 0,178	− 0,333	− 0,178	0,217
4	0,958	0,653	0,204	− 0,157	− 0,271	− 0,126	0,126
6	0,956	0,642	0,197	− 0,145	− 0,236	− 0,102	0,092
∞	0,955	0,637	0,191	− 0,136	− 0,212	− 0,088	0,073

Besonders bei großen Maschinen mit geringer Polzahl wird die Wicklung häufig mit verkürzter Spulenweite ausgeführt. In der Regel hat man dann

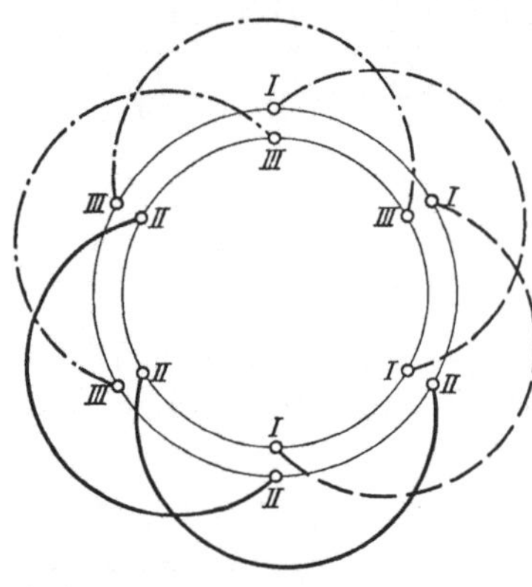

2 Spulenseiten pro Nut. Abb. 190 zeigt das Schema einer solchen zweipoligen Dreiphasenwicklung mit 6 Nuten, wo die Spulenweite (auch Wicklungsschritt genannt) $y = \frac{2}{3}\tau$ ist. Wegen der Anordnung der Spulenseiten in der Nut wird diese Wicklung als eine Zweischichtwicklung bezeichnet.

Um die induzierte EMK einer Spulengruppe bei verkürztem Schritt zu finden, kann man die resultierenden EMKe der beiden zugehörigen Leitergruppen graphisch addieren. Entspricht die Schrittverkürzung einem elektrischen Winkel γ, wird die resultierende EMK (Abb. 191)

Abb. 190. Zweipoliges Schema einer dreiphasigen Zweischichtwicklung mit verkürzter Spulenweite.

$$AC = 2 \cdot AB \cdot \cos\frac{\gamma}{2},$$

wo $AB = BC$ die Vektoren der EMKe der beiden Leitergruppen sind. In Abb. 191 ist $\gamma = 60^0$.

Bezeichnen wir hier den früher entwickelten Wicklungsfaktor für die Leitergruppe unter einem Pol mit k'_w, wird der resultierende Wicklungsfaktor

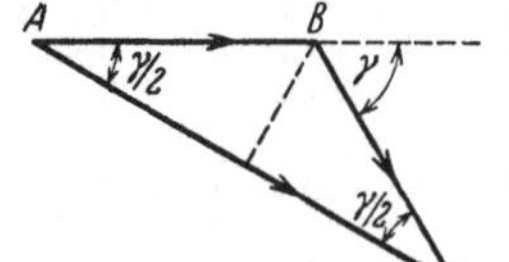

$$k_w = k'_w \cdot k_{sch}, \qquad (30)$$

wo

$$k_{sch} = \cos\frac{\gamma}{2} \qquad (31)$$

Abb. 191. Potentialdiagramm für Schrittverkürzung. der Schrittfaktor genannt werden kann. Bei den gewöhnlichen Durchmesserwicklungen ist $k_{sch} = 1$. In bezug auf die $n$te Oberwelle muß der Schrittverkürzungswinkel gleich $n\gamma$ gesetzt werden, und der entsprechende Schrittfaktor wird

$$k_{sch(n)} = \cos\frac{n\gamma}{2}. \qquad (32)$$

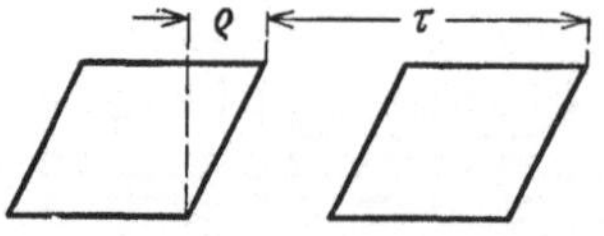

Aus gewissen Gründen (siehe z. B. S. 182) stellt man bisweilen die Polschuhe und die Nuten schräg zueinander.

Abb. 192. Schräggestellte Polschuhe. Die induzierten EMKe in den verschiedenen axialen Teilen der Leiter sind dann gegeneinander phasenverschoben. Bei geradliniger Polkante verläuft diese Änderung der Phase stetig, wenn man von dem einen Ende des Leiters zum anderen geht. Ist die Verschiebung, über der induzierten Länge gerechnet, gleich ϱ (siehe Abb. 192), so wird der Verschiebungswinkel, in elektrischem Maß gerechnet, gleich $\frac{\varrho}{\tau}\pi$. Das Vektordiagramm der induzierten EMKe des Leiters kann dann durch einen Kreisbogen über dem Zentriwinkel $\frac{\varrho}{\tau}\pi$ dargestellt werden (Abb. 193). Die vektorielle Summe wird durch die Sehne AB gebildet, während die algebraische Summe gleich dem Bogen AB ist. Bei der Berechnung der in der Wicklung induzierten EMK muß somit ein Korrektionsfaktor eingeführt werden:

$$k_p = \frac{\text{Sehne } AB}{\text{Bogen } AB} = \frac{\sin\frac{\varrho}{\tau}\frac{\pi}{2}}{\frac{\varrho}{\tau}\frac{\pi}{2}}. \tag{33}$$

Dieser Faktor wird oft **Polschuhfaktor** genannt. In bezug auf die $n$te Oberwelle wird dieser Faktor:

$$k_{p(n)} = \frac{\sin\left(n\frac{\varrho}{\tau}\frac{\pi}{2}\right)}{n\frac{\varrho}{\tau}\frac{\pi}{2}}. \tag{34}$$

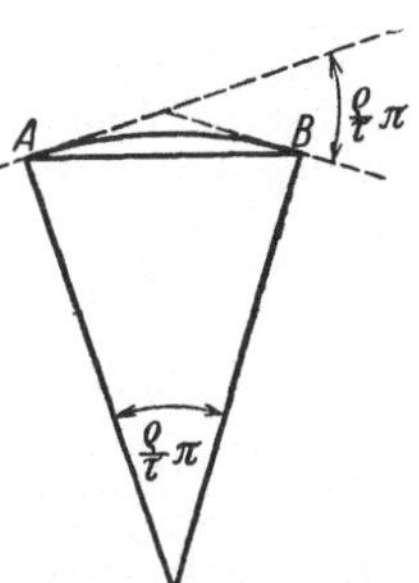

Abb. 193. Potentialdiagramm eines Ankerleiters bei Schrägstellung.

10. Einfluß der Nuten auf die Kurvenform der EMKe.

Bisher haben wir nur mit der mittleren Induktionskurve des Luftspaltes gerechnet, die man bei glatten Eisenoberflächen erhalten würde. Die Nutung des Ankers (und eventuell des Polrades) ist nur dadurch berücksichtigt, daß der magnetische Widerstand des Luftspaltes mit einem Faktor k_1 vergrößert ist. Wir haben also einen äquivalenten Luftspalt δ' mit glatten Eisenoberflächen in die Rechnung eingeführt (siehe Abschn. 3). Die Nuten können jedoch auch auf die Kurvenform der induzierten EMKe Einfluß haben.

Wir wollen zunächst den Fall betrachten, daß nur der Anker genutet ist, und daß der magnetische Widerstand des äquivalenten Luftspaltes über der ganzen Polteilung konstant ist. Denkt man sich weiter die MMK der Feldwicklung über der ganzen Polteilung als konstant, wird die mittlere Induktionskurve durch ein Rechteck dargestellt. Wegen der Nutung bekommt man in Wirklichkeit eine zackige Induktionskurve. In Abb. 194 ist der Verlauf der Zacken sinusförmig angenommen. Wird der Anker rotierend und das Feldsystem im Raume feststehend angenommen, werden die Zacken dem Anker während der Rotation folgen. Man kann sich dann vorstellen, daß das Feld aus einem im Raume stillstehenden Teil mit Induktion B_l und den darüber gelagerten rotierenden

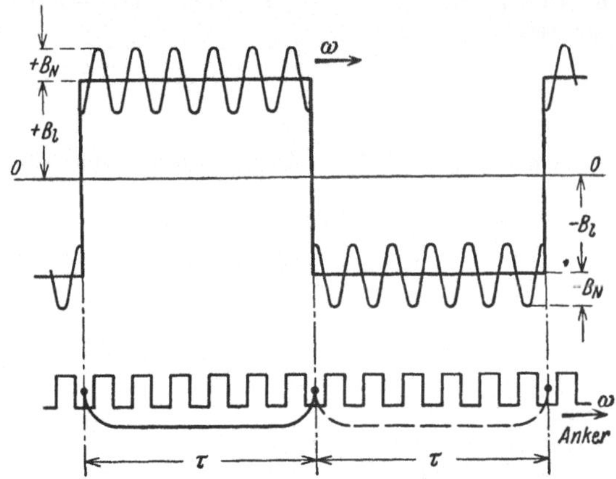

Abb. 194. Rechteckige Feldkurve mit Nutenschwingungen.

Nutenschwingungen besteht. Bei Q Nuten pro Polteilung erhält man $2Q$ vollständige Nutenschwingungen mit Amplitude B_N für jede Periode des Hauptfeldes.

Die elektrische Winkelgeschwindigkeit des Ankers sei

$$\omega = \frac{\pi}{\tau}v.$$

Bei der in Abb. 194 gezeigten Ausgangsstellung wird die Nutenschwingung der Induktion für einen festen Punkt im Raume in unendlich kleinem Abstand von der neutralen Zone nach der folgenden Gleichung erfolgen:

$$B_{Nt} = \mp B_N \cdot \cos 2Q\,\omega t.$$

Hier gilt das $-$-Zeichen für den positiven Pol und das $+$-Zeichen für den negativen Pol. Durch die Bewegung entsteht eine Änderung des resultierenden Kraftflusses, den die Nutenschwingungen durch die ganz ausgezogene Ankerwindung mit Weite gleich τ ergeben. Die Änderung durch den Teil der Windungsfläche, der in jedem Augenblick unter einem Pol allein liegt, wird für sich genommen gleich (siehe Abb. 195)

$$d\Phi_{Nt} = B_N \cdot \cos 2Q\,\omega t \cdot l_i \cdot v \cdot dt.$$

Diese Änderung geht für die beiden Pole in derselben Richtung vor sich, und die hierdurch in der Windung induzierte EMK wird

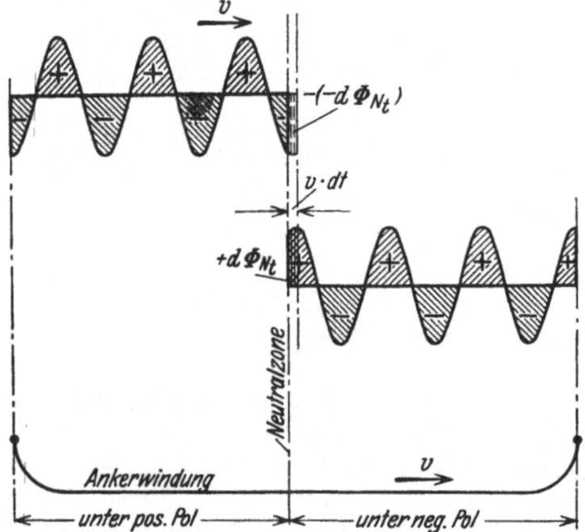

Abb. 195. Änderung des durch eine Ankerwindung hindurchtretenden Kraftfluß des Nutenoberfeldes.

$$e'_N = -\frac{2 \cdot d\Phi_{Nt}}{dt}$$

$$= -2 B_N l_i \cdot v \cdot \cos 2Q\,\omega t$$

$$= -\frac{2}{\pi}\,\omega\tau\,l_i\,B_n \cdot \cos 2Q\,\omega t. \quad (35)$$

Aus der Abb. 194 geht hervor, daß die Kraftlinienvariation entgegengesetzte Phase bekommt, jedesmal wenn die Windungsseiten eine Polteilung zurückgelegt haben. Die induzierte EMK macht natürlicherweise denselben Phasensprung für jede Polteilung, d. h. die Kurve für die EMK $e_N = f(\omega t)$ gestaltet sich wie in Abb. 196 gezeigt ist. Der Augenblickswert e'_N nach Gl. (35) muß also mit einer Funktion $c\,(\omega t)$ multipliziert werden, die unter den positiven Polen $(0 < \omega t < \pi)$ den Wert $+1$ und unter den negativen Polen $(\pi < \omega t < 2\pi)$ den Wert -1 hat. Bei Reihenentwicklung dieser Funktion wird

$$e_N = e'_N \cdot c\,(\omega t) = -\frac{2}{\pi}\,\omega\tau\,l_i\,B_N \cdot \cos 2Q\,\omega t \cdot \frac{4}{\pi}\left(\sin\omega t + \frac{1}{3}\cdot\sin 3\,\omega t + \frac{1}{5}\sin 5\,\omega t \ldots\right).$$

Setzt man $\dfrac{8}{\pi^2}\,\omega\tau\,l_i\,B_N = E_{N\max}$, wird das erste Glied, das man die „Hauptwelle" der Nutenschwingungen nennen kann:

$$e_{N(1)} = -E_{N\max} \cdot \cos 2Q\,\omega t \cdot \sin\omega t$$
$$= -\tfrac{1}{2}E_{N\max}\left[\sin(2Q+1)\,\omega t + \sin(1-2Q)\,\omega t\right]$$
$$= \tfrac{1}{2}E_{N\max}\left[\sin(2Q-1)\,\omega t - \sin(2Q+1)\,\omega t\right]. \quad (36)$$

Diese „Hauptwelle" besteht somit aus zwei harmonischen Schwingungen mit Frequenz bzw. $(2Q-1)f$ und $(2Q+1)f$. Diese Einzelschwingungen und die resultierende „Hauptwelle" sind in Abb. 196 dargestellt worden.

Der Wicklungsfaktor dieser Schwingungen wird

$$k_{w(2Q\mp 1)} = \frac{\sin\dfrac{(2Q\mp 1)\pi q}{2Q}}{q\cdot\sin\dfrac{(2Q\mp 1)\pi}{2Q}} = \frac{\sin\dfrac{\pi q}{2Q}}{q\cdot\sin\dfrac{\pi}{2Q}} = k_w. \quad (37)$$

Die induzierten EMKe dieser Ordnungszahlen addieren sich also für die verschiedenen Nuten in derselben Weise wie die Grundspannungen.

Weiter bekommt man Oberwellen von der allgemeinen Form:

$$e_{N(n)} = \frac{1}{2\,n}\,E_{N\,\mathrm{max}}\,[\sin\,(2Q - n)\,\omega t - \sin\,(2Q + n)\,\omega t], \tag{38}$$

wo n die Reihe der ungeraden Zahlen durchläuft.

Für Nutenschwingungen mit Ordnungszahlen $2Q \mp n$ wird der Wicklungsfaktor

$$k_{w\,(2\,Q\,\mp\,n)} = k_{w\,(n)}. \tag{39}$$

Bei Sternschaltung der Phasen einer Drehstrommaschine verschwinden die Schwingungen für $n = 3,\ 9,\ 15$ usw. Übrigens werden für $n > 1$ die Amplituden der EMKe für jede Windung nur klein, und die zugehörigen Wicklungsfaktoren werden auch in der Regel klein. Diese Oberwellen sind darum ohne größere Bedeutung.

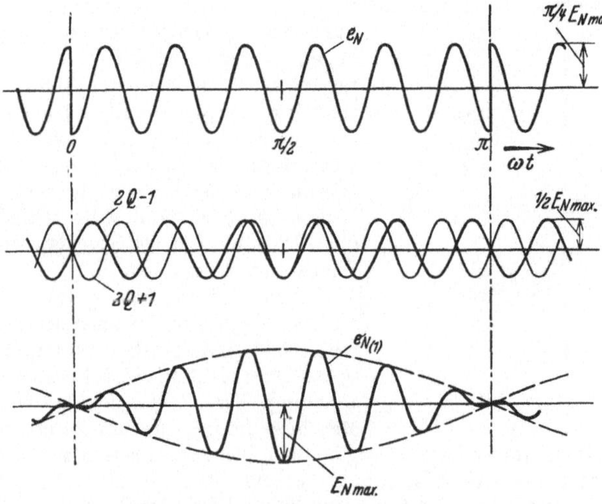

Bei der obigen Entwicklung ist vorausgesetzt, daß die Induktionskurve der Nutenschwingungen eine einfache Kosinuskurve mit Frequenz $2\,Q\,f$ ist. Diese Kurve kann indessen verschiedene Oberwellen enthalten, auch solche gerader Ordnungszahl. Diese Oberwellen geben entsprechende Schwingungen höherer Art in der EMK-Kurve. Die „Hauptwellen" dieser Schwingungen haben die Frequenzen $(4\,Q \mp 1)\,f$, $(6\,Q \mp 1)\,f$ usw. Die Wicklungsfaktoren dieser Schwingungen sind wieder gleich k_w.

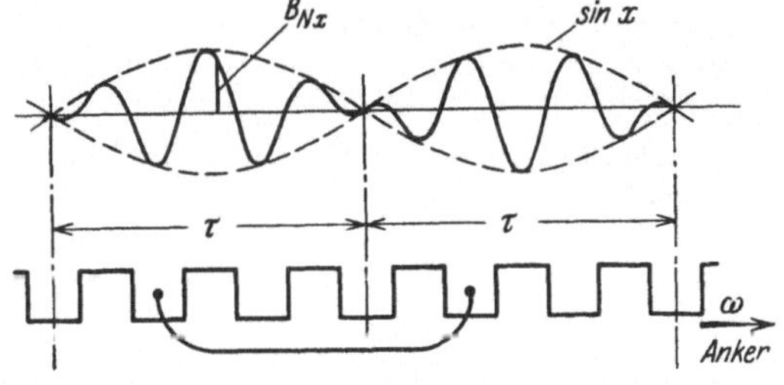

Abb. 196. Durch die Nutenschwingungen induzierte EMKe: e_N-resultierende EMK bei rechteckiger Hauptfeldkurve, $e_{N\,(1)}$-„Hauptwelle" von e_N, $2\,Q - 1$ und $2\,Q + 1$-Teilschwingungen der Hauptwelle.

Gehen wir jetzt zu dem Fall über, daß die Induktionskurve für glatte Ankeroberfläche sinusförmig ist, so bekommt die Kurve der Nutenschwingungen des Feldes die Gestalt von Abb. 197 (der Einfachheit halber ist hier $Q = 3$ gegen früher $Q = 6$ gewählt).

Bei der Rotation wird ein Flächenelement dieser Kurve mit konstanter Breite $d\,x$ seine Höhe $B_{N\,x}$ und damit auch seinen Inhalt nach dem Sinusgesetz der mittleren Induktionskurve ändern. Die Summe aller Flächenelemente, die von einer Windung umfaßt sind, werden in derselben Weise geändert. Die Ankernutung kann in diesem Falle folglich nur eine EMK von Grundfrequenz hervorrufen. Ein ähn-

Abb. 197. Nutenschwingungen einer sinusförmigen mittleren Feldkurve.

licher Gedankengang kann für eine willkürliche Harmonische in der Feldkurve angestellt werden. Man erhält somit die allgemeine Regel, daß die Nutung des Ankers allein in der EMK-Kurve keine Oberwellen erzeugen kann. Die betreffende Frequenz muß schon in der Feldkurve für glatte Ankeroberfläche als Oberschwingung vorkommen.

Wenn die Feldkurve alle ungerade Frequenzen enthält, so wie es bei der zuerst betrachteten rechteckigen Kurve der Fall ist, werden, wie oben gezeigt, einige davon in der EMK-Kurve durch die Ankernutung besonders stark hervorgehoben. Von diesen haben in der Regel nur $(2\,Q \mp 1)\,f$ und unter Umständen $(4\,Q \mp 1)\,f$ so große Amplituden, daß sie praktische Bedeutung erhalten können.

Gegen die Verallgemeinerung dieses Ergebnisses könnte der Einwand gemacht werden, daß die Amplituden der Einzelschwingungen der rechteckigen Feldkurve in einem ganz bestimmten Verhältnis zueinander stehen, indem die Amplitude der $n$ten Schwingung gleich $1/n$ der Amplitude des Grundfeldes ist. Da die Beziehung zwischen Induktion und induzierter EMK eine lineare ist, ergibt sich ohne weiteres, daß die Amplitude einer EMK-Oberwelle direkt proportional der Amplitude der $n$ten Schwingung der Feldkurve sein wird. Das oben hergeleitete Ergebnis wird daher auch für die praktisch vorkommenden Feldkurven qualitativ gültig sein.

In Abb. 194 ist vorausgesetzt, daß der Polbogen eine ganze Anzahl von Nutenteilungen bedeckt. Dann wird der totale Kraftfluß je Pol konstant sein, so daß die mittlere Induktionskurve, wie angenommen, wirklich konstant ist. Wenn der Polbogen dagegen gleich einer ungeraden Anzahl halber Nutenteilungen ist, so wird der totale Kraftfluß je Pol mit der „Nutenfrequenz" pulsieren. Eine solche Pulsation wird auch Oberwellen vou der Frequenz $(2\,Q \mp 1)\,f$ in der EMK indizieren. In Abb. 198 erreicht die Resultierende dieser Wellen ihren Höchstwert für eine Windung in der Lage $a-a$, während sie für die Windung in der Lage $b-b$ gleich Null wird. Diese EMK ist also sozusagen um $\tau/2$ (90⁰ elektr.) gegen die Grundspannung und die früher behandelten Oberwellen verschoben.

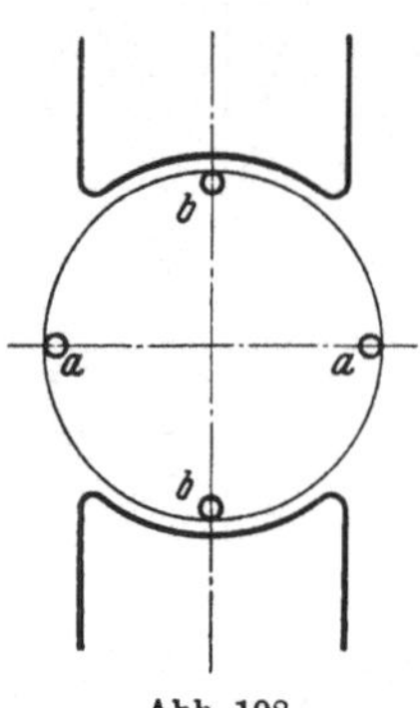

Abb. 198.

In einer wirklichen Maschine werden indessen möglicherweise auftretende Feldpulsationen dieser Art stark gedämpft, durch Rückwirkung von Wirbelströmen im Eisen und von induzierten Strömen in der Feldwicklung und in einer eventuell vorhandenen Dämpferwicklung. Die entsprechenden Oberwellen in der EMK-Kurve der Maschine können darum kaum von Bedeutung werden. In Übereinstimmung hiermit ergibt sich bei experimenteller Aufnahmevon Spannungskurven für Synchronmaschinen immer wieder, daß die Amplituden der Nutenoberwellen in Größe der Ordinaten der Grundspannung folgen (siehe z. B. Abb. 199).

Die Nutenschwingungen können auf den Effektivwert der totalen induzierten EMK fast keinen Einfluß ausüben. Sie haben jedoch praktische Bedeutung, weil sie unter gewissen Bedingungen zu Störungen Anlaß geben können. Ihre Frequenzen liegen im Bereich der Telephonfrequenzen, und es können darum in Fernsprechanlagen, welche in der Nähe der Übertragungsleitungen liegen, durch elektrostatische oder elektromagnetische Induktion störende Geräusche erzeugt werden. Bei Erdung des Generator-Nullpunktes können auch Rückströme durch die Erde auf Fernsprechlinien mit Erdleiter störend wirken. Weiter können im eigenen Netze Resonanzerscheinungen auftreten, die gefährliche Spannungen hervorrufen können. Außerdem veranlassen die Oberwellen verschiedene zusätzliche Leistungsverluste.

Man sucht darum das Entstehen dieser Nutenschwingungen so gut wie möglich zu unterdrücken. Zu diesem Zwecke sollte die Feldkurve für glatte Ankeroberfläche einen möglichst sinusförmigen Verlauf erhalten. Insbesondere sollte eine eventuelle Nutung des Feldsystems, z. B. für die Anbringung einer Dämpferwicklung (siehe Abb. 206), nicht die gefährlichen Frequenzen in der Feldkurve hervorrufen. Die Durchführung dieser Maßnahme ist jedoch durch verschiedene Rücksichten beschränkt, und es sind darum andere Mittel eingeführt. Als solches ist das Schrägstellen der Polschuhkanten und der Polschuhschlitze zu den

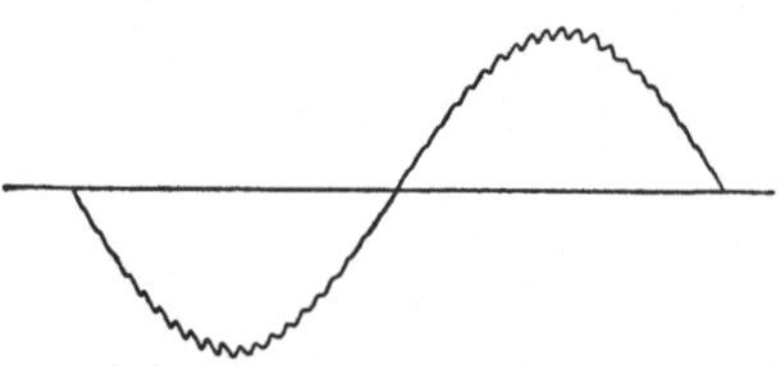

Abb. 199. Spannungskurve mit Nutenoberwellen.

Ankernuten zu verzeichnen. Nach Gl. (34) wird für $\varrho = \dfrac{\tau}{Q} = t_1$ der Polschuhfaktor $k_{p\,(2\,Q)}$ für die Ordnungszahl $2Q$ gleich 0. Die Polschuhe können auch derart aus der Polteilung verschoben werden, daß der Schrittfaktor k_{sch} gleich Null wird. Gemäß Gl. (32) wird $k_{sch\,(2\,Q)} = 0$ für $\gamma = \dfrac{\pi}{2Q} = \dfrac{t_1}{2}$. Weiter kann die Ankerwicklung als sogenannte Bruchlochwicklung ausgeführt werden. Bei dieser ist die Nutenzahl pro Pol und Phase keine ganze Zahl, wodurch eine Phasenverschiebung zwischen den entsprechenden Spulenseiten unter den verschiedenen Polen entsteht. Diese Phasenverschiebung entspricht Bruchteilen einer Nutteilung, und die Nutenschwingungen der EMKe werden darum mehr oder weniger vollkommen unterdrückt.

Abb. 199 zeigt die Spannungskurve eines mit Dämpferwicklung versehenen Drehstromgenerators, der eine Bruchlochwicklung mit $q = 3\frac{1}{2}$, d. h. $Q = 10\frac{1}{2}$ hat. Durch diese Wicklungsart sind die Nutenoberwellen erster Ordnung mit den Frequenzen $2Q \mp 1$ vermieden, während diejenigen zweiter Ordnung, d. h. die Resultierende der Frequenzen $4Q - 1 = 41$ und $4Q + 1 = 43$, eine bedeutende Größe haben.

Drittes Kapitel.

Die Ankerrückwirkung.

11. Berechnung der magnetomotorischen Kraft der Ankerströme.

Wir wollen zunächst eine Einphasenwicklung mit nur einer Spulenseite (Nut) je Pol betrachten. Hat man s_n Ankerleiter in der Nut, und führt jeder Leiter den Strom i, so ist die gesamte MMK der Spule gleich $i\,s_n$ Amperewindungen. Davon fällt eine Hälfte, d. h. $\frac{1}{2}\,i\,s_n$, auf jede Kreuzung des Luftspaltes, vorausgesetzt, daß der magnetische Widerstand des Eisens vernachlässigt werden kann.

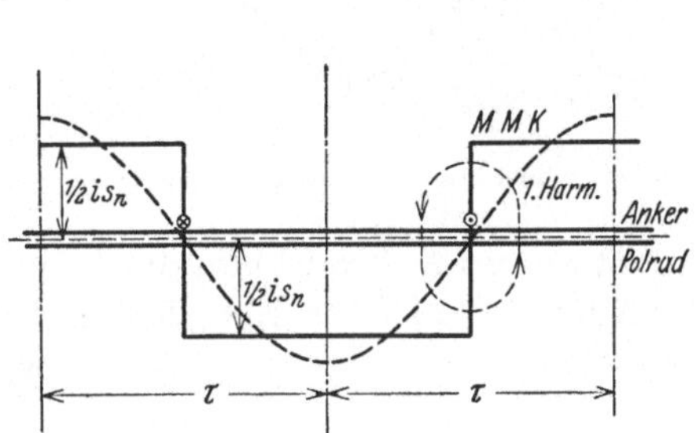

Abb. 200. MMK einer Einphasen-Einnutwicklung.

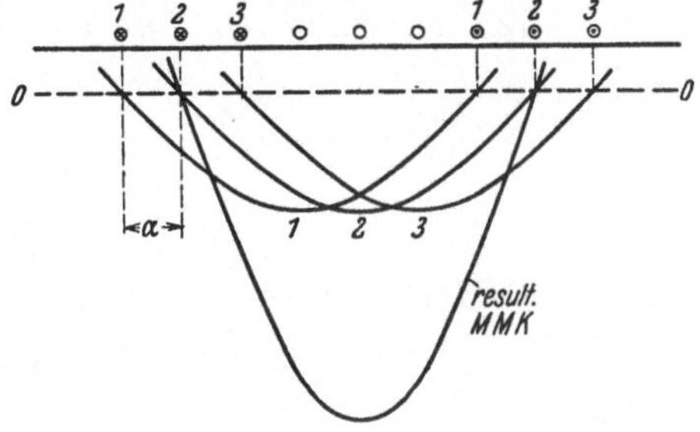

Abb. 201. MMK einer Einphasen-Mehrnutwicklung.

In Abb. 200 ist die Kurve der MMK als Funktion des ausgebreiteten Ankerumfanges aufgezeichnet. Vorläufig werden die Teilschwingungen höherer Ordnung, die in dieser Kurve einbegriffen sind, nicht berücksichtigt. Die Amplitude der Grundschwingung (Grundkurve) wird

$$\frac{4}{\pi} \cdot \frac{1}{2}\, i\, s_n = \frac{2}{\pi}\, i\, s_n\,.$$

Diese Amplitude wechselt (pulsiert) mit dem Strome i. Hat der Strom den Effektivwert J, so ist $i = \sqrt{2}\,J \cdot \sin \omega t$ und die Amplitude der Grundkurve wird

$$= \frac{2\sqrt{2}}{\pi}\, J\, s_n \cdot \sin \omega t = 0,9\, J\, s_n \cdot \sin \omega t\,. \tag{40}$$

Hat man mehrere Nuten pro Pol — d. h. pro doppelte Polteilung mehrere Spulen, worin derselbe Strom i fließt — so kann man die Grundkurven der einzelnen Spulen superponieren, und man erhält eine resultierende Grundkurve, wie in Abb. 201 gezeigt ist.

Graphisch kann diese Superposition in einem Vektordiagramm ausgeführt werden (Abb. 202). Mit Q Nuten pro Polteilung wird der elektrische Winkel zwischen zwei Nuten $= \dfrac{\pi}{Q} = \alpha$. q bewickelte Nuten, jede den Strom i führend, sind in Serie geschaltet. In Abb. 202 ist $Q = 6$ und $q = 3$, also $\alpha = \dfrac{\pi}{6}$. AB, BC und CD sind die MMKe der drei Spulen, und die resultierende MMK wird gleich AD. Wir bestimmen das Verhältnis

$$\frac{AD}{AB + BC + CD} = \frac{AD}{q \cdot AB}$$

$$= \frac{2\,R \cdot \sin \dfrac{q\,\alpha}{2}}{q \cdot 2\,R \cdot \sin \dfrac{\alpha}{2}} = \frac{\sin \dfrac{\pi}{2}\dfrac{q}{Q}}{q \cdot \sin \dfrac{\pi}{2\,Q}} = k_w . \tag{41}$$

Der Wicklungsfaktor für die EMK [s. Gl. (25)] gilt somit auch für die MMK einer Ankerwicklung.

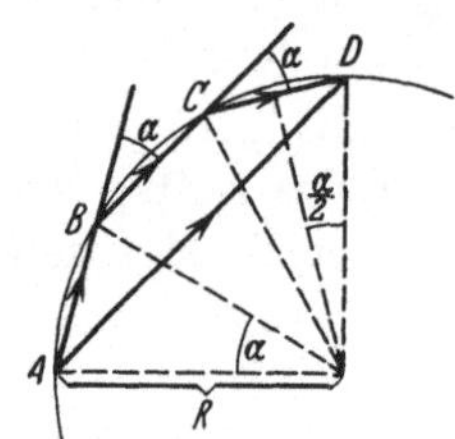

Abb. 202. Vektordiagramm der MMKe.

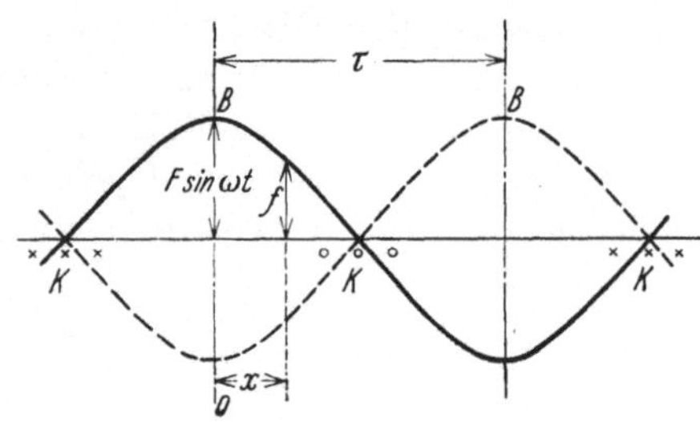

Abb. 203. Das Grundfeld einer Einphasenwicklung.

Für eine Wicklung mit q Nuten und s_n Leitern pro Nut wird also die Amplitude der MMK in der Symmetrieachse der Nuten (Punkt 0 in Abb. 203) gleich

$$0{,}9\,k_w\,J\,s_n\,q \cdot \sin \omega\,t = F \cdot \sin \omega\,t , \tag{42}$$

wenn $0{,}9\,k_w J s_n q = F$ gesetzt wird. In einem Punkte mit dem Abstand x von dieser Achse wird die Ordinate der MMK-Kurve

$$f = F \cdot \sin \omega\,t \cdot \cos \frac{\pi}{\tau}\,x . \tag{43}$$

Hier sind t und x variabel. Für $x =$ konstant, d. h. für einen beliebigen festen Punkt am Ankerumfange, erhält man eine MMK, die mit der Zeit nach einem Sinusgesetz variiert. Das von einem Einphasenstrome hergestellte Grundfeld entspricht somit einer sogenannten „stehenden" Schwingung. Die „Knotenpunkte" dieser Schwingung liegen in der Mitte der bewickelten Nutengruppen, während die „Bauchpunkte" in der Mitte der Spulengruppen liegen (s. Abb. 203).

Durch Benutzung des trigonometrischen Satzes

$$\sin \alpha \cdot \cos \beta = \tfrac{1}{2} \cdot \sin (\alpha - \beta) + \tfrac{1}{2} \cdot \sin (\alpha + \beta)$$

kann man weiter setzen:

$$f = \frac{1}{2} F \left[\sin \left(\omega\,t - \frac{\pi}{\tau}\,x \right) + \sin \left(\omega\,t + \frac{\pi}{\tau}\,x \right) \right] . \tag{44}$$

In dieser Formel entspricht das erste Glied

$$\frac{1}{2} F \cdot \sin \left(\omega\,t - \frac{\pi}{\tau}\,x \right)$$

einer MMK mit konstanter Amplitude $F/2$, die sich längs des Ankerumfanges verschiebt. Der Ort x_m, wo sich diese Amplitude zur Zeit t befindet, wird gefunden, indem man setzt:

$$\omega\, t - \frac{\pi}{\tau}\, x_m = \frac{\pi}{2}\,,$$

oder

$$\frac{\pi}{\tau}\, x_m = \frac{2\,\pi}{T}\, t - \frac{\pi}{2}\,,$$

d. h.

$$x_m = \frac{2\,\tau}{T}\, t - \frac{\tau}{2} = \omega_f\, t - \frac{\tau}{2}\,. \tag{45}$$

Hier ist $\omega_f = \dfrac{2\,\tau}{T}$ die Rotationsgeschwindigkeit der MMK längs des Umfanges. Zur Zeit $t = 0$ ist $x_m = -\dfrac{\tau}{2}$, für $t = \dfrac{\tau}{2}\dfrac{1}{\omega_f} = \dfrac{T}{4}$ ist $x_m = 0$ usw.

Diese MMK schreitet somit pro Periode um zwei Polteilungen vorwärts, d. h. läuft synchron mit dem Polrade (s. Abb. 204).

Das letzte Glied der Formel (44) stellt eine MMK mit derselben Amplitude $\dfrac{F}{2}$

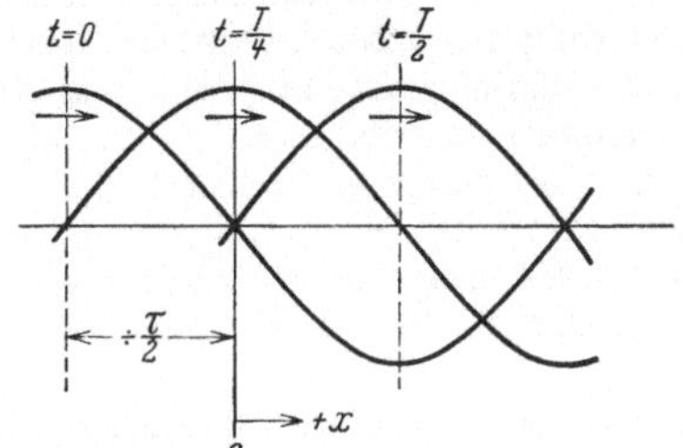

Abb. 204. Die positiv rotierende Komponente
eines Wechselfeldes.

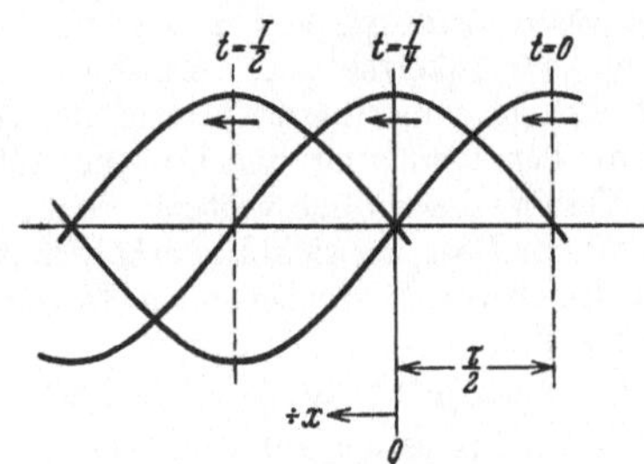

Abb. 205. Die invers rotierende Komponente
eines Wechselfeldes.

wie das erste Glied dar. Der Ort x'_m am Ankerumfange, wo sich diese Amplitude zur Zeit t befindet, wird gefunden, indem man setzt:

$$\omega\, t + \frac{\pi}{\tau}\, x'_m = \frac{\pi}{2}\,,$$

$$\frac{\pi}{\tau}\, x'_m = -\frac{2\,\pi}{T}\, t + \frac{\pi}{2}\,,$$

$$x'_m = -\frac{2\,\tau}{T}\, t + \frac{\tau}{2} = -\omega_f\, t + \frac{\tau}{2}\,. \tag{46}$$

Für $t = 0$ ist $x'_m = \dfrac{\tau}{2}$, für $t = \dfrac{T}{4}$ ist $x'_m = 0$ usw. (Abb. 205). Diese MMK rotiert somit mit der Geschwindigkeit ω_f im entgegengesetzten Sinne der ersten, also entgegen der Drehrichtung des Polrades. Diese MMK wird oft die „inverse" MMK genannt. Sie ruft ein invers rotierendes Drehfeld in der Maschine hervor.

In einem Einphasen-Generator sind diese beiden MMKe vorhanden. Die erste, die synchron mit dem Polrade läuft, kann durch den Magnetisierungsstrom in der Polwicklung kompensiert werden. Die letzte kann dagegen nicht in dieser Weise kompensiert werden. Man muß vielmehr auf dem Polrade eine sogenannte Dämpferwicklung anordnen. Diese Dämpferwicklung (von Hutin und Leblanc angegeben) ist eine kurzgeschlossene Wicklung mit kleinem Widerstande. Da sie mit dem Polrade synchron rotiert, wird sie von dem Hauptfelde nicht beeinflußt. Dagegen wird das inverse Feld Ströme doppelter Frequenz in ihr induzieren. Diese Ströme üben eine Rückwirkung auf das inverse Feld aus und suchen es abzudämpfen. Das inverse Feld ist immer schädlich, weil es Verluste bedingt und als eine Vergrößerung der Reaktanz der Ankerwicklung wirkt.

Wenn das inverse Drehfeld vollständig unterdrückt werden sollte, mußte seine MMK an jeder Stelle des Ankerumfanges durch eine gleich große MMK der Dämpferwicklung entgegengewirkt werden. Die Dämpferwicklung wird daher zweckmäßig von Kupferstäben gebildet, die in Nuten in den Polschuhen verlegt werden, und deren Enden durch Kupferringe miteinander verbunden werden (Abb. 206).

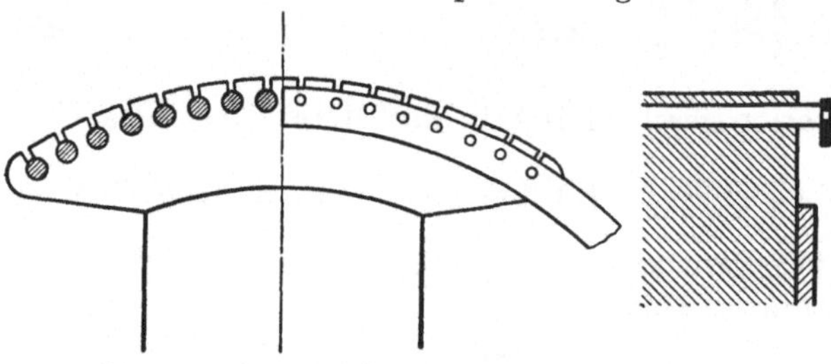

Abb. 206. Dämpferwicklung bei ausgeprägten Polen.

Bei Turbogeneratoren werden häufig die Nutenverschlußkeile des Polsystems aus Messing oder Rotguß ausgeführt und an den Stirnseiten durch gut leitende Metallringe verbunden.

Um zusätzliche Verluste wegen Induktionswirkung von den durch die Ankernutung erzeugten Oberwellen des Hauptfeldes und des Ankerfeldes zu vermeiden, legt man die Dämpferstäbe in Abständen, die einer ganzen Anzahl von Nutenteilungen des Ankers entsprechen, oder man benutzt die früher erwähnte Schrägstellung der Dämpferstäbe um eine Nutenteilung (siehe Abschn. 10), wodurch diese Verluste ohne weiteres vermieden werden.

Trotz der Dämpferwicklung erhält man bei einem Einphasen-Generator immer einen gewissen Betrag von Feldpulsationen. Darum müssen jedenfalls die Polschuhe aus lamelliertem Eisen bestehen.

Wir sollen jetzt die **MMK** einer **symmetrischen Dreiphasenwicklung** entwickeln. In einer solchen Wicklung sind die Ströme der drei Phasen:

$$i_I = \sqrt{2}\,J \cdot \sin \omega t, \qquad i_{II} = \sqrt{2}\,J \cdot \sin(\omega t - 120^0),$$

$$i_{III} = \sqrt{2}\,J \cdot \sin(\omega t - 240^0).$$

Die entsprechenden MMKe seien f_I, f_{II} und f_{III}. Die Gleichungen für die Grundkurven der MMKe der drei Phasen können dann in folgender Weise geschrieben werden:

Für Phase I ist

$$f_I = F \cdot \sin \omega t \cdot \cos \frac{\pi}{\tau} x = \frac{F}{2} \left[\sin \left(\omega t - \frac{\pi}{\tau} x \right) + \sin \left(\omega t + \frac{\pi}{\tau} x \right) \right].$$

Für Phase II haben wir 120^0 Verschiebung sowohl zeitlich als auch räumlich auf dem Ankerumfange. Folglich wird

$$f_{II} = F \cdot \sin(\omega t - 120^0) \cdot \cos \left(\frac{\pi}{\tau} x - 120^0 \right)$$

$$= \frac{F}{2} \left[\sin \left(\omega t - \frac{\pi}{\tau} x \right) + \sin \left(\omega t + \frac{\pi}{\tau} x - 240^0 \right) \right].$$

Für Phase III haben wir 240^0 Verschiebung zeitlich und räumlich, also

$$f_{III} = F \cdot \sin(\omega t - 240^0) \cdot \cos \left(\frac{\pi}{\tau} x - 240^0 \right)$$

$$= \frac{F}{2} \left[\sin \left(\omega t - \frac{\pi}{\tau} x \right) + \sin \left(\omega t + \frac{\pi}{\tau} x - 480^0 \right) \right].$$

Die Summe für die drei Phasen wird:

$$f = f_I + f_{II} + f_{III} = \frac{3}{2} F \cdot \sin\left(\omega t - \frac{\pi}{\tau} x\right), \qquad (47)$$

denn die Summe der drei inversen MMKe wird gleich Null. Es wird nur eine konstante in positiver Richtung rotierende MMK bestehend. Die Amplitude dieser resultierenden MMK ist gleich $\frac{3}{2}$ mal der Maximalamplitude der MMK einer Phase.

In der gleichen Weise kann man allgemein zeigen, daß eine symmetrische m-Phasenwicklung eine rotierende MMK erzeugt:

$$f = \frac{m}{2} F \cdot \sin\left(\omega t - \frac{\pi}{\tau} x\right). \qquad (48)$$

Die Amplitude für die Grundwelle der MMK des Ankers, d. h. die Amperewindungszahl, mit welcher pro Pol zu rechnen ist, wird somit

$$A W_A = \frac{m}{2} F = 0{,}9 \frac{m}{2} k_w s_n q J. \qquad (49)$$

Wie oben erwähnt, gilt diese Ableitung nur für die Grundwelle. Die Oberwellen der rektangulären MMK-Kurve in Abb. 200 können durch die Reihe

$$F \cdot \sin \omega t \cdot \left(-\frac{1}{3} \cdot \cos \frac{3\pi}{\tau} x + \frac{1}{5} \cdot \cos \frac{5\pi}{\tau} x - \frac{1}{7} \cdot \cos \frac{7\pi}{\tau} x + \cdots\right)$$

ausgedrückt werden. Bei einer Dreiphasenwicklung erhalten wir dann für die $n$te Oberwelle der Phase I:

$$f_{I(n)} = \mp \frac{F}{n} \cdot \sin \omega t \cdot \cos n \left(\frac{\pi}{\tau} x\right),$$

der Phase II:

$$f_{II(n)} = \mp \frac{F}{n} \cdot \sin (\omega t - 120^0) \cdot \cos n \left(\frac{\pi}{\tau} x - 120^0\right),$$

der Phase III:

$$f_{III(n)} = \mp \frac{F}{n} \cdot \sin (\omega t - 240^0) \cdot \cos n \left(\frac{\pi}{\tau} x - 240^0\right),$$

wo die $-$ und $+$ Zeichen wie in der obigen Reihe abwechselnd benutzt werden müssen. Analog der Grundkurve schreiben wir weiter:

$$\left.\begin{aligned}
f_{I(n)} &= \mp \frac{F}{2n} \left[\sin\left(\omega t - \frac{n\pi}{\tau} x\right) + \sin\left(\omega t + \frac{n\pi}{\tau} x\right)\right], \\
f_{II(n)} &= \mp \frac{F}{2n} \left[\sin\left(\omega t - \frac{n\pi}{\tau} x + (n-1)120^0\right) + \sin\left(\omega t + \frac{n\pi}{\tau} x - (n+1)120^0\right)\right], \\
f_{III(n)} &= \mp \frac{F}{2n} \left[\sin\left(\omega t - \frac{n\pi}{\tau} x + (n-1)240^0\right) + \sin\left(\omega t + \frac{n\pi}{\tau} x - (n+1)240^0\right)\right].
\end{aligned}\right\} \quad (50)$$

In diesen Gleichungen durchläuft n die Reihe der ungeraden Zahlen von 3 ab. Setzen wir $n = 3a$, wo a eine ungerade Zahl ist, werden die ersten Glieder der Gleichungen durch drei gleiche um 120^0 verschobene Vektoren dargestellt. Dasselbe ist auch für die drei letzten Glieder der Fall, und die Summe $f_{I(n)} + f_{II(n)} + f_{III(n)}$ ist somit gleich Null. Wir erhalten als Resultat, daß diejenigen Oberwellen, deren Ordnungszahlen durch 3 teilbar sind (3, 9, 15 usw.) in einem Dreiphasensystem verschwinden.

Setzen wir dann $n = 3a - 1$, wo a eine gerade Zahl ist, werden die ersten Glieder durch drei gleiche um 120^0 verschobene Vektoren dargestellt, während die Vektoren der letzten Glieder phasengleich sind. Die Summe wird somit

$$f_{I(n)} + f_{II(n)} + f_{III(n)} = \pm \frac{3}{2} \frac{F}{n} \cdot \sin\left(\omega t + \frac{n\pi}{\tau} x\right).$$

Die Oberwellen mit Ordnungszahlen 5, 11, 17 usw., werden also nur von inversen Feldkomponenten gebildet. Sie rotieren mit der Geschwindigkeit $\frac{1}{n} \omega$, in entgegengesetztem Sinne des Grundfeldes.

Setzen wir endlich $n = 3a + 1$, wo a eine gerade Zahl ist, werden die ersten Glieder phasengleich, während die letzten um 120° gegeneinander verschoben sind. Die Summe wird dann

$$f_{I(n)} + f_{II(n)} + f_{III(n)} = \mp \frac{3}{2} \frac{F}{n} \cdot \sin\left(\omega t - \frac{n\pi}{\tau} x\right).$$

Die Oberwellen mit Ordnungszahlen 7, 13, 19 usw. werden also nur von positiv rotierenden Feldkomponenten gebildet. Sie haben die Geschwindigkeit $\frac{1}{n}\,\omega_f$ in demselben Sinne wie das Grundfeld.

Die obige Entwicklung gilt für eine Wicklung mit nur einer Nut pro Pol und Phase. Es ist dann $F = 0,9 \cdot J s_n$. Bei einer Wicklung mit q Nuten pro Pol und Phase müssen die entsprechenden Oberwellen der verschiedenen Spulen graphisch addiert werden. Dies geschieht, indem man setzt:

$$F = 0,9 \cdot k_{w(n)} J s_n q,$$

wo $k_{w(n)}$ nach Gl. (28) zu bestimmen ist.

Bei unsymmetrischer Belastung eines Mehrphasengenerators wird das invers rotierende Grundfeld nicht gleich Null. Wenn daher ein Generator zeitweise eine beträchtliche Schiefbelastung aushalten soll, muß er in der Regel mit einer Dämpferwicklung versehen werden. Durch diese Wicklung werden auch die Oberfelder mehr oder weniger gedämpft.

Nur die Grundwelle des Ankerfeldes, dessen Polteilung und Geschwindigkeit dieselbe Größe wie beim Polfelde haben, kann zur eigentlichen Ankerrückwirkung gezählt werden. Die Oberfelder müssen dann als Streufelder betrachtet werden, und sie sollen im Abschnitt 13 behandelt werden.

12. Die längs- und quermagnetisierenden Amperewindungen des Ankers.

a) Zerlegung der MMK des Ankers.

Die MMK des Ankers wirkt über einer ganzen Polteilung des Ankers, also teils unter einem Pole und teils auf der Umfangsstrecke zwischen zwei Polen. Bei Maschinen mit ausgeprägten Polen wird der magnetische Widerstand variabel längs des Ankerumfanges. Wir wollen darum nach A. Blondel die synchrone Grundwelle der MMK-Kurve in zwei Komponenten zerlegen: eine, die unter den Polen wirkt, und eine andere, die in den Lücken zwischen diesen wirkt.

Wenn der Ankerstrom mit der von dem Polfelde induzierten EMK in Phase ist, so ist — wie wir im Abschn. 2 zeigten — die MMK des Ankers hauptsächlich in den Pollücken wirksam, und sie wirkt dann als eine Quermagnetisierung. In Abb. 207 sind die Verteilungskurven für das Polfeld Φ und das Ankerfeld Φ_A (bzw. die Anker-MMK) über dem abgerollten Ankerumfang dargestellt. Das

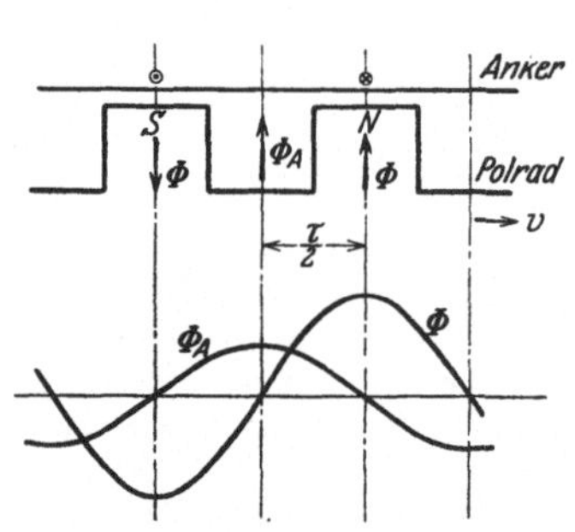

Abb. 207. Grundwellen des Pol- und Ankerfeldes bei Phasengleichheit zwischen E und J.

Ankerfeld liegt somit auf dem Ankerumfange um $\frac{\tau}{2}$ entsprechend der Zeit $\frac{T}{4}$ oder um 90 elektrische Grade gegenüber dem Polfelde zurück. Man kann die Felder in einem Vektordiagramm darstellen, das die Verschiebung sowohl zeitlich als auch in Winkelmaß auf dem Ankerumfange angibt, indem die doppelte Polteilung gleich 360 elektrischen Graden gesetzt wird. Zeitdiagramm und Raumdiagramm

(Winkeldiagramm) werden dann identisch. In das Diagramm (Abb. 208) sind folgende Vektoren eingetragen: Das Polfeld Φ, die EMK des Polfeldes E, der Ankerstrom J, die Anker-MMK AW_A, das Ankerfeld (hier Querfeld) Φ_A und die EMK des Ankerfeldes E_A.

Wenn der Strom gegenüber der vom Polfelde induzierten EMK um einen Winkel ψ phasenverschoben ist, bekommt man z. B. das Diagramm Abb. 209, das

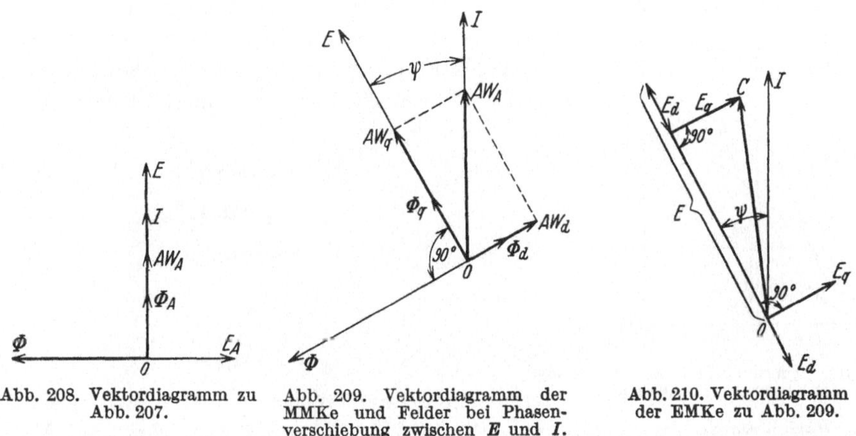

Abb. 208. Vektordiagramm zu Abb. 207.   Abb. 209. Vektordiagramm der MMKe und Felder bei Phasenverschiebung zwischen E und I.   Abb. 210. Vektordiagramm der EMKe zu Abb. 209.

ebenfalls sowohl als Zeitdiagramm als auch als Raumdiagramm dienen kann. Die MMK des Ankers ist hier in zwei Komponenten zerlegt. Die eine Komponente

$$A W_q = A W_A \cdot \cos \psi \qquad (51)$$

ist die quermagnetisierende Komponente, die das Querfeld Φ_q hervorruft. Die andere Komponente

$$A W_d = A W_A \cdot \sin \psi \qquad (52)$$

ist die längs- oder direktmagnetisierende Komponente, die das Längsfeld Φ_d direkt in der Achse des Polfeldes hervorbringt. In dem häufigsten Fall, wenn E dem Strom J voreilt, wirkt diese Komponente entmagnetisierend.

Für die induzierten EMKe gilt das Diagramm Abb. 210. Das Feld Φ_d induziert eine EMK E_d, die dem Felde um 90° nacheilt. Sie bekommt also, wenn E in der Phase vor J liegt, die entgegengesetzte Richtung von E und wirkt auf die Spannung des Generators direkt reduzierend. Das Feld Φ_q induziert eine EMK E_q, die in der Phase um 90° hinter diesem Felde liegt. Diese EMK bewirkt also im wesentlichen eine Phasenverschiebung der resultierenden induzierten EMK OC gegen der induzierten EMK E, die auftreten würde, wenn das Polfeld allein vorhanden wäre.

b) Berechnung der Längsmagnetisierung.

Die Grundwelle der längsmagnetisierenden Amperewindungen des Ankers hat eine Amplitude [s. Gl. (52) und (49)]:

$$A W_d = A W_A \cdot \sin \psi = 0{,}9 \, \frac{m}{2} \, k_w \, s_n \, q \, J \cdot \sin \psi \, . \qquad (53)$$

Um die Wirkung der Amperewindungen zu bestimmen, gehen wir zur Polfeldkurve zurück. Die Feldkurve (Abb. 174) ist ein Maß für die magnetische Leitfähigkeit über der Polteilung, da die MMK des Poles über derselben konstant vorausgesetzt ist. Die Grundwelle der längsmagnetisierenden Amperewindungen variiert dagegen nach einem Sinusgesetz; das hiervon erzeugte Ankerfeld ergibt sich daher durch Multiplikation der Ordinaten dieser Sinuskurve mit den entsprechenden Ordinaten der Polfeldkurve.

In Abb. 211 ist die Polfeldkurve i und ihre Grundwelle mit der Amplitude a_1 aufgetragen. Die Ordinaten der Polfeldkurve in den 12 Teilungspunkten der Polteilung seien i_0, i_1, i_2, i_3 usw. Vorläufig sei die Amplitude der längsmagnetisierenden MMK-Kurve gleich 1 gesetzt. Dann werden die Relativwerte der einzelnen Ordinaten des Feldes Φ_d:

$$i_0'' = i_0 \cdot \sin 0^0 ,$$

$$i_1'' = i_1 \cdot \sin 15^0 ,$$

$$i_2'' = i_2 \cdot \sin 30^0 ,$$

$$\cdots \cdots \cdots$$

$$\cdots \cdots \cdots$$

$$i_6'' = i_6 \cdot \sin 90^0 = i_6 .$$

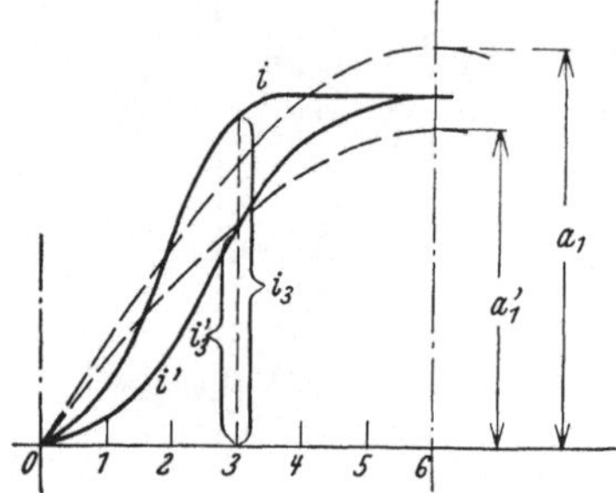

Abb. 211. Ermittlung der Kurve des längsmagnetisierenden Ankerfeldes.

Auf diese Weise erhalten wir die längsmagnetisierende Ankerfeldkurve, die in Abb. 211 mit i' bezeichnet ist. Um nun ihre Wirkung in der Wicklung zu finden, müssen wir die Grundwelle der Kurve bestimmen. Die Amplitude dieser Grundwelle wird (vgl. Abschn. 4):

$$a_1' = \tfrac{1}{6} [i_1' \cdot \sin 15^0 + i_2' \cdot \sin 30^0 + \cdots + i_6 + i_{11}'' \cdot \sin 15^0 + i_{10}'' \cdot \sin 30^0 + \cdots]$$
$$= \tfrac{1}{6} [2\, i_1 \cdot \sin^2 15^0 + 2\, i_2 \cdot \sin^2 30^0 + \cdots + 2\, i_5 \cdot \sin^2 75^0 + i_6] .$$

In der Tabelle 6 (S. 169) können wir also die Kolonne 4 hinzufügen, worin die Zahlenwerte durch Multiplikation der Zahlen in Kolonne 3 mit $\sin \frac{\nu \pi}{12}$ erhalten werden. Die neue Kolonne summiert sich zu dem Werte Σ_2'. Dann ist die gesuchte Amplitude

$$a_1' = \tfrac{1}{6} \Sigma_2' . \tag{54}$$

In Abb. 211 ist die hierdurch festgelegte Sinuskurve eingezeichnet. Diese Kurve stellt also die Grundwelle des längsmagnetisierenden Feldes dar unter der Voraussetzung, daß die wirkliche Ordinate dieses Feldes unter der Polmitte gleich i_6 ist, und daß seine MMK sinusförmig verteilt ist. $a_1 = \tfrac{1}{6} \Sigma_2$ ist die Amplitude der Grundwelle des Polfeldes unter der Voraussetzung, daß die wirkliche Ordinate dieses Feldes unter der Polmitte gleich i_6 ist, und daß seine MMK über der Polteilung konstant ist.

Wir können jetzt die Amperewindungszahl AW_{dp} auf sämtliche $2\,p$ Pole berechnen, der die Längsmagnetisierung entspricht. Für einen Pol gilt:

$$a_1 \frac{AW_{dp}}{2\,p} = a_1' AW_d = a_1' 0{,}9 \frac{m}{2} k_w s_n q J \cdot \sin \psi .$$

Daraus ergibt sich:

$$AW_{dp} = \frac{a_1'}{a_1} 0{,}9\, m\, k_w\, p\, s_n\, q\, J \cdot \sin \psi$$

$$= \frac{\Sigma_2'}{\Sigma_2} 0{,}9\, m\, k_w\, p\, s_n\, q\, J \cdot \sin \psi$$

$$= k_d\, m\, k_w\, w\, J \cdot \sin \psi , \tag{55}$$

wenn

$$k_d = \frac{\Sigma_2'}{\Sigma_2}\, 0{,}9 \qquad (56)$$

als „Längsmagnetisierungsfaktor" eingeführt wird und $w = p\,s_n\,q = \text{Win}$-dungszahl ist.

Wenn die Feldkurve einer Maschine nicht bekannt ist, kann man oft ohne bedeutenden Fehler annehmen, daß das Polfeld nach einer Sinuskurve verteilt ist. In Abb. 212 ist eine solche Feldkurve $i = a\cdot\sin x$ angedeutet. Wird die Amplitude der längsmagnetisierenden MMK des Ankers gleich 1 gesetzt, erhalten wir das längsmagnetisierende Feld

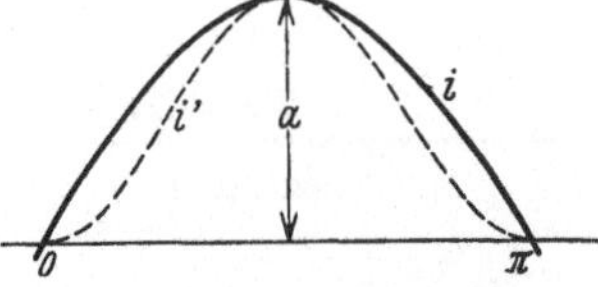

Abb. 212. Kurve des längsmagneti-sierenden Ankerfeldes bei sinus-förmigem Polfeld.

$$i' = i\cdot\sin x = a\cdot\sin^2 x\,.$$

Die Grundwelle dieser Kurve hat die Amplitude

$$a_1' = \frac{2}{\pi}\int\limits_0^\pi i'\cdot\sin x\cdot dx = \frac{2}{\pi}\,a\int\limits_0^\pi \sin^3 x\cdot dx = \frac{2}{\pi}\,a\,\frac{4}{3} = 0{,}85\,a\,.$$

Hieraus ergeben sich die längsmagnetisierenden Amperewindungen für sämtliche Pole

$$\begin{aligned}
A\,W_{d\,v} &= \frac{a_1'}{a}\,0{,}9\,m\,k_w\,p\,s_n\,q\,J\cdot\sin\psi \\
&= 0{,}85\cdot0{,}9\,m\,k_w\,w\,J\cdot\sin\psi \\
&= 0{,}765\,m\,k_w\,w\,J\cdot\sin\psi\,. \qquad (57)
\end{aligned}$$

Der Längsmagnetisierungsfaktor wird also in diesem Falle: $k_d = 0{,}765$.

c) Berechnung der Quermagnetisierung.

Wenn wir uns zwei Nachbarpole mit derselben Polarität erregt denken, erhalten wir die resultierende Feldkurve (Kurve 2 in Abb. 213a und b), durch Super-position der Feldkurven 1 für jeden Pol allein erregt. Diese Kurve 2 kann auch als Kurve der magnetischen Leitfähigkeit für das Querfeld aufgefaßt werden. Die MMK dieses Feldes ist sinusförmig verteilt und hat ihre Amplitude im Punkte O (Abb. 213b). Werden die Winkel α von diesem Punkte gerechnet, so wird die MMK im Punkte α:

$$\begin{aligned}
&(A\,W_A\cdot\cos\psi)\cdot\cos\alpha \\
&= \left(0{,}9\,\frac{m}{2}\,k_w\,s_n\,q\,J\cdot\cos\psi\right)\cdot\cos\alpha\,. \qquad (58)
\end{aligned}$$

Wird die Polteilung wie früher in 12 gleiche Teile geteilt und bezeichnen wir die Ordi-naten der Querfeldkurve mit i'', so wird die Ordinate im νten Teilungspunkt:

$$i_\nu'' = i_\nu\cdot\cos\frac{\nu\,\pi}{12}\,,$$

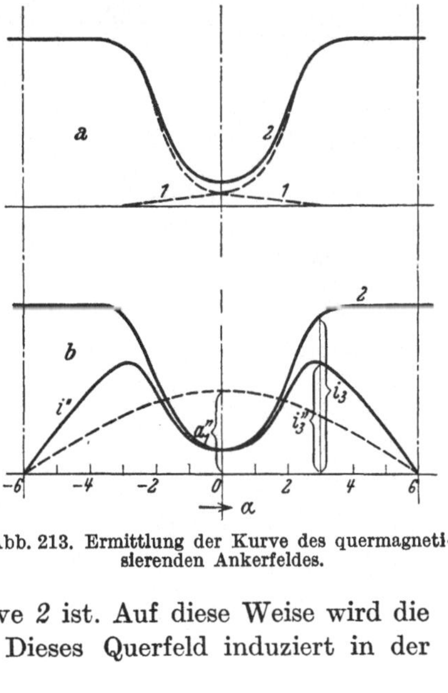

Abb. 213. Ermittlung der Kurve des quermagneti-sierenden Ankerfeldes.

wenn i_ν die entsprechende Ordinate der Kurve 2 ist. Auf diese Weise wird die Querfeldkurve Punkt für Punkt bestimmt. Dieses Querfeld induziert in der

Ankerwicklung eine EMK, dessen Grundwelle von der Grundwelle des Feldes induziert wird. Wir müssen somit die Grundwelle der Querfeldkurve bestimmen. Wird die Amplitude dieser Grundwelle mit a_1'' bezeichnet, so ist:

$$a_1'' = \tfrac{1}{6}\,(i_0'' + 2\,i_1''\cdot\cos 15^0 + 2\,i_2''\cdot\cos 30^0 + \cdots + 2\,i_5''\cdot\cos 75^0)$$

$$= \tfrac{1}{6}\,(i_0 + 2\,i_1\cdot\cos^2 15^0 + 2\,i_2\cdot\cos^2 30^0 + \cdots + 2\,i_5\cdot\cos^2 75^0)\,.$$

Tabelle 9.

i_ν'	$\cos^2(\nu\cdot 15^0)$	$i_\nu\cdot\cos^2(\nu\cdot 15^0)$
i_0	1	$\cdots$
$2\,i_1$	0,933	$\cdots$
$2\,i_2$	0,750	$\cdots$
$2\,i_3$	0,500	$\cdots$
$2\,i_4$	0,250	$\cdots$
$2\,i_5$	0,067	$\cdots$
$2\,i_6$	0	$\cdots$
		$\Sigma_3' = \cdots$

Hier wird die Tabelle 9 aufgestellt, und wir haben:

$$a_1'' = \tfrac{1}{6}\Sigma_3' \tag{59}$$

Die Amplitude a_1'' ist ein Maß für die vom Querfelde induzierte EMK, in derselben Weise wie a_1 (s. Abb. 211) ein Maß für die vom Polfelde induzierte EMK ist. Da a_1'' kleiner als a_1 ausfällt, so folgt, daß die quermagnetisierenden Ankeramperewindungen relativ schwächer wirken als die Amperewindungen des Polfeldes. Um die quermagnetisierenden Ankeramperewindungen auf dem Polfelde zu reduzieren, muß man sie mit dem Verhältnis

$$\frac{a_1''}{a_1} = \frac{\Sigma_3'}{\Sigma_2}$$

multiplizieren. Die quermagnetisierenden AW pro Pol werden somit, in Polamperewindungen umgerechnet:

$$= \frac{\Sigma_3'}{\Sigma_2}\,0{,}9\,\frac{m}{2}\,k_w\,s_n\,q\,J\cdot\cos\psi\,.$$

Für sämtliche $2\,p$ Pole erhalten wir die der Quermagnetisierung entsprechende Amperewindungszahl

$$AW_{qp} = \frac{\Sigma_3'}{\Sigma_2}\,0{,}9\,m\,k_w\,p\,s_n\,q\,J\cdot\cos\psi$$

$$= k_q\,m\,k_w\,w\,J\cdot\cos\psi\,, \tag{60}$$

wenn

$$k_q = \frac{\Sigma_3'}{\Sigma_2}\,0{,}9 \tag{61}$$

als „Quermagnetisierungsfaktor" eingeführt wird.

Wir können einen Anhalt über die Größe von k_q bekommen, wenn wir auch in diesem Falle die magnetische Leitfähigkeit $i = a\cdot\sin x$ annehmen. Die Ordinaten des Querfeldes werden dann

$$i'' = a\cdot\sin x\cdot\cos x\,.$$

Die Grundwelle dieser Kurve hat die Amplitude

$$a_1'' = \frac{2}{\pi}\,a\left[\int_0^{\pi/2}\sin^2 x\cdot\cos x\cdot dx + \int_{\pi/2}^{\pi}\sin^2\cdot\cos x\cdot dx\right]$$

$$= \frac{4}{\pi}\,a\int_0^{\pi/2}(1 - \cos^2 x)\cos x\cdot dx$$

$$= \frac{4}{\pi}\,a\left[\int_0^{\pi/2}\cos x\cdot dx - \int_0^{\pi/2}\cos^3 x\cdot dx\right]$$

$$= \frac{4}{\pi}\,a\left[\sin x\right]_0^{\pi/2} - \frac{4}{\pi}\,a\left\{\left[\frac{\sin x \cdot \cos^2 x}{3}\right]_0^{\pi/2} + \frac{2}{3}\int_0^{\pi/2}\cos x \cdot d\,x\right\}$$

$$= \frac{4}{\pi}\,a\left(1 - \frac{2}{3}\right) = 0{,}425\,a\,.$$

Es ist also hier

$$k_q = 0{,}9 \cdot 0{,}425 = 0{,}3825\,,$$

oder gleich der Hälfte des Wertes von k_d bei sinusförmigem Polfeld.

Wenn wir dagegen nicht die Kurve *2* in Abb. 213 sondern die Polfeldkurve sinusförmig annehmen, wird k_q etwa 10% größer (vgl. Abb. 174): $k_q \approx 0{,}42$.

13. Berechnung der Streureaktanz des Ankers.

Bisher haben wir nur denjenigen Teil der Kraftlinien des Ankerstromes betrachtet, der das resultierende Hauptfeld der Maschine beeinflußt. Indessen erzeugt der Ankerstrom auch mehr lokale Felder, die in ihrer Wirkung nicht direkt mit dem Magnetfelde zusammengesetzt werden können. Sie sind daher als Streufelder zu betrachten. Diese Felder wirken auf die Ankerleiter, mit denen sie verschlungen sind, durch ihren Wechsel induzierend und die entsprechende Reaktanz wird als Streureaktanz bezeichnet. Für eine Phase wird diese gleich x_s gesetzt.

Wenn für einen Teil der Ankerwicklung bei 1 A der Streufluß Φ_x mit w_x Windungen verkettet ist, wird:

$$x_s = 2\,\pi\,f\,\Sigma\,(\Phi_x w_x) \cdot 10^{-8}\,\Omega\,. \tag{62}$$

Im allgemeinen umschließt eine Kraftlinie nicht sämtliche s_n Leiter einer Nut, sondern nur s_x. Es wird somit:

$$w_x = p\,q\,s_x = p\,q\,s_n\,\frac{s_x}{s_n}$$

und

$$\Phi_x = 2\,l_x\,s_x\,\lambda_x' = 2\,l_x\,s_n\,\frac{s_x}{s_n}\,\lambda_x'\,,$$

wenn $2\,l_x$ die Länge einer Windung in cm und λ_x' die Leitfähigkeit pro cm Windungslänge für den der Spule umgebenden magnetischen Kreis ist. Alsdann wird:

$$\Phi_x w_x = 2\,p\,q\,s_n^2\left[l_x\left(\frac{s_x}{s_n}\right)^2\lambda_x'\right] = 2\,p\,q\,s_n^2\,(l_x\,\lambda_x)\,,$$

wo $\lambda_x = \left(\frac{s_x}{s_n}\right)^2\lambda_x'$ die Leitfähigkeit eines gedachten Flusses darstellt, der alle s_n Leiter umschließt und dieselbe Kraftlinienverkettungszahl ergibt wie der wirkliche Streufluß. Also wird:

$$x_s = 4\,\pi\,f\,p\,q\,s_n^2\,\Sigma\,(l_x\,\lambda_x)\,10^{-8}\,.$$

Da $p\,q\,s_n^2 = \dfrac{w^2}{p\,q}$ ist, kann man weiter setzen:

$$x_s = 12{,}5\,f\,\frac{w^2}{p\,q}\,\Sigma\,(l_x\,\lambda_x)\,10^{-8}\,\Omega\,. \tag{63}$$

Das totale Streufeld, das x_s bildet, besteht im wesentlichen aus folgenden drei Teilen:

1. dem Felde, das jede einzelne Nut durchsetzt;
2. dem Felde, das von einem Zahnkopfe zu einem anderen verläuft;
3. dem Felde, das um die Stirnverbindungen (Spulenköpfe) verläuft.

Für diese Felder soll die Summe $\Sigma(l_x \lambda_x)$ für einen Pol, d. h. über einer halben Spulenlänge gebildet werden. Die Berechnung der Leitfähigkeiten der Felder kann nur mit großer Unsicherheit vorgenommen werden, und man sucht darum in der Praxis Erfahrungsdaten zu verwenden. Nachstehend sollen Näherungsformeln angegeben werden, die durch eine Reihe von Vereinfachungen hergeleitet sind.

1. Die Nutenstreuung. Wir setzen voraus, daß die drei Nuten der Abb. 214 gleichviele Leiter enthalten, die zu derselben Phase gehören. Die MMK jeder Nut sucht ein die Nut umschließendes Streufeld zu erzeugen. Bei vernachlässigtem magnetischen Widerstand des Eisens sind die Felder aller Nuten gleich groß, und die radialen Streufelder der Zähne *2* und *3* heben sich gegenseitig auf. In den Zähnen *1* und *4* setzt sich das Feld mit dem Nutenfeld einer Nachbarphase zu einem resultierenden zusammen. Das gesamte Nutenfeld einer Phase verläuft daher längs der in Abb. 214b angedeuteten Bahn

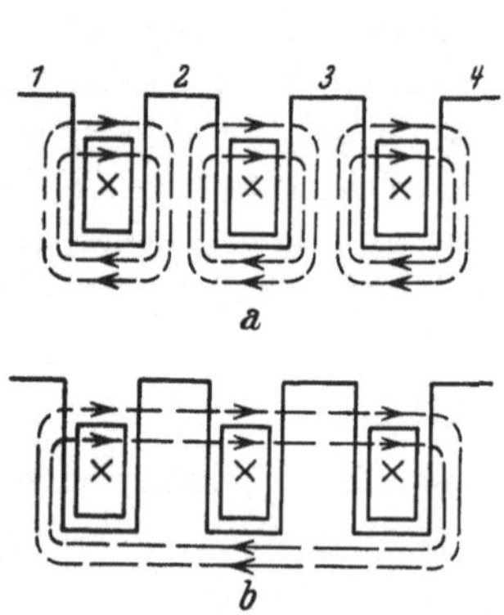
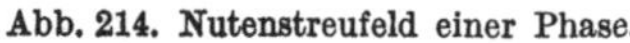

Abb. 214. Nutenstreufeld einer Phase.

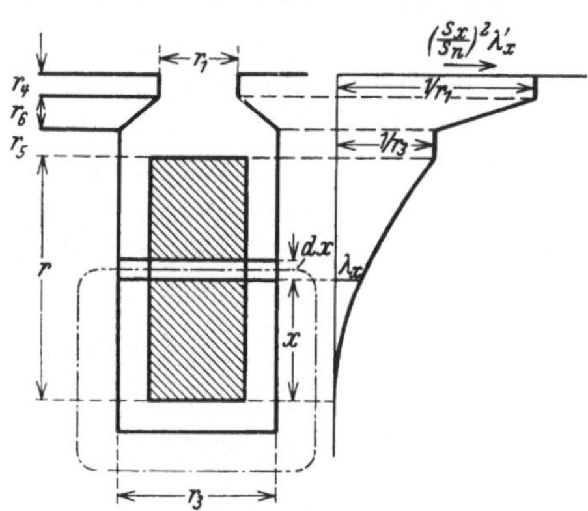

Abb. 215. Zur Berechnung der Nutenstreuung.

Für die in Abb. 215 eingezeichnete fiktive Kraftröhre ist die umschlungene Leiterzahl $s_x = s_n \cdot x/r$, und die Leitfähigkeit, wenn der magnetische Widerstand des Eisens vernachlässigt wird:

$$\lambda'_x = 0,4\,\pi \cdot \frac{dx}{r_3}.$$

Also ist

$$\left(\frac{s_x}{s_n}\right)^2 \lambda'_x = \left(\frac{x}{r}\right)^2 0,4\,\pi\,\frac{dx}{r_3}.$$

Die Leitfähigkeit für die ganze Spulenhöhe errechnet sich durch Integration von $x = 0$ bis $x = r$ zu $1{,}25\,\dfrac{r}{3\,r_3}$. Die Leitfähigkeit für die Röhren, die sämtliche s_n Leiter umschließen, ergibt sich direkt aus den Nutendimensionen. In Abb. 215 ist rechts eine Kurve für den Verlauf der Leitfähigkeit aufgetragen, und man bekommt die totale Leitfähigkeit der Nut pro 1 cm Länge:

$$\lambda_n = 1{,}25 \left(\frac{r}{3\,r_3} + \frac{r_5}{r_3} + \frac{2\,r_6}{r_1 + r_3} + \frac{r_4}{r_1}\right). \tag{64}$$

Für andere Nutenformen ist die Leitfähigkeit in ähnlicher Weise zu berechnen.

2. Die Zahnkopfstreuung. Die Zahnkopfstreuung wird von denjenigen Kraftlinien des Ankers in dem Luftspalt gebildet, die nicht in der früher berechneten Ankerrückwirkung einbegriffen sind, also von Kraftflüssen, die innerhalb der-

selben Polteilung zur Ankeroberfläche zurückkehren. Diese Kraftlinien nehmen
ihren Verlauf teils durch den Luftspalt, teils streckenweise auch durch das Eisen
des Feldsystems. Wegen der Wirbelströme, die hierdurch im Eisen induziert werden, wird sein scheinbarer magnetischer Widerstand stark erhöht und nähert
sich dem der Luft. Da der Luftspalt bei Synchronmaschinen außerdem eine beträchtliche Breite hat, kann man bei der Berechnung der Zahnkopfstreuung ohne
großen Fehler von der Anwesenheit des Feldeisens absehen.

Unter der Voraussetzung sinusförmigen Stromes werden die Oberwellen in
der MMK-Kurve des Ankers durch die Verteilung der Wicklung auf eine endliche
Anzahl von Phasen und Nuten verursacht. Davon sind die Oberwellen der Nuten
die wichtigsten, und wir wollen nur diese berücksichtigen. In Abb. 216 ist ein Stück
der wirklichen, treppenartigen MMK-Kurve *1*
angedeutet und darüber die geradlinige Mittel-
kurve *2* eingezeichnet, die die Ankerrückwirkung ergibt. Für die Zahnkopfstreuung
erhält man dann die Differenzkurve *3* mit
der Amplitude $\frac{z_1}{2} \cdot AS$, wo AS die sogenannte
lineare Strombelastung oder der Strombelag
des Ankers, d. h. Ampere $\times$ Stabzahl je
Zentimeter Ankerumfang ist, bei Ankerdurchmesser D_a also:

$$AS = \frac{J\,m\,2\,w}{\pi\,D_a}. \tag{65}$$

Man kann nun angenähert den Kraftfluß
berechnen, der von dieser MMK senkrecht
zur vertikalen Ebene über der Mitte der Nutenöffnung erzeugt wird, indem man nur den Teil
der MMK berücksichtigt, der innerhalb der
betreffenden Nutteilung am Umfang liegt. Es
ist also das Feld dreier Stromschichten zu berechnen. Davon haben die beiden Schichten Z
in Abb. 216 negative Stromrichtung und den
Strombelag

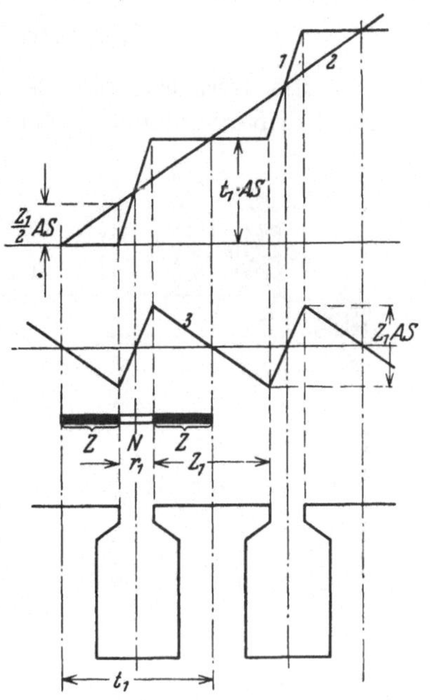

Abb. 216. Zur Berechnung der Zahnkopfstreuung.

$$\frac{z_1 \cdot AS}{2} \cdot \frac{2}{z_1} = AS,$$

während die Schicht N positive Stromrichtung und den Strombelag $\frac{z_1}{r_1} \cdot AS$ hat.
Durch Verwendung des Elementargesetzes von Laplace erhält man die resultierende Feldstärke im Abstand x von der Ankeroberfläche[1]:

$$H = 0{,}8 \cdot AS \left[\frac{t_1}{r_1} \cdot \operatorname{arc\,tg} \frac{r_1}{2x} - \operatorname{arc\,tg} \frac{t_1}{2x} \right].$$

Der gesamte Kraftfluß je cm Nutenlänge wird dann

$$\Phi_k' = \int_0^\infty H \cdot dx = 0{,}8 \cdot AS \cdot \frac{t_1}{2} \cdot \lg n \frac{t_1}{r_1}.$$

---

[1] Siehe E. Alm: Elektromaskinlära, 1, 450. Stockholm 1926.

Hierzu kommt noch ein Zuschlag für Kraftlinien, die zwischen den Wänden des Nutenschlitzes verlaufen und aus der Nutenöffnung in den Luftspalt abgebogen werden. Nach Alm[1] errechnet sich dieser Zuschlag zu $0,4\,\pi\,\frac{r_1}{\pi}\cdot \lg n\,2\cdot AS$. Die Summe ist somit

$$\Phi_k = \frac{0,4\,\pi\,t_1\cdot AS}{r_1}\cdot \frac{r_1}{\pi}\left(\lg n\,\frac{t_1}{r_1} + \frac{r_1}{t_1}\cdot \lg n\,2\right).$$

Dieser Kraftfluß entspricht einem fiktiven Zuwachs der Höhe des Nutenschlitzes um

$$\varDelta r_4 = 2,3\,\frac{r_1}{\pi}\left(\log\frac{t_1}{r_1} + \frac{r_1}{t_1}\cdot \log 2\right),$$

oder einer Leitfähigkeit je 1 cm Nutenlänge

$$\lambda_k = 0,4\,\pi\,\frac{\varDelta r_4}{r_1} = 0,92\left(\log\frac{t_1}{r_1} + \frac{r_1}{t_1}\cdot \log 2\right). \tag{66}$$

3. Die Stirnstreuung. Der Teil des Ankerfeldes, der den Raum zwischen den Stirnverbindungen und dem Ankereisen durchsetzt, hängt in erster

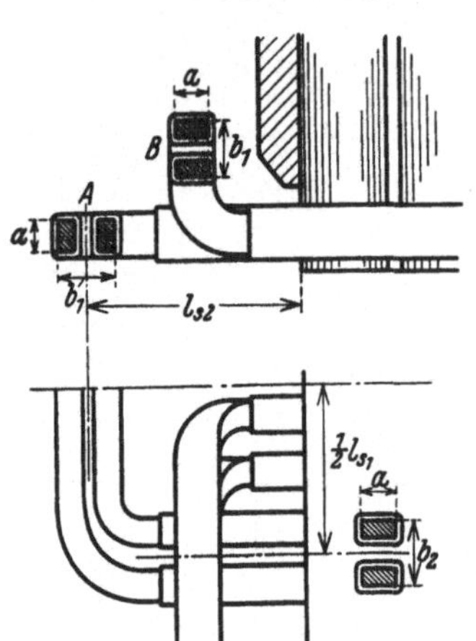

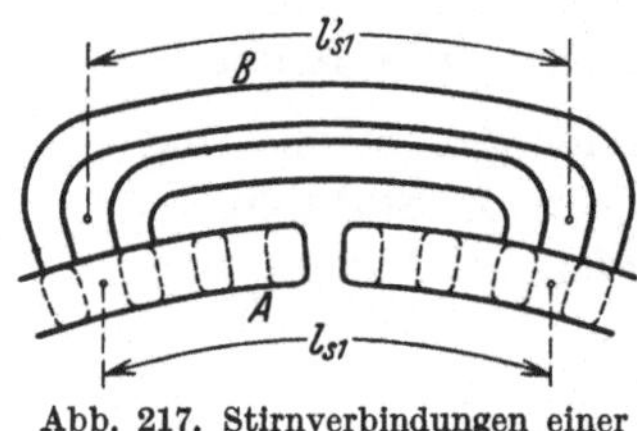

Abb. 217. Stirnverbindungen einer Zwei-Etagen-Wicklung.

Linie von der Form und den Dimensionen der einzelnen Verbindung, dann aber auch von der Gesamtanordnung der Spulen ab. Bei der Berechnung des Feldes einer Spule sehen wir erstens vom Einfluß des naheliegenden Eisens ab, und zweitens denken wir uns Spulenköpfe, die von der Ankerbohrung abgebogen sind, so ausgerichtet, daß die erhaltene Stromschleife in einer Ebene liegt. Die Spulen von der Form B in Abb. 217 werden also in die Form A übergeführt. Die Stromschleife bildet somit ein Rechteck mit drei stromdurchflossenen Seiten (s. Abb. 218). Die durchschnittlichen Seitenlängen l_{s_1} und l_{s_2} werden der Abb. 217 entnommen. Der Kraftfluß, den diese Stromschleife durch ihre eigene Windungsfläche erzeugt, kann durch Verwendung des Elementargesetzes von Laplace ermittelt werden.

Es muß dabei daran erinnert werden, daß die stromführende Leitergruppe eine gewisse Dicke in der Wicklungsebene hat, so daß die wirksame Verkettungszahl immer kleiner wird, je mehr man sich von der Leiteroberfläche der Leiterachse nähert. Maxwell hat gezeigt, daß man den wirklichen Leiter durch einen

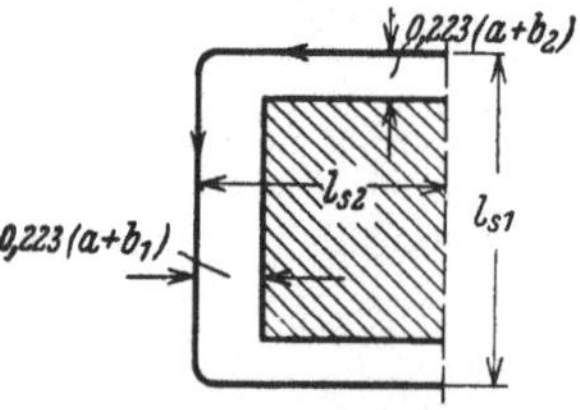

Abb. 218. Stromschleife einer Leitergruppe der Stirnverbindungen.

fiktiven mit kreisförmigem Querschnitt und innerem Feld gleich Null ersetzen kann. Für einen rechteckigen Leiterquerschnitt mit den Seiten a und b wird der Radius des fiktiven Leiters $r = 0,223\,(a+b)$. Es ist dies der sogenannte mittlere geometrische Abstand des wirklichen Leiters von sich selbst. In

---

[1] loc. cit.

unserem Fall sind a und b als die Höhe und Breite der den blanken Querschnittseiten der Spulengruppe umschriebenen Rechtecke zu nehmen (s. Abb. 217, für b gelten die Werte b_1 bzw. b_2).

Unter den obigen Voraussetzungen hat E. Roth[1] die Leitfähigkeit dieses Streufeldes, bezogen auf 1 cm der tangentiellen Leiterlänge l_{s1}, berechnet und bei Einführung der relativen Maße der Spulengruppe für

$$\beta = \frac{l_{s2}}{l_{s1}}, \quad \gamma = \frac{0{,}223\,(a + b_1)}{l_{s1}}, \quad \delta = \frac{0{,}223\,(a + b_2)}{l_{s1}}$$

den folgenden vereinfachten Ausdruck erhalten:

$$\lambda'_s = q\left[(1 + \varkappa_\delta)\,\beta + \tfrac{1}{2}\varkappa_\gamma\right].$$

Dabei soll $\varkappa_\delta$ und $\varkappa_\gamma$ entsprechend dem Index der Kurve Abb. 219 für den betreffenden Wert von δ bzw. γ entnommen werden.

Hierzu soll noch ein Zuschlag $\Delta\lambda_s$ gemacht werden, um die gegenseitige Induktion der anderen Spulengruppen zu berücksichtigen. Für die gewöhnliche Anordnung der Spulenköpfe einer Drehstromwicklung in zwei „Etagen" (Abb. 217 und 220a) hat Roth die Kraftflüsse der Nachbarphasen, die mit einer Spulenkopfgruppe verkettet sind, berechnet und die gesamte Leitfähigkeit wie folgt erhalten:

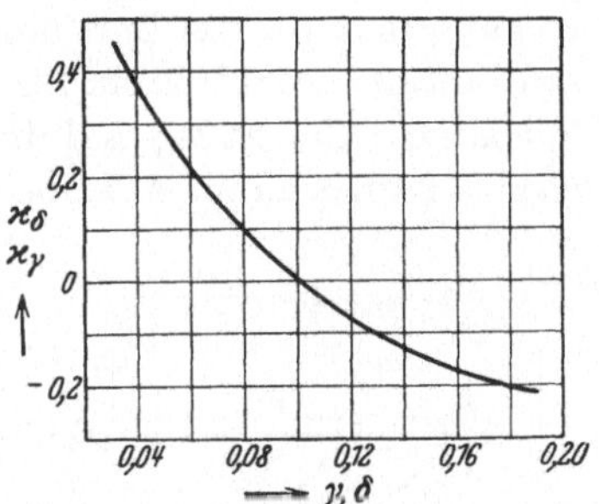

Abb. 219. Kurve für $\varkappa_\gamma = f(\gamma)$ und $\varkappa_\delta = f(\delta)$.

$$\lambda_s = \lambda'_s + \Delta\lambda_s = q\left[1{,}1\,(1 + \varkappa_\delta)\,\beta + \tfrac{1}{3}\varkappa_\gamma - 0{,}08\right]. \tag{67}$$

Wenn die mittlere tangentiale Länge l'_{s_1} der Spulengruppe etwas größer als der mittlere Abstand l_{s_1} zwischen den axialen Leiterteilen ist (s. Abb. 217), muß in der Rechnung ein passender Durchschnittswert benutzt werden.

Bei Einphasenmaschinen werden meistens die Stirnverbindungen für die eine Hälfte der Leiter eines Pols nach links und für die andere Hälfte nach rechts geführt, so daß eine sogenannte „Ein-Etagen-Wicklung mit geteilter Phase" entsteht (Abb. 220f). In diesem Falle besteht eine Spulengruppe aus $q/2$ Einzelspulen, und es wird nach Roth

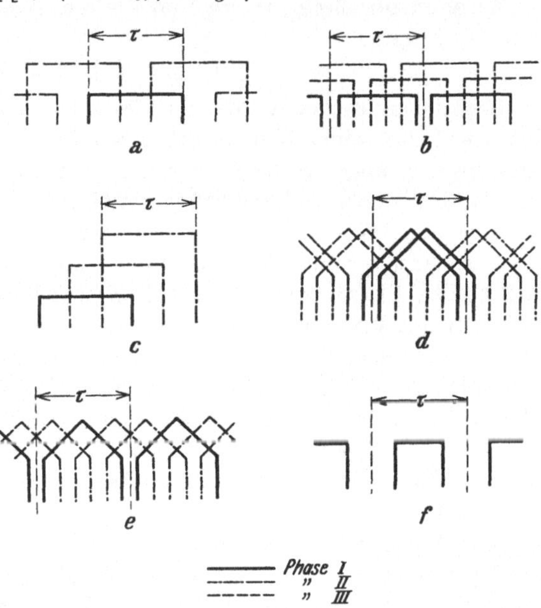

Abb. 220a bis f. Verschiedene Anordnungen der Stirnverbindungen.

$$\lambda_s = \frac{q}{2}\left[1{,}25\,(1 + \varkappa_\delta)\,\beta + \tfrac{1}{2}\varkappa_\gamma - 0{,}05\right]. \tag{68}$$

[1] Alternateurs et Moteurs synchrones 1, 109. Paris: Librairie Armand Colin. 1924.

Für eine dreiphasige Drei-Etagen-Wicklung nach Abb. 220c läßt sich durch
Berechnung zeigen, daß die Leitfähigkeit λ_s bedeutend größer als für die Zwei-
Etagen-Wicklung ist. Ist dagegen die Drei-Etagen-Wicklung mit geteilter Phase
ausgeführt (s. Abb. 220b), wird λ_s nur wenig von dem Wert der Zwei-Etagen-
Wicklung abweichen. Eine angenäherte Berechnung der Stirnstreuung für die
Wicklung nach Abb. 220b kann daher unter Zugrundelegung der entsprechenden
Zwei-Etagen-Wicklung vorgenommen werden.

Haben die Spulenköpfe eine Form ähnlich der einer Gleichstromwicklung,
so kann man für die Berechnung von λ_s die Spulenform auf irgendeine der schon
erwähnten zurückführen. So wird die Form nach Abb. 220d wie eine Zwei-Etagen-
Wicklung (Abb. 220a) und die der Abb. 220e wie eine Wicklung mit geteilter Phase
(Abb. 220b) behandelt. Dabei muß die Länge l'_{s_1} schätzungsweise festgelegt werden.

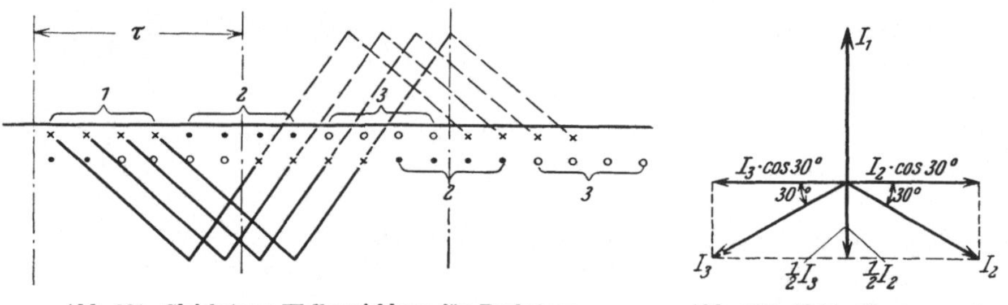

<table>
<tr><td>Abb. 221. Gleichstrom-Wellenwicklung für Drehstrom.</td><td>Abb. 222. Vektordiagramm der
Phasenströme.</td></tr>
</table>

Zusammenfassung. Wenn nun die einzelnen Leitwerte berechnet sind, ergibt
sich die Summe

$$\sum (l_x \lambda_x) = l_i \lambda_n + l_i \lambda_k + l_{s_1} \lambda_s . \tag{69}$$

Die obigen Formeln (62) bis (68) sind unter der Voraussetzung hergeleitet,
daß alle Leiter einer Nut zu derselben Phase gehören. Bei gewissen Wicklungs-
anordnungen liegen indessen Spulenseiten zweier Phasen in derselben Nut. Dies
ist z. B. der Fall bei der Zwei-Schicht-Wicklung mit verkürztem Schritt (s. Abb. 190)
und bei den für Umformer verwendeten gewöhnlichen Gleichstromwicklungen,
wo jede Phase $\frac{2}{3}\tau$ bedeckt. Es entsteht dann eine gegenseitige Induktion zwischen
den beiden Phasen einer Nut. Als Beispiel betrachten wir die Wellenwicklung
Abb. 221 mit 4 Nuten je Pol und Phase. Zwei der Stäbe von Phase *1* liegen mit
Stäben der Phase *2* zusammen, und die beiden übrigen Stäbe der Phase *1* liegen
mit Stäben der Phase *3* zusammen. Abb. 222 stellt das Vektordiagramm der drei
Phasenströme dar. Die Komponenten $J_2 \cdot \cos 30^0$ und $J_3 \cdot \cos 30^0$ sind gegeneinander
um 180^0 verschoben. Die von diesen durch gegenseitige Induktion in Phase *1* erzeugten EMKe sind auch um 180^0 phasenverschoben und heben sich daher gegenseitig auf. Die beiden anderen Komponenten, $\frac{1}{2} J_2$ und $\frac{1}{2} J_3$, haben entgegengesetzte Phase von J_1. In den Nuten sind sie dagegen mit J_1 phasengleich. Das
resultierende Stromvolumen der Nut in Phase mit J_1 wird somit wegen der Wick-
lungsanordnung um die Hälfte des Wertes von Phase *1* vergrößert. Folglich
werden die Kraftflüsse der Nuten- und der Zahnkopfstreuung um 50% größer,
als man unter Berücksichtigung nur der einen Phase der Nut erhält. Eine ähnliche
Erhöhung findet für den Teil der Stirnstreuung statt, der durch die zusammen-
liegenden axialen Teile von den Stirnverbindungen der beiden Phasen erzeugt

wird. Der ersten Erhöhung kann durch Einführung von $1{,}5\,l_i$ in Gl. (69), der letztgenannten durch Einführung von $1{,}5\,\beta$ in die Gleichungen für λ_s Rechnung getragen werden.

Die induzierte EMK, die der Streureaktanz x_s entspricht, ist je Phase $E_s = J\,x_s$. Um diese Reaktanzspannung mehr direkt zu den Abmessungen der Maschine in Beziehung zu bringen, führen wir folgende Größen ein:

Bei Umfangsgeschwindigkeit des Ankers v in m/s und Ankerdurchmesser D_a in cm ist die Frequenz

$$f = \frac{100\,v}{2\,\tau} = \frac{100\,v\,p}{\pi\,D_a}\,,$$

und nach Gl. (65) ist

$$J\,w = \frac{\pi\,D_a\,A\,S}{2\,m}\,.$$

Wir haben dann nach Gl. (63)

$$E_s = 4\,\pi\,f\,\frac{w^2}{p\,q}\,J\,\Sigma\,(l_x\,\lambda_x)\,10^{-8}$$

$$= 4\,\pi\,\frac{100\,v\,p}{\pi\,D_a}\,\frac{w}{p\,q}\,\frac{\pi\,D_a\,A\,S}{2\,m}\,\Sigma\,(l_x\,\lambda_x)\,10^{-8}$$

$$= 2\,\pi\,v\,\frac{w}{q\,m}\,A\,S\,\Sigma\,(l_x\,\lambda_x)\,10^{-6}\,\text{V}\,. \tag{70}$$

Wie hieraus ersichtlich, ist die Reaktanzspannung direkt proportional dem Strombelag $A\,S$. Dieser muß somit beim Entwurf der Maschine so gewählt werden, daß E_s nicht unerwünscht groß ausfällt.

14. Die Ankerrückwirkung einer Maschine mit Vollpolen.

Bei einer Vollpolmaschine ist auch die Pollücke mit Eisen ausgefüllt, und die magnetische Leitfähigkeit wird darum für die längs- und quermagnetisierenden Felder fast dieselbe. Hier braucht man daher nicht für die Behandlung der Ankerrückwirkung das Ankerfeld Φ_A in die beiden Komponenten Φ_d und Φ_q zu zerlegen. Nach Gl. (49) war die Amplitude für die MMK-Kurve des Ankers:

$$A\,W_A = 0{,}9\,\frac{m}{2}\,k_w\,s_n\,q\,J\,.$$

Für alle $2\,p$ Pole ergibt sich somit die totale Amplitude der Anker-MMK:

$$A\,W_{At} = 0{,}9\,m\,k_w\,w\,J\,. \tag{71}$$

Setzt man voraus, daß die Feldwicklung über ⅔ der Polteilung verteilt ist, so hat die mittlere MMK-Kurve des Polfeldes die Gestalt der Abb. 223 mit der größten Ordinate gleich $\frac{1}{2}\,i_m\,s_m\,q_m$, wo i_m den Erregerstrom, s_m die Leiterzahl pro Nut und q_m die Anzahl der bewickelten Nuten pro Pol bedeutet. Die Grundwelle dieser Kurve hat die Amplitude (s. Abschn. I 5, Gl. 101)

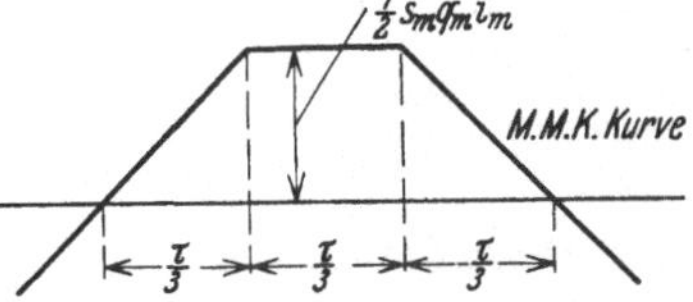

Abb. 223. MMK-Kurve einer über $\frac{2}{3}\,\tau$ verteilten Erregerwicklung.

$$\frac{4}{\pi}\,\frac{i_m\,s_m\,q_m}{2}\cdot\frac{3}{\pi}\cdot\sin\frac{\pi}{3} = \frac{2}{\pi}\,k_{wm}\,i_m\,s_m\,q_m\,.$$

Durch den Faktor $k_{wm} = \dfrac{3}{\pi} \cdot \sin \dfrac{\pi}{3} = 0,827$, der als Wicklungsfaktor der Erregerwicklung bezeichnet werden kann, wird berücksichtigt, daß nicht alle Windungen die Polteilung umfassen. Bei der Verteilung über $\frac{2}{3}$ Polteilung verschwindet die dritte Oberwelle des Feldes, weil $k_{w(3)}$ gleich Null wird, und die Oberwellen höherer Ordnung werden nur klein. Sie sollen hier nicht berücksichtigt werden. Die Amplitude der MMK des Polfeldes wird somit, für alle $2\,p$ Pole gerechnet:

$$A W_p = \frac{4}{\pi} \cdot 0,827\, i_m w_m = 1,05 \cdot i_m w_m \approx i_m w_m, \qquad (72)$$

wo $w_m = p s_m q_m$ die Zahl der in Serie geschalteten Windungen des Erregerstromkreises ist.

Wir haben also hier mit zwei Sinuswellen zu tun, die um einen bestimmten Winkel gegeneinander verschoben sind. $A W_{At}$ ist in Phase mit dem Ankerstrome J, während $A W_p$ der vom Polfelde induzierten EMK E um 90^0 voreilt. Die Vektoren der MMKe können somit geometrisch addiert werden, wie es in Abb. 224 gezeigt ist. $A W_t$ ist die totale resultierende MMK, die in der Maschine wirksam ist. Diese induziert die EMK OC, die $A W_t$ um 90^0 nacheilt.

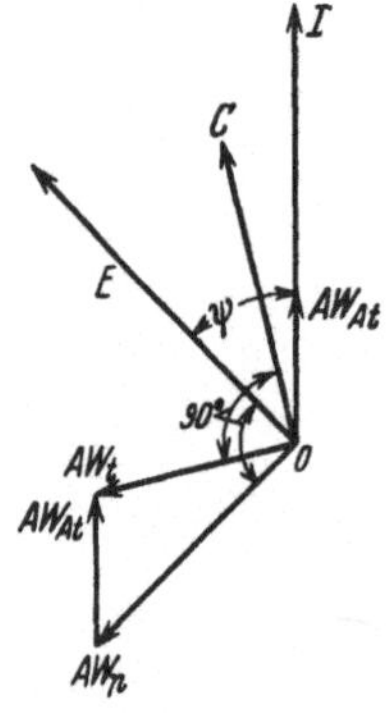

Abb. 224. Diagramm der MMKe und der induzierten EMKe einer Vollpolmaschine.

15. Der Wirkwiderstand der Ankerwicklung.

Um den Einfluß des Ankerstromes auf die Spannung bestimmen zu können, muß man auch den sogenannten Wirkwiderstand der Ankerwicklung kennen. Die verschiedenen Erscheinungen, die auf die Größe dieses Widerstandes Einfluß haben, sollen hier in aller Kürze behandelt werden.

Wir betrachten eine Ankernut mit einer Leiteranordnung wie in Abb. 225 gezeigt ist. Fließt in allen Leitern derselbe Strom mit gleichmäßiger Verteilung über den Leiterquerschnitt, wird das Nutenstreufeld eine vom Nutengrund gleichmäßig zunehmende Induktion erhalten, wie durch die Gerade $O B_n$ in

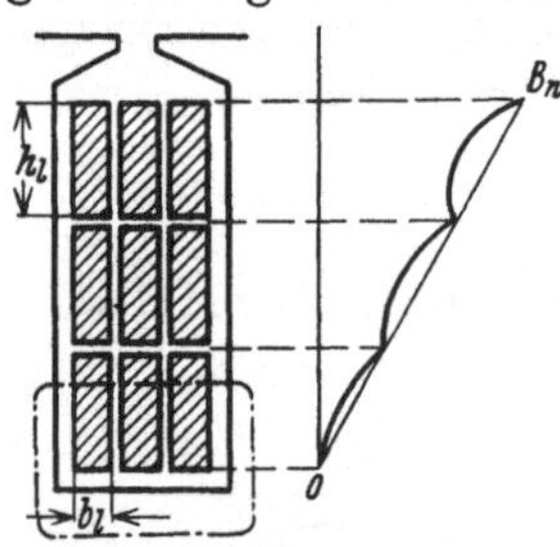

Abb. 225. Nutenstreufeld bei mehreren Leiterschichten mit demselben Stromvolumen.

Abb. 225 angedeutet ist. Da die Nutenstreulinien sich durch das Eisen unter der Nut schließen, wird ein Leiterelement von einer größeren Streulinienzahl umschlossen, je näher es gegen den Nutengrund liegt. Hierdurch findet eine entsprechende Vergrößerung der Reaktanz des Elementes statt. Somit wird die Impedanz für Elemente von demselben Querschnitt um so größer, je näher das Element dem Nutengrund liegt. Alle die Elemente, die zusammen einen Leiter bilden und also parallel geschaltet sind, müssen denselben Spannungsabfall haben. Folglich wird sich die Stromdichte für Wechselstrom ungleichmäßig über den Leiterquerschnitt verteilen. Am unteren Leiterrand hat sie ein Minimum und nimmt in der Höhe zu, d. h. der Strom wird nach dem oberen Leiterrand gedrängt. Dadurch wird auch die Induktionskurve des Nutenfeldes geändert; sie ist nicht mehr eine Gerade, sondern nimmt etwa die Form der voll ausgezogenen Kurve in Abb. 225 an.

Diese ungleichmäßige Stromverteilung wegen des Eigenfeldes der Leiter und der damit in Verbindung stehenden Phasenverschiebung zwischen den Strömen der einzelnen Leiterelemente wirkt wie eine Vergrößerung des Ohmschen Widerstandes der Leiter von dem Gleichstromwert r_g zu dem Werte r_e, dem sogenannten Echtwiderstande. Das Widerstandsverhältnis

$$\frac{r_e}{r_g} = k_{r_e} \tag{73}$$

läßt sich für eine gegebene Leiteranordnung in einer Nut gemäß den Arbeiten von A. B. Field und seinen Nachfolgern berechnen[1]. Es bezeichne:

h_l die Leiterhöhe in cm,

b_l die Leiterbreite in cm,

ϱ spezifischer elektrischer Widerstand des Leitermaterials in Ω pro mm^2 und m,

r_3 die Nutenbreite in cm,

z_n Anzahl der nebeneinander liegenden Leiter,

z_u Anzahl der übereinander liegenden Leiter,

$\xi = \left(\dfrac{4\,\pi^2\,z_n\,b_l\,f}{r_3\,\varrho\,10^5}\right)^2$ einen Induktionsfaktor, der für kupferne Leiter und

$f = 50$ Hz angenähert gleich 1 cm^{-1} wird.

Führen alle Leiter denselben Strom, so wird für einen Leiter, der in der $x$ten Lage, von unten gerechnet, liegt:

$$k_{r_e x} \approx 1 + \left(0{,}09 + x\,\frac{x-1}{3}\right)\xi\,h_l^4 .$$

Der Mittelwert über alle z_u Lagen ist dann:

$$k_{r_e\,mitt} \approx 1 + \frac{z_u^2 - 0{,}2}{9}\,\xi\,h_l^4 . \tag{74}$$

In denjenigen Teilen der Wicklung, die in der Luft liegen, tritt eine ähnliche Stromverdrängung auf, aber die Wirkung ist hier bei nicht zu großen Wicklungskopf- und Leiterabmessungen so klein, daß man sie außer acht lassen kann. Bei totaler Länge einer Ankerwindung gleich l_a wird somit das resultierende Widerstandsverhältnis:

$$k_{r_e}' = \frac{k_{r_e\,mitt}\cdot l + l_a - l}{l_a} = 1 + \frac{l_a}{l}\,(k_{r_e\,mitt} - 1). \tag{75}$$

Um diese Widerstandserhöhung klein zu halten, werden gewöhnlich die Leiter in Teilleiter mit geringer Höhe unterteilt. Die einzelnen Teilleiter müssen gegeneinander isoliert und derart gut verdrillt oder verschachtelt sein, daß alle parallel geschalteten Einzelleiter mit demselben Fluß verkettet werden. Durch dieses Hilfsmittel kann man gewöhnlich $k_{r_e}' < 1{,}4$ halten.

Außer dieser Wirkung in den Leitern wird das Feld des Ankerstromes auch in anderen Metallmassen, die es durchdringt oder umschließt, induzierend wirken. In diesen Metallmassen entstehen darum Wirbelströme, die Leistungsverluste bedingen. So werden die Zahnkopfstreuungen und die übrigen Oberschwingungen des Ankerfeldes Wirbelströme in der Rotoroberfläche hervorrufen. Bei Maschinen mit Dämpferwicklung können die Oberwellen des Ankerfeldes in dieser Wicklung bedeutende Ströme induzieren.

---

[1] Siehe z. B. R. Richter: Elektrische Maschinen, 1, 241.

Gleichfalls wird die Stirnstreuung Wirbelströme in den massiven Metallteilen, die in der Nähe der Spulenköpfe liegen, verursachen. Als solche sind zu verzeichnen die Preßplatten und Abschlußschilder des Stators, eventuelle Versteifungen der Statorwicklung und Wicklungskappen über der Magnetwicklung bei Turborotoren.

Alle diese Stromwärmeverluste stehen in einem quadratischen Verhältnis zu den erzeugenden Feldern, die ihrerseits ungefähr proportional dem Ankerstrome wachsen. Man kann darum sämtlichen Verlusten P_{rw}, die von dem Ankerstrome verursacht werden, durch Einführung eines Wirkwiderstandes r_w der Ankerwicklung Rechnung tragen. Wird P_{rw} und r_w pro Phase gerechnet, hat man:

$$r_w = \frac{P_{rw}}{J^2}. \tag{76}$$

Es ist im allgemeinen $r_g < r_e < r_w$. Gewöhnlich ist bei mehrphasigen Schenkelpolmaschinen $r_w = (1,3 \text{ bis } 2,0)\, r_g$. Bei großen Turbogeneratoren kann r_w bis zu 6 mal r_g heraufgehen. Der weitaus größte Teil der hier erwähnten Verluste liegt dann außerhalb der Ankerwicklung.

Betreffend der Abhängigkeit des Wirkwiderstandes r_w von der Temperatur kann man die folgende Überlegung anstellen. Die totalen Widerstandsverluste P_{rw} bestehen aus den Gleichstromverlusten $P_{rg} = J^2 r_g$ und den Wirbelstromverlusten, die von den Streufeldern in den Leitern und im Eisen erzeugt werden. Wird die in einem Wirbelstromkreis induzierte EMK E_{ws} proportional dem Strom im Leiter gesetzt, kann man bei Widerstand des Wirbelstromkreises gleich r_{ws} folgendes setzen:

$$P_{rw} = P_{rg} + P_{rws} = J^2 r_g + \sum \left(\frac{E_{ws}^2}{r_{ws}} \right) = J^2 r_w,$$

wo die Summation über alle Wirbelstromkreise ausgestreckt werden muß. Sowohl für r_g wie für r_{ws} nehmen wir hier angenähert den konstanten Temperaturkoeffizienten 0,004 an.

Für eine bestimmte Verteilung der Streufelder und Wirbelströme kann gesetzt werden:

$$J^2 r_w = J^2 r_g \left(1 + \frac{C}{r_g^2} \right).$$

Dann wird das Verhältnis

$$k_r = \frac{r_w}{r_g} = 1 + \frac{C}{r_g^2}$$

oder

$$k_r - 1 = \frac{C}{r_g^2}.$$

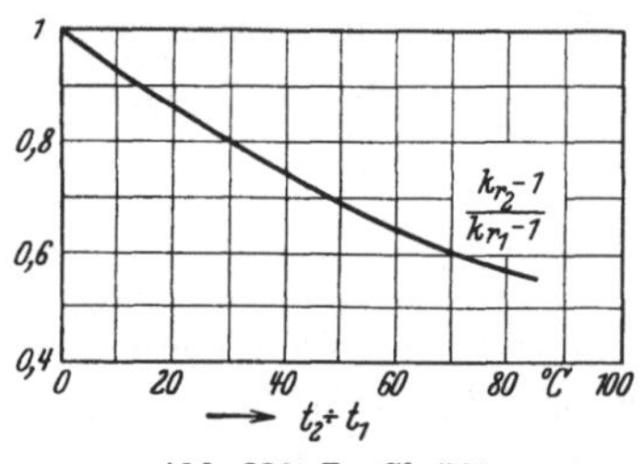

Abb. 226. Zu Gl. (77).

Es gelte für die Temperatur t_1 die Verhältniszahl k_{r_1} und der Widerstandswert r_{g_1}. Dementsprechend haben wir für die Temperatur t_2 die Werte k_{r_2} und $r_{g_2} = r_{g_1}(1 + 0,004\,(t_2 - t_1))$. Es wird somit:

$$\frac{k_{r_2} - 1}{k_{r_1} - 1} = \frac{r_{g_1}^2}{r_{g_2}^2} = \frac{1}{(1 + 0,004\,(t_2 - t_1))^2}. \tag{77}$$

In Abb. 226 ist diese Größe in Abhängigkeit von $t_2 - t_1$ dargestellt. Wenn k_{r_1} bekannt ist, läßt sich mit Hilfe dieser Kurve das Verhältnis k_{r_2} für eine beliebige Temperatur t_2 bestimmen und dadurch auch der Wirkwiderstand für diese Temperatur ermitteln (s. z. B. Teil III, Abschn. 23).

Viertes Kapitel.

Das Spannungsdiagramm und die charakteristischen Kurven.

16. Das Spannungsdiagramm.

Im ersten Kapitel ist gezeigt worden, wie sich die Magnetisierungskurve der Synchronmaschine berechnen läßt, und im zweiten Kapitel, wie man daraus die Leerlaufspannung als Funktion der Erregung, d. h. die Leerlaufcharakteristik, bestimmen kann. Bei der fertigen Maschine läßt sich natürlicherweise diese Kurve direkt experimentell aufnehmen. Endlich haben wir im dritten Kapitel die Erscheinungen behandelt, die auf die Spannung bei Belastung noch Einfluß haben. Die entsprechenden Komponenten des Spannungsdiagrammes sollen jetzt ermittelt und das Diagramm für verschiedene Belastungsfälle gezeigt werden.

Die EMK E_d der Direkt- oder Längsmagnetisierung des Ankers kann mit Hilfe der Leerlaufcharakteristik in folgender Weise bestimmt werden. In Abb. 227

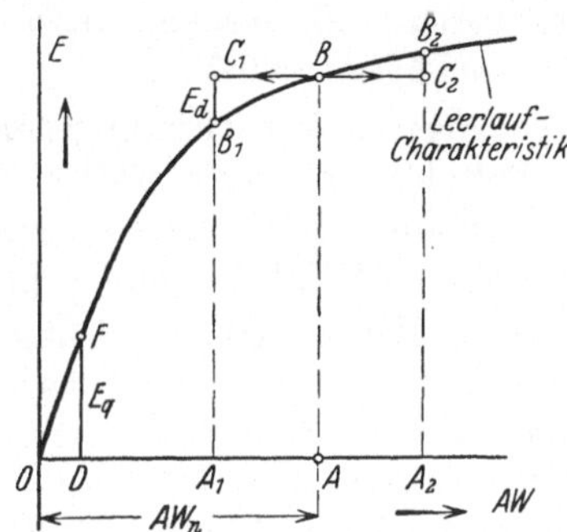

Abb. 227. Ermittlung der EMKe der Ankerrückwirkung.

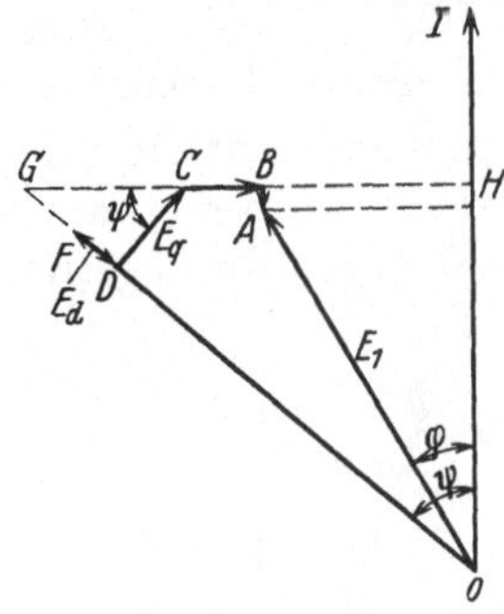

Abb. 228. Spannungsdiagramm eines induktiv belasteten Generators.

ist die gesamte Amperewindungszahl des Polfeldes $AW_p = OA$ und die dadurch induzierte EMK bei Leerlauf $E = AB$. Für induktive Belastung eines Generators wird dann $AW_{dp} = BC_1$ gemäß Gl. (55) nach der linken Seite abgetragen, und man erhält den Spannungsverlust $E_d = C_1B_1$ (annähernd proportional $\sin \psi$). Ist dagegen die Belastung des Generators kapazitiv, d. h. $\sin \psi$ negativ, ist $AW_{dp} = BC_2$ nach rechts abzutragen. Die Längsmagnetisierung bewirkt in diesem Falle eine Spannungserhöhung $E_d = C_2B_2$. Die Wirkung der längsmagnetisierenden AW ist, wie man sieht, von der Sättigung der Maschine abhängig.

Der magnetische Kreis des Querflusses hat seinen Widerstand hauptsächlich im Luftspalt, und man kann deswegen den unteren Teil der Leerlaufcharakteristik zur Bestimmung der EMK E_q der Quermagnetisierung benutzen. Trägt man in Abb. 227 $AW_{qp} = OD$ gemäß Gl. (60) ab, so wird $E_q = DF$ (annähernd proportional $\cos \psi$).

Abb. 228 zeigt das Spannungsdiagramm für eine Phase eines Generators bei induktiver Belastung. Das im Generator unter Belastung existierende Feld entspricht der EMK OC (vgl. Abb. 210). Um die Klemmenspannung des Generators zu erhalten, müssen wir die Reaktanzspannung $E_s = Jx_s = CB$ senkrecht, und die Widerstandsspannung $J r_w = BA$ parallel zum Stromvektor abtragen. Die Klemmenspannung wird somit $E_1 = OA$ unter dem Winkel φ mit dem Stromvektor. Der Winkel φ ist der Phasenverschiebungswinkel der Belastung, während der „innere" Phasenverschiebungswinkel ψ den elektrischen Winkel zwischen Polfeld und Strom (im Raume den Winkel zwischen Mittellinie eines Polpaares und Mittellinie einer Ankerspule mit Strommaximum) darstellt.

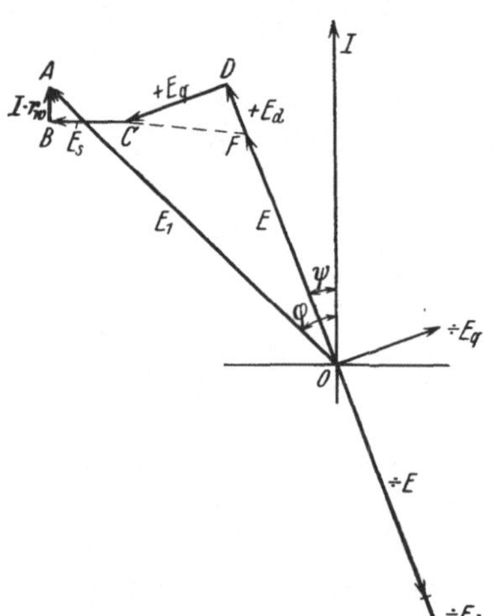
Abb. 229. Spannungsdiagramm eines kapazitiv belasteten Generators.

Abb. 229 zeigt das entsprechende Diagramm für kapazitive Belastung des Generators mit negativem Winkel ψ. Dann ist auch $\sin \psi$ und E_d negativ und wir bekommen somit eine Verstärkung des Polfeldes durch die Längsmagnetisierung. Die Spannung $E = OF$, die der Erregung des Generators entspricht, kann hier wesentlich kleiner als die Klemmenspannung $E_1 = OA$ sein. Dies rührt also daher, daß der kapazitive Belastungsstrom die Erregung unterstützt. Diese Wirkung kann ganz bedeutend werden, wenn der Generator an ein großes, leerlaufendes Netz angeschlossen wird.

In einem Motor hat der Strom die entgegengesetzte Richtung gegenüber dem Generatorstrom in bezug auf die vom Polfeld induzierte EMK. Wenn der Motorstrom J gegen die zugeführte Klemmenspannung E_1 phasenverzögert ist, so daß die beiden Winkel φ und ψ positiv werden, gestaltet sich daher das Diagramm, wie Abb. 230 zeigt. Die Längsmagnetisierung verstärkt das Polfeld, und die entsprechende EMK $-E_d$ addiert sich daher zu der Gegen-EMK des Polfeldes $-E$. Da Φ_q dem Polfeld um 90° voreilt, liegt die vom Querfeld induzierte EMK $-E_q$ um 90° vor $-E$ verschoben. Die Klemmenspannung $E_1 = OA$ besteht somit aus den im Diagramm gezeigten Komponenten AB, BC, CD und DF, die entgegengesetzt dem Sinne beim Generator zu nehmen sind, und der Komponente OF

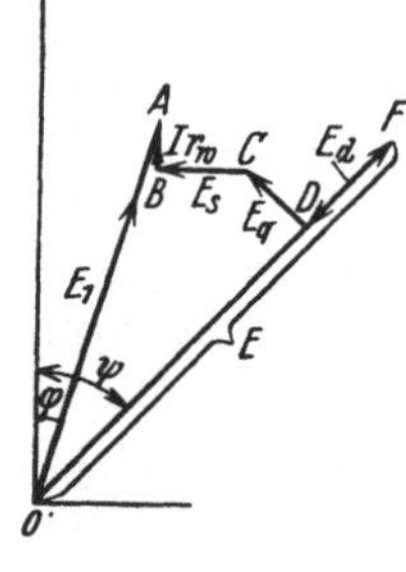
Abb. 230. Spannungsdiagramm eines untererregten Synchronmotors.

Abb. 231. Spannungsdiagramm eines übererregten Synchronmotors.

für die Überwindung der induzierten EMK des Polfeldes.

Wenn der Strom mit der Klemmenspannung phasengleich ist, also $\varphi = 0$, wird ψ und $\sin \psi$ negativ. Dann ist E_d von E abzuziehen. Dasselbe ist der Fall, wenn der Motor wegen Übererregung phasenvoreilenden Strom aufnimmt (Abb. 231). Dann sind die beiden Winkel ψ und φ negativ, und $E_d = DF$ wird ganz groß, weil $\sin \psi$ groß ist. E kann daher beträchtlich größer als E_1 werden.

17. Bestimmung des Spannungsdiagrammes und der Spannungsänderung eines Generators.

Die Daten des Generators werden als bekannt vorausgesetzt, so daß die Leerlaufcharakteristik und die verschiedenen Größen des Spannungsdiagrammes berechnet werden können.

Die Klemmenspannung $E_1 = OA$ wird in das Diagramm Abb. 228 unter dem Phasenwinkel φ mit dem Stromvektor OJ eingezeichnet. Dazu werden die Komponenten $Jr_w = AB$ und $E_s = Jx_s = BC$ gefügt. Vom Punkte C soll nun der Vektor $E_q = CD$ unter dem Winkel ψ mit der Horizontalen ausgehen. Wird die Horizontale BC verlängert, können wir auf diese die Strecke $CG = \dfrac{E_q}{\cos \psi}$ eintragen. Die Länge dieser Strecke entspricht der Spannung, welche von der Amperewindungszahl

$$\frac{AW_{qp}}{\cos \psi_|} = k_q\, m\, k_w\, w\, J$$

induziert wird. Da der magnetische Kreis des Querflusses seinen Widerstand hauptsächlich in der Luft hat, können wir $\dfrac{E_q}{\cos \psi}$ bestimmen, indem wir in den unteren Teil der Leerlaufcharakteristik

$$OC = k_q\, m\, k_w\, w\, J$$

eintragen (Abb. 232). Hier ist dann $CG = \dfrac{E_q}{\cos \psi}$. Im Spannungsdiagramm hat man somit

$$HG = E_1 \cdot \sin \varphi + E_s + CG.$$

Weiter ist

$$\frac{HG}{OG} = \sin \psi = \frac{E_1 \cdot \sin \varphi + E_s + CG}{\sqrt{(E_1 \cdot \cos \varphi + J r_w)^2 + (E_1 \cdot \sin \varphi + E_s + CG)^2}}. \tag{78}$$

Hier sind alle Größen bekannt; $\sin \psi$ und $\cos \psi$ können somit berechnet werden.

Die „Querspannung"

$$E_q = \frac{E_q}{\cos \psi} \cos \psi = CG \cdot \cos \psi = CD$$

ist also festgelegt, und es erübrigt sich also nur noch, die EMK E_d der Längsmagnetisierung mit Hilfe der Leerlaufcharakteristik in der früher gezeigten Weise zu bestimmen. Im Diagramme ist

$$OG = \frac{E_1 \cdot \cos \varphi + J r_w}{\cos \psi}$$

und

$$OD = \frac{E_1 \cdot \cos \varphi + J r_w}{\cos \psi} - CG \cdot \sin \psi. \tag{79}$$

Der Wert von OD wird in die Leerlaufcharakteristik als Ordinate AD eingetragen, und macht man

$$AA_1 = k_d\, m\, k_w\, w\, J \cdot \sin \psi,$$

erhält man $E_d = D_1F$. Diese Größe wird im Diagramme gleich DF gemacht.

In Abb. 232 ist OA_1, die Erregung, die nötig ist, um die Klemmenspannung E_1 beim Strom J und bei der Phasenverschiebung φ zu erhalten[1]. Trägt man hier $A_1P = E_1$ ein, so wird P ein Punkt auf der Belastungscharakteristik für

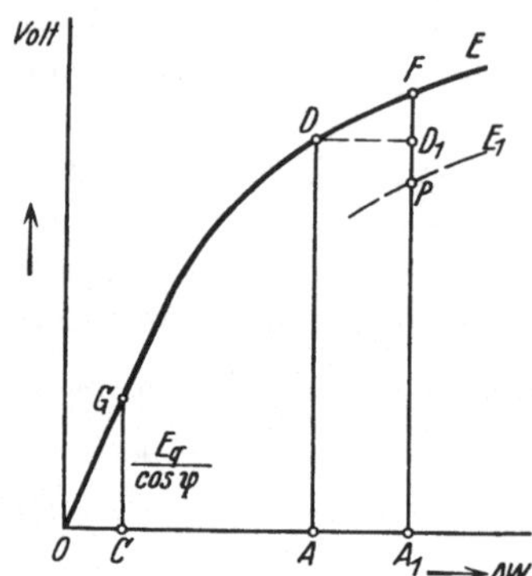

Abb. 232. Zur Ermittlung des Spannungsdiagrammes und der Erregung eines Generators.

die gewählten Werte von J und $\cos\varphi$ (siehe Abschn. 19). Wird die Maschine entlastet, während die Erregung konstant gehalten wird, steigt die Klemmenspannung von $E_1 = A_1P$ auf $E_{10} = A_1F$. Im Diagramm entspricht E_{10} dem Vektor OF. $E_{10} - E_1$ ist die Spannungserhöhung von Belastung bis Leerlauf. In der Praxis wird gewöhnlich für einen Generator die Spannungserhöhung von Vollast bis Leerlauf angegeben, und zwar sowohl für $\cos\varphi = 1$ als auch für $\cos\varphi = 0{,}8$ induktiv.

Abb. 233 zeigt Kurven für den Verlauf der Klemmenspannung zwischen Vollast und Leerlauf, ausgehend von der normalen Spannung (Nennspannung) bei Vollast. Es ist dann die Spannungserhöhung für $\cos\varphi = 1$ gleich a und für $\cos\varphi = 0{,}8$ gleich b. Die prozentuale Spannungserhöhung wird $\dfrac{100\,a}{E_1}$ bzw. $\dfrac{100\,b}{E_1}$.

Seltener wird der Spannungsabfall von Leerlauf bei normaler Spannung bis Vollast mit $\cos\varphi = 1$ bzw. $\cos\varphi = 0{,}8$ angegeben. Kurven für den Verlauf der Klemmenspannung in diesem Falle werden in Abb. 234 gezeigt. Es ist hier der prozentuale Spannungsabfall gleich $\dfrac{100\,a}{E_{10}}$ bzw. $\dfrac{100\,b}{E_{10}}$ bei $\cos\varphi = 1$ bzw. $0{,}8$.

Geht man in beiden Fällen von derselben Spannung als normal aus, also Voll-

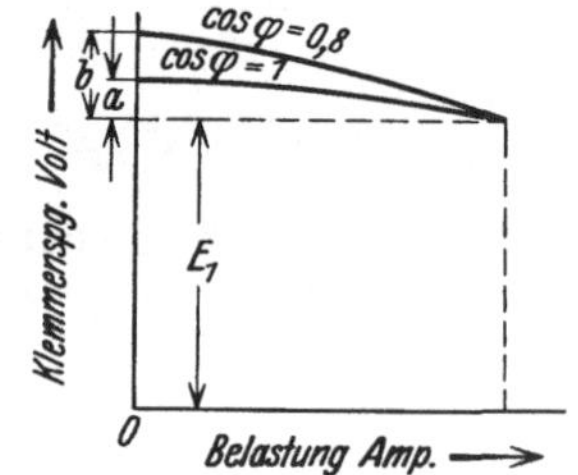

Abb. 233. Spannungserhöhung eines Generators.

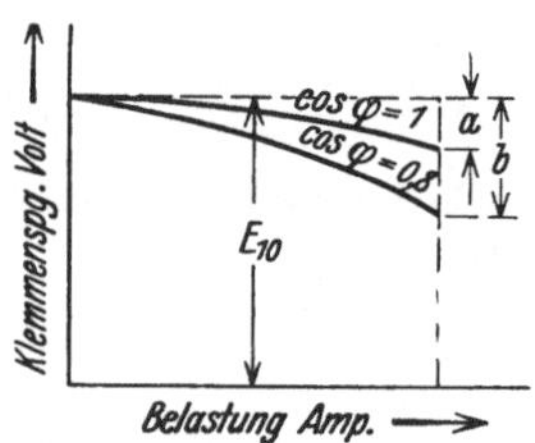

Abb. 234. Spannungsabfall eines Generators.

lastspannung im ersten Falle gleich Leerlaufspannung im zweiten, so wird die prozentuale Spannungserhöhung immer kleiner als der prozentuale Spannungsabfall. Dies rührt daher, daß man im letzten Falle in einem niedrigeren Gebiet der Leerlaufcharakteristik arbeitet, so daß E_d größer als im ersten Falle wird.

Die Kurven in Abb. 233 und 234, die die Klemmenspannung als Funktion der Belastung bei konstantem Effektfaktor und ungeänderter Erregung darstellen, werden **äußere Charakteristiken** genannt.

---

[1] Über Berücksichtigung der vermehrten Streuung bei Belastung siehe Abschn. 20.

18. Kurzschlußcharakteristik und Kurzschlußdiagramm.

Die Kurzschlußcharakteristik stellt den Ankerstrom J als Funktion des Erregerstromes i_m oder der Feld-Amperewindungen $i_m w_m$ bei kurzgeschlossenen Ankerklemmen und konstanter Tourenzahl dar.

Man erhält hierbei das Spannungsdiagramm Abb. 235. Die Klemmenspannung E_1 ist gleich Null. Der Vektor OF wird also von den Komponenten $Jr_w = OB$, $Jx_s = BC$, $E_q = CD$ und $E_d = DF$ gebildet. Da x_s viel größer als r_w ist, wird der Kurzschlußstrom stark induktiv verschoben, und der innere Phasenverschiebungswinkel ψ_k nahezu gleich 90^0, also $\cos \varphi_k \approx 0$ und $\sin \psi_k \approx 1$. Bei Kurzschluß wirkt darum fast das ganze Ankerfeld gegenmagnetisierend, und die Quermagnetisierung wird so klein, daß Vektor CD vernachlässigt werden kann.

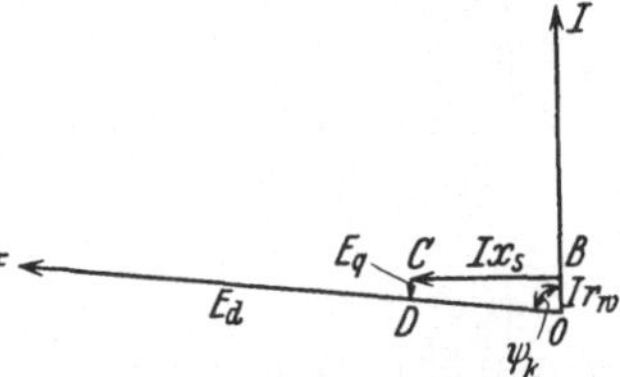

Abb. 235. Spannungsdiagramm einer Synchronmaschine bei Kurzschluß.

Um die zur Erzeugung des Kurzschlußstromes J nötigen Feld-Amperewindungen zu ermitteln, trägt man OC aus Abb. 235 in die Leerlaufcharakteristik Abb. 236 gleich $A_1 B_1 = Jz$ ein. OA_1 ist somit die Erregung, die der Impedanzspannung Jz entspricht. Weiter macht man

$$A_1 C_1 = A W_{dp} = k_d\, m\, k_w\, w\, J \cdot \sin \psi_k \approx k_d\, m\, k_w\, w\, J.$$

$A_1 C_1$ ist also die zur Überwindung der Gegenmagnetisierung nötige Amperewindungszahl, und OC_1 die totale Felderregung zur Erzeugung des Kurzschlußstromes J. Trägt man im Punkte C_1 diesen Strom als Ordinate $C_1 D_1$ auf, so wird D_1 ein Punkt der Kurzschlußcharakteristik. So lange der Punkt B_1 auf dem geradlinigen Teile der Leerlaufcharakteristik liegt, ist, wie man sieht, sowohl OA_1 wie $A_1 C_1$ proportional dem Strome J. Die Kurzschlußcharakteristik wird daher praktisch eine Gerade, vom Koordinatenanfangspunkt ausgehend.

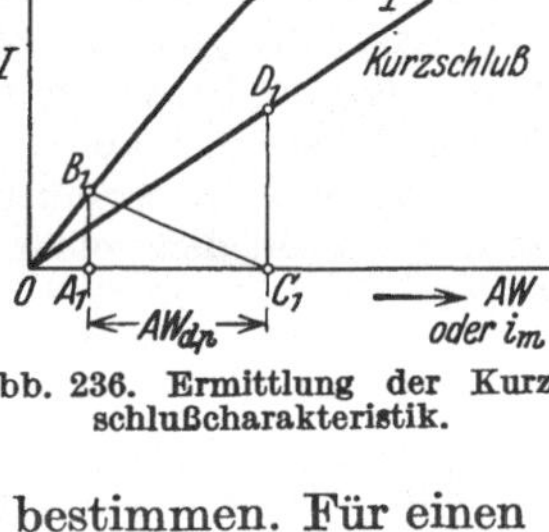

Abb. 236. Ermittlung der Kurzschlußcharakteristik.

Wenn die Kurzschluß- und Leerlaufcharakteristik eines Generators experimentell bestimmt sind, kann man daraus die Reaktanzspannung $E_s = J x_s$ angenähert bestimmen. Für einen gegebenen Strom $J = C_1 D_1$ trägt man in Abb. 236 $C_1 A_1 = k_d\, m\, k_w\, w\, J$ ein und erhält $A_1 B_1 \approx E_s$.

Tritt in der Maschine bei der Aufnahme der Charakteristiken eine merkbare Remanenz auf, sind die Kurven geradlinig bis zur Abszissenachse zu verlängern. Die Schnittpunkte mit dieser Achse bilden die jeweiligen Koordinatenanfangspunkte, in Abb. 237 O_0 bzw. O_k. Die eine Kurve muß dann derart parallel verschoben werden, daß die Anfangspunkte zusammenfallen. In Abb. 237 ist die Kurzschlußcharakteristik J_k nach J_k' verschoben worden.

Es ist wohl zu beachten, daß der oben behandelte Kurzschlußstrom sich auf den Dauerzustand bezieht. Bei plötzlichem Kurzschluß eines normal erregten Generators tritt zunächst der viel größere **Stoßkurzschlußstrom** auf. Vereinfacht wird häufig gerechnet, daß der Höchstwert dieses Stromes nur durch den Ohmschen Widerstand und die Streureaktanz der Ankerwicklung begrenzt wird, weil das resultierende Hauptfeld erst im Laufe einer gewissen Zeit abklingen kann. Der Reduktion dieses Feldes wird durch induzierte Ströme in der Erregerwicklung und Wirbelströme im

Polsystem entgegengewirkt, und daher wird in der Tat die Streuung des Feldsystems eine ähnliche Rolle wie die der Ankerstreuung spielen. Für Vollpolläufer ist diese Streuung jedoch so klein, daß sie zu vernachlässigen ist. Besitzt die Maschine eine Dämpferwicklung, werden in dieser Ströme zum Aufrechterhalten des Feldes induziert, und auch in diesem Falle ist die in Frage kommende Läuferstreuung belanglos.

Der Höchstwert des Kurzschlußstromes hängt weiter vom Zeitpunkt ab, wo der Kurzschluß eintritt. Der Kurzschlußstrom, der natürlich vom Werte Null im Kurzschlußaugenblick stetig zunehmen muß, ist praktisch um 90° gegen die induzierte EMK verschoben. Daraus folgt, daß der die Spulen der betreffenden Phase durchsetzende Hauptfluß im Kurzschlußaugenblick ebenfalls gleich Null sein muß. Geschieht der Kurzschluß im Augenblicke, wo die induzierte EMK der Phase ihr Maximum hat, ist der Hauptfluß schon, wie gefordert, gleich Null, und wir erhalten eine Kurzschlußstromkurve etwa nach Abb. 238a. Diese Kurve liegt symmetrisch um die Nullinie und hat bei Maschinen mit Vollpolen oder mit Dämpferwicklung angenähert den Höchstwert

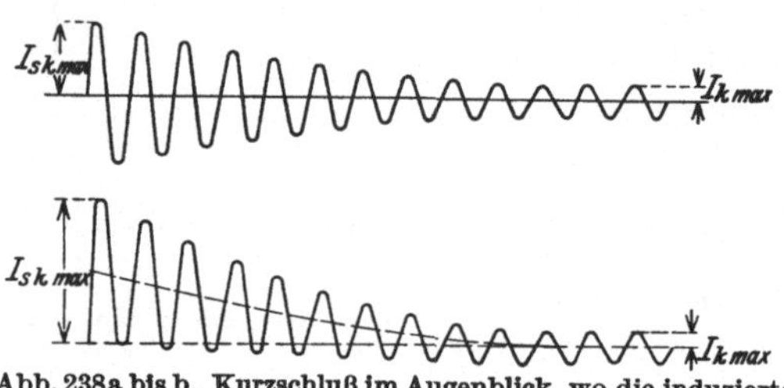

Abb. 238a bis b. Kurzschluß im Augenblick, wo die induzierte EMK a) ihr Maximum hat, b) gleich Null ist.

$$J_{s\,k\,\mathrm{max}} = \frac{\sqrt{2}\,E_1}{x_s}.$$

Bei Schenkelpolmaschinen ohne Dämpferwicklung liegt $J_{s\,k\,\mathrm{max}}$ wegen der „Läuferreaktanz" um ungefähr ⅓ dieses Wertes niedriger.

Trifft dagegen der Kurzschluß in dem Augenblick ein, wo die induzierte EMK gleich Null ist, d. h. wenn das in der Maschine vorhandene Hauptfeld die Phase mit seinem Höchstwert durchsetzt, muß auf die Nullinie der entsprechende Amplitudenwert des Kurzschlußstromes fallen. Die Stromkurve wird daher etwa nach Abb. 238b einseitig verschoben. Diese Kurve enthält eine Gleichstromkomponente, die das Hauptfeld im Kurzschlußaugenblick auf den Wert Null bringt. Der nach einer Halbperiode erreichte Höchstwert von $J_{s\,k}$ ist hier bei vernachlässigter Dämpfung doppelt so groß wie im obigen Falle. Die Gleichstromkomponente klingt auf den Wert Null und die Wechselstromkomponente auf den Wert des dauernden Kurzschlußstromes ab. Dieser Ausgleichsvorgang kann mehrere Sekunden dauern.

Beim Stoßkurzschlußstrom wird die Nutenstreuung wegen Zahnsättigung herabgesetzt, so daß x_s nicht den vollen Wert von normalem Betrieb hat.

19. Belastungscharakteristiken.

Eine Belastungscharakteristik stellt die Klemmenspannung eines Generators in Abhängigkeit von den Feld-Amperewindungen für konstanten Ankerstrom bei konstantem Leisungsfaktor dar. Die Leerlaufcharakteristik ist also hiervon der Sonderfall für $J = 0$. In Abb. 239 stellt Kurve E_0 die Leerlaufcharaktersitik und die übrigen Kurven Belastungscharakteristiken für den Strom $J = A\,B$ bei etwa $\cos \varphi = 1$ bzw. 0,8 induktiv und 0,8 kapazitiv dar. Bei genügender Voreilung des Stromes liegt die Belastungscharakteristik höher als die Leerlaufcharakteristik.

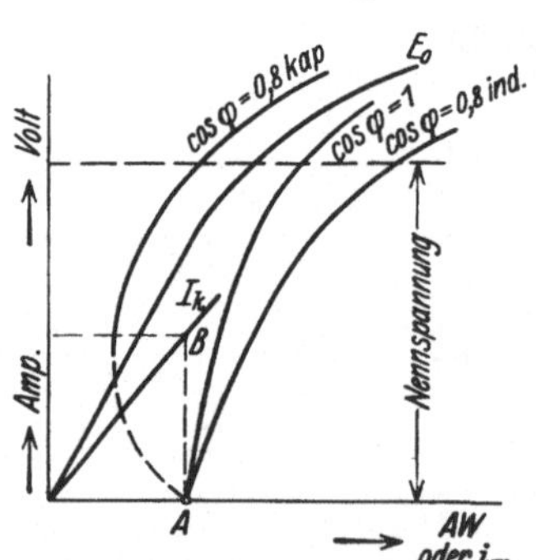

Abb. 239. Kurzschluß- und Belastungscharakteristiken.

Alle Belastungscharakteristiken für denselben Strom laufen in einem Punkte auf der Abszissenachse zusammen. Dieser Punkt ist durch die Kurzschlußcharakteristik bestimmt. Andere Punkte einer Belastungscharakteristik können durch Benutzung des Verfahrens in Abschn. 17 ermittelt werden. Im Diagramm Abb. 228 muß dabei Winkel φ konstant gehalten werden, während die Größe von $E_1 = OA$ geändert wird. Die Vektoren AB, BC und CG werden dann konstant. Dies ist dagegen nicht für CD und DF der Fall, weil Winkel ψ sich ändert.

Von besonderem Interesse ist die Belastungscharakteristik bei $\cos \varphi = 0$ induktiv, denn diese Kurve kann unter anderem zur experimentellen Bestimmung der Reaktanz x_s benutzt werden. Für diesen Belastungsfall ist das Spannungsdiagramm in Abb. 240 gezeichnet. Es ist die Klemmenspannung $E_1 = OA$, die Widerstandsspannung $Jr_w = AB$ und die Reaktanzspannung $Jx_1 = BC$. Die quermagnetisierenden Amperewindungen $AW_{qp} = k_q m k_w w J \cdot \cos \psi$ werden

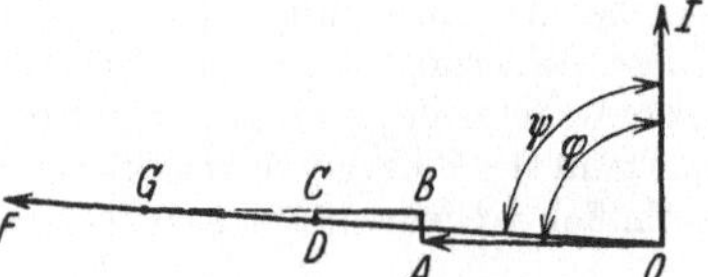

Abb. 240. Spannungsdiagramm bei Belastung mit $\cos \varphi = 0$ induktiv.

hier eine sehr kleine Größe, da $\cos \psi \approx 0$. Die entsprechende Spannungskomponente wird $E_q = CD$, indem $CG = \dfrac{E_q}{\cos \psi}$ der Amperewindungszahl $\dfrac{AW_{qp}}{\cos \psi} = k_q m k_w w J$ entspricht. Die gegenmagnetisierenden Amperewindungen wirken hier in voller Stärke gleich $AW_{dp} \approx k_d m k_w w J$, indem $\sin \psi \approx 1$. Im Diagramm ist die entsprechende Spannungskomponente $E_d = DF$. Aus dem Diagramm erhellt, daß man mit genügender Genauigkeit setzen kann:

$$OF = E = E_1 + Jx_s + E_d.$$

E ist die EMK, die induziert werden würde, wenn das Polfeld allein bestünde, ist also die Leerlaufspannung der Maschine für die betreffende Erregung. Die Spannungsänderung von Leerlauf bis zu rein induktiver Belastung ist somit $Jx_s + E_d = BC + DF$.

In Abb. 241 ist D_2 ein Punkt auf der Belastungscharakteristik für $\cos \varphi = 0$, während die Kurve E_0 die Leerlaufcharakteristik darstellt. Es ist $A_2 D_2 = E_1$

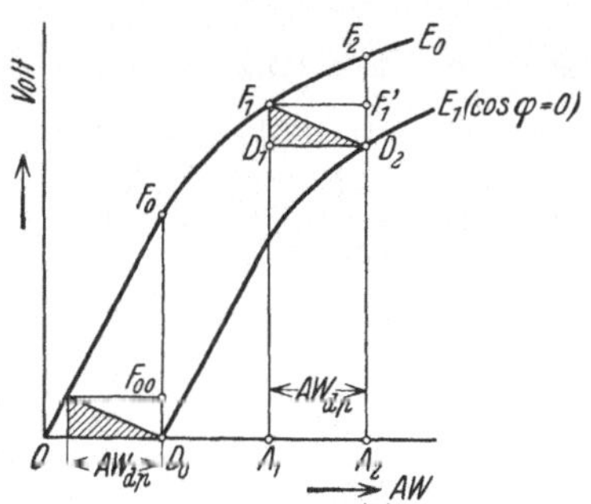

Abb. 241. Das Potiersche Dreieck und die EMK der Längsmagnetisierung.

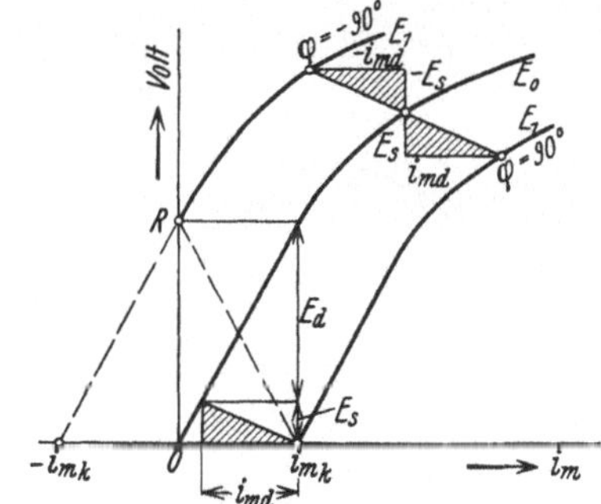

Abb. 242. Belastungscharakteristiken für $J = \text{konst.}$ und $\varphi = \pm 90^\circ$.

und $D_2 F_2 = Jx_s + E_d$. Tragen wir von A_2 die Strecke $A_2 A_1 = k_d m k_w w J$ ab, so ist $D_1 F_1 = Jx_s = E_s$ und $F_1' F_2 = E_d$.

Für einen konstanten Belastungsstrom ist $A_2 A_1$ und $D_1 F_1$ konstant, unabhängig von der Erregung der Pole. Das Dreieck $D_1 F_1 D_2$, das mit dem Namen von Potier verbunden wird, kann somit parallel sich selbst verschoben werden, mit dem Punkte F_1 auf der Leerlaufcharakteristik und mit dem Punkte D_2 auf der erwähnten Belastungscharakteristik liegend.

Bei Kurzschluß $(E_1 = 0)$ ist $E_d = F_{00}F_0$. Wie man sieht, ist E_d stark abhängig von der Sättigung der Maschine.

In Abb. 242 sind die Belastungscharakteristiken für denselben Strom sowohl bei $\cos \varphi = 0$ induktiv als auch bei $\cos \varphi = 0$ kapazitiv eingezeichnet. Die letzte Kurve kann dadurch erhalten werden, daß die Seiten des Potierschen Dreiecks negativ gerechnet werden. Die Kurve schneidet die Ordinatenachse im Punkt R entsprechend der Spannung $E_s + E_d$. Dieser Punkt entspricht dem Fall, daß der Generator ohne Erregung auf eine Belastung arbeitet die bei der Spannung $E_s + E_d$ den der Kurve zugehörigen kapazitiven Strom aufnimmt. Diese Belastung kann z. B. ein offenes Netz sein. Wenn man nicht von negativer Erregung Gebrauch macht, wird die kapazitive Belastungscharakteristik im Punkt R von der Ordinatenachse in ihr Spiegelbild reflektiert, so daß die Kurve im Kurzschlußpunkt ihr Ende hat. Gewöhnlich ist jedoch der Arbeitsbereich unterhalb Punkt R unstabil.

20. Regulierungskurven.

Die Regulierungskurve eines Generators stellt die Erregerstromstärke i_m als Funktion des Ankerstromes J dar bei Konstanthalten der Klemmenspannung,

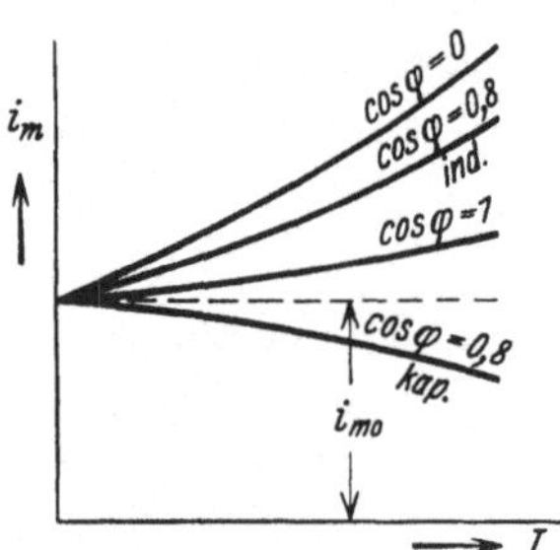

Abb. 243. Regulierungskurven.

des Leistungsfaktors und der Frequenz. Die Kurve kann vorausberechnet werden, indem man die Konstruktion in Abschn. 17 (bzw. Abschn. 21 für Vollpolmaschinen) für verschiedene Belastungsströme wiederholt. Abb. 243 zeigt Regulierungskurven eines Generators für verschiedene Werte von $\cos \varphi$.

Bei der erwähnten Konstruktion ist jedoch keine Rücksicht darauf genommen, daß die Schenkelstreuung bei Belastung größer als bei Leerlauf wird. Dadurch wird die erforderliche Erregung bei Belastung auch vergrößert. In Fällen mit großer Ankerrückwirkung und gesättigten Polen muß dies berücksichtigt werden. Es ist der Streuungskoeffizient bei Leerlauf $\sigma_0 = 1 + \dfrac{\Phi_{s0}}{\Phi}$, wo die Anzahl der Streulinien Φ_{s0} proportional der magnetischen Potentialdifferenz

$$A W_{l0} + A W_{z0} + A W_{ak0}$$

ist. Bei Belastung ist diese Potentialdifferenz. auf

$$A W_{lb} + A W_{zb} + A W_{akb} + \frac{1}{p} A W_{dp}$$

erhöht, und die Streulinienzahl Φ_{sb} hat eine entsprechende Vergrößerung erfahren. Ist die nützliche Kraftlinienzahl bei Belastung Φ_b, wird der Streuungskoeffizient bei Belastung:

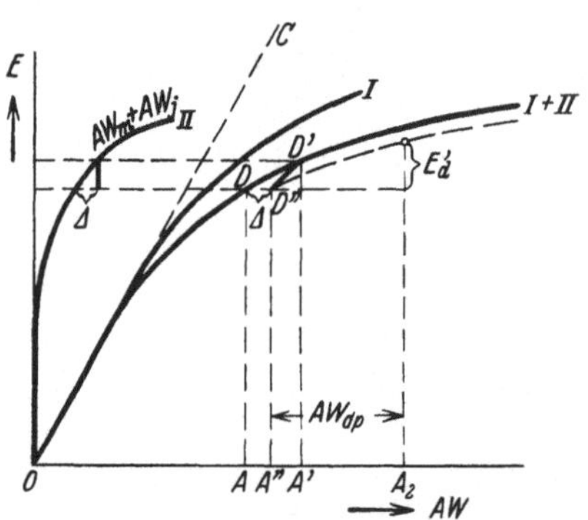

Abb. 244. Bestimmung der Erregung bei Belastung unter Berücksichtigung der vermehrten Streuung.

$$\sigma_b = 1 + \frac{\Phi_{s0}}{\Phi_b} \cdot \frac{A W_{lb} + A W_{zb} + A W_{akb} + \dfrac{1}{p} A W_{dp}}{A W_{l0} + A W_{z0} + A W_{ak0}} . \tag{80}$$

In Abb. 244 ist die Leerlaufcharakteristik in zwei Kurven aufgeteilt. Die Kurve I gibt $A W_l + A W_z + A_{ak}$ als Funktion der induzierten ·EMK, und

Kurve *II* dasselbe für $A W_m + A W_j$. Außer $A D =$ Vektor $O D$ in den Spannungs-diagrammen Abschn. 16 wird auch eingetragen $A' D' = A D \cdot \dfrac{\sigma_b}{\sigma_0}$. Die vergrößerte Streuung gegenüber Leerlauf bedingt eine Vergrößerung der Amperewindungen $A W_m + A W_j$, hat aber keinen Einfluß auf $A W_l + A W_z + A W_{ak}$. Zieht man darum die Kurve $D' D''$ parallel Kurve *I*, wird $O A''$ die dem Vektor $O D$ ent-sprechende Erregung geben. Addiert man hierzu $A W_{dp} = A'' A_2$, ist die gesuchte Erregung $O A_2$ bestimmt. Die gestrichelte Kurve ist die in dieser Weise korrigierte Charakteristik.

21. Spannungsdiagramm und Spannungsänderung eines Generators mit Vollpolen.

Im Diagramm Abb. 245 wird wie früher für die Schenkelpolmaschine ein-getragen die Klemmenspannung $E_1 = O A$, die Widerstandsspannung $J r_w = A B$ und die Reaktanzspannung $J x_s = B C$, wodurch man die bei Belastung induzierte EMK $O C$ erhält.

Trägt man in die Leerlaufcharakteristik Abb. 246 den Vektor $O C = A_1 C$ ein, ergibt sich die wirksame MMK bei Belastung $A W_t = O A_1$, deren Vektor im Diagramm $O C$ um 90^0 voreilt (s. Abb. 224). Werden hiervon die Ankeramperewindungen $A W_{At}$ geo-metrisch subtrahiert, ergeben sich die nötigen Erregeramperewindungen $A W_p$ für diese Belastung. Macht man in der Leerlaufcharakteristik $O A_2 = A W_p$, findet man die bei Entlastung der Ma-schine induzierte EMK $E = A_2 D$. Der entsprechende Vektor $O E$ eilt $A W_p$ um 90^0 nach. Dadurch ist der innere Phasenverschiebungswinkel ψ festgelegt. Die prozentuale Spannungserhöhung wird $\dfrac{E - E_1}{E_1} \; 100$.

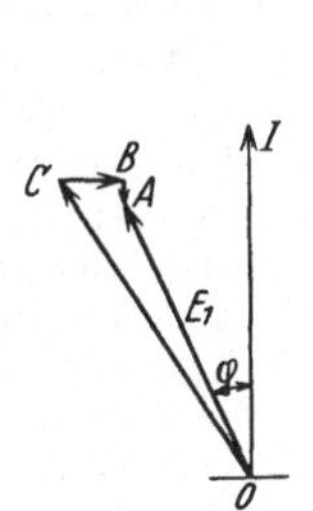

Abb. 245. Spannungs-diagramm einer Voll-polmaschine.

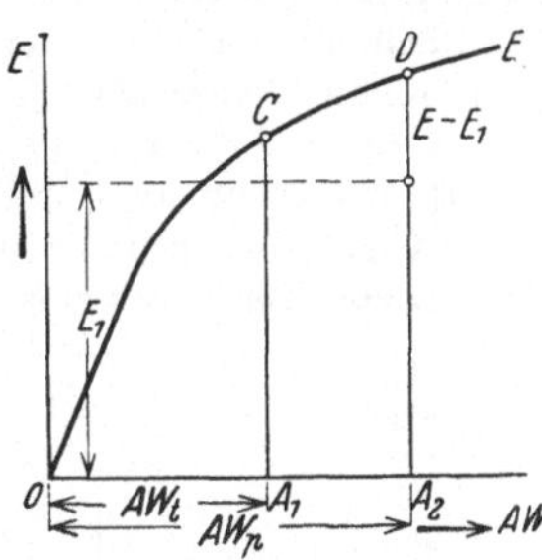

Abb. 246. Bestimmung der Span-nungserhöhung einer Vollpol-maschine.

Fünftes Kapitel.

Verluste und experimentelle Untersuchung.

22. Übersicht über die Leistungsverluste.

Die Leistungsverluste eines Synchrongenerators können in zwei Hauptgruppen geteilt werden:

A. die Leerlaufverluste, die entstehen, wenn die Maschine mit erregtem Felde leer läuft, und

B. die Belastungsverluste, die vom Belastungsstrom verursacht werden.

A. Zu den Leerlaufverlusten sind im wesentlichen folgende zu rechnen:

a) **Mechanische Verluste.** Diese bestehen aus Lager- und Bürstenreibung, Luft- und Ventilationsreibung samt den Verlusten durch eventuelle Vibrationen in der Maschine.

b) **Hysterese- und Wirbelstromverluste im Ankerkern.** welche mit der im wesentlichen drehenden Ummagnetisierung des Eisens verbunden sind.

14*

c) Hysterese- und Wirbelstromverluste in den Ankerzähnen, welche von der fast rein wechselnden Ummagnetisierung der Zähne verursacht sind.

Die regulären Eisenverluste unter b) und c) erfahren durch die Bearbeitung der Bleche eine wesentliche Erhöhung.

d) Zusätzliche Polschuh- und Zahnverluste. Bei Maschinen mit ausgeprägten Polen sind hierzu wesentlich Wirbelstromverluste in den Polschuhen zu rechnen. Wegen der Nutenvariationen des Feldes (siehe Abschn. 10) werden in den äußeren Eisenschichten der Polschuhe Wirbelströme von der Nutenfrequenz $\dfrac{Z\,n}{60}$ induziert (Z — totale Zahnzahl, n = Umlaufzahl in der Minute). Diese Wirbelströme suchen den Feldvariationen entgegenzuwirken, so daß eine Schirmwirkung entsteht. Da in der Tiefe des Polschuhes das Feld fast konstant ist, werden diese Wirbelstromverluste auch Oberflächenverluste genannt. Um diese Verluste klein zu halten, muß $\dfrac{t_1 - z_1}{\delta}$ (Abb. 170) so klein wie möglich sein. Geschlossene oder halbgeschlossene Nuten würden die besten sein, aber solche sind oft aus anderen Gründen ungünstig (Streureaktanz größer, Auswechseln von Spulen schwieriger). Wo die Verluste in anderer Weise nicht reduziert werden können, werden die ganzen Polkörper oder nur die Polschuhe aus dünnen Eisenblechen hergestellt. Die Oberfläche der Polschuhe wird dann nicht bearbeitet, damit der Grat die Isolierung zwischen den einzelnen Blechen nicht überbrücken soll.

Bei Maschinen mit Vollpolen werden in jedem Teil der Maschine wegen der Nutung des anderen zusätzliche Verluste auftreten. Diese können zweierlei Art sein. Erstens entstehen Oberflächenverluste, so wie es oben erklärt worden ist, nur werden sie bei den genuteten Oberflächen kleiner als bei einer glatten. Zweitens entstehen auch Zahnpulsationsverluste, wie näher unter der Induktionsmaschine erklärt werden soll (siehe Teil IV, Abschn. 18), aber in viel geringerem Maße als dort, weil der Luftspalt hier wesentlich größer ist.

e) Wirbelstromverluste des Hauptfeldes in den Ankerleitern. Das Hauptfeld verläuft zum Teil — besonders wenn die Zähne stark gesättigt sind — auch durch die Nuten. Man kann das Feld im Nutenraum in eine radial gerichtete Längskomponente und eine tangentiale Querkomponente aufteilen. Das Längsfeld hat seinen größten Wert, wenn die Nut sich unter der Polmitte befindet, während das Querfeld seinen Höchstwert unter der Polspitze erreicht (Abb. 247). Durch die Variation dieser Felder werden in den Ankerleitern Wirbelströme induziert. Durch die schon mit Rücksicht auf das Nutenstreufeld eingeführte Unterteilung der Leiter (siehe Abschn. 15) werden auch diese Wirbelströme — und dann besonders diejenigen des Querfeldes — unterdrückt. Bei hoher Zahninduktion kann eine weitere Unterteilung parallel den Nutenwänden in Frage kommen. Die so aufgeteilten Leiter müssen verdrillt oder verschränkt sein, damit keine Wirbelströme zwischen verschiedenen parallel geschalteten Einzelleitern fließen.

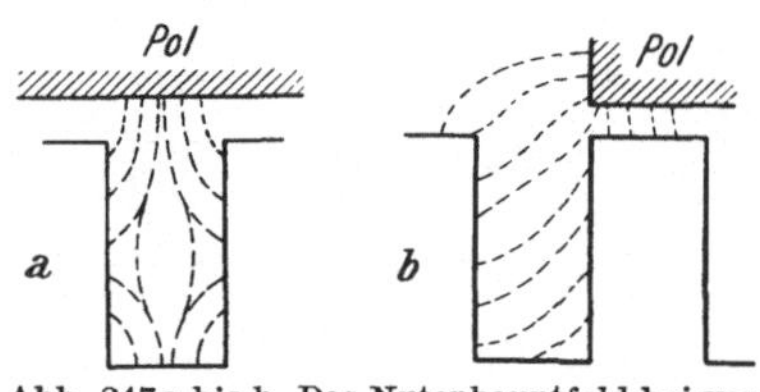

Abb. 247a bis b. Das Nutenhauptfeld bei verschiedenen Stellungen der Nut unter dem Pole.

f) Verluste durch innere Ankerströme. Wenn die Ankerwicklung einer Dreiphasenmaschine in Dreieck geschaltet ist, werden EMKe mit Frequenz gleich 3 oder eines Vielfachen von 3 mal der Frequenz der Grundwelle in der Wicklung innere Ströme hervorrufen (siehe Abschn. I 35)[1]. Auch wenn die Wicklung parallel geschaltete Stromzweige enthält, können innere Ströme entstehen, sobald die induzierten EMKe in den parallelen Stromzweigen wegen Unsymmetrien verschieden sind.

g) Wirbelstromverluste des Hauptfeldes in verschiedenen Konstruktionsteilen. Das Hauptfeld induziert auch Wirbelströme in verschiedenen Konstruktionsteilen des Stators, z. B. den Preßplatten, Preßfingern und Bolzen, die die Ankerbleche zusammenhalten. In der Regel haben jedoch diese Verluste keine große Bedeutung. Eventuell werden die verlustbringenden Teile aus unmagnetischem Material ausgeführt.

---

[1] Innere Ströme, die zu den Belastungsverlusten beitragen, werden bei Dreieckschaltung von Schenkelpolmaschinen durch die dritte Oberwelle des Ankerquerfeldes hervorgerufen (s. J. Ehrenstein: El. u. Maschinenb. **1931**, 427).

h) **Erregerverluste.** Die von der Erregung in der Maschine entwickelten Stromwärmeverluste sind gleich Erregerstrom mal der dem Erregerkreis aufgedrückten Spannung. Außerhalb der Maschine hat man eventuell Verluste in einem vor die Erregerwicklung geschalteten Regulierwiderstand und in einer direkt mit dem Generator gekuppelten Erregermaschine. Bei Feststellen des Wirkungsgrades eines Generators muß man darauf achten, ob diese Verluste mitgerechnet werden sollen oder nicht.

B. Die Belastungsverluste bestehen aus folgenden Teilen:

a) **Die Stromwärmeverluste in der Ankerwicklung.** Wegen der Stromverdrängung sind diese Verluste größer als bei Gleichstrom (siehe Abschn. 15).

b) **Verluste in der Dämpferwicklung.** Besonders bei Einphasengeneratoren, aber zum Teil auch bei Dreiphasengeneratoren, wird eine kurzgeschlossene Dämpferwicklung am Magnetkörper eingebaut (siehe Abschn. 11). Die Dämpfung von Feldpulsationen ist natürlich mit Stromwärmeverlusten in dieser Wicklung verbunden. Verluste können auch dadurch entstehen, daß der Generator in Parallelschaltung mit anderen Maschinen mit etwas ungleichförmiger Winkelgeschwindigkeit angetrieben wird, wodurch das resultierende Feld in der Dämpferwicklung Ströme induziert, die den Generator in Takt zu halten suchen.

c) **Verluste des Ankerstromes außerhalb der Wicklungen.** Wie schon in Abschn. 15 erwähnt wurde, erzeugen die Streufelder und Oberschwingungen des Ankerfeldes Wirbelstromverluste im Eisen und in anderen Metallmassen der Maschine. Außerdem bewirkt die Deformation des Hauptfeldes bei Belastung (siehe Abschn. 2) eine Erhöhung der Verluste in den Zähnen.

d) **Erhöhung der Erregerverluste.** Wegen der Ankerrückwirkung und der Spannungsverluste muß der Erregerstrom in der Regel bei Belastung vergrößert werden.

Die Größe aller dieser verschiedenen Verluste kann nur in beschränktem Maße theoretisch berechnet werden. Bei der Vorausberechnung, auf die wir hier nicht eingehen wollen, sucht man sich darum auf Erfahrungsresultate zu stützen.

23. Experimentelle Untersuchung eines Generators.

Gewöhnlich hat man, und zwar besonders bei großen Generatoren, keine Gelegenheit dazu, die Untersuchung der Maschine durch direkte Belastung vorzunehmen. Übrigens würden auch die wahrscheinlichen Meßfehler die direkte Bestimmung des Wirkungsgrades ungenau machen. Man mißt daher die verschiedenen Verluste der Maschine und berechnet daraus den Wirkungsgrad. Nachstehend sollen zwei verschiedene Meßverfahren durch Beispiele ausgeführter Messungen erläutert werden.

1. Die Hilfsmotormethode. Diese Methode eignet sich besonders für den Prüfraum der Fabriken. Die nachstehenden Messungen beziehen sich auf einen Drehstromgenerator für 11000 kVA bei 6700 V, 950 A und 50 Hz. Entsprechend der Drehzahl 375 in der Minute hatte der Generator 16 ausgeprägte Pole.

Bevor der Rotor noch eingebaut war, wurde die Streureaktanz durch Beschickung des Stators mit Drehstrom ermittelt. Bei diesem Versuch bilden sich angenähert dieselben Ankerstreufelder wie im Betrieb aus. Indessen entsteht auch ein Bohrungsfeld, daß sich über eine Polteilung erstreckt und dem Hauptfeld der zusammengebauten Maschine entspricht. Die Wirkung des letztgenannten Feldes kann abgezogen werden, indem man die induzierte Spannung einer rechteckigen Prüfspule mit Weite gleich der Polteilung und Länge gleich der Ankerlänge mißt. Nach M. Schenkel[1] kann man auch den Kraftfluß des Bohrungsfeldes für eine Drehstrommaschine nach der folgenden Gleichung[2] berechnen, worin l_1 die gesamte Ankerlänge einschließlich Lüftungsschlitze bedeutet:

$$\Phi_s'' = 3{,}24 \, \frac{w}{p} \, l_1 \, J \text{ Maxwell}. \tag{81}$$

---

[1] El. u. Maschinenb. **1909**, 201.

[2] Um die Ausbreitung des Bohrungsfeldes an den Stirnflächen zu berücksichtigen, hat E. Roth die Länge l_1 in Gl. (81) durch den Ausdruck $l_1 + 0{,}15\,\tau$ ersetzt [R. G. E. **17**, 217 (1925)].

Hieraus ergibt sich die entsprechende EMK je Phase der Ankerwicklung:

$$E_a'' = 4{,}44 \, f \, k_w \, w \, \Phi_a'' \, 10^{-8} \text{ V} \, .$$

Ist bei der genannten Streuprobe die der Ankerwicklung zugeführte Spannung gleich E_a', wird die Reaktanzspannung unter Vernachlässigung der Widerstandsspannung:

$$E_s = E_a' - E_a'' \, .$$

Es wurde die verkettete Spannung $E_a' = 1510$ V beim Nennstrom 950 A gemessen. Die Ankerwicklung war abwechselnd mit 3 und 4 Spulen je Phase und Polpaar ausgeführt ($Q = 10{,}5$), so daß die mittlere Weite der Spulengruppen abwechselnd gleich 10 oder 11 Nutenteilungen war, d. h. es bestand eine Schrittverkürzung oder -verlängerung von $\dfrac{0{,}5}{10{,}5} \, 180 = 8{,}6^0$. Dies ergibt den Wicklungsfaktor $k_w = 0{,}956$. Die Windungszahl in Serie für einen Strom

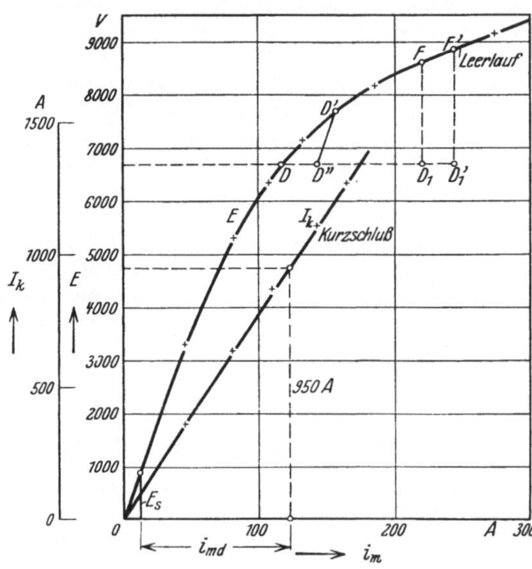

Abb. 248. Leerlauf- und Kurzschlußcharakteristik des 11 000-kVA-Drehstromgenerators.

zweig war $w = 68$ und die Ankerlänge $l_1 = 100$ cm. Somit wird das Bohrungsfeld für 950 A

$$\Phi_a'' = 3{,}24 \cdot \frac{68}{8} \cdot 100 \cdot 950$$
$$= 26{,}2 \cdot 10^5 \text{ Maxwell,}$$

und die verkettete Spannung

$$E_a'' = \sqrt{3} \cdot 4{,}44 \cdot 50 \cdot 0{,}956$$
$$\cdot 68 \cdot 26{,}2 \cdot 10^{-3} = 650 \text{ V} \, ,$$

d. h.

$$E_s = 1510 - 650 = 860 \text{ V}$$
$$= 12{,}8 \, \% \text{ der Nennspannung.}$$

Der zusammengebaute Generator wurde von einem geeichten, direkt gekuppelten Gleichstrommotor mit der normalen Drehzahl angetrieben, indem die diesem Motor zugeführte Leistung mittels Strom- und Spannungsmessung ermittelt wurde. Bei Leerlauf des Generators wurde die Meßreihe der Tabelle 10 erhalten. Es bezeichne P_ϱ die Reibungsverluste, P_e die Eisenverluste, i_m den Erregerstrom und E die Klemmenspannung des Generators.

Tabelle 10. Der Leerlaufversuch.

Antriebsmotor		Drehstromgenerator		
Aufgenommene Leistung kW	Wirkungsgrad %	$P_\varrho + P_e$ kW	i_m A	E V
86	82	70	0	0
102	84,2	86	46	3300
144	88	126	82	5300
168	89,5	150	107	6350
194	90,8	176	132	7150
245	92,2	226	185	8150
317	93	295	275	9150

Daraus ergibt sich die Leerlaufcharakteristik $E = f(i_m)$ in Abb. 248 und die Kurve für die Leerverluste in Abhängigkeit vom Quadrat der relativen Spannung in Prozent, also

$$P_\varrho + P_e = f \left(\frac{E}{6700} \right)^2 \cdot 100 \, ,$$

in Abb. 249.

Bei Antrieb des kurzgeschlossenen Generators ergab sich die Meßreihe der Tabelle 11, wo P_{r_w} die Stromwärmeverluste und J_k der Statorstrom des Generators sind. Während des Versuches war die Maschinentemperatur etwa 20° C.

Tabelle 11. Der Kurzschlußversuch.

Antriebsmotor		Drehstromgenerator		
Aufgenommene Leistung kW	Wirkungsgrad %	$P_\varrho + P_{r_w}$ kW	i_m A	J_k A
101	84	85	46	360
135	87,5	118	81	637
179	90	161	110	870
245	92,2	226	142	1110
293	92,7	272	164	1265

Nach dieser Meßreihe ergibt sich in Abb. 248 die Kurzschlußcharakteristik $J_k = f(i_m)$ und in Abb. 249 nach Abzug der Reibungsverluste $P_\varrho = 70$ kW die Kurve für die Lastverluste 'in Abhängigkeit vom Quadrat des relativen Stromes in Prozent, also $P_{r_w} = f\left(\dfrac{J}{950}\right)^2 \cdot 100$. Hieraus ergibt sich der Wirkwiderstand je Phase gleich $\dfrac{109\,500}{3 \cdot 950^2} = 0,0405\ \Omega$ bei 20° C. Mit Gleichstrom wurde der Widerstand jeder Phase bei derselben Temperatur zu $r_g = 0,01865\ \Omega$ gemessen. Es ist somit das Widerstandsverhältnis

$$k_{r_{20}} = \frac{0,0405}{0,01865} = 2,17\,.$$

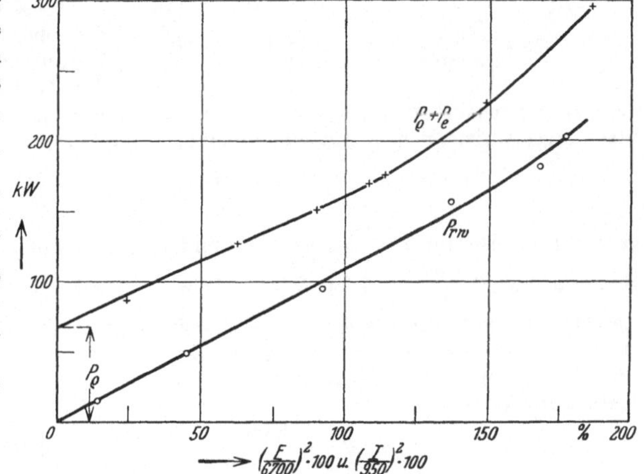

Abb. 249. Leer- und Lastverluste des 11 000-kVA-Drehstromgenerators.

Nach Abb. 226 erhalten wir für die Betriebstemperatur 75° C das Verhältnis

$$k_{r_{75}} = 0,67\,(2,17 - 1) + 1 = 1,79\,.$$

Bei dieser Temperatur ist der Gleichstromwiderstand

$$r_{g_{75}} = 0,01865 \left(1 + \frac{75 - 20}{234,5 + 20}\right) = 0,0227\ \Omega$$

und der Wirkwiderstand

$$r_{w_{75}} = 0,0227 \cdot 1,79 = 0,0407\ \Omega\,.$$

Die entsprechende verkettete Spannung bei Nennstrom ist

$$\sqrt{3}\,J\,r_{w_{75}} = \sqrt{3} \cdot 950 \cdot 0,0407 = 67\ \textbf{V.}$$

E_s für den Nennstrom wird in die Leerlaufcharakteristik eingetragen, und wir erhalten unter Zuhilfenahme der Kurzschlußcharakteristik die entsprechende Gegenmagnetisierung $k_d m k_w w J$ in Erregerstrom ausgedrückt:

$$i_{m\,d} = 122 - 12 = 110\ \text{A}\,.$$

Nehmen wir für k_d und k_q die Werte 0,765 bzw. 0,42 an (sinusförmiges Polfeld), erhalten wir $k_q m k_w w J$ für den Nennstrom in Erregerstrom gemessen:

$$i_{m\,q} = 110\,\frac{0,42}{0,765} = 60\ \text{A}\,.$$

Gemäß der Leerlaufcharakteristik ergibt dieser Strom eine Spannung von 4100 V. Dies ist somit die Größe von $\dfrac{E_q}{\cos\psi}$ bei Nennstrom. Das Spannungsdiagramm des Generators z. B. für Vollast und $\cos\varphi = 0,8$ kann jetzt aufgezeichnet werden. In Abb. 250 ist dies unter direkter Benutzung der verketteten Werte geschehen. Es ist: $OA = 6700$ V, $AB = 67$ V, $BC = 860$ V, $CG = 4100$ V. Wir erhalten daraus $OD = 6980$ V und $\sin\psi = 0,855$, also

$$i_{m\,d} \cdot \sin\psi = 110 \cdot 0,855 = 94 \text{ A}.$$

Der induzierten Spannung 6980 entspricht der Erregerstrom 126 A. Der Erregerstrom bei Belastung wird $i_{mb} = 220$ A, und die entsprechende Leerlaufspannung 8650 V (Punkt F in der Leerlaufcharakteristik, Vektor OF im Diagramm).

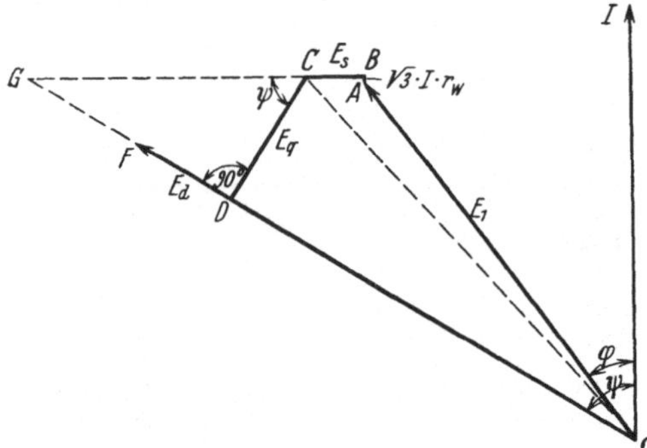

Abb. 250. Spannungsdiagramm des 11 000-kVA-Drehstromgenerators bei Nennlast.

Diese Werte sind indessen zu klein, weil die erhöhte Streuung des Polfeldes bei Belastung nicht berücksichtigt ist. Mit Hilfe der Meßergebnisse kann nur eine angenäherte Korrektur etwa folgendermaßen vorgenommen werden. Es wird für Leerlauf der Streuungskoeffizient $\sigma_0 = 1,2$ angenommen, und weiter

$$\sigma_b \approx 1 + 0,2\,\frac{i_{m\,b}}{i_{m\,0}} = 1 + 0,2\,\frac{220}{117} = 1,376$$

gesetzt (vgl. Abschn. 20). Wir suchen nun in der Leerlaufcharakteristik den Punkt D' für die Spannung $6700\,\dfrac{1,376}{1,2} = 7680$ V auf. Wird dadurch eine Parallele $D'D''$ zum Anfang der Leerlaufcharakteristik gezogen, erhalten wir angenähert die gesuchte Erhöhung des Erregerstromes $DD'' = 24$ A. Der korrigierte Erregerstrom wird somit $i_{m\,b} = 220 + 24 = 244$ A, und die entsprechende Leerlaufspannung 8840 V (Punkt F'). Die Spannungserhöhung bei Entlastung ist somit

$$= \frac{8840 - 6700}{6700} \cdot 100 = 31,9\,\%.$$

Zum Vergleich sei angeführt, daß ein späterer direkter Belastungsversuch im Kraftwerk den notwendigen Erregerstrom $i_{m\,b} = 246$ A und die entsprechende Leerlaufspannung gleich 8860 V ergab. Die Übereinstimmung ist also eine sehr gute.

Aus der Kurzschlußcharakteristik ergibt sich der Dauerkurzschlußstrom bei Leerlauferregung ($i_{m\,0} = 117$ A) zu 900 A und bei Nennlasterregung $\cos\varphi = 0,8$ ($i_{m\,b} = 244$ A) zu 1890 A. Das Verhältnis Kurzschlußstrom : Nennstrom ist somit 0,95 bzw. 1,99.

Wir wollen weiter die Berechnung des Wirkungsgrades für dieselbe Belastung wie oben, 8800 kW bei $\cos\varphi = 0,8$ zeigen. Die Verluste gehen aus folgender Zusammenstellung hervor:

$$P_\varrho + P_e \text{ für induzierte EMK } 7300 \text{ V (Vektor } OC) = 181,0 \text{ kW}$$

$$P_{rw} = 3 \cdot J^2 r_{w75} = 3 \cdot 950^2 \cdot 0,0407 = 110,2 \text{ ,,}$$

$$P_m = \frac{e_m \cdot i_m}{\eta_m} = \frac{220 \cdot 244}{0,86} = 62,5 \text{ ,,}$$

$$\text{Gesamtverluste} = 353,7 \text{ kW}.$$

Der Wirkungsgrad des Generators wird dann:

$$\eta_{1/1} = 100\left(1 - \frac{353,7}{8800 + 353,7}\right) = 96,1\,\%.$$

Es sind hier die gesamten Erregerverluste in die Rechnung eingeführt, indem e_m die Spannung und η_m der Wirkungsgrad der Erregermaschine ist. In Übereinstimmung mit den Maschinennormen der verschiedenen Länder sind die Stromwärmeverluste dem Kurzschlußversuch in der vollen Größe entnommen, obwohl die sogenannten zusätzlichen Stromwärmeverluste bei Belastung vielleicht etwas kleiner sind. Ebenfalls wird beim Kurzschlußversuch ein kleiner Anteil von Eisenverlusten mitgemessen, die eigentlich abgezogen werden sollten.

2. **Die Leerlaufmethode.** Diese Methode eignet sich besonders für Untersuchungen im Kraftwerk. Die Messungen für einen Wasser-turbinen-Generator gestalteten sich wie folgt. Der Generator war für eine Drehstromleistung von 800 kW bei 1000—1100 V, 577—523 A und 50 Hz bestimmt, während die Erregermaschine für 115 V und 75 A berechnet war. Die Drehzahl war 750 i. d. Minute.

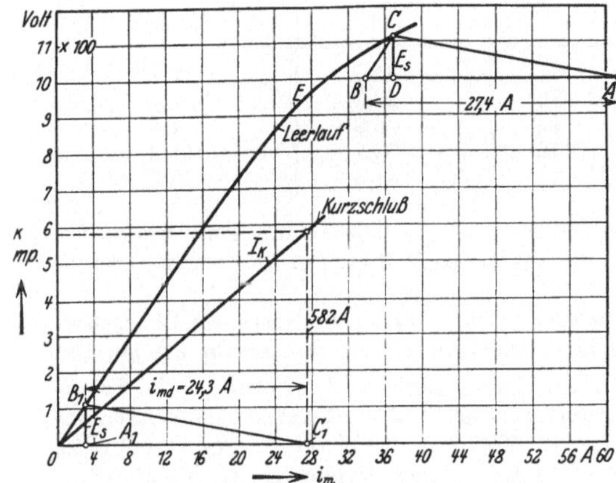

Abb. 251. Leerlauf- und Kurzschlußcharakteristik des 800-kVA-Drehstromgenerators.

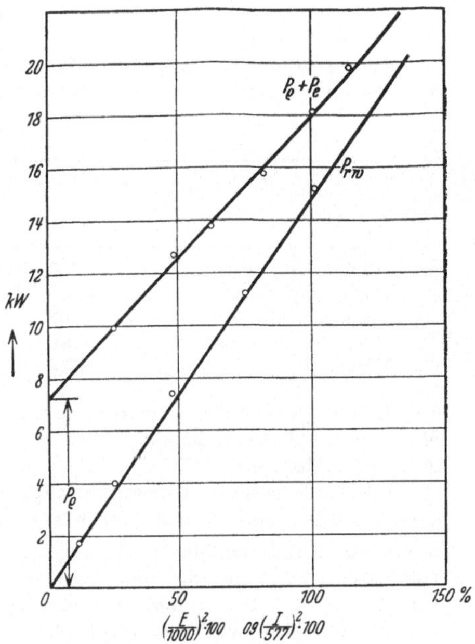

Abb 252. Leer- und Lastverluste des 800-kVA-Drehstromgenerators.

Zuerst wurde die Leerlauf- und die Kurzschlußcharakteristik mit Antrieb durch die Turbine aufgenommen (Abb. 251). Dann wurde die Turbine abgekuppelt und der Generator mit einem anderen Generator der Zentrale elektrisch verbunden. Für den untersuchten Generator als leerlaufenden Synchronmotor wurde die Erregung so eingestellt, daß der aufgenommene Strom J ein Minimum wurde, d. h. $\cos \varphi = 1$. Von der zugeführten Leistung sollen abgezogen werden: die Stromwärmeverluste in der Statorwicklung samt der Leistung, Eisen- und Stromwärmeverluste der Erregermaschine. Man erhält dann die Leerverluste für eine induzierte EMK $E = E_1 - \sqrt{3}\, J r_w$. Für verschiedene Klemmenspannungen E_1 wurden die Werte in Tabelle 12 gemessen.

Tabelle 12.

Zugeführt			Erregermaschine		Leerverluste
E_1 V	J A	kW	V	A	$P_\varrho + P_s$ kW
500	14	10,9	57	13,4	9,9
695	12	14,9	84	18,9	12,7
792	14	16,8	98	21,7	13,8
907	18	20,0	116	25,5	15,8
1010	18	23,4	126	30,1	18,2
1070	20	25,4	123	33,6	19,9

Aus späteren Messungen ergibt sich der Wicklungswiderstand je Phase $r_w \approx 0,015\ \Omega$. Sowohl Leistungs- als auch Spannungsverluste in der Statorwicklung werden also ohne Bedeutung. Die einzelnen Verluste der Erregermaschine können mit genügender Genauigkeit geschätzt werden, und es ergeben sich die Werte der Leerverluste, die in der letzten Kolonne der Tabelle aufgeführt sind. Diese Meßreihe hätte auch für die Ermittlung der Leerlaufcharakteristik benutzt werden können. Die Leerverluste sind in Abb. 252 in Abhängigkeit vom Quadrat der relativen Spannung in Prozent aufgetragen. Die Kurve stellt also

$$P_\varrho + P_e = f\left(\frac{E}{1000}\right)^2 \cdot 100$$

dar, wo $E \approx E_1$ ist.

Dann wurde die untersuchte Maschine als leerlaufender Synchronmotor übererregt, um verschiedene Werte des Stato.stromes zu bekommen. Die Daten dieser Meßreihe waren:

Tabelle 13.

Zugeführt			Erregermaschine		Lastverluste
E_1 V	J A	kW	V	A	P_{rw} kW
899	197	22,3	84	35,1	1,7
952	291	26,7	79	42,3	4,0
933	399	30,2	74	46,9	7,4
958	500	35,5	72	53,7	11,2
1002	582	42,2	82	61,3	15,2

Wegen der großen Phasenverschiebung (hier $\cos \varphi = 0{,}063\text{—}0{,}037$) muß man bei diesen Messungen auf die Meßfehler, die von den Fehlwinkeln der Meßwandler verursacht werden, achten (s. Abschn. II, 18).

Von der zugeführten Leistung sollen abgezogen werden: die Leerverluste des Generators samt Leistung und Verluste der Erregermaschine. Die Leerverluste müssen für die jeweilig induzierte EMK der Maschine festgestellt werden. Diese ist $E \approx E_1 + \sqrt{3}\, J x_s$. Die Streureaktanz x_s kann nun aus den Messungen folgendermaßen bestimmt werden. Man hat zwei Punkte auf der Belastungscharakteristik für z. B. 582 A und $\cos \varphi \approx 0$. Der eine Punkt (C_1 in Abb. 251) mit $E_1 = 0$ entspricht $i_m = 27{,}4$ A, und der andere (A in Abb. 251) mit $E_1 = 1002$ V hat $i_m = 61{,}3$ A. Trägt man in dem letzten Punkte $AB = 27{,}4$ A ab und zieht BC parallel zum Anfang der Leerlaufcharakteristik, so ergibt die Vertikale CD die Reaktanzspannung $\sqrt{3}\, J x_s = 116$ V, woraus $x_s = 0{,}115\ \Omega$. Weiter entspricht AD der Gegenmagnetisierung. Da $AD = 24{,}3$ A ist, werden somit die längsmagnetisierenden Amperewindungen des Ankers bei $\sin \psi = 1$ einem Erregerstrom gleich $\dfrac{24{,}3}{582}\, J = 0{,}0418 \cdot J$ entsprechen.

Dieses Verfahren gründet sich direkt auf die Verschiebbarkeit des Potierschen Dreiecks. Da die Leerlaufcharakteristik eigentlich unter Berücksichtigung der vergrößerten Streuung bei Belastung mit 582 A und $\cos \varphi = 0$ korrigiert werden sollte, neigt das Verfahren dazu, zu große Werte von x_s zu geben. Aber gleichzeitig erhält man einen zu kleinen Wert für die Längsmagnetisierung, und diese beiden Fehler wirken einander entgegen. Außerdem hat x_s bei $\cos \varphi = 0$ seinen kleinsten Wert, weil die Ankerleiter mit Strommaximum in der Pollücke liegen. Die ermittelten Werte sind darum — besonders für die gewöhnlichen Phasenverschiebungen eines Generators — gut verwendbar, wenn die Pol- und Jochsättigungen der Maschine normal sind. Wenn die Schenkelstreuung nicht, wie es bei dieser Maschine der Fall war, klein ist, muß die Konstruktion gegebenenfalls für reduzierte Werte von Strom und Spannung ausgeführt werden.

Da die Wicklungsdaten der Maschine bekannt waren, konnten x_s und die Längsmagnetisierung auch in folgender Weise bestimmt werden. Die 8 Feldspulen hatten je 184 Windungen und waren in Reihe geschaltet. Die Ankerwicklung war mit 7 Nuten je Pol und Phase und 1 Stab je Nut ausgeführt; wenn also alle Windungen in Reihe geschaltet sind, ist $w = \frac{1}{2} \cdot 7 \cdot 8 = 28$ zu setzen. Wir haben z. B. für Kurzschlußstrom 582 A:

$$A W_{dp} \approx k_d\, m\, k_w\, w\, J = 0{,}765 \cdot 3 \cdot 0{,}956 \cdot 28 \cdot 582 = 35\,800.$$

Dieser Amperewindungszahl entspricht eine Erregerstromstärke

$$i_{md} = \frac{35\,800}{8 \cdot 184} = 24{,}3 \text{ A}.$$

Mittels Kurzschluß- und Leerlaufcharakteristik erhalten wir dann

$$\sqrt{3}\, J\, x_s \approx A_1 B_1 = 113\ \text{V} \qquad \text{oder} \qquad x_s = 0{,}1125\ \Omega.$$

Die beiden Verfahren stimmen also hier gut überein.

Jetzt kann man den Wert von E für jeden Punkt der Tabelle 13 bestimmen und die entsprechenden Werte der Leerverluste der Kurve (Abb. 252) entnehmen. Wenn sämtliche Verluste abgezogen sind, erhält man schließlich die reinen Lastverluste, die in der letzten Kolonne der Tabelle 13 aufgeführt sind. Diese Werte als Funktion von $\left(\dfrac{J}{577}\right)^2 \cdot 100$ aufgetragen, ergeben die Kurve für P_{r_w} in Abb. 252. Diese Kurve gibt den Wirkwiderstand pro Phase $r_w = 0{,}0149\ \Omega$ bei der Maschinentemperatur der Messungen, der etwa 30^0 C war. Der Gleichstromwiderstand wurde bei derselben Temperatur zu $0{,}0075\ \Omega$ gemessen. Somit ist $k_{r_{30}} = \dfrac{r_{w_{30}}}{r_{g_{30}}} = 2{,}0$. Für die Betriebstemperatur 75^0 C berechnet sich in derselben Weise, wie auf S. 215 gezeigt: $k_{r_{75}} = 1{,}71$, $r_{g_{75}} = 0{,}0088\ \Omega$, $r_{w_{75}} = 0{,}0150\ \Omega$. r_w ist also in diesem Falle wie im vorigen praktisch unabhängig von der Temperatur.

Man ist jetzt imstande, das Verhalten des Generators im normalen Betrieb und unter den abnormalen Verhältnissen einer Turbinenprüfung festzulegen. Wir wollen als Beispiel den Erregerstrom und den Wirkungsgrad für eine Belastung von 800 kW bei 1050 V, 550 A und $\cos\varphi = 0{,}8$ ohne Aufzeichnung des Spannungsdiagrammes berechnen. Wenn wir wieder $k_d = 0{,}765$ und $k_q = 0{,}42$ setzen, erhalten wir bei $\cos\psi = 1$ den der Quermagnetisierung entsprechenden Erregerstrom

$$= \frac{0{,}42}{0{,}765} \cdot 0{,}0418 \cdot 550 = 12{,}6\ \text{A}.$$

Dieser Strom ergibt in der Leerlaufcharakteristik die verkettete Spannung $\dfrac{E_q}{\cos\psi} = 465$ V (Vektor CG in Abschn. 17). Weiter ist, wenn die verketteten Werte in Gl. (78) eingetragen werden:

$$\sin\psi = \frac{E_1 \cdot \sin\varphi + \sqrt{3} \cdot J\, x_s + CG}{\sqrt{(E_1 \cdot \cos\varphi + \sqrt{3}\, J\, r_w)^2 + (E_1 \cdot \sin\varphi + \sqrt{3}\, J\, x_s + CG)^2}}$$

$$= \frac{1050 \cdot 0{,}6 + \sqrt{3} \cdot 550 \cdot 0{,}115 + 465}{\sqrt{(1050 \cdot 0{,}8 + \sqrt{3} \cdot 550 \cdot 0{,}015)^2 + (1050 \cdot 0{,}6 + \sqrt{3} \cdot 550 \cdot 0{,}115 + 465)^2}}$$

$$= \frac{1204}{\sqrt{854^2 + 1204^2}} = 0{,}815,$$

also

$$\cos\psi = 0{,}579.$$

Nach Gl. (79) ist die verkettete Spannung

$$OD = \frac{E_1 \cdot \cos\varphi + \sqrt{3}\, J\, r_w}{\cos\psi} - CG \cdot \sin\psi$$

$$= \frac{854}{0{,}579} - 465 \cdot 0{,}815 = 1096\ \text{V},$$

die gemäß der Leerlaufcharakteristik einen Erregerstrom von 35,3 A erfordert. Der Gegenmagnetisierung entspricht $0{,}0418 \cdot J \cdot \sin\psi = 0{,}0418 \cdot 550 \cdot 0{,}815 = 18{,}7$ A, und der gesamte Erregerstrom wird somit $35{,}3 + 18{,}7 = 54{,}0$ A. Der wirklich gemessene Wert war etwa 2 A höher, was vielleicht der erhöhten Streuung bei Belastung zuzuschreiben ist.

Für die Bestimmung der Eisenverluste berechnen wir die induzierte EMK (Vektor OC des Spannungsdiagrammes)

$$E = E_1 + \sqrt{3}\, J\, (r_w \cdot \cos\varphi + x_s \cdot \sin\varphi)$$

$$= 1050 + \sqrt{3} \cdot 550\, (0{,}015 \cdot 0{,}8 + 0{,}115 \cdot 0{,}6) = 1127\ \text{V}.$$

Wir erhalten dann die Verluste:

$$P_\varrho + P_e \text{ für induzierte EMK 1127 V} \qquad = 21{,}1\,\text{kW}$$
$$P_{rw} = 3 \cdot 550^2 \cdot 0{,}0150 \qquad = 13{,}6 \text{ ,,}$$
$$P_m = e_m \cdot i_m = 115 \cdot 54 \qquad = 6{,}2 \text{ ,,}$$
$$\text{Eisen- und Stromwärmeverluste d. Erregermasch.} = 1{,}0 \text{ ,,}$$
$$\text{Gesamtverluste} = 41{,}9\,\text{kW}.$$

Der gesuchte Wirkungsgrad wird also:

$$\eta_{1/1} = 100\left(1 - \frac{41{,}9}{800 + 41{,}9}\right) = 95{,}0\,\%.$$

24. Die Lagerströme.

In elektrischen Maschinen können unter Umständen bedeutende Ströme zwischen Wellenzapfen und Lager auftreten, wodurch ein Anfressen der sich im Lager berührenden Flächen verursacht wird. Dabei kann die Spannung zwischen Welle und Lager einige Volt betragen. Wir wollen kurz die Ursachen dieser Ströme besprechen[1].

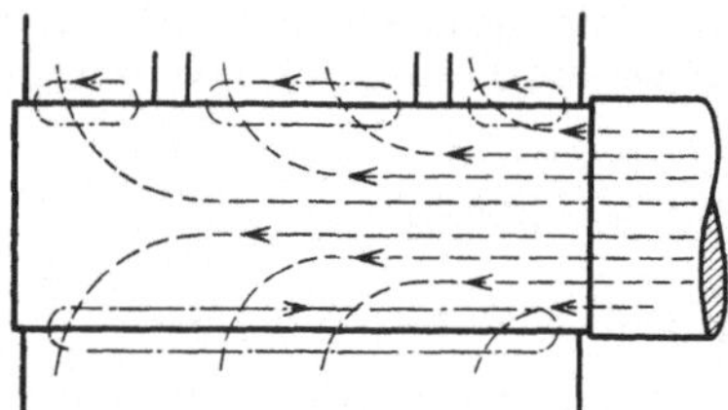

Abb 253. Von einer magnetischen Welle erzeugte Lagerströme.

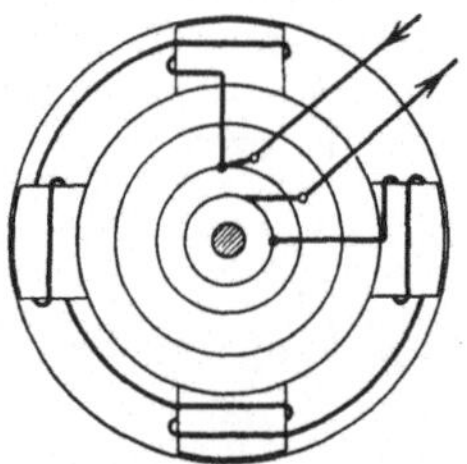

Abb. 254. Magnetisierung der Welle durch den Erregerstrom.

A. Magnetische Welle. Wenn die Welle magnetisch ist, werden die Kraftlinien mit der Welle rotieren und das Metall der Lager schneiden. Durch unipolare Induktion werden Ströme nach den strichpunktierten Bahnen in Abb. 253 erzeugt. Die Welle kann permanenten Magnetismus besitzen oder durch elektrische Ströme magnetisiert werden. Je nach der Ursache werden in den Lagern Gleich- oder Wechselströme erzeugt.

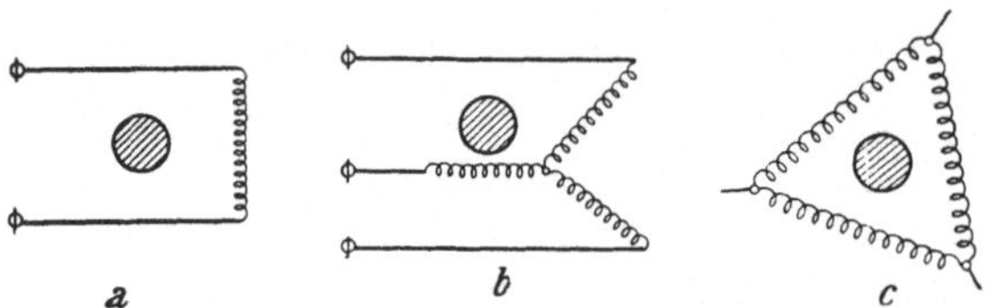

Abb. 255a bis c. Magnetisierung der Welle durch den Belastungsstrom.

Der Strom, der mit der Welle verkettet ist, kann sowohl Erregerstrom als auch Belastungsstrom sein. Die Abb. 254 und 255a bis c geben Beispiele verschiedener Stromkreise, die in dieser Hinsicht wirksam sein können. In der Dreieckschaltung Abb. 255c müssen dabei innere Ausgleichströme vorausgesetzt werden.

Es kann allgemein gesagt werden, daß nur selten durch den Wellenmagnetismus so starke Ströme erzeugt werden, daß sie zu Störungen Anlaß geben.

B. Magnetische Unsymmetrien im Anker- oder Feldsystem. Ein im Polrad oder dem Ankereisen bestehender wechselnder Kraftfluß, der die Welle umschließt, wird einen Wechselstrom durch die Welle und das Gehäuse (Fundamentrahmen) treiben. Dieser Kraftfluß kann sich auch teilweise durch das Polrad und teilweise durch das Ankereisen schließen. Abb. 256 zeigt eine vierpolige Maschine, deren Ankerbleche in zwei Segmente geteilt sind. Wir nehmen an, daß die Stoßfuge Y_2 einen größeren magnetischen Widerstand als die Fuge Y_1 hat. Über den normalen Kraftflüssen der Maschine lagert sich ein Fluß, dessen Verlauf durch die

---

[1] Nach einer nicht veröffentlichten Arbeit von O. S. Bragstad aus dem Frühjahr 1909.

gestrichelte Linie angedeutet ist. Dieser Kraftfluß wird ein wechselnder sein und in der Welle eine EMK von der Grundfrequenz induzieren. Wie aus Abb. 257 ersichtlich ist, kann auch bei zwei gleichen Stoßfugen Y_1 und Y_2 eine solche EMK erzeugt werden. Im besonderen wird dies der Fall sein, wenn auch das Polrad geteilt ist.

Aus den vorstehenden Beispielen können wir nun die folgende allgemeine Regel herleiten. Es seien mit R_1, R_2, R_3 usw. die magnetischen Widerstände der Stoßfugen Y_1, Y_2, Y_3 usw. bezeichnet. Ferner setzen wir die Induktionen im Eisen hinter den Zähnen an den Stoßfugen gleich B_1, B_2, B_3 usw. Die Bedingung dafür, daß keine EMK in der Welle auftritt, lautet dann:

$$\Sigma (B \cdot R) = 0, \qquad (82)$$

wenn die Summe längs des ganzen Umfanges gebildet wird. Ist diese Summe nicht für jeden Augenblick gleich Null, wird ein resultierender Kraftfluß um die Welle verlaufen, und da dieser Fluß sich ändern wird, entsteht eine EMK in der Welle.

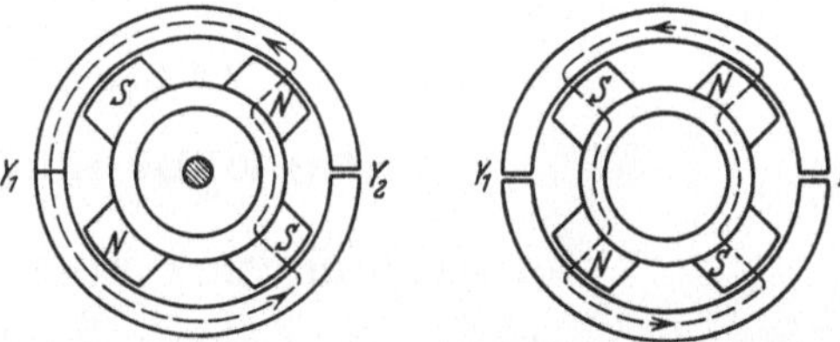

Abb. 256 u. 257. Entstehung von Lagerströmen der Grundfrequenz durch magnetische Unsymmetrien.

Eine ähnliche Wirkung wie bei der oben betrachteten Teilung des Stators wird durch die überlappten Stoßfugen der Blechsegmente und andere Aussparungen im Blechpaket erhalten. Es ist dabei zu erinnern, daß die Anzahl dieser Blechstöße gewöhnlich gleich der doppelten Zahl der Segmente einer Schicht ist.

Abb. 258 zeigt das Ankereisen einer vierpoligen Maschine in eine Ebene abgerollt. Die Stoßfugen seien Y_1, Y_2, ... Y_6 und das Verhältnis $\dfrac{\text{Anzahl der Stoßfugen}}{\text{Anzahl der Pole}} = \dfrac{6}{4} = \dfrac{3}{2}$.

Wenn die Induktion im Eisen nach der Sinuskurve B_I verläuft, wird immer die Summe

$$\Sigma (B_I \cdot R) = R \Sigma (B_I) = 0,$$

vorausgesetzt, daß der magnetische Widerstand aller Stoßfugen derselbe ist: $R_1 = R_2 = \cdots R$ Folglich wird vom Grundfeld keine EMK in der Welle induziert. Jetzt sei angenommen, daß der Fluß eine dritte Harmonische enthält, die durch die Kurve B_{III} dargestellt ist. Wir sehen, daß

$$R \cdot \Sigma (B_{III}) = 6 R \cdot B_{III} \gtrless 0.$$

Abb. 258. Entstehung von Lagerströmen dreifacher Frequenz.

Das dritte Oberfeld wird also eine EMK von dreifacher Frequenz in der Welle induzieren. Mit der doppelten Anzahl der Stoßfugen würden wir keine EMK erhalten, da

$$R \cdot \Sigma (B_{III}) = 0.$$

Wir wollen demnächst das umgekehrte Verhältnis betrachten, also

$$\frac{\text{Anzahl der Stoßfugen}}{\text{Polzahl}} = \frac{4}{6}.$$

Abb. 259 stellt diesen Fall dar. Wir sehen, daß

$$R \cdot \Sigma (B_I) = 0 \qquad \text{und} \qquad R \cdot \Sigma (B_{III}) = 0$$

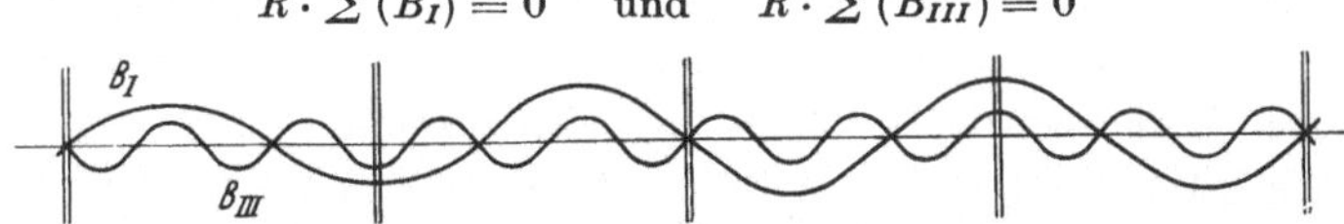

Abb. 259. Darstellung eines Falles, in welchem keine Lagerströme von Grundfrequenz oder dreifacher Frequenz entstehen.

ist. Das Grundfeld und das dritte Oberfeld werden daher hier keine EMK in der Welle induzieren können.

Andere Verhältniszahlen von Stoßfugen zu Polen würden mit Oberfeldern höherer Ordnung auch EMKe in der Welle geben. Zum Beispiel würde das Verhältnis 5 : 2 die fünfte Oberwelle des Feldes wirksam machen.

Auch bei zweipoligen Maschinen ohne Stoßfugen im Stator können schädliche Wellenspannungen auftreten[1]. In diesem Falle werden sie durch exzentrische Lagerung des Läufers hervorgerufen. Die Wirkung der ungleichen Luftabstände entspricht nämlich der einer gedachten Teilfuge in der oberen Statorhälfte.

Zur Vermeidung der schädlichen Wirkung von Lagerströmen wird häufig eines der Lager von der Fundamentplatte isoliert.

Sechstes Kapitel.

Die Synchronmotoren.

25. Allgemeines über die Arbeitsweise.

Wie wir gesehen haben, erzeugen die Ankerströme einer Synchronmaschine in normalem Betrieb ein mit dem Polfeld synchron rotierendes Drehfeld. Das Drehmoment entsteht durch die Einwirkung der beiden Felder aufeinander. Wird das Ankerfeld vom Polfeld nachgezogen, hat man einen Generator. Wird dagegen das Polfeld vom Ankerfeld nachgezogen, hat man einen Motor. Die Kraftwirkung zwischen den beiden Feldern kann nur ein konstantes und gleichgerichtetes Drehmoment erzeugen, wenn die Felder mit derselben Geschwindigkeit rotieren. Bei verschiedener Geschwindigkeit würden nur pulsierende tangentiale Kräfte entstehen, die sich gegenseitig aufheben. Ein Synchronmotor muß daher in irgendwelcher Weise auf Synchronismus gebracht werden, ehe er mechanische Arbeit leisten kann. Über die Anlaßverfahren kann das, was unter Einankerumformer ausgeführt werden soll, sinngemäß gelten (s. Abschn. V, 12). Um die Kraftwirkung zwischen den beiden Feldern zu erklären, kann sowohl das Ankerfeld als auch das Polfeld durch ausgeprägte, rotierende Pole darge-

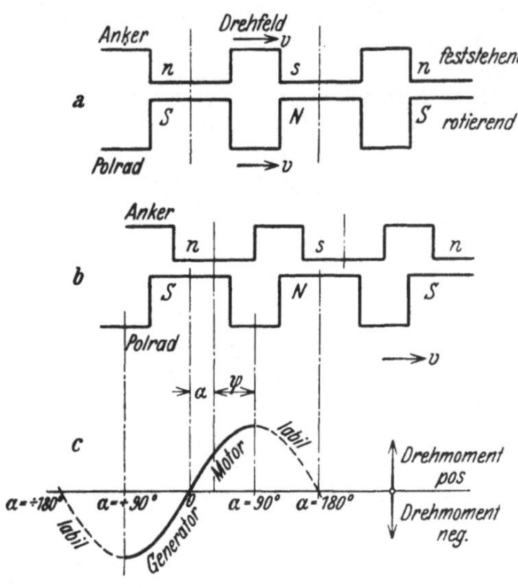

Abb. 260a bis c. Drehmoment einer Synchronmaschine in Abhängigkeit von der gegenseitigen Lage der Feld- und Ankerpole.

stellt werden. Steht ein Nordpol des Polrades gerade gegenüber einem Südpol des Ankers und umgekehrt, so ist das Drehmoment gleich Null (Abb. 260a). Besteht dagegen eine Verschiebung zwischen den beiden Feldern, so wie es in Abb. 260b gezeigt ist, erhält man ein Drehmoment, das im gezeichneten Falle auf das Polrad in der Rotationsrichtung wirkt (Motor). Das Drehmoment wird nur bis zu einer gewissen Grenze mit wachsendem Verschiebungswinkel $\alpha = 90° - \psi$ zwischen den beiden Feldern zunehmen. Die Ordinaten der Kurve in Abb. 260c geben die Größe des Drehmomentes als Funktion von α an. Für α zwischen 0 und π ist das Drehmoment positiv (motorische Wirkung), aber davon ist nur der Bereich von

---

[1] Siehe R. Pohl: ETZ 1929, 417.

0 bis $\pi/2$ stabil. Für α zwischen 0 und $-\pi$ ist das Drehmoment negativ (generatorische Wirkung), und davon ist nur der Bereich von 0 bis $-\pi/2$ stabil. Damit die Maschine stabil arbeiten soll, muß die Zugkraft mit der Verschiebung wachsen. Denn wenn die Belastung des Motors zunimmt, wird das Polrad ein wenig rückwärts rücken. Wird dabei das Drehmoment kleiner, so fällt die Maschine außer Synchronismus und bleibt stehen.

In Abschn. 16 haben wir das Vektordiagramm eines Synchronmotors aufgezeichnet, indem wir wie beim Generator die beiden Komponenten der Ankerrückwirkung, die Längs- und die Quermagnetisierung, einführten. Diese Darstellungsweise ist die genaueste, aber sie ist nicht als Ausgangspunkt geeignet, wenn man einen raschen Überblick über die Arbeitsverhältnisse des Synchronmotors erwerben will. Zu diesem Zwecke wollen wir darum das Diagramm in folgender Weise vereinfachen. Wir gehen von einer zugeführten konstanten Klemmenspannung E_1 aus und nehmen weiter den Erregerstrom und die dadurch induzierte EMK $(-E)$ für variable Belastung als konstant an. Die zur Kompensation von $-E$ erforderliche Komponente der Klemmenspannung ist $+E$, und die Differenz $\bar{E}_1 - \bar{E}$ kann dann als ein Spannungsverlust im Anker der Maschine angesehen werden. Diesen Spannungsverlust denkt man sich von einer Ohmschen Komponente Jr_1 und einer induktiven Komponente Jx_1 gebildet. Das Spannungsdiagramm erhält die einfache Form, die in Abb. 261 gezeigt ist.

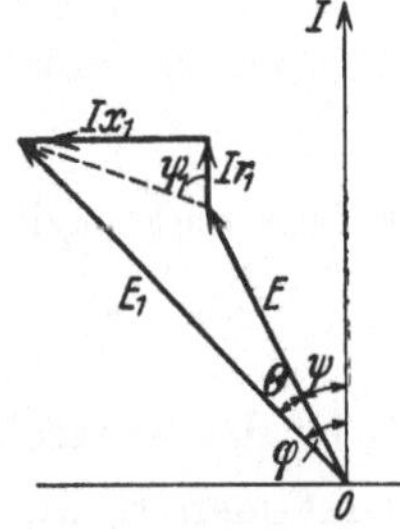

Abb. 261. Vereinfachtes Spannungsdiagramm eines Synchronmotors.

Die Reaktanz x_1, die häufig als die „synchrone Reaktanz" bezeichnet wird, enthält sowohl die Streureaktanz als auch die Ankerrückwirkung. Die entsprechende Reaktanzspannung Jx_1 steht daher im allgemeinen nicht senkrecht auf dem Stromvektor. Der Widerstand r_1 enthält sowohl den Wirkwiderstand r_w als auch eine Komponente, bedingt durch die vom Ankerstrome verursachte Änderung der Eisenverluste des Hauptfeldes. x_1 und r_1 sind darum keine konstanten Größen, sondern sind von der Belastung und der Erregung abhängig. Wenn wir trotzdem der Einfachheit halber x_1 und r_1 als konstant voraussetzen, bedeutet das, daß wir mit konstantem magnetischem Widerstand längs des Anker-

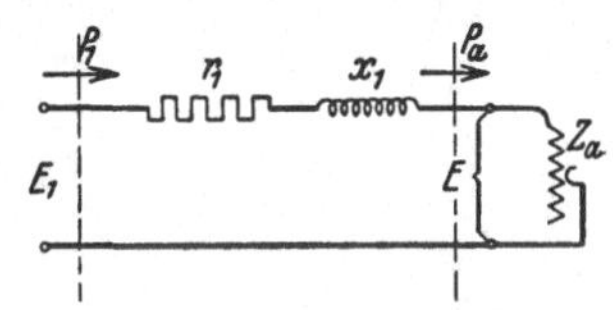

Abb. 262. Äquivalenter Stromkreis eines Synchronmotors.

umfanges rechnen, d. h. zylindrischen Rotor voraussetzen, und außerdem die Eisensättigung und die Änderung der Eisenverluste durch den Ankerstrom vernachlässigen.

Für konstante „synchrone Impedanz" $\bar{z}_1 = r_1 + jx_1$ kann der Motor durch den äquivalenten Stromkreis Abb. 262 dargestellt werden. Die gesamte zugeführte Leistung ist $P_1 = E_1 J \cdot \cos \varphi$. Davon geht wegen des Ankerstromes im Anker ein Teil verloren, den wir als $P_r = J^2 r_1$ schreiben müssen. Der Überschuß ist die „elektromagnetische" Leistung P_a, die durch das Feld des Motors als mechanische Leistung auf den Rotor übertragen wird:

$$P_a = P_1 - P_r = E J \cdot \cos \psi.$$

Diese Leistung entspricht dem auf den Rotor ausgeübten Drehmoment, multipliziert mit der synchronen Winkelgeschwindigkeit. Man sagt darum auch, das Drehmoment ist P_a, in „synchronen Watt" gemessen. Von diesem Drehmoment müssen erstens die Reibungsverluste und die Eisenverluste wegen der Felderregung gedeckt werden. Der Rest ist das nach außen abgegebene nützliche Drehmoment des Motors. Die Eisenverluste der Erregung sind proportional E^2. Die Reibungsverluste müssen dagegen im wesentlichen als konstant, unabhängig von der Belastung und der Erregung, betrachtet werden können. Diese Verluste lassen sich deshalb im Stromkreis nicht leicht gesondert darstellen, und sie sind darum in der Belastungsimpedanz z_a mit einbegriffen.

26. Arbeitsdiagramm des Synchronmotors.

Unter der obigen Annahme einer konstanten synchronen Impedanz $\bar{z}_1 = r_1 + j x_1$ kann man für den Motor ein angenähertes Arbeitsdiagramm wie folgt entwickeln. Die Gleichung des Stromkreises Abb. 262 ist

$$\bar{J}\,\bar{z}_1 = \bar{E}_1 - \bar{E},$$

woraus sich ergibt

$$\bar{J} = \frac{\bar{E}_1}{\bar{z}_1} - \frac{\bar{E}}{\bar{z}_1} = \bar{J}_k - \bar{J}_{k_2}. \tag{83}$$

$\bar{J}_k$ ist der Kurzschlußstrom der Maschine bei zugeführter Klemmenspannung $\bar{E}_1$. Setzt man $\bar{E}_1$ als konstant und reell voraus, ergibt sich mit $\bar{z}_1 = z_1 e^{j\psi_1}$ für den Betrag dieses Stromes $J_k = \dfrac{E_1}{z_1}$, und für die Phasenlage $\cos \psi_1 = \dfrac{r_1}{z_1}$. Nach dem Diagramm Abb. 261 ist $\bar{E}$ um den Winkel Θ gegen $\bar{E}_1$ verschoben, und wir haben somit $\bar{E} = E\, e^{j\Theta}$. Daraus folgt

$$\bar{J}_{k_2} = \frac{E \cdot e^{j\Theta}}{z_1 \cdot e^{j\psi_1}} = \frac{E}{z_1} e^{j(\Theta - \psi_1)}.$$

Bei konstanter Erregung ist der Betrag von $\bar{E}$ konstant, aber das Argument Θ ändert sich mit der Belastung, bleibt doch im praktischen Arbeitsgebiet des Motors fast immer negativ.

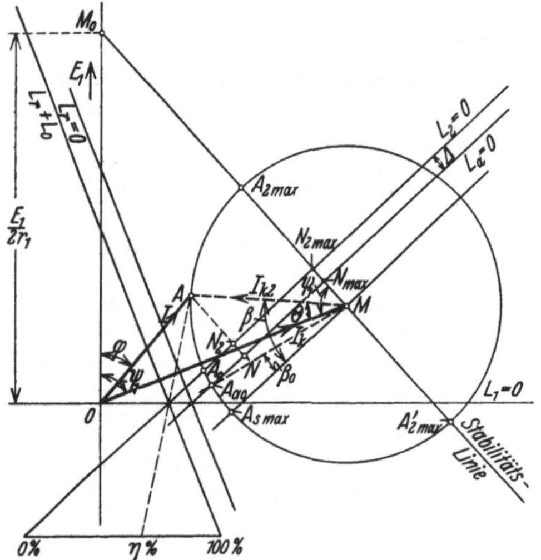

Abb. 263. Arbeitsdiagramm eines Synchronmotors bei konstanter Erregung.

Der Strom $\bar{J}$ besteht also als Differenz der Ströme beim Kurzschluß der sekundären bzw. der primären Klemmen im Stromkreis Abb. 262. J_k hat konstante Größe und Phase, während J_{k_2} konstanten Zahlenwert, aber variable Phase hat. Das Stromdiagramm wird darum ein Kreis mit Radius $J_{k_2} = \dfrac{E}{z_1}$ und Mittelpunktsabstand vom Koordinatenanfang $OM = J_k = \dfrac{E_1}{z_1}$. Der Vektor OM bildet den Winkel $-\psi_1$ mit der Ordinatenachse (Abb. 263). Für einen willkürlichen Arbeitspunkt A ergibt sich $AM = \overline{J}_{k_2}$ unter dem Winkel Θ mit OM und $OA = \overline{J}$ unter dem Winkel Φ mit E_1 [†].

In dieses Diagramm können wir in gewöhnlicher Weise Linien für die Leistungen und Leistungsverluste einzeichnen. Man hat:

1. Die zugeführte Leistung ist $P_1 = E_1 J \cdot \cos \varphi = E_1 v$, wo v die Ordinate des betreffenden Punktes auf dem Stromkreis ist.

2. Die Stromwärmeverluste sind $P_r = J^2 r_1 = 2\, r_1 L_r$, wo die Linie $L_r = 0$ die Halbpolare des Stromkreises in bezug auf den Koordinatenanfang ist (siehe Abschn. I 15).

3. Die elektromagnetische Leistung ist $P_a = P_1 - P_r = E_1 v - 2\, r_1 L_r$. Dieser Ausdruck kann auch geschrieben werden:

$$P_a = 2\, r_1 \left(\frac{E_1}{2\, r_1} v - L_r \right) = 2\, r_1 L_a\,,$$

wo die Gleichung $L_a = 0$ eine gerade Linie darstellt. Diese Linie geht durch die Schnittpunkte des Stromkreises mit dem Kreise, der den Punkt M_0 als Mittelpunkt und die Länge $\frac{E_1}{2\, r_1}$ als Radius hat (siehe Abschn. I 16, Abb. 50).

Projiziert man OM_0 auf die Zentrallinie $OM = J_k$, ergibt sich:

$$OM_0 \cdot \cos \psi_1 = \frac{E_1}{2\, r_1} \cdot \frac{r_1}{z_1} = \frac{E_1}{2\, z_1} = \frac{1}{2} J_k = \frac{1}{2} \cdot OM\,.$$

Daraus folgt, daß der Kreis um M_0 auch durch den Mittelpunkt M gehen muß (siehe Abb. 266) und

$$OM_0 = MM_0 = \frac{E_1}{2\, r_1}\,.$$

Für den Arbeitspunkt A kann man dann setzen:

$$P_a = (2\, r_1 \cdot MM_0) \cdot AN = 2\, r_1 \frac{E_1}{2\, r_1} \cdot AN = E_1 \cdot AN\,, \tag{84}$$

wo AN der Abstand des Punktes A von der Geraden $L_a = 0$ ist. Diese Gerade ist also die Linie für das Drehmoment, das durch das Feld auf den Rotor übertragen wird.

4. Die Eisen- und Reibungsverluste, d. h. die Leerverluste P_0, können leicht in das Diagramm eingetragen werden, weil sie bei der Annahme von $E = $ konst. auch konstant werden. Wir ziehen somit eine Parallele zur Linie $L_a = 0$ im Abstande $\varDelta = \frac{P_0}{E_1}$ von dieser. Die so erhaltene Gerade, $L_2 = 0$, repräsentiert die Nutzleistung P_2 des Motors. Es ist z. B. für den Punkt A:

$$P_2 = 2\, r_1 \cdot AN_2 \cdot MM_0 = E_1 \cdot AN_2\,. \tag{85}$$

Den Einfluß der Blindkomponente des Stromes auf die Eisenverluste hätte man durch entsprechende Korrektionen für den Abstand $\varDelta$ berücksichtigen können.

5. Die totalen Verluste, $P_r + P_0$, werden durch eine Parallele zur Geraden $L_r = 0$ dargestellt. Diese Parallele geht durch den Schnittpunkt zwischen der Abzissenachse und der Geraden $L_2 = 0$ und ist in Abb. 263 mit $L_r + L_0 = 0$ bezeichnet.

[†] Wenn man für eine Maschine mit ausgeprägten Polen die Variation der synchronen Impedanz mit der Belastung berücksichtigt, erhält man als Stromdiagramm eine Pascalsche Schnecke; siehe z. B. J. Schammel: Arch. Elektrot. **23**, 237 (1929) u. **25**, 130 (1931).

Jetzt kann man auch die gewöhnliche Konstruktion zur Bestimmung des Wirkungsgrades der Maschine für einen gegebenen Belastungspunkt A ausführen, wie aus der Abbildung zu ersehen ist. Dabei sind die Verluste der Gleichstromerregung nicht berücksichtigt worden.

Der Schnittpunkt A_0 der Geraden $L_2 = 0$ mit dem Stromkreise ist der Leerlaufspunkt des Motors, und der Leerlaufstrom wird $\overline{J_0} = O A_0$. Wird der Motor

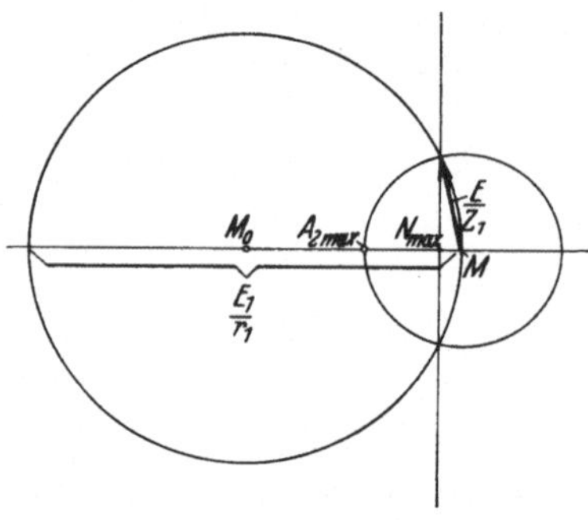

Abb. 264. Zur Ableitung der Gl. (86).

belastet, so wandert der Endpunkt A des Stromvektors auf dem Kreise nach oben, und das Drehmoment nimmt bis zum Punkte $A_{2\,\text{max}}$ zu. In diesem Punkte hat das Drehmoment und damit auch die vom Motor abgegebene mechanische Leistung ein Maximum.

Würde man den Motor noch stärker belasten, so würde das Drehmoment wieder abnehmen, und der Motor würde stehen bleiben. Man sagt dann, daß die Maschine außer Synchronismus oder außer Tritt fällt, und $A_{2\,\text{max}}$ wird der Kipppunkt des Motors genannt. Nur der Teil des Stromdiagrammes, der links von der Linie $M M_0$ liegt, entspricht einem stabilen Betrieb des Motors. Diese Linie wird darum die Stabilitätslinie genannt.

Die maximale Leistung oder Kippleistung des Motors ist somit

$$P_{2\,\text{max}} = E_1 \cdot A_{2\,\text{max}} N_{2\,\text{max}} = E_1 \cdot A_{2\,\text{max}} N_{\text{max}} - P_0 \,.$$

Hier ist

$$A_{2\,\text{max}} N_{\text{max}} = \frac{E}{z_1} - M N_{\text{max}} \,.$$

Weiter kann man nach Abb. 264 setzen:

$$M N_{\text{max}} \cdot \frac{E_1}{r_1} = \left(\frac{E}{z_1}\right)^2$$

oder

$$M N_{\text{max}} = \frac{E}{E_1} \frac{E}{z_1} \frac{r_1}{z_1} = \frac{E}{E_1} \frac{E}{z_1} \cdot \cos \psi_1 \,.$$

Also wird

$$A_{2\,\text{max}} N_{\text{max}} = \frac{E}{z_1} - \frac{E}{E_1} \frac{E}{z_1} \cdot \cos \psi_1$$

und schließlich

$$P_{2\,\text{max}} = \frac{E_1 E}{z_1} - \frac{E^2}{z_1} \cos \psi_1 - P_0 \,. \tag{86}$$

Der Teil des Stromdiagrammes, der unterhalb der Linie $L_2 = 0$ liegt, entspricht negativem Drehmoment, d. h. die Maschine wird mechanisch angetrieben. Der Teil unterhalb der Abszissenachse entspricht der umgekehrten Richtung des Wirkstromes, d. h. die Maschine gibt als Generator elektrische Leistung in das Netz ab. Man muß sich in diesem Falle das Netz als „unendlich stark" vorstellen, denn seine Spannung E_1 soll konstant sein. Der Generator arbeitet dann auf dieses Netz mit konstanter Erregung und variabler Phasenverschiebung φ. Der Kipppunkt für Generatorbetrieb ist $A'_{2\,\text{max}}$ in Abb. 263.

Läßt man die Größe der synchronen Impedanz $z_1 = \sqrt{r_1^2 + x_1^2}$ konstant und ändert nur das Verhältnis $\frac{r_1}{x_1}$, so wird in der Gl. (86) für die Kippleistung bei $E_1 =$ konst. und $E =$ konst. nur die Größe von $\cos \psi_1$ geändert. Für den Grenzwert $r_1 = 0$ ist $\psi_1 = 90^0$ und $\cos \psi_1 = 0$. Die Kippleistung erhält dann den absoluten Höchstwert

$$P_{2\,\text{max}} = \frac{E_1 E}{x_1} - P_0 ,$$

und der Kreismittelpunkt M des Stromdiagrammes liegt auf der Abszissenachse (Punkt $M_{(r_1 = 0)}$ in Abb. 265). Für $r_1 > 0$ wird $\psi_1 < 90^0$ und $\cos \psi_1 > 0$. Die Kippleistung des Motors nimmt also mit wachsendem Wert von r_1 ab. Ist die Größe von z_1 konstant, während ψ_1 variiert, so erhalten alle Stromdiagramme denselben Radius $\frac{E}{z_1}$, und deren Mittelpunkte M, M' usw. liegen auf einem Kreise mit dem Radius $\frac{E_1}{z_1}$ um O.

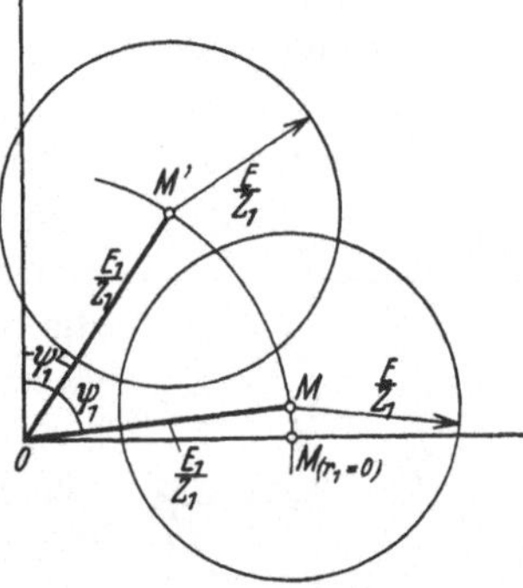

Abb. 265. Stromdiagramm bei veränderlichem Verhältnis $\frac{x_1}{r_1}$.

Aus der Gl. (86) ersieht man weiter, daß die Kippleistung des Motors um so größer wird, je kleiner z_1 ist. Dies folgt auch daraus, daß der Radius des Stromdiagrammes gleich $\frac{E}{z_1}$ ist. Um große Überlastungsfähigkeit zu erhalten, soll man also die Impedanz z_1 und das Verhältnis $\frac{r_1}{x_1}$ möglichst klein machen.

Wird bei $E_1 =$ konst. die Erregung eines gegebenen Synchronmotors geändert, so ändert sich der Radius des Stromdiagrammes proportional E, während die Punkte M und M_0 ihre Lage beibehalten. In Abb. 266 gilt der Kreis K' für eine EMK $E' < E_1$, d. h. sein Radius $\frac{E'}{z_1}$ ist kleiner als $\frac{E_1}{z_1} - OM$. Der Motor nimmt in diesem Falle bei allen Belastungen einen Blindstrom auf, sein $\cos \varphi$ ist immer kleiner als 1. Dieses Diagramm zeigt die Verhältnisse bei Untererregung. Der Kreis K'' für

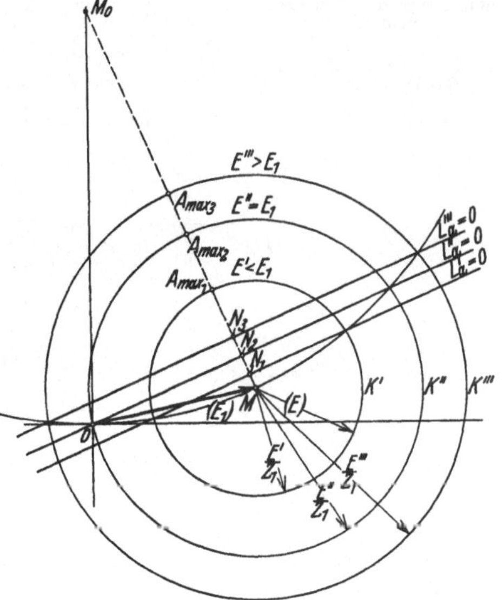

Abb. 266. Arbeitsdiagramm bei verschiedenen Erregungen.

$E'' = E_1$ entspricht normaler Erregung. Der Leerlaufstrom ist dann nur klein. Für den Kreis K''' ist die EMK $E''' > E_1$ entsprechend Übererregung. Der Motor wirkt dann bei den zulässigen Belastungen als Blindstromerzeuger und wird daher auch Phasenkompensator genannt.

27. Die synchronisierende Kraft.

Stellt man sich vor, daß der Motor mit konstanter Belastung auf dem stabilen Teile der Drehmomentkurve in Abb. 260 arbeitet, und daß der Rotor in irgendwelcher Weise aus der entsprechenden Lage ein wenig rückwärts verschoben wird, so sieht man, daß ein Überschuß an Drehmoment entsteht, der den Rotor in die ursprüngliche Lage zurückzubringen sucht. Die entsprechende Kraft wird die synchronisierende Kraft für die betreffende Belastung genannt. Man muß somit unterscheiden das Drehmoment, das der Motor für seinen Gang entwickelt und die synchronisierende Kraft, die das Polrad in der entsprechenden Stellung relativ zum Ankerfelde hält.

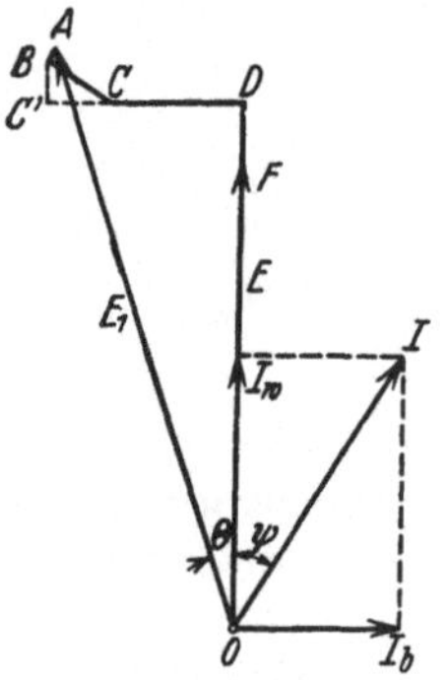

In Abb. 267 ist wieder das vollständige Spannungsdiagramm des Synchronmotors (vorausgesetzt Untererregung) aufgezeichnet. Hier ist der Strom J in $J_w = J \cdot \cos \psi$ und $J_b = J \cdot \sin \psi$ zerlegt. Zum Vektor $OF = E$ addiert sich direkt die Ankerrückwirkung von J_b, $FD = E_d$. Senkrecht dazu kommen die beiden von J_w herrührenden Spannungskomponenten $DC = E_q$ und $CC' = J_w x_s$. Endlich ist die Reaktanzspannung $C'B = J_b x_s$ parallel OF und die Widerstandsspannung $BA = Jr_w$ parallel J. Es ergibt sich die Klemmenspannung $E_1 = OA$.

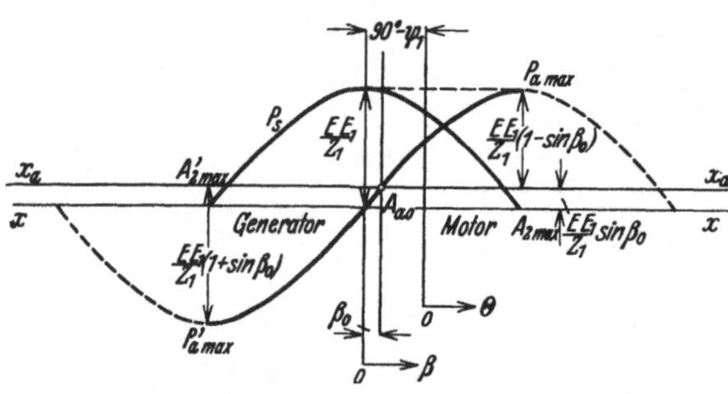

Abb. 267. Vollständiges Spannungsdiagramm eines untererregten Synchronmotors.

Man sieht, daß der Winkel Θ zwischen E_1 und E hauptsächlich durch J_w, d. h. durch die Belastung des Motors, bestimmt ist. Man pflegt darum das Drehmoment auf den Winkel Θ zu beziehen und definiert weiter die synchronisierende Kraft als

$$P_s = \frac{dP_a}{d\Theta}$$

in synchronen Watt. P_s ist die Änderung des Drehmomentes in synchronen Watt pro Winkeleinheit für eine kleine Änderung des Winkels Θ, und bildet somit ein Maß für die Kraft, womit sich der Motor einer Änderung des Winkels Θ widersetzt.

Abb. 268. Drehmoment und synchronisierende Kraft.

Für einen Punkt A des Stromdiagrammes ist nach Gl. (84) und Abb. 263 die elektromagnetische Leistung

$$P_a = E_1 \cdot AN = E_1 \left(\frac{E}{z_1} \sin \beta - \frac{E}{z_1} \sin \beta_0 \right)$$

$$= \frac{E\,E_1}{z_1} (\sin \beta - \sin \beta_0). \tag{87}$$

In dieser Gleichung ist der Winkel β die einzige Variable. Das Drehmoment, in Watt gemessen, wird dann als Funktion von β eine Sinuskurve, wie in Abb. 268 gezeigt ist. Die Nullinie für diese Kurve ist mit $x_a - x_a$ bezeichnet. Für Motorbetrieb wird im Kippunkte

$$P_{a\max} = \frac{E\,E_1}{z_1}(1 - \sin\beta_0),$$

während man im Kippunkte für Generatorbetrieb hat

$$P'_{a\max} = \frac{E\,E_1}{z_1}(1 + \sin\beta_0).$$

Für die synchronisierende Kraft kann man schreiben:

$$P_s = \frac{dP_a}{d\Theta} = \frac{dP_a}{d\beta}\cdot\frac{d\beta}{d\Theta}.$$

Da im Stromdiagramme das Dreieck $O\,M\,M_0$ gleichschenklig ist, wird der Winkel $O\,M\,M_0$ gleich ψ_1. Weiter sieht man, daß

$$\Theta - \psi_1 = \beta - 90^0,$$

woraus folgt, daß $d\Theta = d\beta$ oder $\frac{d\beta}{d\Theta} = 1$ ist. Somit ist

$$P_s = \frac{d\,P_a}{d\beta} = \frac{E\,E_1}{z_1}\cdot\cos\beta. \tag{88}$$

Die Kurve für P_s als Funktion von β ist auch in Abb. 268 eingetragen. Die Nullinie dieser Kurve ist mit $x-x$ bezeichnet. Die synchronisierende Kraft hat ihren Höchstwert bei Leerlauf oder streng genommen bei $\beta = 0$. Dieser Wert ist

$$P_{s\max} = \frac{E\,E_1}{z_1}.$$

Im Punkte $A_{s\max}$ (Abb. 263) ist das Drehmoment noch negativ, und erst im Punkte A_{a0} wird P_a gleich Null. In den Kippunkten $A_{2\max}$ und $A'_{2\max}$ wird die synchronisierende Kraft gleich Null.

Wenn der Motor nicht außer Tritt fallen soll, muß $P_{a\max}$ um einen gewissen Betrag größer als P_a für normale Belastung sein. Das Verhältnis $\frac{P_{a\max}}{P_a}$ ist ein Maß für die Überlastungsfähigkeit des Motors.

28. Die Arbeitsweise der Synchronmaschine bei konstanter Belastung und variabler Erregung.

Im Spannungsdiagramm Abb. 269 ist $O\,A$ die konstante Klemmenspannung E_1, $O\,B = J\,r_1$, $B\,C = J\,x_1$ und $A\,C = -\,E$. Ziehen wir $A\,D \parallel J$, so ist der Winkel $C\,A\,D = \varphi - \Theta = \psi$ und $D\,A = E\cdot\cos\psi$. Dann ist die elektromagnetische Leistung

$$P_a = J\cdot E\cdot\cos\psi = J\cdot D\,A = \frac{1}{r_1}O\,B\cdot D\,A.$$

Da P_a konstant vorausgesetzt wird, ist somit

$$O\,B\cdot D\,A = r_1\,P_a = \text{konst.}$$

Macht man $A\,F = O\,B$ und $O\,G = D\,A$, so ergibt sich

$$A\,F\cdot A\,D = O\,B\cdot O\,G = \text{konst.}$$

Daraus folgt, daß der geometrische Ort für F und D bzw. B und G ein Kreis wird.

Damit für alle Vektoren OB das Viereck $BDFG$ rechteckig bleibt, muß es ein und derselbe Kreis sein. Der Mittelpunkt M' des Kreises liegt auf der Ordinatenachse im Abstande $OM' = \dfrac{E_1}{2}$ vom Koordinatenanfang und sein Radius R ergibt sich aus der Beziehung

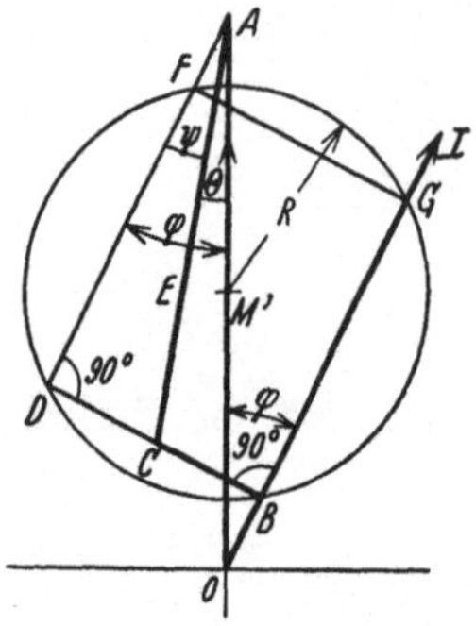

$$\left(\frac{E_1}{2} - R\right)\left(\frac{E_1}{2} + R\right) = r_1 P_a.$$

Hieraus folgt

$$\frac{E_1^2}{4} - R^2 = r_1 P_a,$$

und

$$R = \sqrt{\frac{E_1^2}{4} - r_1 P_a}.$$

Abb. 269. Zur Entwicklung des Stromdiagrammes für $P_a = $ konst.

Dieser Kreis stellt somit den geometrischen Ort für die Spannungskomponente $OB = J r_1$ bei den gemachten Voraussetzungen dar. Dividieren wir jetzt durch r_1, so erhalten wir den Stromvektor J, der dieselbe Richtung wie $J r_1$ hat und daher ebenfalls auf einem Kreise liegt. Im Strommaßstab wird der Radius dieses Kreises

$$\frac{R}{r_1} = \sqrt{\frac{E_1^2}{4 r_1^2} - \frac{P_a}{r_1}}, \tag{89}$$

und sein Mittelpunkt liegt ebenfalls auf der Ordinatenachse im Abstande $\dfrac{E_1}{2 r_1}$ vom Koordinatenanfang. Dieser Punkt ist somit identisch mit dem Punkte M_0 in Abb. 263.

Für jeden Wert von P_a wird das Stromdiagramm ein Kreis um M_0 mit Radius nach Gl. (89). Z. B. für $P_a = 0$, d. h. ideellen Leerlauf, wird $R_0 = \dfrac{E_1}{2 r_1}$. Der

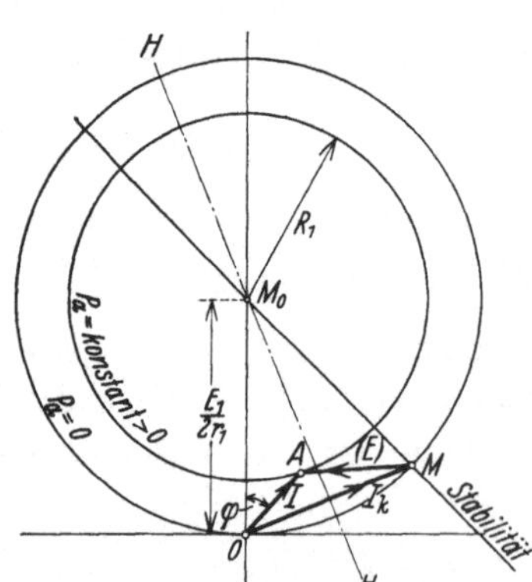

Abb. 270. Stromdiagramm eines Synchronmotors bei konstantem Drehmoment.

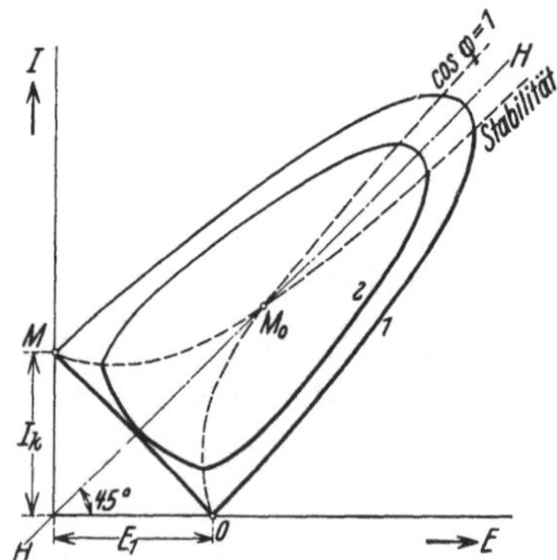

Abb. 271. V-Kurven aus dem Stromdiagramm ermittelt.

Stromkreis geht somit in diesem Falle durch den Koordinatenanfang (Abb. 270). Eben auf diesem Kreise lag der Mittelpunkt M des Stromdiagrammes für veränderliche Belastung in Abb. 263. Je größer die Leistung, um so kleiner wird der Radius des Stromdiagrammes. In Abb. 270 ist das Stromdiagramm für eine konstante Leistung $P_a > 0$ eingezeichnet. Für einen Arbeitspunkt A haben wir den Stromvektor $OA = J$ unter dem Winkel φ mit der Ordinatenachse, während $OM = \dfrac{E_1}{z_1} = J_k$ und $MA = \dfrac{E}{z_1} = J_{k_2}$ ist. Die Stabilitätslinie $M M_0$ liegt ebenso wie in Abb. 263.

Das Kreisdiagramm stellt also den Zusammenhang zwischen J und E in Polarkoordinaten dar. Punkt O ist der Pol für J und Punkt M für E. Wird J als Funktion von E in rechtwinklige Koordinaten übertragen, ergibt sich für den betreffenden Wert von P_a eine V-ähnliche Kurve. Behält man die Maßstäbe vom Kreisdiagramm bei, wird die V-Kurve symmetrisch in bezug auf eine Gerade $H\text{—}H$ (Abb. 271), die einen Winkel von 45^0 mit den Koordinatenachsen bildet. Diese Gerade entspricht der Halbierungslinie $H\text{—}H$ im Kreisdiagramm.

Die Kurve 1 in Abb. 271 ist die V-Kurve für $P_a = 0$. Die Punkte M, O und M_0 entsprechen denselben Punkten im Kreisdiagramm. In Abb. 271 erhalten wir die Stabilitätslinie $M\text{—}M_0$ und die Ordinatenachse $O\text{—}M_0$ des Kreisdiagrammes als etwas gekrümmte Linien durch die entsprechenden Punkte. Sie liegen auch hier symmetrisch in bezug auf $H\text{—}H$. Nur der Teil einer V-Kurve, der unterhalb der Stabilitätslinie liegt, entspricht stabilem Betrieb des Motors. In diesem Bereich gibt die Kurve $O\text{—}M_0$ die Punkte für minimalen Ankerstrom, d. h. $\cos\varphi = 1$.

Für einen Synchronmotor kann man eine V-Kurve experimentell aufnehmen, indem der Motor an eine konstante Klemmenspannung gelegt wird und z. B. einen konstant belasteten Generator antreibt. Man kann jedoch nicht die EMK E, sondern nur den Erregerstrom i_m messen. Wird der Versuch für verschiedene Belastungen wiederholt, erhält man eine ganze Schar von V-Kurven, wie es in Abb. 272 für 0, 20, 40, 60, 80 und 100% Belastung dargestellt ist.

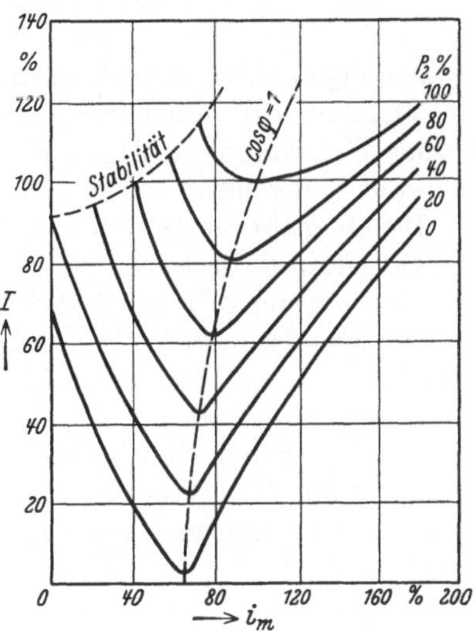

Abb. 272. Experimentell aufgenommene V-Kurven eines Synchronmotors.

Man hätte die jedem Erregerstrom entsprechende EMK E mit Hilfe der Leerlaufcharakteristik bestimmen können. Die so erhaltenen Kurven $J = f(E)$ weichen jedoch bei Schenkelpolmaschinen etwas von dem theoretischen Verlauf nach Abb. 271 ab, weil die synchrone Impedanz sich mit der Erregung ändert. Das Stromminimum für den unbelasteten Motor entspricht den Leerlaufverlusten.

Wenn der Erregerstrom reduziert wird, kann es vorkommen, daß der Motor die Kippgrenze erreicht und außer Tritt fällt. Wenn Belastungsstöße zu befürchten sind, sollte der Motor zu einem gewissen Grade übererregt werden, damit die Überlastungsfähigkeit eine genügende Höhe erreichen kann.

Vierter Teil.

Die asynchronen Induktionsmaschinen.

Erstes Kapitel.

Das Drehfeld und die dadurch induzierte EMK.

1. Einleitung.

Als asynchron bezeichnet man allgemein eine solche Wechselstrommaschine, die nicht an die durch Polzahl und Netzfrequenz bestimmte sogenannte synchrone Umdrehungszahl gebunden ist. Der asynchrone Lauf der Maschine wird dadurch ermöglicht, daß das Magnetfeld mit Wechselstrom erregt wird.

Die Asynchronmaschinen haben eine Primärwicklung, die meist im Ständer verlegt ist, und die an das Netz angeschlossen ist. Dieser Teil der Maschine ist in der Ausführung prinzipiell gleich dem Anker der Synchronmaschine. Nach der Ausführung des anderen Teiles, also meist des Läufers, kann man die Asynchronmaschinen in zwei Hauptgruppen, die Induktionsmaschinen und die Kommutatormaschinen, teilen. In diesem Teil sollen nur die Induktionsmaschinen behandelt werden, während die zweite Gruppe im Teil VI besprochen werden soll. Bei den Induktionsmaschinen besitzt der Läufer eine Wicklung, deren Windungen einzeln oder gruppenweise kurzgeschlossen sind. Diese kurzgeschlossene Wicklung erhält ihren Strom durch Induktion — ähnlich wie die Sekundärwicklung eines Transformators — und sie wird daher auch als die sekundäre Wicklung der Maschine bezeichnet.

Die Induktionsmaschine kann nicht nur als Motor sondern auch als Generator arbeiten. Doch ist das Verwendungsgebiet als Motor das überaus wichtigste, wozu diese Maschine wegen ihres einfachen Aufbaues und leichten Anlassens besonders geeignet ist. Den Induktionsmotor haben unabhängig voneinander fast gleichzeitig G. Ferraris und N. Tesla in der Mitte der achtziger Jahre erfunden.

2. Die Erzeugung des Drehfeldes einer Induktionsmaschine.

Im Teil III, Abschn. 11 ist gezeigt worden, daß die Grundwelle der MMK einer einphasigen Ankerwicklung mit nur einer Nut pro Pol als Funktion der Zeit t und der Abszisse x am Ankerumfange durch die folgende Gleichung dargestellt werden kann:

$$f = 0{,}9\, J\, s_n \cdot \sin \frac{2\pi}{T}\, t \cdot \cos \frac{\pi}{\tau}\, x. \tag{1}$$

Hier ist vorausgesetzt, daß s_n Leiter pro Nut in Serie geschaltet sind, und daß der Strom pro Leiter $i = \sqrt{2}\, J \cdot \sin \frac{2\pi}{T}\, t$ ist.

Hat die Einphasenwicklung q Nuten pro Pol, wird

$$f = 0{,}9\, k_w\, q\, s_n\, J \cdot \sin\frac{2\pi}{T}\, t \cdot \cos\frac{\pi}{\tau}\, x$$

$$= F \cdot \sin\frac{2\pi}{T}\, t \cdot \cos\frac{\pi}{\tau}\, x, \tag{2}$$

wenn

$$F = 0{,}9\, k_w\, q\, s_n\, J \tag{3}$$

ist.

Diese stehende, pulsierende MMK denken wir uns in zwei rotierende MMKe zerlegt, jede mit konstanter Amplitude $\frac{1}{2}\, F$. Diese MMKe haben die Umfangsgeschwindigkeiten $\pm\frac{2\tau}{T}$. Sie verschieben sich somit um eine doppelte Polteilung $2\,\tau$ pro Periode, die eine (die vorwärts laufende) in positiver Richtung und die andere (die rückwärts laufende oder inverse) in negativer Richtung. Da eine doppelte Polteilung einem „elektrischen" Winkel $2\,\pi$ entspricht, werden die „elektrischen" Winkelgeschwindigkeiten der beiden MMKe:

$$\pm\, \omega = \pm\frac{2\pi}{T} \tag{4}$$

oder in absolutem Wert gleich der Winkelgeschwindigkeit des Wechselstromes.

Ist die Wicklung m-phasig, und fließt in dieser ein m-phasiger Strom, wird jede Phase ein Paar von in entgegengesetztem Sinne rotierenden MMKen erzeugen. Im ganzen erhalten wir somit $2\,m$ rotierende MMKe, jede mit der Amplitude $\frac{1}{2}\, F$. Die m invers rotierenden MMKe haben eine Resultierende gleich Null, während die übrigen m MMKe, die in dem Sinne rotieren, dem die Reihenfolge der Phasen am Ankerumfange entspricht, direkt algebraisch addiert werden können und somit eine Resultierende mit konstanter Amplitude $\frac{m}{2}\, F$ geben. Diese Amplitude des sogenannten Drehfeldes ist

$$\frac{m}{2}\, F = 0{,}45\, m\, k_w\, q\, s_n\, J. \tag{5a}$$

Bei Einführung der gesamten Windungszahl pro Phase

$$w = p\, q\, s_n$$

kann man auch schreiben

$$\frac{m}{2}\, F = 0{,}45\, m\, k_w\, \frac{w}{p}\, J. \tag{5b}$$

Die obigen Formeln gelten nur für die Grundwelle der MMK-Kurve oder für das sogenannte Grundfeld. Eine nähere Untersuchung (siehe Teil III, Abschn. 11) zeigt, daß die Oberwellen in den MMK-Kurven der einzelnen Phasen gewöhnlich nur kleine Oberwellen im resultierenden Drehfelde erzeugen. Diese Oberwellen sind auch Drehfelder, aber mit entsprechend kleineren Polteilungen und also kleineren Umfangsgeschwindigkeiten. Die Oberwellen in den ursprünglichen Feldern der einzelnen Phasen, deren Ordnungszahlen durch die Phasenzahl teilbar sind, erzeugen gewöhnlich keine Oberwellen im resultierenden Drehfelde. Für die meisten Berechnungen ist es ausreichend, nur mit dem Grundfelde zu rechnen. Die Oberfelder und deren Einfluß auf die Wirkungsweise eines Induktionsmotors sollen darum nur im Abschn. 31 kurz behandelt werden.

3. Berechnung des Magnetisierungsstromes.

Der magnetische Kreislauf einer Induktionsmaschine ist in Abb. 273 dargestellt. Für die Berechnung der **Blindkomponente** $J_{a,b}$ des Magnetisierungsstromes muß man die Amperewindungen ermitteln, die erforderlich sind, um den

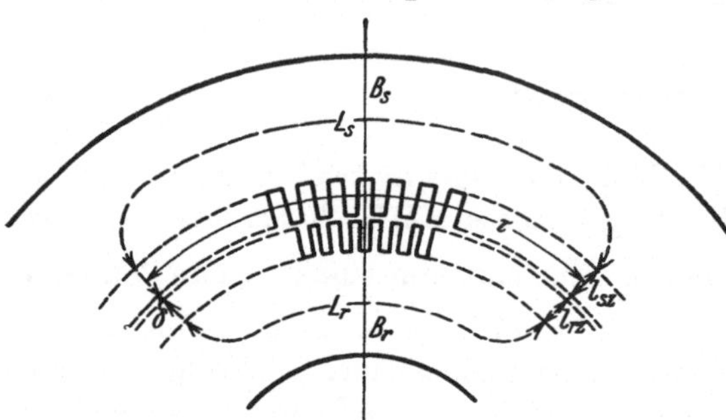

Kraftfluß durch diesen Kreis zu treiben. Zu diesem Zwecke bestimmt man wie bei anderen Maschinen zunächst den Kraftfluß Φ pro Pol, der die vorgeschriebene induzierte EMK gibt [nach Formel (11b), Abschn. 4]. Daraus wird die maximale Induktion im Luftspalt B_l berechnet. Abgesehen von den Nutungen hat diese Maschinengattung einen Luftspalt von

Abb. 273. Magnetischer Kreis einer Induktionsmaschine.

konstanter Breite, und die mittlere Kurve der Luftinduktion erhält darum dieselbe Form wie die MMK-Kurve, wenn die Eisensättigung vernachlässigt wird. Es ist

$$B_l = \frac{\Phi}{a_i\,\tau\,l_i},\tag{6}$$

wo l_i die ideelle Ankerlänge und α_i der Füllfaktor der Feldkurve ist. Bei sinusförmiger Feldverteilung ist

$$\alpha_i = \frac{2}{\pi} = 0{,}637.$$

Bei gesättigten Zähnen wird die Feldkurve in Wirklichkeit abgeflacht. Bezüglich der entsprechenden Korrektur von B_l wird auf Arnold[1] verwiesen.

Weiter werden die Maximalinduktion und die entsprechenden AW/cm für die verschiedenen übrigen Teilstrecken des magnetischen Kreises in gewöhnlicher Weise ermittelt (s. Teil III, Abschn. 3). Man erhält die folgende Zusammenstellung (Tabelle 14). Es ist zu bemerken, daß die Zahninduktion oft für mehrere Querschnitte bestimmt werden muß, um eine mittlere Amperewindungszahl pro Zentimeter ermitteln zu können. Weiter muß für den Luftspalt ein Nutungsfaktor k_1 eingeführt werden (s. Teil III, Abschn. 3).

Tabelle 14.

Teilstrecke	Länge	Induktion	AW/cm
Statorkern	L_s	B_s	aw_s
Rotorkern	L_r	B_r	aw_r
Statorzähne	l_{sz}	B_{sz}	aw_{sz}
Rotorzähne	l_{rz}	B_{rz}	aw_{rz}
Luftspalt	δ	B_l	$0{,}8\,k_1\,B_l$

Für die MMK eines Poles gilt

$$0{,}45\,m\,k_w\,\frac{w}{p}\,J_{a,b} = \frac{1}{2}\,L_s\,aw_s + \frac{1}{2}\,L_r\,aw_r + l_{sz}\,aw_{sz}$$
$$+\,l_{rz}\,aw_{rz} + 0{,}8\,k_1\,\delta\,B_l,\tag{7}$$

wodurch $J_{a,b}$ bestimmt ist.

<hr>

[1] Arnold: Die Wechselstromtechnik 5. 1, 38 (1909).

Die **Wirkkomponente** $J_{a,w}$ des Magnetisierungsstromes dient zur Deckung der vom Hauptkraftfluß erzeugten Hysterese- und Wirbelstromverluste. Ist die Größe dieser Verluste gleich P_e und die in der Wicklung pro Phase induzierte EMK gleich E_a, wird

$$P_e = m\,E_a\,J_{a,w}. \tag{8}$$

Aus dieser Beziehung kann $J_{a,w}$ errechnet werden, da P_e und E_a, wie später gezeigt werden soll, sich bestimmen lassen.

Der gesamte Magnetisierungsstrom wird nun

$$J_a = \sqrt{J_{a,b}^2 + J_{a,w}^2}. \tag{9}$$

4. Die von einem Drehfelde induzierte EMK.

a) Ankerwicklung in einer Nut pro Pol. In einer Ankerwicklung mit einer Nut pro Pol sind die in zwei aufeinander folgenden Nuten induzierten EMKe von gleicher Größe und entgegengesetzter Richtung, vorausgesetzt, daß die Nuten um eine Polteilung τ gegeneinander verschoben sind. Die EMK einer Windung, die in zwei solchen Nuten liegt, kann in derselben Weise wie die induzierte EMK einer Transformatorwindung berechnet werden, denn die Kraftlinienänderung befolgt in den beiden Fällen dasselbe Gesetz.

In Abb. 274 ist der abgewickelte Ankerumfang mit der Sinuskurve des rotierenden Feldes in der Lage entsprechend dem Zeitpunkte t dargestellt. Diese Sinuskurve verschiebt sich mit der konstanten Geschwindigkeit

$$v = \frac{\tau}{\pi}\,\omega = \frac{\tau}{\pi}\,\frac{2\pi}{T} = \frac{2\tau}{T} = 2\tau f, \tag{10}$$

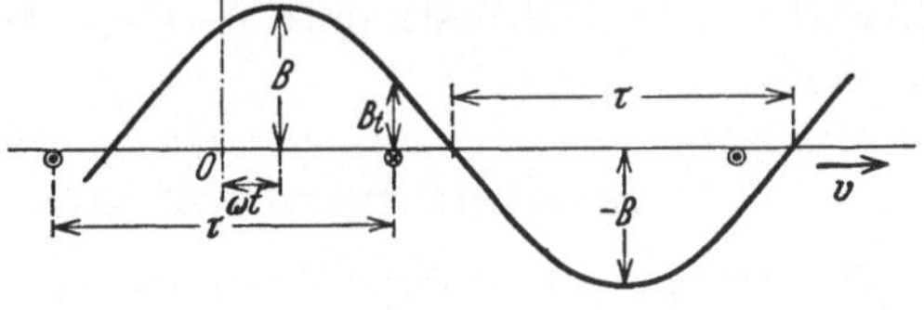

Abb. 274. Abgewickelter Ankerumfang mit sinusförmigem Drehfeld.

wenn ω die Winkelgeschwindigkeit und f die Frequenz des Mehrphasenstromes ist, der das Drehfeld erzeugt. Im Augenblicke $t = 0$ denkt man sich die Amplitude B mit der Mittellinie oder Achse der Spulen zusammenfallend. In einem beliebigen Augenblick t liegen die Ankerleiter in einem Felde

$$B_t = B \cdot \sin \omega t,$$

und die in einer Ankerwindung induzierte EMK ist

$$e = 2l_i\,B_t\,v\,10^{-8}\,\text{V}$$

$$= 2l_i\,B \cdot \sin \omega t \cdot 2\tau f \cdot 10^{-8}\,\text{V}.$$

Nun ist der Kraftfluß pro Pol

$$\Phi = \frac{2}{\pi}\,B\,l_i\,\tau \quad \text{Maxwell,}$$

und wir erhalten

$$e = 2\pi f\,\Phi \cdot 10^{-8} \cdot \sin \omega t\,\text{V}.$$

Für eine Phase, die aus w Windungen gebildet ist, wird der Effektivwert der EMK

$$E_a = \frac{2\pi}{\sqrt{2}}\,f\,w\,\Phi \cdot 10^{-8}\,\text{V}$$

$$= 4{,}44\,f\,w\,\Phi \cdot 10^{-8}\,\text{V}. \tag{11a}$$

b) Ankerwicklung in mehreren Nuten pro Pol. Wenn, wie unter a) angenommen, die Wicklung in nur einer Nut pro Pol liegt, sind die in allen Leitern induzierten EMKe in Phase, und die gesamte EMK wird, wie gezeigt, durch algebraische Addition gefunden. Wenn die Wicklung dagegen in mehreren Nuten pro Pol liegt, so wird, indem das Feld sich durch die Wicklung verschiebt, eine Phasenverschiebung zwischen den EMKen der verschiedenen Nuten einer Polteilung eintreten. Ist der Abstand zwischen zwei Nuten gleich a, d. h. der elektrische Winkel zwischen den Nuten

$$\alpha = \frac{\pi}{\tau}\,a\,,$$

so ist die Phasenverschiebung zwischen den beiden EMKen gleich α. Die beiden EMKe müssen dann geometrisch addiert werden in derselben Weise wie es für die EMKe bei den Synchronmaschinen (s. Teil III, Abschn. 6) gezeigt worden ist. Die resultierende EMK ergibt sich also durch Multiplikation mit dem dort abgeleiteten Wicklungsfaktor k_w. Die Voraussetzung ist hier ebenso wie in den anderen Fällen, wo der gewöhnliche Wicklungsfaktor benutzt wird, daß alle Nuten dieselbe Anzahl von Leitern enthalten.

Für eine Wicklung mit w Windungen in Serie ist somit der Effektivwert der Grundwelle der induzierten EMK

$$E_a = 4{,}44\,f\,k_w\,w\,\Phi \cdot 10^{-8}\ \text{V}\,, \tag{11b}$$

wo k_w der in Teil III bestimmte Wicklungsfaktor und Φ der Kraftfluß des Grundfeldes ist.

5. Zeitdiagramm und Raumdiagramm.

Wir nehmen an, daß die Blindkomponente des Magnetisierungsstromes für die Phase *1* einer Ankerwicklung im Augenblicke ihren Höchstwert hat. Hierdurch wird eine positiv rotierende Feldkomponente erzeugt, deren Lage relativ zur betrachteten Phase in Abb. 275 angedeutet ist. Die wirksamen, positiv rotierenden Feldkomponenten der anderen Phasen werden jede für sich durch genau dieselbe Kurve dargestellt. Die EMK hat ihr Maximum in den Ankerleitern, die augenblicklich im maximalen Feld liegen. Der Strom, der das Feld erzeugt, hat dagegen sein Maximum in den Leitern, die augenblicklich dort liegen, wo das Feld gleich Null ist. Zwischen der EMK und der Blindkomponente des Magnetisierungsstromes (dem eigentlichen Erregerstrom) $J_{a,b}$ besteht somit am Ankerumfange eine Verschiebung $\tau/2$ entsprechend einer zeitlichen Verschiebung gleich $T/4$. Wenn daher der Strom in einer Ankerwicklung ein Drehfeld erzeugt, so wird dieses Feld in der Wicklung eine EMK induzieren, die um 90^0 gegen den Strom verschoben ist, wie in einer gewöhnlichen Reaktanzspule. In dem gewöhnlichen Vektordiagramm (Zeitdiagramm) Abb. 276 ist $- E_a$ die induzierte EMK und E_a die zu deren Überwindung notwendige Komponente der aufgedrückten Klemmenspannung.

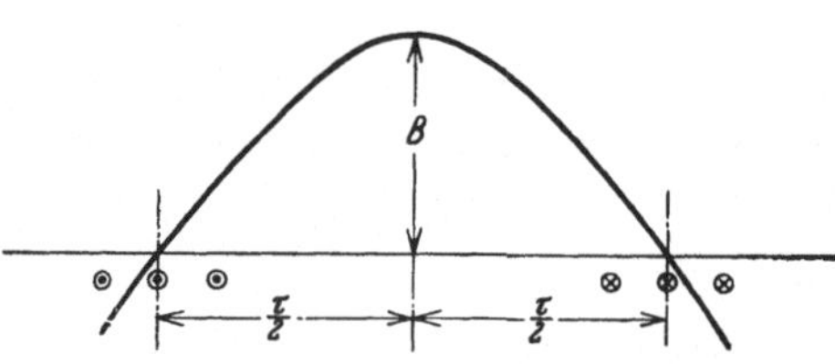

Abb. 275. Lage des Drehfeldes relativ zur Phase mit dem Höchstwert des Blindstromes.

Da das Drehfeld nicht nur durch Luft, sondern auch durch Eisen verläuft, so entstehen Leistungsverluste durch Hysterese und Wirbelströme. Das Feld wird daher gegen den gesamten Magnetisierungsstrom J_a phasenverzögert. Dies hat zur Folge, daß das Feld am Ankerumfange gegen die resultierende MMK ein wenig zurückliegt. Ist der Phasenverschiebungswinkel zwischen Magnetisierungsstrom und Feld gleich α, so ist die Verschiebung zwischen MMK und Feld am Umfange

$$a = \frac{\tau}{\pi}\,\alpha.$$

Die Blindkomponente des Magnetisierungsstromes wird

$$J_{a,b} = J_a \cdot \cos\alpha,$$

und die Wirkkomponente

$$J_{a,w} = J_a \cdot \sin\alpha.$$

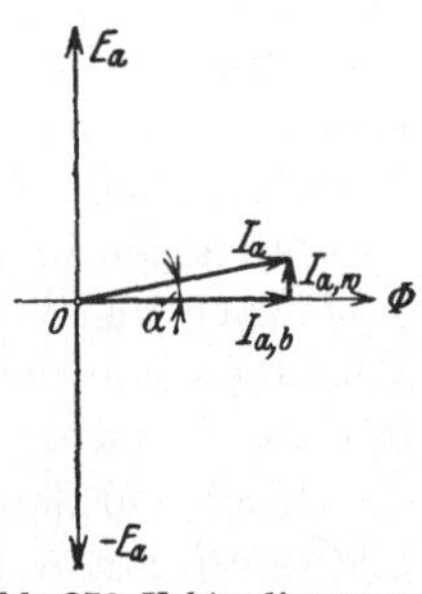

Abb. 276. Vektordiagramm eines Drehfeldes.

Die erste ist senkrecht zu E_a und die letztere in Phase mit E_a.

Die Umfangsgeschwindigkeit des Drehfeldes ist bei willkürlicher Polzahl der Maschine

$$v = \frac{2\tau}{T}.$$

Für eine zweipolige Maschine mit dem Radius des Ankers gleich R ist $2\tau = 2\pi R$ und somit

$$v = \frac{2\pi R}{T}.$$

Also wird die Winkelgeschwindigkeit des Feldes

$$\omega = \frac{v}{R} = \frac{2\pi}{T} = 2\pi f, \tag{12}$$

d. h. gleich der Winkelgeschwindigkeit des Stromes.

Die Verhältnisse in einer solchen zweipoligen Maschine sind für einen bestimmten Augenblick in Abb. 277 schematisch dargestellt. Die Ströme in den Ankerleitern sind durch Kreuze und Punkte in dem äußeren der beiden konzentrischen Ringe angedeutet. Vorausgesetzt, daß jede Windung eine Phase darstellt, werden sich die Stromstärken wie die Größe der Punkte und Kreuze verhalten. Die Ankerleiter, die den Maximalwert des Magnetisierungsstromes führen, liegen auf einem Durchmesser, der durch den Pfeil „J_a" angegeben ist. Der darauf senkrechte Pfeil mit Bezeichnung „MMK" gibt die momentane Richtung für die Amplitude der resultierenden MMK an. Der Pfeil „Φ" gibt die momentane Richtung der Amplitude des Drehfeldes an. Diese Größen rotieren beide mit der Winkelgeschwindigkeit ω entgegen dem Uhrzeiger, und die Winkelverschiebung zwi-

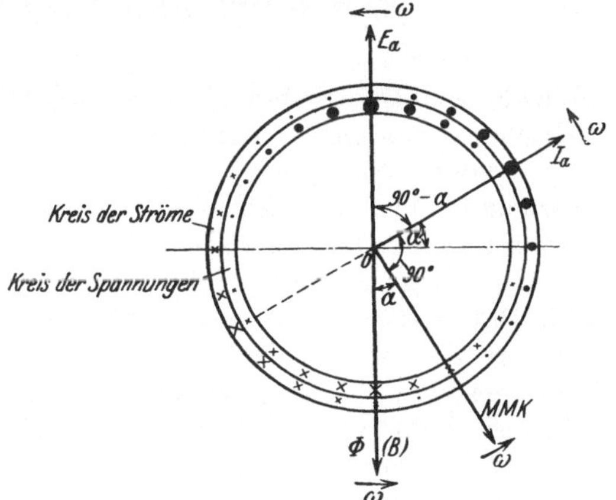

Abb. 277. Raumdiagramm eines Drehfeldes.

schen den beiden ist α. Die Spannungen, die zur Überwindung der in den verschiedenen Ankerleitern induzierten EMKe erforderlich sind, sind durch die Kreuze und Punkte in dem inneren der beiden konzentrischen Ringe angedeutet. Die Leiter, in denen die maximale Spannung herrscht, liegen auf dem mit „E_a" bezeichneten Durchmesser. E_a hat die entgegengesetzte Richtung von Φ, und der Winkel zwischen E_a und J_a ist $90^0 - \alpha$.

Ein solches Diagramm, das in einem zweipoligen Schema die Richtungen der verschiedenen elektrischen und magnetischen Größen relativ zueinander angibt, wollen wir als Raumdiagramm oder Winkeldiagramm bezeichnen, zur Unterscheidung von den früher allgemein benutzten sogenannten Vektordiagrammen, die als Zeitdiagramme zu betrachten sind.

Durch Vergleich mit Abb. 276 erkennt man, daß Raumdiagramm und Zeitdiagramm für den Winkel zwischen E_a und J_a miteinander übereinstimmen. Im Zeitdiagramm einer Reaktanzspule steht Φ senkrecht zu E_a. Im Raumdiagramm eines Drehfeldes hat dagegen Φ die entgegengesetzte Richtung von E_a, und der MMK-Vektor steht senkrecht zu J_a. Hätten wir im Raumdiagramm J_a bzw. E_a senkrecht zu den Spulen abgetragen, in denen der maximale Strom bzw. die maximale EMK herrscht, würde dieses Diagramm dieselbe Form wie das Zeitdiagramm einer Reaktanzspule erhalten.

Im Raumdiagramm können gleichartige Größen in derselben Weise wie im Zeitdiagramm geometrisch zu einer Resultierenden zusammengesetzt oder in Komponenten zerlegt werden. Für die MMKe und die EMKe haben wir schon eine solche geometrische Zusammensetzung bei der Bestimmung der Wicklungsfaktoren benutzt (Teil III, Abschn. 6 u. 11).

Zweites Kapitel.

Die Wirkungsweise des Rotors.

6. Schlupf und Übersetzungsverhältnis.

Wie schon in der Einleitung (S. 232) erwähnt, hat die Induktionsmaschine zwei Wicklungen. Davon steht die eine still und sitzt auf dem sogenannten Stator der Maschine, während die andere drehbar und auf dem sogenannten Rotor sitzt. Die Statorwicklung ist gewöhnlich mit dem betreffenden Wechselstromnetze verbunden. Bei einem Asynchronmotor dient sie daher zum Aufnehmen der dem Motor zugeführten elektrischen Leistung. Bei einem Asynchrongenerator dient sie dagegen zum Abgeben der vom Generator erzeugten elektrischen Leistung. Die Rotorwicklung ist gewöhnlich während des Betriebes kurzgeschlossen. Für größere Motoren sind beide Wicklungen meist dreiphasig ausgeführt. Für kleinere Motoren ist die Rotorwicklung häufig als Käfigwicklung mit vielen Phasen ausgeführt, während die Statorwicklung auch eine Einphasenwicklung (eventuell mit Hilfsphase) sein kann. Diese letztgenannten Einphasenmotoren sollen besonders im vierten Kapitel behandelt werden. Sowohl Stator- als auch Rotoreisen werden ohne ausgeprägte Pole ausgeführt. Der Luftspalt zwischen Stator und Rotor wird so klein wie möglich gemacht, ohne daß die beiden Teile einander berühren.

Das rotierende Feld durchläuft $2f$ Polteilungen in der Sekunde. Wenn die Maschine $2p$ Pole hat, dann ist die minutliche Umdrehungszahl des Feldes

$$n_1 = \frac{60\,f}{p}. \tag{13}$$

Ist die Umdrehungszahl des Rotors gleich n_2 in derselben Richtung wie die des Feldes, so wird die relative Umdrehungsgeschwindigkeit zwischen Rotorwicklung und Feld

$$n_1 - n_2 = s\,n_1, \tag{14}$$

worin s der Bruchteil ist, den die relative Geschwindigkeit von der synchronen ausmacht. Die Umdrehungszahl des Rotors wird

$$n_2 = n_1\,(1 - s). \tag{15}$$

Bei Synchronismus ist $s = 0$, und bei Stillstand ist $s = 1$. Zwischen diesen Grenzen liegt das Arbeitsgebiet der Maschine als Motor. Man sagt, daß der Rotor gegenüber dem Drehfelde eine Schlüpfung hat und bezeichnet das Verhältnis

$$s = \frac{n_1 - n_2}{n_1} \tag{16}$$

als den Schlupf des Motors. Vielfach wird der Schlupf in Prozenten der synchronen Drehzahl angegeben. Dann ist

$$s = \frac{n_1 - n_2}{n_1}\,100\,\%. \tag{16a}$$

Der Schlupf kann auch negativ werden. Die Geschwindigkeit des Rotors ist dann größer als die des Drehfeldes, d. h. wir haben Übersynchronismus. Wie wir später sehen sollen, arbeitet die Maschine in diesem Falle als Generator.

Bei konstanter Feldstärke werden die in den Rotorleitern induzierten EMKe ihre Größe proportional der Relativgeschwindigkeit des Rotors zum Felde, d. h. proportional mit s, ändern. Weiter wird bei konstanter Frequenz des Statorstromes die Frequenz dieser EMKe auch proportional s.

Ist die in einer Statorphase induzierte EMK

$$E_a = 4{,}44\,f\,k_{w_1}\,w_1\,\Phi\,10^{-8}\,\text{V}, \tag{17}$$

so ist die EMK einer Rotorphase

$$E'_{a_2} = 4{,}44\,s\,f\,k_{w_2}\,w_2\,\Phi\,10^{-8}\,\text{V}. \tag{18}$$

Durch Einführung des Übersetzungsverhältnisses der EMKe

$$u_e = \frac{k_{w_1}\,w_1}{k_{w_2}\,w_2} \tag{19}$$

wird

$$E'_{a_2} = \frac{s}{u_e}\,E_a. \tag{20}$$

Bei Synchronismus, d. h. $s = 0$, ist die im Rotor induzierte EMK gleich Null, und die Rotorwicklung ist daher stromlos. Die Statorwicklung nimmt nur einen Magnetisierungsstrom auf, in der gleichen Weise wie ein leerlaufender Transformator mit offener Sekundärwicklung.

Setzen wir nun

$$E_{a_2} = u_e\,E'_{a_2} = s\,E_a, \tag{21}$$

dann ist E_{a_2} die EMK der Rotorwicklung, auf die Statorwicklung reduziert. Bei stillstehendem Rotor ($s = 1$) ist die reduzierte EMK des Rotors gleich der EMK des Stators, also $E_{a_2} = E_a$, wie bei einem Transformator.

Die Frequenz des Rotorstromes ist allgemein gleich sf und bei stillstehendem Rotor gleich der des Statorstromes.

Die Rotorströme erzeugen eine MMK, deren Grundwelle in gleicher Weise wie die des Stators bestimmt wird. Gelten für Phasenzahl, Wicklungsfaktor und Windungszahl pro Phase beim Stator die Bezeichnungen m_1, k_{w_1}, w_1 und beim Rotor m_2, k_{w_2}, w_2, so ist für den Strom J_1 pro Statorphase die MMK des Stators pro Pol gleich

$$0{,}45 \, m_1 \, k_{w_1} \frac{w_1}{p} \, J_1$$

und für Strom J_2' pro Rotorphase die MMK des Rotors pro Pol

$$0{,}45 \, m_2 \, k_{w_2} \frac{w_2}{p} \, J_2' \, .$$

Anstatt des wirklichen Rotorstromes rechnen wir mit einem reduzierten Strom J_2, der nach folgender Beziehung zu bestimmen ist:

$$0{,}45 \, m_2 \, k_{w_2} \frac{w_2}{p} \, J_2' = 0{,}45 \, m_1 \, k_{w_1} \frac{w_1}{p} \, J_2 \, .$$

Somit ist

$$\frac{J_2'}{J_2} = \frac{m_1 \, k_{w_1} \, w_1}{m_2 \, k_{w_2} \, w_2} = u_i \tag{22}$$

das Übersetzungsverhältnis der Ströme.

J_2 ist der Rotorstrom, auf die Windungs- und Phasenzahl mit Berücksichtigung des Wicklungsfaktors der Statorwicklung umgerechnet. Durch Verwendung dieses reduzierten Wertes des Rotorstromes wird das Verhältnis

$$\frac{\text{MMK des Stators}}{\text{MMK des Rotors}} = \frac{J_1}{J_2} \, . \tag{23}$$

Sind die Phasenzahlen dieselben ($m_1 = m_2$), so wird

$$u_e = u_i = \frac{k_{w_1} \, w_1}{k_{w_2} \, w_2}, \tag{24}$$

d. h. das Übersetzungsverhältnis der Ströme wird dasselbe wie für die EMKe, wie in einem stationären Transformator. Bei einer Induktionsmaschine ist das Übersetzungsverhältnis indessen auch von den Wicklungsfaktoren abhängig. Der Einfachheit halber rechnen wir hier wie bei den Transformatoren mit den reduzierten Werten für die EMKe und MMKe der Sekundärwicklung.

Da laut Gl. (22)

$$m_2 \, k_{w_2} \, w_2 \, J_2' = m_1 \, k_{w_1} \, w_1 \, J_2 \tag{25}$$

ist, und laut Gln. (21) und (19)

$$k_{w_1} \, w_1 \, E_{a_2}' = k_{w_2} \, w_2 \, E_{a_2}$$

ist, wird

$$m_2 \, J_2' \, E_{a_2}' = m_1 \, J_2 \, E_{a_2} \, . \tag{26}$$

Es ist somit die reduzierte Anzahl Voltampere mal Statorphasenzahl gleich der wirklichen Anzahl Voltampere pro Rotorphase mal Rotorphasenzahl.

Die Stromwärmeverluste in der Rotorwicklung müssen dieselben bleiben, wenn wir mit dem wirklichen Rotorstrome J_2' in m_2 Rotorphasen und mit dem reduzierten Strome J_2 in m_1 Phasen rechnen. Wir müssen somit einen reduzierten Rotorwiderstand r_2 einführen, der aus dem wirklichen Widerstande r_2' in folgender Weise errechnet wird:

$$m_2\, r_2'\, J_2'^2 = m_1\, r_2\, J_2^2 = m_1\, \frac{1}{u_i^2}\, J_2'^2\, r_2.$$

Somit ist:

$$r_2 = \frac{m_2}{m_1}\, u_i^2\, r_2' = u_e\, u_i\, r_2'. \tag{27}$$

7. Die Wirkungsweise im Stillstand und im Lauf.

Wenn der Rotor still steht, hat man ungefähr die ähnlichen Verhältnisse wie in einem Transformator. Offene Rotorwicklung entspricht Leerlauf des Transformators, und kurzgeschlossene Rotorwicklung entspricht Kurzschluß beim Transformator. In einem Dreiphasentransformator hat aber jede Phase ihr besonderes Feld, während die Induktionsmaschine nur ein — jedoch meistens mehrpoliges — Feld hat, das in allen Phasen induzierend wirkt. Allgemein gesprochen, hat die Induktionsmaschine einen größeren Magnetisierungsstrom und eine größere Streuspannung als der gewöhnliche Transformator.

Die Stellung des Rotors relativ zum Stator beeinflußt nur die Phasenwinkel der im Rotor induzierten EMKe. Ist die Phasenzahl für Rotor und Stator dieselbe, und steht der Rotor so, daß die Rotorphasen genau gegenüber den entsprechenden Statorphasen liegen, dann sind die EMKe der entsprechenden Phasen miteinander in Phase, genau wie in einem Transformator. Wird der Rotor aus dieser Stellung um einen elektrischen Winkel α in der Rotationsrichtung des Feldes gedreht, so werden die EMKe des Rotors um einen Phasenwinkel α gegen die entsprechenden EMKe im Stator verzögert.

Eine solche Maschine mit stillstehendem, aber drehbarem Rotor kann daher als Drehtransformator bezeichnet werden und hat in der Praxis verschiedenartige Verwendungen gefunden. Der im Teil II, Abschn. 19 behandelte dreiphasige Induktionsregler ist nichts anderes als eine stillstehende Induktionsmaschine, wo der Rotor als Magnetisierungswicklung an das Netz angeschlossen ist, und die Statorwicklung mit diesem in Serie geschaltet ist. Werden die entsprechenden Phasen der beiden Wicklungen einer Induktionsmaschine hintereinander geschaltet, so kann man die Maschine als Drosselspule verwenden.

Läuft der Rotor mit der Umdrehungszahl $n_2 = n_1\,(1 - s)$, so rotiert die von den Rotorströmen erzeugte MMK relativ zum Rotor mit der Umdrehungszahl

$$n_s = \frac{60\, s\, f}{p} = s\, n_1. \tag{28}$$

Die MMK des Rotors rotiert somit relativ zum Stator mit der Umdrehungszahl

$$n_s + n_2 = n_1. \tag{29}$$

Die MMKe von Stator und Rotor laufen also immer synchron, und sie können — da beide sinusförmig sind — nach dem Satz vom Parallelogramm der Kräfte zu einer Resultierenden zusammengesetzt werden, die das Magnetfeld der Maschine erzeugt.

Abb. 278 zeigt das Raumdiagramm der Ströme und MMKe einer zweipoligen Induktionsmaschine.

J_1 ist der Statorstrom, der die primäre MMK F_1 erzeugt,

J_2' ist der Rotorstrom, der die sekundäre MMK F_2 erzeugt,

F_a ist die resultierende MMK, welche das Magnetfeld Φ erzeugt.

Alle Größen rotieren mit der Winkelgeschwindigkeit ω im entgegengesetzten Sinn des Uhrzeigers.

Bei offner Rotorwicklung oder synchronem Lauf sind die Rotorströme und damit F_2 gleich Null. Dann wird F_1 gleich F_a und J_1 gleich dem Magnetisierungs-

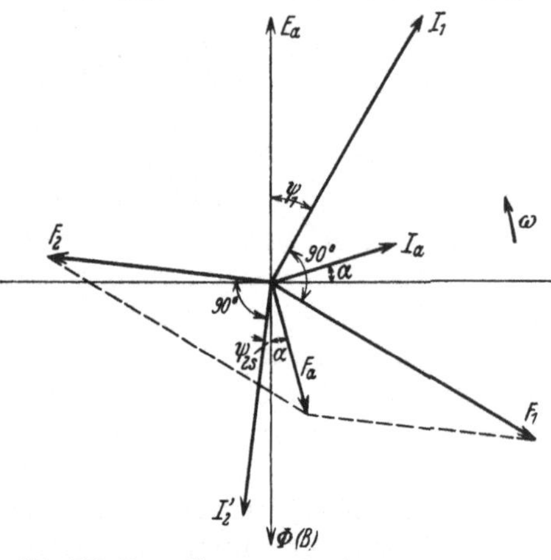

Abb. 278. Raumdiagramm der Ströme und MMKe.

strom J_a der Maschine. Wegen der Eisenverluste liegt F_a im Diagramme um einen Winkel α vor dem Feldvektor Φ. J_a liegt um den Winkel $90^0 - \alpha$ hinter der aufgedrückten Spannungskomponente E_a, welches zur Überwindung der EMK des Feldes notwendig ist, und die Eisenverluste sind

$$P_e = m_1 E_a J_a \sin \alpha. \qquad (30)$$

Ist die Rotorwicklung geschlossen und $s \neq 0$, entstehen Rotorströme wegen der vom Drehfelde induzierten EMKe, und diese Ströme erzeugen die MMK F_2. Wenn die Rotorströme mit den genannten EMKen phasengleich wären, würden sie ihren Höchstwert an denselben Stellen am Umfange wie das Feld haben, und F_2 würde um genau eine halbe Polteilung gegen Φ verschoben sein. In Wirklichkeit entstehen in der Rotorwicklung Streufelder, welche zur Folge haben, daß die Rotorströme gegen die induzierten EMKe phasenverzögert werden. Folglich liegt F_2 im Raumdiagramm um mehr als 90^0 gegen Φ verschoben. Wird der Phasenverschiebungswinkel der Rotorströme gegen die EMKe mit ψ_{2s} bezeichnet, wird der Winkel zwischen Φ und F_2 gleich $90^0 + \psi_{2s}$. Also suchen die Rotorströme sowohl das Feld entgegen der Drehrichtung zurückzuziehen als es zu schwächen. Die zugeführte Spannungskomponente E_a zur Überwindung der in der Statorwicklung induzierten EMK liegt, wie früher erklärt, in der Phase um $90^0 - \alpha$ vor dem Magnetisierungstrome J_a, der zur Erzeugung von F_a erforderlich ist. Wegen der MMK der Rotorströme F_2 müssen indessen die Statorströme eine MMK F_1 erzeugen. Die Statorströme werden darum bei Belastung um einen Phasenwinkel ψ_1 gegen E_a verzögert (s. Abb. 278).

Die Induktionsmaschine mit laufendem Rotor kann auch außer ihrer Verwendung als Erzeuger oder Verbraucher mechanischer Energie noch zu rein elektrischer Umformung dienen. Die EMKe in der Sekundärwicklung haben die Periodenzahl der Schlüpfung. Öffnet man diese Wicklung und verbindet sie mit einem Verbrauchsstromkreise, so kann daher die Maschine als Periodenumformer verwendet werden. Hierbei kann sowohl die Größe der Spannungen als auch die Phasenzahl transformiert werden. Die Induktionsmaschine stellt daher einen **allgemeinen Wechselstromtransformator** dar, weil alle drei Größen, die eine Stromart charakterisieren, durch sie transformiert werden können. Ein Beispiel hierfür bietet der Kaskadenumformer (s. Teil V). Die Induktionsmaschine kann auch in anderer Weise als **Phasenumformer** verwendet werden (s. Abschn. 22).

8. Das Drehmoment.

Bisher haben wir nur die elektrischen Vorgänge in der Maschine besprochen; wir wollen jetzt die mechanische Kraftwirkung auf den Rotor untersuchen. Zu dem Zwecke betrachten wir eine Rotorspule mit einer Weite gleich der Polteilung. Die Spule enthalte s_n Windungen und führe einen Strom mit dem Augenblickswert i_2' A. An den Stellen, wo die beiden Spulenseiten liegen, hat die Feldstärke den Augenblickswert B_t. Bei ideeller Ankerlänge l_i wirkt auf die Spule eine Umfangskraft, die den Augenblickswert

$$2\, i_2'\, B_t\, l_i\, s_n\, 10^{-1}\ \text{Dynen}$$

hat. Zur Bewegung des Feldes längs des Umfanges ist somit eine Leistung erforderlich, die durch das Feld auf die Rotorspule übertragen wird. Ist die Umfangsgeschwindigkeit des Feldes v_1 in cm/s, wird diese Leistung

$$p_a = 2\, i_2'\, s_n\, B_t\, l_i\, v_1\, 10^{-8}\ \text{W.}$$

Die Geschwindigkeit des Rotors relativ zum Felde ist

$$v_s = s\, v_1,$$

und die in der Spule induzierte EMK wird

$$e'_{a2} = 2\, s_n\, B_t\, l_i\, s\, v_1\, 10^{-8}\ \text{V.}$$

Somit wird der Augenblickswert der auf die Spule übertragenen Leistung

$$p_a = \frac{1}{s}\, e'_{a2}\, i_2'\ \text{W.} \tag{31}$$

Diese Leistung und das entsprechende Drehmoment pulsieren in derselben Weise wie die Leistung eines Einphasensystems mit der doppelten Rotorfrequenz um einen Mittelwert.

Geht man nun von den Augenblickswerten für EMK und Strom zu den Effektivwerten über, so wird bei m_2 Rotorphasen die gesamte durch das Feld auf den Rotor übertragene Leistung

$$P_a = \frac{1}{s}\, m_2\, E'_{a2}\, J_2' \cdot \cos \psi_{2s}. \tag{32}$$

Unter Benutzung der Gl. (26) kann man weiter schreiben:

$$P_a = \frac{1}{s}\, m_1\, E_{a2}\, J_2 \cdot \cos \psi_{2s}$$
$$= m_1\, E_a\, J_2 \cdot \cos \psi_{2s}\ \text{W.} \tag{32a}$$

Da der Rotor ein symmetrisches Mehrphasensystem bildet, wird diese Leistung „balanciert" (s. Abschn. I 31), und das auf den Rotor ausgeübte Drehmoment wird somit konstant, d. h. unabhängig von der Lage des Rotors im Felde und unabhängig von der Zeit.

Da

$$\omega_1 = \frac{2\,\pi\,f}{p}$$

die Winkelgeschwindigkeit des Feldes ist, wird

$$P_a = D\,\omega_1, \tag{33}$$

wo D das auf den Rotor wirkende Drehmoment ist. Die Größe P_a ist daher ein Maß für das Drehmoment und wird als **synchrone Watt** bezeichnet, weil diese Leistung gleich der Leistung des Drehmomentes bei synchroner Geschwindigkeit ist.

Es ist

$$D = \frac{P_a}{\omega_1} = \frac{p}{2\,\pi\,f}\,m_1\,E_a\,J_2\cdot\cos\psi_{2\,s}\ \text{W-Sek.} \tag{34}$$

Das Drehmoment in Meterkilogramm ergibt sich nach Division dieser Größe durch 9,81.

Da

$$E_a = \frac{2\,\pi}{\sqrt{2}}\,f\,k_{w_1}\,w_1\,\varPhi\,10^{-8}\ \text{V}$$

ist, kann man auch schreiben

$$D = \frac{p}{\sqrt{2}}\,m_1\,k_{w_1}\,w_1\,\varPhi\,J_2\cdot\cos\psi_{2\,s}\cdot 10^{-8},$$

und weiter unter Benutzung der Gl. (25)

$$D = \frac{p}{\sqrt{2}}\,m_2\,k_{w_2}\,w_2\,\varPhi\,J_2'\cdot\cos\psi_{2\,s}\cdot 10^{-8}. \tag{34a}$$

$m_2\,k_{w_2}\,w_2\,J_2'$ ist die effektive MMK des Rotors, und $p\,\varPhi$ der Kraftfluß aller magnetischen Kreise des Drehfeldes. Außerdem ist nach vorigem Abschnitt die Phasenverschiebung der MMK des Rotors gegen das Feld gleich $\frac{\pi}{2} + \psi_{2\,s}$. Bei einer mehrphasigen Asynchronmaschine ist also **Drehmoment = einer Konstanten $\times$ effektiver MMK des Rotors $\times$ Kraftfluß aller magnetischen Kreise $\times$ Sinus der räumlichen Phasenverschiebung zwischen dem 2. und 3. Faktor.**

In diese Gleichung können nun die maßgebenden Ausnutzungsziffern und die Hauptdimensionen der Maschine eingeführt werden. Wird der Ankerdurchmesser gleich D_a, die maximale Luftinduktion gleich B_l und die Ampere-Stabzahl pro 1 cm Rotorumfang (die sogenannte lineare Belastung) gleich $A\,S_2'$ gesetzt, so ist

$$\varPhi = \frac{2}{\pi}\,B_l\,\tau\,l_i = \frac{D_a}{p}\,B_l\,l_i$$

und

$$m_2\,w_2\,J_2' = \tfrac{1}{2}\,A\,S_2'\,\pi\,D_a.$$

Dadurch erhält man

$$D = 1{,}11\cdot 10^{-8}\cdot k_{w_2}\,A\,S_2'\,B_l\,D_a^2\,l_i\cdot\cos\psi_{2\,s}. \tag{35}$$

Für eine gegebene lineare Strombelastung und eine gegebene Luftinduktion ist somit das Drehmoment proportional $D_a^2\,l_i$, aber unabhängig von der Polzahl der Maschine.

9. Die Stromwärmeverluste im Rotor.

Der auf den Rotor übertragene Effekt ist nach Gl. (33)

$$P_a = D\,\omega_1.$$

Da der Rotor sich mit der Winkelgeschwindigkeit

$$\omega_2 = (1 - s)\,\omega_1$$

dreht, wird der vom Rotor mechanisch geleistete Effekt

$$P_2 = D\,\omega_2 = D\,(1 - s)\,\omega_1 = (1 - s)\,P_a; \tag{36}$$

der entsprechende Wirkungsgrad des Rotors wird somit

$$\frac{P_2}{P_a} = 1 - s. \tag{37}$$

Die Differenz der Leistungen P_a und P_2, die im Rotor zur Erzeugung des Stromes verbraucht wird, hat die Größe

$$D\,s\,\omega_1 = s\,P_a$$

oder nach Gl. (32)

$$s\,P_a = m_2\,E'_{a2}\,J'_2 \cdot \cos \psi_{2s}$$
$$= m_2\,J_2'^{\,2}\,r'_2, \tag{38}$$

wo r'_2 der Ohmsche Widerstand einer Rotorphase und somit $E'_{a2} \cdot \cos \psi_{2s} = J'_2\,r'_2$ ist. Die Rotorverluste sind also gleich den Stromwärmeverlusten in der Rotorwicklung. Die relativen Rotorverluste sind

$$\frac{s\,P_a}{P_a} = s \text{ gleich dem Schlupf.} \tag{39}$$

Wird mit den reduzierten Werten von Rotorstrom und Rotorwiderstand gerechnet, erhält man nach Gl. (32a)

$$s\,P_a = m_1\,E_{a2}\,J_2 \cdot \cos \psi_{2s} = m_1\,J_2^2\,r_2. \tag{40}$$

Die Verluste im Rotorwiderstande wirken also nicht direkt auf das Drehmoment ein, sondern bewirken eine Reduktion der Drehzahl. Die Geschwindigkeit des Motors kann somit durch Einschalten von Zusatzwiderständen in den Rotorkreis reguliert werden, was in Abschn. 27 und 30 näher behandelt werden soll.

Von der Leistung P_2 müssen vorerst verschiedene „mechanische" Verluste gedeckt werden (s. Abschn. 18), und nur der übrige Teil wird als nützliche Leistung nach außen abgegeben.

Wird der Motor belastet, vergrößert sich der Schlupf so weit, bis ein so großer Strom in der Rotorwicklung induziert wird, daß die MMK des Rotors dem geforderten Drehmoment entspricht. Bei kleinem Schlupf ist der Phasenverschiebungswinkel ψ_{2s} fast gleich Null, und $\cos \psi_{2s} \approx 1$. Weiter kann man angenähert die Stärke des Drehfeldes als konstant annehmen. In der Nähe des Synchronismus muß daher die MMK des Rotors proportional dem Drehmoment ansteigen. Auch wird in diesem Falle die MMK dem Schlupf proportional. Es folgt hieraus, daß in der Nähe von Synchronismus der Schlupf nahezu proportional dem Drehmoment wächst. Diese Proportionalität geht in der Regel fast bis zur Nennlast des Motors.

Bei normalem Betrieb einer normalen Induktionsmaschine sind bei Nennlast die Rotorverluste und somit auch der Schlupf nur wenige Prozente (etwa 2 bis 5%). Folglich ändert sich auch die Drehzahl des Motors nur von beinahe der synchronen bei Leerlauf bis etwa 98 bis 95% davon bei Nennlast.

Drittes Kapitel.

Das Arbeitsdiagramm der mehrphasigen Induktionsmaschine.

10. Der Ersatzstromkreis.

Wir wollen zunächst einige Gleichungen für die Ströme und Spannungen einer Induktionsmaschine entwickeln.

Wird die Streureaktanz einer Rotorphase bei der Frequenz f des Primärstromes mit x_2' bezeichnet, so wird sie beim Schlupf s gleich $s\,x_2'$, weil die Frequenz des Rotorstromes dann gleich sf ist. Wird weiter die im Rotor beim Stillstand induzierte EMK gleich $-E_a'$ gesetzt, kann der Rotorstrom symbolisch geschrieben werden:

$$- \overline{J_2'} = \frac{-s\,E_a'}{r_2' + j\,s\,x_2'} = \frac{-E_a'}{\dfrac{r_2'}{s} + j\,x_2'}. \tag{41}$$

Wir führen die auf primär reduzierten Werte

$$E_a = u_e\,E_a' \quad \text{und} \quad J_2 = \frac{1}{u_i}\,J_2'$$

ein und erhalten

$$- \overline{J_2} = \frac{-E_a}{u_e\,u_i\left(\dfrac{r_2'}{s} + j\,x_2'\right)}.$$

$-E_a$ ist gleich der in der Statorwicklung induzierten EMK und wird hier als reell vorausgesetzt.

Gl. (27) lautet:

$$u_e\,u_i\,r_2' = r_2,$$

und damit analog kann man setzen:

$$u_e\,u_i\,x_2' = x_2, \tag{42}$$

wo x_2 die auf primär reduzierte Rotorreaktanz ist. Also wird

$$- \overline{J_2} = \frac{-E_a}{\dfrac{r_2}{s} + j\,x_2}. \tag{43}$$

Setzt man weiter

$$\frac{r_2}{s} = r_2 + \frac{r_2}{s} - r_2 = r_2 + r_2 \cdot \frac{1-s}{s} = r_2 + r_b \tag{44}$$

und

$$r_2 + j\,x_2 = \overline{z_2},$$

wird

$$- \overline{J_2} = \frac{-E_a}{\overline{z_2} + r_b}. \tag{45}$$

Hier ist

$$r_b = r_2 \cdot \frac{1-s}{s} \tag{46}$$

ein gedachter Widerstand, der von dem Schlupf abhängt.

Der Primärstrom muß wie in einem Transformator u. a. das Magnetfeld der Maschine erzeugen, wozu die MMK F_a (s. Abb. 278) erforderlich ist. Die beiden Komponenten des Magnetisierungsstromes können gesetzt werden:

die Blindkomponente

$$J_{a,b} = E_a\, b_a , \tag{47}$$

indem vom Einfluß der Eisensättigung abgesehen wird, und die Wirkkomponente

$$J_{a,w} = E_a\, g_a , \tag{48}$$

indem die Eisenverluste sich als

$$P_e = m_1 E_a J_{a,w} = m_1 E_a^2 g_a$$

ausdrücken lassen.

Der Magnetisierungsstrom wird somit symbolisch:

$$\overline{J}_a = E_a\,(g_a - j\,b_a) = E_a\,\overline{y}_a . \tag{49}$$

$\overline{y}_a$ ist der Magnetisierungsleitwert mit Blindkomponente (Suszeptanz) b_a und Wirkkomponente (Konduktanz) g_a, alles auf die Primärseite gerechnet.

Der gesamte Primärstrom muß außer der Komponente J_a auch eine Komponente zur Ausbalancierung der MMK des Sekundärstromes enthalten. Entsprechend dem Raumdiagramm Abb. 278 sind die Stromkomponenten in das Zeitdiagramm Abb. 280 eingezeichnet. Es ist symbolisch

$$\overline{J}_1 = \overline{J}_a + \overline{J}_2 = E_a\,\overline{y}_a + \frac{E_a}{\overline{z}_2 + r_b} . \tag{50}$$

Ist der Widerstand und die Streureaktanz der Primärwicklung pro Phase r_1 bzw. x_1, d. h. die Impedanz

$$\overline{z}_1 = r_1 + j\,x_1 ,$$

wird die primäre Klemmenspannung

$$\overline{E}_1 = E_a + \overline{J}_1\,\overline{z}_1 . \tag{51}$$

Man sieht, daß die Gln. (45) und (49) bis (51) die symbolischen Gleichungen für den in Abb. 279 dargestellten Stromkreis sind. Dieser ist somit die Ersatzschaltung der Induktionsmaschine. Abb. 280 zeigt das entsprechende Vektordiagramm (Zeitdiagramm).

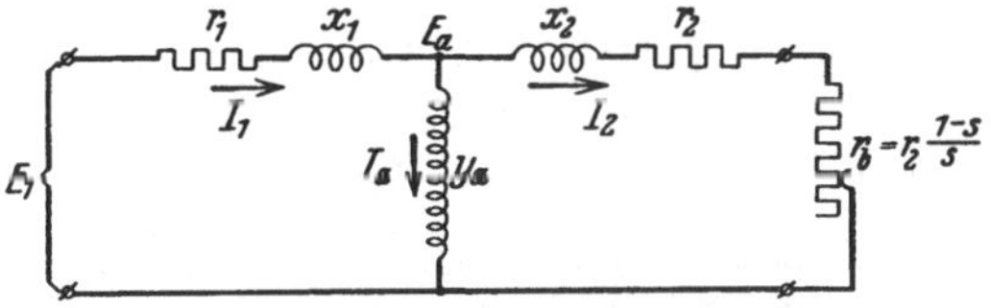

Die mechanische Leistung der Maschine ist im Stromkreise durch den elektrischen Effekt im Widerstande r_b dargestellt:

Abb. 279. Ersatzstromkreis einer mehrphasigen Induktionsmaschine.

$$P_2 = J_2^2\, r_b = J_2^2\, r_2 \left(\frac{1}{s} - 1\right). \tag{52}$$

Bei $s < 1$, aber positiv, ist dieser Effekt auch positiv, d. h. er wird von der Primärseite zugeführt, und die Maschine arbeitet als Motor. Dies findet zwischen Stillstand und Synchronismus statt. Bei übersynchronem Lauf ist s negativ. Damit werden r_b und P_2 auch negativ. Die Maschine nimmt von der Welle mechanischen Effekt auf und gibt ihn als elektrische Leistung nach der Primärseite ab, d. h. die Maschine arbeitet als Generator.

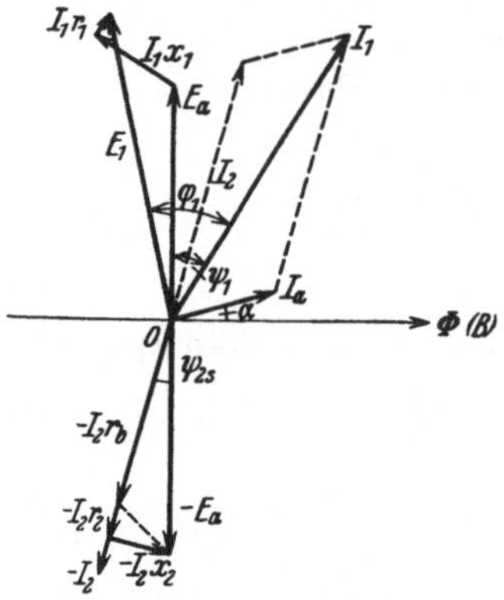

Man erkennt, daß der Ersatzstromkreis einer Induktionsmaschine mit der eines induktionsfrei belasteten Transformators übereinstimmt. Das Vektordiagramm ist ebenfalls dasselbe. Voraussetzung für die Gültigkeit der Ersatzschaltung ist, daß alle Phasen symmetrisch und symmetrisch belastet sind. Jeder Phase entspricht eine solche Ersatzschaltung. Dabei können ringgeschaltete Maschinenwicklungen durch äquivalente Sternschaltungen ersetzt gedacht werden.

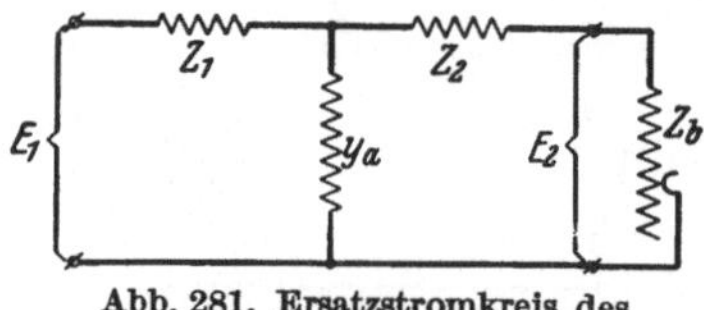

Abb. 280. Vektordiagramm des Ersatzstromkreises Abb. 279.

Der Ersatzstromkreis und sein Diagramm ist auch gültig für eine stillstehende Maschine mit dem in den Rotorkreis geschalteten Widerstande r_b (auf primär reduziert). Es wird somit derselbe elektromagnetische Zustand in dieser stillstehenden Maschine wie in einer rotierenden Maschine mit dem Schlupfe

$$s = \frac{r_2}{r_2 + r_b} = \frac{r_2'}{r_2' + r_b'} \tag{53}$$

herrschen. Das letzte Glied der Gl. (53) enthält die wirklichen, nicht reduzierten Widerstandswerte. Wenn die Primärspannung konstant ist, nimmt also der Induktionsmotor im Stillstand mit Zusatzwiderstand r_b' im Rotorkreise denselben Strom auf und entwickelt dasselbe Drehmoment wie im Lauf mit dem Schlupfe s. Dieser Umstand wird für das Anlassen des Motors benützt, was in Abschn. 27 näher besprochen werden soll.

11. Bestimmung des Stromdiagrammes durch Leerlauf- und Kurzschlußversuch.

Für den in Abb. 279 dargestellten Stromkreis kann das Stromdiagramm durch die im Teil I gegebenen Verfahren bestimmt werden, wenn die Konstanten $\bar{z}_1$, $\bar{z}_2$ und $\bar{y}_a$ bekannt sind. Ist die Maschine konstruiert, können diese Größen aus ihren Dimensionen einigermaßen genau berechnet werden. Ist aber die Maschine auch gebaut, wird am einfachsten und genauesten das Diagramm experimentell durch einen Leerlauf- und einen Kurzschlußversuch bestimmt.

Abb. 281. Ersatzstromkreis des allgemeinen Transformators.

Um das Stromdiagramm abzuleiten, gehen wir von einer etwas allgemeineren Form des Ersatzstromkreises aus, wie sie in Abb. 281 dargestellt ist. Hier ist der Ohmsche Belastungswiderstand r_b durch die Impedanz

$$\bar{z}_b = r_b + j x_b$$

ersetzt worden. $\bar{z}_b$ hat die Eigenschaft, daß bei ihrer Variation

$$\operatorname{tg} \varphi_b = \frac{x_b}{r_b}$$

konstant bleibt. Dies ist der Ersatzstromkreis für den allgemeinen Transformator (s. S. 243), und das Diagramm des Kreises wird das **allgemeine Transformatordiagramm** genannt. In den folgenden Entwicklungen wird die zugeführte Klemmenspannung E_1 als konstanter reeller Vektor vorausgesetzt.

Wenn der Rotor synchron läuft oder seine Wicklung offen ist, wird $\bar{z}_b = \infty$, und der Leitwert der Schaltung, zwischen den Primärklemmen gemessen, wird

$$\bar{y}_0 = \frac{1}{\dfrac{1}{\bar{y}_a} + \bar{z}_1} = \frac{\bar{y}_a}{1 + \bar{z}_1 \bar{y}_a} = \frac{\bar{y}_a}{\bar{c}_1}, \tag{54}$$

wo

$$\bar{c}_1 = 1 + \bar{z}_1 \bar{y}_a = c_1 e^{-j \gamma_1} \tag{55}$$

eine komplexe Zahl ist, deren absoluter Betrag c_1 etwas größer als 1 ist. $\bar{y}_0$ ist die Leerlaufadmittanz der Maschine, und der Leerlaufstrom wird

$$\bar{J}_{10} = E_1 \bar{y}_0 = E_1 \frac{\bar{y}_a}{\bar{c}_1}. \tag{56}$$

Bei stillstehendem und kurzgeschlossenem Rotor ist $z_b = 0$, und die Impedanz der Schaltung wird dann

$$\bar{z}_k = \bar{z}_1 \quad \frac{1}{\dfrac{1}{\bar{z}_2} + \bar{y}_a} = \bar{z}_1 + \frac{\bar{z}_2}{1 + \bar{z}_2 \bar{y}_a} = \bar{z}_1 + \frac{\bar{z}_2}{\bar{c}_2}, \tag{57}$$

wo

$$\bar{c}_2 = 1 + \bar{z}_2 \bar{y}_a = c_2 e^{-j \gamma_2} \tag{58}$$

wieder eine komplexe Zahl und der absolute Betrag von c_2 etwas größer als 1 ist. $\bar{z}_k$ ist die Kurzschlußimpedanz der Maschine, und der Kurzschlußstrom $\bar{J}_{1k}$ ist gegeben durch die Beziehung

$$E_1 = \bar{J}_{1k} \bar{z}_k. \tag{59}$$

Denken wir uns jetzt den Stromkreis in Abb. 281 durch die Impedanz $\bar{z}_b$ belastet, so wird der Sekundärstrom

$$\bar{J}_2 = \bar{J}_1 - (E_1 - \bar{J}_1 \bar{z}_1) \bar{y}_a.$$

Bei Leerlauf ist $\bar{J}_2 = 0$, und wir erhalten dann:

$$0 = \bar{J}_{10} - (E_1 - \bar{J}_{10} \bar{z}_1) \bar{y}_a.$$

Durch Subtraktion der beiden letzten Gleichungen ergibt sich:

$$\bar{J}_2 = (\bar{J}_1 - \bar{J}_{10})(1 + \bar{z}_1 \bar{y}_a) = \bar{c}_1 (\bar{J}_1 - \bar{J}_{10}). \tag{60}$$

In Abb. 282 ist $\bar{J}_1$ durch den Vektor OA und $\bar{J}_{10}$ durch den Vektor OA_0 dargestellt. Der Vektor $\bar{J}_1 - \bar{J}_{10}$ ist dann durch die Strecke A_0A dargestellt, und wir können setzen

$$\bar{J}_2 = \bar{c}_1 \cdot \overline{A_0 A}. \tag{61}$$

Die Spannung $\bar{E}_2$, die auf die Belastungsimpedanz $\bar{z}_b$ wirkt, ist

$$\bar{E}_2 = \bar{J}_2 \bar{z}_b = \bar{c}_1 \bar{z}_b (\bar{J}_1 - \bar{J}_{10}) = \bar{c}_1 \bar{z}_b \cdot \overline{A_0 A}. \tag{62}$$

Andererseits kann die Spannung $\overline{E}_2$ bei Belastung bzw. Kurzschluß gesetzt werden:

$$\overline{E}_2 = E_1 - \overline{J}_1\,\overline{z}_1 - \overline{J}_2\,\overline{z}_2,$$
$$0 = E_1 - \overline{J}_{1k}\,\overline{z}_1 - \overline{J}_{2k}\,\overline{z}_2.$$

Hieraus ergibt sich durch Subtraktion:

$$\overline{E}_2 = (\overline{J}_{1k} - \overline{J}_1)\,\overline{z}_1 + (\overline{J}_{2k} - \overline{J}_2)\,\overline{z}_2.$$

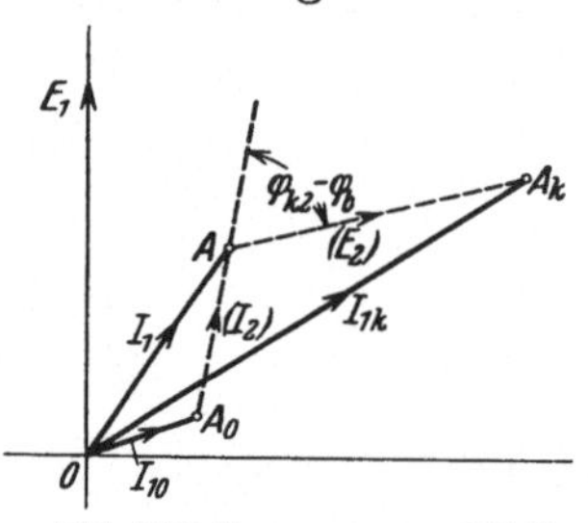

Abb. 282. Spannungen und Ströme des allgemeinen Transformators.

Nach Gl. (60) ist

$$\overline{J}_{2k} = \overline{c}_1(\overline{J}_{1k} - \overline{J}_{10}) \quad \text{und} \quad \overline{J}_2 = \overline{c}_1(\overline{J}_1 - \overline{J}_{10}).$$

Somit ist

$$\overline{J}_{2k} - \overline{J}_2 = \overline{c}_1(J_{1k} - \overline{J}_1)$$

und

$$\overline{E}_2 = (\overline{z}_1 + \overline{c}_1\,\overline{z}_2)(\overline{J}_{1k} - \overline{J}_1). \tag{63}$$

Ist der Kurzschlußstrom $\overline{J}_{1k}$ in Abb. 282 durch den Vektor OA_k dargestellt, so ist der Vektor AA_k die Differenz $\overline{J}_{1k} - \overline{J}_1$, und man hat

$$\overline{E}_2 = (\overline{z}_1 + \overline{c}_1\,\overline{z}_2)\cdot\overline{AA}_k. \tag{64}$$

Aus den Gln. (62) und (64) folgt, daß

$$\frac{\overline{A_0A}}{\overline{AA}_k} = \frac{\overline{z}_1 + \overline{c}_1\,\overline{z}_2}{\overline{c}_1\,\overline{z}_b} = \frac{1}{\overline{z}_b}\left(\overline{z}_2 + \frac{\overline{z}_1}{\overline{c}_1}\right) = \frac{\overline{z}_{k_2}}{\overline{z}_b}$$

ist; darin bedeutet

$$\overline{z}_{k_2} = \overline{z}_2 + \frac{\overline{z}_1}{\overline{c}_1} = z_{k_2}\,e^{j\varphi_{k_2}} \tag{65}$$

die Kurzschlußimpedanz der Ersatzschaltung, zwischen den Sekundärklemmen bei kurzgeschlossenen Primärklemmen gemessen [vgl. Gl. (57) für die primäre Kurzschlußimpedanz $\overline{z}_k$]. Da nun

$$\frac{\overline{A_0A}}{\overline{AA}_k} = \frac{z_{k_2}}{z_b}\,e^{j(\varphi_{k_2} - \varphi_b)} \tag{66}$$

ist, wo nach den Voraussetzungen sowohl φ_{k_2} als auch φ_b konstant sind, so sieht man, daß der Winkel $\varphi_{k_2} - \varphi_b$ zwischen den Vektoren A_0A und AA_k auch konstant ist. Der Supplementwinkel zu $\varphi_{k_2} - \varphi_b$ ist also auch konstant für den laufenden Punkt A, d. h. er ist immer Peripheriewinkel über einem festen Kreisbogen durch A_0 und A_k. Der geometrische Ort für den Punkt A ist somit ein Kreis, der durch A_0 und A_k geht. Dieser Kreis ist das **Stromdiagramm** des **allgemeinen Transformators.**

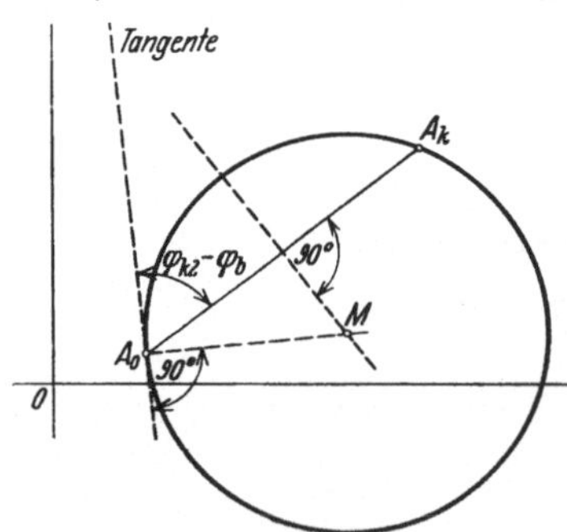

Abb. 283. Konstruktion des Stromdiagrammes des allgemeinen Transformators.

Wenn der Punkt A mit A_0 zusammenfällt, geht die Richtung A_0A in die Tangente des Kreises über. Daraus ergibt sich die in Abb. 283 gezeigte Konstruktion zur Ermittlung des Kreismittelpunktes. Die Punkte A_0 und A_k werden als Ergebnis des Leerlauf- bzw. des Kurzschlußversuches abgetragen.

Außerdem muß φ_{k_2} durch einen sogenannten „umgekehrten" Kurzschlußversuch bestimmt werden, bei welchem der Strom an den Sekundärklemmen zugeführt wird. Weiter ist φ_b durch die Art der Belastungsimpedanz gegeben, und die Kreistangente in A_0, die den Winkel $\varphi_{k_2} - \varphi_b$ mit der Geraden $A_0 A_k$ bildet, ist dadurch festgelegt. Der Mittelpunkt des Kreises ergibt sich dann als Schnittpunkt der Senkrechten $A_0 M$ mit der Mittelsenkrechten über $A_0 A_k$.

Für Induktionsmaschinen kann nun in der Regel die Ermittlung des Stromdiagrammes in folgender Weise vereinfacht werden:

Es ist nach Gl. (57):

$$\bar{z}_k = \bar{z}_1 + \frac{\bar{z}_2}{1 + \bar{z}_2\,\bar{y}_a} = \frac{\bar{z}_1 + \bar{z}_1\,\bar{z}_2\,\bar{y}_a + \bar{z}_2}{1 + \bar{z}_2\,\bar{y}_a} = \frac{\bar{z}_1 + \bar{z}_1\,\bar{z}_2\,\bar{y}_a + \bar{z}_2}{\bar{c}_2}$$

und nach Gln. (65) und (55):

$$\bar{z}_{k_2} = \bar{z}_2 + \frac{\bar{z}_1}{1 + \bar{z}_1\,\bar{y}_a} = \frac{\bar{z}_2 + \bar{z}_1\,\bar{z}_2\,\bar{y}_a + \bar{z}_1}{1 + \bar{z}_1\,\bar{y}_a} = \frac{\bar{z}_1 + \bar{z}_1\,\bar{z}_2\,\bar{y}_a + \bar{z}_2}{\bar{c}_1}.$$

Somit wird

$$\frac{\bar{z}_k}{\bar{z}_{k_2}} = \frac{z_k}{z_{k_2}}\,e^{j(\varphi_k - \varphi_{k_2})} = \frac{\bar{c}_1}{\bar{c}_2} = \frac{c_1}{c_2}\,e^{-j(\gamma_1 - \gamma_2)}, \qquad (67)$$

und

$$\varphi_{k_2} - \varphi_k = \gamma_1 - \gamma_2 = \varDelta\gamma,$$

oder

$$\varphi_{k_2} = \varphi_k + \varDelta\gamma.$$

Bei Induktionsmaschinen sind gewöhnlich γ_1 und γ_2 sehr kleine Winkel. Folglich ist auch $\varDelta\gamma$ sehr klein im Vergleich mit φ_k, so daß man ohne wesentlichen Fehler

$$\varphi_{k_2} = \varphi_k$$

setzen kann. Weiter ist für diese Maschinen, wie früher erklärt, $\varphi_b = 0$, und man kann also setzen:

$$\varphi_{k_2} - \varphi_b = \varphi_k. \qquad (68)$$

Hieraus ergibt sich die in Abb. 284 dargestellte Konstruktion für die Bestimmung des Kreisdiagrammes einer Induktionsmaschine. Der Mittelpunkt M liegt auf einer Horizontalen $M M'$, wo M' der Halbierungspunkt eines vertikalen Linienstückes von dem Leerlaufpunkt A_0 bis zum Schnittpunkt A' dieser Vertikalen mit dem Vektor des Kurzschlußstromes $O A_k$ ist.

Ist nämlich L die Tangente des Kreises im Leerlaufpunkte, so ist nach dem Obigen der Winkel $L A_0 A_k$ gleich φ_k. Daraus folgt:

$$\measuredangle\, L A_0 V = \measuredangle\, A_0 A_k A' = \delta.$$

Der Tangentensehnenwinkel $L A_0 V$ und der Peripheriewinkel $A_0 A_k A'$

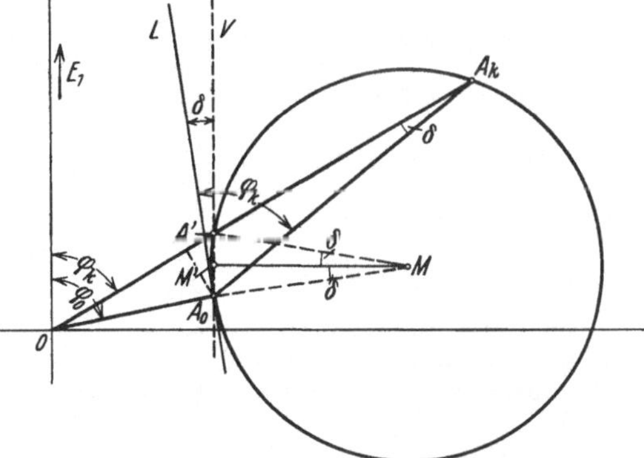

Abb. 284. Angenäherte Konstruktion des Stromdiagrammes einer Induktionsmaschine.

schließen aber denselben Kreisbogen ein, weil A_0 ein auf dem Kreise liegender, gemeinsamer Punkt beider Winkel ist. Somit muß auch der Schnittpunkt A' zwischen $O A_k$ und der Vertikalen V ein Punkt des Kreises sein.

Der Zentriwinkel $A'MA_0$ ist dann gleich $2\,\delta$, und die Halbierungslinie MM' steht also senkrecht auf der Geraden V, d. h. sie ist eine horizontale Gerade.

Nach Gl. (61) ist der Sekundärstrom J_2 sowohl in bezug auf seinen Betrag als auch auf den Phasenwinkel proportional dem Vektor A_0A vom Leerlaufpunkt zum Belastungspunkt, während nach Gl. (64) die Sekundärspannung E_2 hinsichtlich ihres absoluten Wertes und Phasenwinkels proportional dem Vektor AA_k vom Belastungspunkt zum Kurzschlußpunkt ist.

Da

$$\bar{z}_{k_2} = \bar{z}_2 + \frac{\bar{z}_1}{\bar{c}_1} = \frac{1}{\bar{c}_1}(\bar{z}_1 + \bar{c}_1\,\bar{z}_2)$$

ist, kann Gl. (63) auch geschrieben werden:

$$\bar{E}_2 = \bar{c}_1\,\bar{z}_{k_2}\,(\bar{J}_{1k} - \bar{J}_1)\,. \tag{69}$$

Weiter wird nach Gl. (67)

$$\bar{c}_2\,\bar{z}_k = \bar{c}_1\,\bar{z}_{k_2}\,.$$

und somit auch

$$\bar{E}_2 = \bar{c}_2\,\bar{z}_k\,(\bar{J}_{1k} - \bar{J}_1) = \bar{c}_2\,\bar{z}_k \cdot \overline{A\,A_k}\,. \tag{69a}$$

12. Bestimmung der Konstanten $\bar{c}_1$ und $\bar{c}_2$.

Gemäß der Ersatzschaltung ist [s. Gln. (57) und (54)]:

$$\bar{z}_k\,\bar{y}_0 = \left(\bar{z}_1 + \frac{\bar{z}_2}{\bar{c}_2}\right)\frac{\bar{y}_a}{\bar{c}_1} = \frac{\bar{z}_1\,\bar{y}_a}{\bar{c}_1} + \frac{\bar{z}_2\,\bar{y}_a}{\bar{c}_1\,\bar{c}_2}\,.$$

Nach Gln. (55) und (58) wird

$$\bar{z}_1\,\bar{y}_a = \bar{c}_1 - 1 \quad\text{und}\quad \bar{z}_2\,y_a = \bar{c}_2 - 1\,,$$

und man erhält:

$$\bar{z}_k\,\bar{y}_0 = \frac{\bar{c}_1 - 1}{\bar{c}_1} + \frac{\bar{c}_2 - 1}{\bar{c}_1\,\bar{c}_2} = 1 - \frac{1}{\bar{c}_1\,\bar{c}_2}$$

oder

$$\bar{c}_1\,\bar{c}_2\,(1 - \bar{z}_k\,\bar{y}_0) = 1\,. \tag{70}$$

Multipliziert man diese Gleichung mit $\dfrac{E_1}{\bar{z}_k} = \bar{J}_{1k}$, so wird

$$\bar{c}_1\,\bar{c}_2\,(\bar{J}_{1k} - \bar{J}_{10}) = \bar{J}_{1k}$$

und mit Rücksicht auf Abb. 284

$$\bar{c}_1\,\bar{c}_2 = \frac{\bar{J}_{1k}}{\bar{J}_{1k} - \bar{J}_{10}} = \frac{\overline{O\,A_k}}{\overline{A_0\,A_k}}\,. \tag{71}$$

Da

$$\bar{c}_1\,\bar{c}_2 = c_1\,c_2\,e^{-j\,(\gamma_1 + \gamma_2)}$$

ist, erhält man für die Beträge:

$$c_1\,c_2 = \frac{O\,A_k}{A_0\,A_k} \approx \frac{J_{1k}}{J_{1k} - J_{10} \cdot \cos(\varphi_0 - \varphi_k)}\,. \tag{72}$$

und für die Argumente:

$$\operatorname{tg}(\gamma_1 + \gamma_2) = \operatorname{tg}\delta = \frac{J_{10} \cdot \sin(\varphi_0 - \varphi_k)}{J_{1k} - J_{10} \cdot \cos(\varphi_0 - \varphi_k)} \approx \sin(\gamma_1 + \gamma_2)\,. \tag{73}$$

Durch die primärseitige Leerlauf- und Kurzschlußmessung kann also nur das Produkt $c_1 c_2$ und die Summe $\gamma_1 + \gamma_2$ berechnet werden. Die Induktionsmaschine kann jedoch häufig als ein symmetrischer Stromkreis betrachtet werden, d. h. $\bar{z}_1 = \bar{z}_2$, und in diesem Falle gilt:

$$c_1 = c_2 = c \quad\text{und}\quad \gamma_1 = \gamma_2 = \gamma\,. \tag{74}$$

Zur vollständigen Bestimmung der Konstanten kann man eine sekundärseitige Leerlauf- oder Kurzschlußmessung heranziehen. So ergibt sich z. B. durch den „umgekehrten" Kurzschlußversuch die sekundäre Kurzschlußimpedanz z_{k_2}. Nun ist nach Gl. (67)

$$\frac{\bar{z}_k}{\bar{z}_{k_2}} = \frac{\bar{c}_1}{\bar{c}_2} = \frac{c_1}{c_2}\,e^{-j\,(\gamma_1 - \gamma_2)}\,,$$

und man kann somit durch die beiden Kurzschlußversuche das Verhältnis der Beträge und die Differenz der Phasenwinkel bestimmen. Da das Produkt der Beträge und die Summe der Phasenwinkel schon bekannt sind, können c_1, c_2, γ_1 und γ_2 getrennt werden.

Für die Beträge c_1 und c_2 gilt beim primärseitigen Kurzschlußversuch:

$$c_1 c_2 = \frac{J_{1k}}{J_{2k}}\, c_1$$

oder

$$c_2 = 1 + z_2\, y_a = \frac{J_{1k}}{J_{2k}}\,.$$

Durch Messung des primären und sekundären Kurzschlußstromes kann man somit den Betrag c_2 ermitteln. Damit analog erhalten wir durch den sekundärseitigen Kurzschlußversuch:

$$c_1 = 1 + z_1\, y_a = \frac{J_{2k_2}}{J_{1k_2}},$$

wo J_{2k_2} der zugeführte Strom und J_{1k_2} der Strom in der kurzgeschlossenen Wicklung ist. Die Ströme müssen immer auf dieselbe Wicklung umgerechnet werden.

Wenn die Wicklungsdaten der Maschine unbekannt sind, und die Übersetzungsverhältnisse somit nicht daraus berechnet werden können, läßt sich u_e mit guter Annäherung in folgender Weise experimentell bestimmen. Dem Stator der stillstehenden Maschine wird die Spannung E_1 zugeführt, und zwischen den Enden der offenen Rotorwicklung wird die sekundär induzierte EMK E_a' gemessen. Ist dabei der Primärstrom J_1, wird die primär induzierte EMK

$$E_a \approx E_1 - J_1 \frac{x_k}{2},$$

wo x_k aus der Kurzschlußmessung erhalten wird. Es ist somit

$$u_e \approx \frac{E_1 - \tfrac{1}{2} J_1 x_k}{E_a'}\,.$$

13. Die Leistungen und der Wirkungsgrad im Diagramm.

Die Ordinate eines Kreispunktes A (Abb. 285) ist ein Maß für die primär zugeführte Leistung, die für jede Phase gleich $E_1 J_1 \cos \varphi_1$ ist. Wir bezeichnen darum die Abszissenachse als Linie der Primärleistung und schreiben deren Gleichung abgekürzt: $L_1 = 0$. Der Abstand eines Arbeitspunktes A von dieser Geraden, im Strommaßstab gemessen, ergibt, mit E_1 multipliziert, die Primärleistung P_1 je Phase.

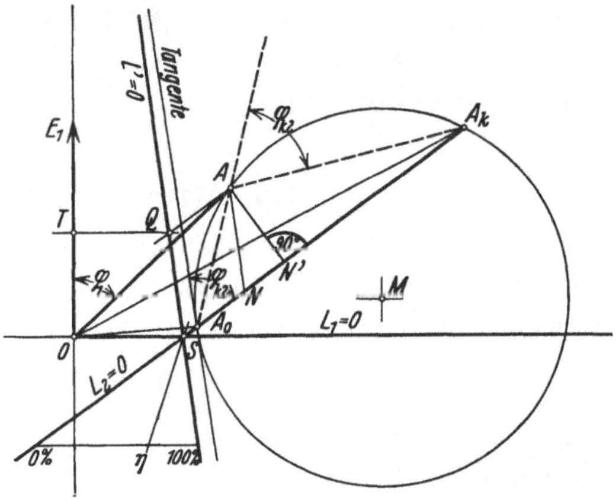

Der sekundär abgegebene Effekt, d. h. die mechanische Leistung des Induktionsmotors, ist pro Phase gerechnet, da $\cos \varphi_2 = 1$:

$$P_2 = J_2 E_2.$$

Nach Gl. (61) bzw. (69a) kann man setzen:

$$J_2 = c_1 \cdot A_0 A,$$
$$E_2 = c_2 z_k \cdot A A_k.$$

Somit wird

$$P_2 = c_1 c_2 z_k \cdot A_0 A \cdot A A_k. \tag{75}$$

Abb. 285. Leistungen, Verluste und Wirkungsgrad im Stromdiagramm.

In Abb. 285 sind vom Arbeitspunkt A zwei Geraden gezogen: das Lot $A N'$ auf der Verbindungslinie $A_0 A_k$ und die Parallele AN zur Tangente in A_0. Es ergibt sich dann:

$$\tfrac{1}{2} \cdot A_0 A \cdot A A_k \cdot \sin \varphi_{k2} = \tfrac{1}{2} \cdot A_0 A_k \cdot A N'$$

und

$$A N' = A N \sin \varphi_{k2},$$

oder

$$A_0 A \cdot A A_k = A_0 A_k \cdot A N.$$

Mit Rücksicht auf Gl. (72) erhält man somit:

$$P_2 = \frac{O A_k}{A_0 A_k} z_k \cdot A_0 A_k \cdot A N$$
$$= J_{1k} z_k \cdot A N = E_1 \cdot A N. \tag{76}$$

Die mechanisch entwickelte Leistung des Motors ist somit durch den Abstand des Arbeitspunktes von der Geraden $A_0 A_k$ dargestellt. Wenn dieser Abstand parallel der Tangente in A_0 gemessen wird, erhalten wir den Maßstab für den Effekt pro Phase durch Multiplikation des Strommaßstabes mit E_1. Die Gleichung der Linie $A_0 A_k$ schreiben wir abgekürzt: $L_2 = 0$.

Die Differenz $P_1 - P_2$, die die gesamten elektrischen Verluste der Maschine ausmacht, muß auch durch eine Gerade dargestellt sein. Diese Gerade mit der Gleichung $L' = 0$ kann nun sehr einfach bestimmt werden. In Abb. 285 tragen wir auf der Ordinatenachse $O T = A N$ ab, ziehen durch T eine Parallele zu $L_1 = 0$ und durch A eine Parallele zu $L_2 = 0$, wodurch sich der Schnittpunkt Q ergibt. Für diesen Punkt sind zugeführte und abgegebene Leistung gleich groß. Die Verluste sind also hier gleich Null, und der Punkt liegt auf der gesuchten Verlustlinie. Ein weiterer Punkt auf dieser Linie ist der Schnittpunkt S der beiden Linien $L_1 = 0$ und $L_2 = 0$.

Eine Skalenlinie für den Wirkungsgrad kann nun in gewöhnlicher Weise konstruiert werden (s. Teil I, Abschn. 17). Wir ziehen in irgendeinem Abstande von der Abszissenachse $L_1 = 0$ eine Parallele zu ihr und teilen das zwischen den Geraden $L_2 = 0$ und $L' = 0$ liegende Stück in 100 gleiche Teile. Ein Strahl von A durch S schneidet diese Skala in einem Punkte, der direkt den prozentualen Wirkungsgrad angibt.

14. Das Drehmoment im Diagramm.

Nach Gl. (33) ist die durch das Drehfeld auf den Rotor übertragene Leistung $P_a = D \omega_1$. In der Ersatzschaltung erscheint dieser Effekt, für eine Phase gerechnet, als

$$P_a = J_2^2 (r_2 + r_b) = J_2^2 \left(r_2 + r_2 \left(\frac{1}{s} - 1 \right) \right) = J_2^2 \frac{r_2}{s} \tag{77}$$

[s. Gl. (52)]. P_a ist Null für $J_2 = 0$ und für $s = \pm \infty$. Der erste Fall entspricht synchronem Lauf, d. h. absolutem Leerlauf, und der zugehörige Kreispunkt ist A_0. Der zweite Fall entspricht Antrieb des Rotors mit unendlich großer Geschwindigkeit, und der zugehörige Kreispunkt A_∞ kann somit nicht unmittelbar bestimmt werden.

Die Leistung P_a muß durch eine Gerade durch die Punkte A_0 und A_∞ dargestellt sein, die wir mit $L_a = 0$ bezeichnen (s. Teil I, Abschn. 19). In Abb. 286

sind die Effektlinien des Rotors eingezeichnet, nämlich $L_a = 0$ für die elektromagnetisch zugeführte Leistung, $L_2 = 0$ für die mechanisch entwickelte Leistung und $L_{r_2} = 0$ für die Rotorverluste. Wenn die Effekte pro Phase gerechnet werden, sind diese Verluste

$$P_{r_2} = P_a - P_2 = J_2^2\, r_2.$$

Nach Gl. (61) ist J_2 durch den Kreis mit dem Punkte A_0 als Pol dargestellt und die Linie $L_{r_2} = 0$ muß daher die Tangente des Kreises im Punkte A_0 sein.

Werden nun die beiden Effekte P_a und P_2 durch Maßlinien parallel $L_{r_2} = 0$ gemessen, erhalten wir nach Abschn. I 17 P_a in demselben Maßstabe wie P_2 [s. Gl. (76)]. Es ist somit

$$P_a = E_1 \cdot AD. \qquad (78)$$

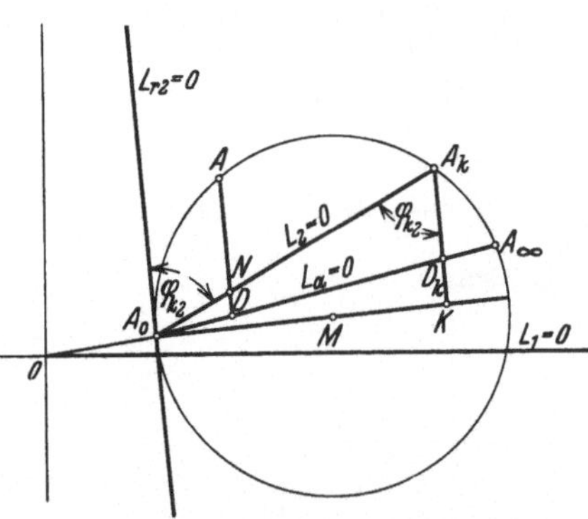

Abb. 286. Rotorverluste und Drehmoment im Stromdiagramm.

Bei primärer Phasenzahl m_1 und Strommaßstab des Diagrammes gleich m_i A/cm wird das Drehmoment der Maschine

$$D = \frac{p}{2\pi f}\, m_1\, E_1\, m_i \cdot AD \cdot \frac{1}{9,81} \text{ mkg}, \qquad (79)$$

wenn AD in Zentimeter gemessen wird [vgl. Gl. (34)].

Auf der Maßlinie AD schneidet der Strahl $A_0 A_k$ eine Strecke ND ab, die die Rotorverluste in demselben Maßstabe wie die übrigen Effekte darstellt. Es ist somit für den ganzen Rotor:

$$P_{r_2} = m_1\, E_1\, m_i \cdot ND \text{ W}. \qquad (80)$$

Ziehen wir vom Kurzschlußpunkt A_k die Maßlinie $A_k D_k$ parallel $L_{r_2} = 0$, kann der Punkt $\overset{\bullet}{D_k}$ auf der Drehmomentlinie $L_a = 0$ wie folgt bestimmt werden. Bei Kurzschluß ist die elektromagnetische Leistung P_a gleich den Rotorverlusten,

$$P_{a_k} = J_{2k}^2\, r_2 = c_1^2\, (A_0 A_k)^2\, r_2.$$

Nach Gl. (67) ist

$$c_1\, z_{k_2} = c_2\, z_k,$$

also

$$c_1^2 = c_1\, c_2\, \frac{z_k}{z_{k_2}},$$

oder nach Gl. (72)

$$c_1^2 = \frac{O A_k}{A_0 A_k}\, \frac{z_k}{z_{k_2}}.$$

Da $O A_k \cdot z_k = E_1$ ist, erhalten wir

$$P_{a_k} = E_1 \cdot A_0 A_k \cdot \frac{r_2}{z_{k_2}}. \qquad (81)$$

Daraus ergibt sich nach Gl. (78):

$$A_k D_k = \frac{P_{a_k}}{E_1} = A_0 A_k \cdot \frac{r_2}{z_{k_2}}. \qquad (82)$$

Ist K der Schnittpunkt der verlängerten Maßlinie $A_k D_k$ mit dem Kreisdurchmesser durch A_0, wird

$$\frac{A_0 A_k}{z_{k_2}} = \frac{A_k K}{r_{k_2}},$$

wo $r_{k_2} = z_{k_2} \cos \varphi_{k_2}$ der Kurzschlußwiderstand zwischen den Sekundärklemmen ist. Also ist

$$A_k D_k = A_k K \cdot \frac{r_2}{r_{k_2}}. \qquad (82\,\text{a})$$

Der Widerstand r_{k_2} wird durch den „umgekehrten" Kurzschlußversuch bestimmt, während r_2 durch einen besonderen Versuch gemessen werden muß (s. Abschn. 20).

Häufig ist es nicht möglich, Messungen auf der Sekundärseite vorzunehmen (Kurzschlußmotoren). In diesem Falle kann man die folgende Annäherung benutzen. Mit Rücksicht auf Gln. (57) und (65) wird

$$r_k \approx r_1 + \frac{r_2}{c_2} \quad \text{und} \quad r_{k_2} \approx r_2 + \frac{r_1}{c_1}.$$

Also können wir schreiben:

$$r_2 = c_2 (r_k - r_1),$$

und somit

$$A_k D_k = A_k K \cdot \frac{c_2 (r_k - r_1)}{c_2 (r_k - r_1) + \dfrac{r_1}{c_1}}$$

$$= A_k K \cdot \frac{c_1 c_2 (r_k - r_1)}{c_1 c_2 (r_k - r_1) + r_1}. \tag{83}$$

Das Produkt $c_1 c_2$ ist nach Gl. (72) bekannt. Der Statorwiderstand r_1 muß aber durch eine besondere Messung ermittelt werden (s. Abschn. 20).

Einfacher gestaltet sich die Bestimmung der Drehmomentlinie durch die folgende Überlegung. Die Ersatzschaltung des Motors für $s = \infty$ ist wie in Abb. 287 dargestellt. Hier kann y_a in Parallelschaltung mit x_0 unberücksichtigt bleiben. Die Impedanz des Kreises wird somit $r_1 + j(x_1 + x_2)$. Setzen wir hier $x_1 + x_2 = x_k$ und $r_1 = \frac{1}{2} r_k$,

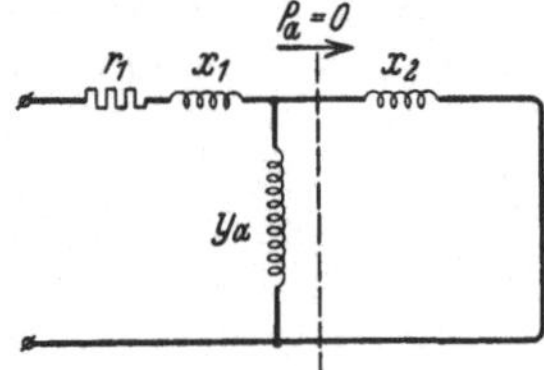

Abb. 287. Ersatzschaltung der Induktionsmaschine für $s = \infty$.

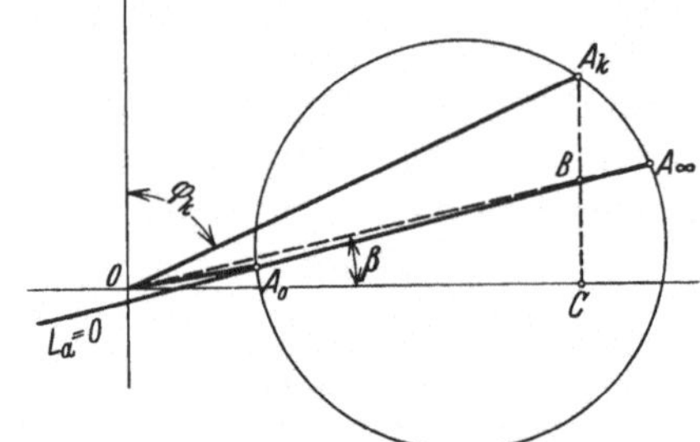

Abb. 288. Angenäherte Bestimmung der Drehmomentlinie.

was für Induktionsmaschinen ungefähr zutrifft, erhalten wir für den Winkel, den der Vektor OA_∞ mit der Abszissenachse bildet (Abb. 288),

$$\operatorname{tg} \beta = \frac{\frac{1}{2} r_k}{x_k} = \frac{BC}{OC}.$$

Bei Kurzschluß ist

$$\operatorname{cotg} \varphi_k = \operatorname{tg} (90^0 - \varphi_k) = \frac{r_k}{x_k} = \frac{A_k C}{OC}.$$

Somit wird

$$BC = \tfrac{1}{2} \cdot A_k C.$$

Man halbiert also die Ordinate des Kurzschlußpunktes, und der Strahl vom Koordinatenanfang durch den Halbierungspunkt B schneidet den Kreis im Punkte A_∞.

15. Der Schlupf im Diagramm.

Mit den Rotorverlusten P_{r_2} ist nach Gl. (39) ein Schlupf

$$s = \frac{P_{r_2}}{P_a} = \frac{P_a - P_2}{P_a}$$

verbunden. In Abb. 289 ist wieder das Kreisdiagramm mit den Effektlinien des Rotors aufgezeichnet. Mit Hilfe dieser Linien kann s folgendermaßen graphisch dargestellt werden:

Für einen Arbeitspunkt A werden die Rotorverluste und die Rotorleistung durch die Abstände zu den Linien $L_{r_2} = 0$ und $L_2 = 0$ gemessen. Legt man nun die Maßlinien $A a$ und $A b$ parallel der dritten Linie $L_a = 0$, so sind — wie in Abschn. I 17 gezeigt — die beiden Maßstäbe gleich groß, und man erhält

$$\frac{P_2}{P_{r_2}} = \frac{A b}{A a} \quad \text{und} \quad \frac{P_2 + P_{r_2}}{P_{r_2}} = \frac{P_a}{P_{r_2}} = \frac{a b}{A a},$$

oder

$$s = \frac{A a}{a b}.$$

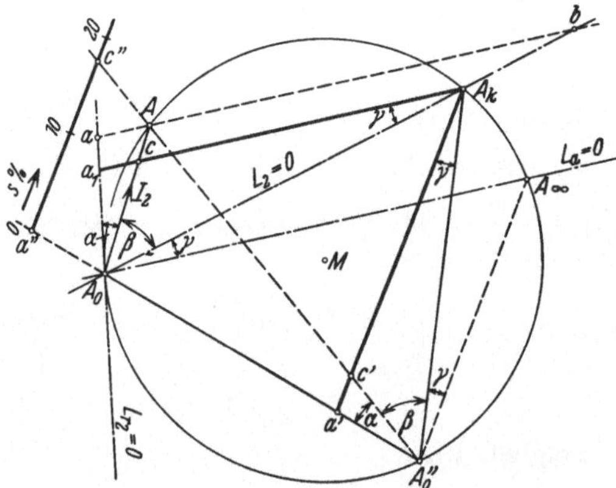

Abb. 289. Darstellung des Schlupfes im Stromdiagramm.

Es kann bequem sein, eine permanente Maßlinie für den Schlupf einzurichten, und diese kann z. B. durch den Punkt A_k parallel $a b$ gezogen werden. Es ist dann

$$s = \frac{a_1 c}{a_1 A_k}.$$

Teilt man die Gerade $a_1 A_k$, von a_1 anfangend, in 100 gleiche Teile, so gibt $a_1 c$ den Schlupf in Prozenten an.

Bei kleinen Schlüpfungen, auf die es am meisten ankommt, wird die gezeigte Konstruktion ziemlich ungenau, und es empfiehlt sich dann, die folgende Abänderung zu benutzen. Wir wählen einen beliebigen Punkt A_0'' auf dem Kreise und ziehen von diesem Strahlen nach den Punkten A_∞, A_k, A und A_0 (s. Abb. 289). Diese vier Geraden bilden dann dieselben Winkel miteinander wie die entsprechenden Strahlen, die von A_0 ausgehen, da sie Peripheriewinkel über denselben Bogen sind. Ziehen wir nun $A_k a'$ parallel zu $A_\infty A_0''$, so ist wegen der Ähnlichkeit der Dreiecke

$$\frac{a_1 c}{a' c'} = \frac{a_1 A_0}{a' A_0''} = \frac{a_1 A_k}{a' A_k}.$$

Somit ist

$$s = \frac{a_1 c}{a_1 A_k} = \frac{a' c'}{a' A_k},$$

oder $s\% = a' c'$, wenn wir $a' A_k$ in 100 gleiche Teile teilen.

Eventuell kann man eine Vergrößerung der Ableseskala dadurch erreichen, daß man sie parallel sich selbst in einen größeren Abstand von A_0'' verschiebt. In Abb. 289 ist $a'' c''$ parallel zu $a' A_k$, und z. B. die Skalenlänge für $s = 10\%$ wird auf dieser Geraden gleich $\dfrac{a' A_k}{10} \cdot \dfrac{A_0'' a''}{A_0'' a'}$.

16. Die maximale Leistung und das Kippmoment des Motors.

Nach Gl. (76) ist die abgegebene Leistung des Motors

$$P_2 = E_1 \cdot A N = E_1 \cdot \frac{A N'}{\sin \varphi_{k_2}}.$$

P_2 erreicht ihr Maximum, wenn $A_0 A = A A_k$ ist (Abb. 290). Dann ist

$$A_0 N' \approx \tfrac{1}{2}(J_{1k} - J_{10} \cdot \cos(\varphi_0 - \varphi_k))$$

und

$$A N' \approx \frac{1}{2}(J_{1k} - J_{10} \cdot \cos(\varphi_0 - \varphi_k)) \cdot \operatorname{tg} \frac{\varphi_{k_2}}{2}$$

$$= \frac{1}{2}(J_{1k} - J_{10} \cdot \cos(\varphi_0 - \varphi_k)) \cdot \frac{\sin \varphi_{k_2}}{1 + \cos \varphi_{k_2}}.$$

Folglich wird

$$P_{2\max} = \frac{1}{2} E_1 \frac{J_{1k} - J_{10} \cdot \cos(\varphi_0 - \varphi_k)}{1 + \cos \varphi_{k_2}}. \tag{84}$$

In der Regel kann φ_{k_2} durch φ_k ersetzt werden. Die Formel gilt für eine Phase, und es müssen die im Abschn. 18 zu behandelnden mechanischen Verluste in Abzug kommen, um die nach außen verfügbare Leistung zu erhalten.

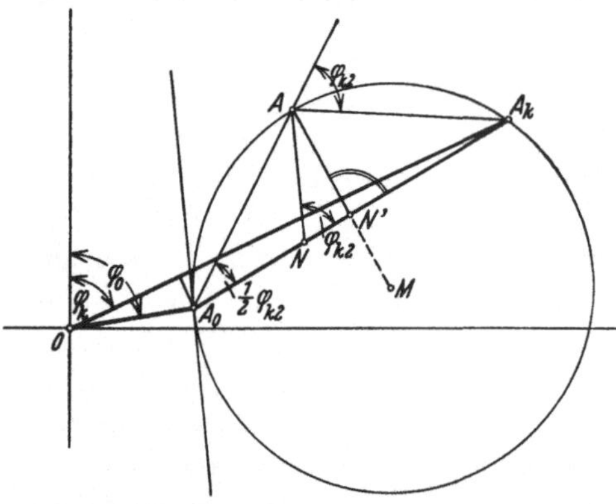

Abb. 290. Die maximale Leistung im Stromdiagramm.

Ein Lot vom Kreismittelpunkt M auf die Drehmomentlinie $L_a = 0$ schneidet den Kreis im Punkt $A_{\max}$ (s. Abb. 291). Der Abstand $A_{\max}D_1$ parallel $L_{r_2} = 0$ gibt das maximale Drehmoment an. Von A_0 bis $A_{\max}$ entspricht einem vergrößerten Schlupfe eine Zunahme des Drehmomentes, und wir haben hier das stabile Arbeitsgebiet des Motors. Wird der Motor mit einem größeren Moment (Last + mechanischen Verlusten) belastet, als das, was dem Punkte $A_{\max}$ entspricht, so durchläuft der Motor den unstabilen Bereich von $A_{\max}$ bis A_k und bleibt stehen. Das Maximalmoment bezeichnet man daher als Kippmoment und das Verhältnis von Kippmoment zum Nenndrehmoment als die Überlastungsfähigkeit des Motors.

17. Der asynchrone Induktionsgenerator.

Wie schon in Abschn. 6 erwähnt, kann eine Induktionsmaschine auch als Generator arbeiten. Schon im synchronen Leerlauf, wo der Rotorstrom gleich Null ist, muß dem Rotor durch eine Antriebsmaschine die etwa den mechanischen Verlusten entsprechende Leistung zugeführt werden. Läßt man das Antriebsmoment darüber hinauswachsen, überschreitet der Rotor die synchrone Drehzahl, und der Schlupf wird negativ. Wegen der umgekehrten Relativbewegung zwischen Rotor und Drehfeld ändern auch die im Rotor induzierte EMK und der Rotorstrom ihre Richtung. Dem entspricht eine entgegengesetzte Wirkkomponente des Statorstromes.

Vom Kreisdiagramm gilt dann der unterhalb der Abszissenachse liegende Teil, dem negative zugeführte, d. h. abgegebene, elektrische Leistung entspricht. Die Abszissenachse $L_1 = 0$ wird also jetzt die Linie für abgegebene elektrische Leistung, und die mechanische Leistungslinie $L_2 = 0$ stellt die aufgenommene mechanische Leistung dar (s. Abb. 291). Auf den Kreisstücken, die zwischen dem Leerlaufpunkt A_0 und der Abszissenachse bzw. zwischen dem Kurzschlußpunkt A_k und der Abszissenachse liegen, werden sowohl mechanische als auch elektrische Leistung zugeführt, die beide als Verluste in der Maschine verbraucht werden.

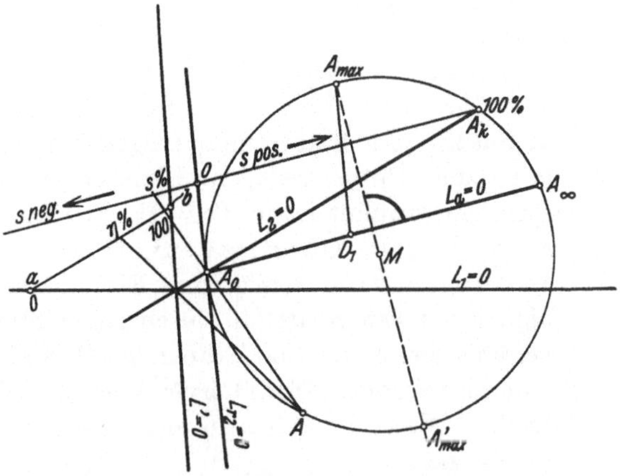

Der Wirkungsgrad als Generator wird

Abb. 291. Arbeitsdiagramm der Induktionsmaschine als Generator. Stabilitätsgrenze der Maschine.

$$\eta = \frac{P_1}{P_2} = \frac{P_2 - P'}{P_2},$$

wo P' die gesamten Verluste bezeichnet, die wie früher durch die Gerade $L' = 0$ dargestellt werden können. Wir erhalten also die Wirkungsgradskala als eine Parallele ab zu $L_2 = 0$, indem wir den Abschnitt zwischen $L_1 = 0$ und $L' = 0$ in 100 gleiche Teile teilen.

Die Drehmomentlinie $L_a = 0$ und die Linie der Rotorverluste $L_{r_2} = 0$ liegen ungeändert wie beim Motor, und wir erhalten die Schlupfskala, indem wir die Schlupflinie des Motors über den Nullpunkt hinaus verlängern und nach links denselben Maßstab auftragen.

Diametral gegenüber dem Kippunkt A'_{max} des Motors liegt der entsprechende Punkt A'_{max} für den Generator. Erhöhen wir das Drehmoment über den Wert, der diesem Punkt entspricht, wird der Generator durchgehen. Die Linie $A_{\text{max}} A'_{\text{max}}$ gibt uns somit die Stabilitätsgrenze der Maschine.

Beim Übergang von Motor- zu Generatorbetrieb behält die Blindkomponente des Statorstromes ihr Vorzeichen. Der Induktionsgenerator nimmt also ebenso wie der Motor vom Netze einen induktiven Strom auf, der für die Erregung erforderlich ist. Ein solcher Generator kann daher nur auf ein Netz arbeiten, worin sich Synchronmaschinen befinden, die induktiven Strom erzeugen können, und die die Periodenzahl, d. h. die Umdrehungsgeschwindigkeit des Drehfeldes bestimmen.

18. Berücksichtigung der mechanischen Verluste im Diagramm.

Bisher haben wir nicht die mechanischen Verluste der Induktionsmaschine als solche berücksichtigt. Das Diagramm des Motors gibt in der entwickelten Form die totale Leistung, die in mechanische Arbeit umgewandelt wird, unabhängig davon, ob diese Arbeit zur Überwindung der mechanischen Verluste der Maschine verwendet oder durch die Welle nach außen abgegeben wird.

Die Verluste, die auf den Rotor bremsend wirken und auf mechanischem Wege gedeckt werden müssen, sind die Verluste durch Luft-, Lager- und eventuell Bürstenreibung samt verschiedenen zusätzlichen Verlusten, wovon zunächst nur die zusätzlichen Eisenverluste berücksichtigt werden sollen. Die letzteren sind hauptsächlich zweierlei Art. Erstens entstehen Feldvariationen auf der Oberfläche des Stator- bzw. des Rotoreisens, indem die Nutenöffnungen des Rotors sich relativ zum Stator, und umgekehrt die Nutenöffnungen des Stators sich relativ zum Rotor bewegen. Dadurch werden, wie schon bei den Synchronmaschinen erwähnt ist (s. Teil III, Abschn. 22), in den äußeren Eisenschichten die sogenannten Oberflächenverluste erzeugt. Zweitens entstehen Pulsationsverluste in der ganzen Eisenmasse der Zähne. Die magnetische Leitfähigkeit für den Kraftfluß durch einen Statorzahn wird sich mit der Stellung gegenüber den Nuten und Zähnen des Rotors periodisch ändern, und es entstehen hierdurch im ganzen Zahnkörper Verluste mit der Frequenz der Rotorzähne. In derselben Weise entstehen in einem Rotorzahn Verluste mit der Frequenz der Statorzähne.

Da die Nutenfrequenzen, die auch für die Oberflächenverluste gelten, gewöhnlich nicht in der zugeführten Spannungskurve vorkommen, können diese zusätzlichen Verluste nicht direkt von der Stromquelle elektrisch gedeckt werden. Übrigens werden die Feldpulsationen der einzelnen Zähne, über einer Polteilung genommen, sich gegenseitig fast vollständig ausgleichen und somit nur einen kleinen Einfluß auf den durch eine Primärspule gehenden Kraftfluß haben können[1].

Solange die Geschwindigkeit des Motors ungefähr konstant ist, und sein Feld seine Stärke einigermaßen ungeändert behält, können diese Verluste auch annähernd konstant und unabhängig von der Belastung gesetzt werden. Sie sind also in der zugeführten Leistung bei Leerlauf einbegriffen. Der Schlupf ist daher bei Leerlauf nicht gleich Null, sondern hat einen kleinen positiven Wert. Der für die Ermittlung des Arbeitsdiagrammes verwendete Punkt A_0 ist ein ideeller Leerlaufpunkt, der dadurch bestimmt werden kann, daß der Motor mechanisch angetrieben wird, bis er synchron läuft. Bei Maschinen mit Schleifringrotor kann er auch in der Weise bestimmt werden, daß man den Motor in gewöhnlicher Weise unbelastet laufen läßt (also fast synchron), dann den Rotorkreis etwa durch Abheben der Bürsten öffnet und die primär zugeführte Leistung mißt, während der Motor noch mit voller Geschwindigkeit läuft[2].

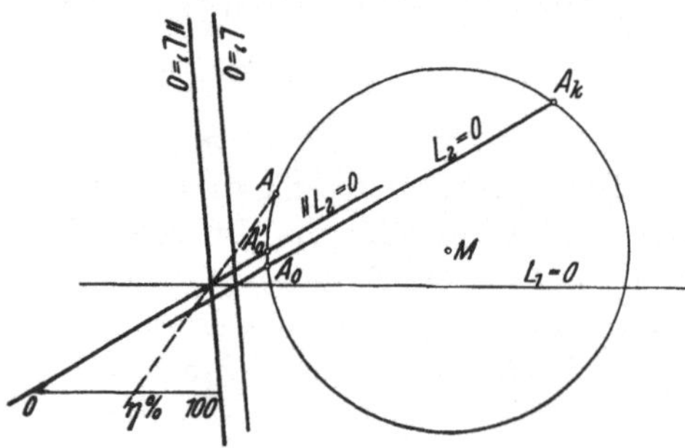
Abb. 292. Berücksichtigung der mechanischen Verluste im Diagramm.

In Abb. 292 ist A_0 der ideelle Leerlaufpunkt ohne mechanische Verluste. Die durch diesen und A_k bestimmten Geraden $L_2 = 0$ und $L' = 0$ samt der Abszissen-

<hr>

[1] Näheres über diese Verluste siehe Bragstad u. Fränckel: ETZ 1908, 1074.

[2] Bezüglich der Wirkung der Rotorhysterese und der Oberfelder siehe Abschn. 19 bzw. 20.

achse $L_1 = 0$ sind eingezeichnet. A_0' ist der wirkliche Leerlaufpunkt mit mechanischen Verlusten. Für den Betrieb des Motors unter normalen Verhältnissen in der Nähe des Synchronismus ergibt sich dann die Linie für die abgegebene Leistung mit den abgezogenen konstanten mechanischen Verlusten als eine Parallele zur Linie $L_2 = 0$ durch den Punkt A_0'. Gleichfalls ergibt sich die Linie der gesamten Verluste einschließlich der mechanischen als eine Gerade, die parallel zu $L' = 0$ durch den Schnittpunkt der obenerwähnten Parallelen mit der Abszissenachse gezogen wird. Die Skalenlinie zur Ablesung des Gesamtwirkungsgrades des Motors liegt dann zwischen den beiden neuen Effektlinien. In ähnlicher Weise müßte auch die Konstruktion der Wirkungsgradlinie für den Generator korrigiert werden.

Außer den oben erwähnten Zusatzverlusten, die vom Hauptfeld der Maschine abhängen, treten im Betrieb auch andere zusätzliche Verluste auf, die von den Strömen in den Wicklungen herrühren („zusätzliche Kupferverluste"). Diese Verluste sind ebenfalls zweierlei Art. Erstens wird der Wirkwiderstand der Wicklungen gegenüber dem Gleichstromwert vergrößert, weil die Streufelder mit der Frequenz der Ströme wechseln (s. Abschn. III 15). Zweitens entstehen Verluste durch lokale Änderungen der Streufelder, die von einem Teile der Maschine über den Luftspalt treten und sich durch den anderen Teil schließen. Diese Felder pulsieren mit der gegenseitigen Lage der Zähne und Nuten zueinander, und die dadurch verursachten Verluste haben die Zahnfrequenz des Rotors, bzw. des Stators.

Die zusätzlichen Kupferverluste erster Art werden direkt vom Primärstrom gedeckt. Die entsprechende Widerstandserhöhung wird für den Stator im Diagramm ohne weiteres richtig berücksichtigt, während der Rotorwiderstand durch die Kurzschlußmessung mit dem Werte für volle Netzfrequenz eingeführt wird. Die Verluste zweiter Art können wie die zusätzlichen Eisenverluste nur auf mechanischem Wege gedeckt werden, und sie wirken darum auf die Maschine bremsend. Der Teil dieser Verluste, der dem Leerlauf entspricht, wird durch die Leerlaufmessungen berücksichtigt. Bei Kurzschluß treten diese Verluste überhaupt nicht auf. Der hierdurch bedingte Fehler im Diagramm wird durch den oben erwähnten bei der Annahme des Rotorwiderstandes nur teilweise aufgehoben. Man muß daher erwarten, daß das Diagramm aus diesem Grunde einen etwas zu günstigen Wirkungsgrad ergibt.

19. Das Hysterese- und Wirbelstrommoment der Asynchronmaschine.

Seien P_{hr} und P_{wr} die Hysterese- und Wirbelstromverluste im Rotor bei Stillstand, so haben wir bei konstantem Kraftfluß und bei einem Schlupfe s die normalen Eisenverluste des Rotors:

$$s\,P_{hr} + s^2\,P_{wr} = P_{er}.$$

Nun können wir als Verallgemeinerung der Ergebnisse in Abschn. 9 den Satz aussprechen, daß von der Leistung, die das Drehfeld auf den Rotor überträgt, ein Teil entsprechend dem Schlupfe als elektrischer Verlust von Schlupffrequenz im Rotor verbraucht wird, während der übrige Teil eine mechanische Leistung ist.

Die totale Leistung, die bei offner Rotorwicklung auf den Rotor übertragen wird, sei P_{a0}. Dann ist nach dem obigem Satze

$$P_{er} = s\,P_{a0},$$

oder

$$P_{a0} = \frac{P_{er}}{s} = P_{hr} + s\,P_{wr}.$$

Von der totalen Leistung P_{a0} ist somit ein Teil, der dem Hysteresedrehmomente entspricht, vom Schlupf unabhängig, während der andere Teil, der dem Drehmomente der Wirbelströme entspricht, proportional dem Schlupf ist.

Die direkt elektrisch gedeckten Verluste sind $P_{er} = s\,P_{a0}$. Der Rest $(1 - s)\,P_{a0}$ geht in mechanische Leistung über. Da die Drehmomente der Eisenverluste immer dem Synchronismus zustreben, wird der Teil $(1 - s)\,P_{a0}$ bei untersynchronem Lauf des Rotors motorisch wirken und sucht die Maschine in Lauf zu halten. Läuft dagegen der Rotor übersynchron, wird $(1 - s)\,P_{a0}$ bremsend wirken.

Das Drehmoment des Drehfeldes ist bei offenem Rotor

$$D_0 = \frac{P_{a0}}{\omega_1} = \frac{1}{\omega_1}\,P_{h\,r} + \frac{s}{\omega_1}\,P_{w\,r} = D_h + D_w\,,$$

wo $\omega_1 = \dfrac{2\,\pi\,f}{p}$ die konstante Winkelgeschwindigkeit des Feldes ist. Das Drehmoment der Wirbelströme D_w ist also proportional dem Schlupf. Es ist bei Synchronismus gleich Null und wird bei Übersynchronismus negativ, indem es dann die Leistung $s\,P_{w\,r}$ vom Rotor

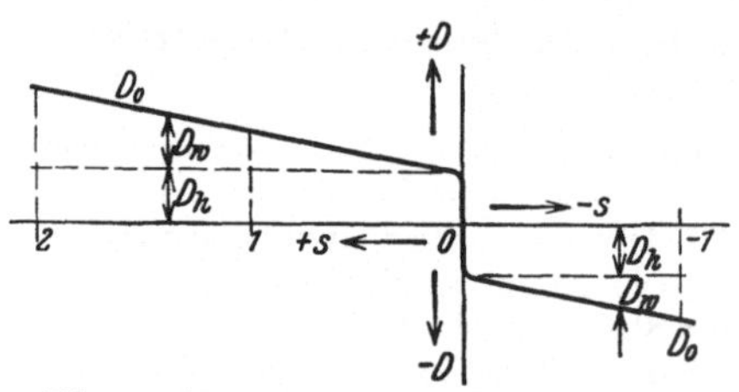

Abb. 293. Hysterese- und Wirbelstrommoment in Abhängigkeit vom Schlupf.

auf den Stator überträgt (s. Abb. 293). Die Wirbelströme können als Arbeitsströme in einer kurzgeschlossenen, induktionsfreien Rotorwicklung aufgefaßt werden. Sie veranlassen keine Korrektur im experimentell ermittelten Arbeitsdiagramm der Maschine.

Das Hysteresedrehmoment D_h entsteht dadurch, daß der Rotormagnetismus gegen die denselben erzeugende MMK um den Hysteresewinkel α_h verzögert ist. Wird der am Ankerumfange sinusförmig verteilte Kraftfluß des Rotormagnetismus mit Φ_r und die Grundwelle der MMK mit F bezeichnet, so ist das Drehmoment nach Abschn. 8

$$D_h = \text{konst}\; \Phi_r\, F \cdot \sin \alpha_h\,.$$

Dieses Moment wirkt bei Untersynchronismus auf den Rotor treibend. Bei Obersynchronismus bewegt sich der Rotor im entgegengesetzten Sinne relativ zur MMK, wodurch Winkel α_h und das Drehmoment ihre Vorzeichen wechseln. Das Moment wirkt jetzt bremsend, es wird die Leistung $P_{h\,r}$ vom Rotor auf den Stator übertragen. Da der Hysteresewinkel angenähert konstant ist, wird das Hysteresemoment auch angenähert konstant, unabhängig von der Umdrehungsgeschwindigkeit des Rotors (s. Abb. 293).

Bei Synchronismus kann der Verschiebungswinkel zwischen Φ_r und F alle Werte zwischen den Grenzen $+ \alpha_h$ und $- \alpha_h$ annehmen, je nach der Größe der dem Rotor zugeführten mechanischen Leistung. Beim Durchgang durch den Synchronismus nimmt diese Leistung um den Betrag $2\,P_{h\,r}$ zu, und die dem Stator vom Netze zugeführte Leistung nimmt um denselben Betrag ab.

Je nach dem Werte des Hystereseeffektes wird die Ordinate des ideellen Leerlaufpunktes beim Aufzeichnen des Kreisdiagrammes ein wenig verschieden. Jedoch ist der Unterschied in der Regel so klein, daß er keine Rolle spielt. Gehen wir für den Motor von der höchsten Lage des Punktes P_0 aus, wie man z. B. durch den Leerlaufversuch ohne Antriebsmaschine erhält, so entspricht der hierdurch festgelegten Drehmomentlinie das Drehmoment der Rotorströme. Hierzu könnte eventuell das konstante Drehmoment D_h addiert werden.

Das Drehmoment der Eisenverluste hat ihre wesentliche praktische Bedeutung beim asynchronen Anlauf von Synchronmotoren und Umformern.

20. Beispiel eines Arbeitsdiagrammes.

Es soll hier die Durchführung des Leerlauf- und Kurzschlußversuches, das Aufzeichnen des Arbeitsdiagrammes und die Kontrolle der Ergebnisse durch ein praktisches Beispiel gezeigt werden. Die Untersuchung wurde an einem 6poligen Schleifringmotor für 10 PS bei 220 V und 50 Hz im E. T. I. der Norwegischen Techn. Hochschule durchgeführt.

Es sollen zunächst einige Umstände, die bei der Ausführung der Messungen beachtet werden müssen, erwähnt werden. Die Messungen sind möglichst bei der normalen Betriebstemperatur der Maschine auszuführen. Um den Einfluß von kleineren Unsymmetrien der Spannung zu berücksichtigen, sind Spannung und Strom für alle Phasen, und die Leistung durch die Zwei-Wattmetermethode zu messen.

Die Kurzschlußmessung muß mit reduzierter Klemmenspannung vorgenommen werden, damit die Stromstärken innerhalb zulässiger Grenzen bleiben. Wenn die Streureaktanzen des Stators und Rotors als konstant vorausgesetzt werden können, ergibt sich der Kurzschlußstrom für normale Klemmenspannung durch proportionale Umrechnung. Indessen kann die Sättigung der Streuwege eine merkbare Abnahme der Reaktanzen bei großen Stromstärken bewirken, und der Kurzschlußstrom wächst dann rascher als die Klemmenspannung. Es ist darum eine Messung mit dem Nennstrom dem Diagramm zugrunde zu legen. Gegebenenfalls ist noch eine Messung für den dem Kippunkte entsprechenden Strom vorzunehmen.

Bei ganz stillstehendem Rotor würde man je nach der gegenseitigen Lage der Stator- und Rotornuten und der Wicklungen etwas verschiedene Werte von Kurzschlußstrom und Leistung erhalten. Es ist daher zweckmäßig, den kurzgeschlossenen Rotor langsam im Sinne des Drehfeldes und in entgegengesetzter Richtung anzutreiben und die Werte bei konstanter Spannung und verschiedenen Umdrehungszahlen zu notieren. Durch graphische Interpolation erhält man daraus J_{1k} und P_k für Stillstand. Die vorstehenden Bemerkungen gelten auch sinngemäß für den umgekehrten Kurzschlußversuch.

Wegen der Oberfelder wird der Rotorstrom bei synchronem Lauf nicht genau gleich Null, und es besteht im Stator eine entsprechende Komponente des Magnetisierungsstromes [1]. Der ideelle Leerlaufpunkt sollte darum vorzugsweise bei geschlossener Rotorwicklung bestimmt werden. Indessen kann der Einfluß der Oberströme auf die resultierende Stromstärke in der Regel nur gering sein, und der Versuch mit offenem Rotor gibt daher praktisch dasselbe Ergebnis.

Die folgenden Leerlaufmessungen bei 220 V bestimmen die Lage der Punkte A_0' und A_0 im Diagramm: Gewöhnlicher, asynchroner Leerlauf:

$$J_{10}' = 11{,}7 \text{ A}; \quad P_0' = 390 \text{ W}; \quad \cos \varphi_0' = 0{,}088.$$

Synchroner Leerlauf mit geschlossener Rotorwicklung:

$$J_{10} = 11{,}6 \text{ A}; \quad P_0 = 280 \text{ W}; \quad \cos \varphi_0 = 0{,}063.$$

Wenn der Hystereseeffekt vom Antriebsmotor durch das Drehfeld auf den Stator übertragen wurde, war $P_0 = 210$ W. Der Hystereseeffekt $\frac{1}{2}(280 - 210) = 35$ W trägt im Punkte A_0 zur Deckung der mechanischen Verluste bei. Bei synchronem Leerlauf mit offenem Rotor war $J_{10} = 11{,}8$ A.

Die primärseitige Kurzschlußmessung gab bei Nennstrom:

$$E_k = 59{,}9 \text{ V}; \quad J_{1k} = 27{,}5 \text{ A}; \quad P_k = 1070 \text{ W}; \quad \cos \varphi_k = 0{,}375.$$

Hieraus ergibt sich für 220 V

$$J_{1k} = 27{,}5 \frac{220}{59{,}9} = 101 \text{ A}.$$

Die sekundärseitige Kurzschlußmessung gab:

$$E_{k_2} = 27{,}5 \text{ V}; \quad J_{k_2} = 32{,}7 \text{ A}; \quad P_{k_2} = 590 \text{ W};$$

$$\cos \varphi_{k_2} = \frac{590}{\sqrt{3} \cdot 27{,}5 \cdot 32{,}7} = 0{,}380 \quad \text{und} \quad r_{k_1}' = \frac{590}{3 \cdot 32{,}7^2} = 0{,}184 \ \Omega.$$

Der Wirkwiderstand einer Rotorphase bei 50 Hz wurde durch Zufuhr von Drehstrom zum herausgenommenen Rotor gemessen (s. Abschn. 25):

$$J = 39{,}6 \text{ A}; \quad P = 417 \text{ W}; \quad t = 29^0.$$

Es ergibt sich hieraus

$$r_{2w}' = \frac{417}{3 \cdot 39{,}6^2} = 0{,}0886 \ \Omega.$$

Bei derselben Temperatur wurde der Gleichstromwiderstand pro Rotorphase zu $r_{2g}' = 0{,}0846 \ \Omega$ bestimmt. Es ist somit das Verhältnis $k_{r_1} = \dfrac{r_{2w}'}{r_{2g}'} = 1{,}047$ bei 29^0. Bei der Betriebstemperatur

---

[1] Es kann auch vorkommen, daß die Rotoroberfelder eine Reduktion des Leerlaufstromes bewirken, siehe E. Arnold: Die Wechselstromtechnik V/1, 181 (1909).

55^0 wird das Verhältnis nach Teil III, Abschn. 15: $k_{r2} = (1{,}047 - 1)\cdot 0{,}82 + 1 = 1{,}039$. Wir erhalten also für 55^0

$$r'_{2w} = 0{,}0846 \left(1 + 0{,}004\,(55 - 29)\right) \cdot 1{,}039 = 0{,}0970\ \Omega.$$

Mit Hilfe dieser Daten kann das Arbeitsdiagramm Abb. 294 aufgezeichnet werden. Es ist $J_{10} = OA_0 = 11{,}6$ A und $J_{1k} = OA_k = 101$ A. Weiter bildet die Tangente in A_0 den Winkel φ_{k2} mit $A_0 A_k$. Damit ist der Kreismittelpunkt M festgelegt. Die Verlustlinie $L' = 0$ wird durch die Punkte S und Q gezogen. Die Parallele zu $L_2 = 0$ durch A'_0 stellt die nach außen abgegebene mechanische Leistung dar, und die Parallele zu $L' = 0$ durch S' ist die Linie der gesamten Verluste. Der Abschnitt zwischen diesen Linien von einer Parallelen zur Abszissenachse gibt eine Skala für den Gesamtwirkungsgrad des Motors.

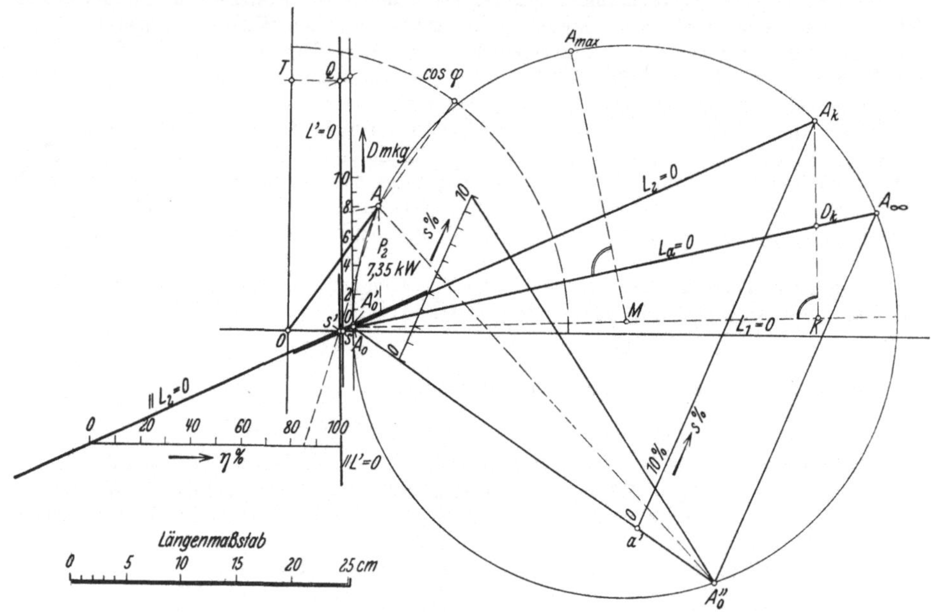

Abb. 294. Vollständiges Arbeitsdiagramm des 7,35 kW Drehstrommotors.

Zur Bestimmung des Punktes A_∞ ziehen wir den Kreisdurchmesser durch A_0 und errichten auf diesem das Lot $A_k K$. Tragen wir nach Gl. (82a)

$$A_k D_k = A_k K \cdot \frac{r'_{2w}}{r'_{k2}} = A_k K \cdot \frac{0{,}097}{0{,}184}$$

ab, erhalten wir die Drehmomentlinie $L_a = 0$ durch A_0 und D_k. Mit einem willkürlichen Punkte A''_0 als Pol bildet die Gerade $a'A_k$, die parallel zu $A_\infty A''_0$ ist, eine Skala für den Schlupf. Die Strecke $0-10\%$ von dieser Skala wird in passender Weise vergrößert.

Das Lot durch M auf $A_0 A_\infty$ schneidet den Kreis im Kippunkt $A_{\max}$. Außerdem ist im Diagramm der Arbeitspunkt A für die Nennleistung des Motors eingetragen.

Für das Aufzeichnen des Diagrammes wurde der Strommaßstab 1 cm $= 2$ A gewählt (die Abbildung ist im Druck gemäß dem eingetragenen Längenmaßstab verkleinert). Der Leistungsmaßstab wird dann

$$1\ \text{cm} = m_1 E_1 m_i = 3 \cdot \frac{220}{\sqrt{3}} \cdot 2 = 762\ \text{W}.$$

Aus einem später zu erörternden Grunde wurden die Versuche mit einer Netzfrequenz von $48{,}4\,z$ ausgeführt, und mit Fallbeschleunigung $g = 9{,}82$ (Trondheim) wird der Maßstab für das Drehmoment [s. Gl. (79)]:

$$1\ \text{cm} = \frac{p}{2\pi f}\, m_1 E_1 m_i \frac{1}{9{,}82} = \frac{3}{2\pi \cdot 48{,}4} \cdot 3 \cdot \frac{220}{\sqrt{3}} \cdot 2 \cdot \frac{1}{9{,}82} = 0{,}766\ \text{mkg}.$$

Auf der Tangente in A_0 kann mit A_0' als Nullpunkt eine Skala für das nach außen abgegebene Drehmoment aufgetragen werden. Der Schnittpunkt des verlängerten Stromvektors mit dem cos φ-Kreise gibt durch seine Ordinate den Leistungsfaktor des Primärstromes an.

Zur Kontrolle des Diagrammes wurde der Motor durch eine geeichte Pendeldynamo gebremst. Bei der Messung der Netzfrequenz und des Schlupfes wurde von einer elektrisch angetriebenen Stimmgabel ausgegangen, deren Frequenz 435,5 Hz war. Die Netzfrequenz wurde auf 48,4 Hz eingeregelt, so daß bei Verzerrung der Spannungskurve die 9. Oberwelle mit den Stimmgabelschwingungen übereinstimmte. Der Schlupf wurde stroboskopisch gemessen[1]. In Tabelle 15 sind die Ergebnisse dieser Versuchsreihe mit den entsprechenden Werten aus dem Diagramm in Abhängigkeit vom abgegebenen

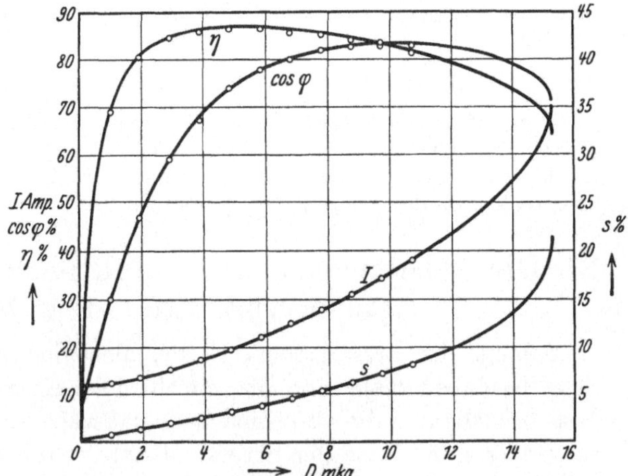

Abb. 295. Betriebskurven des 7,35 kW Drehstrommotors bei Nennspannung.

Drehmoment zusammengestellt. Wie man sieht, ist die Übereinstimmung so gut, wie man erwarten kann, wenn man sich erinnert, daß die zusätzlichen Kupferverluste nicht in voller Größe berücksichtigt sind.

In Abb. 295 sind die Betriebskurven des Motors in Abhängigkeit vom abgegebenen Drehmoment nach dem Diagramm aufgezeichnet. Die eingetragenen Punkte bezeichnen die bei der Bremsung erhaltenen Werte.

Tabelle 15.

D	J Amp		Cos φ		s %		η %	
mkg	a	b	a	b	a	b	a	b
0,973	12,2	12,2	0,296	0,298	0,64	0,62	69,5	69,0
1,946	13,3	13,3	0,469	0,468	1,22	1,18	80,8	80,5
2,919	15,0	15,0	0,593	0,589	1,83	1,80	84,8	84,6
3,892	17,1	17,1	0,681	0,672	2,46	2,35	86,7	86,1
4,865	19,3	19,2	0,736	0,739	3,12	3,00	86,9	86,4
5,838	21,9	21,8	0,777	0,777	3,81	3,65	86,9	86,3
6,811	24,7	24,7	0,802	0,798	4,55	4,40	86,1	85,5
7,784	27,6	27,6	0,817	0,817	5,32	5,20	85,2	85,0
8,757	30,8	30,8	0,827	0,825	6,16	6,05	84,4	84,0
9,730	34,1	34,1	0,831	0,833	7,08	7,00	83,2	82,6
10,703	37,9	38,0	0,831	0,827	8,12	8,10	81,8	81,2

Kolonnen a — nach dem Diagramm
Kolonnen b — nach dem Bremsversuche.

Nach dem Diagramm erhalten wir für den Kippunkt $A_{\max}$: $J_1 = 70{,}3$ A; $P_1 = 19{,}0$ kW; $D_{\max} = 15{,}3$ mkg.

Es wurde ein weiterer Kurzschlußversuch ausgeführt:

$$E_k = 119{,}5 \text{ V}; \quad J_{1k} = 58{,}3 \text{ A}; \quad P_k = 5050 \text{ W}; \quad \cos \varphi_k = 0{,}418.$$

Auf 220 V umgerechnet, wird dann $J_{1k} = 107$ A. Ein Diagramm mit diesem neuen Kurzschlußpunkt ergibt für $A_{\max}$: $J_1 = 75$ A; $P_1 = 20{,}7$ kW; $D_{\max} = 16{,}4$ mkg.

---

[1] Siehe Arch. Elektrot. **12**, 358 (1923).

Bei direkter Bremsung erhielt man für den Kippunkt:

$$J_1 = 73{,}5 \text{ A}; \quad P_1 = 20{,}8 \text{ kW}; \quad D_{\text{max}} = 16{,}4 \text{ mkg}.$$

Das neue Diagramm stimmt also hier gut mit den wirklichen Werten überein.

Das Nenndrehmoment des Motors ist 7,6 mkg. Die Überlastungsfähigkeit ist somit nach dem Diagramm (Abb. 294) $\dfrac{15{,}3}{7{,}6} = 2{,}0$, während der wirkliche Wert $\dfrac{16{,}4}{7{,}6} = 2{,}15$ ist.

Zum Schluß sei bemerkt, daß die vereinfachte Konstruktion des Kreismittelpunktes (s. Abb. 284) und des Punktes A_∞ (s. Abb. 288) unter Benutzung nur einer (asynchronen) Leerlauf- und einer Kurzschlußmessung in diesem Falle keine nennenswerten Abweichungen von den Werten des genauen Diagrammes verursacht.

21. Die Arbeitsweise des Induktionsmotors bei Spannungen über und unter dem Nennwert.

Solange der Ersatzstromkreis der Maschine ungeändert besteht, kann man dasselbe Arbeitsdiagramm für verschiedene Klemmenspannungen gelten lassen. Man braucht nur die verschiedenen Maßstäbe entsprechend der neuen Primärspannung zu ändern. Der Strommaßstab ist direkt proportional der Spannung, während die Maßstäbe für die Leistungen und das Drehmoment nach Abschn. 13 und 14 proportional dem Quadrat der zugeführten Spannung sind. Somit wird

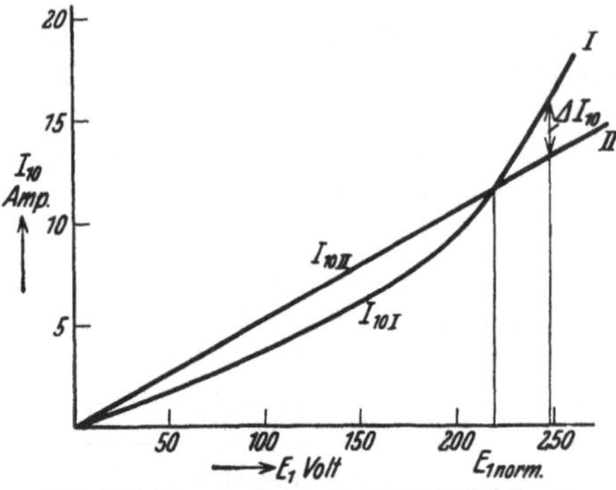

Abb. 296. Erregerstrom des 7,35 kW-Motors in Abhänigkeit von der Klemmenspannung: I_{10I}-experimentell ermittelt, I_{10II}-theoretisch angenommen.

sich auch das Kippmoment des Motors proportional dem Quadrat der Spannung ändern. Für $\cos \varphi$, Schlupf und Wirkungsgrad, also Größen, welche durch dimensionslose Zahlenwerte angegeben werden, finden keine Maßstabänderungen statt.

Will man den Einfluß von Spannungsänderungen auf das Verhalten eines Motors bei konstantem Drehmoment oder konstanter abgegebener Leistung untersuchen, kann dies daher mit Hilfe des Diagrammes für die Nennspannung folgendermaßen geschehen. Bezeichnet man die Nennspannung mit E_0 und die neue Spannung mit E, wird z. B. der Drehmomentmaßstab bei der neuen Spannung

$$m_d = \left(\frac{E}{E_0}\right)^2 m_{d_0},$$

wo m_{d_0} der Maßstab bei Nennspannung ist. Unter Berücksichtigung dieser Maßstabänderung wird ein neuer Arbeitspunkt auf dem Kreise aufgesucht. Für diesen liest man den Strom ab, indem man sich erinnert, daß der Strommaßstab im Verhältnis E/E_0 geändert ist, während $\cos \varphi$, Wirkungsgrad und Schlupf unmittelbar gegeben werden.

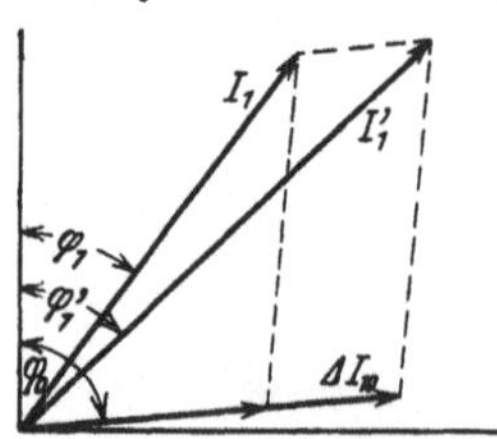

Abb. 297. Korrektion des Ankerstromes wegen der Eisensättigung.

Wegen der Eisensättigung sind indessen die Konstanten der Ersatzschaltung nicht von der Spannung vollständig unabhängig. Dies berührt im besonderen den Erregerstrom. So zeigt z. B. in der Abb. 296 die Kurve I den bei synchronem Lauf aufgenommenen Erregerstrom J_{10} als Funktion der Klemmenspannung für den im vorigen Abschnitt untersuchten Motor, während die ungeänderte Ersatzschaltung anstatt dieser Kurve die Gerade II voraussetzt. Ist die Differenz zwischen dem Leerlaufstrom J_{10I} nach Kurve *I* und J_{10II} nach Kurve *II* gleich ΔJ_{10}, kann man den Wert des Belastungsstromes und des Effektfaktors wie in Abb. 297 korrigieren. J_{10I} und J_{10II} haben praktisch denselben Effektfaktor cos φ_0, und man addiert darum ΔJ_{10} graphisch zu dem im Diagramm festgelegten neuen Stromvektor J_1 unter dem Phasenwinkel φ_0. Der korrigierte Vektor wird somit J_1' mit Effektfaktor cos φ_1'.

Streng genommen sollte bei Spannungsänderung die Strecke $A_0 A_0'$, die im Diagramm die „mechanischen" Verluste darstellt, auch geändert werden. Bei Änderung der Spannung innerhalb mäßiger Grenzen kann jedoch in der Regel hiervon abgesehen werden.

Abb. 298 zeigt Kurven für den Verlauf von Strom, Effektfaktor, Schlupf und Wirkungsgrad in Abhängigkeit von der Klemmenspannung beim Nenndrehmoment für den früher untersuchten Motor, wie sie mit Hilfe des Diagrammes erhalten werden. Für· J_1 und cos φ_1 geben die gestrichelten Kurven direkt die Diagrammwerte an, während die voll ausgezogenen Kurven die Werte nach einer Korrektur mittels ΔJ_{10} gemäß Abb. 296 u. 297 darstellen. Die eingetragenen Punkte wurden durch Belastung mit der Pendeldynamo erhalten.

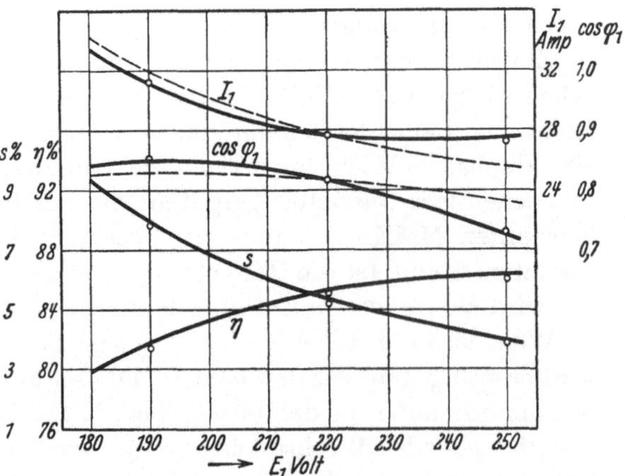

Abb. 298. Verhalten des 7,35 kW-Motors für variable Spannung beim Nenndrehmoment.

Bei einem konstanten, nicht zu großen Drehmoment wird der Schlupf bei der Klemmenspannung E:

$$s \approx s_0 \left(\frac{E_0}{E}\right)^2,$$

wenn s_0 der Schlupf bei der Spannung E_0 ist. Diese Beziehung beruht auf der Annahme, daß der Schlupf bei konstanter Klemmenspannung proportional dem Drehmoment wächst (s. Abschn. 9).

Viertes Kapitel.

Der einphasige Induktionsmotor. Der Mehrphasenmotor bei unsymmetrischer Klemmenspannung.

22. Allgemeines über die Arbeitsweise der einphasigen Induktionsmaschine.

Wenn wir bei einem dreiphasigen Induktionsmotor, der im Betrieb ist, den Strom in einer Phase ausschalten, so wird die Maschine als einphasiger Induktionsmotor weiterarbeiten. Dasselbe wird eintreten, wenn die eine Phase eines laufenden Zweiphasenmotors ausgeschaltet wird. Läuft dieser Motor leer, so wird der Strom in der nicht unterbrochenen Phase verdoppelt, indem die andere ausgeschaltet wird. Mißt man die induzierte EMK der ausgeschalteten Wicklungsphase, wird man finden, daß sie fast dieselbe wie vor dem Ausschalten ist. Dies zeigt, daß der Motor sein Drehfeld einigermaßen ungeändert behält, obwohl der Primärstrom nur einphasig ist. Dieses Drehfeld wird durch den Statorstrom in Verbindung mit den in der kurzgeschlossenen Rotorwicklung fließenden Strömen erzeugt. Diese Kurzschlußströme suchen der Kraftflußänderung durch die Rotorwindungen, wodurch sie erzeugt sind, entgegenzuwirken. Sie erhalten daher die Rotation des Feldes fast synchron mit dem Rotor aufrecht, dem seine Bewegung durch das ursprüngliche Mehrphasenfeld mitgeteilt worden ist.

Zur näheren Erklärung der Wirkungsweise des einphasigen Induktionsmotors gehen wir von der in Teil III, Abschn. 11 dargestellten Auffassung eines Wechselfeldes aus. Laut dieser kann eine stillstehende, pulsierende MMK, wie sie durch eine einphasige Wicklung erzeugt wird, in zwei rotierende MMKe zerlegt werden, von denen jede die halbe Amplitude der einphasigen MMK besitzt. Diese beiden konstanten MMKe rotieren mit derselben Geschwindigkeit, aber in entgegengesetztem Sinne. Ist die Winkelgeschwindigkeit der rechtsdrehenden MMK gleich ω_1, wird sie für die linksdrehende gleich $-\omega_1$.

Wenn sich ein stillstehender Rotor im Felde der Einphasenwicklung befindet, wird er sich gegenüber den beiden MMKen in gleicher Weise verhalten, weil sein Schlupf gegenüber beiden gleich eins ist. Die beiden MMKe bewirken somit, daß ein stillstehendes Wechselfeld erzeugt wird. Der Motor hat keine Tendenz zur Rotation, weder in der einen noch in der anderen Richtung.

Anders verhält es sich, wenn die kurzgeschlossene Rotorwicklung rotiert; denn ihr Schlupf wird dann relativ zu den beiden rotierenden MMKen und zu den von diesen erzeugten Feldern verschieden. Nehmen wir z. B. an, daß sich der Rotor mit der Winkelgeschwindigkeit ω_2 nach rechts dreht, so wird sein Schlupf gegenüber dem rechtsdrehenden Felde

$$s = \frac{\omega_1 - \omega_2}{\omega_1},$$

während der Schlupf gegenüber dem linksdrehenden Felde

$$s_i = \frac{\omega_1 + \omega_2}{\omega_1}$$

ist. Somit ist $s + s_i = 2$ und $s_i = 2 - s$. Bei Synchronismus ist $s = 0$ und $s_i = 2$. Das rechtsdrehende (vorwärtslaufende) Feld induziert dann keine EMK in der Rotorwicklung, und es entstehen in dieser auch keine Ströme zur Schwächung des Feldes. Bei Synchronismus besteht daher ein rechtsdrehendes Feld entsprechend dem rechtsdrehenden Teil der Stator-MMK.

Der linksdrehende Teil der Stator-MMK sucht ein entsprechendes linksdrehendes (invers rotierendes) Feld zu erzeugen. Da der Schlupf des Rotors gegenüber diesem Felde $s_i = 2$ ist, so wirkt es in der Rotorwicklung stark induzierend, und in dieser treten daher Ströme auf, die das Feld zu vernichten suchen. Wenn die Rotorwicklung ohne Reaktanz und Ohmschen Widerstand wäre, würde das inverse Feld gleich Null sein, und man würde nur das andere — das vorwärtslaufende — behalten. In diesem Falle würde die Hälfte der Stator-MMK durch die Rotorströme neutralisiert sein. Hieraus ersieht man, warum der Statorstrom in der zurückbleibenden Phase etwa verdoppelt wird, wenn die eine Phase eines leerlaufenden Zweiphasenmotors ausgeschaltet wird. Man wird auch hiernach einsehen, daß der Statorstrom eines synchron rotierenden Einphasenmotors auf etwa die Hälfte abfällt, wenn die Rotorwicklung geöffnet wird.

Hätten wir für den Rotor die entgegengesetzte Drehrichtung von oben — also Linksdrehung — angenommen, so hätten die beiden Drehfelder nur ihre Rolle gegenüber dem Rotor vertauscht. Das rechtsdrehende Feld würde durch die

Rotorströme stark geschwächt sein, während das linksdrehende als antreibendes Feld bestehen würde. Der Einphasenmotor muß sich also bei Rechts- und Linksdrehung genau gleich verhalten. Seine Drehrichtung beim Lauf hängt nur davon ab, in welcher Richtung er angedreht worden ist.

Eine Induktionsmaschine, die von einem Einphasennetze gespeist wird, kann außer der Verwendung als Motor auch zur Umformung des Einphasenstromes in Mehrphasenstrom dienen. Die Maschine muß dann eine mehrphasige Statorwicklung besitzen. Abb. 299 zeigt das Schema eines asynchronen Phasenumformers mit zweiphasiger Statorwicklung und kurzgeschlossenem Rotor. Der Statorphase I wird Effekt zugeführt, der (von den Verlusten ab-

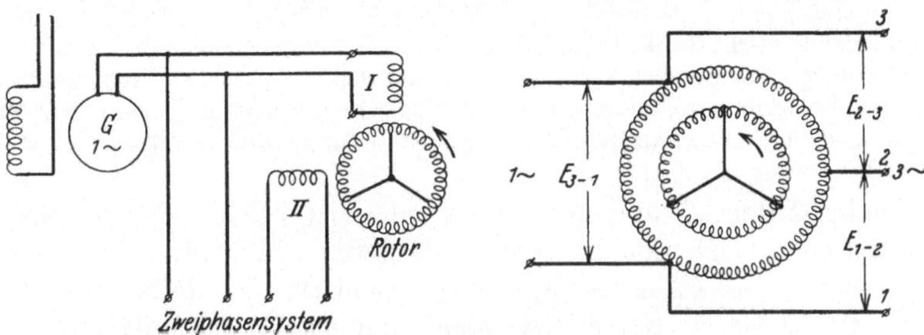

Abb. 299 u. 300. Beispiele einer Induktionsmaschine als Phasenumformer.

gesehen) wieder durch die Phase II abgegeben wird. Die Wicklungsphasen sind in elektrischer Beziehung zueinander senkrecht angeordnet, und in Phase II sind daher Strom und Spannung um etwa 90° gegen Phase I verschoben. Die beiden Phasen bilden zusammen ein Zweiphasensystem.

Abb. 300 zeigt eine ähnliche Anordnung für Umformung von Einphasenstrom in Dreiphasenstrom. Die dreiphasige Induktionsmaschine nimmt Einphasenstrom auf, und durch die Drehung des kurzgeschlossenen Rotors wird das inverse Drehfeld fast vernichtet, so daß im wesentlichen nur das synchrone Drehfeld in den anderen Statorphasen induzierend wirkt. Natürlicherweise kann das Drehfeld auch durch eine Gleichstromerregung des Rotors hergestellt werden. Die Maschine wird dann eine Synchronmaschine.

Bei allen diesen verschiedenen Anordnungen von Phasenumformern werden jedoch die erhaltenen Mehrphasensysteme besonders bei Belastung ziemlich unsymmetrisch. Nimmt man z. B. die zugeführte Einphasenspannung als konstant an, erkennt man nach Abb. 300, daß die verkettete Spannung E_{3-1} auch konstant wird, während die Spannungen E_{1-2} und E_{2-3} durch die Spannungsabfälle in den Maschinenwicklungen beeinflußt werden.

23. Ersatzschaltung und Arbeitsdiagramm des einphasigen Induktionsmotors.

In der Statorwicklung wird vom vorwärtslaufenden Felde Φ — abgesehen vom Vorzeichen — eine EMK

$$E_a = 4{,}44\, f\, k_{w_1}\, w_1\, \Phi \cdot 10^{-8}\ \mathrm{V}$$

induziert [s. Gl. (17)]. Ebenso gibt das inverse Feld Φ_i die EMK

$$E_{a\,i} = 4{,}44\, f\, k_{w_1}\, w_1\, \Phi_i \cdot 10^{-8}\ \mathrm{V}.$$

Die entsprechenden EMKe in der Rotorwicklung sind, auf Stator reduziert, gleich $s E_a$ bzw. $s_i E_{a\,i} = (2 - s) E_{a\,i}$. Diese beiden Rotor-EMKe und die von denselben erzeugten Rotorströme haben verschiedene Periodenzahlen, nämlich $s f$ bzw. $(2 - s) f$. Diese Rotorströme können daher jeder für sich und unabhängig voneinander betrachtet werden. Für die auf den Stator reduzierten Werte der Rotorströme erhalten wir (s. Abschn. 10):

$$\overline{J}_2 = \frac{s\,\overline{E}_a}{r_2 + j\,s\,x_2} = \frac{\overline{E}_a}{\dfrac{r_2}{s} + j\,x_2} \tag{85}$$

bzw.

$$\overline{J}_{2i} = \frac{s_i\,\overline{E}_{ai}}{r_2 + j\,s_i\,x_2} = \frac{\overline{E}_{ai}}{\dfrac{r_2}{s_i} + j\,x_2} = \frac{\overline{E}_{ai}}{\dfrac{r_2}{2-s} + j\,x_2}. \tag{86}$$

Es muß hier bemerkt werden, daß man in diesen Gleichungen eigentlich nicht den Gleichstromwert von r_2, sondern die Werte entsprechend den betreffenden Frequenzen hätte einführen sollen. Bei kleineren Motoren, von denen hier hauptsächlich die Rede ist, wird jedoch der Unterschied der Widerstandswerte so klein, daß der hierdurch verursachte Fehler ohne praktische Bedeutung ist.

Die beiden Felder Φ und Φ_i können jedes für sich durch eine mehrphasige Statorwicklung erzeugt gedacht werden. Jede dieser Mehrphasenwicklungen muß

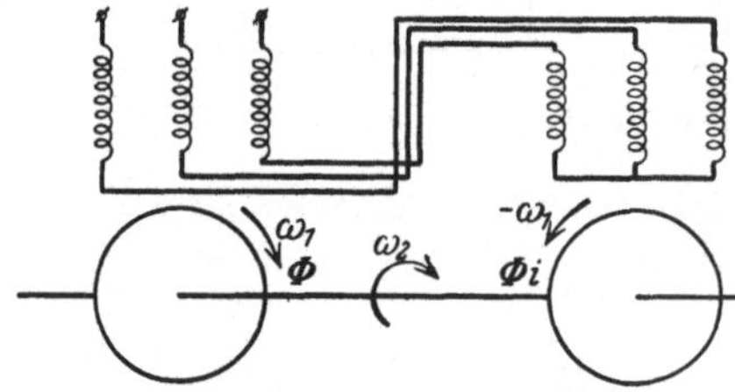

Abb. 301. Ersatzschema eines einphasigen Induktionsmotors.

eine resultierende MMK mit Amplitude gleich der Hälfte der MMK der wirklichen Statorwicklung haben. Somit ergibt sich, daß die Einphasenwicklung in magnetischer Beziehung gleichwertig mit zwei Mehrphasenwicklungen ist, von denen jede denselben Strom führt und dieselbe totale Windungszahl besitzt wie die Einphasenwicklung. Die Mehrphasenwicklungen sind also in Serie zu schalten (Abb. 301). Die Komponente des Primärstroms J_1, die das Feld in jeder Statorwicklung erzeugt (die Magnetisierungsströme), wird:

für das Feld Φ

$$\overline{J}_a = \overline{J}_1 - \overline{J}_2 = \overline{y}_a\,\overline{E}_a\,,$$

und für das Feld Φ_i

$$\overline{J}_{ai} = \overline{J}_1 - \overline{J}_{2i} = \overline{y}_a\,\overline{E}_{ai}\,.$$

Der Leitwert $\overline{y}_a$ ist in beiden Fällen dieselbe Größe, da wir den Magnetisierungsstrom proportional dem Felde setzen. Wir erhalten somit

$$\overline{J}_1 = \overline{J}_a + \overline{J}_2 = \overline{E}_a\left(\overline{y}_a + \frac{1}{\dfrac{r_2}{s} + j\,x_2}\right)$$

$$= \overline{J}_{ai} + \overline{J}_{2i} = \overline{E}_{ai}\left(\overline{y}_a + \frac{1}{\dfrac{r_2}{2-s} + j\,x_2}\right). \tag{87}$$

Die von den beiden Feldern in der wirklichen Statorwicklung induzierte EMK ist

$$\overline{E}_{at} = \overline{E}_a + \overline{E}_{ai}\,. \tag{88}$$

Aus der obigen Darstellung erhellt, daß die Ersatzschaltung einer einphasigen Induktionsmaschine durch Abb. 302 dargestellt wird. Dieser Stromkreis enthält, wie man sieht, zwei in Serie geschaltete Mehrphasenmotoren, deren Rotoren auf einer gemeinsamen Welle sitzen, und deren Drehfelder entgegengesetzte Drehrichtung haben (Abb. 301).

Die beiden variablen Admittanzen $\dfrac{1}{\dfrac{r_2}{s}+jx_2}$ und $\dfrac{1}{\dfrac{r_2}{2-s}+jx_2}$ können graphisch,

wie in Abb. 303 gezeigt, dargestellt werden. Es ist hier abgetragen: $x_2 = OA'_\infty$;

$r_2 = A'_\infty A'_k$; $\dfrac{r_2}{s} = A'_\infty A'$; $\dfrac{r_2}{2-s} = A'_\infty A'_1$.

Die vertikale Gerade durch A'_∞ ist somit das Spiegelbild einer Impedanzlinie, indem der Punkt O der Koordinatenanfang des Diagrammes ist. Die inverse Kurve dieser Impedanzlinie ist ein Kreis durch O und mit dem Mittelpunkt auf der Geraden OA'_∞. Auf diesem Kreise erhalten wir die inversen Punkte A, A_k und A_1. Also ist

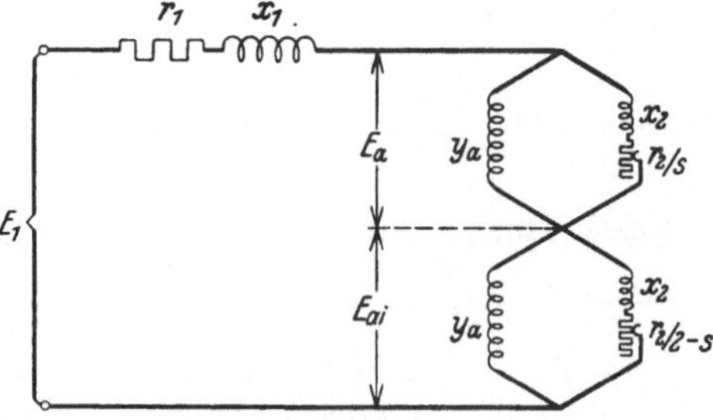

Abb. 302. Ersatzstromkreis eines einphasigen Induktionsmotors.

$$OA = \dfrac{1}{\dfrac{r_2}{s}+jx_2} \qquad \text{und} \qquad OA_1 = \dfrac{1}{\dfrac{r_2}{2-s}+jx_2}.$$

Wird durch den Punkt A_k eine Gerade parallel zur Abszissenachse gezogen, kann auf dieser eine Skala für den Schlupf eingerichtet werden. Man hat nämlich:

$$s = \dfrac{r_2}{\dfrac{r_2}{s}} = \dfrac{A'_\infty A'_k}{A'_\infty A'} = \dfrac{\operatorname{tg}\alpha}{\operatorname{tg}\beta} = \dfrac{aO\cdot ac}{aA_k\cdot aO} = \dfrac{ac}{aA_k}.$$

Bezeichnet Punkt a Schlupf $= 0$ und Punkt A_k Schlupf $= 1$, wird somit der Punkt c den Schlupf s, der dem Widerstande r_2/s entspricht, geben.

In derselben Weise erhält man:

$$s_i = 2 - s = \dfrac{r_2}{\dfrac{r_2}{2-s}} = \dfrac{A'_\infty A'_k}{A'_\infty A'_1} = \dfrac{\operatorname{tg}\alpha}{\operatorname{tg}\gamma} = \dfrac{a c_1}{aA_k}.$$

Die Skala kann also über dem Punkt A_k nach rechts verlängert werden, und der Punkt c_1 entspricht dann dem Schlupf $2-s$ für „den inversen Motor".

Von $s=1$ (Stillstand) bis $s=0$ (Synchronismus) wandert der Punkt A auf dem Kreise von A_k nach O (entsprechend einer Verschiebung des Punktes A' auf der vertikalen Geraden von A'_k aufwärts bis ins Unendliche). Gleichzeitig wandert der Punkt A_1 von A_k nach einem Punkt A_{10}, der durch die Gerade Ob bestimmt wird, indem $A_k b$ gleich $A_k a$ abgetragen ist.

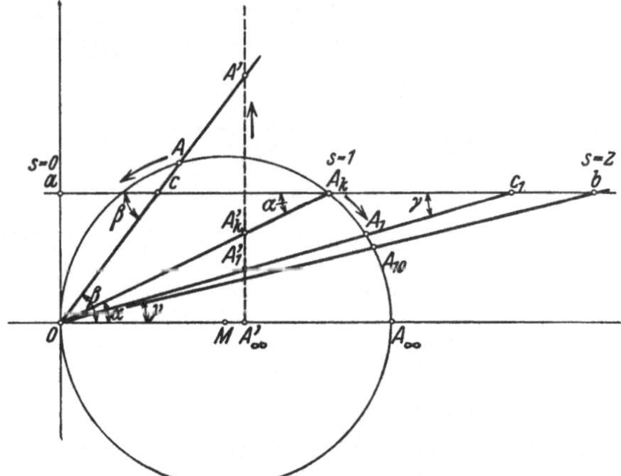

Abb. 303. Graphische Darstellung der Sekundäradmittanzen des Stromkreises, Abb. 302.

Die Abb. 303 zeigt, daß die Admittanz $\dfrac{1}{\dfrac{r_2}{2-s}+jx_2}$ (durch den Vektor OA_1

dargestellt) nur eine ganz kleine Änderung erfährt im Vergleich mit der Admittanz $\dfrac{1}{\dfrac{r_2}{s} + j\,x_2}$ (durch den Vektor OA dargestellt). Für den Betrieb des Motors in der Nähe des Synchronismus kann sogar $\dfrac{1}{\dfrac{r_2}{2-s} + j\,x_2}$ mit genügender Genauigkeit konstant gleich $\dfrac{1}{\dfrac{r_2}{2} + j\,x_2}$ gesetzt werden. Da diese Admittanz weiter sehr groß im Vergleich mit der zu derselben parallel geschalteten Admittanz

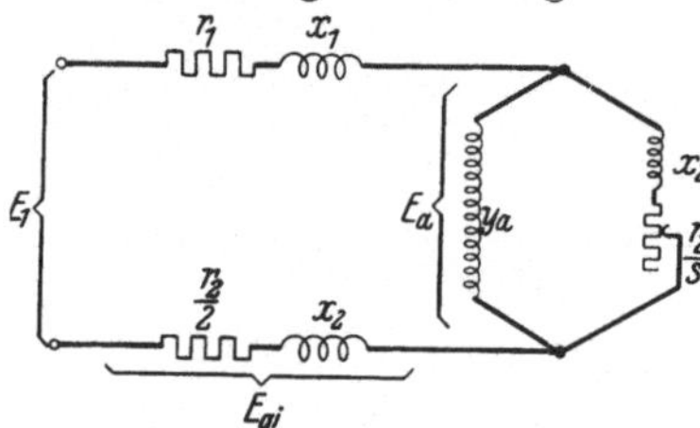

Abb. 304. Vereinfachte Ersatzschaltung des Einphasenmotors.

$\bar{y}_a$ ist (Abb. 302), so kann die letzte vernachlässigt werden. Die Ersatzschaltung des Einphasenmotors für Betrieb in der Nähe des Synchronismus wird daher durch Abb. 304 dargestellt.

Hieraus ersieht man, daß ein Einphasenmotor sich wie ein Mehrphasenmotor verhält, dessen primäre Reaktanz um die Rotorreaktanz x_2, und dessen primärer Widerstand um den halben Rotorwiderstand $r_2/2$ vergrößert ist. Aus der Theorie des Mehrphasenmotors folgt, daß das Stromdiagramm des vereinfachten Ersatzstromkreises Abb. 304 ein Kreis ist. Übrigens kann es auch gezeigt werden, daß das Stromdiagramm des vollständigen Ersatzstromkreises Abb. 302 ebenfalls ein Kreis ist[1].

Das Arbeitsdiagramm des Einphasenmotors kann daher wie für den Mehrphasenmotor auf Grund einer Leerlauf- und einer Kurzschlußmessung konstruiert werden. Zur Bestimmung des ideellen Leerlaufpunktes kann hier jedoch nicht ein Versuch mit offenem Rotor benutzt werden, weil dieser nur den Erregerstrom des Stators geben würde, der etwa die Hälfte des Leerlaufstromes ist. Der Kreismittelpunkt kann

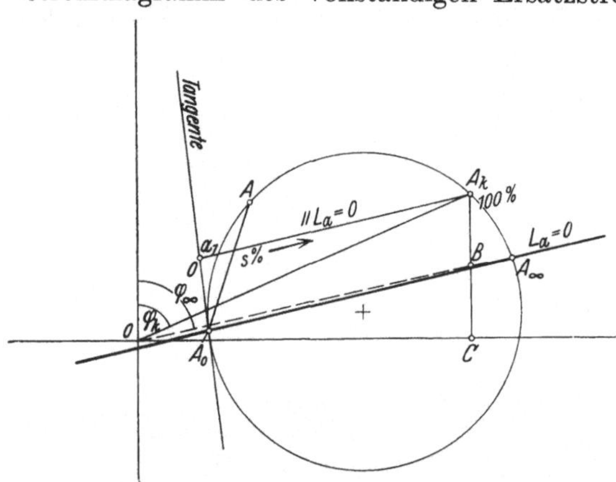

Abb. 305. Arbeitsdiagramm des Einphasenmotors.

auch hier mit guter Annäherung, wie in Abb. 284 gezeigt, ermittelt werden.

Für den Betrieb in der Nähe des Synchronismus kann eine Drehmomentlinie $L_a = 0$ gemäß Abb. 305 gefunden werden. Bei Kurzschluß ($s = 1$) wird nach der Ersatzschaltung Abb. 302 angenähert (y_a vernachlässigt)

$$\operatorname{cotg} \varphi_k = \frac{r_1 + 2\,r_2}{x_1 + 2\,x_2}.$$

In derselben Weise erhalten wir für $s = \infty$ angenähert

$$\operatorname{cotg} \varphi_\infty = \frac{r_1}{x_1 + 2\,x_2}.$$

<hr>

[1] Siehe Arnold-la Cour: Die Wechselstromtechnik. V/1, 126 (1909).

Somit ist (Abb. 305)

$$\frac{BC}{A_k C} = \frac{\cotg \varphi_\infty}{\cotg \varphi_k} = \frac{r_1}{r_1 + 2\,r_2}.$$

Gewöhnlich können wir mit genügender Genauigkeit für unseren Zweck $\frac{BC}{A_k C} \approx \frac{1}{2}$ setzen, und wir erhalten dann dieselbe vereinfachte Bestimmung des Punktes A_∞ wie bei Mehrphasenmotoren (vgl. Abb. 288). Die gesuchte Drehmomentlinie wird durch A_0 und A_∞ gezogen. Es ist zu bemerken, daß wir hier vom inversen Drehfeld abgesehen haben, was nur bei kleinem Schlupf statthaft ist. Wir erinnern uns z. B., daß das Drehmoment auch im Punkt A_k gleich Null ist.

In der Nähe der synchronen Drehzahl, wo die vereinfachte Ersatzschaltung Abb. 304 gilt, stellt die Tangente in A_0 die variablen Rotorverluste dar. Die übrigen Leistungslinien und die Wirkungsgradskala werden dann wie beim Mehrphasenmotor bestimmt. Ziehen wir durch A_k eine Parallele zur Geraden $L_a = 0$, können wir auf dem Linienstück $a_1 A_k$ in gewöhnlicher Weise den Schlupf ablesen (s. Abb. 305).

24. Der mehrphasige Induktionsmotor bei unsymmetrischer Klemmenspannung.

Wenn die Klemmenspannung eines symmetrisch gebauten Mehrphasenmotors nicht symmetrisch ist, wird die Summe der inversen Drehfelder der einzelnen Phasen auch nicht gleich Null. Außer dem gewöhnlichen, positiv rotierenden Felde besteht noch ein resultierendes invers rotierendes Feld Φ_i. Die beiden Felder induzieren in jeder Statorphase die EMKe E_a bzw. E_{ai} (abgesehen vom Vorzeichen). Nach Teil I, Abschn. 37 können nun die EMKe der einzelnen Phasen durch das unsymmetrische Vektorpaar $\overline{E}_a$ und $\overline{E}_{ai}$ dargestellt werden. Für die entsprechenden Rotorströme, auf Stator reduziert, gilt [vgl. Gln. (85) und (86)]:

$$\overline{J}_2 = \frac{s\,\overline{E}_a}{r_2 + j\,s\,x_2} = \frac{\overline{E}_a}{\dfrac{r_2}{s} + j\,x_2}, \tag{89a}$$

$$\overline{J}_{2i} = \frac{(2-s)\,\overline{E}_{ai}}{r_2 - j\,(2-s)\,x_2} = \frac{\overline{E}_{ai}}{\dfrac{r_2}{2-s} - j\,x_2}. \tag{89b}$$

In Gl. (89b) muß vor der Reaktanz das negative Vorzeichen benutzt werden, weil die Vektoren hier eine Orientierung entsprechend dem invers rotierenden Felde erhalten. Bezeichnen wir wie früher mit E_a und E_{ai} bzw. J_2 und J_{2i} die entsprechenden Komponenten der Spannungen und Ströme des Stators, so wird das unsymmetrische Vektorpaar der Statorströme:

$$\begin{aligned}\overline{J}_1 &= \overline{J}_a + \overline{J}_2,\\ \overline{J}_{1i} &= \overline{J}_{ai} + \overline{J}_{2i},\end{aligned} \tag{90}$$

wo $\overline{J}_a$ und $\overline{J}_{ai}$ das unsymmetrische Vektorpaar der für die Erzeugung der Felder Φ und Φ_i notwendigen Magnetisierungsströme ist.

Wie früher sehen wir von der Eisensättigung ab und nehmen an, daß die Eisenverluste sich auf die beiden gegeneinander rotierenden Stromsysteme proportional den Quadraten der induzierten EMKe verteilen. Dann ist:

$$\begin{aligned}\overline{J}_a &= \overline{E}_a\,(g_a - j\,b_a) = \overline{y}_a\,\overline{E}_a,\\ \overline{J}_{ai} &= \overline{E}_{ai}\,(g_a + j\,b_a) = \overline{y}_a^{*}\,\overline{E}_{ai},\end{aligned} \tag{91}$$

wo $\bar{y}_a^*$ der konjugierte Wert des Magnetisierungsleitwertes $\bar{y}_a$ ist. Es ist somit:

$$\dot{\bar{J}}_1 = \dot{\bar{E}}_a \left(\bar{y}_a + \frac{1}{\dfrac{r_2}{s} + j\,x_2} \right),$$

$$\dot{\bar{J}}_{1i} = \dot{\bar{E}}_{ai} \left(\bar{y}_a^* + \frac{1}{\dfrac{r_2}{2-s} - j\,x_2} \right). \tag{92}$$

Ist die Statorimpedanz pro Phase $\bar{z}_1 = r_1 + j\,x$, und das unsymmetrische Vektorpaar der zugeführten Klemmenspannungen $\dot{\bar{E}}_1$ und $\dot{\bar{E}}_{1i}$, erhält man:

$$\dot{\bar{E}}_a = \dot{\bar{E}}_1 - \dot{\bar{J}}_1 \bar{z}_1,$$

$$\dot{\bar{E}}_{ai} = \dot{\bar{E}}_{1i} - \dot{\bar{J}}_{1i} \bar{z}_1^*. \tag{93}$$

Wird dies in die Gl. (92) eingesetzt, und rechnet man mit den konjugierten Vektoren $\dot{\bar{E}}_{1i}^*$ und $\dot{\bar{J}}_{1i}^*$, ergibt sich:

$$\dot{\bar{J}}_1 = (\dot{\bar{E}}_1 - \dot{\bar{J}}_1 \bar{z}_1) \left(y_a + \frac{1}{\dfrac{r_2}{s} + j\,x_2} \right),$$

$$\dot{\bar{J}}_{1i}^* = (\dot{\bar{E}}_{1i}^* - \dot{\bar{J}}_{1i}^* \bar{z}_1) \left(\bar{y}_a + \frac{1}{\dfrac{r_2}{2-s} + j\,x_2} \right). \tag{94}$$

oder

$$\dot{\bar{J}}_1 = \bar{y}_s \dot{\bar{E}}_1,$$

$$\dot{\bar{J}}_{1i}^* = \bar{y}_{2-s} \dot{\bar{E}}_{1i}^*, \tag{95}$$

wo

$$\bar{y}_s = \frac{\bar{y}_a + \dfrac{1}{\dfrac{r_2}{s} + j\,x_2}}{1 + \bar{z}_1 \bar{y}_a + \dfrac{\bar{z}_1}{\dfrac{r_2}{s} + j\,x_2}} \tag{96}$$

ist, und entsprechend für $\bar{y}_{2-s}$, indem s überall durch $2-s$ ersetzt wird. $\bar{y}_s$ und $\bar{y}_{2-s}$ bestimmen sich gemäß Gl. (95) direkt aus dem Stromdiagramm des Motors für konstante, symmetrische Spannung.

Zahlenbeispiel. Für den im Abschn. 20 untersuchten Motor wurden bei ganz kleiner Belastung die Linienspannungen $E_{12} = 202\,\text{V}$, $E_{23} = 218\,\text{V}$ und $E_{31} = 229\,\text{V}$ gemessen. Durch Konstruktion nach Abschn. I 37 (Abb. 306) ergibt sich das unsymmetrische Vektorpaar der Sternspannungen (der Einfachheit halber ist hier die Indize „1" der Primärseite fortgelassen):

$$E = 124{,}6\,\text{V} \qquad \text{und} \qquad E_i = 9{,}1\,\text{V}.$$

Bei demselben Schlupf wurde für die symmetrische Linienspannung 220 V ermittelt:

$$\bar{y}_s = 8{,}78 \cdot 10^{-2}\, e^{-j\,84°}\,\text{Mho} \qquad \text{und} \qquad \bar{y}_{2-s} = 79{,}0 \cdot 10^{-2}\, e^{-j\,71°}\,\text{Mho}.$$

Wird das unsymmetrische Vektorpaar der Ströme nach den Gln. (95) berechnet, erhält man:

$$\dot{\bar{J}} = 8{,}78 \cdot 10^{-2} \cdot 124{,}6\, e^{-j\,84°} = 11{,}0\, e^{-j\,84°}\,\text{A}$$

mit reeller Achse längs $\dot{\bar{E}}$ und

$$\dot{\bar{J}}_i^* = 79{,}0 \cdot 10^{-2} \cdot 9{,}1\, e^{-j\,71°} = 7{,}2\, e^{-j\,71°}\,\text{A}$$

mit reeller Achse längs $\overline{\overset{\cdot}{E}}_i{}^*$. Diese Ströme sind in Abb. 306 eingetragen, und man konstruiert hieraus die Linienströme J_1, J_2 und J_3 [gemäß den Gln. (443) und (444), Teil I]. Man erhält:

$$J_1 = 13{,}9\ \text{A}; \qquad J_2 = 5{,}1\ \text{A}; \qquad J_3 = 17{,}3\ \text{A}.$$

Die direkte Messung ergab:

$$J_1 = 13{,}8\ \text{A}; \qquad J_2 = 5{,}1\ \text{A}; \qquad J_3 = 17{,}7\ \text{A}.$$

Messung und Berechnung stimmen also gut überein.

Wie man sieht, verursacht also eine kleine Unsymmetrie der Spannungen eine viel größere Unsymmetrie der Ströme. In dem gezeigten Beispiel ist jedoch das Verhältnis besonders ungünstig, weil die Belastung des Motors sehr klein war. Bei wachsender Belastung nimmt $\overset{\cdot}{J}$ zu, während $\overset{\cdot}{J}_i$ fast ungeändert bleibt. Die Stromunsymmetrie wird daher mit zunehmender Belastung reduziert.

Dem gewöhnlichen Arbeitsdiagramm des Motors kann man weiter das Drehmoment D des synchronen Drehfeldes beim Schlupf s und das Drehmoment D_i des inversen Drehfeldes beim Schlupf $2 - s$ entnehmen, indem die Drehmomentenmaßstäbe gemäß den Spannungen der beiden Stromsysteme umgerechnet werden (s. Abschn. 21). Wir erhalten dann das resultierende Drehmoment

$$D_r = D - D_i.$$

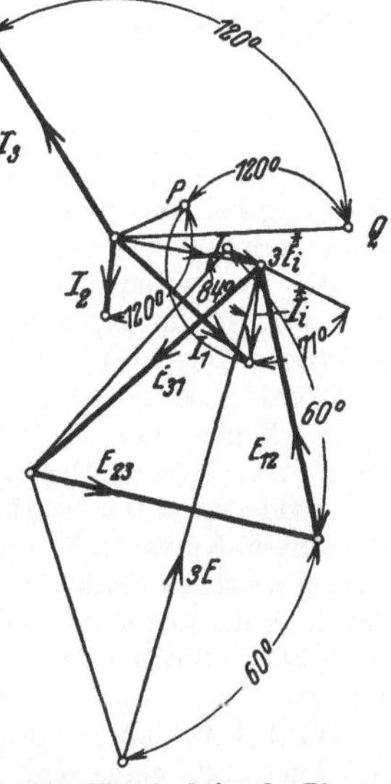

Abb. 306. Konstruktion der Phasenströme bei unsymmetrischer Klemmenspannung.

Fünftes Kapitel.

Experimentelle Bestimmung der einzelnen Verluste und des Wirkungsgrades.

25. Die experimentelle Bestimmung der einzelnen Verluste eines Mehrphasenmotors.

Die Leistungsverluste eines Induktionsmotors können folgendermaßen aufgeteilt werden:

A. Reine mechanische Verluste, d. h. Luft-, Lager und Bürstenreibung,

B. Verluste, die von den Strömen in den Wicklungen abhängen,

C. Verluste, die vom Hauptfeld des Motors abhängen.

Die Reibungsverluste bieten mit Rücksicht auf ihre Definition und ihre Messung keine besonderen Schwierigkeiten. Sie können unmittelbar durch mechanischen Antrieb der stromlosen Maschine oder durch einen Auslaufversuch bestimmt werden.

Die elektrischen und magnetischen Verluste treten im Wicklungskupfer und im Eisen auf. Diejenigen, welche von den Strömen abhängen, treten größtenteils — aber nicht ausschließlich — in den Wicklungen auf. Diejenigen, welche vom Hauptfeld abhängen, treten größtenteils — aber nicht ausschließlich — in den aktiven Eisenmassen auf. Im folgenden wollen wir die Messung dieser verschiedenen Verluste näher behandeln.

Die Verluste der Gruppe B („die Kupferverluste") sind größer bei Wechselstrom als bei Gleichstrom in den Wicklungen. Wie schon im Abschn. 18 erwähnt, zerfallen die zusätzlichen Kupferverluste in zwei Teile:

1. Zusätzliche Kupferverluste abhängig von der Netzfrequenz. Sie werden durch die Stromzufuhr direkt elektrisch gedeckt.

2. Zusätzliche Kupferverluste abhängig von der Zahnfrequenz, d. h. von der Drehzahl der Maschine. Sie werden vom Rotor mechanisch gedeckt.

Die zusätzlichen Kupferverluste erster Art können am einfachsten durch den gewöhnlichen Kurzschlußversuch bestimmt werden. Dieses Verfahren hat jedoch den Mangel, daß

18*

man hierdurch den Wirkwiderstand sowohl für Stator als auch für Rotor mit voller Netzfrequenz mißt, während der Rotorwiderstand bei der kleinen Schlupffrequenz im gewöhnlichen Betrieb praktisch mit dem Gleichstromwiderstand zusammenfällt.

Nach Rogowski[1] kann man den Rotor aus der Maschine nehmen und die Leistungsverluste des Stators bei Wechselstromzufuhr zu demselben messen. Bei Schleifringmotoren kann es vorteilhaft sein, sowohl im Stator als auch im entfernten Rotor zu messen, und zwar sowohl mit Gleichstrom als auch mit Wechselstrom. Dadurch ergibt sich die Widerstandserhöhung bei Netzfrequenz nicht nur für den Stator sondern auch für den Rotor, und man kann dadurch das Ergebnis der Kurzschlußmessung kontrollieren ($r_k \approx r_{1w} + r_{2w}/c_2$).

Bei den beiden hier erwähnten Verfahren werden fehlerhaft gewisse Eisenverluste mitgemessen. Wenn das Hauptfeld bei der Messung genügend schwach ist, hat dies jedoch keine praktische Bedeutung. Bezüglich der Umrechnung des Wirkwiderstandes auf eine andere Temperatur siehe Teil III, Abschn. 15.

Bei Kurzschlußmotoren kann man weder die Rotorkupferverluste noch den Rotorstrom unmittelbar messen. Der Strom muß dann dem Stromdiagramm entnommen werden, und der Rotorwiderstand für Netzfrequenz ergibt sich aus der Differenz der Leistungen bei den oben erwähnten Kurzschluß- und Statormessungen. Nimmt man für den Rotor dasselbe Verhältnis zwischen Wirkwiderstand und Gleichstromwiderstand wie für den Stator an, ist damit auch der Rotorwiderstand für den normalen Betrieb festgelegt. Gemäß Abschn. 9 können diese Widerstandsverluste auch mit Hilfe von Schlupfmessungen bei Belastung bestimmt werden.

Wird bei kleinen Belastungen die Schlupfänderung Δs für eine kleine Leistungszunahme ΔP_a gemessen, ergibt sich

$$r_2 = \frac{s \cdot E_a}{J_2} = \frac{\Delta s \cdot E_a}{\Delta J_2} = \frac{\Delta s \cdot E_a^2}{\Delta P_a}.$$

ΔP_a kann gleich der entsprechenden Änderung ΔP_1 der zugeführten Leistung gesetzt werden. und $E_a \approx E_1 - J_1 x_1$.

Für die Messung der zusätzlichen Kupferverluste zweiter Art können die beiden folgenden Verfahren benutzt werden:

1. **Verfahren.** Kurzschlußversuch mit $s = 2$. Der Motor wird in einer solchen Weise mechanisch angetrieben, daß die für den Antrieb notwendige mechanische Leistung gemessen werden kann. Der Rotor hat die volle Drehzahl, aber seine Drehrichtung ist entgegengesetzt der des Drehfeldes. Dem Stator wird Drehstrom zugeführt, während der Rotor kurzgeschlossen ist. Das Drehfeld induziert dann im Rotor Kurzschlußströme von der doppelten Netzfrequenz.

Von der zugeführten Primärleitung P_1 geht ein Teil als Stromwärmeverluste P_{r_1} im Stator verloren, während der Rest als Drehfeldleistung P_a auf den Rotor übertragen wird, indem wieder von den kleinen Eisenverlusten des schwachen Hauptfeldes abgesehen wird. Von der Drehfeldleistung geht bei $s = 2$ ein Teil

$$(1 - s)\,P_a = (1 - s)\,\omega_1\,D = -P_a$$

in mechanische Leistung über, während der Rest

$$s\,P_a = s\,\omega_1\,D = P_{r_2} = 2\,P_a$$

im Rotor verloren geht (s. Abschn. 9).

Die negative mechanische Leistung muß dem Drehfeld durch den Antrieb zugeführt werden. Die eine Hälfte der Rotorverluste $2\,P_a$ wird somit durch die elektrische Leistung gedeckt, die dem Stator zugeführt wird, während die andere Hälfte durch die dem Rotor zugeführte mechanische Leistung gedeckt wird. Diese Leistung P_2 muß außerdem die Reibungsverluste P_ϱ und die zusätzlichen Kupferverluste zweiter Art P_{r_z} decken. Es ist somit

$$P_2 = P_a + P_\varrho + P_{r_z},$$

d. h. wir haben für den beim Versuche zugeführten Primärstrom J_1

$$P_{r_z} = P_2 - P_\varrho - P_a$$
$$= P_2 - P_\varrho - (P_1 - P_{r_1}). \tag{97}$$

---

[1] Arch. Elektrot. 2, 81 (1913).

Als eine Kontrolle dieses Versuches erhalten wir die effektiven Stromwärmeverluste des Rotors bei doppelter Netzfrequenz

$$2P_a = 2(P_1 - P_{r_1})$$

und die gesamten effektiven Stromwärmeverluste (in den Wirkwiderständen)

$$2P_a + P_{r_1} = 2P_1 - P_{r_1}.$$

Diese Verluste, in Abhängigkeit von J_1^2 aufgetragen, sollen eine Gerade geben, die um ein wenig höher verläuft als die entsprechende Verustlinie des gewöhnlichen Kurzschlußversuches mit $s = 1$.

Ausgeführte Messungen (s. z. B. Abschn. 26) zeigen, daß die Verluste P_{r_z} durch einen konstanten zusätzlichen Kurzschlußwiderstand ausgedrückt werden können.

Das Verfahren kann sowohl für Schleifring- als auch für Kurzschlußmotoren verwendet werden. Es ist jedoch zu bemerken, daß die Periodenzahl des Rotors die doppelte des Netzes ist.

2. Verfahren. Kurzschlußversuche mit Gleichstrom. Der Motor wird durch Zufuhr von Gleichstrom zu dem einen Teil, z. B. dem Stator, erregt und der andere Teil (also hier der Rotor) kurzgeschlossen, etwa synchron angetrieben. Der Gleichstrom wird durch zwei oder drei Wicklungsphasen geschickt und seine Stärke wird für jede Phase gleich dem Momentanwerte des Drehstromes in einem gewissen Augenblick bestimmt. Wir haben sozusagen einen „erstarrten" Drehstrom.

Die für den Antrieb erforderliche mechanische Leistung P_2 wird gemessen. Diese Leistung deckt die Reibungsverluste, die Stromwärmeverluste entsprechend dem Wirkwiderstand des kurzgeschlossenen Teiles (also hier P_{r_2}) samt den totalen zusätzlichen Kupferverlusten zweiter Art P_{r_z}. Es ist somit

$$P_{r_z} = P_2 - P_\varrho - P_{r_2}. \tag{98}$$

Die zusätzlichen Kupferverluste sind wie die anderen Kupferverluste proportional dem Quadrat der Stromstärke. Also ist die Richtigkeit dieses Verfahrens darin theoretisch begründet, daß der Drehstrom ein balanciertes System bildet, so daß es für die Momentanwerte der drei Phasen i_I, i_{II} und i_{III} gilt:

$$i_I^2 + i_{II}^2 + i_{III}^2 = \text{konst.}$$

unabhängig von der Zeit. Es ist somit gleichgültig, für welchen Augenblick man die Gleichströme der drei Phasen gleich den Momentanwerten des Drehstromes einstellt.

Abb. 307 zeigt, wie die Gleichströme eingestellt werden. Für den Punkt A muß der Gleichstrom die Stärke

$$i_A = \frac{\sqrt{3}}{2} J_{\max} = \sqrt{\frac{3}{2}}\, J$$

und für den Punkt B die Stärke

$$i_B = J_{\max} = \sqrt{2}\, J$$

haben, wenn $J_{\max}$ und J der Höchstwert bzw. der Effektivwert des Drehstromes ist.

Bei Motoren mit Schleifringrotor kann es vielleicht vorteilhaft sein, die Rotorwicklung mit Gleichstrom zu speisen und

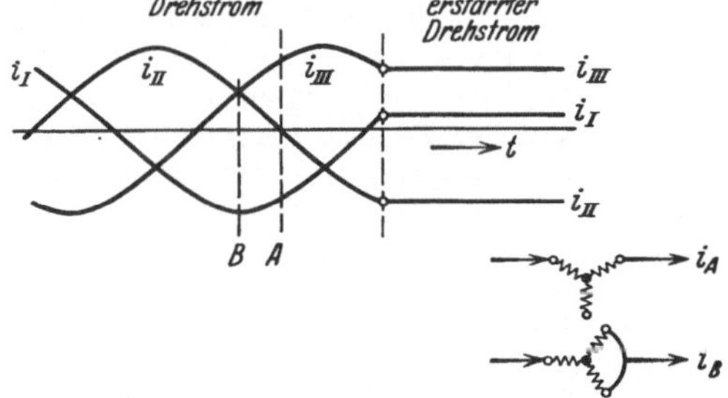

Abb. 307. Einstellung des Erregerstromes für den Kurzschlußversuch.

die Statorwicklung kurzzuschließen. Die Verhältnisse liegen dann dem Betriebszustand am nächsten, indem die Rotorfrequenz gleich Null ist.

Um bei diesen Kurzschlußversuchen mit Gleichstrom den den Verlusten entsprechenden zusätzlichen Kurzschlußwiderstand zu bestimmen, muß die jeweilig benutzte Gleichstromstärke auf die äquivalente Wechselstromstärke des Stators umgerechnet werden.

Es ist jedoch zu bemerken, daß keine der hier erwähnten Verfahren die zusätzlichen Kupferverluste in derselben Größe wie bei Belastung geben können. Dies beruht besonders auf dem Umstand, daß im normalen Betrieb eine Überlagerung der Streufeldvariationen über das Hauptfeld stattfindet, während bei einem Kurzschlußversuch keine solche Vormagnetisierung besteht. Dies soll im Abschn. 26 näher besprochen werden.

Wir gehen dann zur Betrachtung der Verluste der Gruppe C („die Eisenverluste") über, die aus den beiden folgenden Arten bestehen:

1. Verluste, die durch die Variation des Hauptfeldes mit der Netzfrequenz bedingt sind (gewöhnliche Eisenverluste),

2. Verluste, die durch lokale Variationen des Hauptfeldes bedingt sind (zusätzliche Eisenverluste).

Die gewöhnlichen Eisenverluste treten im Eisen hinter den Statorzähnen und in den Statorzähnen selbst auf. In dem Teil des magnetischen Kreises, der im Rotor liegt, ist bei normalem Betrieb die Frequenz des Hauptfeldes so niedrig, daß diese Verluste hier unberücksichtigt bleiben können.

Die zusätzlichen Eisenverluste treten in und auf der Oberfläche der Stator- und Rotorzähne samt zum Teil in den Wicklungen auf, und sie wirken wie eine mechanische Belastung des Motors (s. Abschn. 18). Bei Stillstand treten diese Verluste nicht auf.

Außer den oben erwähnten zusätzlichen Eisenverlusten sind auch die von den Oberwellen des Feldes herrührenden Verluste zu dieser Kategorie zu rechnen, da diese Verluste auch im wesentlichen auf mechanischem Wege gedeckt werden[1].

Wenn es nur darauf ankommt, die Summe der Eisenverluste zu bestimmen, ist die Leerlaufmessung genügend. Bei Messung der zugeführten elektrischen Leistung im Leerlauf erhält man jedoch außer diesen Verlusten auch die Reibungsverluste und die gesamten Verluste des Leerlaufstromes in der Primärwicklung. Sind der Wirkwiderstand der Primärwicklung und die Reibungsverluste durch andere Messungen bestimmt, erhält man nach Abzug der entsprechenden Verluste die gewöhnlichen und zusätzlichen Eisenverluste samt den zusätzlichen Kupferverlusten zweiter Art, die vom Leerlaufstrom in der Primärwicklung herrühren. Die letzteren können nicht abgetrennt werden.

Bei Schleifringmotoren können die gewöhnlichen Eisenverluste durch einen Leerlaufversuch mit offenem Rotor abgetrennt werden. Bei diesem Versuch wird der Stator unter Spannung gesetzt, und der offene Rotor wird in einer solchen Weise mechanisch angetrieben, daß die zugeführte mechanische Leistung gemessen werden kann. Hiervon können leicht die Reibungsverluste abgezogen werden, da die letzteren für sich bei stromlosem Stator bestimmt werden können. Die effektiven Stromwärmeverluste werden elektrisch von der Stromzufuhr gedeckt. Sie sind bei konstanter Statorspannung praktisch unabhängig von der Drehzahl, da sich der Statorstrom erfahrungsgemäß praktisch konstant hält.

Die übrigen bei diesem Versuch vom Primärstrom gedeckten Verluste sind:

1. gewöhnliche Statoreisenverluste, die bei unveränderter Spannung angenähert als konstant anzunehmen sind, unabhängig von der Drehzahl[2],

2. die Rotoreisenverluste des Hauptfeldes, die von der Drehzahl abhängen und bei Synchronismus gleich Null werden.

Bezüglich der Verluste unter Punkt 2 ist zu bemerken, daß die Rotorhysterese bei Synchronismus zwar gleich Null wird, aber das Hysteresemoment bestehen bleibt. Es wechselt nur beim Durchgang durch Synchronismus sein Vorzeichen (s. Abschn. 19). Bei diesem Durchgang nimmt also die dem Stator zugeführte elektrische Leistung um den doppelten Betrag der Hystereseverluste des Rotors bei Stillstand ab. Die dem Rotor zuzuführende mechanische Leistung macht denselben Sprung, aber im umgekehrten Sinn („der Hysteresesprung").

Durch diesen Versuch erhalten wir daher für die verschiedenen Leistungen in Abhängigkeit von der Drehzahl Kurven ähnlich den in Abb. 308 gezeigten, die für einen 2,2 kW-Dreiphasenmotor ermittelt sind. Es stellt hier dar:

Kurve I: die zugeführte elektrische Leistung minus den effektiven Widerstandsverlusten im Stator gleich $P_1 - 3 J_{10} r_{1w}$.

Kurve II: die zugeführte mechanische Leistung minus den Reibungsverlusten gleich $P_2 - P_\varrho$.

---

[1] Bragstad, O. S.: Die Kurvenform der Ströme in Drehstrommotoren und die Trennung der Verluste. ETZ 1908, 375.

[2] In Wirklichkeit nehmen wohl diese Verluste wegen der Überlagerung der Zahnpulsationen mit der Drehzahl ein wenig ab.

Die Drehzahlen rechts von $n = 0$ bedeuten eine Drehung im Sinne des Drehfeldes und links von $n = 0$ eine Drehung gegen das Drehfeld. Wird durch den Halbierungspunkt des Hysteresesprunges bei Kurve I eine Gerade HH_1 parallel zur Abszissenachse gezogen, so stellt die Ordinate dieser Geraden die gewöhnlichen Statoreisenverluste dar.

Die Ordinatenstücke von HH_1 bis Kurve I entsprechen der elektrischen Leistung P_{a0}, die vom Stator durch das Drehfeld auf den Rotor übertragen wird (vgl. Abschnitt 19). Bei Übersynchronismus ist diese Leistung negativ, d. h. ein Teil der dem Rotor zugeführten mechanischen Leistung wird auf den Stator übertragen und trägt zur Deckung der Statorverluste bei. Werden die Ordinatenabschnitte zwischen HH_1 und Kurve I mit den zugehörigen Werten des Schlupfes multipliziert, erhalten wir:

Kurve III mit HH_1 als Abszissenachse: gewöhnliche Rotoreisenverluste $P_{er} = s\,P_{a0}$.

Die Abstände zwischen Kurve I und III repräsentieren $(1 - s)\,P_{a0}$, d. h. den Teil der

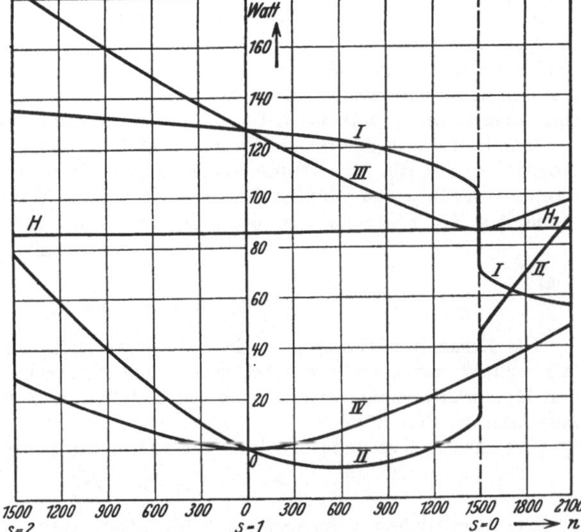

Abb. 308. Zur experimentellen Trennung der Eisenverluste eines 2,2 kW-Drehstrommotors.

Drehfeldleistung, der in mechanische Leistung übergeführt wird. Von $s = 0$ bis $s = 1$ ist diese Leistung motorisch. Für $s > 1$ ist sie negativ oder bremsend, d. h. sie repräsentiert einen Teil der durch den Antrieb mechanisch zugeführten Leistung, der zur teilweisen Deckung von P_{er} verbraucht wird. Für s negativ ist diese Leistung ebenfalls negativ, sie deckt dann P_{er} und einen Teil der gewöhnlichen Statoreisenverluste.

Werden die Abstände zwischen Kurve I und III unter Berücksichtigung der Vorzeichen zu den Ordinaten der Kurve II addiert, ergibt sich:

Kurve IV: zusätzliche Eisenverluste des Motors plus den vom Leerlaufstrom herrührenden zusätzlichen Kupferverlusten zweiter Art, kurz als zusätzliche „Eisenverluste" P_{ez} bezeichnet.

Die Kurven der Abb. 308 sind bei Hilfsmotorantrieb durch ein empfindliches Torsionsdynamometer besonderer Konstruktion aufgenommen[1]. Sie können aber auch durch Benutzung eines geeichten Hilfsmotors[2] oder durch Auslaufversuche[3] ermittelt werden.

Die Kurve IV ist symmetrisch um den Punkt für $n = 0$, da die zusätzlichen Verluste nicht von der Drehrichtung, sondern nur von der absoluten Drehzahl oder eigentlich von den Pulsationsfrequenzen der Zähne abhängt. Es zeigt sich weiter, daß sie proportional der 1,5. Potenz der Drehzahl sind. Dagegen sind sie unabhängig von der Frequenz des Statorstromes[4].

Bei Kurzschlußmotoren weichen die Verhältnisse etwas von den oben für Schleifringmotoren dargestellten ab. Bei fast geschlossenen Rotornuten sollte man erwarten, daß die zusätzlichen Eisenverluste des Stators nur klein seien. Bei geschlossenem Rotorkäfig werden

---

[1] Bragstad, O. S.: Ein Torsionsdynamometer zur Messung mechanischer Leistung. Elektrot. Tidskr. (Oslo) 1922, 189.

[2] Bache-Wiig, J. u. O. S. Bragstad: Messung und Berechnung der Eisenverluste in den asynchronen Drehstrommotoren. Zeitschr. f. Elektr. (Wien) 1905, 713.

[3] Bragstad, O. S.: Messung und Trennung der Eisenverluste in den asynchronen Drehstrommotoren. Zeitschr. f. Elektr. 1905, 381.

[4] Bragstad, O. S. u. A. Fraenckel: Untersuchung und Berechnung der zusätzlichen Eisenverluste in asynchronen Motoren. ETZ 1908, 1074.

indessen wegen der Feldpulsationen in den Rotornuten außer lokalen Wirbelströmen in den Leitern auch hochfrequente Dämpferströme induziert, die sich durch die Endverbindungen schließen. Diese reduzieren zwar die Feldpulsationen in den Rotorzähnen, aber erzeugen gleichzeitig neue Pulsationen in den Statorzähnen. Die zusätzlichen Verluste werden darum ungefähr von derselben Größe wie bei offener Rotorwicklung[1].

Für die synchrone Drehzahl kann auch hier eine Trennung nach dem oben angegebenen Verfahren stattfinden, also durch Beobachtung des Hysteresprunges in der zugeführten elektrischen und mechanischen Leistung. Die Messung ist jedoch für Kurzschlußmotoren schwieriger auszuführen, weil die Leistungen mit dem Schlupf sehr stark variieren.

Durch Messung des Schlupfes im normalen, asynchronen Leerlauf hat man eine weitere Möglichkeit für die Ermittlung der zusätzlichen Eisenverluste. Es ist in diesem Falle die mechanische Belastung des Motors gleich $P_{ez} + P_\varrho$. Wird hiervon die Leistung des Hysteresemomentes P_{hr} abgezogen, ist der Rest proportional dem Schlupf[2], d. h.

$$P_{ez} + P_\varrho - P_{hr} = \text{konst.}\,s,$$

oder

$$P_{ez} = \text{konst.}\,s + P_{hr} - P_\varrho. \tag{99}$$

Die Konstante kann durch einen Bremsversuch mit einer bekannten, ganz kleinen Belastung bestimmt oder dem Arbeitsdiagramm entnommen werden. Die Leistung P_{hr} ist gleich den Hystereseverlusten des Rotors bei Netzfrequenz, welche aus den Daten der Maschine berechnet werden können.

Aus diesem Versuche erhalten wir weiter die gewöhnlichen Statoreisenverluste

$$P_{es} = P_{10} - 3 J_{10}^2\, r_{1w}^2 - P_{ez} - P_\varrho, \tag{100}$$

Die zusätzlichen Eisenverluste sollten theoretisch dem Quadrat des Hauptfeldes oder dem Quadrat der von demselben induzierten EMK proportional sein. Da die hier ermittelten Verluste auch zusätzliche Kupferverluste enthalten, ist eine Abweichung von diesem Gesetz denkbar. Für die Wirkungsgradberechnung wollen wir nur annehmen, daß diese Verluste eine Funktion von E_a sind, und infolgedessen von Leerlauf bis Belastung zu reduzieren sind, je nachdem E_a wegen des Spannungsabfalles in der Statorwicklung abnimmt.

26. Die Bestimmung des Wirkungsgrades aus den Einzelverlusten.

Wir wollen die Ermittlung des Wirkungsgrades in Abhängigkeit von der Belastung für einen 7,5 kW-Drehstrommotor mit gewickeltem Rotor und Kugellagern vornehmen, einmal nach den Regeln für die Bewertung und Prüfung elektrischer Maschinen des Verbandes Deutscher Elektrotechniker (REM) und einmal unter Benutzung der im vorigen Abschnitt angegebenen Verfahren zur Bestimmung der Einzelverluste[3]. Die dem Motor zugeführte mechanische Leistung wird bei den im folgenden angeführten Versuchen durch ein Torsionsdynamometer gemessen (vgl. S. 279, Fußnote 1).

1. Nach den REM. Die Widerstände je Phase der Wicklungen werden mit Gleichstrom gemessen zu $r_{1g} = 0{,}640\,\Omega$ bzw. $r_{2g} = 0{,}736\,\Omega$ bei der Betriebstemperatur 60^0 C (r_{2g} auf primär umgerechnet).

Leerlauf- und Kurzschlußversuch geben das Kreisdiagramm, und wir können diesem Diagramm die Stator- und Rotorströme für verschiedene Belastungen entnehmen. Es ist (s. z. B. Abb. 282) $J_1 = OA$ und $J_2 = c_1 \cdot A_0 A$, wo c_1 nach Abschn. 12 bestimmt werden kann.

Durch mechanischen Antrieb des stromlosen Motors ergeben sich die Reibungsverluste. Aus dem gewöhnlichen Leerlauf erhalten wir die sogenannten „Eisenverluste", indem von der zugeführten Leistung die Reibungsverluste und die Stromwärmeverluste des Leerlaufstromes abgezogen werden.

---

[1] Messungen hierüber s. Spooner, Alger u. Weichsel: Squirrel cage induction motor core losses. Trans. Am. Inst. El. Engs. 1925, 155.

[2] Bragstad u. la Cour: Trennung der Verluste in den Asynchronmotoren. ETZ 1903, 34.

[3] Nach einer Diplomarbeit von J. Wleugel an der Norw. Techn. Hochschule 1922.

Wir haben somit:

a) Reibungsverluste P_ϱ $= 50\ \text{W}$

b) „Eisenverluste" $= P_{10} - P_\varrho - 3\,J_{10}^2\,r_{1\,g}$ $= 295\ \text{„}$

$$\text{Leerverluste konst.} = 345\ \text{W}$$

c) Stromwärmeverluste:

im Stator $= 3\,J_1^2\,r_{1\,g} = 3\cdot J_1^2 \cdot 0{,}640 = 1{,}920\cdot J_1^2,$

im Rotor $\;= 3\,J_2^2\,r_{2\,g} = 3\cdot J_2^2 \cdot 0{,}736 = 2{,}208\cdot J_2^2.$

Durch Addition der Leer- und Stromwärmeverluste ergibt sich die Summe der „meß-baren" Verluste. Der entsprechende theoretische Wirkungsgrad wird

$$\eta = \left(1 - \frac{\Sigma\,(\text{Verluste})}{P_1}\right)\cdot 100\%.$$

Um die Zusatzverluste zu berücksichtigen, soll von diesem Werte $0{,}5\%$ abgezogen werden. In Abb. 313 (S. 283) stellt Kurve I den so errechneten Wirkungsgrad in Abhängigkeit von der abgegebenen Leistung dar.

2. Nach den Einzelverlust-Messungen. a) Die Reibungsverluste P_ϱ werden wie unter 1. ermittelt, indem von der Wirkung der kleinen Drehzahländerungen bei Belastung abgesehen wird.

b) „Eisenverluste". Zu dieser Gruppe wollen wir die Verluste hinzuzählen, die beim Leerlaufversuch erhalten werden, sei es bei selbsttätig laufendem, kurzgeschlossenem Rotor oder bei mechanischem Antrieb des offenen Rotors.

Die Verluste umfassen:

1. Gewöhnliche und zusätzliche Eisenverluste.

2. Zusätzliche Kupferverluste erster und zweiter Art, die vom Leerlaufstrom erzeugt werden.

Von der zugeführten elektrischen Leistung P_{10} sollen also bei selbsttätig laufendem Rotor die Reibungsverluste und die Gleichstromverluste des Leerlaufstromes abgezogen werden:

$$P_e = P_{10} - P_\varrho - 3\,J_{10}^2\,r_{1\,g}.$$

Rechnet man P_e bei verschiedenen Belastungen konstant gleich dem Werte, der aus dem Leerlaufversuch bei Nennspannung ermittelt ist, begeht man einen Fehler, denn wegen des Spannungsabfalles in der Primärwicklung werden diese Verluste bei Belastung kleiner als bei Leerlauf. Wir können von der Annahme ausgehen, daß sie eine Funktion der induzierten EMK E_a sind.

Bei Leerlaufspannung E_{10} ist

$$E_a = E_{10} - J_{10}\,x_1.$$

während für Belastung bei der Nennspannung des Motors $E_1 = 220\ \text{V}$ zu setzen ist:

$$E_a = 220 - J_1\,(r_1\cdot\cos\varphi_1 + x_1\cdot\sin\varphi_1).$$

Hier kann φ_1 dem Stromdiagramm des Motors entnommen werden, während r_1 und x_1 angenähert aus der Kurzschlußmessung bestimmt werden können ($r_1 \approx \tfrac{1}{2}r_k,\ x_1 \approx \tfrac{1}{2}x_k$).

Abb. 309 zeigt die experimentell aufgenommenen Kurven für den Leerlaufstrom J_{10} und die Leerlaufleistung minus Reibungsverlusten in Abhängigkeit von der Leerlaufspannung E_{10}. In Abb. 310 ist als Kurve I wieder aufgezeichnet $E_{10} = f(J_{10})$, und daraus die Kurve II für die induzierte EMK E_a in Abhängigkeit von J_{10} berechnet. Kurve III stellt die EMK E_a als Funktion des Belastungsstromes J_1 dar, also die EMK die man bei Belastung im Motor hat. Wird

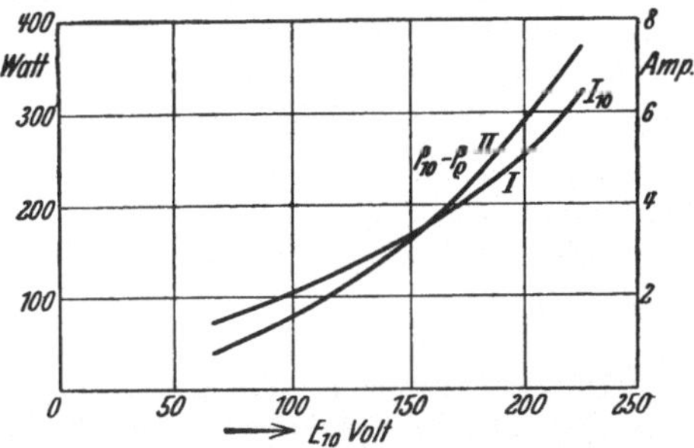

Abb. 309. Experimentell aufgenommene Leerlaufkurven.

hierzu der Spannungsabfall im Leerlauf für dieselben Werte von E_a gerechnet, erhält man die Leerlaufspannung

$$E_{10} = E_a + J_{10}\,x_1,$$

für welche die „Eisenverluste" zu bestimmen sind. Diese Werte von E_{10} sind als Kurve IV in Abhängigkeit vom Belastungsstrom eingetragen.

Mit Hilfe dieser Kurve und der Kurven in Abb. 309 für $P_{10} - P_{\varrho}$ und J_{10} in Abhängigkeit von der Leerlaufspannung kann man die Kurve V ermitteln, die die „Eisenverluste" P_{ϱ} als Funktion des Belastungsstromes J_1 angibt.

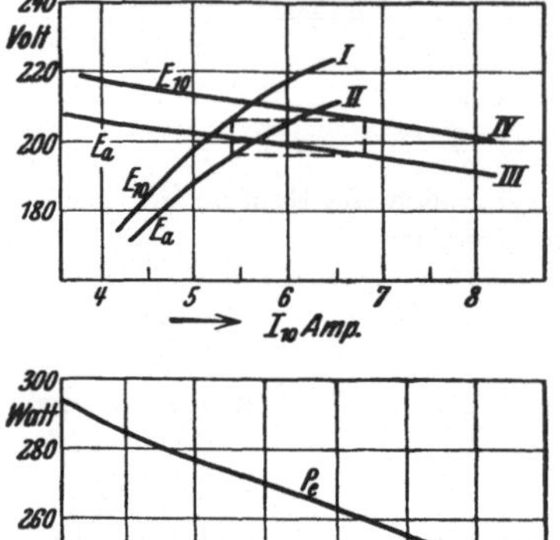

Die Eisenverluste sind für Synchronismus nach dem Verfahren im vorigen Abschnitt in gewöhnliche und zusätzliche Verluste aufgeteilt, und das Ergebnis ist in Abb. 311 durch Kurven in Abhängigkeit von der dem Motor zugeführten Leistung gezeigt. Wie früher erwähnt, enthalten diese zusätzlichen Eisenverluste auch die vom Leerlaufstrom erzeugten zusätzlichen Kupferverluste erster und zweiter Art. Die Summe der Eisen- und Reibungsverluste gibt die Kurve II für die tatsächlichen Leerverluste, während sie nach den REM als konstant vorausgesetzt werden (Kurve I).

c) „Stromwärmeverluste". Es sind hier die Verluste einzuführen, die nicht unter b) angegeben wurden, nämlich:

1. Stromwärmeverluste in den Stator- und Rotorwicklungen mit den Gleichstromwiderständen gerechnet (wie nach REM).

Abb. 310. Zur Ermittlung der „Eisenverluste" in Abhängigkeit vom Belastungsstrom.

2. Zusätzliche Kupferverluste erster und zweiter Art, die vom Arbeitsstrom des Stators erzeugt werden.

3. Zusätzliche Kupferverluste zweiter Art, die vom Rotorstrome erzeugt werden.

Die unter 2. und 3. aufgeführten Verluste werden durch eine der Kurzschlußmessungen im vorigen Abschnitt ermittelt, z. B. mit kurzgeschlossenem Stator und Gleichstromerregung im Rotor[1]. Der Gleichstromwert ist, wie dort gezeigt, auf den äquivalenten Effektivwert des

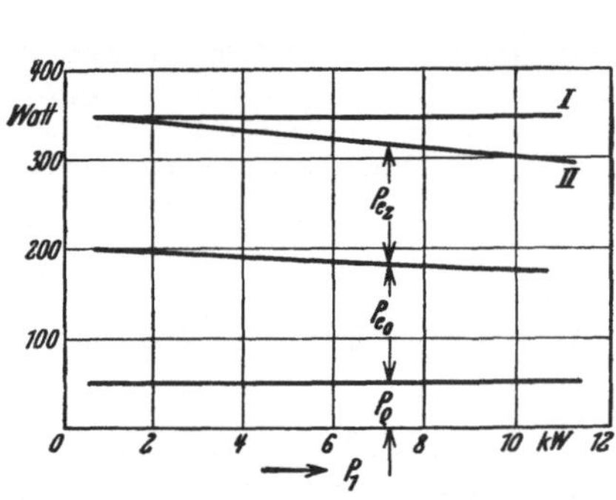

Abb. 311. Die Leerverluste in Abhängigkeit von der zugeführten Leistung.

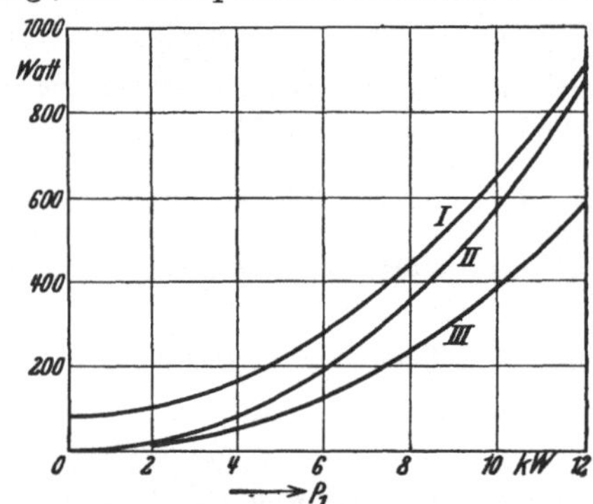

Abb. 312. Die Kupferverluste in Abhängigkeit von der zugeführten Leistung.

Drehstromes (auf Stator reduziert) umzurechnen. Für Einstellungen des Gleichstromes entsprechend z. B. dem Nennstrom 15,9 A ergaben sich die Zusatzverluste gleich 375 W, und wir erhalten den entsprechenden zusätzlichen Widerstand

$$\Delta r_1 = \frac{375}{3 \cdot 15{,}9^2} = 0{,}494\,\Omega\,.$$

Kurzschlußversuche mit Gleichstromerregung des Stators und mit $s = 2$ ergaben für Δr_1 hiermit gut übereinstimmende Werte.

Abb. 312 zeigt Kurven für die gesamten Kupferverluste in Abhängigkeit von der zugeführten Leistung des Motors. Kurve I stellt die Gleichstromverluste der Statorwicklung

---

[1] Es sind hier jedoch nur die Stromwärmeverluste entsprechend dem Gleichstromwiderstand des Stators in Abzug zu bringen.

($= 1.920 \cdot J_1^2$) und Kurve *II* die entsprechenden Verluste der Rotorwicklung ($= 2{,}208 \cdot J_2^2$) dar. Kurve *III* gibt die Größe der zusätzlichen Kupferverluste an, wie man sie aus dem obenerwähnten synchronen Kurzschlußversuch erhält ($= 3 \cdot 0{,}494 \cdot J_2^2$).

Es ist indessen darauf zu achten, daß bei der wirklichen Belastung die Frequenz der Zahnpulsationen wegen des Schlupfes abnimmt, und daß die Amplitude der Pulsationen wegen der vom Hauptfeld herrührenden Vormagnetisierung ebenfalls reduziert wird. Weiter ist zu erwarten, daß schon wegen der Überlagerung der zusätzlichen „Kupferverluste" über die vorhandenen Leerlaufverluste sämtliche Verlustkomponenten im Eisen mehr oder weniger abnehmen. Durch Vergleich mit der direkten Bremsung mittels Pendeldynamo ergab sich, daß die Summe der Verluste praktisch richtig herauskommt, wenn wir die Hälfte der Verluste nach Kurve *III* in die Rechnung einführen. Messungen von H. E. Linckh[1] zeigen für verschiedene Schleifringmotoren hiermit übereinstimmende Er-

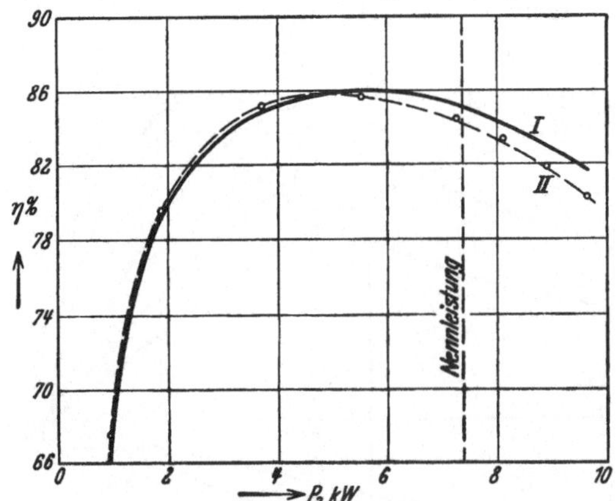

Abb. 313. Der Wirkungsgrad in Abhängigkeit von der abgegebenen Leistung.

gebnisse. Für Kurzschlußmotoren ist nach Linckh ein größerer Anteil (etwa ⅔) der Kurzschlußverluste nach Kurve *III* in die Rechnung einzuführen. Dies kann vielleicht dadurch erklärt werden, daß in der Käfigwicklung wegen der Pulsation der Streufelder bedeutende Ströme höherer Frequenz entstehen. Die hierdurch erzeugten zusätzlichen Verluste, die in den Schlupfverlusten nicht einbegriffen sind, müssen dann als mehr unabhängig von der Magnetisierung angesehen werden.

Die gesamten Stromwärmeverluste unter c) sind somit wie folgt zu rechnen: bei gewickeltem Rotor

$$P_r = 3\left(J_1^2\, r_{1\,0} + J_2^2\left(r_{2\,0} + \tfrac{1}{2} \cdot \varDelta\, r_1\right)\right). \tag{101a}$$

bei Käfiganker

$$P_r = 3\left(J_1^2\, r_{1\,0} + J_2^2\left(r_{2\,0} + \tfrac{2}{3} \cdot \varDelta\, r_1\right)\right). \tag{101b}$$

Für den hier untersuchten Motor ist der aus den oben ermittelten Einzelverlusten errechnete Wirkungsgrad in Abb. 313 als Kurve *II* in Abhängigkeit von der abgegebenen Leistung aufgezeichnet. Die eingetragenen Punkte stellen die durch die Bremsung erhaltenen Werte dar, während Kurve *I*, wie früher erwähnt, den Wirkungsgrad nach den REM angibt.

Sechstes Kapitel.

Anlassen und Drehzahlregelung der Induktionsmotoren.

27. Anlassen von Mehrphasenmotoren mit gewickeltem Rotor.

Der Asynchronmotor arbeitet wie der Gleichstrom-Nebenschlußmotor bei allen Belastungen mit praktisch gleichbleibender Geschwindigkeit. Die Drehmomentkurve des Mehrphasenmotors, die aus dem Arbeitsdiagramm bestimmt werden kann, hat normal eine Form wie die Kurve *O* in Abb. 314.

Das Anlaufdrehmoment ist durch den Punkt D_k bei $s = 1$ gegeben.

---

[1] Ein Beitrag zur Bestimmung der Zusatzverluste von Drehstromasynchronmotoren. Arch. Elektrot. **23**, 19 (1929).

Das stabile Arbeitsgebiet des Motors liegt zwischen $D = 0$ bei $s = 0$ und $D_{\max}$. Wird das höchstzulässige Drehmoment $D_{\max}$ überschritten, so kippt der Motor und der Betriebszustand wird labil.

Durch Einschalten eines elektrischen Belastungswiderstandes r_b im Rotorstromkreis (Abb. 315) oder durch Veränderung des Rotorwiderstandes r_2 läßt sich der Verlauf der Drehmomentkurve ganz wesentlich beeinflussen.

Bei der Einschaltung eines konstanten Belastungswiderstandes r_b bleibt das Arbeitsdiagramm (Abb. 316) sowie die Lage der Drehmomentlinie ungeändert. Nur der Stillstandspunkt A_k verschiebt sich in größerem Abstand von der Drehmomentlinie. In Abb. 314 ist in Abhängigkeit der Schlüpfung das Drehmoment für vier verschiedene Widerstände r_{b1} bis r_{b4} aufgezeichnet.

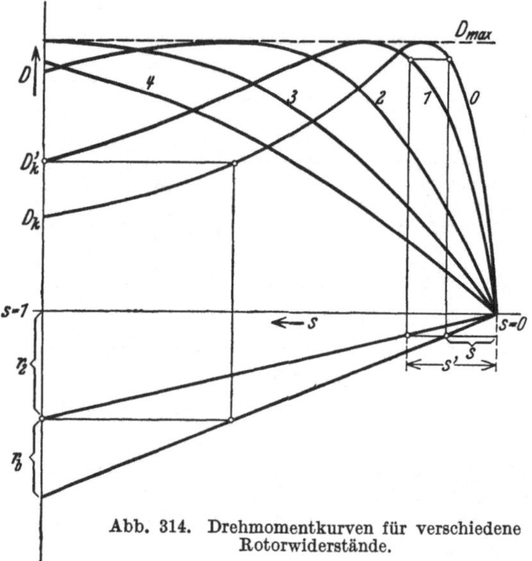

Abb. 314. Drehmomentkurven für verschiedene Rotorwiderstände.

Das größte Drehmoment bleibt immer dasselbe, dagegen ist das Anzugsmoment D_k, D_k' usw. sehr stark vom Widerstand r_b abhängig. Aus Gl. (43) folgt, daß man denselben Punkt des Stromdiagrammes und folglich dasselbe Drehmoment erhält, wenn

$$\frac{r_2}{s} = \frac{r_2 + r_b}{s'},$$

wobei s der natürliche Schlupf beim Rotorwiderstand r_2 und s' der Schlupf beim Widerstand $r_2 + r_b$ ist. Vergrößert man den Rotorwiderstand um r_b, so erhält man eine horizontale Verschiebung der Punkte der Drehmomentkurve gemäß der Beziehung

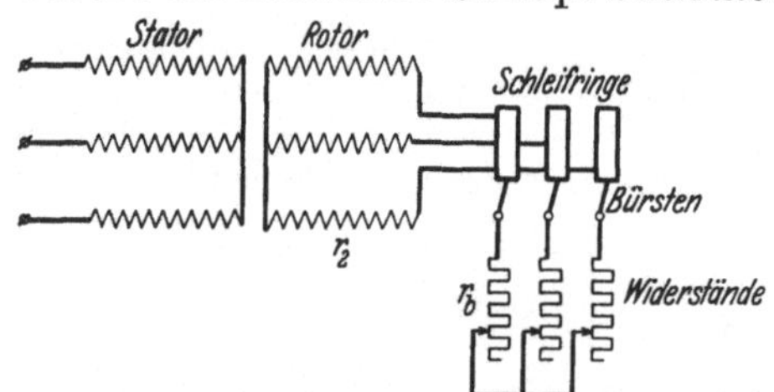

Abb. 315. Anlaßschaltung eines Schleifringmotors.

$$\frac{s'}{s} = \frac{r_2 + r_b}{r_2}. \tag{102}$$

Die Konstruktion der neuen Drehmomentkurve geht unmittelbar aus der Abb. 314 hervor.

Abb. 316 zeigt das Kreisdiagramm eines Motors mit Stillstandspunkten und Schlupflinien für verschiedene Widerstände im Rotorstromkreis. A_k entspricht dem Wicklungswiderstand $r_2 = 0{,}058\ \Omega$; A_k', A_k'', A_k''' und A_k'''' entsprechen den Widerständen $r_2 + r_b = 0{,}1$; $0{,}2$; $0{,}4$ und $0{,}6\ \Omega$. Die entsprechenden Drehmomentkurven sind in der Abb. 314 aufgezeichnet.

Wünscht man einen Motor unter konstantem Drehmoment D_1 (Abb. 317) anzulassen, so muß während der ganzen Anlaufperiode gelten

$$\frac{r_2 + r_b}{s'} = \frac{r_2}{s} = \text{konst.} \tag{103}$$

oder

$$r_b = s' \cdot \text{konst.} - r_2. \tag{104}$$

Im Augenblick des Anziehens ist $s' = 1$ und somit

$$r_b = \frac{r_2}{s} - r_2.$$

Bei voller Drehzahl ist $s' = s$ und folglich $r_b = 0$. Wird r_b kontinuierlich geändert (z. B. durch einen Flüssigkeitsanlasser), so ist r_b in Abhängigkeit von s' durch die Gerade 1 (Abb. 317) dargestellt. Für ein anderes Drehmoment D_2 entsprechend dem natürlichen Schlupfe s_1 würde r_b durch die Gerade 2

$$r_b = \frac{r_2}{s_1} \cdot s' - r_2$$

dargestellt sein.

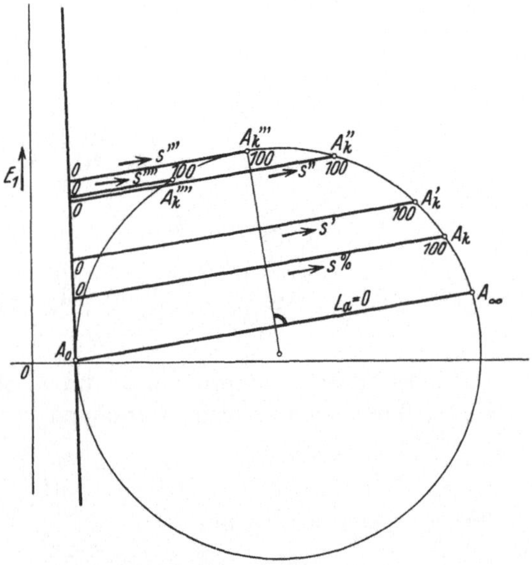

Wenn man nicht kontinuierlich, sondern nur in Stufen regulieren kann, setzt man z. B. fest, daß das Anlaufmoment sich zwischen einem Maximum D_2 und einem Minimum D_1 bewegen soll.

Abb. 316. Änderung des Stillstandspunktes und der Schlupfskala mit dem Rotorwiderstand.

Die Stufen des Anlaßwiderstandes können dann zeichnerisch, wie in der Abb. 317 gezeigt ist, ermittelt werden.

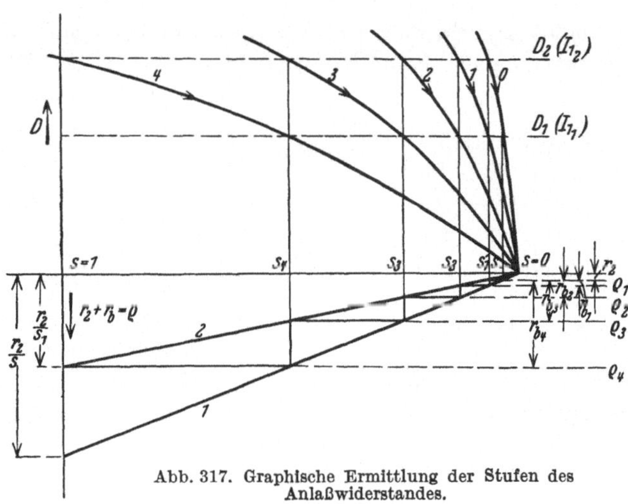

Abb. 317. Graphische Ermittlung der Stufen des Anlaßwiderstandes.

Die Rotorwiderstände, welche den Geschwindigkeitsstufen der Abb. 317 entsprechen, können folgendermaßen berechnet werden. Setzen wir

$$r_2 + r_{b1} = \varrho_1; \qquad r_2 + r_{b2} = \varrho_2 \quad \text{usw.,}$$

dann ist für das Drehmoment D_1

$$\frac{r_2}{s} = \frac{\varrho_1}{s_1} = \frac{\varrho_2}{s_2} = \quad \text{usw.}$$

und für das Drehmoment D_2

$$\frac{r_2}{s_1} = \frac{\varrho_1}{s_2} = \frac{\varrho_2}{s_3} = \quad \text{usw.}$$

Hieraus folgt

$$\frac{s_1}{s} = \frac{s_2}{s_1} = \frac{s_3}{s_2} = \quad \text{usw.} \tag{105}$$

und

$$\left.\begin{aligned}
\varrho_1 &= r_2 \frac{s_1}{s} \qquad \text{oder} \qquad r_{b1} = r_2 \left(\frac{s_1}{s} - 1\right), \\
\varrho_2 &= r_2 \left(\frac{s_1}{s}\right)^2 \qquad \text{oder} \qquad r_{b2} = r_2 \left(\left(\frac{s_1}{s}\right)^2 - 1\right)
\end{aligned}\right\} \tag{106}$$

$$\text{usw.}$$

Die natürlichen Schlupfwerte s und s_1 sind mit der Anzahl n der Anlasserstufen durch eine einfache Beziehung verbunden. Aus Gl. (105) folgt nämlich

$$s_{n+1} = \left(\frac{s_1}{s}\right)^n \cdot s_1 = \frac{s_1^{n+1}}{s^n}.$$

Für $s_{n+1} = 1$ wird somit

oder

$$\left.\begin{aligned}
s &= \sqrt[n]{s_1^{n+1}} \\
n &= \frac{\log s_1}{\log s - \log s_1}.
\end{aligned}\right\} \tag{107}$$

28. Anlassen von Mehrphasenmotoren mit Kurzschlußrotor.

Der Rotor eines asynchronen Induktionsmotors kann auch als Kurzschlußanker (Käfiganker) nach Abb. 318 ausgebildet sein. Diese Wicklung besteht aus Kupferstäben, die nackt oder mit schwacher Isolation in den Rotornuten liegen und die an beiden Seiten durch je einen Kurzschlußring verbunden sind.

Jeder Stab kann hier als eine Phase aufgefaßt werden. Die Phasenzahl wird daher gleich der Stabzahl pro Polpaar des Stators. Jede Phase hat eine halbe Windung und der Wicklungsfaktor ist gleich eins.

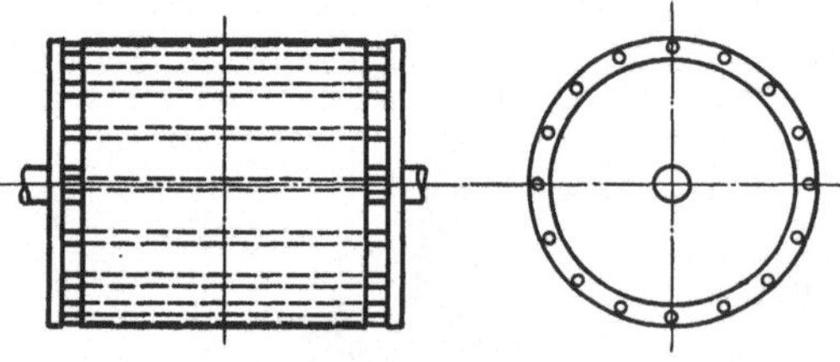

Abb. 318. Kurzschlußrotor.

Bei N_2 Rotorstäben wird somit das Übersetzungsverhältnis

$$u_i = \frac{m_1 \cdot k_{w_1} \cdot w_1}{m_2 \cdot k_{w_2} \cdot w_2} = \frac{m_1 \cdot k_{w_1} \cdot w_1}{\dfrac{N_2}{p} \cdot 1 \cdot \dfrac{1}{2}}.$$

Kurzschlußankermotoren bis etwa 2 oder 3 kW legt man ohne weiteres mit einem dreipoligen Schalter ans Netz. Bei größeren Leistungen muß zur Vermeidung des großen Stromstoßes die Motorspannung entsprechend herabgesetzt werden.

Das beste Anlaßverfahren, das für größere Leistungen allgemein üblich ist, besteht in der Verwendung eines Anlaßtransformators ATr, der in der Regel nach Abb. 319 in Sparschaltung ausgeführt wird. Ist die Anlaßspannung gleich dem $n$ten Teil der Netzspannung E, so geht der Anlaufstrom vom Netz, aber auch das Anlaufdrehmoment mit $\left(\dfrac{E}{n}\right)^2$ zurück, so daß

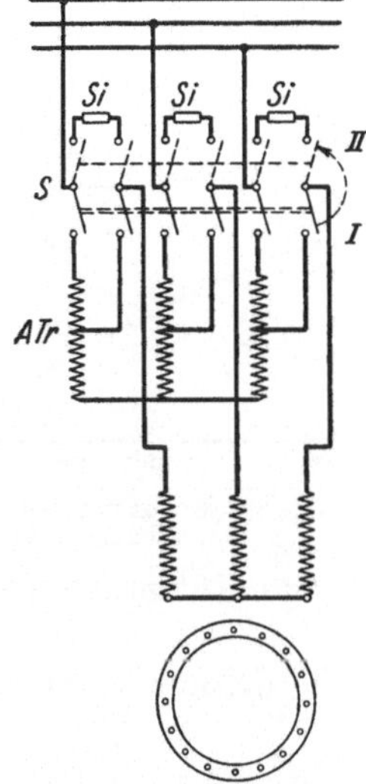

Abb. 319. Anlaßschaltung
mit Anlaßtransformator.

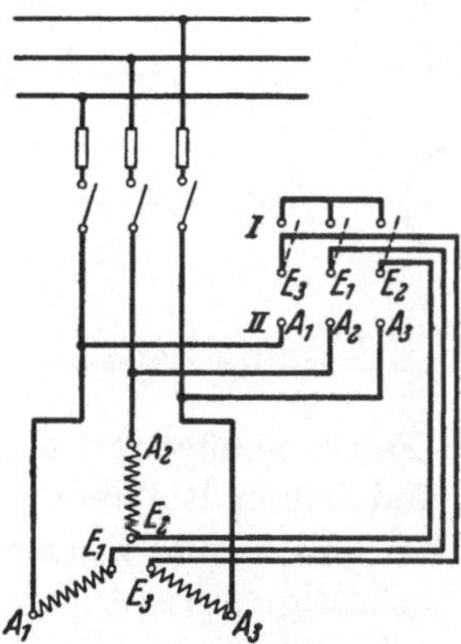

Abb. 320. Anlaßschaltung mit
Sterndreieckschalter.

der Motor nur unter kleiner Belastung anlaufen kann. In der Nähe der vollen Drehzahl wird der Motor mit Hilfe des Umschalters S auf volle Spannung (unter Zwischenschaltung von Sicherungen Si) umgeschaltet.

Für Kurzschlußmotoren mäßiger Leistung etwa bis 20 oder 50 kW wird häufig die Sterndreieckschaltung nach Abb. 320 benutzt. Im Anlauf ist die Primärwicklung in Stern geschaltet (Schalter in Stellung I) und nimmt in einer Phase den Strom $J_s = \dfrac{J_{k\varDelta}}{3}$ auf, wenn $J_{k\varDelta}$ der vom Netz entnommene Strom bei Stillstand in Dreieckschaltung ist. In der Laufstellung II des Umschalters wird die Wicklung in Dreieck geschaltet.

Die Sterndreieckschaltung wirkt also wie ein Anlaßtransformator, der die Motorspannung auf $\dfrac{E}{\sqrt{3}}$ herabsetzt.

Sehr vorteilhaft ist es, Kurzschlußankermotoren mittels einer Fliehkraft-Reibungskupplung mit den anzutreibenden Maschinen zu verbinden, so daß der Motor ganz leer und deswegen rasch anläuft und dann erst mit der anzutreibenden Maschine gekuppelt wird[1].

Es gibt zahlreiche Versuche, Kurzschlußmotoren mit kräftigem Anzugsmoment zu bauen. Von den verschiedenen Konstruktionen ist der Motor mit Doppelkäfiganker nach Dobrowolsky und Boucherot am meisten verwendet. Der Rotorstromkreis dieses Motors (Abb. 321) besteht aus zwei oder mehr konzentrisch ineinander liegenden Käfigankerwicklungen; zwischen den radial übereinander liegenden Nuten der verschiedenen Wicklungen laufen radiale Luftschlitze; die innere Wicklung hat kleinen, die äußere großen Widerstand. Infolge der Strom-

---

[1] Siehe M. Kloss: ETZ 1929, 223.

verdrängung steigt dann der Rotorwiderstand bei Stillstand auf ein Vielfaches des Gleichstromwiderstandes, der sich bei Lauf einstellt. Die Drehmomentkurven der beiden Rotorwicklungen verlaufen ungefähr, wie in Abb. 322 durch die Kurven D_1 und D_2 dargestellt ist. Das totale Drehmoment D_r ergibt sich durch Superposition von D_1 und D_2.

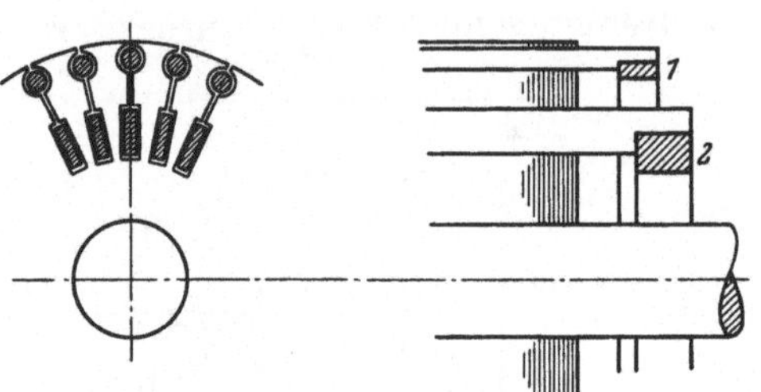

Abb. 321. Doppelkäfiganker.

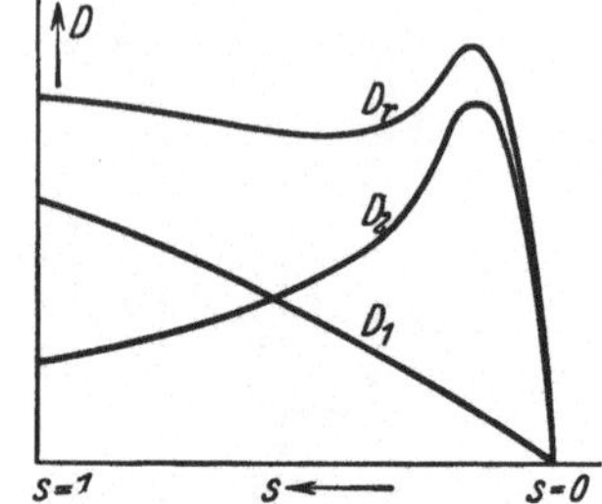

Abb. 322. Drehmomentkurven eines Doppelkäfigmotors.

In vielen Fällen genügt schon die Verwendung von Käfigankern mit tiefen Rotornuten und hohen Rotorstäben.

Gewöhnlich haben die Kurzschlußmotoren mit Stromverdrängungsläufer einen etwas ungünstigeren Leistungsfaktor und ein kleineres Überlastungsvermögen wie gewöhnliche Kurzschlußmotoren. Dies rührt von der vergrößerten Rotorreaktanz und

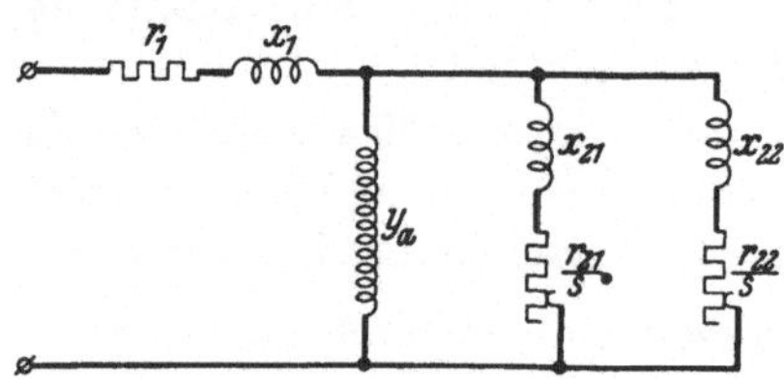

Abb. 323. Ersatzstromkreis eines Doppelkäfigmotors.

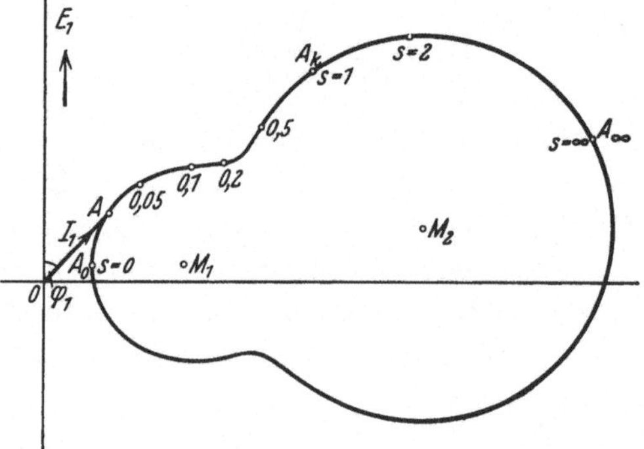

Abb. 324. Stromdiagramm eines Doppelkäfigmotors.

der vergrößerten Streuung des Hauptfeldes her.

Für den Boucherot-Motor läßt sich näherungsweise die Ersatzschaltung in Abb. 323 annehmen. r_{21} und r_{22} samt x_{21} und x_{22} sind die auf den Stator reduzierten Werte der Widerstände und Reaktanzen der ersten bzw. zweiten Rotorwicklung. Für diese Ersatzschaltung kann man das Stromdiagramm (Abb. 324) rechnerisch ermitteln oder durch punktweise Inversion konstruieren. Man sieht, wie die Stromkurve sich den beiden Kreisdiagrammen anschmiegt, welche der ersten bzw. zweiten Rotorwicklung für sich allein entsprechen würden.

29. Anlassen von Einphasenmotoren.

Der einphasige Induktionsmotor hat als solcher kein Anlaufmoment. Das Drehmoment wird erst allmählich entwickelt, je nachdem der Motor an Geschwindigkeit gewinnt.

Bei der Ableitung der Formel für das Drehmoment eines Einphasenmotors zeigt es sich, daß dieses sich zusammensetzt aus einem positiven und einem negativen Teil. Den ersten Teil D (Abb. 325) kann man sich von dem vorwärtslaufenden, den zweiten Teil D_i von dem inversen Drehfelde erzeugt denken.

Bei Stillstand ($s = 1$) heben sich die beiden Drehmomente auf, sobald aber sich der Rotor in der einen Richtung dreht, bleibt ein resultierendes Drehmoment in dieser Richtung übrig. Dieses ist in der Abb. 325 durch die Kurve $D_r = D - D_i$ dargestellt, als Differenz der beiden Drehmomente. Unter Umständen, z. B. bei leerem Anlauf, genügt es, den Rotor mit der Hand anzudrehen, um ihn weiterlaufen zu lassen. In anderen Fällen muß man besondere Vorrichtungen treffen, wovon wir die nachfolgenden erwähnen wollen.

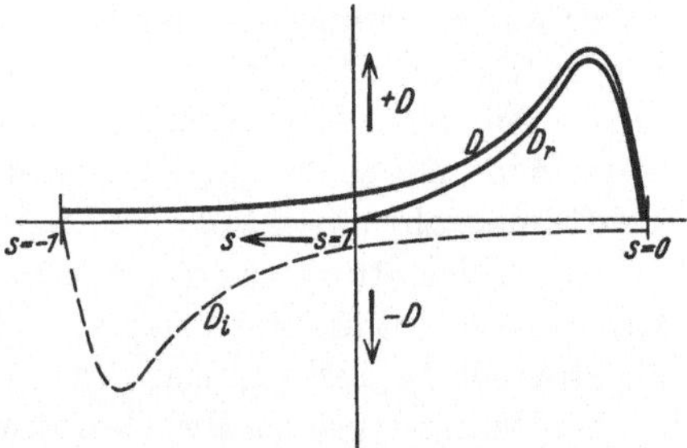

Abb. 325. Drehmomentkurven des Einphasenmotors.

a) **Anlauf mit Hilfsphase.** Diese Methode beruht darauf, daß man auf dem Stator eine zweite Wicklung, die sogenannte Hilfswicklung, anordnet, welche der Hauptwicklung gegenüber räumlich in der Phase verschoben ist. In diese Wicklung leitet man einen Strom ein, der dem Strome der Hauptphase gegenüber eine gewisse Phasenverschiebung besitzt, so daß ein mehr oder weniger vollkommenes Drehfeld entsteht, welches genügt, um den Motor zum Anlauf zu bringen. Die Phasenverschiebung des Stromes in der Hilfsphase wird durch Parallel- oder Serienschaltung von Kapazität oder Selbstinduktion oder von Ohmschem Widerstande bewirkt.

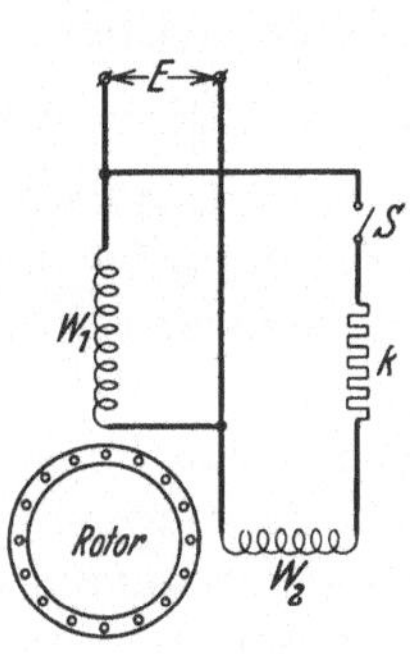

Abb. 326. Anlassen eines Einphasenmotors mittels Hilfsphase.

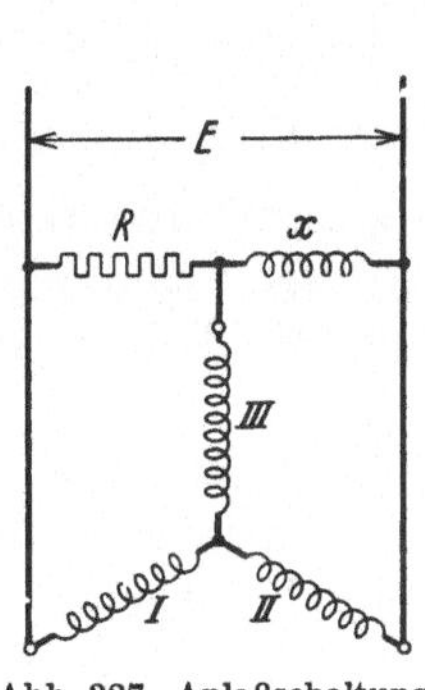

Abb. 327. Anlaßschaltung nach Steinmetz.

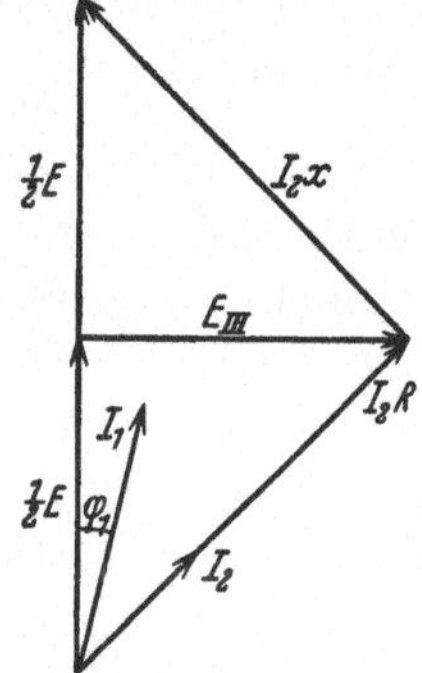

Abb. 328. Vektordiagramm der Schaltung Abb. 327 bei offener Phase *III*.

In Abb. 326 bedeutet W_1 die Hauptwicklung und W_2 die Hilfsphase. Diese wird durch einen Fliehkraftschalter S bei einer gewissen Geschwindigkeit abgeschaltet.

Auch ein Motor, dessen Stator mit einer normalen Dreiphasenwicklung versehen ist, kann auf ein Einphasennetz arbeiten. Abb. 327 zeigt eine Anlaßschaltung nach C. P. Steinmetz, in welcher die Phase *III* des sterngeschalteten Motors als Hilfsphase benutzt wird. Bei offener Hilfsphase erhalten wir das Strom- und Spannungsdiagramm Abb. 328. J_1 ist der Strom durch die Wicklungsphasen *I* und *II* und J_2 ist der Strom in R und x. Die Spannung E_{III} wird dann stark gegenüber der Netzspannung verschoben. Wenn die Phase *III* eingeschaltet wird, verkleinert sich zwar der Winkel zwischen E und E_{III}, aber durch passende Wahl von R und x läßt sich doch ein genügend starkes Anlaufmoment erreichen.

b) Anlassen als Repulsionsmotor. Wenn der Motor bei Anlauf ein beträchtliches Moment entwickeln soll, führt man den Rotor ähnlich einem Gleichstromanker mit Kommutator und Bürsten aus. Dieser Motor beruht auf der in 1887 von E. Thomson angegebenen Erscheinung, daß eine kurzgeschlossene Spule, die sich in einem Wechselfelde befindet, sich so einzustellen sucht, daß die Achse ihrer Windung senkrecht zum Felde steht. Wenn also die Spule die maximale Kraftlinienzahl umschlingt, ist sie in labilem Gleichgewichte, und sobald sie sich in die Feldrichtung gestellt hat (d. h. keine Kraftlinien umschlingt), wird sie stromlos und ist in ihrer Ruhelage. Diese Eigenschaft wird beim Repulsionsmotor angewendet (s. Teil VI, Kap. 2).

Der Motor läuft als Repulsionsmotor an, und wenn er nahezu seine volle Geschwindigkeit erlangt hat, werden die Kommutatorlamellen durch ein im Rotor angebrachtes Zentrifugalpendel miteinander verbunden und gleichzeitig werden die Bürsten abgehoben. Der Motor läuft dann als gewöhnlicher Einphasen-Induktionsmotor mit Kurzschlußanker.

30. Drehzahlregelung der Induktionsmotoren.

Die Regulierung der Induktionsmotoren mit Widerstand im Rotorkreis ist mit großen Verlusten verbunden, da ein der Schlüpfung proportionaler Teil der Energie verloren geht.

Aus Abschn. 21 geht hervor, daß der Schlupf bei konstantem Drehmoment ungefähr proportional $\left(\dfrac{E_0}{E}\right)^2$ ist, wenn E_0 die Nennspannung und E die neue Klemmenspannung bedeutet. Bei Regelung der Klemmenspannung kann man also die Geschwindigkeit ändern. Bei Spannungsverminderung geht aber das Drehmoment und die Überlastungsfähigkeit stark zurück, und das Verfahren ist nur sehr beschränkt verwendbar.

Ein Induktionsmotor läuft um so langsamer, je größer seine Polzahl ist. Durch Polumschaltung läßt sich also eine sprungweise Geschwindigkeitsregelung erzielen; sie läßt sich auf drei verschiedene Weisen ausführen:

a) Dieselbe Primärwicklung wird durch Änderung der Spulengruppierung von p_1 auf p_2 Polpaare gebracht. Man muß hierbei beachten, daß die Spulenweite y immer in einem günstigen Verhältnis zur Polteilung τ stehen muß.

Sind z. B. die Ankerspulen mit einer Weite gleich $^1/_6$ des Ankerumfanges gewickelt, wird bei 2, 3 und 4 Polpaaren y gleich $\frac{2}{3}\tau$ bzw. τ bzw. $\frac{4}{3}\tau$.

b) Es werden zwei (oder mehr) ganz getrennte Wicklungen vorgesehen: die eine für $2\,p_1$ Pole, die andere für $2\,p_2$ Pole gewickelt. Die beiden Wicklungen benutzt man zeitlich nacheinander.

c) Es werden zwei vollständige Motoren, der eine für p_1, der andere für p_2 Polpaare in ein gemeinsames Gehäuse eingebaut. Einen solchen Motor nennt man einen Stufenmotor. Er wird meistens mit Kurzschlußanker ausgeführt, da dieser für jede Polzahl paßt.

Die Kaskadenschaltung zweier Induktionsmaschinen erlaubt die geschlüpfte Leistung wieder nutzbar zu machen. Schaltet man an Stelle der Widerstände einen zweiten Asynchronmotor in den Rotorkreis, kann die Schlupfleistung größtenteils in nützliche mechanische Arbeit umgewandelt werden. Die Rotoren sind mechanisch gekuppelt, die Schleifringe des Vordermotors verbindet man entweder mit dem Stator oder mit dem Rotor des Hintermotors (Abb. 329). Die erste Maschine arbeitet

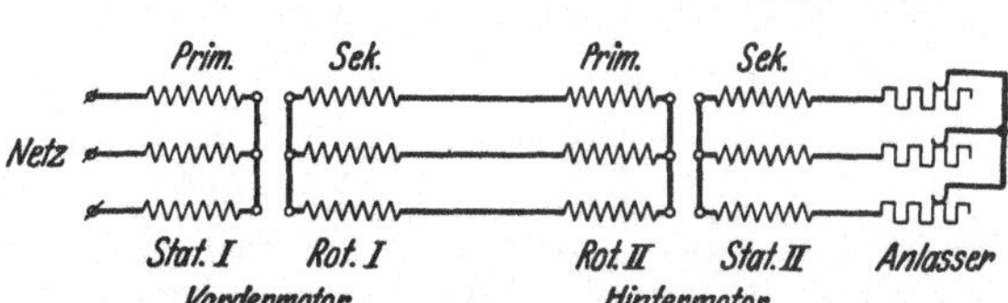

Abb. 329. Kaskadenschaltung zweier Drehstrommotoren.

teils als Motor, teils als Transformator, die zweite nur als Motor.

Bezeichnen wir mit

$2\,p_1$ die Polzahl des Vordermotors,

$2\,p_2$ die Polzahl des Hintermotors,

f_1 die Periodenzahl im Stator der ersten Maschine.

Es entstehen dann im ersten Rotor I Ströme von der Frequenz $f' = f_1 - f'_r$, wenn die Drehfrequenz $f'_r = \dfrac{p_1 \cdot n}{60}$ und n die minutliche Drehzahl des Rotors ist.

Die Frequenz der Ströme im zweiten Stator II ist deshalb $f'' = f' - f''_r$, wenn $f''_r = \dfrac{p_2 \cdot n}{60}$ ist. Die Leerlaufdrehzahl des Aggregates ergibt sich aus $f'' = 0$, da dann im zweiten Stator II keine Ströme induziert werden. Dies gibt $f_1 = f'_r + f''_r$ oder die stabile Leerlaufdrehzahl der Kaskade ist

$$n = \frac{60 \cdot f_1}{p_1 + p_2}.$$

Eine zweite Leerlaufdrehzahl n_0 der Kaskade, die sie aber nicht ohne äußeren Antrieb erreicht, tritt für $f' = 0$ auf; sie ist $n_0 = \dfrac{60 \cdot f_1}{p_1}$.

Bei Belastung ist die Drehzahl um 2 bis 5% kleiner als n bzw. n_0.

Für die Schaltung der beiden Läufer ist zu beachten, daß die beiden Drehfelder entgegengesetzt umlaufen müssen, damit das Drehfeld des zweiten Motors relativ zu Stator II bei Synchronismus stillsteht.

31. Einfluß der Oberfelder auf den Anlauf.

Bei Kurzschlußankermotoren beobachtet man oft unregelmäßige Drehzahl-Drehmomentkurven nach Abb. 330, deren Verlauf daher rührt, daß der Kraftfluß des Motors Oberwellen hat, d. h. räumlich nicht sinusförmig verläuft.

Die Winkelgeschwindigkeit der νten Oberwelle des Statorfeldes ist $\dfrac{\omega_1}{\nu}$ in positivem oder negativem Sinne. Der Motor läuft also bei der Drehzahl $\mp \dfrac{n_1}{\nu}$ mit diesem Oberfelde synchron, wenn n_1 die Drehzahl des Grundfeldes ist.

Sobald der Rotor diese Geschwindigkeit überschreitet, arbeitet die Maschine in bezug auf dieses Oberfeld als Generator und wird vom Felde gebremst. In Abb. 330 ist D_1 die Drehmomentkurve des Grundfeldes und D_7 diejenige des positiv rotierenden 7. Oberfeldes. Der Motor verhält sich dann so, als ob er nicht nur die grundlegende Polzahl $2\,p$, sondern außerdem noch $14\,p$ Pole hätte. Es kann dann bei ungünstiger Rotorstabzahl vorkommen, daß der Motor in der

Nähe der Drehzahl $\frac{n_1}{7}$ stabil läuft. Man nennt diese Erscheinung Haken oder Schleichen. Sie kann auch dann auftreten, wenn Rotor- und Statoroberfelder gleicher Ordnung miteinander synchron laufen. Die schädlichen Oberfelder werden in der Regel durch den Einfluß von Nutenöffnungen auf den Kraftfluß hervorgerufen.

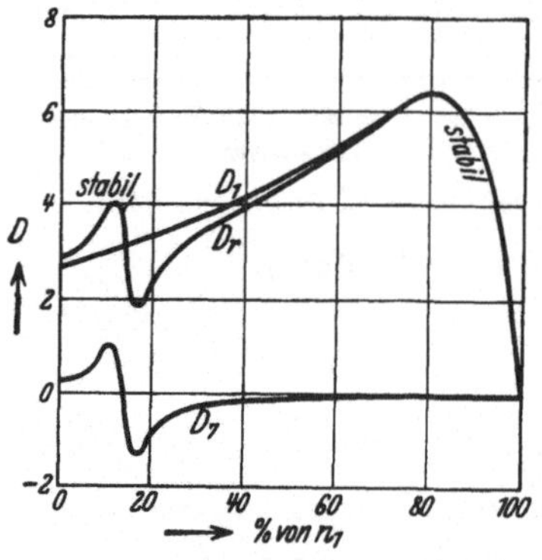

Einige Motoren zeigen bei größeren Drehzahlen starke Vibrationen, die Geräusch und Bremswirkung verursachen. Dies kann nach F. T. Chapman[1] daher rühren, daß die Superposition der Stator- und Rotorfelder ein unsymmetrisches Feld im Luftspalt ergibt, wodurch ein einseitiger magnetischer Zug entsteht. Um dies zu vermeiden, sollte die Zahl der Rotornuten N_2 so gewählt werden, daß $N_2 \pm 2\,pa \pm 1$ wird, wenn a eine ganze Zahl ist.

Abb. 330. Drehmomentkurve eines Motors mit 7. Feldoberwelle.

Öffnet man in der Schaltung Abb. 315 eine der drei Schleifringzuleitungen, so arbeitet der Rotor nur noch einphasig. Diese Schaltung nennt man einachsig. Das vorwärtslaufende Rotorfeld setzt sich mit dem Statorfeld unmittelbar zusammen; sie haben also räumlich dieselbe Geschwindigkeit. Bezeichnet

ω_1 die Winkelgeschwindigkeit des Statorfeldes,

ω_r die Winkelgeschwindigkeit des Rotors,

$\pm\,\omega_2$ die Winkelgeschwindigkeit des einachsigen Rotorfeldes,

so ist also $\omega_1 = \omega_r + \omega_2$.

Das inverse Drehfeld dagegen kreist räumlich mit der Winkelgeschwindigkeit $\omega' = \omega_r - \omega_2 = 2\,\omega_r - \omega_1$. Wenn also der Rotor mit der halben synchronen Drehzahl $\omega_r = \frac{\omega_1}{2}$ läuft, so wird ω' gleich Null.

Dann steht also das inverse Drehfeld gegenüber dem Stator still. Überschreitet der Rotor diese Geschwindigkeit, dann arbeitet der Motor in bezug auf das inverse Drehfeld als Generator und wird gebremst. Somit hat die Maschine eine stabile Drehzahl etwas unterhalb der halben synchronen Geschwindigkeit. Die einachsige Schaltung ermöglicht also eine Herabsetzung der Drehzahl auf die Hälfte (Görgessches Phänomen).

---

[1] J. Inst. El. Engs. (London) **61**, 39 (1923).

Fünfter Teil.

Die Umformer.

Erstes Kapitel.
Die Einankerumformer.

1. Allgemeines über Einankerumformer.

Der Einakerumformer ist eine mit der Frequenz des zugeführten Wechselstromes synchron rotierende Maschine, die in' der Regel zur Umformung von Wechselstrom in Gleichstrom dient, kann aber auch zur Umformung von Gleichstrom in Wechselstrom benutzt werden. Die Maschine ist prinzipiell wie eine Gleichstrommaschine aufgebaut. Das feststehende Feldsystem hat ausgeprägte Pole, die durch Gleichstrom erregt werden. Der rotierende Anker trägt nur eine Wicklung, meistens eine gewöhnliche Schleifenwicklung, in der sowohl der Wechselstrom als auch der Gleichstrom fließt. Die Wechselspannung muß daher in einem bestimmten Verhältnis zur Gleichspannung stehen, so daß der Umformer gewöhnlich über einen stationären Transformator an das Wechselstromnetz angeschlossen werden muß.

Der Einankerumformer stellt die Vereinigung eines Synchronmotors mit einem Gleichstromgenerator dar. Die Ankerwicklung ist eine Wechselstromwicklung, die bei Drei- oder Sechsphasenumformer in Dreieck bzw. Sechseck geschaltet ist, und zugleich eine Gleichstromwicklung. Der Wechselstrom wird über eine der Phasenzahl entsprechende Anzahl von Schleifringen zugeführt, während der Gleichstrom am Kommutator durch Bürsten in den neutralen Zonen abgenommen wird. Wie der Synchronmotor arbeitet der Einankerumformer bei richtiger Erregung ohne Phasenverschiebung. Er kann auch bei Übererregung kapazitiven Blindstrom erzeugen, was in gewissen Fällen erwünscht ist. In noch stärkerem Maße als der Synchronmotor neigt der Einankerumformer zum Pendeln und zum Außertrittfallen und er ist besonders empfindlich gegen ungeeignete Kurvenform und Frequenzschwankungen des Wechselstromes. Der Einankerumformer wird daher immer mit einer kräftigen Dämpferwicklung im Feldsystem versehen.

Die Einankerumformer sind günstiger für niedrige Frequenz (25 Hz) als für hohe (50 bis 60 Hz). Bei hohen Periodenzahlen wird die Polzahl groß, was zu kleinen Abständen zwischen den Bürstenspindeln oder großem Durchmesser des Kommutators mit entsprechend großer Umfangsgeschwindigkeit führt. Es sei v_k die Umfangsgeschwindigkeit und d_k der Durchmesser des Kommutators, weiter t_k der Abstand zwischen neutralen Zonen, am Kommutatorumfang gemessen.

Bei der Drehzahl n, der Frequenz f und der Polpaarzahl p erhalten wir:

$$v_k = \pi\, d_k \frac{n}{60},$$

wo $\pi d_k = 2\,p t_k$ und $\dfrac{n}{60} = \dfrac{f}{p}$ ist, also

$$v_k = 2\,t_k f. \tag{1}$$

Nun kann man mit v_k nicht über eine gewisse Grenze gehen, die aus konstruktiven Gründen und mit Rücksicht auf das Aufrechterhalten eines guten Kontaktes zwischen Bürsten und Kommutatorlamellen gegeben ist. Der Abstand t_k zwischen den Bürsten sollte daher bei steigender Frequenz verkleinert werden. Da die Breite einer Lamelle mit Isolation nicht beliebig klein gemacht werden kann, wird somit die Anzahl der Lamellen auf der Strecke t_k auch vermindert. Die höchstzulässige Lamellenspannung begrenzt somit die Gleichspannung, für welche der Umformer noch kommerziell ausgeführt werden kann. Durch Verwendung hoher Kommutatorgeschwindigkeit, hoher Lamellenspannung und kleiner Lamellenbreite ist es jedoch gelungen, Einankerumformer für 50 Hz bis zu 1650 V Gleichstrom auszuführen.

Der Einankerumformer mit Transformator wird in der Regel billiger als ein Motor-Generator, hat einen höheren Wirkungsgrad und beansprucht eine kleinere Grundfläche. Dagegen ist beim Einankerumformer nur eine ziemlich eng begrenzte Regelung der Gleichspannung möglich, ohne daß Zusatzapparate für die Änderung der zugeführten Wechselspannung benutzt werden.

Die frühzeitige Entwicklung des Einankerumformers geschah hauptsächlich in Amerika, wo die ersten Patente etwa um 1888 von Charles Bradley angemeldet wurden. Später hat sich besonders B. G. Lamme um die praktische Entwicklung des Umformers Verdienste erworben.

2. Spannungsverhältnis des Einankerumformers.

Einankerumformer werden, wie gewöhnliche Gleichstrommaschinen, immer mit Trommelankern ausgeführt. Der Einfachheit halber wollen wir jedoch die Ankerwicklung in den schematischen Darstellungen als Ringwicklung zeichnen.

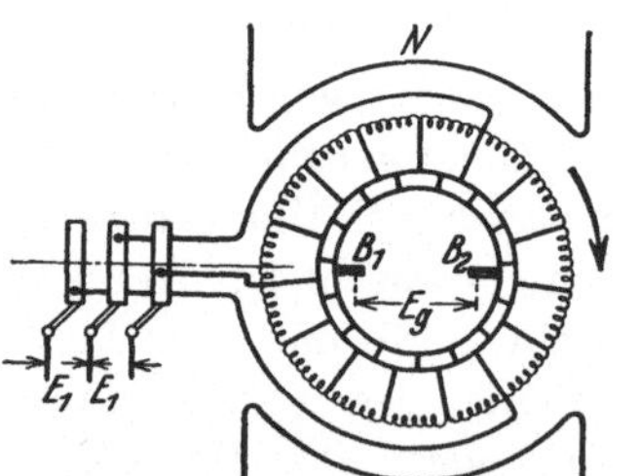

Abb. 331 zeigt das zweipolige Schema eines Dreiphasenumformers.

Bei p Polpaaren, $2\,a$ Ankerstromzweigen, n Umdr./min, N wirksamen Ankerstäben und Φ Kraftlinien je Pol ist die induzierte EMK zwischen den Gleichstrombürsten

$$E_g = \frac{p}{a}\,\frac{n}{60}\,N\,\Phi\,10^{-8}\ \text{V}$$

oder, da $\dfrac{p\,n}{60}$ die Frequenz f ist,

$$E_g = f\,\frac{N}{a}\,\Phi\,10^{-8}\ \text{V}.$$

Abb. 331. Schaltungsschema eines Dreiphasenumformers.

Nach Teil III, Abschn. 2 und 6 wird der Effektivwert der Grundwelle der induzierten EMK zwischen zwei Abzweigpunkten zu den Schleifringen

$$E = \frac{2\,\pi}{\sqrt{2}}\,f\,k_w\,w\,\Phi_{(1)}\,10^{-8}\ \text{V}.$$

Bei der Phasenzahl m kann dieser Wicklungsabschnitt als gleichmäßig über $\dfrac{2}{m}$ einer Polteilung verteilt angesehen werden. Der Wicklungsfaktor der Grundwelle ist somit

$$k_w = \frac{m}{\pi} \cdot \sin\frac{\pi}{m}\,,$$

und die Windungszahl

$$w = \frac{N}{2\,a\,m}\,.$$

Also wird

$$E = \frac{1}{\sqrt{2}} f \cdot \sin\frac{\pi}{m} \cdot \frac{N}{a}\,\Phi_{(1)}\,10^{-8}\,\mathrm{V}\,.$$

Das Verhältnis der beiden EMKe ist somit

$$\frac{E}{E_g} = \frac{\sin\dfrac{\pi}{m}}{\sqrt{2}} \cdot \frac{\Phi_{(1)}}{\Phi}\,.$$

Führen wir weiter den Feldverteilungsfaktor $k_B = \dfrac{\Phi_{(1)}}{\Phi}$ ein, erhalten wir das Übersetzungsverhältnis der EMKe[1]

$$u_e = \frac{E}{E_g} = k_B \cdot \frac{\sin\dfrac{\pi}{m}}{\sqrt{2}}\,. \tag{2}$$

Für eine sinusförmige Feldkurve ist $k_B = 1$ und

$$u_e = \frac{\sin\dfrac{\pi}{m}}{\sqrt{2}}\,. \tag{2a}$$

Dies ist auch unmittelbar aus dem Potentialdiagramm Abb. 332 ersichtlich. Der Durchmesser des Potentialkreises ist gleich dem Effektivwert der Wechsel-EMK E_d über 180 elektrischen Graden der Wicklung und auch gleich der EMK E_g zwischen den Gleichstrombürsten dividiert durch $\sqrt{2}$, also

$$E_g = \sqrt{2}\,E_d\,.$$

Nun ist das Verhältnis der Phasenspannung zur Durchmesserspannung

$$\frac{E}{E_d} = \sin\frac{\pi}{m}$$

oder

$$u_e = \frac{E}{E_g} = \frac{\sin\dfrac{\pi}{m}}{\sqrt{2}}\,.$$

Abb. 332. Kreisförmiges Potentialdiagramm für die Wicklung des Umformers bei sinusförmiger Feldkurve.

Die Zahlenwerte von u_e bei sinusförmiger Feldkurve sind in Tabelle 16 für verschiedene Phasenzahlen angeführt.

---

[1] Für das Übersetzungsverhältnis findet man auch den folgenden Ausdruck:
Nach Abschn. III 2 ist

$$E_g = 4 f w_g \Phi \, 10^{-8}\,\mathrm{V}\,.$$

Hierin ist $w_g = \dfrac{N}{4\,a}$ die Zahl der reihengeschalteten Windungen zwischen den Gleichstrombürsten.

Da

$$E = \frac{2\,\pi}{\sqrt{2}} f\,k_w\,w\,k_B\,\Phi\,10^{-8}\,\mathrm{V}$$

ist, wird somit

$$u_e = \frac{\pi}{2\sqrt{2}}\,k_w\,k_B\,\frac{w}{w_g}\,.$$

Tabelle 16. Spannungsverhältnis bei sinusförmiger Feldkurve.

m	2	3	4	6	9	12
$\dfrac{E}{E_g}$	0,707	0,612	0,500	0,354	0,242	0,183

Wenn die Feldverteilung nicht sinusförmig ist, kann der Faktor k_B nach dem in Teil III, Abschn. 4 angegebenen Verfahren bestimmt werden. Die Feldkurve wird also aufgezeichnet, und die Polteilung in z. B. 12 gleiche Teile eingeteilt (Abb. 333). Die Feldstärke beim νten Teilstrich sei i_ν, und man bildet die beiden Summen:

$$\Sigma_1 = \Sigma(i_\nu) = i_0 + i_1 + i_2 + \cdots + i_{12} \tag{3}$$

$$\Sigma_2 = \Sigma(i_\nu \cdot \sin \nu \cdot 15^0) = i_1 \cdot \sin 15^0 + i_2 \cdot \sin 30^0 + \cdots + i_{11} \cdot \sin 165^0. \tag{3a}$$

Dann erhält man:

$$k_B = \frac{\Phi_{(1)}}{\Phi} = \frac{4}{\pi}\frac{\Sigma_2}{\Sigma_1}. \tag{4}$$

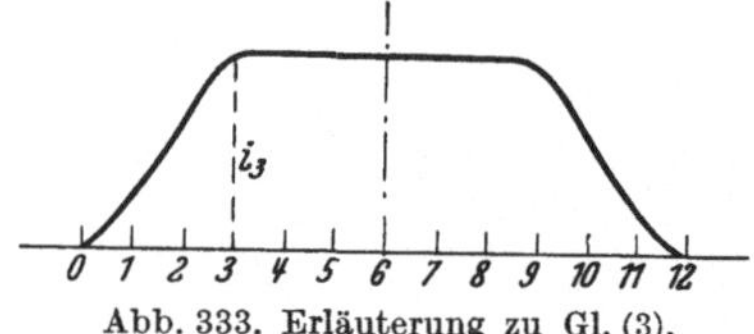

Abb. 333. Erläuterung zu Gl. (3).

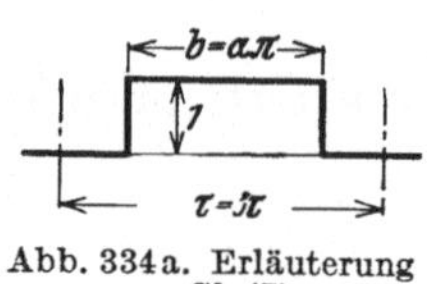

Abb. 334a. Erläuterung zu Gl. (7).

Ist die Feldkurve als eine Funktion $f(x)$ des Ankerumfanges gegeben, gehen die Summen in Integrale über:

$$\Sigma_1 = \int_0^\pi f(x) \cdot dx, \tag{5}$$

$$\Sigma_2 = \int_0^\pi f(x) \cdot \sin x \cdot dx. \tag{6}$$

Nehmen wir eine rechteckige Feldkurve mit dem Polbogen $\alpha\pi$ an (s. Abb. 334a), erhalten wir:

$$\Sigma_1 = \alpha\pi,$$

$$\Sigma_2 = \int_{\frac{\pi}{2}(1-\alpha)}^{\frac{\pi}{2}(1+\alpha)} \sin x \cdot dx = 2 \cdot \cos\frac{\pi}{2}(1-\alpha) = 2 \cdot \sin\frac{\pi\alpha}{2},$$

$$k_B = \frac{4}{\pi}\frac{\Sigma_2}{\Sigma_1} = \frac{4}{\pi}\frac{2 \cdot \sin\frac{\pi\alpha}{2}}{\alpha\pi} = \frac{8}{\pi^2}\frac{\sin\frac{\pi\alpha}{2}}{\alpha} = 0,81\frac{\sin\frac{\pi\alpha}{2}}{\alpha}. \tag{7}$$

Tabelle 17. Werte des Feldverteilungsfaktors.

α	1	0,9	0,8	0,7	0,6
k_B	0,81	0,90	0,96	1,03	1,09

Die Größe von k_B für verschiedene Werte von α ist aus der Tabelle 17 zu ersehen.

In Tabelle 18 sind die Werte des Spannungsverhältnisses $k_B \dfrac{\sin \dfrac{\pi}{m}}{\sqrt{2}}$ für sinusförmige Feldkurve und rechteckige Feldkurven bei verschiedenen Phasenzahlen m zusammengestellt.

Tabelle 18. Übersetzungsverhältnis der EMKe.

Feldkurve		u_e bei $m =$					
		2	3	4	6	9	12
sinusförmig		0,707	0,612	0,500	0,354	0,242	0,183
rechteckig mit $\alpha =$	1	0,57	0,50	0,41	0,29	0,20	0,150
	0,9	0,64	0,55	0,45	0,32	0,22	0,165
	0,8	0,68	0,59	0,48	0,34	0,23	0,175
	0,7	0,73	0,63	0,52	0,36	0,25	0,188
	0,6	0,77	0,67	0,55	0,39	0,26	0,199

Wenn die Feldkurve nicht rechteckig, sondern gegen die neutrale Zone etwa wie in Abb. 333 abgeschrägt ist, kann man, wenn große Genauigkeit nicht verlangt ist, so rechnen, als ob man eine rechteckige Feldkurve mit Polbogen b_i und $\alpha_i = \dfrac{b_i}{\tau}$ hätte. Man erhält dadurch einen etwas zu großen Feldverteilungsfaktor und ein entsprechendes etwas zu großes Spannungsverhältnis.

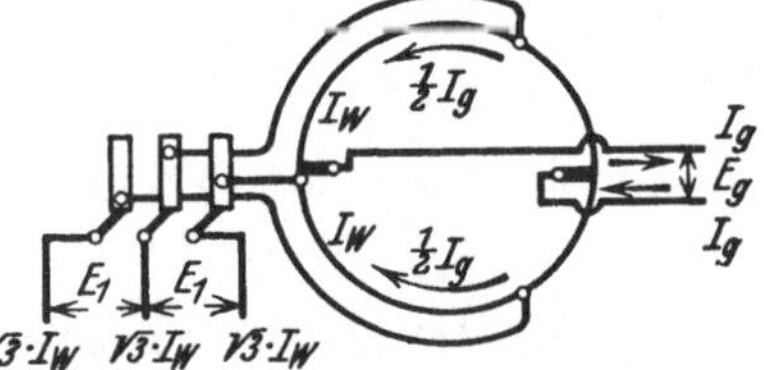

Abb. 334b. Trapezförmige Feldkurve.

Für eine trapezförmige Feldkurve, wie Abb. 334b zeigt, findet man

$$k_B = \frac{32}{\pi^3} \frac{\cos \alpha \dfrac{\pi}{2}}{1 - \alpha^2} .$$

Z. B.

$$\alpha = 0 \quad (\text{Dreieck}) \quad k_B = \frac{32}{\pi^3} = 1{,}03 ,$$

$$\alpha = 0{,}5 \qquad k_B = 0{,}97 ,$$

$$\alpha = 1{,}0 \quad (\text{Rechteck}) \quad k_B = 0{,}81 .$$

3. Stromverhältnis des Einankerumformers.

Abb. 335 zeigt schematisch den Stromlauf eines Umformerankers mit $p = a = 1$ und $m = 3$. Auf der Wechselstromseite wird die Spannung E_1 aufgedrückt, und es fließt in der Ankerwicklung der vom Netze aufgenommene Wirkstrom J_w. Auf der Gleichstromseite wird der Strom J_g mit der Spannung E_g entnommen. Das Verhältnis der Ströme im Anker ist dann

$$u_i' = \frac{2 J_w}{J_g} . \qquad (8)$$

Abb. 335. Stromlauf eines Umformerankers.

Allgemein sind die Ströme pro Ankerzweig gleich $\dfrac{J_w}{a}$ bzw. $\dfrac{J_g}{2a}$. Das Übersetzungsverhältnis der Ströme ist daher unabhängig von a und p. Wird von den Verlusten im Umformer abgesehen, muß

mEJ_w gleich $E_g J_g$ sein. Also ist

$$u_i' = \frac{2}{m} \cdot \frac{E_g}{E} = \frac{2}{m} \cdot \frac{1}{u_e},$$

wo

$$u_e = k_B \cdot \frac{\sin \dfrac{\pi}{m}}{\sqrt{2}}$$

das im vorigen Abschnitt bestimmte Spannungsverhältnis ist. Es ist somit

$$u_i' = \frac{1}{k_B} \cdot \frac{2\sqrt{2}}{m \cdot \sin \dfrac{\pi}{m}}. \tag{9}$$

Für sehr große Phasenzahl m wird $\sin \dfrac{\pi}{m} \approx \dfrac{\pi}{m}$ und $m \cdot \sin \dfrac{\pi}{m} \approx \pi$, d. h.

$$u'_{i\,(m=\infty)} = \frac{1}{k_B} \frac{2\sqrt{2}}{\pi} = \frac{0{,}9}{k_B}. \tag{10}$$

Tabelle 19 gibt eine Zusammenstellung der Werte von u_i' für sinusförmige Feld-kurve und rechteckige Feldkurven bei verschiedenen Phasenzahlen.

Tabelle 19.

Übersetzungsverhältnis der Ströme bei vernachlässigten Leerlaufverlusten.

Feldkurve	u_i' bei $m =$						
	2	3	4	6	9	12	∞
sinusförmig	1,41	1,09	1,00	0,94	0,92	0,91	0,90
rechteckig mit $\alpha =$ 1	1,75	1,33	1,22	1,15	1,11	1,11	1,11
0,9	1,56	1,21	1,11	1,04	1,01	1,01	1,00
0,8	1,47	1,13	1,04	0,98	0,97	0,95	0,94
0,7	1,37	1,06	0,96	0,93	0,89	0,88	0,87
0,6	1,30	0,99	0,91	0,85	0,85	0,84	0,83

In Wirklichkeit wird der Umformer schon bei Leerlauf einen Wechselstrom aufnehmen, und wegen der Leerlaufverluste hat man immer einen gewissen Strom-überschuß auf der Wechselstromseite. Bezeichnen wir diesen Überschuß, d. h. den Leerlaufstrom, mit J_{w_0}, und führen wir weiter den „Stromwirkungsgrad"

$$\eta' = \frac{J_w}{J_w + J_{w_0}} \tag{11}$$

ein, so erhalten wir das Stromverhältnis bei Belastung

$$u_i = \frac{2\,(J_w + J_{w_0})}{J_g} = \frac{2\,J_w}{J_g} \cdot \frac{J_w + J_{w_0}}{J_w} = \frac{u_i'}{\eta'} = \frac{1}{\eta' k_B} \cdot \frac{2\sqrt{2}}{m \cdot \sin \dfrac{\pi}{m}}. \tag{12}$$

Im Mittel kann man 4% Leerlaufverluste annehmen und erhält dann $\eta' = 0{,}96$.

4. Die Stromwärmeverluste im Umformeranker.

In der Ankerwicklung eines Umformers ist der zugeführte Wechselstrom, den wir sinusförmig annehmen, über einem Wechselstrom rechteckiger Kurvenform gelagert. Der letztgenannte Strom wird durch den Kommutator in Gleichstrom umgesetzt.

Alle Ankerspulen einer Wicklungsphase, die also zwischen zwei Abzweigpunkten zu den Schleifringen liegen, führen denselben Wechselstrom. Für diejenige Phase, welche zwischen den beiden Abzweigpunkten a und b liegt (Abb. 336), ist dieser Strom durch die Sinuskurve in Abb. 338 dargestellt. Der Gleichstrom in der Wicklung wird gleich Eins gesetzt. Die Wirkkomponente des Wechselstromes hat dann den Effektivwert u_i und den Höchstwert $\sqrt{2}\,u_i$. Ist die Phasenverschiebung des Wechselstromes gleich φ, so wird der Effektivwert des gesamten Wechselstromes $\dfrac{u_i}{\cos\varphi}$ und der Höchstwert $\dfrac{\sqrt{2}\,u_i}{\cos\varphi}$.

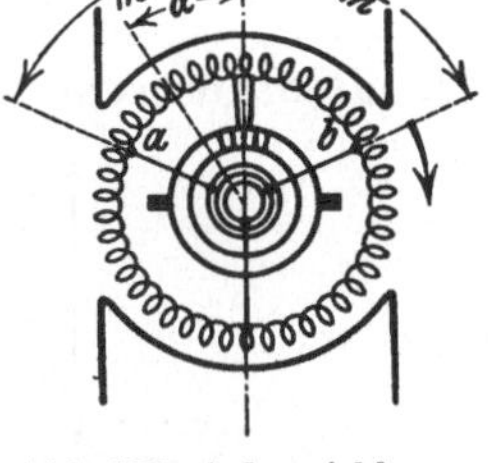
Abb. 336. Ankerwicklung eines zweipoligen Umformers.

In Abb. 337 stellt der mit $\tfrac{1}{2}J_g$ bezeichnete Leiter eine Spule in der Mitte eines Ankerstromzweiges für Gleichstrom dar. In derselben Spule wird der Höchstwert der EMK induziert. Beim Einankerumformer können wir praktisch die Quermagnetisierung und die Reak-

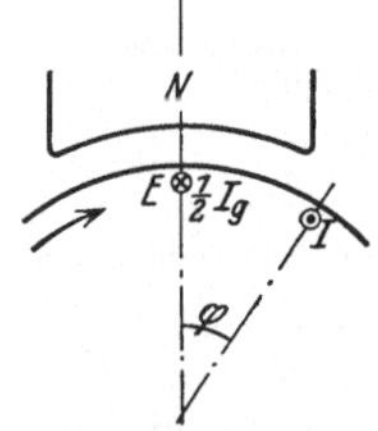
Abb. 337. Die Lage der Mittellinie einer Phase, die den Höchstwert des Wechselstromes führt.

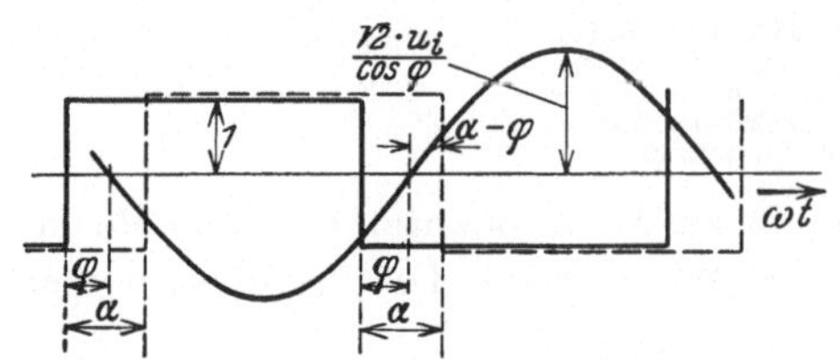
Abb. 338. Relative Lage der Wechselstromkurve und der rechteckigen Gleichstromkurve in verschieden gelegenen Spulen.

tanzspannung des Wirkstromes vernachlässigen (vgl. Abschn. 6), und der innere Phasenwinkel ψ wird daher gleich φ. Im Diagramm Abb. 339 stellt E die induzierte EMK, E_1 die Klemmenspannung und J den Wechselstrom einer Phase dar. Die Mittellinie einer Phase, die den Höchstwert von J führt, liegt in Abb. 337 um den Winkel φ gegen die Mittellinie des Gleichstromzweiges verschoben.

Für eine Ankerspule in der Mitte der Phase (in Abb. 336 Winkel $\alpha = 0$) ist der Gleichstrom durch die ganz ausgezogene rechteckige Kurve in Abb. 338 dargestellt. Die Verschiebung dieser Kurve gegen die aufgezeichnete Wechselstromkurve, mit entgegengesetzter Phase genommen, wird gleich φ. Für eine Ankerspule, die um einen Winkel α gegen die Mitte der Phase verschoben ist, wird der Gleichstrom durch die gestrichelte rechteckige Kurve dargestellt. Der Winkel α ist gegen die Drehrichtung des Ankers positiv gerechnet. Für diese Spule ergibt sich die Verschiebung des Gleichstromes gegen den Wechselstrom, mit entgegengesetzter Phase genommen, zu $\alpha - \varphi$.

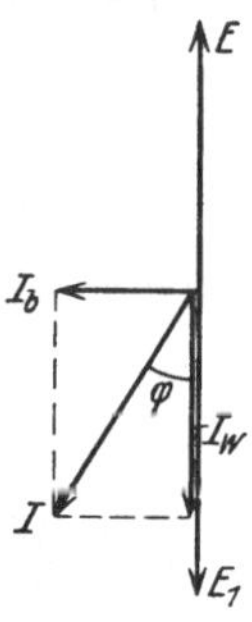

Die Komponente des Wechselstromes in der Spule unter dem Winkel α, die eine dem Gleichstrom dieser Spule entgegengesetzte Phase hat, wird somit $\dfrac{u_i}{\cos\varphi}\cdot\cos(\alpha-\varphi)$, und die Komponente des Wechselstromes, die um 90° gegen den Gleichstrom verschoben ist, wird $\dfrac{u_i}{\cos\varphi}\cdot\sin(\alpha-\varphi)$

Abb. 339. Strom- und Spannungsdiagramm einer Wechselstromphase.

(s. Abb. 340). Der Augenblickswert des resultierenden Stromes in Phase mit dem Gleichstrom wird also

$$i_1 = 1 - \frac{\sqrt{2}\,u_i}{\cos\varphi} \cdot \cos(\alpha - \varphi) \cdot \sin\omega t\,, \qquad (13)$$

für ωt im Intervalle 0 bis π (s. Abb. 341). Der um 90° dazu verschobene Strom hat den Augenblickswert

$$i_2 = \frac{\sqrt{2}\,u_i}{\cos\varphi} \cdot \sin(\alpha - \varphi) \cdot \cos\omega t\,. \qquad (14)$$

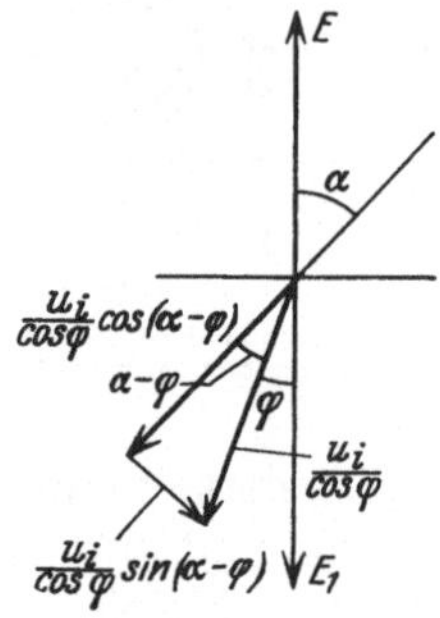

Abb. 340. Darstellung der Wechselstromkomponenten in einer Spule im Winkelabstand α von der Phasenmitte.

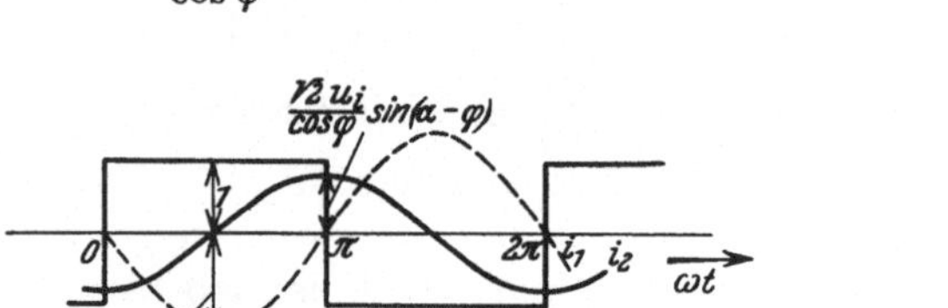

Abb. 341. Zeitliche Darstellung der Wechselstromkomponenten im Diagramm Abb. 340.

Die von diesen Komponenten in der Spule entwickelte Stromwärme kann jede für sich berechnet werden. Das Quadrat der ersten Komponente ist:

$$i_1^2 = 1 - \frac{2\sqrt{2}\,u_i}{\cos\varphi} \cdot \cos(\alpha - \varphi) \cdot \sin\omega t + \frac{2\,u_i^2}{\cos^2\varphi} \cdot \cos^2(\alpha - \varphi) \cdot \sin^2\omega t\,.$$

Der Mittelwert dieses Ausdruckes in bezug auf die Zeit wird:

$$J_1^2 = \frac{2}{T} \int_0^{\frac{T}{2}} i_1^2 \cdot dt = 1 - \frac{4\sqrt{2}}{\pi} \frac{u_i}{\cos\varphi} \cdot \cos(\alpha - \varphi) + \frac{u_i^2}{\cos^2\varphi} \cdot \cos^2(\alpha - \varphi)\,.$$

Das Quadrat der zweiten Komponente ist:

$$i_2^2 = \frac{2\,u_i^2}{\cos^2\varphi} \cdot \sin^2(\alpha - \varphi) \cdot \cos^2\omega t\,,$$

und der Mittelwert hiervon wird:

$$J_2^2 = \frac{2}{T} \int_0^{\frac{T}{2}} i_2^2 \cdot dt = \frac{u_i^2}{\cos^2\varphi} \cdot \sin^2(\alpha - \varphi)\,.$$

Die Summe dieser beiden Mittelwerte ist der Mittelwert vom Quadrat des resultierenden Stromes in der Spule:

$$J^2 = J_1^2 + J_2^2 = 1 + \frac{u_i^2}{\cos^2\varphi} - \frac{4\sqrt{2}}{\pi} \frac{u_i}{\cos\varphi} \cos(\alpha - \varphi)\,. \qquad (15)$$

Der Effektivwert des Stromes ist gleich der Wurzel aus diesem Ausdruck.

Nur das letzte Glied des Ausdruckes ist vom Winkel α abhängig, hat also einen verschiedenen Wert für die verschiedenen Ankerspulen. Für Spulen, die unmittelbar an den Abzweigpunkten zu den Schleifringen liegen, ist α gleich $\pm\frac{\pi}{m}$, wo das positive Zeichen für Spulen vor den Abzweigpunkten (bei a in Abb. 336) und das negative Zeichen für Spulen **hinter** den Abzweigpunkten (bei *b* in Abb. 336) gilt. Wenn φ positiv ist, nimmt der Umformer induktiven Blindstrom auf. $\cos\left(\dfrac{\pi}{m} - \varphi\right)$ wird dann größer als $\cos\left(-\dfrac{\pi}{m} - \varphi\right) = \cos\left(\dfrac{\pi}{m} + \varphi\right)$; die Erwärmung ist somit größer in den Spulen, die hinter den Abzweigpunkten (bei *b*) liegen, als in den Spulen, die sich vor den Abzweigpunkten (bei *a*) befinden. Ist der aufgenommene Strom kapazitiv verschoben (φ negativ), wird das Verhältnis umgekehrt.

Für mittlere Verhältnisse können Kurven für die Erwärmung der einzelnen Spulen im Vergleich mit der Maschine als Gleichstromgenerator mit demselben Belastungsstrom ermittelt werden, indem wir $\eta' = 0{,}96$ und $k_B = 1$ annehmen, d. h.

$$u_i = \frac{1}{0{,}96}\,\frac{2\sqrt{2}}{m\cdot\sin\dfrac{\pi}{m}}$$

in Gl. (15) einführen. In Abb. 342 zeigt dann Kurve *1* die relative lokale Erwärmung eines Dreiphasenumformers für $\varphi = 0$ in Abhängigkeit vom Winkel α, der in elektrischen Graden am Ankerumfang gerechnet werden muß. Kurve *2* stellt dasselbe unter der Annahme einer Blindkomponente von 30% des Wirkstromes dar (d. h. $\varphi = 17^0$, $\cos\varphi \approx 0{,}95$). Nehmen wir an, daß sich der Anker im Uhrzeigersinn dreht, gilt die Kurve *2* für induktive

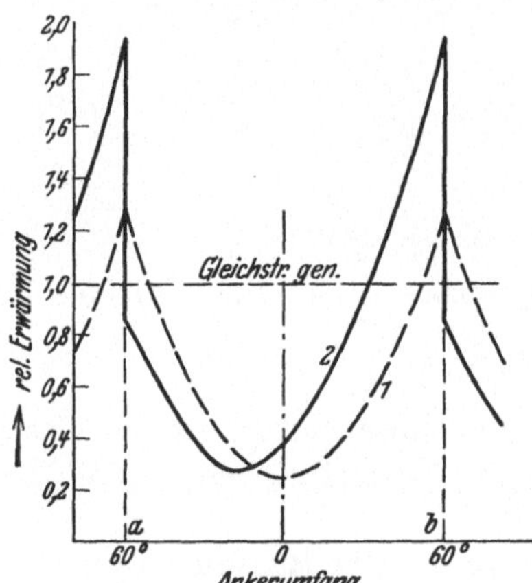

Abb. 342. Relative lokale Erwärmung eines Dreiphasenumformers bei $\cos\varphi = 1$ bzw. $\cos\varphi = 0{,}95$.

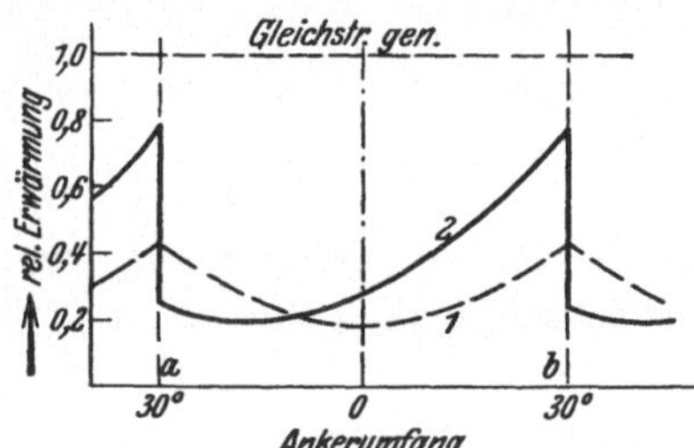

Abb. 343. Relative lokale Erwärmung eines Sechsphasenumformers.

Phasenverschiebung, also für nacheilenden, aufgenommenen Strom. Bei umgekehrtem Drehsinn des Ankers gilt dieselbe Kurve für phasenvoreilenden Strom. Abb. 343 stellt die entsprechenden Kurven eines Sechsphasenumformers dar. Kurve *1* gilt also für $\cos\varphi = 1$, und Kurve *2* für 30% Blindstrom, $\cos\varphi \approx 0{,}95$. Wie man sieht, steigt die größte Erwärmung mit der Phasenverschiebung stark an. Die Spulen in der Nähe der Abzweigpunkte können daher leicht zu stark erwärmt werden, wenn man die Phasenverschiebung nicht innerhalb der zulässigen Grenzen hält.

Um ein Maß für die gesamten Stromwärmeverluste oder die durchschnittliche Erwärmung des Umformerankers zu erhalten, suchen wir den Mittelwert vom Quadrat des effektiven Stromes aller Ankerspulen. Nach Gl. (15) müssen wir also den Mittelwert von $\cos(\alpha - \varphi)$ zwischen den Grenzen $\alpha = -\dfrac{\pi}{m}$ und $\alpha = +\dfrac{\pi}{m}$

ermitteln. Dieser Wert ist

$$\frac{m}{2\pi} \int\limits_{-\frac{\pi}{m}}^{+\frac{\pi}{m}} \cos(\alpha - \varphi) \cdot d\alpha = \frac{m}{\pi} \cdot \cos\varphi \cdot \sin\frac{\pi}{m}.$$

Der gesuchte Mittelwert ist somit, wenn der Gleichstrom wieder gleich Eins gesetzt wird:

$$v = 1 + \frac{u_i^2}{\cos^2\varphi} - \frac{4\sqrt{2}}{\pi^2} u_i\, m \cdot \sin\frac{\pi}{m}. \tag{16}$$

Wir setzen das Verhältnis des resultierenden Wechselstromes, den der Umformer aufnimmt, zum abgegebenen Gleichstrom gleich U, und das Verhältnis des aufgenommenen Blindstromes zum Gleichstrom gleich v_i (s. Abb. 344). Es ist also $u_i = U \cdot \cos\varphi$ und $v_i = U \cdot \sin\varphi$. Hieraus ergibt sich

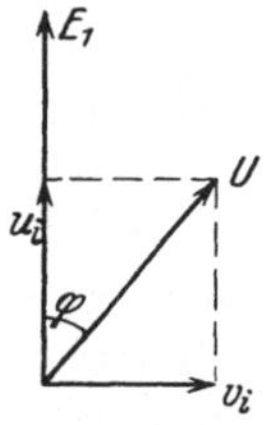

$$\left(\frac{u_i}{\cos\varphi}\right)^2 = U^2 = u_i^2 + v_i^2$$

und

$$v = 1 + u_i^2 + v_i^2 - \frac{4\sqrt{2}}{\pi^2} u_i\, m \cdot \sin\frac{\pi}{m}. \tag{17}$$

Nach Gl. (12) ist

$$u_i\, m \cdot \sin\frac{\pi}{m} = \frac{2\sqrt{2}}{\eta'\, k_B},$$

Abb. 344.
Erläuterung
zu Gl. (17).

und wir haben somit

$$v = 1 + u_i^2 + v_i^2 - \frac{16}{\pi^2}\frac{1}{\eta'\, k_B}. \tag{18}$$

Setzen wir $\eta' = 0{,}96$ oder $u_i = 1{,}04\, u_i'$ und $k_B = 1$ (sinusförmiges Feld), so wird

$$v = 1 + 1{,}08\, u_i'^2 + v_i^2 - 1{,}69. \tag{19}$$

Ist der Ankerwiderstand R_a, würden die Stromwärmeverluste der Maschine als Gleichstromgenerator

$$\Delta P_{r_g} = J_{g_g}^2 R_a$$

sein, wenn J_{g_g} der erzeugte Gleichstrom ist. Für dieselbe Maschine als Umformer sind die Stromwärmeverluste

$$\Delta P_{r_u} = v\, J_{g_u}^2 R_a,$$

wenn J_{g_u} der umgeformte Gleichstrom ist. Werden die Verluste in den beiden Fällen gleich groß gesetzt, wird

$$\frac{J_{g_u}}{J_{g_g}} = \sqrt{\frac{1}{v}}. \tag{20}$$

Die Leistung einer Maschine als Umformer steht also in diesem Verhältnis zu der Leistung als Gleichstromgenerator, wenn die durchschnittlichen Kupferverluste des Ankers ungeändert sein sollen.

Tabelle 20 gibt eine Zusammenstellung der Stromwärmeverluste v und des Leistungsvermögens eines Ankers als Umformer im Verhältnis zu demselben Anker als Gleichstromgenerator unter Voraussetzung eines Feldverteilungsfaktors $k_B = 1$. Wie man sieht, sind bei $m = 2$ die Verluste des Umformers größer als die des Generators. In diesem Fall hat die Wicklung nur zwei Anschlußpunkte für den Wechselstrom. Die beiden Phasen der Ankerwicklung sind nämlich um

180° verschoben, und die Stromzufuhr ist nur einphasig (s. Abb. 346). Je nachdem die Phasenzahl vergrößert wird, wird die Maschine günstiger mit Rücksicht auf totale Verluste, und man erhält auch eine gleichmäßigere Verteilung der Verluste über den Ankerumfang. Gewöhnlich wird für Einankerumformer in Verbindung

Tabelle 20. Relative Stromwärmeverluste v und relatives Leistungsvermögen $\sqrt{\dfrac{1}{v}}$ eines Umformers bei $h_B = 1$.

Wechselstrom	$m =$	2	3	4	6	9	12	∞
$u_i = u_i'$ $\quad$ $v_i = 0$	$v =$	1,38	0,567	0,38	0,267	0,226	0,207	0,19
	$\sqrt{\dfrac{1}{v}} =$	0,85	1,33	1,62	1,93	2,11	2,20	2,30
$u_i = 1,04\, u_i'$ $\quad$ $v_i = 0,3\, u_i$	$v =$	1,66	0,706	0,488	0,357	0,318	0,287	0,260
	$\sqrt{\dfrac{1}{v}} =$	0,78	1,18	1,43	1,67	1,77	1,87	1,95
$u_i = 1,04\, u_i'$ $\quad$ $v_i = 0,5\, v_i$	$v =$	2,01	1,03	0,66	0,51	0,464	0,430	0,392
	$\sqrt{\dfrac{1}{v}} =$	0,705	0,983	1,23	1,40	1,47	1,52	1,60

mit Transformator $m = 6$ gewählt (für kleine Maschinen unter etwa 150 kW jedoch in der Regel $m = 3$).

Die Abb. 345 zeigt in Kurvenform die durchschnittliche Erwärmung eines Umformers, verglichen mit einer Gleichstrommaschine derselben Leistung in Abhängigkeit von der Anzahl der Schleifringe.

Der Sechsphasenstrom kann unmittelbar aus einem gewöhnlichen dreischenkligen Transformator mit dreiphasigem Primärstrom erhalten werden. In Abb. 347 sind die sekundären Transformatorphasen *1* und *1'* auf dem einen Schenkel, die

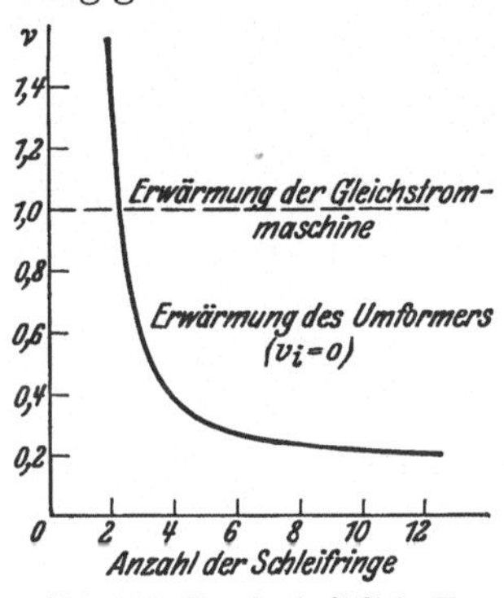

Abb. 345. Durchschnittliche Erwärmung eines Umformers.

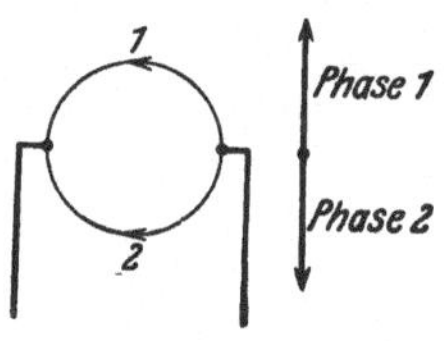

Abb. 346. Schematische Darstellung eines Einphasenumformers.

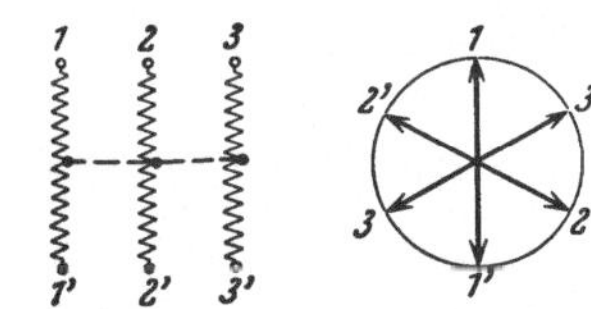

Abb. 347. Sechsphasige Sekundärwicklung und Potentialdiagramm eines Dreiphasentransformators zur Speisung eines Sechsphasenumformers.

Phasen *2* und *2'* auf dem zweiten, und die Phasen *3* und *3'* auf dem dritten Schenkel angebracht. Es können entweder sämtliche Phasen zu einem Sternpunkt oder nur je zwei Phasen eines Schenkels miteinander verbunden werden.

Bei Einankerumformern in Verbindung mit einer Induktionsmaschine (Kaskadenumformer, s. 2. Kapitel) wird oft m gleich 9 oder 12 gewählt, da man hier nur die hierfür notwendigen Verbindungen zwischen Rotor und Umformeranker anzubringen hat.

5. Der Ohmsche Spannungsverlust im Umformeranker.

Der Spannungsverlust im Ankerwiderstand bewirkt einerseits, daß die Gleichspannung kleiner wird und andererseits, daß die Wechselspannung größer wird als die induzierte EMK[1].

Der Spannungsverlust auf der Gleichstromseite wird kleiner, als wenn die Maschine als Gleichstromgenerator arbeitet, weil der resultierende Ankerstrom kleiner ist. Andererseits wird auch die Spannungserhöhung auf der Wechselstromseite kleiner, als wenn die Maschine als Synchrongenerator gearbeitet hätte, weil der zugeführte Wechselstrom nicht durch die ganze Ankerwicklung fließt.

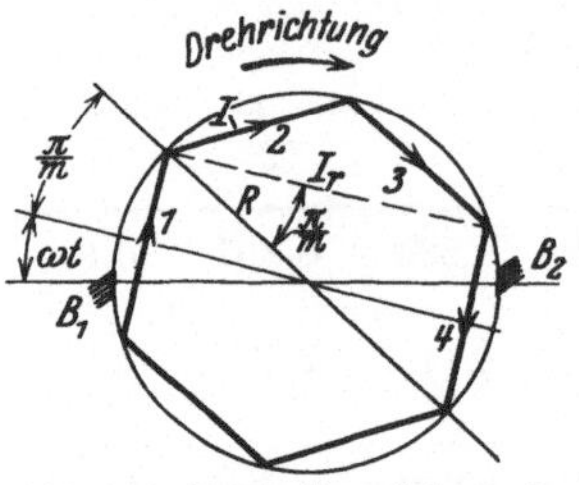

Abb. 348. Zweipoliges Schema der Ankerwicklung eines Sechsphasenumformers.

a) Der Spannungsverlust zwischen den Gleichstrombürsten. Wir betrachten zuerst den Spannungsverlust auf der Gleichstromseite. Der Einfachheit halber setzen wir die Phasenzahl m gleich einer geraden Zahl.

Die Abb. 348 stellt ein zweipoliges Schema der Ankerwicklung eines Sechsphasenumformers dar. Die Ankerwicklung ist durch den Kreis angedeutet. B_1 und B_2 sind die Gleichstrombürsten.

Setzen wir den Gleichstrom, welcher in jedem der beiden Ankerzweige fließt, gleich Eins, dann sind die Augenblickswerte der Wirkströme in den $\frac{m}{2} + 1$ Phasen, welche in einem Ankerzweig zwischen zwei Gleichstrombürsten liegen,

$$
\left.
\begin{aligned}
i_1 &= \sqrt{2}\, u_i \cdot \sin \omega t, \\
i_2 &= \sqrt{2}\, u_i \cdot \sin\left(\omega t + \frac{2\pi}{m}\right). \\
&\cdots\cdots\cdots\cdots\cdots \\
i_{\frac{m}{2}+1} &= \sqrt{2}\, u_i \cdot \sin\left(\omega t + \frac{m}{2}\frac{2\pi}{m}\right) = -\sqrt{2}\, u_i \cdot \sin \omega t.
\end{aligned}
\right\} \tag{21}
$$

Der Ohmsche Widerstand pro Phase sei r_f, dann ist der Widerstand desjenigen Teiles der Phase *1*, welcher zwischen den Gleichstrombürsten im oberen Ankerzweig liegt,

$$
\frac{r_f}{2}\left(1 + \frac{m}{\pi}\,\omega t\right)
$$

und der entsprechende Widerstand der Phase $\frac{m}{2} + 1$ in demselben Ankerzweige

$$
\frac{r_f}{2}\left(1 - \frac{m}{\pi}\,\omega t\right).
$$

Die zur Überwindung der Widerstände notwendigen Spannungen sind

$$
\left.
\begin{aligned}
\frac{r_f}{2}\left(1 + \frac{m}{\pi}\,\omega t\right) i_1 &= \sqrt{2}\, u_i \cdot \frac{r_f}{2}\cdot\left(1 + \frac{m}{\pi}\,\omega t\right)\sin \omega t, \\
r_f \cdot i_2 &= \sqrt{2}\, u_i \cdot r_f \sin\left(\omega t + \frac{2\pi}{m}\right), \\
&\cdots\cdots\cdots\cdots\cdots\cdots \\
\frac{r_f}{2}\left(1 - \frac{m}{\pi}\,\omega t\right) i_{\frac{m}{2}+1} &= -\sqrt{2}\, u_i \cdot \frac{r_f}{2}\left(1 - \frac{m}{\pi}\,\omega t\right)\cdot\sin \omega t.
\end{aligned}
\right\} \tag{22}
$$

---

[1] Die in diesem Abschnitt berechneten Spannungsverluste bezw. Spannungserhöhungen sind relativ zu der im Anker induzierten EMK zu verstehen.

Die Summe des ersten und letzten Gliedes dieser Reihe ist

$$\sqrt{2}\, u_i \cdot r_f \cdot \frac{m}{\pi} \cdot \omega t \cdot \sin \omega t\,.$$

Die Summe der dazwischenliegenden Glieder ist

$$\sqrt{2}\, u_i \cdot r_f \cdot \sum_{\nu=1}^{\nu=\frac{m}{2}} \cdot \sin\left(\omega t + \nu \frac{2\pi}{m}\right).$$

Aus der Abb. 348 ersieht man, daß diese Summe proportional der Projektion der Strecke I_r auf der horizontalen Geraden $B_1 B_2$ ist.

Nun ist

$$\frac{I}{2} = R \cdot \sin \frac{\pi}{m}\,,$$

$$\frac{I_r}{2} = R \cdot \cos \frac{\pi}{m}\,,$$

oder

$$I_r = I\,\frac{\cos \dfrac{\pi}{m}}{\sin \dfrac{\pi}{m}}\,.$$

Die Projektion dieser Strecke auf die horizontale Gerade ist

$$i_r = I \cdot \frac{\cos \dfrac{\pi}{m}}{\sin \dfrac{\pi}{m}} \cdot \cos \omega t\,.$$

Die gesuchte Summe ist also

$$\sqrt{2}\, u_i \cdot r_f \cdot \frac{\cos \dfrac{\pi}{m}}{\sin \dfrac{\pi}{m}} \cdot \cos \omega t\,.$$

Die Summe aller Spannungen der rechten Seite von Gl. (22) ist somit

$$\sqrt{2}\, u_i\, r_f \left(\frac{m}{\pi}\, \omega t \sin \omega t + \frac{\cos \dfrac{\pi}{m}}{\sin \dfrac{\pi}{m}} \cdot \cos \omega t \right). \tag{23}$$

Wir bestimmen jetzt den Mittelwert dieses Ausdruckes zwischen den Grenzen $\omega t = -\dfrac{\pi}{m}$ und $+\dfrac{\pi}{m}$ und finden dann

$$\frac{m}{\pi} \cdot \frac{m}{2\pi} \int\limits_{-\frac{\pi}{m}}^{+\frac{\pi}{m}} \omega t \sin(\omega t)\, d(\omega t) = \frac{m}{\pi}\left(\frac{m}{\pi} \sin \frac{\pi}{m} - \cos \frac{\pi}{m}\right)$$

$$\frac{\cos \dfrac{\pi}{m}}{\sin \dfrac{\pi}{m}} \cdot \frac{m}{2\pi} \int\limits_{-\frac{\pi}{m}}^{+\frac{\pi}{m}} \cos(\omega t)\, d(\omega t) = \frac{m}{\pi} \cos \frac{\pi}{m}\,.$$

Der gesuchte Mittelwert ist demnach

$$\sqrt{2}\, u_i \cdot r_f \cdot \frac{m^2}{\pi^2} \cdot \sin\frac{\pi}{m}. \tag{24}$$

Ist der Widerstand in einem Ankerzweig gleich r_a, so wird

$$r_f = \frac{2}{m}\, r_a$$

und der Durchschnittswert der Ohmschen Spannungserhöhung des Wechselstromes zwischen den Gleichstrombürsten ist

$$2\,\sqrt{2}\, u_i \cdot r_a \cdot \frac{m}{\pi^2} \cdot \sin\frac{\pi}{m}. \tag{25}$$

Über diese Spannungserhöhung lagert sich ein Spannungsverlust, welcher durch
den Gleichstrom zwischen den Bürsten hervorgebracht wird.

Da dieser Strom gleich Eins ist, wird sein Spannungsverlust gleich r_a.

Der durchschnittliche Spannungsverlust auf der Gleichstromseite ist deshalb

$$r_a\left(1 - 2\,\sqrt{2}\, u_i \cdot \frac{m}{\pi^2} \cdot \sin\frac{\pi}{m}\right) \tag{26}$$

und der relative Spannungsverlust, d. h. der Spannungsverlust auf der Gleichstromseite im Verhältnis zu dem Spannungsverlust in der Maschine als Gleichstromgenerator mit demselben Ankergleichstrom ist

$$\beta = 1 - 2\,\sqrt{2}\, u_i \cdot \frac{m}{\pi^2} \cdot \sin\frac{\pi}{m}. \tag{27}$$

Abgesehen von den Stromverlusten des Umformers und bei sinusförmiger Feldverteilung wird

$$u_i = u_i' = \frac{2\,\sqrt{2}}{m \sin\dfrac{\pi}{m}}.$$

Wir erhalten dann

$$\beta = 1 - \frac{8}{\pi^2} = 0{,}19 \tag{28}$$

unabhängig von der Phasenzahl.

Man kann leicht zeigen, daß diese Formel auch für ungerade Phasenzahlen
gültig ist.

Man sieht aus der Gl. (23), daß die Ohmschen Spannungen des Wechselstromes
nicht sinusförmig sind. Dies hat zur Folge, daß die Wechselspannungen an den
Schleifringen eines Umformers nicht sinusförmig sein können, wenn die zugeführten Wechselströme sinusförmig angenommen werden. In der Tat hat die
dritte Oberschwingung [s. Gl. (23)] eine solche Phasenlage, daß der Scheitel der
Spannungskurve abgeflacht wird.

Bei gleich großer Phasenzahl wie Lamellenzahl des Kommutators liegen die
Gleichstrombürsten fast direkt an den Schleifringen der Wechselstromseite angeschlossen.

Trotzdem tritt ein Spannungsabfall auf von der Größe

$$0{,}19 \cdot J_g \cdot R_a, \tag{29}$$

wo J_g den Gleichstrom und R_a den Ankerwiderstand zwischen zwei Gleichstrombürsten bedeutet.

Dies erklärt sich dadurch, daß die Spannungskurve auf der Wechselstromseite deformiert wird, so daß das Übersetzungsverhältnis der Spannungen **sich** ändert.

Die **Blindkomponente** J_b erzeugt im Mittel keinen Ohmschen Spannungsverlust auf der **Gleichstromseite**, weil sie keine Gleichstromkomponente erzeugt. Dies geht auch aus den Gln. (22) und (23) hervor, wenn wir $\sin \omega t$ durch $\cos \omega t$ ersetzen und umgekehrt. Bildet man dann den Mittelwert des Ausdruckes (23) zwischen den Grenzen $\omega t = -\dfrac{\pi}{m}$ und $+\dfrac{\pi}{m}$, so ergibt sich dafür der Wert Null.

b) Die Spannungserhöhung zwischen den Wechselstrombürsten. Wir betrachten zunächst die Phase *1* in Abb. 348 zur Zeit, wenn sie sich unter der Bürste B_1 und weiter bis zur Bürste B_2 bewegt.

Der Wechselstrom in dieser Phase hat die Wirkkomponente

$$i_1 = \sqrt{2}\, u_i \sin \omega t\,.$$

Derjenige Teil der Phase *1*, welcher die Bürste B_1 passiert hat, besitzt den Widerstand

$$\frac{r_f}{2}\left(1 + \frac{m}{\pi}\, \omega t\right) \tag{30a}$$

und führt den resultierenden Strom $(i_1 - 1)$, weil der Gleichstrom, dessen Stärke gleich Eins vorausgesetzt wurde, hier die entgegengesetzte Richtung des Wechselstromes hat.

Der andere Teil der Phase *1*, welcher noch nicht die Bürste B_1 passiert hat, besitzt den Widerstand

$$\frac{r_f}{2}\left(1 - \frac{m}{\pi}\, \omega t\right) \tag{30b}$$

und führt den resultierenden Strom $(i_1 + 1)$.

Für ωt zwischen den Grenzen $-\dfrac{\pi}{m}$ und $+\dfrac{\pi}{m}$ ist somit die zur Überwindung des Widerstandes notwendige Spannung

$$\frac{r_f}{2}\left(1 + \frac{m}{\pi}\, \omega t\right)(i_1 - 1) + \frac{r_f}{2}\left(1 - \frac{m}{\pi}\, \omega t\right)(i_1 + 1)$$

$$= r_f\left(i_1 - \frac{m}{\pi}\, \omega t\right) = r_f \cdot \sqrt{2}\, u_i \sin \omega t - r_f \cdot \frac{m}{\pi}\, \omega t\,. \tag{31}$$

Für ωt zwischen den Grenzen $\dfrac{\pi}{m}$ und $\pi - \dfrac{\pi}{m}$ ist die Spannung

$$r_f \sqrt{2}\, u_i \sin \omega t - r_f\,. \tag{32}$$

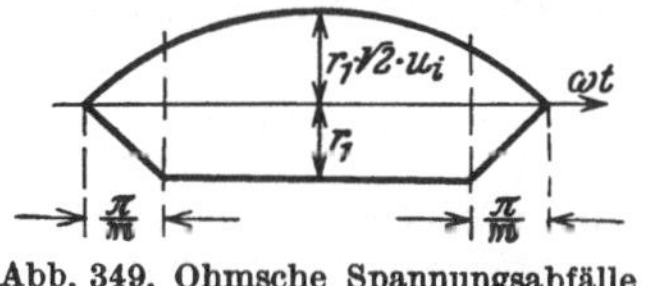

Abb. 349. Ohmsche Spannungsabfälle einer Umformerphase während der Bewegung von einer Gleichstrombürste bis zur nächsten.

In der Abb. 349 sind die Kurven für die Wechselstrom- und Gleichstromspannung gemäß den Gln. (31) und (32) dargestellt.

Die Wechselstromspannung ist eine Sinuskurve mit dem Höchstwert

$$\sqrt{2}\, r_f \cdot u_i\,.$$

Die Gleichstromspannung ist eine trapezförmige Kurve, deren Grundharmonische (s. Teil I, Gl. 101) den Höchstwert

$$-\frac{4m}{\pi^2} \cdot r_f \cdot \sin \frac{\pi}{m}$$

hat.

Die Summe dieser beiden ergibt den Höchstwert der Grundharmonischen der zusammengesetzten Kurve

$$r_f\left(\sqrt{2}\,u_i - \frac{4\,m}{\pi^2}\sin\frac{\pi}{m}\right). \tag{33}$$

Für dieselbe Maschine als Synchronmotor und mit demselben zugeführten Phasenstrom würde der Ohmsche Spannungsverlust pro Phase gleich

$$r_f \cdot u_i$$

sein.

Die Ohmsche Spannung auf der Wechselstromseite eines rotierenden Umformers verhält sich somit zu der Ohmschen Spannung eines Synchronmotors für dieselbe Wechselstrombelastung wie

$$\gamma = 1 - \frac{2\sqrt{2}}{u_i}\cdot\frac{m}{\pi^2}\cdot\sin\frac{\pi}{m}. \tag{34}$$

Für eine sinusförmige Feldkurve ist

$$u_i = \frac{2\sqrt{2}}{m\sin\dfrac{\pi}{m}}$$

und somit

$$\gamma = 1 - \left(\frac{m}{\pi}\sin\frac{\pi}{m}\right)^2. \tag{35}$$

Die Blindkomponente des Wechselstromes erzeugt nicht unmittelbar einen Gleichstrom in der Wicklung. Aus diesem Grunde erhalten wir für diese Komponente denselben Spannungsverlust, wie wenn die Maschine als Synchronmotor arbeitet.

c) Zusammenfassung. Wir können die eben ausgeführten Berechnungen der Ohmschen Spannungsverluste eines Umformers kurz so zusammenfassen.

Es ist β der relative Spannungsverlust, gerechnet von der im Anker induzierten EMK bis zu den Gleichstrombürsten, oder

$$\beta = \frac{\text{Ohmscher Spannungsverlust als Umformer}}{\text{Ohmscher Spannungsverlust als Gleichstromgenerator}}$$

für denselben erzeugten Gleichstrom und denselben Ankerwiderstand.

Es ist γ die relative Spannungserhöhung, gerechnet von der in einer Phase induzierten EMK bis zu den Wechselstrombürsten, oder

$$\gamma = \frac{\text{Ohmsche Spannungserhöhung als Umformer}}{\text{Ohmsche Spannungserhöhung als Synchronmotor}}$$

für denselben zugeführten Wechselstrom und denselben Ankerwiderstand.

Um den Einfluß der relativen Spannungserhöhung an der Wechselstromseite auf die Gleichstromspannung zu finden, müssen wir die Größe γ auf die Gleichstromseite umrechnen.

Ein Belastungsstrom J_g zwischen den Gleichstrombürsten bedingt einen Wirkstrom J_w pro Phase in der Ankerwicklung, wobei

$$J_w = \tfrac{1}{2}\,u_i\cdot J_g.$$

Dieser Wirkstrom erzeugt einen Spannungsverlust in jeder Ankerphase vom Widerstand r_f gleich

$$\gamma\cdot r_f\cdot J_w = \tfrac{1}{2}\,\gamma\,u_i\cdot r_f\cdot J_g.$$

Ist der gesamte Ankerwiderstand zwischen zwei Gleichstrombürsten R_a, so ist

$$r_f = \frac{4\,R_a}{m}.$$

Der Ohmsche Spannungsverlust auf der Wechselstromseite ist deshalb

$$2\,\gamma\,\frac{u_i}{m}\cdot R_a\cdot J_g.$$

Dies entspricht nun einem Spannungsverlust auf der Gleichstromseite von der Größe

$$2\,\gamma\cdot\frac{u_i}{m\,u_e}\cdot R_a\cdot J_g.$$

Bei sinusförmiger Feldverteilung ist

$$u_i = \frac{2\,\sqrt{2}}{m\,\sin\dfrac{\pi}{m}}\,;\qquad u_e = \frac{\sin\dfrac{\pi}{m}}{\sqrt{2}}.$$

Der Spannungsverlust ist somit

$$\frac{8\,\gamma}{m^2\,\sin^2\dfrac{\pi}{m}}\cdot R_a\cdot J_g = \left(\frac{8}{m^2\,\sin^2\dfrac{\pi}{m}} - \frac{8}{\pi^2}\right) R_a\cdot J_g. \tag{36}$$

Bei konstanter Spannung an den Wechselstrombürsten und für $v_i = 0$ wird also der Ohmsche Spannungsverlust von den Wechselstrom- bis zu den Gleichstrombürsten

$$\varDelta E_g = \left[\left(1 - \frac{8}{\pi^2}\right) + \left(\frac{8}{m^2\,\sin^2\dfrac{\pi}{m}} - \frac{8}{\pi^2}\right)\right]\cdot J_g\cdot R_a. \tag{37}$$

Diese Formel läßt sich in sehr einfacher Weise aus den früher [s. Gl. (17)] berechneten Stromwärmeverlusten ableiten, indem wir setzen

$$\varDelta E_g\cdot J_g = v_0\,J_g^2\cdot R_a,$$

wobei v_0 für $v_i = 0$ den Wert

$$v_0 = 1 + u_i^2 - \frac{4\,\sqrt{2}\,u_i\cdot m}{\pi^2}\,\sin\frac{\pi}{m}$$

hat.

Hieraus folgt

$$\varDelta E_g = v_0\cdot J_g\cdot R_a. \tag{38}$$

Bei sinusförmiger Feldverteilung stimmt diese Gleichung mit Gl. (37) überein.

Die folgende Tabelle 21 zeigt den relativen Ohmschen Spannungsverlust für die wichtigsten Phasenzahlen.

Tabelle 21.

m	2	3	4	6	9	12	∞
v_0	1,38	0,57	0,38	0,27	0,22	0,21	0,19

Die Ohmschen Spannungsverluste sind also verhältnismäßig klein und betragen bei Normallast etwa 2 bis 3%.

6. Die Reaktanzspannung, die Ankerrückwirkung und der Spannungsabfall des Einankerumformers.

In einem Umformer treten im wesentlichen dieselben Erscheinungen auf wie im Anker eines Synchronmotors. Weil aber der Umformeranker auch einen Gleichstrom führt, sind jedoch gewisse Unterschiede vorhanden, die im folgenden näher betrachtet werden sollen.

a) Die Reaktanzspannung auf der Wechselstromseite. Die Streureaktanz der Ankerspulen bezeichnen wir hier mit x_{s_1} pro Phase.

Da der Blindstrom die ganze Ankerwicklung durchfließt, so ist seine Reaktanzspannung

$$J_b \cdot x_{s_1} \tag{39}$$

pro Phase, wobei J_b den Blindstrom pro Phase bedeutet. Ebenso ist

$$J_b \cdot r_f \tag{40}$$

der Ohmsche Spannungsverlust des Blindstromes, wobei r_f den Ohmschen Widerstand pro Phase bedeutet.

Was den Wirkstrom anbelangt, muß berücksichtigt werden, daß dieser nicht durch die ganze Ankerwicklung fließt. Er setzt sich mit dem Gleichstrom zu einem resultierenden Strom zusammen, welcher nach dem Abschn. 5 gleich $\gamma \cdot J_w$ ist, wo J_w den zugeführten Wirkstrom pro Phase bedeutet.

Bei sinusförmiger Feldverteilung war

$$\gamma = 1 - \left(\frac{m}{\pi}\sin\frac{\pi}{m}\right)^2.$$

Für den Wirkstrom ist somit

die Reaktanzspannung $= J_w \cdot \gamma \cdot x_{s_1} \tag{41}$

und

die Ohmsche Spannung $= J_w \cdot \gamma \cdot r_f. \tag{42}$

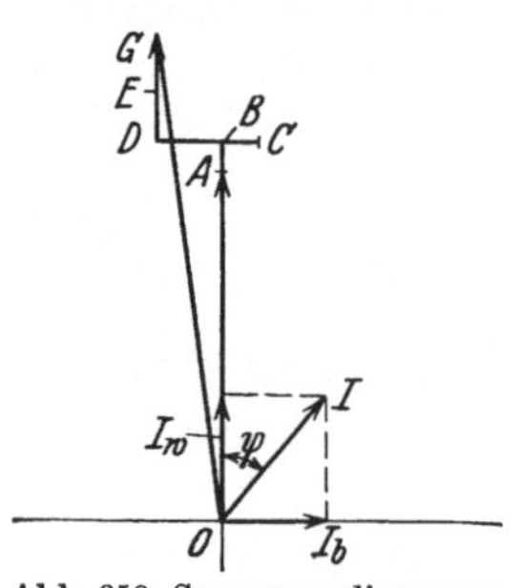

Abb. 350. Spannungsdiagramm für die Wechselstromseite eines Umformers.

Bei großen Phasenzahlen ist γ viel kleiner als 1, so daß diese Spannungsverluste verhältnismäßig klein sind.

Abb. 350 zeigt das Spannungsdiagramm für die Wechselstromseite.

Hierin ist:

1. $OA = E$: Die vom Polfelde induzierte EMK.
2. $AB = \gamma \cdot r_f J_w$: Der Ohmsche Spannungsverlust des Wirkstromes.
3. $BC = r_f \cdot J_b$: Der Ohmsche Spannungsverlust des Blindstromes.
4. $CD = \gamma x_{s_1} J_w$: Reaktiver Spannungsverlust des Wirkstromes.
5. $DE = x_{s_1} J_b$: Reaktiver Spannungsverlust des Blindstromes.
6. $EG = E_s$: Die von der Ankerrückwirkung erzeugte EMK.
7. $OG = E_1$: Die Klemmenspannung an der Wechselstromseite.

Die unter 2. und 4. aufgeführten Größen sind bei Leerlauf vernachlässigbar klein.

Angenähert können wir setzen

$$E_1 - E = x_{s_1} \cdot J_b + E_s. \tag{43}$$

Für $J_b = 0$ ist auch E_s gleich Null, so daß in diesem Fall E_1 nahezu gleich E ist.

b) Das Querfeld. Wie bei dem Synchronmotor denken wir uns bei dem Umformer die Ankerrückwirkung in zwei Komponenten zerlegt — das Querfeld und das Längsfeld. Das Querfeld steht senkrecht zum Polfeld, während das Längsfeld dieselbe Richtung wie das Polfeld hat.

Das Querfeld wird von der Wirkkomponente des Wechselstromes erzeugt und hat im Umformer die entgegengesetzte Richtung der MMK des Gleichstromes, welche auch eine Quermagnetisierung ist.

Das Drehmoment ist proportional dem Produkte:

Quermagnetisierende MMK × Polfeld.

Da nun das von dem Wechselstrome hervorgerufene Drehmoment, abgesehen von den Verlusten im Umformer, gleich und entgegengesetzt dem vom Gleichstrome erzeugten ist, so müssen diese beiden Quermagnetisierungen auch einander gleich und entgegengesetzt gerichtet sein.

Hieraus folgt, daß die Quermagnetisierung in einem rotierenden Umformer als verschwindend klein angesehen werden kann.

c) Das Längsfeld. Dies wird von der Blindkomponente des Wechselstromes erzeugt. Eine kapazitive Blindkomponente sucht das Polfeld zu schwächen; eine induktive Blindkomponente wirkt verstärkend auf das Polfeld.

Umgekehrt nimmt ein Umformer, in gleicher Weise wie ein Synchronmotor, einen kapazitiven bzw. einen induktiven Strom aus dem Netze, je nachdem er über- oder untererregt ist.

Die von der kapazitiven Blindkomponente bewirkte Schwächung verursacht eine kleinere EMK sowohl auf der Gleichstrom- als auch auf der Wechselstromseite, während die induktive Blindkomponente eine Erhöhung der EMK bewirkt.

Nun ist die EMK des Gleichstromes proportional dem gesamten Kraftfluß Φ pro Pol, während die EMK des Wechselstromes dem Kraftfluß Φ_1 der Grundharmonischen der Feldkurve proportional ist.

Die Ankerrückwirkung wirkt somit verschieden auf die Gleichstrom- und die Wechselstromseite.

α) **Die Ankerrückwirkung auf die Gleichstromseite.** Wie früher gezeigt (s. Teil III), ist die Amplitude der gegenmagnetisierenden Amperewindungen des Ankers

$$0{,}9 \cdot \frac{m}{2}\, k_w \cdot s_n \cdot q \cdot J_b , \tag{44}$$

und diese EMK ist sinusförmig längs des Ankerumfanges verteilt.

Wir wollen jetzt berechnen, wie viele Polamperewindungen notwendig sind, um diese Amperewindungszahl zu kompensieren.

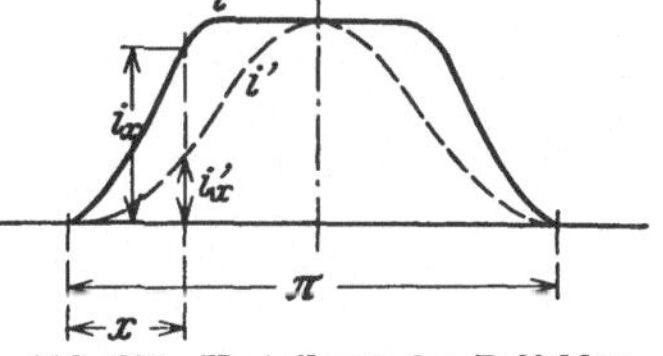

Abb. 351. Verteilung des Polfeldes über die Polteilung.

Die Kurve i in Abb. 351 gibt die Verteilung des Polfeldes über die Polteilung an.

Da die auf den Polen angebrachten Amperewindungen das ganze Polfeld umschließen, so gibt dieselbe Kurve auch die Verteilung der magnetischen Leitfähigkeit über die Polteilung an. Die Verteilung des Ankerfeldes über die Polteilung (i') finden wir also, indem wir die Ordinaten der Kurve i mit denen der Kurve der gegenmagnetisierenden MMK des Ankers multiplizieren. Die letztere ist aber eine Sinuskurve, so daß

$$i' = i \cdot \sin x . \tag{45}$$

Um die gegenmagnetisierenden Amperewindungen des Ankers auf die Polampere-
windungen zu reduzieren, müssen wir sie mit dem Verhältnis zwischen dem
Flächeninhalt der Kurve i' und dem Flächeninhalt der Kurve i, d. h. mit dem
Verhältnis

$$\frac{\int\limits_0^\pi i \sin x\, dx}{\int\limits_0^\pi i\, dx} = \frac{\Sigma_1}{\Sigma} \tag{46}$$

multiplizieren.

Die Grundharmonische der Kurve i hat die Amplitude

$$a_1 = \frac{2}{\pi} \int\limits_0^\pi i \sin x \cdot dx = \frac{2}{\pi}\Sigma_1 , \tag{47}$$

und der Flächeninhalt dieser Sinuskurve ist

$$F_1 = 2\, a_1 = \frac{4}{\pi}\Sigma_1 , \tag{48}$$

während $F = \Sigma$ der Flächeninhalt der Feldverteilungskurve ist. Folglich ist

$$\frac{\Sigma_1}{\Sigma} = \frac{\pi}{4}\frac{F_1}{F} = \frac{\pi}{4}\frac{\Phi_1}{\Phi} = \frac{\pi}{4}k_B , \tag{49}$$

wobei $k_B = \dfrac{\Phi_1}{\Phi}$ der Feldverteilungsfaktor ist.

Die Amperewindungszahl pro Pol, welche die gegenmagnetisierenden Amperewindungen des Ankers mit Rücksicht auf die Gleichstrom-EMK kompensieren,
ist somit

$$\frac{\pi}{4}\,k_B \cdot 0{,}9 \cdot \frac{m}{2} \cdot k_w \cdot s_n \cdot q \cdot J_b \tag{50}$$

und für sämtliche $2\,p$ Pole:

$$AW_{dp} = 0{,}707 \cdot k_B \cdot k_w \cdot m \cdot p \cdot s_n \cdot q \cdot J_b . \tag{51}$$

Die Anzahl der Ankerwindungen pro Phase ist

$$w = p \cdot s_n \cdot q;$$

somit wird

$$AW_{dp} = 0{,}707 \cdot k_B \cdot k_w \cdot m \cdot w \cdot J_b = k_d \cdot k_w \cdot m \cdot w \cdot J_b , \tag{52}$$

wobei

$$k_d = 0{,}707 \cdot k_B$$

gesetzt wurde.

Ist die Windungszahl sämtlicher $2\,p$-Pole gleich w_{2p}, so wird der Magnetisierungsstrom, der notwendig ist, um die Gegenmagnetisierung des Ankers mit
Rücksicht auf die Gleichstrom-EMK aufzuheben,

$$i_d = \frac{AW_{dp}}{w_{2p}} . \tag{53}$$

β) **Die Ankerrückwirkung auf die Wechselstromseite.** Für die
Wechsel-EMK kommt nur die Grundharmonische der Feldkurve i in Betracht.
Die Reduktion der Ankeramperewindungen auf die Polamperewindungen ge-
schieht also für diesen Fall in derselben Weise wie beim Synchronmotor.

Die Amplitude der Grundharmonischen der Kurve i ist

$$a_1 = \frac{2}{\pi} \int_0^\pi i \sin x \cdot dx = \frac{2}{\pi} \Sigma_1. \tag{54}$$

Die Feldverteilungskurve des Ankerfeldes ist die Kurve i', deren Grundharmonische die Amplitude

$$a_1' = \frac{2}{\pi} \int_0^\pi i' \sin x \cdot dx = \frac{2}{\pi} \Sigma_1' \tag{55}$$

hat.

Um die Ankeramperewindungen auf die Polamperewindungen, mit Rücksicht auf die Wechsel-EMK zu reduzieren, müssen wir sie mit dem Verhältnis

$$\frac{a_1'}{a_1} = \frac{\Sigma_1'}{\Sigma_1} \tag{56}$$

multiplizieren.

Die Amperewindungszahl für sämtliche $2\,p$-Pole, welche notwendig sind, um die Ankeramperewindungen mit Rücksicht auf die Wechselstromseite aufzuheben, ist somit

$$A W_{dp}' = \frac{\Sigma_1'}{\Sigma_1} \cdot 0{,}9 \cdot k_w \cdot m \cdot w \cdot J_b = k_d' \cdot k_w \cdot m \cdot w \cdot J_b, \tag{57}$$

wobei

$$k_d' = 0{,}9 \cdot \frac{\Sigma_1'}{\Sigma_1}$$

gesetzt ist.

Der entsprechende Magnetisierungsstrom wird

$$i_d'' = \frac{A W_{dp}'}{w_{2\,p}}. \tag{58}$$

Beispiel. Das Polfeld sei sinusförmig verteilt:

$$i = \sin x.$$

Dann ist $k_B = 1$ und folglich

$$k_d = 0{,}707.$$

Weiter ist

$$a_1 = \frac{2}{\pi} \int_0^\pi i \sin x\, dx = \frac{2}{\pi} \int_0^\pi \sin^2 x\, dx = 1,$$

$$i' = i \sin x = \sin^2 x.$$

$$a_1' = \frac{2}{\pi} \int_0^\pi i' \sin x\, dx = \frac{2}{\pi} \int_0^\pi \sin^3 x\, dx = \frac{2}{\pi} \cdot \frac{4}{3} = 0{,}85.$$

Somit

$$k_d' = 0{,}9 \cdot \frac{a_1'}{a_1} = 0{,}9 \cdot 0{,}85 = 0{,}765.$$

Die Ankerrückwirkung auf die Wechselstromseite ist also um 8,5% größer als auf die Gleichstromseite.

d) Der Spannungsabfall des Einankerumformers. Bezeichnen wir die Klemmenspannung an der Wechselstromseite mit E_1, die Klemmenspannung zwischen den Gleichstrombürsten mit $E_{k\,g}$, und ist der Spannungsabfall unter den Bürsten gleich ΔE, so gilt die Spannungsgleichung

$$E'_{k_g} = \frac{E_1}{u_e} - \Delta E \qquad (59)$$

in dem Augenblicke, in dem die Anschlußpunkte einer Phase unter den Gleichstrombürsten liegen.

Die Phasenzahl ist dabei gleich einer geraden Zahl vorausgesetzt.

In dem Zeitintervalle zwischen zwei solchen Augenblicken befindet sich die Gleichstrombürste zwischen zwei Anschlußpunkten des Wechselstromes, und es tritt ein Spannungsabfall auf, welcher am größten ist, wenn die Gleichstrombürste in der Mitte zwischen den Anschlußpunkten sich befindet. Es treten somit Spannungsschwankungen zwischen den Gleichstrombürsten auf, deren Mittelwert wir zu bestimmen haben. Nun haben wir früher gesehen, daß die wesentlichen Spannungsverluste von dem Ohmschen Spannungsverlust des Wirkstromes und dem reaktiven Spannungsverlust des Blindstromes herrühren.

Der mittlere Ohmsche Spannungsabfall des Wirkstromes im Anker von den Wechselstrom- bis zu den Gleichstrombürsten ist nach Gl. (38) gleich

$$\nu_0 J_g \cdot R_a .$$

Von den Wechselstrombürsten bis zu der induzierten EMK haben wir weiter den Spannungsabfall $J_b x_{s_1}$, der, auf die Gleichstromseite reduziert, gleich

$$\frac{1}{u_e} \cdot J_b \cdot x_{s_1}$$

ist. Dieser Spannungsabfall wirkt aber nicht in seiner vollen Größe auf die Gleichspannung, denn über diesen Spannungsverlust superponiert sich eine Spannungsschwankung, die wir nach den Gln. (22) Abschn. 5 wie folgt berechnen können.

Wir führen in Gl. (22) die Blindkomponente

$$\sqrt{2}\, J_b \cdot \cos \omega t$$

ein statt der Wirkkomponente $\sqrt{2}\, u_i \sin \omega t$, und statt des Widerstandes r_f führen wir die Reaktanz x_{s_1} pro Phase ein. Durch eine ähnliche Rechnung wie im Abschn. 5 erhalten wir dann als Mittelwert dieser Spannungsschwankung zwischen den Gleichstrombürsten

$$\sqrt{2}\, J_b \cdot x_{s_1} \cdot \frac{m^2}{\pi^2} \cdot \sin \frac{\pi}{m} . \qquad (60)$$

Der resultierende Spannungsabfall, herrührend von dem reaktiven Spannungsverlust des Blindstromes, ist somit

$$\frac{1}{u_e} J_b \cdot x_{s_1} - \sqrt{2}\, J_b \cdot x_{s_1} \frac{m^2}{\pi^2} \cdot \sin \frac{\pi}{m} = \frac{\gamma \cdot J_b \cdot x_{s_1}}{u_e} . \qquad (61)$$

Wir erhalten dann schließlich:

$$E_{k_g} = \frac{E_1}{u_e} - \Delta E - \nu_0 \cdot J_g \cdot R_a \mp \frac{\gamma \cdot J_b \cdot x_{s_1}}{u_e} . \qquad (62)$$

Dabei gilt das negative Vorzeichen, wenn J_b reaktiv ist, das positive Vorzeichen dagegen wenn J_b kapazitiv ist.

7. Die charakteristischen Kurven des Einankerumformers.

a) Die Leerlaufcharakteristik. Als Leerlaufcharakteristik eines Einankerumformers bezeichnet man diejenige Kurve, die bei konstanter Drehzahl und bei der Belastung Null die Gleichspannung bzw. die Wechselspannung in Abhängigkeit vom Erregerstrome darstellt, wenn die Wechselstromseite nicht mit der Stromquelle verbunden ist.

Sie ist auf der Gleichstromseite identisch mit der Leerlaufcharakteristik einer gewöhnlichen Gleichstrommaschine.

Da

$$E = u_e\, E_g = k_B \frac{\sin \dfrac{\pi}{m}}{\sqrt{2}} \cdot E_g$$

ist, so stellt sie in einem anderen Maßstab auch die Leerlaufcharakteristik auf der Wechselstromseite dar.

In der Abb. 352 stellt $O\, C_1\, C\, C_2$ die Leerlaufcharakteristik des Umformers mit der induzierten EMK E zwischen den Wechselstrombürsten als Ordinate und der gesamten Erregungsamperewindungszahl $A\,W_{2\,p}$ als Abszisse dar.

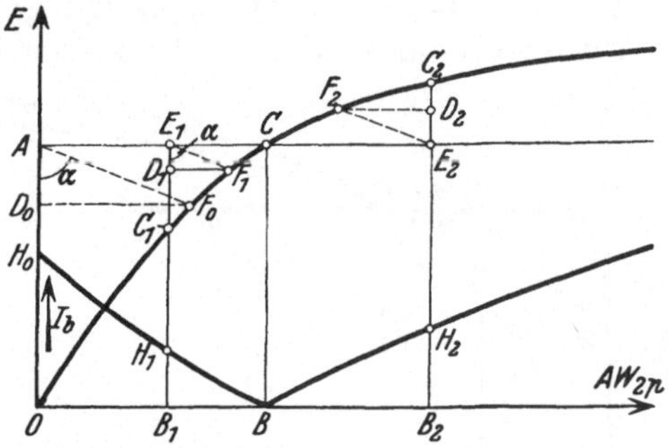

Wir denken uns jetzt den Umformer an die Wechselstromquelle angeschlossen. Die konstante Klemmenspannung der Wechselstromseite ist

$$E_1 = O\,A.$$

Abb. 352. Leerlaufcharakteristik eines Umformers und die graphische Ermittlung des Blindstromes.

Wir können dann den Blindstrom bestimmen, welchen der Umformer vom Netze aufnimmt.

Ist die Amperewindungszahl $A\,W_{2\,p}$ gleich $\overline{O\,B}$, so ist

$$E = E_1 = \overline{B\,C}$$

und folglich

$$J_b = 0\,.$$

Ist dagegen

$$A\,W_{2\,p} = \overline{O\,B_1}\,,$$

so ist die von dem primären Polfelde induzierte EMK

$$E' = \overline{B_1\,C_1}\,,$$

also kleiner als die Klemmenspannung.

Der Umformer nimmt dann einen phasenverzögerten Strom J_b auf, dessen Ankeramperewindungszahl, auf die Polamperewindungen reduziert, gleich

$$\overline{D_1\,F_1} = k_d' \cdot k_w \cdot m \cdot w \cdot J_b \tag{63}$$

ist. Die hierdurch erzeugte EMK ist

$$E_s = \overline{C_1\,D_1} \tag{64}$$

und die Reaktanzspannung des Blindstromes ist

$$x_{s_1} \cdot J_b = \overline{D_1\,E_1}\,. \tag{65}$$

Somit ist

$$\operatorname{tg} \alpha = \frac{\overline{D_1 F_1}}{\overline{D_1 E_1}} = \frac{k_d' \cdot k_w \cdot m \cdot w}{x_{s_1}} = \text{konst.} \tag{66}$$

Bei veränderlicher Erregung verschiebt sich also das Dreieck $E_1 D_1 F_1$ so, daß die Hypothenuse immer den Winkel α mit der Ordinatenachse bildet, während F_1 der Leerlaufcharakteristik, E_1 der Geraden AC folgt.

Bei der Erregung Null ist z. B.

$$J_{b0} = \frac{\overline{D_0 F_0}}{k_d' \cdot k_w \cdot m \cdot w}. \tag{67}$$

Die Strecken $\overline{D_0 F_0}$, $\overline{D_1 F_1}$, $\overline{D_2 F_2}$ usw. sind also ein Maß für die zu den Erregungen $O, \overline{OB}_1, \overline{OB}_2$ usw. gehörigen Blindströme.

Die Kurve $H_0 H_1 B H_2$ stellt J_b in Abhängigkeit von der Erregung dar.

Für $A W_{2p} < \overline{OB}$ (Untererregung) ist J_b nacheilend und für $A W_{2p} > OB$ (Übererregung) ist J_b voreilend gegenüber der induzierten EMK.

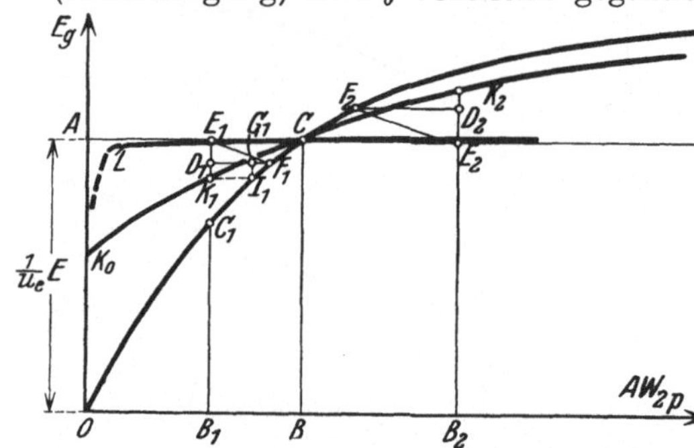

Abb. 353. Graphische Ermittlung der EMK auf der Gleichstromseite und der Belastungscharakteristik eines Einankerumformers.

Der voreilende Blindstrom ist begrenzt durch die Sättigung, da $\overline{E_2 F_2}$ und somit auch J_b mit wachsender Erregung immer langsamer wächst, je mehr die Leerlaufcharakteristik abbiegt.

Die Abhängigkeit der zwischen den Gleichstrombürsten induzierten EMK und somit auch der Gleichstromspannung von der Erregung finden wir, indem wir von der Leerlaufcharakteristik für die Gleichstromseite OC in Abb. 353 ausgehen und eine konstante Wechselstromspannung E voraussetzen. Es ist dann

$$\overline{OA} = \overline{BC} = \frac{1}{u_e} \cdot E. \tag{68}$$

Bei der Erregung $\overline{OB}_1$ ist die von dem primären Polfeld induzierte EMK gleich $\overline{B_1 C_1}$.

Die Blindkomponente erzeugt dann auf der Wechselstromseite, wie früher gezeigt, die Amperewindungszahl

$$A W_{dp}' = k_d' \cdot k_w \cdot m \cdot w \cdot J_b = \overline{D_1 F_1} \tag{69}$$

und auf der Gleichstromseite

$$A W_{dp} = k_d \cdot k_w \cdot m \cdot w \cdot J_b = \varkappa \cdot A W_{dp}' = \varkappa \cdot \overline{D_1 F_1}, \tag{70}$$

wobei

$$\varkappa = \frac{A W_{dp}}{A W_{dp}'} = \frac{0{,}707 \, k_B}{0{,}9 \cdot \dfrac{\Sigma_1'}{\Sigma_1}}. \tag{71}$$

Diese Größe ist gewöhnlich kleiner als 1; z. B. bei sinusförmiger Feldverteilung (s. Abschn. 6) ist

$$\varkappa = \frac{0{,}707}{0{,}765} = 0{,}925.$$

Wir tragen jetzt in Abb. 353

$$\overline{D_1 G_1} = \varkappa \cdot \overline{D_1 F_1} = \overline{K_1 \cdot J_1} \tag{72}$$

ab, wobei J_1 auf der Leerlaufcharakteristik liegt. Die EMK auf der Gleichstromseite ist dann dargestellt durch die Strecke $\overline{B_1 K_1}$.

Zwischen den Punkten C_1 und F_1 ist die Leerlaufcharakteristik nahezu eine Gerade, so daß wir setzen können

$$\overline{C_1 K_1} = \varkappa \cdot \overline{C_1 D_1}, \tag{73}$$

$$\overline{D_1 K_1} = \overline{C_1 D_1} - \overline{D_1 K_1}$$

oder

$$\overline{D_1 K_1} = (1 - \varkappa)\,\overline{D_1 C_1}. \tag{74}$$

Tragen wir in derselben Weise für die Punkte D_0 und D_2 die Strecken

$$\overline{D_0 K_0} = (1 - \varkappa)\,\overline{D_0 O} \quad \text{und} \quad \overline{D_2 K_2} = (1 - \varkappa)\,\overline{D_2 C_2} \tag{75}$$

ab, so kann die Kurve der EMK für die Gleichstromseite durch die Punkte $K_0 K_1 C K_2$ gezeichnet werden.

Um die Gleichstromspannung bei Leerlauf zu erhalten, muß zu den Ordinaten dieser Kurve nach Gl. (61) die Spannungsschwankung $\dfrac{1}{u_\bullet} J_b\, x_{s_1} (1-\gamma)$ addiert, bzw. abgezogen werden. Man sieht, daß Untererregung eine Verkleinerung und Übererregung eine Vergrößerung der Gleichstromspannung bewirkt.

b) Die Belastungscharakteristik. Diese Kurve stellt bei konstanter Primärspannung und konstantem Gleichstrom J_g die Abhängigkeit der Gleichspannung E_g von dem Erregerstrome dar.

Gehen wir vom Leerlauf zur Belastung über, ohne den Erregerstrom zu ändern, so tritt folgendes ein:

Die Gleichstrombelastung zieht einen entsprechenden Wirkstrom vom Netze an die Maschine. Die Ankerrückwirkung des Gleichstromes und des Wirkstromes heben einander gegenseitig auf. Es tritt also keine merkbare Veränderung des Polfeldes und auch keine Änderung des Blindstromes ein. Der Blindstrom ist also praktisch unabhängig von der Gleichstrombelastung und nur durch die Stärke des Erregerstromes bestimmt. Von Leerlauf bis Belastung erhalten wir somit nur die Ohmschen Spannungsverluste, welche wie gezeigt verhältnismäßig klein sind.

Die Belastungscharakteristik weicht also nur wenig ab von der horizontalen Geraden $A C$ in der Abb. 353 [Kurve L, vgl. Gl. (62)]. In der Nähe des Punktes A, wo die Gleichstromerregung sehr klein ist, und das Polfeld hauptsächlich von der Blindkomponente des Wechselstromes erzeugt wird, tritt oft ein labiler Zustand ein, wobei die Gleichstromspannung sehr schnell gegen Null abnimmt. Dies rührt her von der Sättigung im Anker.

c) Die V-Kurven. Diese Kurven stellen bei konstanter Primärspannung E und konstantem Gleichstrom J_g den zugeführten Wechselstrom J in Abhängigkeit von der Felderregung dar.

Der Blindstrom ergibt sich mittels der in Abb. 352 dargestellten Konstruktion zu

$$J_b = \frac{\overline{D_1 F_1}}{k'_d \cdot k_w \cdot m \cdot w}. \tag{76}$$

Abgesehen von den Verlusten im Umformer ist

$$J_w = \tfrac{1}{2} u_i J_g = \text{konst.} \tag{77}$$

Somit wird

$$J = \sqrt{J_w^2 + J_b^2}; \tag{78}$$

die V-Kurven können hiernach konstruiert werden und ebenso die Kurven für $\cos \varphi = \dfrac{J_w}{J}$ (Abb. 354).

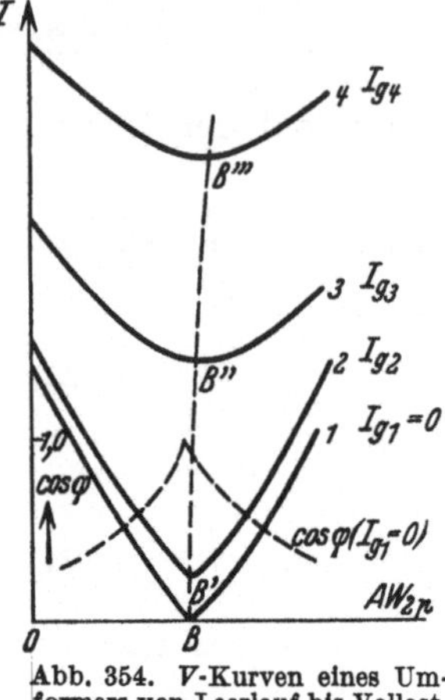

Abb. 354. V-Kurven eines Umformers von Leerlauf bis Vollast.

Die Stromminima bei verschiedenen Belastungen treten nicht alle bei derselben Erregung auf. Phasengleichheit erfordert vielmehr eine kleine Erhöhung der Erregung von Leerlauf bis Belastung. Diese Erhöhung ist größer bei selbsterregtem Umformer als bei fremderregtem, weil der Spannungsabfall im Umformer ein Sinken der Erregerstromstärke bewirkt.

8. Spannungsregulierung des Einankerumformers durch vorgeschaltete Reaktanz und Hauptschlußwicklung.

Schalten wir in jedem der Zuführungsleitungen zum Umformer eine Reaktanzspule mit der Reaktanz x und dem Widerstand r, erhalten wir ein Schaltungsschema, wie Abb. 355 zeigt. Bezeichnen wir die Klemmenspannung an den

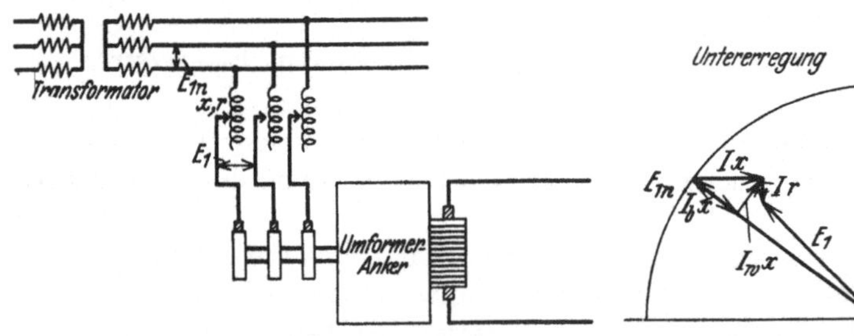

Abb. 355. Regulierung der Wechselspannung mittels Drosselspulen.

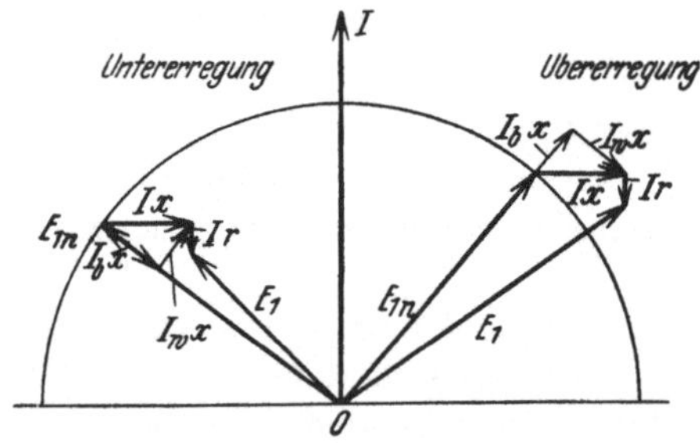

Abb. 356. Diagramm für die Spannungsregulierung mittels Drosselspulen.

Primärklemmen der Reaktanzspulen mit E_{1n} und die Klemmenspannung an den Schleifringen des Umformers mit E_1, dann gilt für diese Spannungen das Diagramm Abb. 356. Man ersieht hieraus, daß ein phasenverzögerter Strom erniedrigend auf die Klemmenspannung E_1, ein phasenverfrühter erhöhend wirkt. Erzeugt man also im Umformer durch Erhöhung der Felderregung einen phasenvoreilenden Strom, so vergrößert die EMK der Selbstinduktion die Klemmenspannung des Umformers und somit die Gleichspannung.

In manchen Fällen genügt zur Kompensation des Spannungsabfalles bei Belastung schon die Reaktanz des Transformators, der Zuleitung und der Armatur.

Die Reaktanzspannung $x \cdot J_b$ liegt in Phase mit E_{1n}, während $x J_w$ senkrecht zu E_{1n} steht.

Diese sogenannte „Reaktanzspannung des Wirkstromes" hat, wenn sie nicht sehr groß ist, keinen wesentlichen Einfluß auf die Differenz $E_{1n} - E_1$, wirkt aber vergrößernd auf die primäre Phasenverschiebung. Damit nun diese Spannung nicht zu groß werden soll, muß die Reaktanz x innerhalb bestimmter Grenzen gehalten werden. Wir wählen $x \cdot J_w$ im Verhältnis zu der Spannung zwischen einem Schleifring und dem neutralen Punkt. Diese Sternspannung ist in einem m-Phasensystem gleich

$$E_{1m} = \frac{E_1}{2 \sin \dfrac{\pi}{m}}, \tag{79}$$

und wir setzen die Reaktanzspannung des Wirkstromes gleich $p\%$ von E_{1m}, also

$$x \cdot J_w = \frac{p}{100} \cdot E_{1m}. \tag{80}$$

Setzen wir noch den Blindstrom gleich $v_i\%$ des Wirkstromes, so wird

$$J_b = \frac{v_i}{100} \cdot J_w. \tag{81}$$

Die prozentuale Spannungsänderung wird somit

$$100 \frac{x \cdot J_b}{E_{1m}} = \frac{p \cdot v_i}{100}. \tag{82}$$

Setzen wir z. B. $p = 20\%$ und $v_i = 50\%$, so wird die prozentuale Spannungsregulierung $2 \cdot 5 = 10\%$.

Kann der Blindstrom innerhalb der Grenzen 50% induktiv bis 50% kapazitativ reguliert werden, so wird die gesamte Spannungsregulierung 20%, d. h. die Gleichspannung kann mit Hilfe der Reaktanzspulen um 10% hinauf und um 10% herunterreguliert werden.

Um die Spannungsregulierung automatisch zu machen, versieht man den Umformer mit einer Hauptschlußwicklung. Diese kann aus den Leerlauf- und Belastungscharakteristiken berechnet werden[1].

In der Ankerreaktanz erhalten wir den Spannungsverlust $x_{s_1} \cdot J_b$, und der entsprechende Spannungsverlust auf der Gleichstromseite ist

$$\frac{1}{u_e} \cdot x_{s_1} \cdot J_b. \tag{83}$$

Außerdem haben wir den Spannungsverlust in den vorgeschalteten Reaktanzen. Diese sind in Stern geschaltet, während die Ankerreaktanzen in Dreieck geschaltet sind (s. Abb. 357).

Für ein m-Phasen-System ist

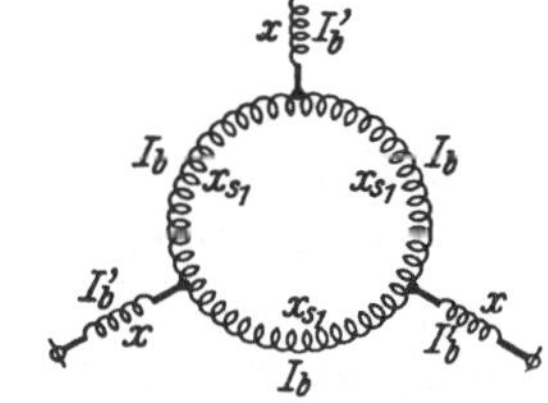

Abb. 357. Ankerwicklung mit vorgeschalteten Reaktanzen.

$$J_b' = 2 \sin \frac{\pi}{m} \cdot J_b, \tag{84}$$

wo J_b' den Blindstrom der Reaktanzspule und J_b den Blindstrom in einer Ankerphase bedeutet.

---

[1] Siehe G. A. Juhlin: „Voltage Regulation of Rotary Converters". J. Inst. El. Engs. **55**, 241.

Die Reaktanzspannung in der vorgeschalteten Reaktanz ist somit

$$x J_b' = 2\sin\frac{\pi}{m}\cdot x J_b. \tag{85}$$

Wenn diese Spannung auf die primäre Klemmenspannung reduziert wird, ergibt sich

$$2\sin\frac{\pi}{m}\cdot x J_b' = 4\sin^2\frac{\pi}{m}\cdot x J_b. \tag{86}$$

Die Reaktanzspannung im Anker, vermehrt um diejenige der vorgeschalteten Reaktanz, ist somit

$$\left(x_{s_1} + 4\sin^2\frac{\pi}{m}\cdot x\right) J_b. \tag{87}$$

Die Reihenschaltung der m Reaktanzen x ist somit äquivalent mit einer Vergrößerung der Ankerreaktanz von x_{s_1} auf $x_{s_1} + 4\sin^2\frac{\pi}{m}x$.

In der Leerlaufcharakteristik Abb. 352 wird also bei vorgeschalteter Reaktanz die Strecke

$$\overline{D_1 E_1} = \left(x_{s_1} + 4\sin^2\frac{\pi}{m}\cdot x\right) J_b, \tag{88}$$

d. h. sie wird größer als vorher.

Die Kurve der Leerlaufspannung auf der Gleichstromseite verläuft jetzt steiler und nähert sich mehr der Leerlaufcharakteristik eines Gleichstromgenerators.

9. Andere Verfahren zur Spannungsregulierung des Einankerumformers.

Die im vorigen Abschnitt beschriebene Kompoundierung eignet sich nur für eine kleinere Regulierung der Gleichstromspannung und läßt sich nur für solche Fälle verwenden, wo man über den Blindstrom verfügen kann. Sie bedingt höhere Verluste im Umformer, und unter ungünstigen Umständen kann sie zu Pendlungen des Umformers führen.

Man verwendet daher häufig andere Methoden zur Spannungsregulierung, von welchen die folgenden die wesentlichsten sind:

a) Anwendung eines Induktionsregulators.

b) Eine auf der Welle des Umformers sitzende, synchrone Zusatzmaschine, deren Spannung sich zu der Transformatorspannung addiert oder von dieser subtrahiert.

c) Anwendung einer Gleichstrom-Zusatzmaschine.

a) Anwendung eines Induktionsregulators. Die Spannung auf der Wechselstromseite des Umformers wird reguliert mit Hilfe eines Induktionsregulators. Ist dieser für eine Spannung $\varDelta E$ gebaut, so wird die gesamte relative Spannungsänderung

$$\frac{2\varDelta E}{E}.$$

Abb. 358 zeigt ein Schaltungsschema mit einer solchen Spannungsregulierung. Der Umformer ist hier sechsphasig, weil dies kleinere Verluste bedingt als eine dreiphasige Ausführung. Um einen möglichst einfachen Induktionsregulator zu erhalten, ist dieser dreiphasig. Dies wurde dadurch erreicht, daß man den Haupttransformator mit offenen Sekundärphasen ausführte.

Der Induktionsregulator hat im allgemeinen größere Verluste und ist teurer als die früher erwähnten Reaktanzspulen. Die beweglichen Leitungen zwischen Stator- und Rotorwicklung müssen sehr sorgfältig ausgeführt werden, um Verletzungen der Isolation und der Kupferleiter während der Bewegungen des Rotors zu verhindern.

Der Induktionsregulator kann von Hand verstellt oder durch einen kleinen Motor unter Zwischenschaltung eines Schneckengetriebes gesteuert werden.

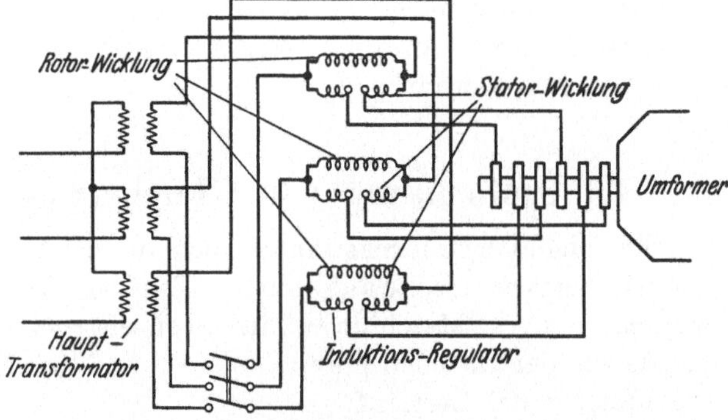

Abb. 358. Spannungsregulierung eines Umformers mittels Induktions-Regulator.

b) Synchrone Zusatzmaschine. Zwischen die Kollektorringe und den Umformeranker schaltet man die Ankerwicklung einer Synchronmaschine (Zusatzmaschine) die in der Regel auf der Welle des Umformers sitzt und mit diesem rotiert. Die Synchronmaschine hat dann dieselbe Polzahl wie der Umformer und wird erregt von der Gleichstromseite des Umformers durch eine Nebenschlußoder eine Hauptschlußwicklung oder eine Kombination von beiden (Abb. 359). Im letzten Falle kann eine automatische Spannungsregulierung durch den Belastungsstrom erfolgen (Kompoundierung). Die Nebenschlußwicklung wird dann für die Hälfte der Spannungsänderung $\frac{1}{2}\Delta E$ und die Hauptschlußwicklung für die ganze Spannungsänderung berechnet. Die beiden Wicklungen wirken ein

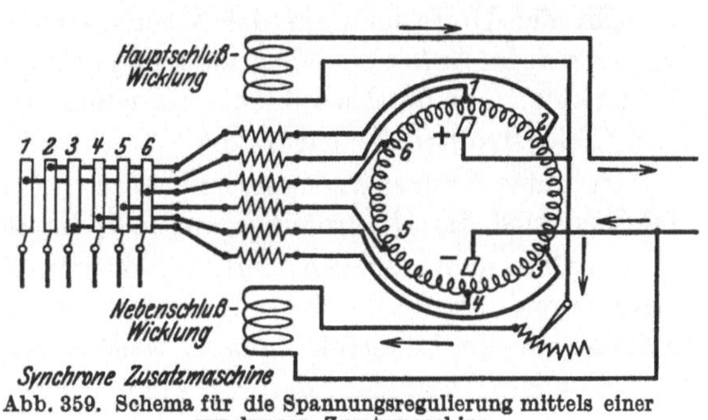

Abb. 359. Schema für die Spannungsregulierung mittels einer synchronen Zusatzmaschine.

ander entgegen. Die Zusatzmaschine wird dann bei Leerlauf die Netzspannung um $\frac{1}{2}\Delta E$ verkleinern und bei Normallast um $\frac{1}{2}\Delta E$ erhöhen; sie braucht somit nur für die Hälfte der Spannungsänderung dimensioniert zu werden.

Wenn die Zusatzmaschine die Spannung erhöht, läuft sie als Synchrongenerator und wird vom Umformer angetrieben. Wenn die Spannung verkleinert wird, arbeitet sie als Synchronmotor. Synchrone Zusatzmaschinen werden für Spannungsänderungen bis $\pm 15\%$ gebaut, sind aber dann schon ziemlich teuer.

c) Gleichstrom-Zusatzmaschine. In Reihe mit dem Gleichstromanker, auf der Gleichstromseite, wird der Anker der Gleichstrom-Zusatzmaschine eingeschaltet. Die Zusatzmaschine kann von einem eigenen Motor getrieben werden oder auf der Welle des Umformers sitzen. Sie erhält entweder eine Nebenschlußerregung (für Akkumulatorladung) oder wird mit einer Hauptschlußwicklung versehen (für Kompoundierung). Da der Kommutator der Zusatzmaschine für die volle Belastungsstromstärke des Umformers dimensioniert werden muß, wird diese Spannungsregulierung im allgemeinen teurer als die unter a) und b) genannten.

Ganz allgemein kann man sagen, daß die Spannungsregulierung bei Einankerumformern soweit möglich mit Hilfe der Reaktanz im Transformator, eventuell in Verbindung mit Anzapfungen am Transformator für stufenweise Regulierung, vorgenommen werden soll.

10. Umformung von Gleichstrom in Wechselstrom.

Ein Einankerumformer kann auch in der Weise arbeiten, daß er Energie auf der Gleichstromseite aufnimmt und auf der Wechselstromseite abgibt. Denken wir uns zuerst die Maschine auf der Wechselstromseite abgeschaltet, dann können wir sie von der Gleichstromseite anlassen und regulieren, genau wie einen Nebenschlußmotor bei Leerlauf.

Eine schwache Erregung gibt eine hohe Umdrehungszahl, also eine hohe Periodenzahl zwischen den Wechselstrombürsten, eine starke Erregung eine niedrige Periodenzahl.

Die Spannung zwischen den Wechselstrombürsten ist ziemlich unabhängig von der Erregung und bleibt also nahezu konstant bei allen Umdrehungszahlen weil sie in einem bestimmten Verhältnis zu der Gleichstromspannung steht.

Schaltet man einen Ohmschen Widerstand zwischen die Wechselstrombürsten, so gibt der Umformer auf der Wechselstromseite einen Wirkstrom ab. Dieser Strom ruft im Anker eine Quermagnetisierung hervor, und diese wird kompensiert durch einen dem Wirkstrom entsprechenden Gleichstrom, welchen der Umformer der Gleichstromquelle entnimmt.

Da keine Längsmagnetisierung entsteht, bleibt das Hauptfeld ungeändert, folglich auch die Umdrehungszahl und die Frequenz.

Schaltet man dagegen einen induktiven Widerstand zwischen die Wechselstrombürsten, so daß der Umformer einen Blindstrom abgibt, dann ruft dieser Blindstrom ein Längsfeld hervor, welches das Hauptfeld schwächt.

Die Umdrehungszahl und die Frequenz nimmt dann zu. Umgekehrt bewirkt eine kapazitive Belastung eine Abnahme der Umdrehungszahl.

Der Einankerumformer eignet sich daher nicht zur Umformung von Gleichstrom in Wechselstrom von konstanter Periodenzahl, weil der Blindstrom die Periodenzahl beeinflußt. Wird ein Einankerumformer zur Ladung einer Akkumulatorbatterie benutzt, und denken wir uns, daß die Stromlieferung auf der Wechselstromseite aus irgendeinem Grunde aufhört, dann nimmt der Umformer Energie aus der Batterie und liefert diese als Wechselstrom in das Netz. Ist die Belastung des Netzes induktiv, kann die Umdrehungszahl über die zulässige Grenze steigen. Um dies zu vermeiden, muß der Umformer durch ein Rückstromrelais oder einen Zentrifugalunterbrecher geschützt werden, welcher die Stromzufuhr unterbricht. Fremderregung des Umformers durch eine auf der Umformerwelle sitzende, ungesättigte Erregermaschine verhindert auch ein Durchgehen des Umformers.

11. Die Stromwendung des Einankerumformers.

Bei Gleichstrommaschinen hat man im allgemeinen zwei EMKe in den kurzgeschlossenen Ankerspulen, welche zu Funkenbildung am Kommutator Anlaß geben:

1. die EMK, welche bei der Bewegung der Spulen in dem in der neutralen Zone auftretenden Ankerquerfeld induziert wird,

2. die EMK, welche dadurch induziert wird, daß der in den kurzgeschlossenen Spulen fließende Strom und somit das Streufeld (oder das Eigenfeld) der Spulen im Laufe der Kurzschlußzeit T die Richtung wechselt.

Beim Einankerumformer ist, wie früher gezeigt, das Ankerquerfeld sehr klein. Funkenbildung aus dem zuerst genannten Grunde ist daher weniger zu befürchten.

Für eine Ankerspule pro Nut ist das Streufeld je 1 cm Nutenlänge gleich der magnetischen Leitfähigkeit

$$\lambda_N = \lambda_n + \lambda_k + \frac{l_s}{l_i}\lambda_s \qquad (89)$$

multipliziert mit der Amperestabzahl pro Nut

$$t_1 \cdot AS, \qquad (90)$$

wo t_1 die Nutenteilung bedeutet[1].

In der Formel ist: λ_n die Leitfähigkeit des Kraftflusses pro cm Ankerlänge, der jede einzelne Nut durchsetzt,

λ_k die Leitfähigkeit des Kraftflusses pro cm Ankerlänge, der von einem Zahnkopf zu einem anderen durch die Luft verläuft und eine oder mehrere Nuten umschlingt,

λ_s die Leitfähigkeit des Kraftflusses, der um die Spulenköpfe verläuft,

die Länge des Spulenkopfes gleich l_s,

die ideelle Ankerlänge gleich l_i.

Somit ist das Streufeld pro Nut

$$\Phi_N = l_i \cdot t_1 \cdot \lambda_N \cdot AS . \qquad (91)$$

AS ist die „lineare Strombelastung", gerechnet als ob die Gleichstrombelastung im ganzen Anker herrschte, so wie in einer Gleichstrommaschine. Dann wird aber AS wesentlich größer sein als in der Gleichstrommaschine.

Für dieselben Ankerverluste wird das Verhältnis, wie früher gezeigt, gleich $\frac{1}{\sqrt{v}}$.

Die unter 2. genannte Ursache zur Funkenbildung tritt daher beim Einankerumformer mehr hervor als bei der Gleichstrommaschine.

Die rotierenden Umformer werden daher immer mit Kommutierungspolen ausgeführt. Diese werden wie bei der Gleichstrommaschine ermittelt mit der Ausnahme, daß die zur Kompensation des Ankerquerfeldes notwendigen Amperewindungen anders zu berechnen sind.

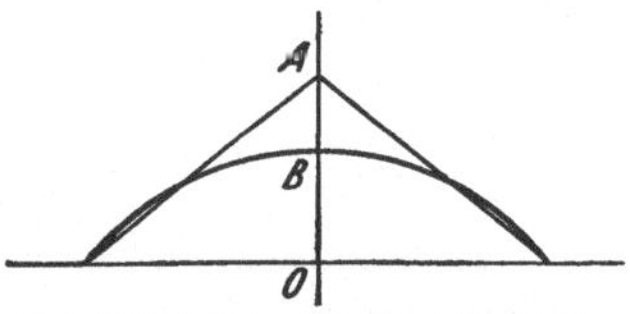

Abb. 360. Verteilung der MMK über den Ankerumfang.

Die Gleichstromamperewindungszahl für die neutrale Zone ist für eine zweipolige Maschine (Abb. 360)

$$\overline{OA} = \frac{\tau}{2} AS = \frac{N}{4} \cdot J_g . \qquad (92)$$

---

[1] Nach E. Arnold: Die Gleichstrommaschine bzw. Abschnitt III 13.

21*

Diese MMK hat eine dreieckförmige Verteilung über den Ankerumfang.

Die MMK des Wechselstromes ist sinusförmig über den Ankerumfang verteilt und hat ihren Höchstwert in der neutralen Zone. Für $p = 1$ ist, wie früher abgeleitet,

$$\overline{OB} = \frac{\sqrt{2}}{\pi}\, m \cdot k_w \cdot q \cdot s_n \cdot J_w = \frac{\sqrt{2}}{\pi}\, m\, \frac{m}{\pi} \sin\frac{\pi}{m} \cdot \frac{N}{m} \cdot J_w. \tag{93}$$

Für sinusförmige Feldverteilung ist

$$J_w = \frac{\sqrt{2}}{m \sin\dfrac{\pi}{m}} \cdot J_g.$$

Somit wird

$$\overline{OB} = \frac{8}{\pi^2} \cdot \frac{N}{4} \cdot J_g = \frac{8}{\pi^2}\,\overline{OA} = 0{,}81\,\overline{OA}. \tag{94}$$

Der Gleichstrom erzeugt also in der neutralen Zone eine überschüssige MMK

$$\overline{BA} = \overline{OA} - \overline{OB} = 0{,}19\,\overline{OA}. \tag{95}$$

Die Kommutierungspole müssen also zunächst eine Amperewindungszahl erhalten, welche notwendig sind, um 19% der Quermagnetisierung des Gleichstromes zu kompensieren.

Hierzu kommt noch eine Amperewindungszahl, um das Streufeld Φ_N zu kompensieren. Da dieses Feld seine Richtung während der Zeit T_1 wechselt, so ist der Mittelwert der induzierten EMK in der kurzgeschlossenen Spulenseite

$$\frac{2\,\Phi_N}{T_1}. \tag{96}$$

Eine ebensogroße aber entgegengesetzt gerichtete EMK muß also vom Kommutierungsfelde induziert werden.

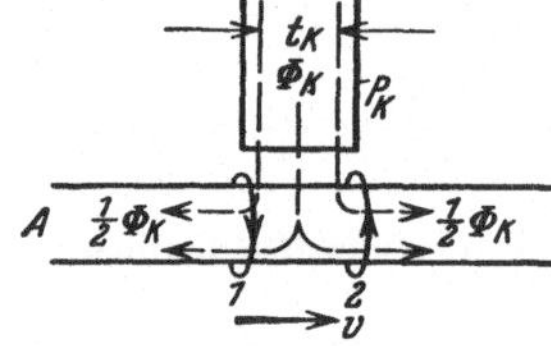
Abb. 361. Kommutierungspol.

In der Abb. 361 stellt P_k einen Kommutierungspol und A den Anker dar, welcher der Einfachheit halber mit einer Ringwicklung versehen ist.

Die Stellung einer Ankerspule, wenn der Kurzschluß beginnt, ist mit *1* und die Stellung, wo er aufhört, mit *2* bezeichnet.

Die Änderung des Kraftflusses durch die Spule zwischen diesen Stellungen ist Φ_k.

Das Kommutierungsfeld ist also

$$\Phi_k = 2\,\overrightarrow{\Phi_N} = l_i\, t_k \cdot B_k. \tag{97}$$

l_i axiale Länge des Kommutierungspoles gleich der ideellen Ankerlänge,

B_k magnetische Induktion unter dem Pol,

t_k Abstand zwischen den äußersten Spulen, die unter der Bürste kurzgeschlossen sind, und längs des Ankerumfanges gemessen.

Nach Arnold, Die Gleichstrommaschine, ist die Kurzschlußzeit

$$T_1 = \frac{b_1 + \beta\left[1 - (1 + p_w)\dfrac{a}{p}\right]}{100\,v_k}. \tag{98}$$

b_1 Bürstenbreite,
β Kommutatorteilung,
p_w Anzahl der weggelassenen Bürsten,
v_k Kommutatorgeschwindigkeit am Umfang in m/s.

Hieraus findet man

$$t_k = 100 \cdot v_k \cdot \frac{D}{D_k} \, T_1 = \frac{D}{D_k} \left[b_1 + \beta \left[1 - (1 + p_w) \frac{a}{p} \right] \right]. \tag{99}$$

D Ankerdurchmesser,
D_k Kommutatordurchmesser.

Somit

$$B_k = \frac{2 \, \Phi_N}{l_i \cdot t_k}. \tag{100}$$

Die zur Erzeugung der Induktion B_k notwendigen Amperewindungen werden jetzt in bekannter Weise berechnet und zu den früher gefundenen Amperewindungen addiert.

Da Φ_k nur ein Teil des Kommutierungsfeldes ist, so muß man bei der Berechnung berücksichtigen, daß die gesamte Kraftlinienzahl des Kommutierungspoles gleich

$$\Phi_{ks} = \frac{b_{ki}}{t_k} \, \Phi_k = l_i \, b_{ki} \, B_k \tag{101}$$

ist, wobei b_{ki} den „ideellen Polbogen" für das Feld des Kommutierungspoles bedeutet.

Eine Funkenbildung unter den Bürsten kann auch durch Feldpulsationen entstehen. Solche treten besonders bei niedrigen Phasenzahlen auf. Bei Einphasenumformern z. B. erzeugt der Wechselstrom zwei Drehfelder. Eins von diesen rotiert mit synchroner Geschwindigkeit relativ zum Anker in derselben Drehrichtung wie der Anker selbst und hat somit gegenüber dem Polsystem die doppelte synchrone Geschwindigkeit.

Dieses Feld erzeugt Pulsationen und muß mit Hilfe einer kräftigen kurzgeschlossenen Dämpferwicklung in Form einer Käfigwicklung, welche in die Polschuhe eingelegt ist, gelöscht werden. Eine solche Dämpferwicklung wird übrigens in den meisten Fällen angebracht, selbst wenn die Phasenzahl groß ist, weil sie auf die Kommutierung günstig wirkt. Außerdem wirkt eine solche Dämpferwicklung dämpfend auf Pendlungen in der Umdrehungszahl, hervorgebracht durch Änderungen in der Frequenz oder durch höhere Harmonische in der Spannungskurve des Wechselstromnetzes. Einankerumformer kommen leicht in Pendlungen, weil die synchronisierende Kraft verhältnismäßig klein ist.

12. Das Anlassen von Einankerumformern.

Der Einankerumformer bedarf zum Anlassen, wie jede Synchronmaschine, besonderer Maßnahmen. Die gebräuchlichsten Anlaßverfahren sind die folgenden:

a) Gleichstromseitiges Anlassen. Die Bedingung für diese Anlaßverfahren ist, daß eine Gleichstromquelle ganz bestimmter Spannung zur Verfügung steht; denn die Schleifringspannung, die in einem festen Verhältnis zu der Gleichstromspannung steht, muß genau mit der Sekundärspannung des Transformators übereinstimmen, an welche der Umformer angeschlossen werden soll. Ist eine solche Stromquelle vorhanden, kann der Umformer genau wie ein Gleichstrom-Nebenschlußmotor angelassen werden. Wenn die Maschine auf ungefähr synchrone Drehzahl gebracht ist, so kann der Einankerumformer mit Hilfe einer Synchronisiervorrichtung (Phasenlampen oder dgl.) wechselstromseitig ohne Stromstoß an das Netz gelegt werden. Ist die Gleichspannung plötzlichen Schwankungen unterworfen, kann ein kurzzeitiges Abschalten des Einankerumformers vom Gleichstromnetz kurz vor dem Anlegen an das Wechselstromnetz erforderlich werden, oder man läßt einen Teil des Anlaßwiderstandes vorgeschaltet, der auf die Spannungsschwankungen dämpfend wirkt.

b) Anlassen durch Anwurfmotor. 1. Der Einankerumformer kann durch einen Anwurfmotor gleicher Polzahl, wenn dieser als Synchroninduktionsmotor (Autosynchronmotor) ausgebildet ist, auf genaue synchrone Drehzahl gebracht werden (Abb. 362). Der Hochspannungs-Einankerumformer hat in der Regel eine angebaute Erregermaschine, die dann gleichzeitig zur Speisung der Anwurfmotorfeldwicklung benutzt werden kann.

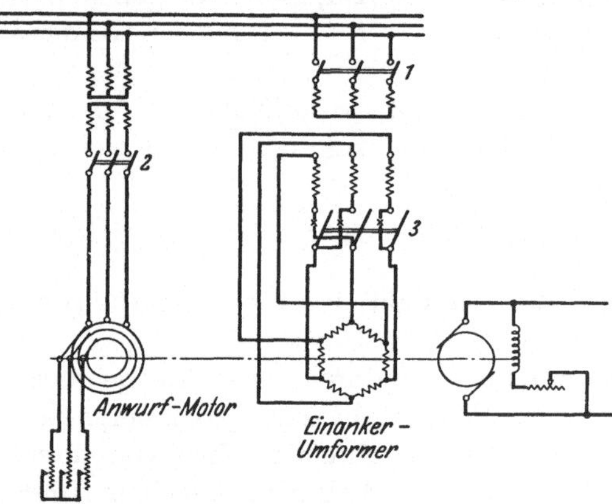

Abb. 362. Schaltungsschema zum Anlassen von der Wechselstromseite mittels Anwurfmotor.

Ist der Einankerumformer auf synchrone Drehzahl gebracht und die Phasengleichheit mit dem Netz hergestellt, so kann die Schleifringspannung durch entsprechende Erregung des Einankerumformers gleich der Sekundärspannung des Transformators gemacht werden. Der Einankerumformer kann dann ohne jeden Stromstoß durch Schließen des Schalters *3* an das Wechselstromnetz gelegt werden.

Infolge der hohen Kosten vielpoliger Synchroninduktionsmotoren wird dieses Anlaßverfahren nur selten verwendet.

2. Der Einankerumformer wird durch einen angekuppelten Asynchronmotor mit Schleifringanker auf seine synchrone Drehzahl gebracht. Um dies zu ermöglichen, wird der Anwurfmotor mit einer kleineren Polzahl, also mit höherer synchroner Drehzahl als der Einankerumformer, ausgeführt; er erhält z. B. ein Polpaar weniger.

Die gewünschte Drehzahl wird mit Hilfe eines feinstufigen Schlupfwiderstandes im Rotorstromkreis eingestellt (Abb. 362). Der Einankerumformer kann dann mit Hilfe einer Synchronisiervorrichtung ohne Stromstoß an das Netz gelegt werden.

Da die Synchronisierung gewisse Anforderungen an das Bedienungspersonal stellt, sind die eben genannten Methoden in der Praxis fast vollständig von der folgenden verdrängt worden.

3. Der Einankerumformer wird mit Hilfe eines normalen asynchronen Anwurfmotors auf synchrone Drehzahl gebracht (s. Abb. 363).

Ohne Berücksichtigung der Phasenlage wird dann der Einankerumformer über eine Synchronisierdrosselspule D wechselstromseitig angeschlossen. Hierbei sind Stromstöße natürlich nicht zu vermeiden; aber diese sind bei richtiger Bemessung der Drosselspule unbedenklich.

Es ist nicht erforderlich, daß die Drehzahl des Einankerumformers genau der synchronen entspricht; denn bei kleinen Drehzahlabweichungen von 1 bis 2% wird er noch in den Synchronismus hineingezogen. Es kann daher auch ein Anwurfmotor von gleicher Polzahl wie der Einankerumformer Verwendung finden, und es ist zulässig, diesen Motor mit Kurzschlußanker auszuführen. Dadurch wird der Anwurfmotor billiger und die Bedienung vereinfacht.

Zur Vereinfachung des Schaltvorganges kann das Zuschalten auf das Netz über eine Synchronisier-Drosselspule auch gleichzeitig mit

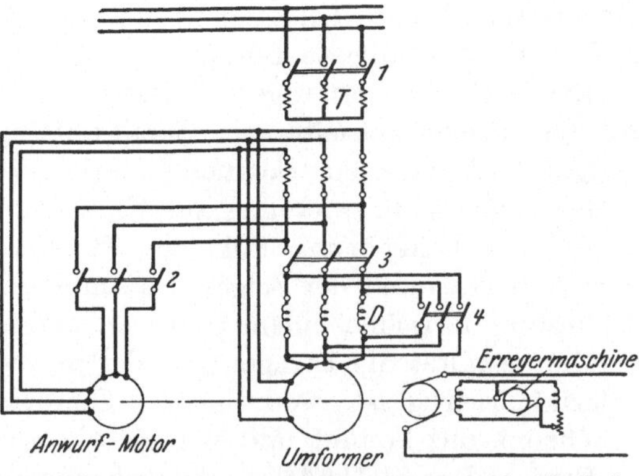

Abb. 363. Schaltungsschema zum Anlassen von der Wechselstromseite mittels Asynchronmotor und Synchronisier-Drosselspule.

dem Anwerfen des Einankerumformers vom Stillstand aus erfolgen. Man hat dann den Vorteil, mit einem wesentlich verkleinerten Anwurfmotor auskommen zu können. Der Einankerumformer gibt dann von Anfang an ein gewisses Drehmoment ab, er unterstützt also den Motor beim Anlauf[1].

Bei automatischen Anlagen ist diese Methode vorzuziehen.

c) Asynchrones Anlassen. Das einfachste Mittel, einen Einankerumformer in Betrieb zu setzen, besteht darin, ihn als asynchronen Motor bei reduzierter Spannung anlaufen zu lassen (Abb. 364).

Hierbei wirken die Pole in Verbindung mit einer entsprechend ausgebildeten Dämpferwicklung wie ein Kurzschlußanker, während über die Schleifringe der Wechselstrom mit der Netzperiodenzahl dem Rotor zugeführt wird. Das Drehfeld rotiert bei Beginn des Anlaufs mit synchroner Geschwindigkeit entgegengesetzt dem Rotordrehsinn. Bei dessen synchronem Lauf steht das Feld im Raume still.

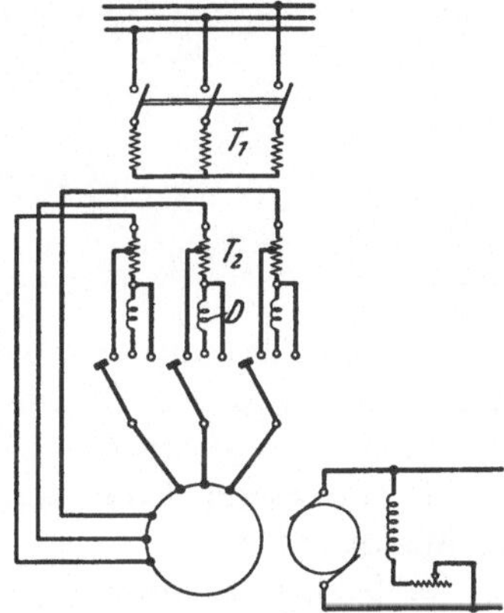

Abb. 364. Anlassen eines Einankerumformers als Asynchronmotor bei reduzierter Spannung.

Während der Anlaufperiode schneidet das Drehfeld bei jedem Umlauf alle Rotorwindungen, also auch die jeweils unter den Kommutatorbürsten liegenden. Es fließen dann große Kurzschlußströme durch die Bürsten, die Funkenbildung verursachen können. In den Polwicklungen kann das Drehfeld bei den großen Windungszahlen der Hauptpole sehr gefährliche Spannungen induzieren. Dies

---

[1] Eine Abänderung dieser Methode besteht darin, daß der asynchrone Anwurfmotor gleichzeitig als Drosselspule wirkt, wobei besondere Drosselspulen gespart werden können.

sucht man durch Unterteilung der Polwicklung in mehrere offene Stromkreise oder durch Kurzschließen der Feldwicklung während der Anlaßperiode zu vermeiden. Letzteres kann zur Folge haben, daß der Einankerumformer nur bis zur halben Drehzahl anläuft und „hängen" bleibt. Bei richtiger Bemessung des Umformers und besonders der Dämpferwicklung ist dieses Anlaßverfahren (besonders für kleinere Leistungen) in Verbindung mit einer Anlaßdrosselspule die einfachste und billigste Lösung.

Bei wechselstromseitigem Anlassen und bei Eigenerregung ist die Polarität auf der Gleichstromseite vom Zufall abhängig und am Ausschlag eines doppelseitigen Voltmeters zu erkennen. Häufig verwendet man daher einen Umschalter in der Nebenschlußwicklung zur Umkehrung der Erregung.

Bei der Umkehrung fällt der Einankerumformer in der Regel aus dem Synchronismus und der Zeiger des Amperemeters pendelt mit der Frequenz der Schlüpfung zwischen einem positiven und negativen Höchstwert.

Man schaltet die Erregung wieder um, wenn der Ausschlag positiv, also die Polarität richtig ist, wodurch der Umformer ohne Stromstoß wieder in den Synchronismus kommt und sich richtig erregt.

Eine andere Methode zur Umkehrung der Polarität besteht darin, daß vor der Einschaltung auf volle Netzspannung durch kurzzeitiges Öffnen und Schließen des Schalters auf der Wechselstromseite der Rotor des Umformers zum Schlüpfen gebracht wird. Bei einiger Übung ist es leicht, die Öffnungszeit so zu treffen, daß der Umformer gerade um eine Polteilung schlüpft und die richtige Polarität erhält.

Zweites Kapitel.

Der Kaskadenumformer.

13. Einleitung.

Zur Umformung von Wechselstrom in Gleichstrom oder umgekehrt kommen, abgesehen von den Gleichrichtern, im allgemeinen nur die folgenden drei Anordnungen in Betracht:

1. rotierende Einanker-Umformer in Verbindung mit einem stationären Transformator,

2. Synchronmotor, mit einer Gleichstrommaschine gekuppelt,

3. Asynchronmotor, mit einer Gleichstrommaschine gekuppelt,

4. der Kaskadenumformer.

Die erste Anordnung ist im vorigen Kapitel ausführlich behandelt. Sie hat den Nachteil, daß das Anlassen besondere Maßnahmen erfordert; ferner neigen die Einankerumformer zu Pendelungen, und bei größeren Periodenzahlen kann eine funkenfreie Kommutierung des Gleichstromes nur durch reichliche Dimensionierung des Umformers erzielt werden.

Bei der zweiten Anordnung, wo ein Synchronmotor die Gleichstrommaschine antreibt, ist im allgemeinen auch eine besondere Vorrichtung nötig, um die Motordynamo von der Wechselstromseite anzulassen; ferner müssen beide Maschinen für die volle Leistung des Gesamtaggregates gebaut werden. Die dritte

Anordnung mit Asynchronmotor und Gleichstrommaschine hat den Nachteil, daß der aufgenommene Wechselstrom gegenüber der Klemmenspannung phasenverschoben ist.

Die vierte Anordnung, der Kaskadenumformer, welcher im folgenden behandelt werden soll, besteht aus einem gewöhnlichen Asynchronmotor und einer Gleichstrommaschine, die beide auf derselben Welle sitzen. Die Sekundärwicklung des Asynchronmotors und die Ankerwicklung der Gleichstrommaschine sind in Kaskade geschaltet.

Der Kaskadenumformer kann in einfachster Weise von der Wechselstromseite angelassen werden. Er besitzt im übrigen alle Eigenschaften, die den Einankerumformer charakterisieren, hat jedoch geringere Neigung zum Pendeln und ist viel weniger empfindlich gegen schlechte Kurvenform der EMK. Auch ist eine Regulierung der Gleichspannung, ohne Verwendung einer synchronen Zusatzmaschine, innerhalb bedeutend weiterer Grenzen möglich als beim gewöhnlichen Einankerumformer für denselben prozentualen Blindstrom. Der Wirkungsgrad ist jedoch niedriger als der eines Einankerumformers, selbst wenn für letzteren der Transformator mitgerechnet wird.

Der Wirkungsgrad des Kaskadenumformers (ohne Transformator) ist bei Volllast etwa um 1 bis 1,5% niedriger als der eines Einankerumformers (mit Transformator), aber um 2,5 bis 5% höher als der eines Motorgenerators.

14. Die Arbeitsweise des Kaskadenumformers.

In Abb. 365 ist die Schaltung eines dreiphasigen Kaskadenumformers dargestellt.

S ist die primäre, auf dem Stator gedachte Wicklung der Asynchronmaschine, die zur Aufnahme des primär zugeführten Dreiphasenstromes dient. Die Phasen dieser Wicklung können entweder in Stern oder Dreieck verbunden werden.

R ist die Sekundärwicklung, die in Reihe mit der Gleichstromwicklung G geschaltet ist.

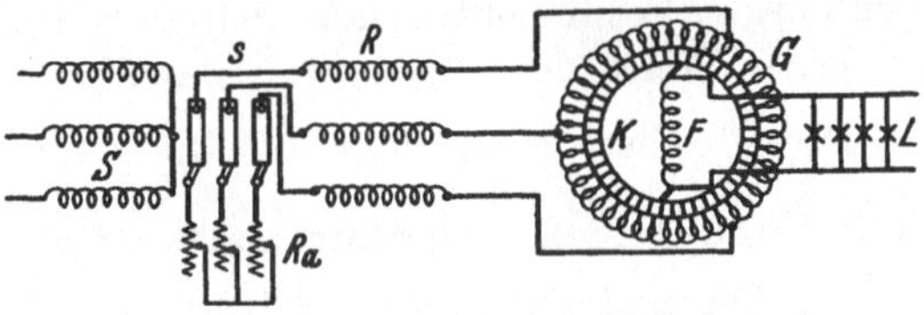

K ist der Kommutator, F die Felderregung, die im Nebenschluß

Abb. 365. Schaltung eines dreiphasigen Kaskadenumformers.

zu der Gleichstrombelastung L liegt. R_a bedeutet den dreiphasigen Anlaßwiderstand, der mittels der Schleifringe s mit der Sekundärwicklung der Asynchronmaschine in Verbindung steht.

Bezeichnungen:

p_a Anzahl Polpaare des Asynchronmotors,

p_g Anzahl Polpaare der Gleichstrommaschine,

P_{a_1} gesamte auf den Rotor übertragene Leistung,

P_{a_2} elektrische Leistung des Rotors,

P_m mechanisch auf den Anker übertragene Leistung,

n minutliche Umdrehungszahl,

f Frequenz des Wechselstromes.

Das primäre Drehfeld rotiert mit der Umdrehungszahl

$$n_1 = \frac{f \cdot 60}{p_a} \tag{102}$$

gegenüber dem Stator.

Weil der Anker mit der Umdrehungszahl n in derselben Drehrichtung rotiert, ist die **relative Drehzahl** zwischen Rotor und Drehfeld gleich $n_1 - n$.

Die in der Rotorwicklung induzierten Spannungen und Ströme haben also die Frequenz

$$f_1 = \frac{p_a \, (n_1 - n)}{60} = f - \frac{p_a \cdot n}{60} \, . \tag{103}$$

Da nun die Gleichstrommaschine als Einankerumformer arbeiten soll, so muß ihre Umdrehungszahl n gerade so groß sein, daß das Drehfeld, herrührend von den in der Gleichstromwicklung fließenden Wechselströmen, im Raume still steht. Daraus folgt

$$n = \frac{f_1 \cdot 60}{p_g} \, . \tag{104}$$

Aus Gl. (103) und (104) folgt dann

$$n = \frac{60 \cdot f}{p_a + p_g} \, . \tag{105}$$

Die Gleichstromwicklung muß also derart mit der Rotorwicklung verbunden sein, daß das Drehfeld entgegengesetzt der Drehrichtung der Welle umläuft. Bezeichnen wir die Summe der Polpaare mit

$$p = p_a + p_g \, ,$$

so setzt die Asynchronmaschine den $\frac{p_a}{p}$ ten Teil der ihr zugeführten elektrischen Leistung in mechanische Energie um, während der $\frac{p_g}{p}$ te Teil der zugeführten Leistung in Form elektrischer Energie vom Stator auf den Rotor übertragen und in dieser Weise der Gleichstrommaschine zugeführt wird.

Die Gleichstrommaschine arbeitet somit zum $\frac{p_g}{p}$ ten Teil als Umformer und zum $\frac{p_a}{p}$ ten Teil als Gleichstromgenerator.

Die Dimensionen der Asynchronmaschine hängen in diesem Falle nicht von ihrer Umdrehungszahl, sondern von der Umdrehungszahl des Drehfeldes ab.

Diese ist gleich

$$n = \frac{f \cdot 60}{p_a} \, ,$$

also um so größer, je kleiner die Polzahl der Asynchronmaschine ist.

Hiernach wird die auf den Rotor übertragene elektrische Leistung

$$P_{a2} = \frac{p_g}{p} \cdot P_{a_1} \tag{106}$$

und die auf den Rotor übertragene mechanische Leistung

$$P_m = \frac{p_a}{p} \cdot P_{a_1} \, . \tag{107}$$

15. Spannungs- und Stromverhältnisse des Kaskadenumformers.

Wir betrachten zuerst den **Asynchronmotor**. Ist P_1 die zugeführte Leistung, m_1 die Phasenzahl, E_1 die Phasenspannung, so ist der Phasenstrom

$$J_1 = \frac{P_1}{m_1 E_1 \cos \varphi_1}, \tag{108}$$

wobei φ_1 der primäre Phasenverschiebungswinkel ist. Die in der Statorwicklung pro Phase induzierte EMK ist angenähert

$$E_1 = 4{,}44 \, k_{w_1} \cdot f \cdot w_1 \cdot \Phi_a \cdot 10^{-8} \, \text{V}, \tag{109}$$

wo

Φ_a = maximale Kraftfluß pro Pol,
w_1 = Windungszahl in Reihe pro Statorphase,
k_{w_1} = Wicklungsfaktor der Statorwicklung.

Die im Rotor induzierte EMK ist

$$E_2 = 4{,}44 \, k_{w_2} \cdot w_2 \cdot \frac{p_a}{p} \cdot f \cdot \Phi_a \cdot 10^{-8} \, \text{V}$$

$$= \frac{k_{w_2} \cdot w_2}{k_{w_1} \cdot w_1} \cdot \frac{p_a}{p} E_1 = \frac{p_a}{p} \frac{E_1}{u_{ea}} ; \tag{110}$$

u_{ea} ist das Übersetzungsverhältnis der EMKe des Asynchronmotors bei Stillstand.

Im Stator haben wir eine MMK, herrührend von der Wirkkomponente des Primärstromes

$$A W_1 = 0{,}9 \cdot k_{w_1} \cdot m_1 \cdot w_1 \cdot J_{1w}. \tag{111}$$

Im Rotor müssen wir also erstens eine gleich große, entgegengesetzt gerichtete MMK haben infolge der transformatorischen Wirkung und außerdem eine MMK in Quadratur zu dieser zur Erzeugung des Drehfeldes und des Drehmomentes. Die erste MMK des Rotors ist

$$A W_1 = 0{,}9 \cdot k_{w_2} \cdot m_2 \cdot w_2 \cdot J_{2w} \tag{112}$$

und bedingt einen Wirkstrom im Rotor

$$J_{2w} = \frac{k_{w_1} \cdot m_1 \cdot w_1}{k_{w_2} \cdot m_2 \cdot w_2} \cdot J_{1w} = \frac{J_{1w}}{u_{ia}} ; \tag{113}$$

u_{ia} ist das Übersetzungsverhältnis der Ströme des Asynchronmotors.

Der Magnetisierungsstrom des Rotors ergibt sich aus der Beziehung

$$0{,}9 \cdot k_{w_2} \cdot m_2 \cdot w_2 \cdot J_a = p_a \cdot A W_a , \tag{114}$$

wo $A W_a$ die Amperewindungen pro magnetischen Kreis des Asynchronmotors bezeichnet, die zur Erzeugung des Kraftflusses Φ_a erforderlich sind. Der resultierende Rotorstrom eines Mehrphasen-Kaskadenumformers ist somit unter Annahme von Phasengleichheit zwischen dem Statorstrom und der induzierten EMK gleich

$$J_2 = \sqrt{J_{2w}^2 + J_a^2} . \tag{115}$$

Was die **Gleichstrommaschine** anbetrifft, so besteht zwischen der Wechsel-EMK E_u und der Gleichspannung E_g zwischen den Bürsten am Kommutator ein ganz bestimmtes Verhältnis, genau so wie beim Einankerumformer (s. Abschn. 2).

Es ist

$$\frac{E_u}{E_g} = \frac{\pi}{2\sqrt{2}} \cdot k_B \cdot k_w \cdot \frac{w_u}{w_g}, \tag{116}$$

wo w_u die zwischen zwei Anschlußpunkten in Reihe liegenden Windungen und w_g die zwischen den Kommutatorbürsten in Reihe liegenden Windungen bedeuten.

Für eine gerade Phasenzahl ist in einem zweipoligen Schema w_u die Windungszahl zwischen zwei diametralen Punkten, also gleich w_g. Für sinusförmige Feldverteilung ist dann

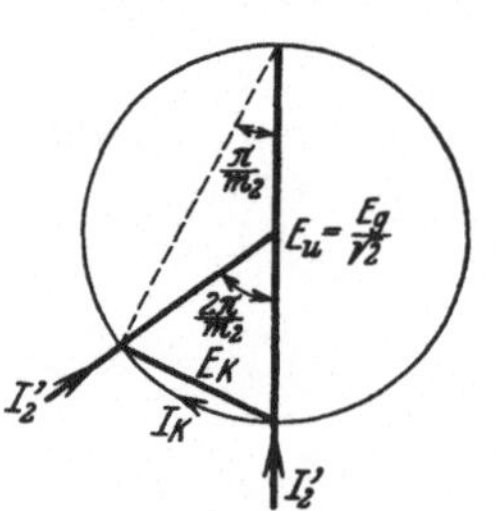

Abb. 366. Potentialdiagramm der Gleichstromwicklung.

$$\frac{\pi}{2\sqrt{2}} \cdot k_B \cdot k_w = \frac{1}{\sqrt{2}},$$

so daß

$$E_u = \frac{E_g}{\sqrt{2}}$$

wird (Abb. 366).

Zwischen zwei Anschlußpunkten der Gleichstromwicklung, die um den Winkel $\frac{2\pi}{m_2}$ voneinander entfernt sind, wird eine EMK E_k induziert:

$$E_k = E_u \cdot \sin\frac{\pi}{m_2} = \frac{E_g}{\sqrt{2}}\sin\frac{\pi}{m_2}. \tag{117}$$

Wenn wir von dem kleinen Spannungsabfall im Umformeranker und am Kommutator absehen, so gilt die Gl. (117) auch für die Spannungen. Ist P'_{a_2} die dem Gleichstromanker zugeführte Wechselstromleistung, so ist der dem Gleichstromanker zugeführte Wirkstrom

$$J'_{2w} = \frac{P'_{a_2}}{m_2 \dfrac{E_u}{2}} = \frac{2\sqrt{2}}{m_2 E_g} \cdot P'_{a_2} \tag{118}$$

und der in der Ankerwicklung fließende Wirkstrom

$$J_{kw} = \frac{P'_{a_2}}{m_2 E_k} = \frac{\sqrt{2}\,P'_{a_2}}{m_2 E_g \sin\dfrac{\pi}{m_2}} = \frac{J'_{2w}}{2\sin\dfrac{\pi}{m_2}}. \tag{119}$$

Der Blindstrom J_a zur Erregung des Asynchronmotors wird dem Gleichstromanker entnommen. Soll der Kaskadenumformer außerdem einen Blindstrom J_{1b} ins Netz liefern, so hat der Gleichstromanker insgesamt einen Blindstrom

$$J_a + \frac{J_{1b}}{u_i}.$$

an die Rotorwicklung abzugeben.

Wird dem Kaskadenumformer eine Gleichstromleistung P_g entnommen, so ist der Gleichstrom

$$J_g = \frac{P_g}{E_g}. \tag{120}$$

Setzen wir

$$P'_{a_2} \approx \frac{p_g}{p} P_g, \tag{121}$$

so wird nach Gl. (118)

$$J'_{2w} = \frac{p_{\sigma}}{p} \cdot \frac{2\sqrt{2}}{m_2} \cdot J_{\sigma} \tag{122}$$

und nach Gl. (119)

$$J_{kw} = \frac{p_{\sigma}}{p} \cdot \frac{\sqrt{2}}{m_2 \sin \dfrac{\pi}{m_2}} \cdot J_{\sigma}. \tag{123}$$

16. Die Stromwärmeverluste im Anker.

Wie beim Einankerumformer ist der in dem Gleichstromanker fließende Strom die Differenz zwischen dem zugeführten Wechselstrom und dem erzeugten Gleichstrom.

Der Gleichstrom wechselt in jeder Ankerspule seine Richtung in dem Augenblicke, wo die Ankerspule die Kommutatorbürsten passiert; er ist somit im Anker ein Wechselstrom von rechteckiger Wellenform mit der Amplitude $\frac{J_{\sigma}}{2}$. Der Effektivwert der Grundwelle dieses Wechselstromes ist

$$\frac{\sqrt{2}\,J_{\sigma}}{\pi}. \tag{124}$$

Die Oberströme haben dann den Effektivwert

$$J_{\nu} = \sqrt{\left(\frac{J_{\sigma}}{2}\right)^2 - \left(\frac{\sqrt{2}\,J_{\sigma}}{\pi}\right)^2} = \frac{J_{\sigma}}{2}\sqrt{1 - \frac{8}{\pi^2}} = 0{,}218\,J_{\sigma}. \tag{125}$$

Der Kaskadenumformer hat nun den Vorteil gegenüber dem Einankerumformer, daß die Phasenzahl bedeutend größer als bei diesem gemacht werden kann, weil der Rotor der Asynchronmaschine direkt mit dem Gleichstromanker gekuppelt ist. Für sehr viele Phasen im Rotor fällt nun der Wirkstrom des Wechselstromes in jeder Spule des Gleichstromankers mit der Grundwelle des kommutierten Gleichstromes zusammen, so daß diese beiden sich direkt subtrahieren. Die resultierende Grundwelle setzt sich also aus dem Wirkstrome

$$\frac{\sqrt{2}\,J_{\sigma}}{\pi} - J_{kw} \tag{126}$$

und aus einem Blindstrom J_{kb} zusammen.

Ist dagegen die Phasenzahl klein, z. B. 6 oder 9, so setzen wir

$$J_{kw} = u_{i\sigma}\frac{J_{\sigma}}{2} \quad \text{und} \quad J_{kb} = v_{i\sigma}\frac{J_{\sigma}}{2} \tag{127}$$

und berechnen die relativen Stromwärmeverluste nach Gl. (17)

$$v = 1 + u_{i\sigma}^2 + v_{i\sigma}^2 - \frac{4\sqrt{2}\,u_{i\sigma}\cdot m_2}{\pi^2}\sin\frac{\pi}{m_2}. \tag{128}$$

Da

$$u_{i\sigma} = \frac{2\,J_{kw}}{J_{\sigma}} = \frac{p_{\sigma}}{p}\,\frac{2\sqrt{2}}{m_2\sin\dfrac{\pi}{m_2}}$$

ist, wird

$$v = 1 + u_{i\sigma}^2 + v_{i\sigma}^2 - \frac{16}{\pi^2}\frac{p_{\sigma}}{p}. \tag{129}$$

Soll der Stromwärmeverlust in der Ankerwicklung der Gleichstrommaschine derselbe sein wie bei einem gewöhnlichen Gleichstromgenerator, so kann der vom Umformer gelieferte Strom und somit seine Leistung im Verhältnis $\dfrac{1}{\sqrt{\nu}}$ größer sein.

In der folgenden Tabelle 22 ist das Leistungsvermögen $\dfrac{1}{\sqrt{\nu}}$ für Einanker- und Kaskadenumformer zum Vergleich zusammengestellt.

Um überhaupt einen Blindstrom an das Netz liefern zu können, muß der Kaskadenumformer übererregt werden, so daß der Erregerstrom der Asynchronmaschine zuerst gedeckt wird. Der Blindstrom in der Tabelle ist zu 20% angenommen. ψ ist die Phasenverschiebung im Umformeranker, φ_1 im Stator der Asynchronmaschine.

Tabelle 22.

Netz $\cos \varphi_1$	J_{1b} in % Kapazitiv	$\cos \psi$	J_{kb} in %	$\sqrt{\dfrac{1}{\nu}}$		
				Einankerumformer		Kaskadenumformer
				$m=3$	$m=6$	$m_2=12;\ p_a=p_g$
1	0	0,98	20,0	1,33	1,93	1,57
0,996	8,75	0,96	28,8	1,32	1,90	1,55
0,966	26,8	0,91	47,0	1,24	1,73	1,50
0,94	36,4	0,87	58,0	1,17	1,16	1,46

Die Stromwärmeverluste in der Asynchronmaschine sind, wie immer bei Wechselstrommaschinen, größer als die durch die Ohmschen Widerstände berechneten.

Der Wattverlust in der Rotorwicklung ist offenbar gleich

$$m_2 \cdot J_2^2\, r_2 \, .$$

17. Das Anlassen.

Das Anlassen eines Kaskadenumformers von der Wechselstromseite geschieht auf ähnliche Weise wie bei der Asynchronmaschine mit Anlaßwiderstand im Rotorstromkreis und einer Kurzschlußanordnung zum Kurzschließen der Schleifringe.

In Abb. 367 ist ein Schaltungsschema eines Kaskadenumformers mit 9 Phasen im Rotor dargestellt. Beim Anlassen werden nur 3 Phasen im Rotor benutzt, die übrigen bleiben offen bis die Maschine im Synchronismus ist. Zuerst wird der Schalter im Primärkreis geschlossen bei ausgeschaltetem Anlaßwiderstand. Die Maschine nimmt dann einen verhältnismäßig kleinen Strom auf (Magneti-

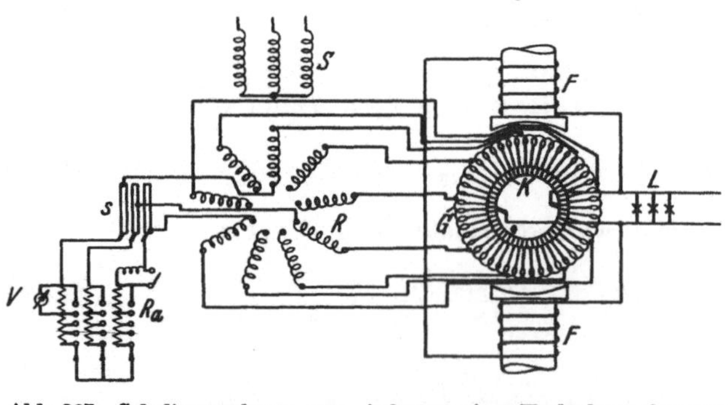

Abb. 367. Schaltungsschema zum Anlassen eines Kaskadenumformers von der Wechselstromseite.

sierungsstrom). Schaltet man jetzt den Anlaßwiderstand ein, so entstehen sekundäre Ströme in den benutzten Rotorphasen, und die Maschine läuft an.

Die Gleichstrommaschine erregt sich von selbst, und es entstehen Ströme im Gleichstromanker, die sich durch die Rotorphasen und den Anlaßwiderstand schließen.

Im Rotorstromkreis haben wir also eine Überlagerung zweier Wechselströme, von welchen der erste im Rotor der Asynchronmaschine induziert wird und eine mit der Geschwindigkeit abnehmende Periodenzahl hat, während der andere im Umformeranker induziert wird und eine mit der Geschwindigkeit zunehmende Periodenzahl hat. Der resultierende Strom kann mit Hilfe eines Amperemeters in Reihe mit dem Anlaßwiderstand oder einfacher mit einem Voltmeter parallel zum Anlaßwiderstand gemessen werden.

Nähert sich das Aggregat dem Synchronismus, so fängt der Zeiger des Instrumentes an, stark zu pendeln, wird dann ruhiger, und das Amperemeter geht zuletzt auf die Leerlaufstromstärke herunter. In diesem Augenblick kann man den Anlaßwiderstand kurzschließen, und das Aggregat bleibt im Synchronismus. Durch einen auf der Welle sitzenden Kurzschließer werden nun alle 9 Punkte der Rotorphasen miteinander verbunden, und gleichzeitig werden die drei Schleifringbürsten von den Schleifringen abgehoben.

Eine Anlaßmethode, angegeben von J. Rezelmann, Charleroi, und R. J. Jensen, Kopenhagen, beruht auf der Verwertung des sogenannten Görgesschen Phänomens (siehe Teil IV, Abschn. 31):

Man läßt den Umformer mittels dreier Rotorphasen an; nachdem annähernd synchrone Geschwindigkeit erreicht ist, werden 2 Rotorphasen kurzgeschlossen, während man in der dritten eine Drosselspule eingeschaltet läßt. Das Aggregat fällt dann automatisch in Synchronismus, wonach die Drosselspule kurzgeschlossen wird. Große Aggregate von 1000 kW und mehr können nach dieser Methode in weniger als 1 Minute in Betrieb gesetzt werden.

Diese Anlaßmethode hat den großen Vorteil, daß das Aggregat von selbst in Synchronismus hineinläuft, und zwar so, daß man an der Gleichstromseite sofort die richtige Polarität erhält, und es entsteht kein Stromstoß im Primärnetz.

18. Regulierung und Betrieb.

Hält man die primäre Wechselspannung konstant und ebenso den sekundären Gleichstrom, während der Erregerstrom der Gleichstrommaschine reguliert wird, dann ändert sich der primär zugeführte Wechselstrom nach einer V-förmigen Kurve, deren tiefster Punkt Phasengleichheit (cos $\varphi_1 = 1$) auf der Primärseite entspricht.

In Abb. 368 sind 3 solche V-Kurven für einen Kaskadenumformer der Siemens-Schuckert-Werke von 500 kW, 3000 V Drehstrom/500 V Gleichstrom, dargestellt. Die Kurven gelten für $J_g = 0$ bzw. 500 und 1000 A auf der Gleichstromseite. Man sieht, daß cos φ_1 gleich 1 ist für alle Belastungen bei einem Erregerstrome, der zwischen 6 und 7 A liegt.

Für kleinere Erregerströme ist der ans Netz gelieferte Blindstrom induktiv und für höhere Erregerströme kapazitiv.

Mit der Änderung des Erregerstromes ändert sich auch die Gleichspannung.

Dies ist eine Folge des auftretenden induktiven Spannungsabfalls oder der Spannungserhöhung in der Asynchronmaschine bei Unter- bzw. Übererregung.

Abb. 369 stellt die Kurven für die Gleichspannung in Abhängigkeit von der Erregung für dieselben Belastungen wie in Abb. 368 dar. Diese Kurven entsprechen somit der Belastungscharakteristik bei Generatoren.

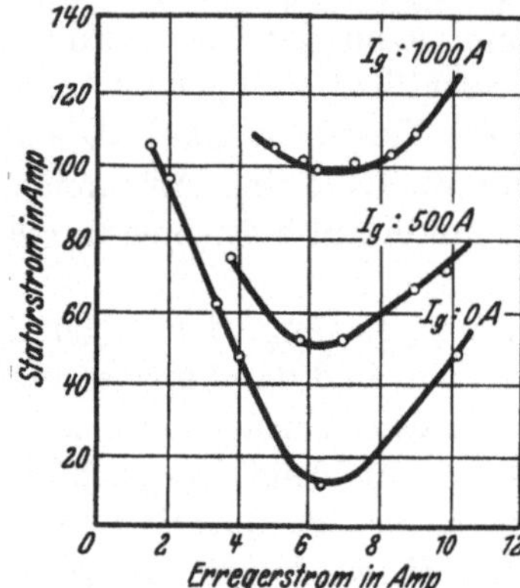

Abb. 368. V-Kurven eines Kaskadenumformers.

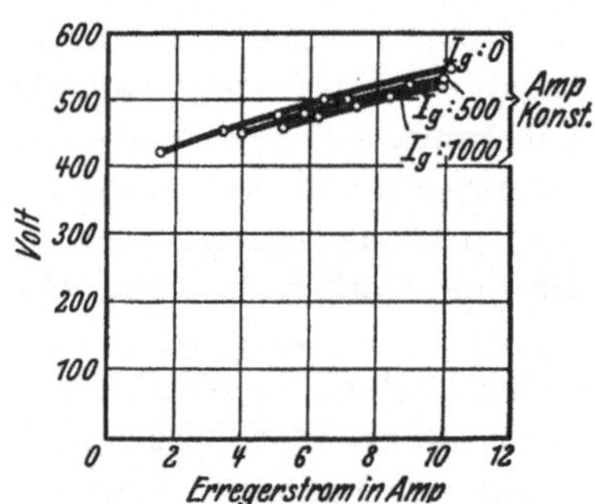

Abb. 369. Gleichspannung eines Kaskadenumformers in Abhängigkeit von der Erregung.

Man ersieht hieraus, daß die Gleichspannung eines Kaskadenumformers in ähnlicher Weise wie beim Gleichstromgenerator reguliert werden kann. Die Regulierungsmöglichkeit ist jedoch nicht so groß wie bei einer Gleichstrommaschine, da die primäre Phasenverschiebung leicht zu groß wird. Der Kaskadenumformer eignet sich daher nicht unmittelbar zum Laden von Akkumulatorbatterien. Für diesen Fall muß eine Zusatzmaschine angeordnet werden.

Die Änderung von $\cos \varphi_1$ ist jedoch um so kleiner, je größer die Reaktanz des Asynchronmotors gemacht wird.

Abb. 370 zeigt den Einfluß der Regulierung auf die primäre Phasenverschiebung bei einem 500-kW-Kaskadenumformer für Beleuchtung. Es geht hieraus hervor, daß die Spannung bei Leerlauf zwischen 420 V und 500 V, und bei Vollast zwischen 390 V und 470 V reguliert werden kann, ohne daß der primäre $\cos \varphi_1$ unter 0,9 sinkt.

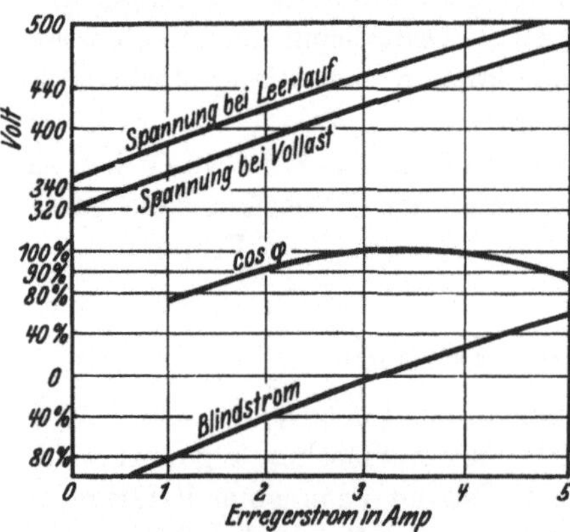

Abb. 370. Einfluß der Regulierung auf die primäre Phasenverschiebung.

In dieser Abbildung ist außerdem die prozentuale Größe des primären Blindstromes in Abhängigkeit von der Erregung der Gleichstrommaschine dargestellt.

Für elektrischen Bahnbetrieb verwendet man meist kompoundierte Kaskadenumformer mit steigender Spannung bei Belastung. Die Kompoundierung geschieht hier wie bei dem Einankerumformer mit Hilfe einer Hauptschlußwicklung auf den Hauptpolen der Gleichstrommaschine.

Abb. 371 zeigt die Kurven eines solchen kompoundierten Umformers für elektrischen Bahnbetrieb. Bei Leerlauf ist die Spannung 500 V.

Die Gleichstrommaschine hat dann nur Nebenschlußerregung, die so niedrig eingestellt ist, daß die Asynchronmaschine 30 bis 40% Blindstrom vom Netz aufnimmt (cos φ_1 = 0,95 bis 0,91). Bei Belastung wirkt die Hauptschlußwicklung verstärkend auf das Feld, und die Spannung steigt, während der primäre Blindstrom abnimmt. Bei ¾ Volllast ist J_{1b} = 0 und cos φ_1 = 1. Bei höherer Be-

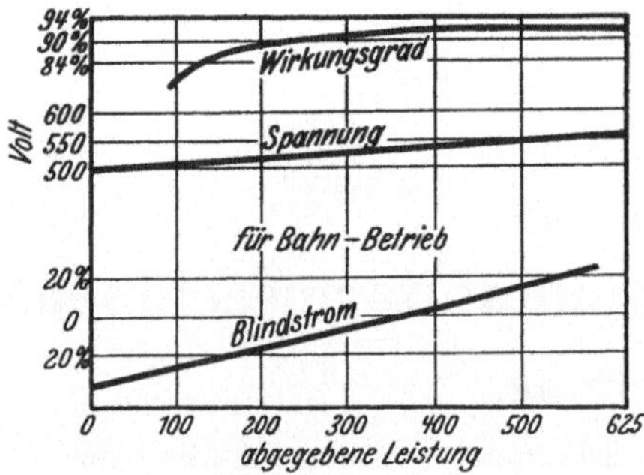

Abb. 371. Kurven eines kompoundierten Kaskadenumformers.

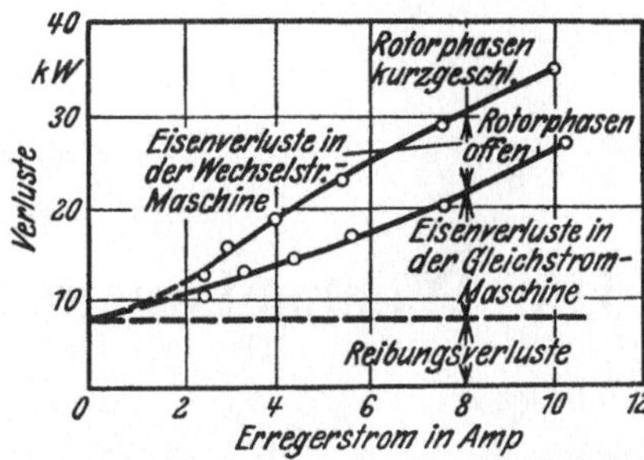

Abb. 372. Eisen- und Reibungsverluste eines Kaskadenumformers.

lastung wird die Gleichstrommaschine übererregt und die Asynchronmaschine gibt einen kapazitiven Blindstrom an das Netz ab.

Die Leistungsverluste eines Kaskadenumformers setzen sich zusammen aus den Verlusten der Primär- und Sekundärmaschine. Die Abb. 372 zeigt die Eisen- und Reibungsverluste eines 500-kW-Umformers und die Verteilung der Eisenverluste auf die beiden Maschinen.

Der Wirkungsgrad eines Kaskadenumformers ist höher als derjenige eines Motorgenerators und kann bei 50 Hz und für Leistungen von 500 bis 1000 kW zu 91 bis 93% angenommen werden.

Sechster Teil

Die Wechselstrom-Kommutatormaschinen.

1. Einleitung.

Einer der großen Vorteile des Wechselstromes — und besonders des Dreh stromes — gegenüber dem Gleichstrom zur Speisung von Elektromotoren besteht darin, daß der Kommutator wegfällt. Gewisse Umstände haben jedoch dazu geführt, daß der Kommutator auch bei bestimmten Arten von Maschinen für ein- oder mehrphasigen Wechselstrom verwendet wird.

Hier sind besonders die folgenden beiden Umstände von Einfluß gewesen:

1. Die schlechte Geschwindigkeitsregulierung der kommutatorlosen Wechselstrommotoren.

Die Regulierungsmöglichkeit ist sowohl für Ein- als auch für Mehrphasenmotoren als schlecht zu bezeichnen, denn beide sind ihrem Wesen nach als Motoren konstanter Geschwindigkeit zu betrachten. Für den Einphasenmotor kommt hierzu noch das kleine Anlaufmoment, das den Motor z. B. für elektrischen Bahnbetrieb unbrauchbar macht. Wo eine bedeutende Geschwindigkeitsreglung gefordert wird — wie es bei vielen Arten industrieller Getriebe der Fall ist — werden daher oft Kommutatormotoren anstatt gewöhnlicher dreiphasiger Induktionsmotoren verwendet. Ein besonders großes Gebiet haben sich aber die einphasigen Kommutatormotoren bei dem elektrischen Bahnbetrieb erworben.

2. Der niedrige Leistungsfaktor der kommutatorlosen Motoren.

In dem Maße, wie die elektrischen Anlagen in Ausdehnung und Leistung gewachsen sind, haben sich die Unannehmlichkeiten eines schlechten Leistungsfaktors immer mehr geltend gemacht. Als solche sind besonders zu verzeichnen: niedriger Wirkungsgrad von Generatoren, Transformatoren und Leitungen samt großen Spannungsvariationen bei Belastungsänderungen. Es gibt verschiedene Mittel zur Verbesserung des Leistungsfaktors einer Anlage. Eine Methode besteht darin, daß die größeren Motoren durch Wechselstrom-Kommutatormaschinen kompensiert werden, so daß ihre Phasenverschiebung klein oder sogar negativ wird.

Es gibt nun eine große Anzahl von Typen und Systemen von Wechselstrom-Kommutatormaschinen. Hier können nur einige davon erwähnt werden, etwa nach der folgenden Einteilung.

a) Einphasenmotoren:

der direkt gespeiste Hauptschlußmotor,

der indirekt gespeiste Hauptschlußmotor mit Statorerregung (Repulsionsmotor), der indirekt gespeiste Hauptschlußmotor mit Rotorerregung (kompensierter Repulsionsmotor).

b) Mehrphasenmotoren:
der mehrphasige Hauptschlußmotor,
der mehrphasige Nebenschlußmotor.

Erstes Kapitel.

Der direkt gespeiste Hauptschlußmotor für Einphasenstrom.

2. Allgemeines über die Arbeitsweise.

Wie bekannt, ist bei jedem Haupt- oder Nebenschlußmotor für Gleichstrom die Drehrichtung unabhängig von der Richtung des zugeführten Stromes. Dies beruht darauf, daß ein Stromrichtungswechsel im Anker gleichzeitig mit dem Richtungswechsel des magnetischen Feldes stattfindet, wodurch das Drehmoment seine Richtung unverändert beibehält.

Bei zweckmäßigem Aufbau muß deshalb ein solcher Motor auch für Wechselstrom verwendbar sein. Da das Hauptfeld eines solchen Motors ein Wechselfeld sein wird, muß sowohl der Anker als auch das Polsystem aus Eisenblechen aufgebaut werden.

Der wichtigste Bestandteil jeder Kommutatormaschine ist der Rotor. Dieser ist ein Gleichstromanker, auf dessen Kommutator, im Falle eines Einphasenmotors, im zweipoligen Schema zwei Bürsten sitzen. Die Aufgabe des Kommutators läßt sich wie folgt leicht erklären.

Betrachten wir die Abb. 374, dann lassen sich zwei Hauptlagen des Feldes gegenüber dem Rotor feststellen:

In der ersten Hauptlage steht die Achse des Hauptfeldes Φ senkrecht zur magnetischen Achse des Rotors; in der zweiten Hauptlage läuft die Achse des Hauptfeldes parallel zur magnetischen Achse des Rotors.

Wie aus der Gleichstrommaschine her bekannt, ist die magnetische Achse des Rotors durch die Bürstenstellung gegeben.

Es sei nun Φ ein Wechselfeld in der ersten Hauptlage gegenüber dem Rotor. Steht der Rotor still, dann muß die resultierende, vom Hauptfelde induzierte EMK in jedem der beiden parallelen Ankerzweige gleich Null sein. Denn die Rotorwicklung kann nur in Richtung seiner magnetischen Achse ein Feld hervorrufen und kann also auch nur aus dieser Richtung her durch andere Felder beeinflußt werden.

Wird nun der Rotor in Bewegung gesetzt, dann entsteht in jedem Leiter eine EMK

$$e = B_t \cdot l_i \cdot v \cdot 10^{-8}\,\text{V},$$

wo B_t die momentane Induktion an der Stelle des Leiters und v seine Geschwindigkeit bedeutet.

Zwischen den Bürsten tritt also eine EMK auf, die genau wie bei einer Gleichstrommaschine zu berechnen ist. Hieraus folgt dann, daß diese EMK der minut-

22*

lichen Umdrehungszahl n, und dem momentanen Induktionsfluß Φ_t proportional ist:

$$e_a = C \cdot n \cdot \Phi_t.$$

Ist z. B. $\Phi_t = \Phi \sin \omega t$, dann ist also die zwischen den Bürsten vom Hauptfelde induzierte EMK in Phase mit dem Hauptfluß und hat dieselbe Periodenzahl wie dieser, und zwar unabhängig von der Drehzahl des Motors. Nur die Größe der Bürstenspannung wird von der Drehzahl beeinflußt.

In der ersten Hauptlage haben wir also nur eine EMK infolge der Rotation; die EMK der Transformation verschwindet.

In der zweiten Hauptlage haben wir umgekehrt nur eine EMK der Transformation, während die EMK der Rotation verschwindet.

In diesem Falle ist also die zwischen den Bürsten auftretende, induzierte EMK proportional $\dfrac{d\Phi_t}{dt}$; liegt also in der Phase 90° hinter dem Hauptfluß und hat dieselbe Periodenzahl wie dieser.

Liegt das Hauptfeld zwischen den beiden Hauptlagen, dann setzt sich die EMK aus zwei aufeinander senkrecht stehenden Komponenten E_r (der Rotation) und E_T (der Transformation) zusammen.

Man sieht nun auch ohne weiteres ein, daß bei den mehrphasigen Kommutatormotoren die Bürstenspannungen dieselbe Periodenzahl wie das Netz haben, unabhängig von der Drehzahl des Rotors; denn ein solcher m-phasiger Motor kann stets als eine Superposition von m Einphasenmotoren aufgefaßt werden.

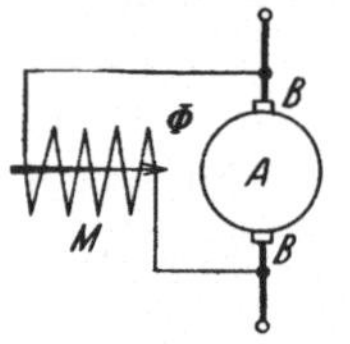

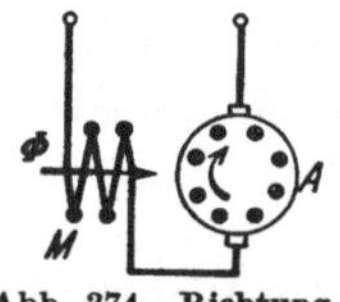

Abb. 373. Einphasenmotor mit Erregerwicklung in Nebenschlußschaltung.

Betrachten wir einen Motor mit einer gewöhnlichen Nebenschlußwicklung (Abb. 373), dann müßte man dafür sorgen, daß das Hauptfeld ungefähr gleichzeitig mit dem Ankerstrom seine Richtung wechselt. Dies findet aber aus folgendem Grunde nicht statt. Die EMK der Rotation ist nämlich in Phase mit dem Hauptfluß Φ, während die induzierte EMK der Feldwicklung transformatorisch erzeugt wird und somit dem Hauptfelde um 90° nacheilt.

Die Ankerspannung und die Feldspannung können folglich nicht in Phase kommen. Anker- und Feldwicklung können daher nicht ohne weiteres parallelgeschaltet werden.

Anders liegen die Verhältnisse beim Reihen- oder Hauptschlußmotor (Abb. 374).

Hier ist das Hauptfeld in Phase mit dem Ankerstrom und um 180° gegen die im Anker durch die Rotation induzierte EMK verschoben. Die Ankerspannung wird daher im wesentlichen mit dem Strome phasengleich. Die Spannung an den Klemmen der Hauptschlußwicklung ist im wesentlichen eine Reaktanzspannung, die bewirkt, daß der Motor mit einer induktiven Phasenverschiebung arbeitet. Diese Phasenverschiebung wird indessen kleiner, je größer die Rotations-EMK des Ankers im Verhältnis zur statischen EMK der Feldwicklung ist.

Abb. 374. Richtung von Strom, Hauptfeld und Drehmoment im Schema des einfachen Hauptschlußmotors.

Die ersten Einphasenmotoren nach diesem Prinzip wurden von Blathy (Ganz & Co.) und Eickemeyer in Newyork um 1885 bis 1887 gebaut. Die Größe war bis zu 50 PS und die Periodenzahl 40 bis 50 Hz. Die Motoren hatten jedoch einen niedrigen Wirkungsgrad und einen schlechten Leistungsfaktor und neigten zur Funkenbildung am Kommutator. Um den Leistungsfaktor zu verbessern und das Funken zu unterdrücken, verwendete Blathy eine Kompensationswicklung zum Aufheben des Ankerquerfeldes und außerdem Widerstandsverbindungen zwischen Ankerwicklung und Kommutator zur Dämpfung der Kurzschlußströme in den durch die Bürsten kurzgeschlossenen Spulen. Von diesen Hilfsmitteln hat später besonders die Kompensationswicklung eine ausgedehnte Verwendung gehabt.

Abb. 375 zeigt eine schematische Darstellung eines solchen Motors. Es bezeichnet: M die Hauptfeldwicklung, K die Kompensationswicklung, R die Widerstandsverbindungen, Φ das Hauptfeld bzw. die Haupt-MMK, Φ_a das Ankerfeld bzw. die Anker-MMK, Φ_k das Kompensationsfeld bzw. die Kompensations-MMK.

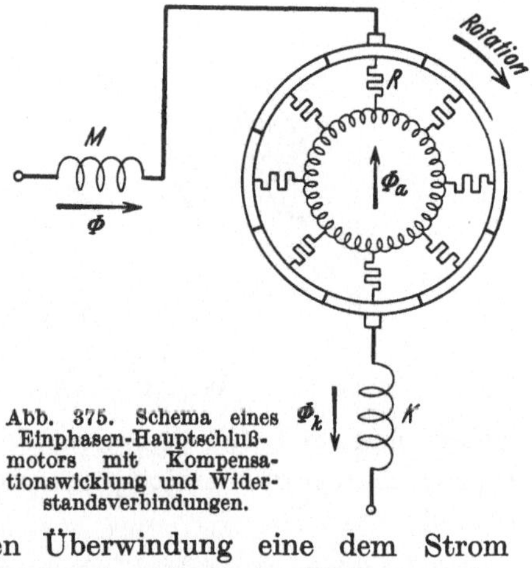

In der ersten Hauptlage ist die MMK des Ankers senkrecht zum Hauptfeld gerichtet. Das Ankerfeld wird daher durch seine Pulsation eine Reaktanzspannung

Abb. 375. Schema eines Einphasen-Hauptschlußmotors mit Kompensationswicklung und Widerstandsverbindungen.

zwischen den Bürsten erzeugen, zu deren Überwindung eine dem Strom um 90° voreilende Spannung erforderlich ist. Diese hat also keine Bedeutung für die Leistung des Motors, und vergrößert nur seine Phasenverschiebung. Das Ankerfeld hat auch eine schädliche Wirkung auf die Stromwendung. Darum wird dieses Feld durch die Kompensationswicklung möglichst vollständig aufgehoben. Die magnetische Achse dieser Wicklung fällt mit der Achse des Ankerfeldes zusammen, steht also senkrecht zum Hauptfeld. Seine MMK wird gleich groß und entgegengesetzt gerichtet der MMK des Ankers gemacht. Man soll also soweit möglich $\Phi_k = -\Phi_a$ haben.

Anstatt den Arbeitsstrom durch die Kompensationswicklung zu schicken, erreicht man fast dieselbe Wirkung durch das Kurzschließen dieser Wicklung (Abb. 376). In der Kompensationswicklung wird dann, wie in der kurzgeschlossenen Sekundärwicklung eines Transformators, vom pulsierenden Ankerfeld ein Kurzschlußstrom induziert. Dieser Strom hat eine MMK, die praktisch gleich groß wie die MMK des Ankers, aber entgegengesetzt gerichtet ist.

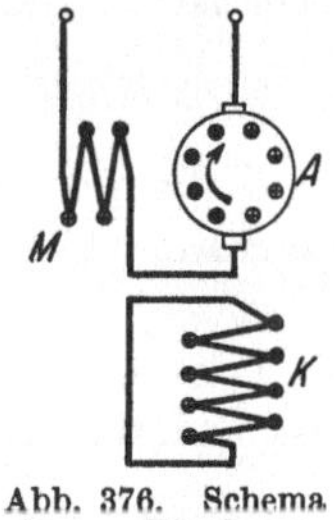

Es genügt jedoch nicht, daß die Kompensationswicklung dieselbe Amperewindungszahl wie die Ankerwicklung enthält.

Abb. 376. Schema eines Einphasen-Hauptschlußmotors mit kurzgeschlossener Kompensationswicklung.

Es müssen auch die Amperewindungen der Kompensationswicklung und der Ankerwicklung in derselben Weise längs des Ankerumfanges verteilt sein. Sonst werden nämlich am Ankerumfang lokale Streufelder auftreten, die zusätzliche Reaktanzspannungen erzeugen. Die MMK der Kompensationswicklung muß daher, soweit möglich, das Spiegelbild derjenigen des Ankers bilden.

Abb. 377 zeigt schematisch den Aufbau des einphasigen Hauptschlußmotors von B. G. Lamme (Westinghouse El. & Mfg. Co.), der diese Motortype im Jahre 1902 für Bahnbetrieb ausführte. In das Stahlgehäuse G ist das lamellierte Feldeisen F eingebettet. Die sehr kurz gehaltenen ausgeprägten Pole werden von der konzentrierten Hauptfeldwirkung M umschlossen. Die Amperewindungszahl dieser Wicklung ist klein im Verhältnis zu der eines entsprechenden Gleichstrom-

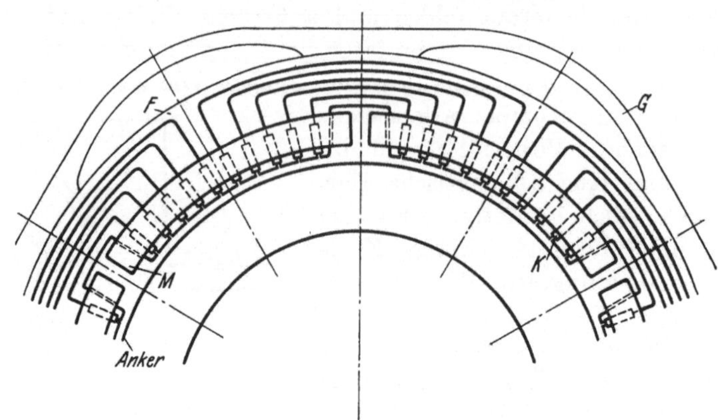

Abb. 377. Einphasen-Hauptschlußmotor von Lamme.

motors, und der Luftspalt zwischen Stator und Rotor muß daher auch klein sein. Im Feldeisen liegt die Kompensationswicklung K in halb geschlossenen Nuten verteilt.

<h2 style="text-align:center">3. Das Spannungsdiagramm des Einphasen-
Hauptschlußmotors.</h2>

a) Durch Rotation induzierte EMK im Anker. Ist Φ_t das Hauptfeld des Motors, in derselben Weise wie für einen Gleichstrommotor gerechnet, so wird die in der Ankerwicklung durch die Rotation induzierte EMK wie bei einer Gleichstrommaschine:

$$e_r = \frac{N}{a}\,\frac{pn}{60}\,\Phi_t\,10^{-8}\,\mathrm{V},$$

wo N die gesamte Stabzahl, a die halbe Anzahl Ankerstromzweige und p die Polpaarzahl ist. Wird die Windungszahl in Reihe

$$w_a = \frac{N}{4a}$$

und die Rotationsfrequenz

$$f_r = \frac{pn}{60}$$

eingeführt, erhalten wir (vgl. Abschn. V2, Fußnote S. 295):

$$e_r = 4 f_r\, w_a\, \Phi_t\, 10^{-8}\,\mathrm{V}.$$

Bezeichnet Φ_t den Augenblickswert des Feldes, so ist e_r der Augenblickswert der EMK. Nehmen wir an, daß das Feld nach einem Sinusgesetz pulsiert und den Höchstwert Φ hat, so wird der Effektivwert der durch die Rotation induzierten EMK

$$E_r = 4 f_r\, w_a\, \frac{\Phi}{\sqrt{2}}\, 10^{-8} = 2\,\sqrt{2}\, f_r\, w_a\, \Phi\, 10^{-8}\,\mathrm{V}. \tag{1}$$

Die dieser EMK entsprechende, zugeführte Spannung ist in Phase mit dem Hauptfeld Φ_t.

b) Durch Pulsation induzierte EMK in der Erregerwicklung. Das Hauptfeld pulsiert durch die Erregerwicklung und induziert in dieser eine EMK, zu deren Überwindung eine Spannungskomponente erforderlich ist, die dem Hauptfeld Φ_t um 90^0 voreilt. Ihre Größe ist wie bei einem Transformator

$$E_m = \pi \sqrt{2}\, f\, w_m\, \Phi\, 10^{-8}\, \text{V}, \quad (2)$$

wo f die Frequenz des Wechselstromes und w_m die gesamte Anzahl hintereinander geschalteter Windungen für alle Pole ist.

Hier wird vorausgesetzt, daß der gesamte Kraftfluß Φ mit allen Feldwindungen verkettet ist. Dies trifft zu, wenn die

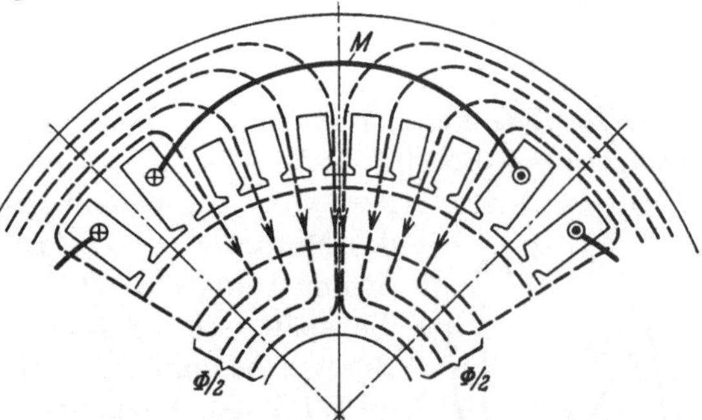

Abb. 378. Kraftfluß einer einspuligen Erregerwicklung M. Induktion gleichmäßig über den Polbogen verteilt.

Feldwicklung konzentrisch in einer Spule um den Pol liegt (Abb. 378). Häufig wird aber die Feldwicklung über die Polfläche verteilt (Abb. 379), und es muß dann in die Gl. (2) ein Wicklungsfaktor k_{w_m} eingeführt werden. Man bildet den Ausdruck $\Sigma(w_{m\,x}\Phi_x)$ für die Feldwirkung, wo Φ_x der mit der Windungszahl $w_{m\,x}$ verkettete Kraftfluß ist. Es ist dann

$$\frac{\Sigma(w_{m\,x}\Phi_x)}{\Sigma(w_m\Phi)} = k_{w_m} < 1 \quad (3)$$

und

$$E_m = \pi\sqrt{2}\,f\,k_{w_m}\,w_m\,\Phi\,10^{-8}\,\text{V}. \quad (2a)$$

c) Die Reaktanzspannungen. Außer dem Hauptfeld bestehen in der Maschine verschiedene Streufelder, da alle Wicklungsteile sich mit lokalen Kraftflüssen umgeben (Nuten-, Zahnkopf- und Stirnstreuung). Die Wirkung dieser Streufelder wird durch die Reak

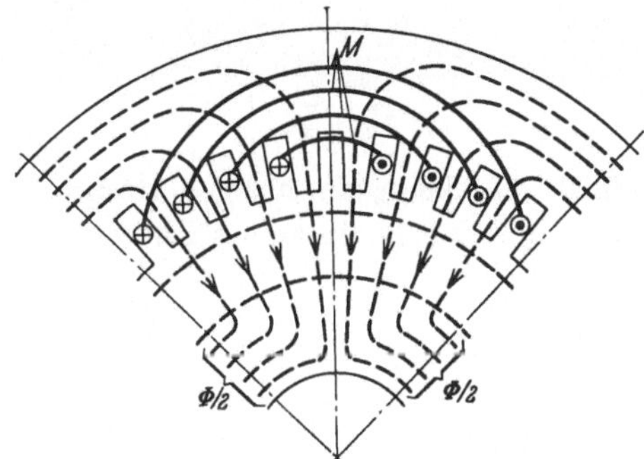

Abb. 379. Kraftfluß einer verteilten Erregerwicklung M. Ungleichmäßige Induktion über den Polbogen.

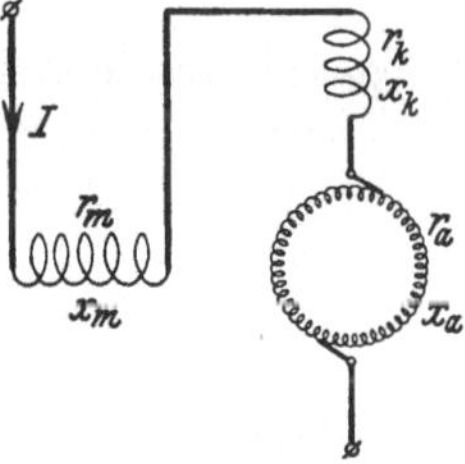

Abb. 380. Stromkreis eines Einphasen-Hauptschlußmotors.

tanzen x_a, x_m und x_k bzw. für die Anker-, Erreger- und Kompensationswicklung ausgedrückt (Abb. 380). Unter der Voraussetzung, daß die MMKe der Anker- und Kompensationswicklung gleich groß sind, tritt keine eigentliche Ankerrückwirkung auf. Wir haben also nur mit den Reaktanzspannungen zu rechnen, deren Summe wird

$$J\,x = J\,(x_a + x_m + x_k). \quad (4)$$

d) Die Widerstandsspannungen. Die Ohmschen Widerstände der Wicklungen werden gleich r_a bzw. r_m bzw. r_k gesetzt (Abb. 380), wobei der Widerstand des Ankers um den Übergangswiderstand der Bürsten zu vermehren ist. Der Ohmsche Spannungsabfall ist somit

$$J r = J\,(r_a + r_m + r_k).\tag{5}$$

e) Das Spannungsdiagramm. Im Spannungsdiagramm Abb. 381 werden eingetragen: $OA = Jr\,\|\,J$, $AB = Jx \perp J$, $BC = E_m \perp \Phi$, $CD = E_r\,\|\,\Phi$. Die Summe

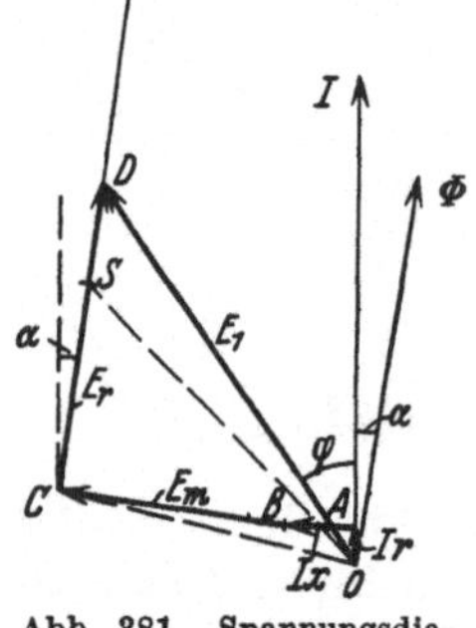

der vier Teilspannungen ergibt die Klemmenspannung des Motors $E_1 = OD$. Die Phasenverschiebung α zwischen Strom J und Kraftfluß Φ ist durch die Eisenverluste und die später zu behandelnden Kurzschlußströme unter den Bürsten bedingt.

Wird der Arbeitsstrom J konstant gesetzt, so werden auch die drei ersten Spannungskomponenten des Diagrammes konstant, während die Komponente $CD = E_r$ proportional der Rotationsfrequenz $f_r = \dfrac{p\,n}{60}$ ist. Bleibt α bei konstantem Kraftfluß konstant, so ändert sich auch nicht die Phase von E_r. Der Endpunkt D des Vektors der Klemmen-

Abb. 381. Spannungsdiagramm des Einphasen-Hauptschlußmotors.

spannung bewegt sich also bei veränderlicher Drehzahl auf der Geraden CD. Sie ist das **Spannungsdiagramm für konstanten Strom.** Bei Stillstand ist $E_r = CD = 0$, und die Klemmenspannung ist dann $OC = E_{10}$. Je nachdem die Drehzahl des Motors zunimmt, muß die Klemmenspannung erhöht werden, und die Phasenverschiebung wird kleiner.

Wenn die Rotationsfrequenz f_r gleich der Frequenz des Stromes f ist, also bei der Drehzahl

$$n = \frac{60 f}{p}$$

wird

$$\frac{E_r}{E_m} = \frac{2\sqrt{2}\,f_r\,w_a\,\Phi\,10^{-8}}{\pi\sqrt{2}\,f\,k_{w_m}\,w_m\,\Phi\,10^{-8}} = \frac{2}{\pi}\,\frac{w_a}{k_{w_m}\,w_m}.\tag{6}$$

Diese sogenannte „synchrone" Drehzahl hat beim einphasigen Hauptschlußmotor keine besondere elektrische Bedeutung, aber sie kann als Einheit der Geschwindigkeit dienen. Machen wir in Abb. 381

$$\overline{CS} = \frac{2}{\pi}\,\frac{w_a}{k_{w_m}\,w_m}\cdot\overline{BC},$$

so ist S der entsprechende „synchrone" Punkt. Dadurch ist der Geschwindigkeitsmaßstab auf der Geraden CD gegeben.

Um einen günstigen Leistungsfaktor zu erhalten, ist es, wie man sieht, vorteilhaft, daß der Motor mit einem großen Verhältnis $\dfrac{f_r}{f}$ arbeitet. Die Motoren werden daher gern für hochübersynchronen Lauf ausgeführt (etwa mit dem dreifachen der „synchronen" Geschwindigkeit). Dies kann unter anderem durch die Wahl einer hohen Polzahl erreicht werden. Mit Rücksicht auf die Phasenverschiebung muß auch das Verhältnis $\dfrac{w_a}{w_m}$ groß sein. Man führt daher den Motor mit einer Ankeramperewindungszahl von etwa dem drei- bis vierfachen der Polamperewindungszahl aus, und der magnetische Kreis muß dann mit kleinem magnetischem Widerstand ausgeführt werden. Bei Gleichstrommaschinen ist das Verhältnis $\dfrac{w_a}{w_m}$ viel kleiner (etwa $\frac{1}{2}$), weil man hier wünscht, ein kräftiges Polfeld zu haben.

4. Die Leistung und das Drehmoment des Einphasen-Hauptschlußmotors.

Die Leistung, welche von der Kraftwirkung zwischen den Ankerströmen und dem Hauptfelde herrührt, ist

$$P_a = J\,E_r \cdot \cos\alpha. \tag{7}$$

Durch Einführung von E_r nach Abschn. 3 können wir schreiben:

$$P_a = 2\,\sqrt{2}\,f_r\,w_a\,\Phi\,J \cdot \cos\alpha \cdot 10^{-8}\,\mathrm{W} \tag{8a}$$

$$= \frac{N}{a}\,\frac{pn}{60}\,\frac{\Phi}{\sqrt{2}}\,J \cdot \cos\alpha \cdot 10^{-8}\,\mathrm{W}. \tag{8b}$$

Das entsprechende elektromagnetische Drehmoment sei D Meterkilogramm. Dann ist

$$P_a = \frac{2\,\pi\,n}{60}\,D \cdot 9{,}81\,\mathrm{W}$$

oder

$$D = \frac{P_a}{2\,\pi\,n}\,\frac{60}{9{,}81} = \frac{10^{-8}}{2 \cdot \sqrt{2} \cdot 9{,}81 \cdot \pi}\,\frac{p}{a}\,N\,J\,\Phi \cdot \cos\alpha\,\mathrm{mkg}. \tag{9}$$

Bei Proportionalität zwischen Strom und Kraftfluß ist das Drehmoment proportional dem Quadrat des Stromes, d. h. es hat 2 Höchstwerte und 2 Nullwerte innerhalb einer Periode des Stromes. Trotz dieser Pulsation des Drehmomentes um den doppelten Betrag des Mittelwertes läuft der Motor mit konstanter Umfangsgeschwindigkeit.

Um die vom Motor nach außen abgegebene Leistung zu finden, muß P_a um die folgenden Verluste vermindert werden: Luft-, Lager- und Bürstenreibung, Hysterese- und Wirbelstromverluste in Ankerkern und Ankerzähnen, außerdem um die Pulsationsverluste in Anker- und Statorzähnen.

5. Das Stromdiagramm des Einphasen-Hauptschlußmotors.

Das Stromdiagramm für konstante Klemmenspannung kann mittels Inversion aus dem Spannungsdiagramm für konstanten Strom (s. Abschn. 3) hergeleitet werden. Das Spannungsdiagramm für die konstante Stromstärke J' sei gegeben, und wir suchen das Stromdiagramm für die konstante Spannung E_1'. Wird die gesamte Motorimpedanz für einen bestimmten Belastungszustand mit z' bezeichnet, worin auch die Wirkung des Hauptfeldes einbegriffen ist, so gilt für einen Punkt im Spannungsdiagramm

$$E_1 = J'z'$$

und für den entsprechenden Punkt im Stromdiagramm

$$J = \frac{E_1'}{z'}.$$

Es ist somit $E_1 J = J' E_1'$ gleich der Inversionspotenz.

In Abb. 382 sind die Spiegelbilder der Punkte C und S von Abb. 381 eingetragen, und das Spiegelbild $C'S'$ der Spannungsgeraden ist dadurch festgelegt. Der inverse Kreis zu dieser Geraden geht durch den Koordinatenanfang, und sein Mittelpunkt M liegt auf einem Strahl unter dem Winkel α gegen die Abszissenachse.

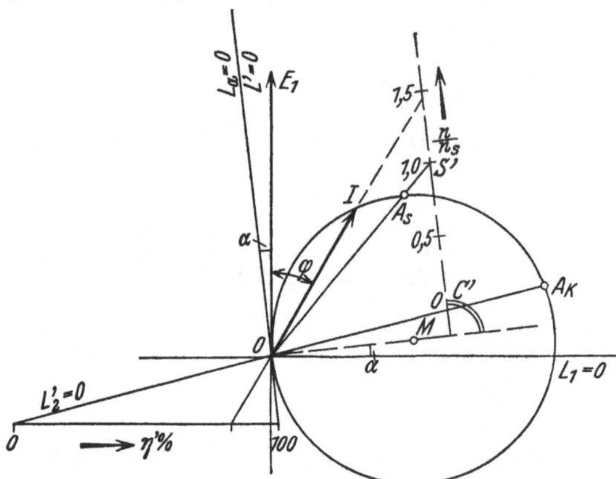

Abb. 382. Stromdiagramm des Einphasen-Hauptschlußmotors.

Dem Punkt C entspricht auf dem Kreise der „Kurzschlußpunkt" A_k bei Stillstand, dem Punkt S auf dem Kreis der Punkt A_s für $f_r = f$. Auf der Geraden $C'S'$ können wir also einen Geschwindigkeitsmaßstab auftragen.

Das Kreisdiagramm gilt offenbar nur so lange, als Strom und Kraftfluß einander proportional sind, und ihre Phasenverschiebung α konstant ist. Denn nur in diesem Falle kann als Diagramm der gesamten Motorimpedanz die Gerade CSD (Abb. 381) gelten, was eine Voraussetzung für das inverse Diagramm, den Kreis, bildet. Da der Einphasen-Hauptschlußmotor mit beträchtlicher Eisensättigung arbeitet, und der Winkel α außerdem von der Geschwindigkeit beeinflußt wird, gibt das Kreisdiagramm nur ein angenähertes, durch seine Einfachheit aber sehr übersichtliches Bild der Arbeitsweise des Motors. Will man das Verhalten des Motors bei verschiedenen Belastungen und Klemmenspannungen genauer verfolgen, muß von der Magnetisierungskurve des Motors ausgegangen werden; für jeden Betriebsfall sind dann die maßgebenden Größen auszurechnen.

Im Kreisdiagramm ist die zugeführte Leistung $P_1 = E_1 J \cdot \cos\varphi$ der Ordinate jedes Kreispunktes proportional. Wir bezeichnen daher die Abszissenachse als Linie der zugeführten Leistung mit der Gleichung $L_1 = 0$.

Da Winkel α als konstant und $\varPhi$ proportional J vorausgesetzt ist, wird das elektromagnetische Drehmoment proportional J^2 [s. Gl. (9)]. Es wird somit graphisch durch den Abstand eines Kreispunktes von der Tangente in O dargestellt. Die Gleichung dieser Tangente schreiben wir $L_a = 0$. Die Leistung, die durch dieses Drehmoment auf den Rotor übertragen wird, ist gleich der zugeführten Leistung, abzüglich der direkt elektrisch gedeckten Verluste, d. h. der gesamten Stromwärmeverluste $J^2 r$ und der durch das Wechselfeld verursachten Eisen- und Kurzschlußverluste $J E_m \sin\alpha$. Nun ist E_m proportional dem Fluß $\varPhi$, der wieder proportional J gesetzt ist. Sämtliche hier betrachteten Verluste sind daher proportional J^2, und die Tangente in O ist somit auch als resultierende Verlustlinie $L' = 0$ zu betrachten.

Da sowohl die zugeführte Leistung wie die „elektrischen" Verluste durch Geraden dargestellt sind, muß die auf den Rotor übertragene elektromagnetische Leistung P_a ebenfalls durch eine Gerade dargestellt sein. Diese Gerade mit der Gleichung $L'_2 = 0$ geht durch den Kurzschlußpunkt A_k und durch den Koordinatenanfang [siehe auch Gl. (7)]. Hieraus kann die gewöhnliche Konstruktion für den Wirkungsgrad η' (ausschließlich „mechanischer" Verluste) abgeleitet werden.

Aus dem Diagramm geht deutlich die Abnahme des Stromes und des Drehmomentes bei steigender Geschwindigkeit hervor. Es zeigt auch, daß ein stark übersynchroner Lauf für den Wert des Leistungsfaktors günstig ist.

6. Die in den kurzgeschlossenen Ankerspulen induzierten EMKe.

Bisher haben wir keine Rücksicht auf die Erscheinungen genommen, die dadurch verursacht werden, daß die Bürsten eine Anzahl von Ankerspulen kurzschließen. In diesen Spulen treten die folgenden EMKe auf:

a) Die durch das Spulenfeld induzierte Stromwendespannung $\varDelta E_N$.

Diese EMK wird wie für eine Gleichstrommaschine berechnet. Ist der effektive Strombelag auf dem Ankerumfang

$$AS = \frac{NJ}{2\,a\,\pi\,D_a},$$

so wird das effektive Stromvolumen einer Nut gleich $t_1 \cdot AS$. Wenn die gesamte magnetische Leitfähigkeit der Streuflüsse der Spulen einer Nut je 1 cm Nutenlänge gerechnet, gleich λ_N ist, so wird die Amplitude des Nutenfeldes

$$\Phi_N = \sqrt{2}\,t_1 \cdot A S \cdot \lambda_N l_i.$$

Das Nutenfeld wird während der Kommutierungszeit T_N des Stromvolumens kommutiert, und zwar von $-\Phi_N \cdot \sin\omega t$ auf $\Phi_N \cdot \sin(\omega t + T_N)$. Da T_N klein ist gegen die Dauer einer Periode des Wechselstromes, wird das Nutenfeld im Maximum fast um die doppelte Amplitude kommutiert. Bei einer Schleifenwicklung mit unverkürztem Schritt treten die übereinander liegenden Stäbe einer Nut gleichzeitig in den Kurzschluß ein. Ist die Nutenteilung t_1 in Zentimeter, die Bürstenbreite b_D in Zentimeter, die Lamellenbreite β_D in Zentimeter und die Umfangsgeschwindigkeit v in .m/s, alles am Ankerumfang gemessen, so wird

$$T_N = \frac{t_1 + b_D - \beta_D}{100\,v}$$

und der Mittelwert der maximalen Änderungsgeschwindigkeit des Nutenfeldes

$$2\,\frac{\Phi_N}{T_N} = \frac{2\,\sqrt{2}\,t_1 \cdot A S \cdot \lambda_N l_i\,100\,v}{t_1 + b_D - \beta_D}.$$

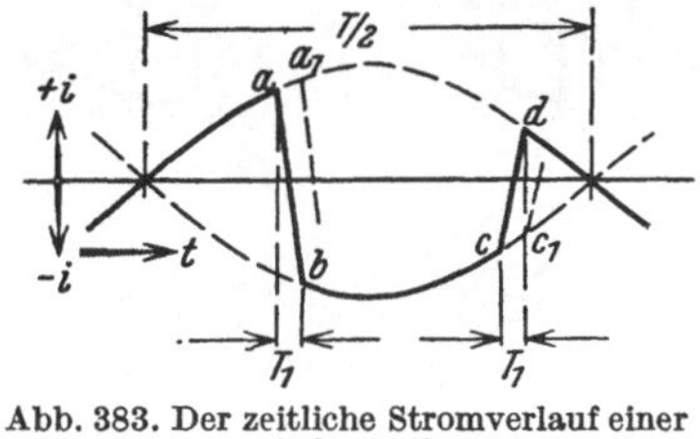

Abb. 383. Der zeitliche Stromverlauf einer Ankerspule.

Bei K Lamellen hat jede Spule $\dfrac{N}{K}$ Stäbe. Werden im Mittel S_k Spulen durch die Bürste kurzgeschlossen, so wird die maximale EMK zwischen den Kanten der Bürste

$$\sqrt{2}\,\varDelta E_N = 2\,\sqrt{2}\,S_k\,\frac{N}{K} \cdot A S \cdot \lambda_N l_i\,v\,\frac{t_1}{t_1 + b_D - \beta_D}\,10^{-6}\ \text{V}. \tag{10}$$

Dieser Höchstwert tritt auf, wenn der Strom im Maximum ist. Wenn der Strom Null ist, wird die EMK ebenfalls gleich Null. Sie ist also in Phase mit dem Strom. Ihr Effektivwert ist $\varDelta E_N$.

Für eine nähere Betrachtung ist in Abb. 383 der zeitliche Stromverlauf einer Ankerspule durch die ganz ausgezogene Kurve dargestellt. Die geradlinig verlaufend angenommene Stromwendung findet unter einer Bürste etwa zwischen a und b, unter der nächsten Bürste zwischen c und d statt. Für die auf die betrachtete folgende Spule tritt die Stromwendung angenähert um die Kurzschlußzeit T_1 später ein (in den Punkten a_1 und c_1) usw. Die zeitliche Veränderlichkeit der Stromwendespannung pro Spule ist demnach übereinstimmend mit dem Verlauf des Ankerstromes, und dasselbe müß auch für die Spannung ΔE_N der Fall sein.

b) Die durch das Ankerfeld induzierte Rotationsspannung ΔE_r.

Wie in einer Gleichstrommaschine kann auch hier ein gewisses Feld in der sogenannten Kommutierungszone am Ankerumfang bestehen. Dies kann z. B. davon herrühren, daß das Ankerquerfeld durch die Kompensationswicklung nicht vollständig aufgehoben ist. Die zeitliche Amplitude dieses bestehenden Querfeldes an der Stelle des Umfanges, an der die kurzgeschlossenen Windungen liegen, bezeichnen wir mit B_q, indem wir annehmen, daß dieses Feld auch sinusförmig mit der Zeit variiert.

Durch die Rotation der kurzgeschlossenen Ankerwindungen in diesem Felde wird zwischen den Kanten der Bürste die Wechsel-EMK ΔE_r induziert, mit dem Höchstwert

$$\sqrt{2}\, \Delta E_r = S_k \frac{N}{K} B_q\, l_i\, v\, 10^{-6}\ \text{V}. \tag{11}$$

Wie man sieht, ist sowohl ΔE_N als auch ΔE_r proportional v oder der Drehzahl. Wie ΔE_N und ΔE_r gegen einander phasenverschoben sind, hängt von der Phasenverschiebung zwischen dem Ankerstrom (AS) und dem Strom ab, der das Feld B_q erzeugt. Ist die Kompensationswicklung zu schwach oder ist eine solche überhaupt nicht vorhanden, so sind AS und B_q miteinander in Phase, und man erhält eine algebraische Addition von ΔE_N und ΔE_r. Ist dagegen die Maschine überkompensiert, so daß B_q die entgegengesetzte Phase von AS bekommt, ist ΔE_r von ΔE_N abzuziehen. Man hat dann ähnliche Verhältnisse wie in einer Gleichstrommaschine mit Wendepolen.

c) Die durch das Hauptfeld induzierte Transformatorspannung ΔE_p.

In einer Kommutatormaschine werden die kurzgeschlossenen Ankerspulen immer das Hauptfeld umschlingen. Bei der Ringwicklung (Abb. 384)

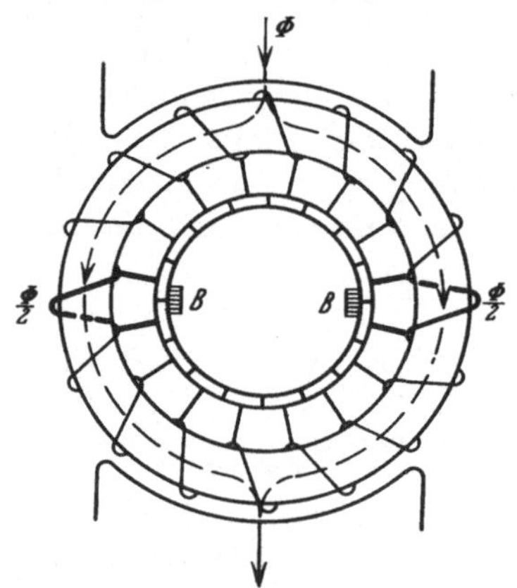

Abb. 384. Verlauf des Hauptfeldes durch die kurzgeschlossenen Spulen eines Ringankers.

geht $\frac{\Phi}{2}$ durch jede Windung. Bei den in der Praxis ausschließlich verwendeten Trommelwicklungen wird eine Windung von dem gesamten wirksamen Kraftfluß durchflossen. Die kurzgeschlossenen Spulen wirken daher wie die kurzgeschlossene Sekundärwicklung eines stationären Transformators. Bei $\frac{N}{2K}$ Windungen je Spule und S_k Spulen in Reihe zwischen den Bürstenkanten wird der Höchstwert der durch die Pulsationen des Hauptfeldes induzierten EMK für einen Trommelanker

$$\sqrt{2}\, \Delta E_p = 2\pi f S_k \frac{N}{2K} \Phi\, 10^{-8}\ \text{V}. \tag{12}$$

Diese sogenannte Transformator-EMK ist in der Phase um 90^0 gegen das Feld Φ verzögert. Sie ist ganz unabhängig von der Drehzahl des Rotors, tritt also sowohl im Lauf als auch im Augenblick des Anlaufes auf.

Die resultierende EMK zwischen den Kanten der Bürste ist also

$$\Delta E_{res} = \sqrt{(\Delta E_N + \Delta E_r)^2 + \Delta E_p^2},\tag{13}$$

wo ΔE_N und ΔE_r mit ihren Vorzeichen eingeführt werden müssen. Durch diese EMK werden in den kurzgeschlossenen Spulen zusätzliche Ströme erzeugt, die sich durch die Bürsten schließen. Diese Ströme üben eine Rückwirkung auf das Hauptfeld aus, die wir im nächsten Abschnitt näher behandeln sollen. Sie bedingen zusätzliche Stromwärmeverluste und können außerdem leicht Funken am Kommutator verursachen.

Um ein unzulässiges Funken zu verhindern, muß ΔE_{res} unterhalb einer gewissen Grenze gehalten werden, die je nach den Verhältnissen sehr verschieden liegt. Im Mittel kann man annehmen, daß der Effektivwert der kurzgeschlossenen EMK die folgenden Werte nicht überschreiten darf:

5 bis 6 V für die Dauerleistung,

12 bis 14 V bei momentaner starker Überlastung.

Wenn Widerstandsverbindungen zwischen Anker und Kommutator verwendet werden, können diese Werte um etwa 2 bis 3 V vergrößert werden.

Es liegt nun nahe zu versuchen, die schädlichen EMKe in derselben Weise wie bei Gleichstrommaschinen durch entsprechende Zusatzfelder in der Kommutierungszone zu vernichten. Dadurch kann indessen nicht die Transformator-EMK bei Stillstand aufgehoben werden. Für Bahnbetrieb, der ein großes Anzugsmoment und somit ein starkes Feld bei Stillstand erfordert, können wir nun die folgenden Richtlinien für die Motorkonstruktion aufstellen:

1. die Frequenz des Stromes muß niedrig sein (15 bis 25 Hz),

2. die Anzahl der gleichzeitig kurzgeschlossenen Spulen muß klein sein (schmale Bürsten, die höchstens 3 Lamellen überbrücken),

3. die Polzahl wird groß gewählt, um einen kleinen Kraftfluß je Pol zu erreichen, woraus

4. ein niedriger Wert der Ankerspannung folgt (etwa 300 bis 400 V bei Dauerleistung).

7. Die Rückwirkung der Kurzschlußströme auf das Hauptfeld.

Die Ströme in den kurzgeschlossenen Ankerspulen lassen sich nur schwer durch direkte Messung bestimmen, weil ein ständiger Wechsel von kurzgeschlossenen Spulen stattfindet. Diese Ströme sind auch schwierig zu berechnen, da die Streuungs- und Widerstandsverhältnisse kompliziert sind. Die einfachste Weise zu ihrer Untersuchung scheint die Messung ihrer Rückwirkung auf das Hauptfeld zu sein. Es soll hier kurz über eine derartige Versuchsreihe berichtet werden, die von O. S. Bragstad und S. P. Smith[1] ausgeführt wurde. Sie betrifft ausschließlich die von der Transformator-EMK ΔE_p hervorgerufenen Ströme.

---

[1] Siehe The Electrician, 12., 19. und 26. Oktober 1906.

Der Motor hatte keine ausgeprägten Pole, und die Erregerwicklung war wie in einem Induktionsmotor gleichmäßig über den Statorumfang verteilt. Die Bürsten waren so angeordnet, daß sie nach Wunsch abgehoben oder aufgelegt werden konnten. Beim Versuch wurde der Motor leer mit einer gewissen konstanten Geschwindigkeit durch einen Hilfsmotor angetrieben. Dabei war die Maschine durch Zufuhr von Wechselstrom zur Feldwicklung erregt, während dem Rotor kein Strom zugeführt wurde.

Abb. 385 zeigt die Schaltung, wobei der Motor schematisch durch zweipolige Ringwicklungen dargestellt ist. Es wurden sowohl die zugeführte Stromstärke als auch die zugeführte Leistung für verschiedene Klemmenspannungen gemessen. Außerdem wurden zwei kleine Hilfsbürsten bb in der magnetischen Achse des Stators angelegt. An diesen Bürsten wird die durch Transformatorwirkung induzierte EMK E_a im Rotor gemessen, da die resultierende Rotationsspannung an derselben gleich Null wird. Der gemessene Wert von E_a ist also ein Maß für die im Rotor und Stator durch statische Induktion erzeugten EMKe. Wird E_a auf die Windungszahl des Stators umgerechnet, so gibt die Differenz zwischen der Klemmenspannung und E_a den Spannungsverlust in der Statorwicklung an. Dies ist in der Hauptsache die Reaktanzspannung der Statorwicklung.

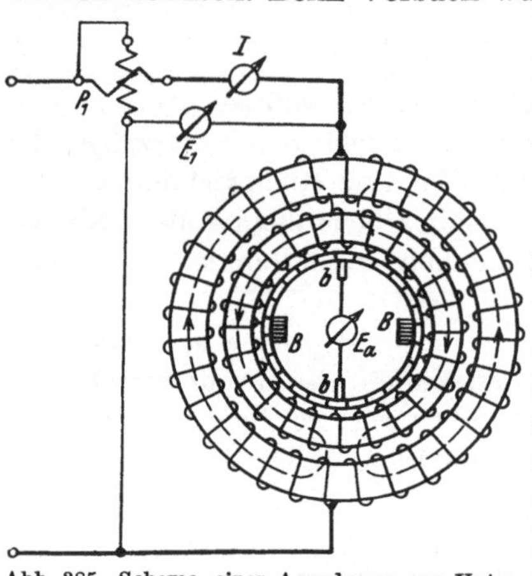

Abb. 385. Schema einer Anordnung zur Untersuchung der Kurzschlußströme.

Der Versuch besteht, wie man sieht, eigentlich darin, daß man die Magnetisierungskurve des Motors sowohl für aufliegende als auch für abgehobene Bürsten aufnimmt. Um die Wirkung der Kurzschlußströme des Ankers zu zeigen, genügt es, die Ergebnisse zweier Messungen für denselben Wert von E_a anzuführen, wovon die eine bei abgehobenen und die andere bei aufliegenden Hauptbürsten B vorgenommen ist:

	1. Messung: abgehobene Bürsten	2. Messung: aufliegende Bürsten
Klemmenspannung des Stators	$E_{1_0} = 89$ V	$E_1 = 90$ V
Spannung an den Hilfsbürsten (auf Stator reduziert)	$E_{a_0} = 78$ V	$E_a = 78$ V
Statorstrom	$J_{1_0} = 27{,}5$ A	$J_1 = 30$ A
Zugeführte Leistung	$P_{1_0} = 230$ W	$P_1 = 785$ W
Stromwärmeverluste des Stators	$J_{1_0}^2 r_m = 60$ W	$J_1^2 r_m = 70$ W

Aus der 1. Messung ergibt sich:

die Eisenverluste $= 230 - 60 = 170$ W,

die Komponente von J_{1_0} in Phase mit E_{a_0} (zur Deckung der Eisenverluste)

$$J_{1_0} \cos \varphi_{a_0} = \frac{170}{78} = 2{,}18 \text{ A},$$

der Ohmsche Spannungsverlust im Stator

$$J_{1_0} r_m = \frac{60}{27{,}5} = 2{,}18 \text{ V}.$$

Aus der 2. Messung ergibt sich:
die Eisenverluste (wie unter 1., da $E_a = E_{a_0}$) $= 170\,\text{W}$,
die Verluste in den kurzgeschlossenen Spulen

$$P_k = 785 - 70 - 170 = 545\,\text{W}.$$

Der Phasenwinkel zwischen dem Hauptfeld Φ und der induzierten Gegen-EMK $-E_a$ ist auch in diesem Fall gleich 90^0. Folglich wird die Phasenverschiebung zwischen J_1 und Φ gleich $90^0 - \varphi_a$ (s. Abb. 386). Die vom Stator entwickelte elektromagnetische Leistung zur Deckung der Eisen- und Kurzschlußverluste wird

$$E_a J_1 \cos \varphi_a = 785 - 70 = 715\,\text{W}.$$

Die entsprechende Wirkkomponente des Stromes ist

$$J_1 \cos \varphi_a = \frac{715}{78} = 9,2\,\text{A}.$$

Der Ohmsche Spannungsverlust im Stator wird

$$J_1 r_m = \frac{70}{30} = 2,33\,\text{V}.$$

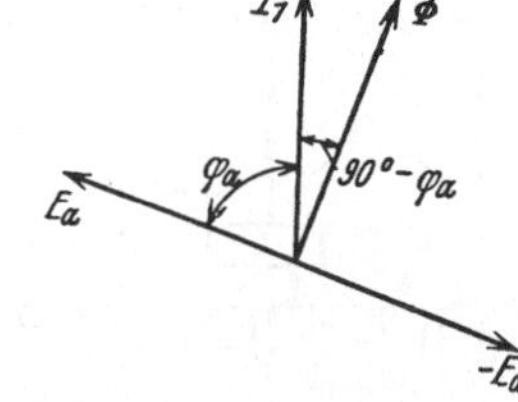

Abb. 386. Vektordiagramm der Transformatorwirkung im Motor.

Auf Grund dieser Ergebnisse ist das Spannungsdiagramm für die beiden Fälle in Abb. 387 aufgezeichnet. Das Diagramm für abgehobene Bürsten ist gestrichelt und für aufliegende Bürsten ganz ausgezogen.

Es zeigt sich, daß besonders die Komponente des Statorstromes in Phase mit E_a durch die Kurzschlußströme vergrößert wird. Sie sind also überwiegend Wirkströme, die in Phase mit ΔE_p liegen und Leistungsverluste verursachen. Dies rührt daher, daß die Ohmschen Widerstände in den Kurzschlußstrombahnen, besonders die Übergangswiderstände zwischen Kommutator und Bürsten, verhältnismäßig groß sind. Dadurch wird der Wirkungsgrad des Motors verschlechtert.

Im Spannungsdiagramm ist die wesentlichste Wirkung der Kurzschlußströme die Vergrößerung des Winkels zwischen J_1 und Φ. Die Rotations-EMK E_r, die parallel zu Φ ist, wird dadurch stärker gegen J_1 phasenverzögert als ohne Kurz-

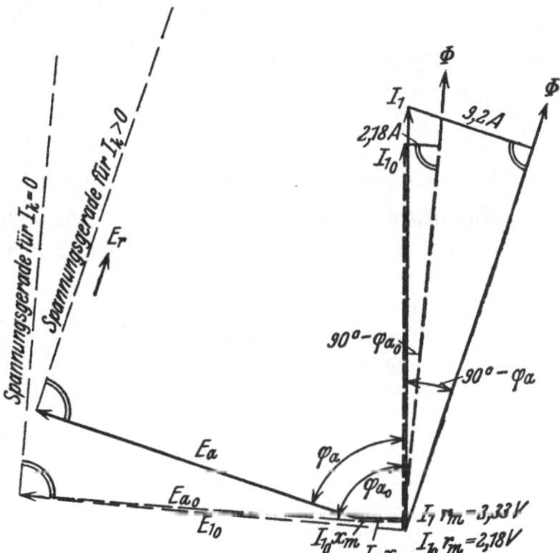

Abb. 387. Spannungsdiagramm bei abgehobenen und bei aufliegenden Bürsten.

schlußströme. Dies bewirkt für den Motor eine Verbesserung des Leistungsfaktors.

Wie schon erwähnt, ist es schwierig, die Größe der hier behandelten Kurzschlußströme zu berechnen. Experimentell kann nachgewiesen werden, daß sie mit steigender Drehzahl der Maschine abnehmen[1]. Dies rührt vielleicht daher,

---

[1] Siehe A. Fraenckel und B. Lane: The Electrician, 20. und 27. Mai 1910.

daß der Übergangswiderstand am Kommutator und die Reaktanz der Kurzschluß-ströme mit steigender Drehzahl zunehmen. Bei Stillstand pulsieren die Kurz-schlußströme mit der Periodenzahl der Netzspannung, und der Einfluß der Selbst-induktion ist nur klein. Wenn der Rotor läuft, muß der Kurzschlußstrom einer Spule innerhalb der Kurzschlußzeit $T_1 = \dfrac{b_1}{100\,v_k}$ (b_1 ist die Bürstenbreite in Zenti-meter) von Null auf den Höchstwert ansteigen und wieder auf Null fallen. Bei großen Geschwindigkeiten ist T_1 von der Größenordnung $\dfrac{1}{1500} - \dfrac{1}{3000}$ sek. Die Selbstinduktion wird sich dann geltend machen, und zwar um so stärker, je größer die Drehzahl ist. Der erwähnte Höchstwert des Kurz-schlußstromes muß natürlicherweise wieder in Ab-hängigkeit von dem Augenblickswert $\varDelta e_p$, d. h. mit der Netzfrequenz pulsieren.

Sieht man von der Variation mit der Geschwindig-keit ab, so kann man sich durch die folgende Über-legung eine Vorstellung über die Größe der Kurzschluß-ströme verschaffen[1]. Es wird angenommen, daß sich der Kurzschlußstrom einer Spule im Laufe der Kurz-schlußzeit T_1 nach einer Sinuskurve ändert, also in Ab-hängigkeit von der Lage relativ zur Bürste nach der Kurve J_k in Abb. 388 verläuft. Die örtliche Strom-dichte unter der Bürste ist dann angenähert durch die Differentialkurve s_u der Kurzschlußstromkurve be-stimmt[2]. Die Kurven lassen wir für Effektivwerte gelten. Wir berücksichtigen nur die beiden äußersten Lamellen unter der Bürste, d. h. die ankommende und die ablaufende Lamelle. Im ungünstigsten Fall bedeckt

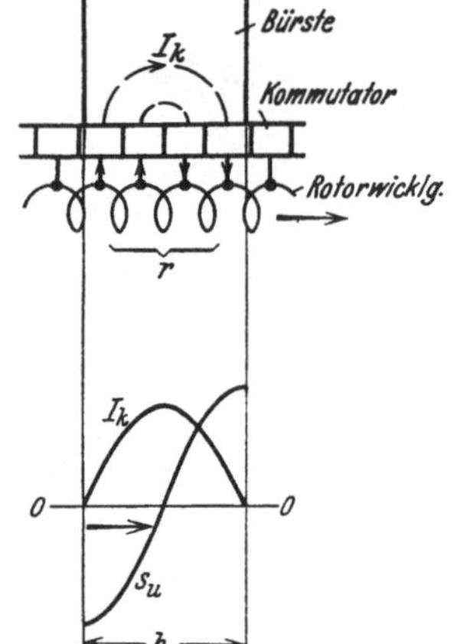

Abb. 388. Verlauf des Kurzschluß-stromes einer Spule und der ent-sprechenden Stromdichte unter der Bürste in Abhängigkeit von der Lage relativ zur Bürste.

die Bürste diese beiden Lamellen ganz. Ist die Kontaktfläche zwischen einer Lamelle und der Bürste gleich F_{u_1}, und rechnen wir mit einer mittleren Strom-dichte des effektiven Kurzschlußstromes für die äußeren Lamellen gleich s_u, so erhalten wir den Kurzschlußstrom

$$J_k = s_u F_{u_1}.$$

Dieser Strom durchfließt alle kurzgeschlossenen Spulen, deren Gesamtwiderstand gleich r gesetzt wird. Der dadurch verursachte Ohmsche Spannungs-verlust ist somit $s_u F_{u_1} r$. Hierzu kommt noch die Übergangsspannung an den beiden Kontakt-flächen. Diese kann auch in Phase mit dem Strome

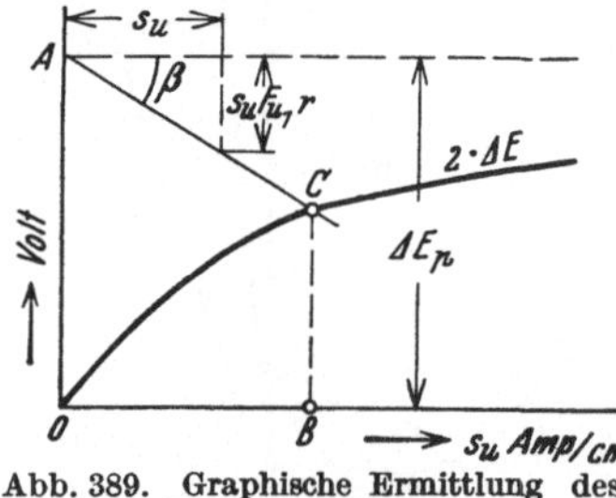

Abb. 389. Graphische Ermittlung des Kurzschlußstromes.

gesetzt werden und ist von s_u abhängig. In Abb. 389 ist eine Kurve für die doppelte Übergangsspannung $2\,\varDelta E$ als Funktion von s_u aufgetragen. Weiter ist OA gleich der Transformatorspannung $\varDelta E_p$ gemacht, und eine Gerade AC unter dem Winkel β gegen die Horizontale gezogen, wo

$$\operatorname{tg}\beta = \frac{s_u F_{u_1} r}{s_u} = F_{u_1} r$$

[1] Näheres siehe Bragstad u. Smith, sowie Fraenckel u. Lane: l. c.

[2] Siehe Arnold-la Cour: Die Gleichstrommaschine, 1, 3. Aufl., S. 322.

ist. Die Stromdichte wird sich dann auf den Wert OB einstellen, und wir erhalten den Kurzschlußstrom

$$J_k = F_{u_1} \cdot OB .$$

Diese Berechnungsweise ist, wie gesagt, eigentlich nur für Stillstand und niedrige Drehzahlen gültig, aber eben dann hat die Berechnung ihr größtes Interesse, weil ΔE_p in diesen Fällen nicht kompensiert werden kann (siehe Abschn. 6 u. 8).

Um einen möglichst großen Wert von $2\,\Delta E$ zu erhalten und dadurch die Kurzschlußströme zu begrenzen, werden verhältnismäßig harte Kohlenbürsten verwendet.

Die Kurzschlußströme magnetisieren in der Achse des Hauptfeldes und suchen den Kraftfluß zu schwächen. Um das Hauptfeld aufrecht zu erhalten, muß die Erregerwicklung neben den magnetisierenden Amperewindungen auch eine Amperewindungszahl zur Bekämpfung der Kurzschlußströme aufnehmen. Die pulsierende Stärke des Kurzschlußstromes einer Spule innerhalb der Kurzschlußzeit T_1 erzeugt daher entsprechende Pulsationen in dem Strome, den der Motor vom Netz aufnimmt. Läuft der Motor mit n Umdrehungen in der Minute, und hat er K Lamellen, so wird die Periodenzahl dieser Pulsationen gleich $\dfrac{K\,n}{60}$.

Außer den oben behandelten, durch ΔE_p verursachten Kurzschlußströmen hat man beim Lauf genau wie in einer Gleichstrommaschine auch Kurzschlußströme, die durch die Resultierende der Stromwendespannung ΔE_N und der Rotationsspannung ΔE_r hervorgerufen werden. Während ΔE_p in keiner eigentlichen Beziehung zur Stromwendung steht, sucht ΔE_N direkt die ursprüngliche Stromrichtung in der kommutierenden Spule aufrechtzuerhalten, und ΔE_r kann dieselbe oder die entgegengesetzte Wirkung haben.

Ist $\Delta E_N + \Delta E_r = 0$, d. h. ist die Wirkung des Nutenfeldes durch ein Wendefeld B_q in der Kommutierungszone eben kompensiert, haben wir eine sogenannte „geradlinige Kommutierung". In diesem Fall, dem man gern als dem ideellen zustrebt, verläuft der Strom einer Spule nach der Geraden 1 in Abb. 390. Das Ankerfeld steht dann senkrecht zum Hauptfeld und übt darauf keine Rückwirkung aus.

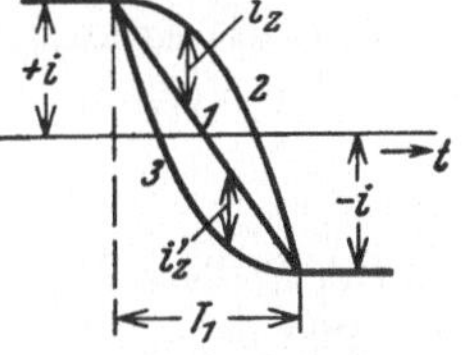

Abb. 390. Verlauf der Stromwendung bei geradliniger, verzögerter und beschleunigter Kommutierung.

Wenn $\Delta E_N > \Delta E_r$, also $\Delta E_N + \Delta E_r$ positiv, erhält man den Verlauf der Stromwendung etwa nach der Kurve 2 in Abb. 390. Die Abweichung von der Geraden 1 stellt einen zusätzlichen Strom i_z dar, der die Kommutierung verzögert. Die magnetische Wirkung dieses Stromes entspricht einer Verschiebung der Bürsten in der Drehrichtung, wodurch das Hauptfeld verstärkt wird.

Ist dagegen $\Delta E_N < \Delta E_r$, d. h. $\Delta E_N + \Delta E_r$ negativ, verläuft der Spulenstrom etwa nach der Kurve 3, und der zusätzliche Strom i_z' beschleunigt die Kommutierung. Dies entspricht einer Verschiebung der Bürsten gegen die Drehrichtung und ergibt also eine entmagnetisierende Rückwirkung auf das Hauptfeld.

8. Mittel zur Verbesserung der Kommutierung.

a) Widerstandsverbindungen. Die von Blathy und Lamme eingeführten Widerstandsverbindungen zwischen Rotorwicklung und Kommutator können aus Widerstandslegierungen hergestellt werden. Sie können als Leiter in den Nuten untergebracht werden (Westinghouse) oder als Segmente zu einem besonderen kollektorähnlichen Körper zusammengebaut werden, der zwischen dem Ankereisen und Kommutator angeordnet wird (Brown Boveri). Wenn der Motor bei der Ingangsetzung nicht schnell genug anläuft, werden die Widerstände leicht

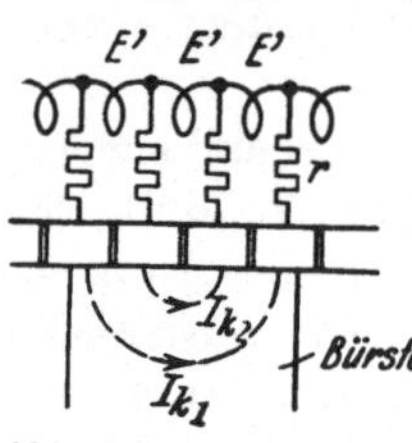

Abb. 391. Kurzschlußstrombahnen eines Ankers mit Widerstandsverbindungen.

stark erhitzt; die Ausführung muß daher besonders wärmebeständig sein. Die Widerstandsverbindungen haben die wertvolle Eigenschaft, daß sie die Kurzschlußströme schon beim Anlauf begrenzen. Sie erhöhen aber den ganzen Rotorwiderstand für den Arbeitsstrom und verringern den Wirkungsgrad beim Lauf.

Wir nehmen an, daß in jedem kurzgeschlossenen Wicklungselement zwischen zwei Lamellen die EMK E' induziert wird, wodurch die Kurzschlußströme J_{k_1}, J_{k_2} usw. entstehen (Abb. 391). Werden x Lamellen von der Bürste berührt, können wir bei Vernachlässigung der Widerstände und der Reaktanzen in den Ankerspulen selbst setzen:

$$J_{k_1} = \frac{(x-1)\,E' - 2\,\varDelta E}{2\,r},$$

$$J_{k_2} = \frac{(x-3)\,E' - 2\,\varDelta E}{2\,r}$$

usw. im Falle mehrerer kurzgeschlossener Lamellen. Diese Kurzschlußströme bewirken in den Widerstandsverbindungen den Verlust

$$P_1 = \frac{[(x-1)\,E' - 2\,\varDelta E]^2 + [(x-3)\,E' - 2\,\varDelta E]^2 + \cdots}{2\,r}. \tag{14}$$

Für den Ankerstrom J, der auf x parallel geschaltete Widerstände verteilt ist, wird der Verlust

$$P_2 = J^2\,\frac{r}{x}. \tag{15}$$

Bei Stillstand und kleinen Geschwindigkeiten sind die Kurzschlußströme um fast 90^0 gegen den Ankerstrom verschoben. Der Gesamtverlust in den Widerständen ergibt sich also etwa gleich $P_1 + P_2$. Wird r als einzig Variable betrachtet, können wir

$$P_1 + P_2 = \frac{A}{r} + B\,r$$

setzen, wo A und B konstante Größen sind. Ein Minimum der Verluste ergibt sich für

$$\frac{d\,(P_1 + P_2)}{dr} = -\frac{A}{r^2} + B = 0,$$

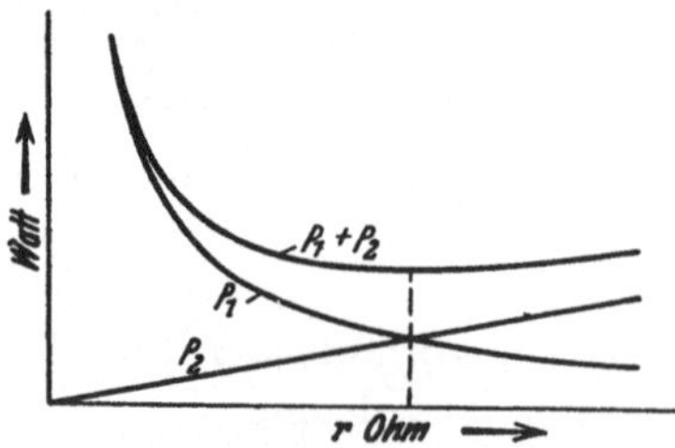

Abb. 392. Graphische Ermittlung der Größe der Widerstände zwischen Ankerwicklung und Kommutator.

oder bei $r = \sqrt{\dfrac{A}{B}}$ und $P_1 = P_2$. Die Größe der Widerstände sollte also so gewählt werden, daß diese Bedingung für den Nennstrom erfüllt ist.

In Abb. 392 ist die graphische Ermittlung der Widerstandsgröße unter Benutzung der Kurven für die Teilverluste und die Summe $P_1 + P_2$ in Abhängigkeit von r gezeigt.

Wegen der schwierigen und teuren Herstellung von betriebssicheren Widerstandsverbindungen hat man bei neueren Konstruktionen immer mehr auf die Verwendung von solchen verzichtet.

b) Wendepole. Wie bei den Gleichstrommaschinen kann auch in der Kurzschlußzone ein Wendefeld angeordnet werden, das z. B. durch besondere Wendepole erzeugt werden kann. Wenn die kurzgeschlossenen Ankerleiter sich durch dieses Wendefeld bewegen, wird durch die Rotation eine EMK in Phase mit dem Felde erzeugt. Die Wendepole sind daher wirkungslos bei Stillstand, und sie erreichen erst eine Wirkung von Bedeutung, je nachdem die Drehzahl des Motors ansteigt.

Mit Hilfe der Wendepole sucht man die folgenden Felder und EMKe zu kompensieren:

1. das Ankerquerfeld, in dem Maße, wie dies von der Kompensationswicklung nicht bewirkt wird,

2. die Stromwendespannung ΔE_N, die mit dem Strome phasengleich ist,

3. die Transformatorspannung ΔE_p, die um 90^0 gegen das Hauptfeld verzögert ist.

Wir nehmen an, daß die Kompensationswicklung der MMK des Ankers unter dem Hauptpolbogen b_i entgegenwirkt, also $b_i \cdot AS$ Amperewindungen enthält. Um den Rest des Ankerfeldes Φ_a unter den Wendepolen zu beseitigen, müssen also auf diesen $(\tau - b_i)AS = AW_{W_1}$ Amperewindungen angebracht werden. Diese MMK soll in Phase mit dem Arbeitsstrom J sein und dieselbe Polarität wie der von den Ankerleitern eben verlassene Hauptpol haben (s. Abb. 393).

Weiter muß unter dem Wendepol ein sogenanntes kommutierendes Feld vorhanden sein, das der EMK ΔE_N entgegenwirken soll und somit eine gleich große EMK in der neuen Stromrichtung induzieren muß. Daraus ergibt sich für die hierzu erforderliche MMK AW_{W_2} dieselbe Phase und Polarität wie für AW_{W_1}. Nach Gl. (10) ist

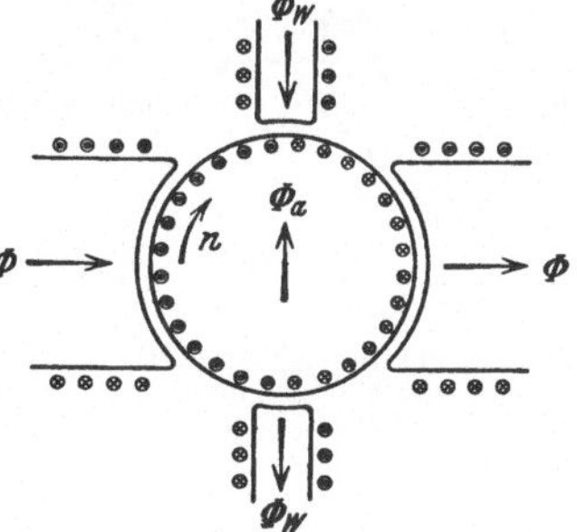

Abb. 393. Richtung der Ströme und Felder eines Motors mit Wendepolen.

$$\sqrt{2} \cdot \Delta E_N = 2\sqrt{2}\, S_k \frac{N}{K} \cdot AS \cdot \lambda_N\, l_i\, v \frac{t_1}{t_1 + b_n - \beta_n}\, 10^{-6}\ \text{V}.$$

Hat die Induktion des kommutierenden Feldes den Höchstwert B_{W_2}, so muß auch gelten

$$\sqrt{2} \cdot \Delta E_N = B_{W_2}\, l_i\, v\, S_k \frac{N}{K}\, 10^{-6}\ \text{V}.$$

Daraus ergibt sich die Induktion

$$B_{W_2} = \frac{2\sqrt{2} \cdot AS \cdot \lambda_N\, t_1}{t_1 + b_D - \beta_D}. \tag{16}$$

Endlich erzeugt das Hauptfeld Φ durch seine Pulsation die EMK ΔE_p in den kurzgeschlossenen Spulen. Da Φ angenähert mit dem Arbeitstrom J in Phase ist,

23*

wird ΔE_p praktisch um 90^0 gegen J verzögert. ΔE_p kann durch eine gleich große EMK von entgegengesetzter Richtung kompensiert werden, die durch die Rotation der Ankerleiter in einem Feld Φ_{W_3} induziert wird. Mithin muß die Induktion unter dem Wendepole eine weitere Komponente B_{W_3} erhalten, die zeitlich um 90^0 gegen J und B_{W_2} nacheilt, B_{W_3} soll also ihren positiven Höchstwert eine Viertelperiode später als B_{W_2} erreichen.

Wenn ΔE_p eben durch B_{W_3} aufgehoben werden soll, gilt die Gleichung [vgl. Gl. (12) und (11)]:

$$\sqrt{2} \cdot \Delta E_p = 2\,\pi\,f\,S_k \frac{N}{2\,K}\,\Phi\,10^{-8} = S_k \frac{N}{K}\,B_{W_3}\,l_i\,v\,10^{-6}$$

Daraus erhalten wir

$$B_{W_3} = \frac{\pi\,f\,\Phi}{100\,l_i\,v}. \tag{17}$$

Die resultierende Amperewindungszahl der Wendepole besteht somit aus drei Komponenten. Die beiden ersten sind proportional dem Arbeitsstrom, aber unabhängig von der Drehzahl des Motors. Außerdem sind sie von derselben Phase wie J und können daher genau so wie in einer Gleichstrommaschine erzeugt werden. Die dritte Amperewindungszahl AW_{W_3} ist zwar proportional Φ oder angenähert proportional J, aber sie sollte außerdem für einen gegebenen Wert von J umgekehrt proportional v geändert werden. Dies läßt sich selbstverständlich für Stillstand und kleinere Geschwindigkeiten nicht erreichen. Weiter sollte AW_{W_3} um 90^0 gegen J verzögert sein, und wir erhalten somit die Größe der resultierenden MMK des Wendepolpaares

$$AW_W = \sqrt{(AW_{W_1} + AW_{W_2})^2 + AW_{W_3}^2}. \tag{18}$$

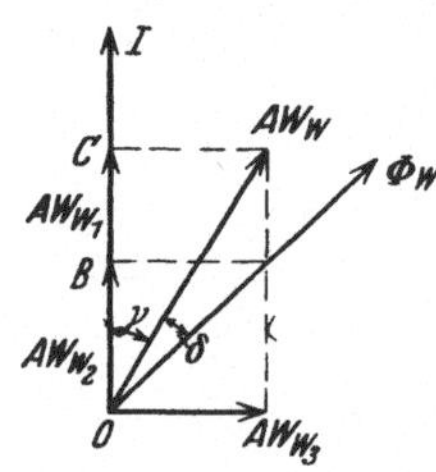

Abb. 394. Vektordiagramm der Amperewindungen der Wendepole.

Das Vektordiagramm der Amperewindungen geht aus Abb. 394 hervor. Das gesuchte resultierende Feld Φ_W unter dem Wendepol wird gegen die Amperewindungszahl AW_W phasenverschoben, weil davon die Komponente $AW_{W_1} = BC$ zur Kompensierung der MMK des Ankers verbraucht wird.

Um die richtige Größe und Phase von AW_W zu erreichen, sind mehrere Schaltungen vorgeschlagen. Von diesen ist die von Behn-Eschenburg und M. Latour angegebene wegen ihrer Einfachheit jetzt allgemein verwendet. Die Wendepol-

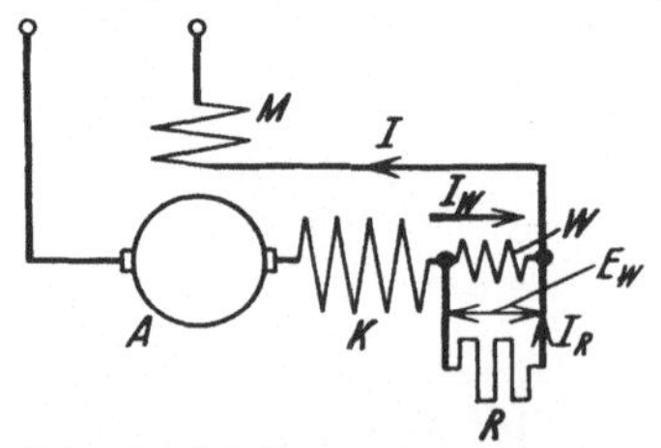

Abb. 395. Schaltungsschema des Einphasen-Reihenschlußmotors von Behn-Eschenburg und Latour.

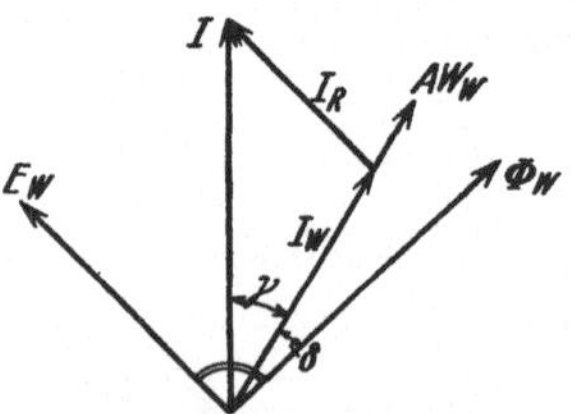

Abb. 396. Vektordiagramm der Wendepolwicklung mit Parallelwiderstand.

wicklung ist hier direkt in Reihe mit dem Anker geschaltet, aber gleichzeitig ist sie durch einen Ohmschen Widerstand überbrückt (Abb. 395).

Bei der Aufzeichnung eines Vektordiagrammes für die Schaltung können wir den Ohmschen Widerstand der Wendepolwicklung selbst vernachlässigen. Dann eilt die Klemmenspannung E_W des Wendepols dem resultierenden Wendepolfluß Φ_W um 90° voraus (s. Abb. 396). Der Arbeitsstrom J spaltet sich in zwei Teile. Durch den Widerstand fließt die Komponente $J_R = \dfrac{E_W}{R}$ in Phase mit E_W, und durch die Wendepolwicklung die Komponente J_W in Phase mit $A W_W$.

Aus der Belastung, für die die Wendepolwicklung eingestellt werden soll, erhält man die Vektoren der Diagramme (Abb. 394 und 396). Weiter errechnet sich dann die Windungszahl der Wendepole $w_W = \dfrac{A\,W_W}{J_W}$, die Spannung am Wendepolpaar $E_W \approx \pi \sqrt{2}\, f\, w_W\, \Phi_W \cdot 10^{-8}$ V und der Widerstand $R = \dfrac{E_W}{J_R}$.

Der Parallelwiderstand R wird in der Praxis im Interesse einer einfachen Bedienung des Motors fest eingestellt, so daß ΔE_p für einen gegebenen normalen Arbeitsstrom nur bei einer bestimmten Drehzahl restlos aufgehoben wird. Wegen der Eisensättigung kann diese richtige Wirkungsweise des Wendepols für einen anderen Strom bei einer davon etwas abweichenden Drehzahl eintreten. Nun muß die Transformatorspannung ΔE_p schon mit Rücksicht auf den Anlauf klein gewählt werden, und außerdem werden bei den größten Geschwindigkeiten in der Regel nur kleine Drehmomente gefordert, wodurch die Kommutierungsbedingungen wesentlich erleichtert werden. Es ist daher möglich, eine Stromwendung ohne schädliche Funken bei allen Geschwindigkeiten mit nur einer unveränderlichen Widerstandsstufe zu erreichen.

Sowohl der Parallelwiderstand wie die früher besprochenen Widerstandsverbindungen verursachen einen Energieverlust, der in beiden Fällen von der Größenordnung 1 bis 3% ist.

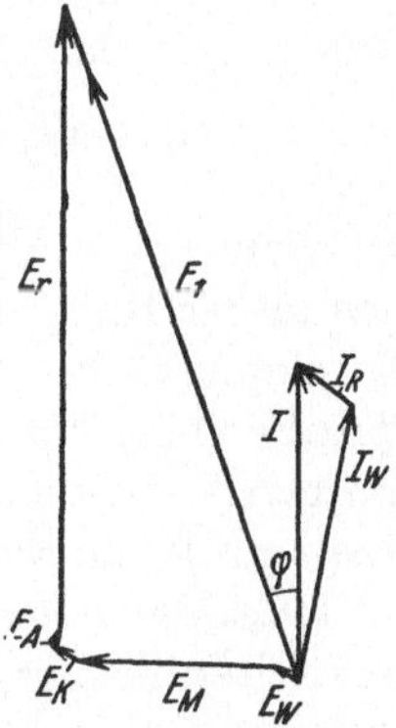

Abb. 397. Experimentell bestimmtes Vektordiagramm eines 545 kW. Bahnmotors bei Nennlast.

Abb. 397 zeigt das maßstäbliche Spannungsdiagramm[1] für einen Bahnmotor mit Wendepolen und verteilter Kompensationswicklung bei der einstündigen Nennleistung, die 545 kW mit 550 U/min bei 380 V und $16\frac{2}{3}$ Hz war. Die Spannungskomponenten zur Überwindung der Spannungsabfälle sind E_W, E_M, E_K und E_A für Wendepol-, Erreger-, Kompensations- bzw. Ankerwicklung. E_r ist die der Rotations-EMK entsprechende Komponente, und E_1 die Klemmenspannung. Der Motorstrom J wird in die Komponente J_W durch die Wendepolwicklung und J_R durch den Parallelwiderstand gespalten.

In Abb. 398 ist ein Beispiel von der Ausführung des Stators bei

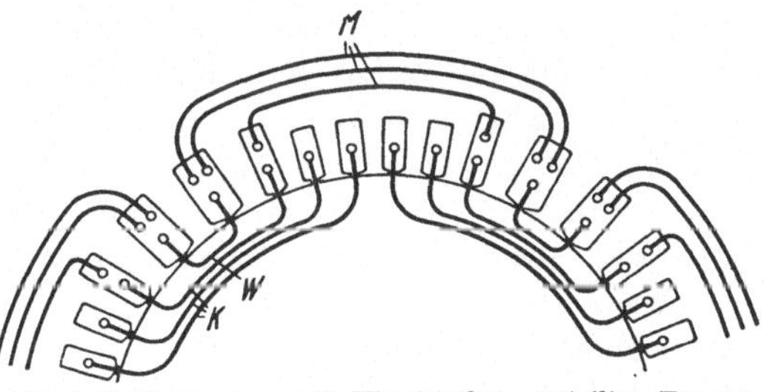

Abb. 398. Feldsystem mit Wendepolen, verteilten Erreger- und Kompensationswicklungen.

einem Motor mit verteilter Erregerwicklung M, verteilter Kompensationswicklung K und Wendepolwicklung W schematisch dargestellt.

Bei großen Polzahlen liegen dem kleinen Polbogen nur wenige Ankernuten gegenüber und das Ankerquerfeld kann keine große Stärke erreichen. Es ist

---

[1] Nach Bulletin Oerlikon, Nr. 77, November 1927.

daher möglich, die Kompensationswicklung ganz fortzulassen und das Feldsystem erhält dann große Ähnlichkeit mit
dem eines Gleichstrommotors (s. Abb. 399).
Dabei wird zwar eine induktive Spannungskomponente zur Überwindung der induzierten
EMK des Ankerfeldes bestehen. Diese wird
aber zum Teil durch eine Verkleinerung der
Erregerspannung wieder ausgeglichen, die aus

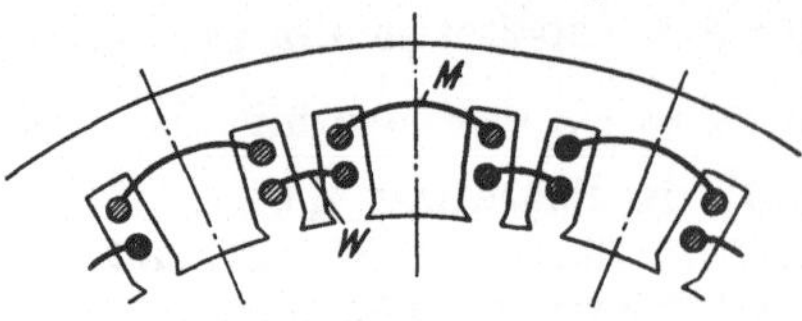

Abb. 399. Feldsystem bei fortgelassener Kompensationswicklung.

dem Fehlen der den magnetischen Widerstand des Hauptfeldes erhöhenden
Nuten der Kompensationswicklung folgt.

9. Bemerkungen über die Feldpulsationen höherer Ordnung.

Wie wir in Abschn. 7 gesehen haben, werden von den verschiedenen inneren
Strömen in den durch die Bürsten kurzgeschlossenen Ankerspulen Feldpulsationen von der „Lamellenfrequenz" $\frac{K\,n}{60}$ erzeugt, Auch die „Kommutierungs-
frequenz" $\frac{1}{T_1}$, d. h. die Anzahl der vollen Stromwendungen je Sekunde, macht
sich in der Rückwirkung geltend. Indem der Rotor sich dreht, ändert sich weiter
die magnetische Leitfähigkeit des Hauptfeldes periodisch mit der Frequenz entsprechend der Nutenzahl des Rotors, wodurch Feldpulsationen von dieser „Nutenfrequenz" erzeugt werden. Das Verhältnis der Lamellenfrequenz zur Nutenfrequenz ist durch die Lamellenzahl je Nut gegeben.

Da der gesamte magnetische Kreislauf des Einphasenreihenmotors in lamelliertem Eisen erfolgt, werden diese verschiedenen Pulsationen nicht durch Wirbelströme effektiv abgedämpft und es entstehen daher entsprechende Pulsationen
in dem vom Netze aufgenommenen Strom. Diese Pulsationen sind insbesondere
bei der Verwendung des Einphasenreihenmotors für Bahnbetrieb unangenehm.
Der Strom in der Leitungsanlage der Bahn wird zunächst durch elektromagnetische
Induktion Spannungen von denselben Periodenzahlen in naheliegenden Schwach-
stromleitungen erzeugen. Die Lamellenfrequenzen werden bei voller Geschwindigkeit meistens so hoch (etwa 4000 bis 6000 Hz), daß sie sich von der Empfindlich-
keitszone des Ohres entfernen, aber die übrigen Frequenzen sind nur etwa ½ bis ¼
davon und können daher sehr leicht Fernsprechstörungen verursachen.

Die an und für sich kleinen Feldpulsationen der Nutung können wegen ihrer
hohen Frequenzen auf die Arbeitsweise des Motors selbst störend wirken, da die
dadurch erzeugten zusätzlichen Spannungen in den kurzgeschlossenen Spulen
eine solche Größe erreichen können, daß die Kommutierung erschwert wird.
Diese Spannungen lassen sich durch die Wendepole nicht beseitigen.

Die oben erwähnten Pulsationen im Motor können durch verschiedene kon-
struktive Maßnahmen reduziert werden. Die Nuten im Rotor (oder evtl. im
Stator) werden um eine Nutteilung schräggestellt. Die Nuten werden nicht zu
grob und der Luftspalt nicht zu klein gewählt. Die Verwendung einer ungleichen
Nutenzahl je Polpaar hat auch einen günstigen Einfluß auf die Nutenschwan-
kungen und eine schwache Schrittverkürzung gibt den Vorteil einer Verlängerung
der Kommutierungszeit T_N*. Massive Leiter und Widerstandsverbindungen haben
immer einen dämpfenden Einfluß auf die inneren Ströme.

---

* Siehe z. B. **Arnold-la Cour**: Die Gleichstrommaschine 1, 3. Aufl., S. 247.

10. Der Einphasen-Reihenschlußmotor als Generator.

Wie bekannt, kann ein Gleichstrom-Reihenschlußmotor auch als Generator auf einen Belastungswiderstand arbeiten. Diese Eigenschaft des Motors wird bei elektrischen Bahnen zu der sogenannten Widerstands- oder Kurzschlußbremsung verwendet. Dagegen kann ein Gleichstrom-Reihenschlußmotor nicht unmittelbar als Generator für die Rückgabe von Strom an das primäre Leitungsnetz benutzt werden. Eine sogenannte Nutzbremsung ist somit beim Gleichstrom-Reihenschlußmotor nicht ohne weiteres möglich. Wenn Nutzbremsung bei

Gleichstrombahnen verwendet wird, hat man zu besonderen Schaltungen mit zusätzlichen Erregungen greifen müssen, wodurch den rückarbeitenden Motoren eine Art Nebenschluß- oder Kompoundcharakteristik gegeben wird.

Gehen wir nun zum Einphasen-Reihenschlußmotor über, so ergeben sich aus dem Stromdiagramm in der früher entwickelten Form keine prinzipiellen Hindernisse für das Arbeiten der Maschine als Generator. Es ist nur erforderlich, ihre Drehrichtung zu ändern, d. h. die Drehzahlen vom

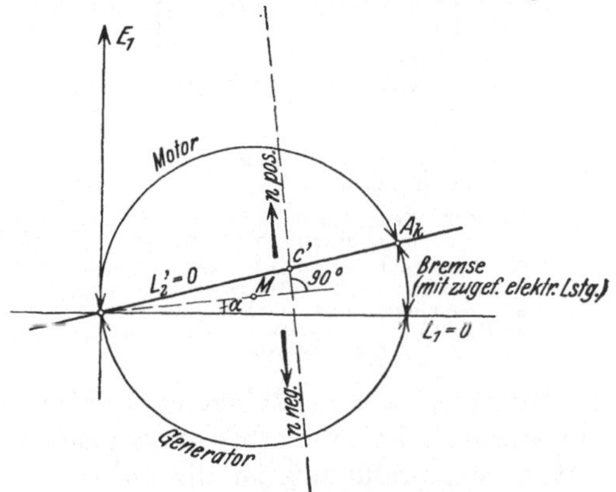

Abb. 400. Die verschiedenen Arbeitsgebiete im Stromdiagramm des Einphasen-Reihenschlußmotors.

Stillstandspunkt C' abwärts anstatt nach oben abzutragen (Abb. 400). Anstatt die Drehrichtung zu ändern, kann man auch die Stromrichtung im Anker und im Feld relativ zueinander umkehren. Dieselbe Umschaltung muß bekanntlich auch bei Gleichstrom-Reihenschlußmotoren vorgenommen werden, wenn sie als Generatoren arbeiten sollen.

Der Betrieb eines Reihenschlußmotors als Wechselstromgenerator ist jedoch nicht ohne weiteres möglich. Erstens muß bemerkt werden, daß er überhaupt nicht als sogenannter „selbständiger" Generator für Wechselstrom arbeiten kann, weil das ganze Hauptfeld der Maschine als reines Wechselfeld durch Null gehen muß und dann ohne äußere Hilfsmittel nicht wiederhergestellt werden kann. Aber Gleichstrom kann er hervorbringen genau wie eine Gleichstrom-Hauptschlußmaschine, da er in der Tat eine hochentwickelte Form der allgemeinen Reihenschlußmaschine darstellt.

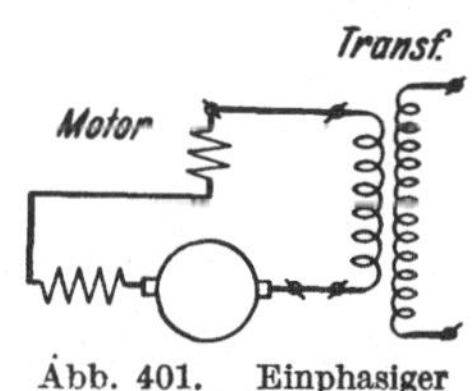

Abb. 401. Einphasiger Reihenschlußmotor mit Netztransformator.

Am Netz liegend, kann der einphasige Reihenschlußmotor als unselbständiger Wechselstromgenerator wirken, sucht sich aber dabei auch als Gleichstromgenerator zu erregen. Die Neigung dazu wird besonders ausgeprägt sein, wenn der Motor direkt mit einem Transformator verbunden ist (Abb. 401).

Der Gleichstromwiderstand, auf den die Maschine arbeitet, hat dann einen kleinen Wert, so daß die Maschine praktisch als kurzgeschlossener Gleichstromgenerator läuft. Es sind mehrere Schaltungen zur Vermeidung dieser Selbsterregung vorgeschlagen. Nach der Art der Erregung des Hauptfeldes können sie in die folgenden Gruppen eingeteilt werden.

a) Hauptschlußerregung. Die Ausbildung eines selbsterregten Gleichstromes läßt sich dadurch verhindern, daß die Erregerwicklung nicht unmittelbar, sondern über einen Reihentransformator in den Ankerstromkreis geschaltet wird

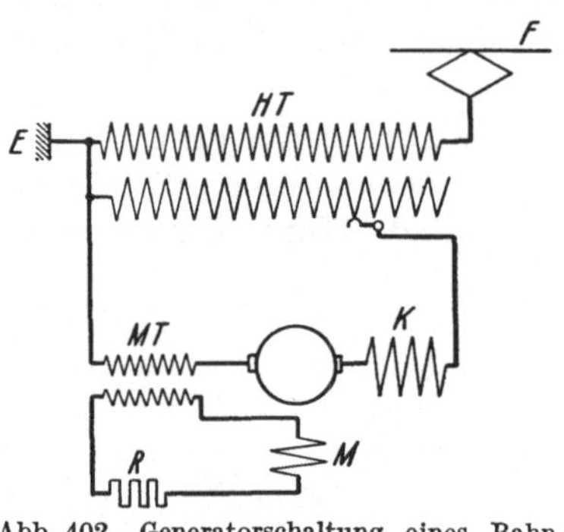

Abb. 402. Generatorschaltung eines Bahnmotors bei Hauptschlußerregung.

F = Fahrdraht, E = Erde, HT = Haupttransformator, MT = Erregertransformator, K = Kommutierungs- und Kompensationswicklungen, M = Erregerwicklung, R = Dämpfungswiderstand.

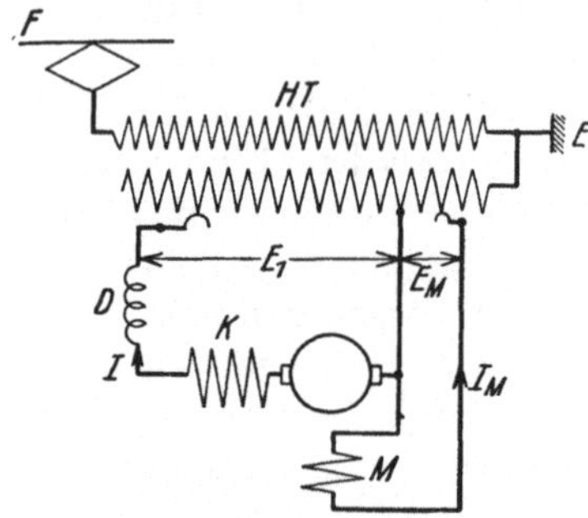

Abb. 403. Nutzbremsschaltung mit Nebenschlußerregung.

(s. Abb. 402). Ein entstehender Gleichstrom wirkt zwar während des Anwachsens transformatorisch und ruft somit einen Erregerstrom hervor, aber wenn er seine Stärke eingestellt hat, ist die auf der Sekundärseite des Erregertransformators induzierte EMK gleich Null. Die Erregung und damit der Ankerstrom fallen wieder ab und die Vorgänge spielen sich weiter wie bei üblichen Wechselstromgrößen ab. Die entstehende Periodenzahl ist durch den Widerstand und die Induktivität des Ankerstrom- und Erregerstromkreises bestimmt.

Um diese Selbsterregung mit netzfremder Frequenz, für den der Haupttransformator wieder einen Kurzschluß bilden würde, zu unterdrücken, erschwert man die Stromübertragung in die Erregerwicklung dadurch, daß man den Erregertransformator mit großem Magnetisierungsstrom ausführt und außerdem in den Erregerkreis Widerstand einschaltet (s. Abb. 402). Der Wirkungsgrad und der Leistungsfaktor der ganzen Schaltung werden daher ungünstig.

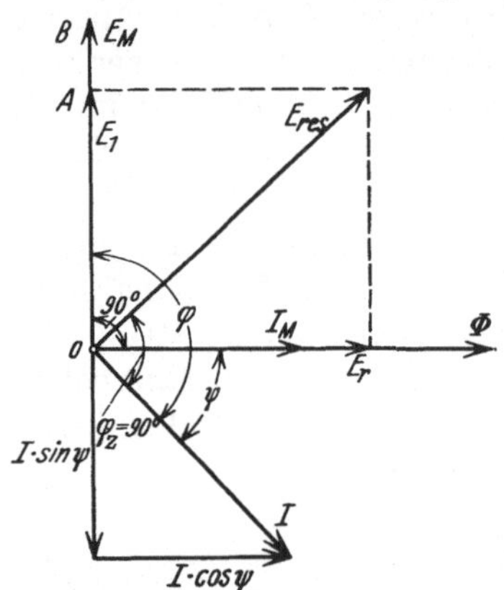

Abb. 404. Vektordiagramm zur Schaltung nach Abb. 403.

b) Nebenschlußerregung. Diese Anordnung, die 1904 von A. Blondel angegeben wurde, ist von der Maschinenfabrik Oerlikon nach der prinzipiellen Schaltung, Abb. 403 (Nutzbremsschaltung), in den Bahnbetrieb eingeführt worden. Der Ankerstromkreis ist unter Einschaltung einer Drosselspule D über einen Teil der Transformatorwicklung mit der Spannung E_1 gelegt, während die Erregerwicklung auf einen Teil mit der Spannung E_M geschlossen ist.

Bei der Aufzeichnung des Diagrammes, Abb. 404, werden die Ohmschen Verluste und die Eisenverluste vernachlässigt. Das Hauptfeld Φ im Motor eilt der Klemmenspannung E_M der Erregerwicklung um 90° nach. $E_M = AB$ muß wieder in Phase mit $E_1 = OA$ sein, da die beiden Spannungen in derselben Transformatorwicklung erzeugt werden. In Phase mit Φ liegt die durch die Rotation im Anker induzierte EMK E_r. E_{res} wird somit die resultierende EMK in dem Stromkreis, der aus der Anker- und Kompensationswicklung samt dem zugehörigen Teil der Transformatorwicklung besteht. E_1 und E_r sind von derselben Größenordnung und E_{res} wird daher um ungefähr 45^0 gegen diese EMKe phasenverschoben. In den Hauptstromkreis wird nun die Drosselspule D geschaltet, so daß der Strom innerhalb zulässiger Grenzen gehalten wird. Außerdem erreicht man hierdurch, daß der Strom J gegen E_{res} um etwa 90^0 phasenverzögert wird. J kann in die beiden Komponenten $J \cdot \cos \psi$ in Phase mit E_r und $J \cdot \sin \psi$ in entgegengesetzter Phase zu E_1 gespalten werden.

Die Komponente $J \cdot \sin \psi$ bezeichnet einen generierten Wirkstrom; es findet also eine Rückgewinnung von Energie statt. Die Komponente $J \cdot \cos \psi$ eilt der Klemmenspannung E_1 um 90^0 nach und repräsentiert daher eine aufgenommene Blindleistung, ist somit ein verbrauchter Blindstrom. Da $J \cdot \cos \psi$ in Phase mit Φ liegt, so ist es diese Komponente, die die Größe des bremsenden Drehmomentes bestimmt. Jeder Stufe von E_M entspricht ein bestimmtes Feld Φ und jeder Wert von E_1 ergibt eine Stromkomponente $J \cdot \cos \psi = \dfrac{E_1}{\sum \text{Reakt.}}$ Folglich wird die Bremskraft konstant und unabhängig von der Geschwindigkeit, nur durch die Wahl von E_M und E_1 bestimmt.

Abgesehen von den Verlusten ist die von der Maschine entwickelte Leistung

$$J \cdot \cos \psi \cdot E_r = \frac{E_1}{\sum (x)} E_r \tag{19}$$

gleich der rückgelieferten Leistung

$$J \cdot \sin \psi \cdot E_1 = \frac{E_r}{\sum (x)} E_1 . \tag{20}$$

Hier ist nach den Gl. (1) und (2a)

$$E_r = \frac{2}{\pi} \frac{w_a}{k_{w_m} w_m} \frac{f_r}{f} E_m , \tag{21}$$

wo $E_m \approx E_M$ gesetzt werden kann.

Nachteilig an der obigen Schaltung ist der niedrige Leistungsfaktor. Dieser kann dadurch verbessert werden, daß man die Erregerwicklung mit einem Ohmschen und einem induktiven Widerstand zu einem Sternsystem kombiniert, dessen freie Enden mit dem Haupttransformator verbunden werden (Abb. 405). In dieser Schaltung, die der Anlaßschaltung eines Induktionsmotors an einem Einphasennetz ähnelt (s. S. 289), kann die Phasenverschiebung zwischen Erregerstrom und Netzspannung auf Null oder einen anderen gewünschten Wert eingestellt werden. Die Drosselpule im Hauptstromkreis ist dann überflüssig und die Wirkungsweise nähert sich derjenigen der nächsten Schaltungsgruppe[1].

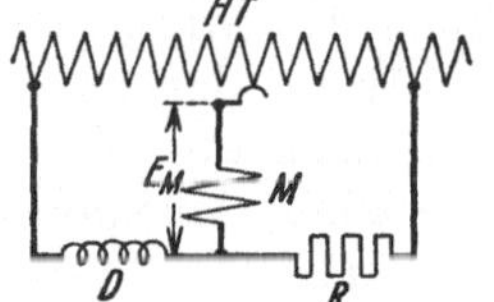

Abb. 405. Schaltung des Erregerstromkreises bei Nutzbremsschaltung der Siemens-Schuckertwerke.

c) **Fremderregung.** M. Latour schlug im Jahre 1906 vor, den bremsenden Motor durch einen Phasenumformer fremd zu erregen. Eine prinzipielle Schal-

---

[1] Siehe Siemens-Zeitschr. **1925**, 478; **1927**, 32.

tung der Anordnung von Brown, Boveri & Cie geht aus Abb. 406 hervor. Der Phasenumformer P ist hier eine einphasige Induktionsmaschine mit Kurzschlußrotor und einer umlaufenden, in sich geschlossenen Statorwicklung, die (im zweipoligen Schema) an zwei diametral gegenüberliegenden Punkten an eine passende Anzapfung des Transformators HT angeschlossen wird. Mittels Hilfsphase oder Hilfsmotor angeworfen, rufen die Stator- und Rotorströme in der Maschine ein resultierendes Drehfeld hervor, und die Maschine kann daher als freilaufender Phasenumformer arbeiten (s. Abschn. IV 22). Der Erregerstrom wird an zwei gegen den Zufuhrpunkten um ungefähr 90^0 versetzten Punkten abgenommen.

Entsprechend dieser Versetzung eilt im Spannungsdiagramm, Abb. 407, die Erregerspannung E_M der Transformatorspannung E_1 angenähert um 90^0 nach und die im Motoranker induzierte EMK E_r erhält fast entgegengesetzte Phase von E_1. Wenn ein Widerstand R_1 im Hauptstromkreis eingeschaltet ist, erzeugt die resultierende EMK $E_{r \cdot s}$

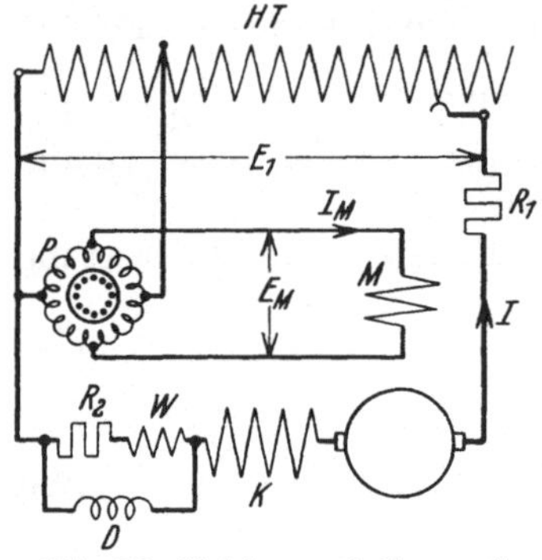

Abb. 406. Nutzbremsschaltung mit Fremderregung durch Phasenumformer.

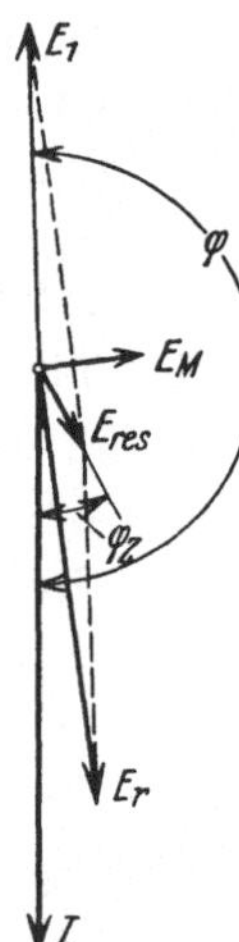

Abb. 407. Vektordiagramm zur Schaltung nach Abb. 406.

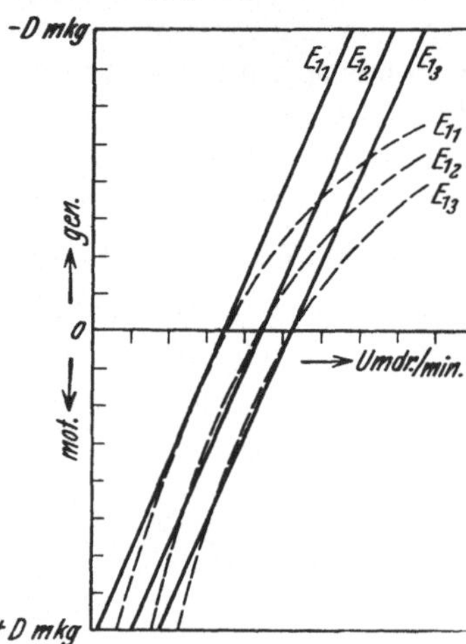

Abb. 408. Drehmoment für verschiedene Transformatorstufen in Abhängigkeit von der Geschwindigkeit bei der Schaltung nach Abb. 406.

einen gegen dieselbe nur mäßig phasenverschobenen Strom J. Der Widerstand R_1 wird zur sicheren Unterdrückung der Selbsterregung über die Wendepole, die etwa bei ungenauer Bürstenstellung eintreten könnte, und zur Dämpfung der Stromstöße bei der Regulierung vorgesehen.

Wenn der Phasenumformer an einer konstanten Spannung liegt, ist auch E_M konstant. Also wird E_r und J und damit das Bremsmoment bei ein und derselben Anzapfung am Transformator linear von der Drehzahl abhängig. In Funktion derselben wird folglich das Drehmoment für die einzelnen Transformatorstufen durch parallele, gegen die Abszissenachse geneigte Gerade dargestellt (Abb. 408). Unter Voraussetzung einer bestimmten Spannung E_1 wird das Drehmoment bei einer gewissen Drehzahl gleich Null. Sinkt die Geschwindigkeit noch weiter, wird das Drehmoment umgekehrt, also motorisch. Der Motor sucht somit selbsttätig die Geschwindigkeit innerhalb gewisser Grenzen zu halten.

Durch Verwendung von Gegenkompoundierung ist es möglich, die Momentgeraden in die gestrichelten Kurven der Abb. 408 überzuführen, was gelegentlich wünschenswert sein kann[1].

---

[1] Siehe Th. Boveri: BBC-Mitt., Nov. 1920.

Zum Schluß soll noch bemerkt werden, daß die Einstellung des Wendefeldes für Generatorbetrieb eine andere als für Motorbetrieb sein muß. Die Feldkomponente, die die Transformatorspannung ΔE_p kompensieren soll, muß bei Generatorbetrieb dem kommutierenden Feld um 90° voreilen. Diese Umkehr der Feldrichtung gegenüber Motorbetrieb erhellt ohne weiteres aus der Umwechslung des Hauptfeldes bei ungeänderter Stromrichtung im Anker. Der Wendepolstrom kann nun in der gewünschten phasenvoreilenden Richtung verschoben werden, indem ein Widerstand in Reihe mit der Wendepolwicklung geschaltet und parallel zu dieser Reihenschaltung eine Drosselspule gelegt wird (s. Abb. 406).

Zweites Kapitel.

Der indirekt gespeiste Hauptschlußmotor für Einphasenstrom.

11. Wirkungsweise des einfachen Repulsionsmotors.

a) Allgemeines. In dem bisher behandelten Einphasen-Reihenschlußmotor wird der Strom dem rotierenden Anker direkt durch die Bürsten zugeführt. Solche Maschinen können als „direkt gespeiste" Motoren oder „Konduktionsmotoren" bezeichnet werden, weil der Strom durch Leitung (Konduktion) dem Anker zugeführt wird. Da in einem derartigen Einphasenmotor die Erregerwicklung auf dem Stator liegt, wird er auch **direkt gespeister Hauptschlußmotor mit Statorerregung** genannt. Im Gegensatz hierzu ist der Repulsionsmotor ein „**indirekt gespeister**" Motor oder „**Induktionsmotor**". In der gewöhnlichen Ausführung hat er **Stator**erregung und läßt sich dann aus dem direkt gespeisten Hauptschlußmotor mit kurzgeschlossener Kompensationswicklung (Abb. 409) ableiten, indem man die Rolle von Anker und Kompensationswicklung vertauscht (Abb. 410).

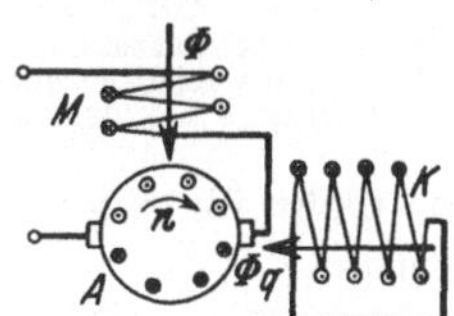

Abb. 409. Schaltungsschema des direkt gespeisten Hauptschlußmotors mit kurzgeschlossener Kompensationswicklung.

M ist in beiden Fällen die eigentliche Erregerwicklung zur Erzeugung des Feldes, worin die Rotations-EMK des Ankers induziert wird. Dieses Feld ist es, das mit dem Rotorstrom das Drehmoment bildet, und es ist daher als das eigentliche Motorfeld Φ bzw. Φ_M zu betrachten. Es steht senkrecht zur magnetischen Achse der Ankerwicklung.

Die Anker- oder Rotorwicklung und die in derselben Achse liegende Statorwicklung wirken aufeinander wie zwei Transformatorwicklungen. Im ersten Fall ist die Statorwicklung (Kompensationswicklung) K kurzgeschlossen, während die Ankerwicklung in Reihe mit der Erregerwicklung M liegt. Im zweiten Fall da-gegen ist die Anker- oder Rotorwicklung

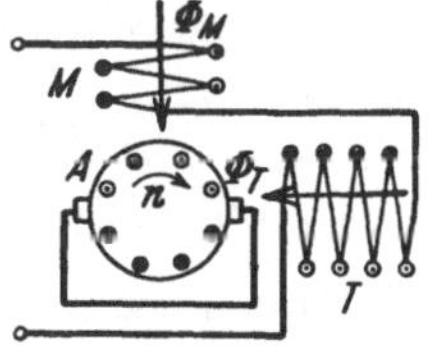

Abb. 410. Schaltungsschema des indirekt gespeisten Hauptschlußmotors mit Statorerregung nach Atkinson (1897).

kurzgeschlossen, während die entsprechende Statorwicklung in Reihe mit der Erregerwicklung M liegt.

Im indirekt gespeisten Motor wird der Strom durch statische elektromagnetische Induktion (Transformatorwirkung) in die Ankerwicklung hinübertransformiert. Der Motor wird daher auch **Transformatormotor** genannt, und die Statorwicklung T, deren Achse mit der Rotorachse zusammenfällt, wird als Transformatorwicklung bezeichnet. Damit übereinstimmend wird der Kraftfluß, der in dieser Achse liegt, zum Unterschied vom Motorfeld Φ_M als das Transformatorfeld Φ_T bezeichnet. Beim direkt gespeisten Motor ist das entsprechende Feld, das Querfeld Φ_q, sehr schwach, so daß dieser Motor im wesentlichen nur ein Feld, das Motorfeld Φ, besitzt. Der indirekt gespeiste Motor hat dagegen zwei Felder, nämlich das Motorfeld Φ_M und das Transformatorfeld Φ_T. Diese beiden Felder stehen um 90 elektrische Grade gegen einander verschoben am Ankerumfange. Wie wir später sehen werden, sind die beiden Felder auch angenähert um 90^0 gegeneinander phasenverschoben.

Die beiden Statorwicklungen können auch zu einer einzigen vereinigt werden, deren Achse geneigt zu der des Rotors steht, ohne daß sich an der prinzipiellen Wirkungsweise etwas ändert. Bei dem in Abb. 411 schematisch dargestellten Motor mit gleichmäßig verteilter Statorwicklung bestimmt der Winkel ϱ, um den die magnetische Achse dieser Wicklung gegen die Rotorachse geneigt ist, die Anteile der Erregerwicklung und der Transformatorwicklung. Die auf dem Bogen $2\,\varrho$ liegenden Leiter des Stators magnetisieren senkrecht zur Rotorachse und bilden daher die Erregerwicklung. Die übrigen auf dem Bogen $\pi - 2\,\varrho$ liegenden Leiter, die in der Rotorachse magnetisieren, gehören zur Transformatorwicklung. Auch eine Statorwicklung, die nicht über den ganzen Umfang verteilt ist, kann in ähnlicher Weise zerlegt werden.

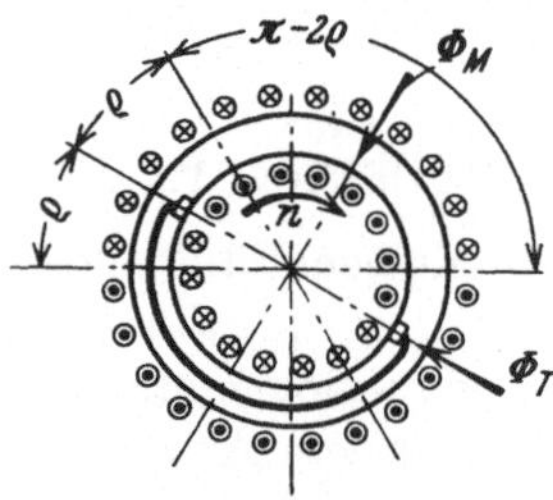

Abb. 411. Schematische Darstellung eines Repulsionsmotors mit Bürstenverschiebung.

Der Name Repulsionsmotor stammt von **Elihu Thomson**, der im Jahre 1887 einen Motor mit ausgeprägten Polen und offner Rotorwicklung angab, dessen Wirkung auf der elektroinduktiven Abstoßung einer in einem Wechselfeld schräggestellten kurzgeschlossenen Spule beruhte (s. Abschn. IV, 29). Später werden alle Motoren mit kurzgeschlossenen Bürsten als Repulsionsmotoren bezeichnet.

b) Das Verhalten des Motors bei Stillstand. Aus Abb. 409 und 410 ist ersichtlich, wie das Drehmoment eines Repulsionsmotors in ganz entsprechender Weise wie in einem Reihenschlußmotor entsteht. Das Transformatorfeld Φ_T ist dann sehr schwach, wie in einem kurzgeschlossenen Transformator. Auf den Teil des Motors, der das Transformatorfeld umfaßt, können wir daher beim Stillstand ohne weiteres die Theorie des kurzgeschlossenen Transformators anwenden. Wie bei Transformatoren rechnen wir das Übersetzungsverhältnis $\dfrac{k_{w_t}\,w_t}{k_{w_a}\,w_a} = 1$, wo sich die Indizes „$t$" und „$a$" auf die Transformatorwicklung bzw. Rotorwicklung beziehen. Wir rechnen also mit reduzierten Werten von Impedanz, Strom und EMK der kurzgeschlossenen Sekundärwicklung.

Unser Ziel ist, das Spannungsdiagramm des Motors zu entwickeln, und wir nehmen daher den primären Motorstrom J_1 von einer konstanten, gegebenen Größe an. Wie in einem Transformator wollen wir die Größen, die der Sekundärseite (hier der Rotorwicklung) angehören, mit dem Index 2, und diejenigen, die zur Primärwicklung (hier Transformatorwicklung) gehören, mit dem Index 1 bezeichnen. Um die Behandlung zu vereinfachen, sehen wir von den Eisenverlusten ab und nehmen also die respektiven Felder in Phase mit den entsprechenden MMKen oder Strömen an.

Bei Stillstand gelten für Rotor- und Transformatorwicklung die Kurzschlußgleichungen eines Transformators:

$$J_1 = \bar{c}\,\bar{J}_{2k}, \tag{22}$$

$$\bar{E}_{1k} = J_1\bar{z}_k, \tag{23}$$

wo $J_1 = \bar{J}_1$ reell und konstant, $\bar{c} = ce^{-j\gamma}$ und $\bar{z}_k = \bar{z}_1 + \dfrac{\bar{z}_2}{\bar{c}}$ ist. Im Diagramm Abb. 412 wird abgetragen $J_1 = OA$ in Phase mit Φ_M, $J_1\bar{z}_k = OB$ und $J_1\bar{z}_m = J_1(r_m + jx_m) = BC$, wo r_m und x_m der Ohmsche bzw. der induktive Widerstand der Erregerwicklung ist. Hierzu kommt noch die Spannungskomponente zur Überwindung der induzierten EMK der Erregerwicklung (vgl. Gl. 2a):

$$CD = E_m = \pi\,\sqrt{2}\,f\,k_{wm}w_m\,\Phi_M\,10^{-8}\,\text{V}. \tag{24}$$

Wir erhalten dann die Klemmenspannung bei Stillstand $OD - E_{1k}$. Der Rotorstrom, auf die Transformatorwicklung reduziert, ist

$$\bar{J}_{2k} = \frac{J_1}{\bar{c}} = \frac{J_1}{c}\,e^{j\gamma}. \tag{25}$$

Da $c > 1$ und $\gamma > 0$ ist, wird J_{2k} ein wenig kleiner als J_1 und eilt J_1 um den kleinen Winkel γ vor. Wird $FA = J_{2k}$ abgetragen, stellt $OF = J_{ak}$ den Magnetisierungsstrom bei Kurzschluß dar. Dieser Strom erzeugt ein verhältnismäßig schwaches Feld im kurzgeschlossenen Transformator zur Überwindung der Impedanz der Sekundärwicklung (der Rotorwicklung). Die durch das Feld induzierte EMK ist $\bar{E}_{ak} = \bar{J}_{2k}\bar{z}_2$. OF steht senkrecht zu $\bar{J}_{2k}\bar{z}_2$ oder angenähert senkrecht zu $\bar{J}_1\bar{z}_k = OB$.

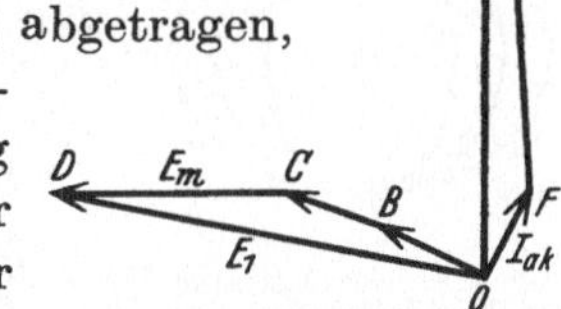

Abb. 412. Vektordiagramm des einfachen Repulsionsmotors bei Stillstand.

Das Anzugsmoment des Motors entsteht durch die Kraftwirkung zwischen dem Motorfeld Φ_M und dem Rotorstrom J_{2k}.

c) Das Verhalten des Motors im Lauf. Wir wollen jetzt die Erscheinungen betrachten, die auftreten, wenn sich der Motor in Rotation setzt. Dabei setzen wir voraus, daß der Statorstrom auf dem konstanten Wert J_1 gehalten wird. Dann behält auch das Motorfeld Φ_M seine Stärke ungeändert. Wenn sich der Anker in diesem Felde dreht, entsteht nach Gl. (1) die induzierte EMK

$$E_r = 2\,\sqrt{2}\,f_r\,w_a\,\Phi_M\,10^{-8}\,\text{V} \tag{26}$$

in Phase mit Φ_M oder mit J_1. Diese neue EMK wird einen zweiten Rotorstrom erzeugen, der sich über die kurzgeschlossenen Bürsten schließt. Dieser Strom, auf die Statorwicklung reduziert, sei J_{20}. Hierdurch entsteht ein zweites Transformatorfeld, das durch statische Induktion sowohl im Rotor als auch im Stator induzierend wirkt.

Sehen wir vorläufig von der Spannungskomponente ab, die erforderlich ist, um den Strom J_{20} durch die kurzgeschlossene Rotorwicklung zu treiben, so muß

E_r durch die Pulsations-EMK E_a des neuen Transformatorfeldes Φ_T ausgeglichen werden. Die Stromkomponente J_{20} ist dann ein reiner Magnetisierungsstrom, der E_r um 90° nacheilt und in Phase mit Φ_T ist. Wir erhalten somit das Vektordiagramm Abb. 413, wo $E_r = E_a$ ist. Also haben wir

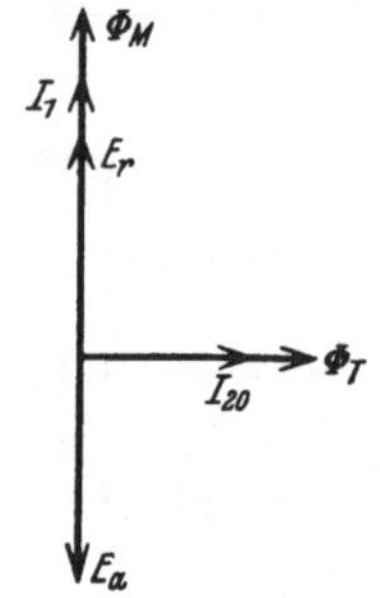

$$2\sqrt{2}\,f_r\,w_a\,\Phi_M\,10^{-8} = \pi\,\sqrt{2}\,f\,k_{w_a}\,w_a\,\Phi_T\,10^{-8}\,.$$

Da der Wicklungsfaktor der gleichmäßig verteilten Rotorwicklung $k_{w_a} = \dfrac{2}{\pi}$ ist, wenn wir Φ_T sinusförmig verteilt annehmen, wird

$$f_r\,\Phi_M = f\,\Phi_T\,,$$

d. h.

$$\Phi_T = \frac{f_r}{f}\,\Phi_M\,. \tag{27}$$

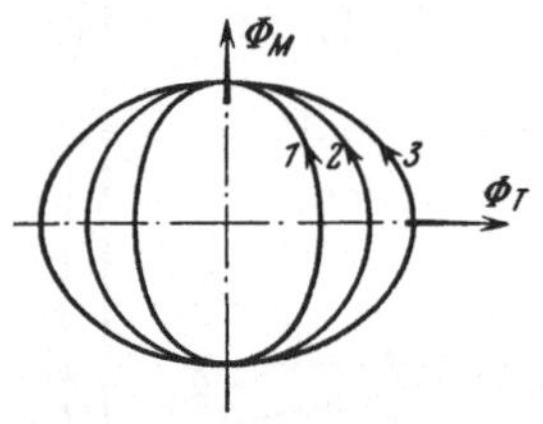

Abb. 413. Vereinfachtes Vekordiagramm der Ströme, der Felder und der induzierten EMKe im Lauf.

Da Φ_M und f konstant sind, erhalten wir somit ein Transformatorfeld Φ_T, das proportional der Rotationsfrequenz wächst. Φ_T und Φ_M sind in der Maschine sowohl räumlich als auch zeitlich um 90° verschoben. Zusammen bilden sie somit ein Drehfeld, das gewöhnlich elliptisch ist, bei Synchronismus jedoch kreisförmig wird. In Abb. 414 ist der geometrische Ort des rotierenden Feldvektors bei untersynchronem Lauf ($f_r < f$) durch die Ellipse *1*, bei synchronem Lauf ($f_r = f$) durch den Kreis *2* und bei übersynchronem Lauf durch die Ellipse *3* dargestellt. Der Spannungsabfall im Rotor wird diesen Verlauf nur in geringem Grade ändern.

Abb. 414. Geometrische Örter des Drehfeldvektors bei verschiedenen Geschwindigkeiten des Motors.

Die Ausbildung eines Drehfeldes ist für die indirekt gespeisten Maschinen charakteristisch und zeigt einen typischen Unterschied gegenüber dem direkt gespeisten Hauptschlußmotor. Dieser Unterschied ist für die Kommutierung von Bedeutung. Bei Synchronismus läuft das praktisch konstante Drehfeld synchron mit der Rotorwicklung, so daß das Hauptfeld keine EMK in den kurzgeschlossenen Spulen induziert. Die Kommutierung ist daher bei Synchronismus eine sehr gute. Die in den kurzgeschlossenen Spulen durch Rotation im Feld Φ_T induzierte EMK ΔE_r ist dann gleich der durch die Pulsation des Feldes Φ_M induzierten EMK ΔE_p. Im Untersynchronismus ist die statische EMK zu groß im Verhältnis zur dynamischen, obersynchron ist die dynamische zu groß.

Nach Gl. (12) ist der Höchstwert

$$\sqrt{2}\cdot\Delta E_p = 2\,\pi\,f\,S_k\,\frac{N}{2\,K}\,\Phi_M\,10^{-8}\,\mathrm{V}\,, \tag{28}$$

und nach Gl. (11) ist

$$\sqrt{2}\,\Delta E_r = S_k\,\frac{N}{K}\,B_T\,l_i\,v\,10^{-6}\,\mathrm{V}\,.$$

Für sinusförmige Verteilung des Transformatorflusses ist

$$B_T = \frac{\pi}{2}\,\frac{\Phi_T}{\tau\,l_i}\,.$$

Weiter ist

$$v = \frac{2\,p\,\tau}{100}\,\frac{n}{60} = \frac{2\,f_r\,\tau}{100}\,,$$

und wir erhalten daher

$$\sqrt{2}\,\varDelta E_r = 2\,\pi\,f_r\,S_k\frac{N}{2\,K}\,\varPhi_T\,10^{-8}\ \mathrm{V}\ . \tag{29}$$

Da wir sinusförmige Pulsation der beiden Felder voraussetzen, ergibt sich für die Effektivwerte

$$\frac{\varDelta E_r}{\varDelta E_p} = \frac{f_r\,\varPhi_T}{f\,\varPhi_M},$$

oder mit Gl. (27)

$$\frac{\varDelta E_r}{\varDelta E_p} = \left(\frac{f_r}{f}\right)^2.$$

Da die beiden EMKe entgegengesetzte Phase haben, ergibt sich deren Resultierende

$$\varDelta E' = \varDelta E_p - \varDelta E_r = \varDelta E_p\left[1 - \left(\frac{f_r}{f}\right)^2\right] \tag{30}$$

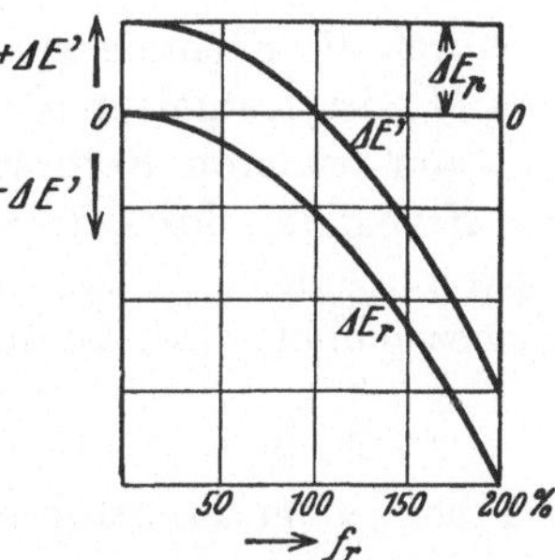

Abb. 415. Die Pulsations- und Rotations-EMKe der kurzgeschlossenen Ankerspulen und deren Resultierende.

In Abb. 415 sind Kurven für $\varDelta E_r$ und $\varDelta E'$ in Abhängigkeit von der Geschwindigkeit dargestellt, wobei Synchronismus gleich 100% gesetzt ist.

Für die Stromwendung selbst bietet der Transformatorfluß kein Wendefeld. Die Stromwendespannung $\varDelta E_N$ ist proportional der Geschwindigkeit und liegt in Phase mit dem gesamten Rotorstrom $\overline{J}_{2k} + \overline{J}_{20}$, während $\varDelta E_r$ in Phase mit $\overline{J}_{20}$ ist. Die resultierende Funkenspannung zwischen den Bürstenspitzen wird daher angenähert (vgl. Abb. 416)

$$\varDelta E_{\mathrm{res}} \approx \sqrt{(\varDelta E_p - \varDelta E_r)^2 + \varDelta E_N^2}\ . \tag{31}$$

Aus den obigen Ausführungen ist ersichtlich, daß der Repulsionsmotor im allgemeinen in der Nähe von Synchronismus und darunter am günstigsten arbeitet.

12. Die Arbeitsdiagramme des Repulsionsmotors.

Wir wollen nun das Spannungsdiagramm für den mit konstantem Strom arbeitenden Motor herleiten. Zu diesem Zwecke kehren wir zu dem in Abb. 412 aufgetragenen Diagramm für Stillstand zurück und superponieren darüber die Spannungen und Ströme, die durch die Rotation entstehen (s. Abb. 416).

Da wir den Primärstrom $J_1 = $ konst. annehmen, wird die neue Komponente, die im Rotorstrome hinzukommt, keine entsprechende neue Komponente im Stator hervorrufen. Der Motor wird sich daher gegenüber der durch die Rotation entstandenen Rotor-EMK E_r wie ein Transformator im Leerlauf verhalten. Die Verhältnisse werden also dieselben, wie wenn man den Sekundärklemmen eines leerlaufenden Transformators die Spannung E_r zuführt. Diese

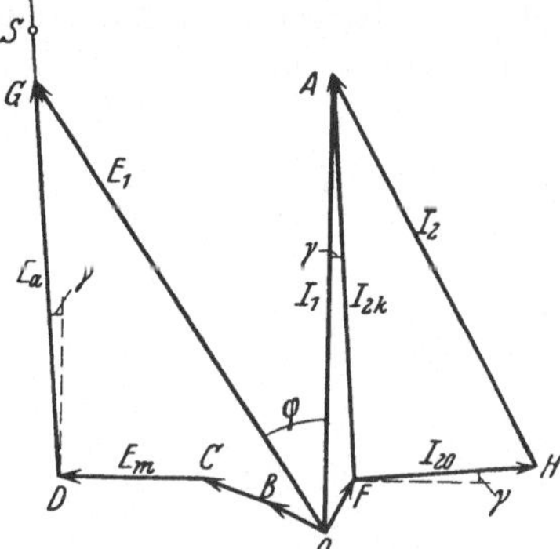

Abb. 416. Spannungsdiagramm des Repulsionsmotors bei konstantem Primärstrom.

Spannung wird von der Rotorwicklung mit dem Wert E_a in die Transformatorwicklung des Stators hinübertransformiert. Wie in einem leerlaufenden Transformator ist

$$E_r = \bar{c}\,\bar{E}_a.$$

E_r wird reell gesetzt, da diese EMK in Phase mit Φ_M und J_1 ist. Wir haben somit

$$\bar{E}_a = \frac{1}{\bar{c}}\,E_r = \frac{1}{c}\,E_r\,e^{j\gamma} \qquad (32)$$

und können also im Diagramm Abb. 416 abtragen

$$E_a = \frac{1}{c}\,E_r = DG,$$

wodurch die Klemmenspannung $E_1 = OG$ und der Phasenverschiebungswinkel φ des Motors festgelegt sind.

Zum früheren Rotorstrom J_{2k} kommt hier noch die Stromkomponente J_{20} zur Erzeugung des Transformatorfeldes Φ_T hinzu. Da die sekundär aufgedrückte Spannung gleich E_r ist, und die Leerlaufadmittanz des Transformatorsystems mit $\bar{y}_0$ bezeichnet wird, können wir schreiben

$$\bar{J}_{20} = E_r\,\bar{y}_0.$$

Da bei jedem Transformator $\bar{y}_0 = \dfrac{\bar{y}_a}{\bar{c}}$ ist, wo $\bar{y}_a$ die Magnetisierungsadmittanz bezeichnet, wird

$$\bar{J}_{20} = \bar{c}\,\bar{E}_a\,\frac{\bar{y}_a}{\bar{c}} = \bar{E}_a\,\bar{y}_a.$$

Bei vernachlässigten Eisenverlusten ist $\bar{y}_a = -j\,b_a$ und

$$\bar{J}_{20} = -j\,b_a\,\bar{E}_a. \qquad (33)$$

J_{20} ist also senkrecht zu E_a abzutragen, d. h. unter dem Winkel γ mit der Waagerechten. Er addiert sich zum Magnetisierungsstrom für Kurzschluß, der im Diagramm durch den Vektor OF dargestellt ist. Tragen wir ab $FH = J_{20}$, so ist der Magnetisierungsstrom bei Belastung durch OH, und der Rotorstrom durch HA dargestellt.

Auf der Spannungsgeraden DG kann ein Maßstab für die Drehzahl in derselben Weise wie beim Reihenschlußmotor bestimmt werden. Bei Synchronismus, $f_r = f$, ist nämlich

$$E_m = \pi\,\sqrt{2}\,f\,k_{w_m}\,w_m\,\Phi_M\,10^{-8}\,\mathrm{V}.$$

und die Rotations-EMK, auf die Transformatorwicklung des Stators reduziert,

$$E_r = \pi\,\sqrt{2}\,f\,k_{w_t}\,w_t\,\Phi_M\,10^{-8}\,\mathrm{V},$$

also

$$E_r = \frac{k_{w_t}\,w_t}{k_{w_m}\,w_m}\,E_m.$$

Weiter wird

$$E_{a\,synchron} = \frac{k_{w_t}\,w_t}{k_{w_m}\,w_m}\,\frac{E_m}{c}. \qquad (34)$$

Der synchrone Punkt S im Diagramm ist somit bestimmt durch

$$DS = \frac{k_{w_t}\,w_t}{k_{w_m}\,w_m}\,\frac{CD}{c}.$$

Das Spannungsdiagramm des Repulsionsmotors hat mit dem des direkt gespeisten Hauptschlußmotors eine große Ähnlichkeit. Der geometrische Ort der Primärspannung E_1 ist wie bei diesem eine fast vertikale Gerade DS. Diese hat jedoch beim Repulsionsmotor eine schwache Neigung nach links, während die entsprechende Neigung beim direkt gespeisten Motor nach rechts geht. Dieser Umstand kann eine gewisse Verschlechterung des Leitungsfaktors gegenüber dem Hauptschlußmotor bewirken. Die Rotationsspannung ist wie beim Hauptschlußmotor dem Strom J_1 beinahe phasengleich und der Drehzahl proportional. Der Sekundärstrom (der Rotorstrom), der im Spannungsdiagramm des Hauptschlußmotors konstant war, hat hier einen gewissen Zuwachs, abhängig von der Geschwindigkeit.

Durch Inversion des Spannungsdiagrammes DS kann nun das Stromdiagramm erhalten werden. Wie man sieht, wird das letztere ein Kreis, dessen Mittelpunkt ein wenig unter der Abszissenachse liegt. Das Stromdiagramm mit den Geraden für Geschwindigkeit, Drehmoment, Wirkungsgrad usw. hat eine große Ähnlichkeit mit dem Diagramm des Hauptschlußmotors, und wir wollen hier von einer näheren Behandlung desselben abstehen. Im ganzen genommen hat der Repulsionsmotor Reihenschlußcharakteristik, deren Hauptmerkmal bekanntlich die mit zunehmender Belastung abnehmende Geschwindigkeit ist.

13. Der Repulsionsmotor mit Geschwindigkeitsregelung durch Bürstenverschiebung.

Das Anlassen, Regeln und Umsteuern läßt sich beim Repulsionsmotor sehr einfach durch Bürstenverstellung, d. h. durch Änderung des Bürstenwinkels ϱ (Abb. 417) besorgen.

Ist der Winkel $\varrho = 90^\circ$, so nimmt der stillstehende Motor vom Netz wie ein unbelasteter

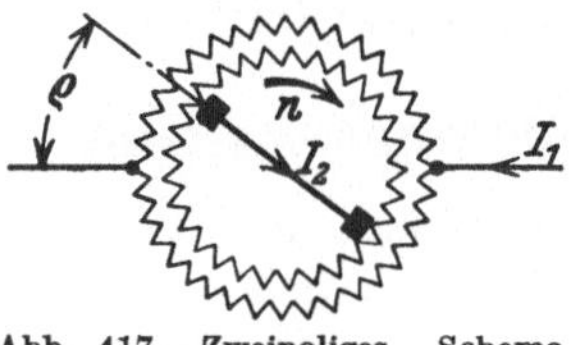

Abb. 417. Zweipoliges Schema eines Repulsionsmotors mit Bürstenverschiebung.

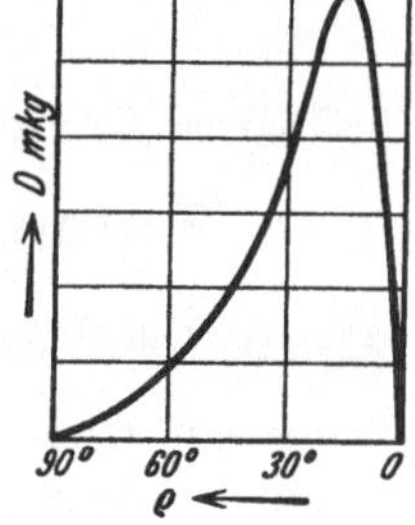

Abb. 418. Anlaufdrehmoment eines Repulsionsmotors in Abhängigkeit von der Bürstenverschiebung.

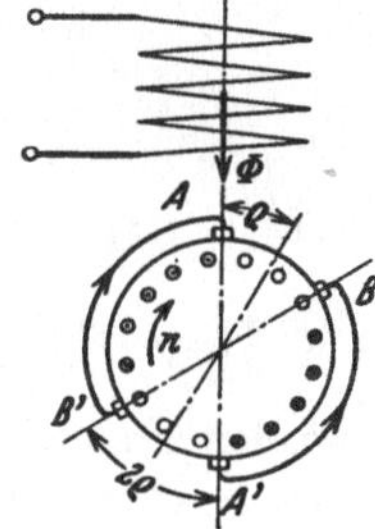

Abb. 419. Zweipoliges Schema eines Déri-Motors.

Transformator nur einen kleinen Magnetisierungsstrom J_1 auf und entwickelt kein Drehmoment. Der Ankerstrom J_2 ist Null und der Rotor bleibt stehen. Dreht man nun die Bürsten so, daß $\varrho < 90^\circ$ wird, so wachsen der Strom J_1 und J_2 und ebenso das Drehmoment immer mehr, bis bei ϱ gleich etwa 15° (Abb. 418) das Drehmoment einen Höchstwert erreicht. Dann sinkt das Drehmoment wieder und wird Null bei $\varrho \approx 0^\circ$ und dabei erreicht der Strom seinen Höchstwert (Kurzschlußstrom). Bei jedem fest eingestellten Bürstenwinkel ϱ hat der Motor eine eigene Seriencharakteristik, d. h. seine Drehzahl sinkt mit zunehmender Belastung. Dreht man von der Stellung $\varrho = +90^0$ aus die Bürsten nach der anderen Seite, so läuft der Motor rückwärts.

Der Motor mit Doppelbürsten (Déri-Motor, Abb. 419) bietet den Vorteil, daß die Bürsten BB' um den Winkel 2ϱ verschoben werden müssen, um dieselbe Wirkung zu erzielen, die eine Verschiebung ϱ beim Motor mit Einfachbürsten hervorbringt.

14. Der kompensierte Repulsionsmotor.

Wie früher erwähnt, ist der Leistungsfaktor des Repulsionsmotors nicht besonders günstig. Um eine Verbesserung desselben zu erreichen, liegt es nahe zu versuchen, die Rotorwicklung selbst als Erregerwicklung zu benutzen.

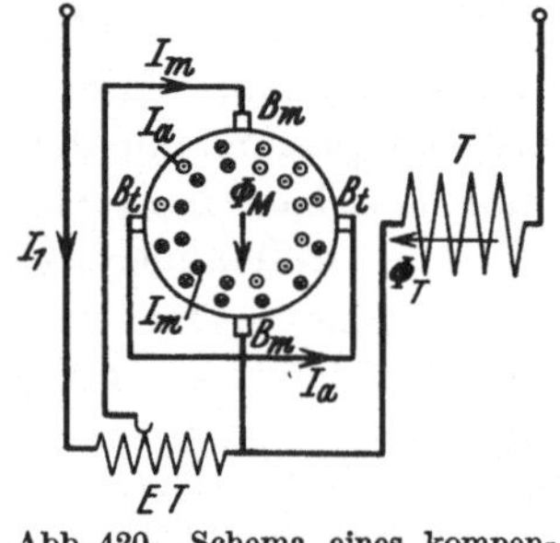

Abb. 420. Schema eines kompensierten Repulsionsmotors mit Erregertransformator (ET).

Latour, sowie Winter und Eichberg haben praktisch gleichzeitig dieselbe Idee gehabt. Die Schaltung des Motors zeigt die Abb. 420. Ein zweites Bürstenpaar B_m wird in Quadratur zu den Hauptbürsten B_t angebracht. Man schickt den Erregerstrom J_m über die Bürsten B_m durch die Ankerwicklung, und der Arbeitsstrom J_a fließt wie beim gewöhnlichen Repulsionsmotor über die Transformatorbürsten B_t. Die Statorspule T dient als Transformatorwicklung.

Diese Anordnung nennt man einen kompensierten Repulsionsmotor, weil an den Bürsten B_m durch das Feld Φ_T eine Rotationsspannung induziert wird, die der Pulsationsspannung des Feldes Φ_M entgegenwirkt. Der Motor hat Seriencharakteristik.

Drittes Kapitel.

Die mehrphasigen Kommutatormaschinen.

15. Der Kommutatoranker für Mehrphasenstrom.

Wir wollen zuerst einen Anker mit Gleichstromwicklung, der in einem unbewickelten Stator rotiert, betrachten. Die Ankerwicklung sei in normaler Weise

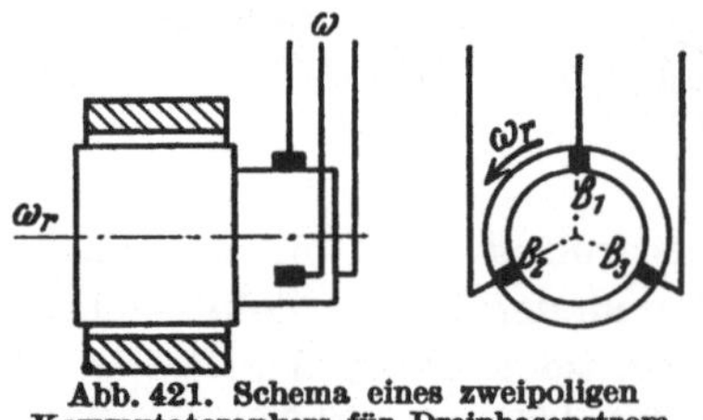

Abb. 421. Schema eines zweipoligen Kommutatorankers für Dreiphasenstrom.

mit einem Kommutator verbunden, und auf dieser sei ein mehrphasiges Bürstensystem angeordnet. Bei der Phasenzahl m müssen dann die Bürsten um $\dfrac{2\pi}{m}$ elektrische Grade gegeneinander verschoben sein. Die Bürstenanordnung sei fest, und über die Bürsten sei dem Anker m-Phasenstrom von einer gegebenen Frequenz zugeführt.

In Abb. 421 ist eine derartige zweipolige Anordnung für Dreiphasenstrom angedeutet. Sehen wir von den Vorgängen bei der Stromwendung ab, so folgt ohne weiteres, daß die Wirkung des Kommutators und der stillstehenden Bürsten im Herstellen stationärer Spulengruppen besteht. Diese Spulengruppen entsprechen also den Phasen einer dreieckgeschalteten Statorwicklung in einem gewöhnlichen Induktionsmotor. Wir nehmen an, daß die Stromzufuhr die Frequenz f hat und daß der Anker mit der Winkelgeschwindigkeit ω_r angetrieben wird. Die Ströme im Anker erzeugen dann ein Drehfeld mit der Winkelgeschwindigkeit $\omega = 2\pi f$ im zweipoligen Modell, und die Rotorspulen erhalten relativ zum Felde den Schlupf

$$ s = \frac{\omega - \omega_r}{\omega}. $$

Ist $f_r = \dfrac{\omega_r}{2\pi}$ die Rotationsfrequenz des Ankers, k_w der Wicklungsfaktor und w die Windungszahl in Reihe zwischen den Bürsten, erhalten wir an den Bürsten die Rotations-EMK

$$ E_a = 4{,}44\,(f - f_r)\,k_w\,w\,\Phi\,10^{-8}\,\text{V} \tag{35} $$

$$ = 4{,}44\,s\,f\,k_w\,w\,\Phi^{-8}\,\text{V}, \tag{35a} $$

(vgl. den Induktionsmotor).

Wird der Rotor mit steigender Geschwindigkeit in der Drehrichtung des Feldes angetrieben, so wird der Schlupf s und folglich auch E_a abnehmen. Bei Synchronismus ($s = 0$) wird $E_a = 0$ und die aufgedrückte Klemmenspannung braucht nur die Bürstenübergangsspannung und den Ohmschen und induktiven Spannungsabfall in der Wicklung zu überwinden. Der Strom in jedem Wicklungszweig zwischen zwei Bürsten behält seine Periodenzahl bei, und die durch die Pulsation der Streufelder mit der Periodenzahl f bedingte Reaktanzspannung ist somit unabhängig von der Drehzahl. Von dieser Reaktanzspannung kommt in Abzug die Stromwendespannung, die die entgegengesetzte Phase hat. Unter Beibehaltung eines konstanten Feldes, also bei konstantem Strom, ist folglich die Klemmenspannung auf einen niedrigen Wert gefallen.

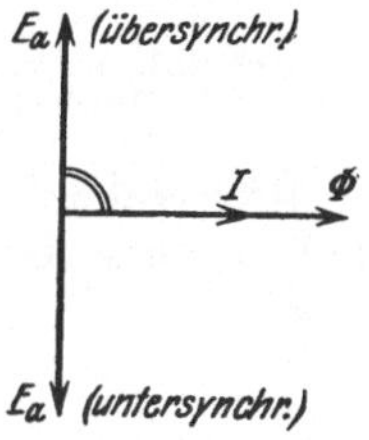

Wird die Geschwindigkeit des Rotors über die synchrone hinaus gesteigert, so wird die induzierte EMK im Rotor wieder ansteigen, hat aber wegen der umgekehrten Relativbewegung zum Feld die entgegengesetzte Richtung von früher. Abgesehen von den Verlusten erhält man für die Anordnung das Zeitdiagramm Abb. 422. Der Strom J wird ein reiner Blindstrom (Magnetisierungsstrom), und die elektromagnetische Leistung $E_a\,J\cdot\cos 90^0 = 0$. Es tritt also hier kein elektromagnetisches Drehmoment auf.

Die Frequenz der in jeder Rotorspule induzierten EMK ist

$$ f_s = \frac{\omega - \omega_r}{2\pi}, $$

Abb. 422. Vereinfachtes Vektordiagramm des mehrphasigen Kommutatorankers.

und der Höchstwert dieser EMK schreitet mit der entsprechenden Geschwindigkeit relativ zu den Ankerleitern im Sinne des Drehfeldes am Ankerumfang fort. Aber gleichzeitig rotieren die Bürsten relativ zu dem Kommutator und der Rotorwicklung mit der Winkelgeschwindigkeit $\omega_b = \omega_r$ im entgegengesetzten Sinne des Drehfeldes. Die Frequenz der zwischen den Bürsten induzierten EMK wird daher

$$ f_b = \frac{\omega - \omega_r + \omega_b}{2\pi} = \frac{\omega}{2\pi}, $$

also dieselbe wie die des zugeführten Stromes. Dasselbe Ergebnis erhält man durch die Anschauung, daß die induzierte EMK zwischen den Bürsten durch die Bewegung des Drehfeldes relativ zu stillstehenden Spulengruppen erzeugt wird.

In einem mehrphasigen Kommutatoranker ist also die induzierte EMK zwischen den feststehenden Bürsten ihrer Größe nach proportional dem Schlupf, während ihre Frequenz von diesem unabhängig ist. In einem mehrphasigen Schleifringanker, wie man ihn z. B. in einem Induktionsmotor hat, ist die induzierte EMK zwischen den Bürsten sowohl in bezug auf Größe wie auf Frequenz proportional dem Schlupf.

Für die Induktionswirkung im Kommutatoranker ist es gleichgültig, ob da Drehfeld durch eine Statorwicklung anstatt vom Rotor aus erzeugt wird. Die Rotorerregung hat jedoch den Vorteil, daß sie eine viel kleinere Klemmenspannung erforderte [vgl. Gl. (35)], und also einen entsprechenden Gewinn an Blindleistung mit sich führt.

16. Der mehrphasige Hauptschlußmotor.

Diese Maschine hat einen Anker mit Kommutator und Bürsten nach der im vorigen Abschnitt behandelten Anordnung. Außerdem trägt der Stator eine Mehrphasenwicklung, die mit dem Anker in Reihe geschaltet ist. Da die Rotorspannung gewöhnlich klein im Vergleich zur Netzspannung ausfällt — besonders ist dies der Fall in der Nähe des Synchronismus — wird die Verbindung von Stator und Rotor häufig über einen Hauptstromtransformator HT gemacht, wobei eine Dreiphasenmaschine schematisch nach Abb. 423 dargestellt werden kann.

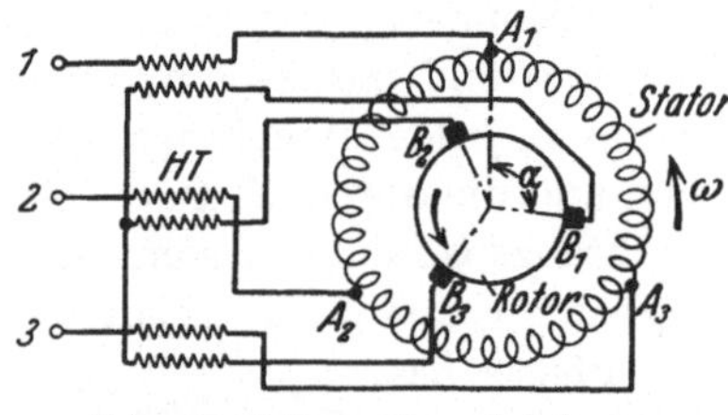

Abb. 423. Schema eines dreiphasigen Hauptschlußmotors.

Die MMKe von Stator und Rotor werden mit derselben Winkelgeschwindigkeit ω umlaufen und also ein entsprechendes resultierendes Drehfeld erzeugen.

Das Drehmoment entsteht durch die Kraftwirkung zwischen diesem Drehfeld und den Rotorströmen.

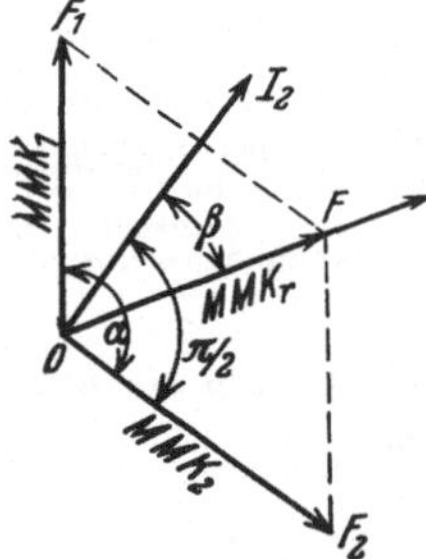

Abb. 425. Zeitdiagramm der Vektoren in Abb. 424.

Im Raumdiagramm Abb. 424 stellt $OF_1 = MMK_1$ die Welle der Stator-MMK als Vektor dar und ebenso $OF_2 = MMK_2$ diejenige des Rotors. Die MMK des Rotors eilt gegen die des Stators um den Winkel α nach, um den die Bürsten aus der Nulllage gegen die Drehrichtung zurückverstellt sind. Die beiden MMKe setzen sich zur resultierenden $OF = MMK_r$ zusammen. Wenn wir von den Eisenverlusten absehen, ist der resultierende Kraftfluß Φ in Phase mit MMK_r. Wie in Teil IV, Abschn. 7 gezeigt, eilt der Raumvektor des Rotor-

Abb. 424. Raumdiagramm zur Erklärung der Kraftwirkung im mehrphasigen Hauptschlußmotor.

stromes dem MMK-Vektor des Rotors um 90° voraus.

Wird von dem Magnetisierungsstrom und der Reaktanz des „Zwischentransformators" abgesehen, so erhalten alle Vektoren des Raumdiagramms dieselbe Zeitphase (Abb. 425). Nach Teil IV, Abschn. 8 wird das entwickelte Drehmoment

$$D = \text{konst.}\, J_2 \cdot \Phi \cdot \cos\beta .$$

J_2 ist proportional MMK_2, und bei vernachlässigter Eisensättigung ist ebenfalls Φ propostional MMK_r. Also ist

$$D = \text{konst} \cdot MMK_2 \cdot MMK_r \cdot \sin(90^0 - \beta)$$
$$= \text{konst} \cdot MMK_2 \cdot MMK_1 \cdot \sin \alpha . \tag{36}$$

Wenn α gleich Null oder 180^0 ist, wird das Drehmoment gleich Null. In der ersten dieser Stellungen addieren sich die magnetischen Wirkungen von Stator und Rotor, und die Maschine hat dann bei einer kleinen Stromaufnahme ein Feld von genügender Stärke zur Erzeugung einer der Klemmenspannung entgegenwirkenden Spannung. Beim Anlassen werden die Bürsten aus dieser Nullage verschoben, und die Drehrichtung hängt davon ab, in welchem Sinne diese Verschiebung vorgenommen wird. Normalerweise läßt man den Anker im Sinne des Drehfeldes laufen, entsprechend einer Bürstenverschiebung in der entgegengesetzten Richtung. Man hat in diesem Falle den Vorteil kleinerer induzierter EMKe in den kurzgeschlossenen Spulen (bei Synchronismus $= 0$) und kleinerer Eisenverluste im Anker.

In der zweiten Stellung, $\alpha = 180^0$, heben sich die magnetischen Wirkungen von Stator und Rotor auf. Es entsteht also kein Hauptfeld und es wird in der Maschine keine EMK induziert. Der Motor bildet dann einen Kurzschluß für das Netz. Es ist dies die sogenannte Kurzschlußstellung der Bürsten. Praktisch brauchbar ist darum nur eine Verschiebung bis zu etwa $\alpha = 150^0$.

Wegen der Reihenschaltung von Stator und Rotor erhält der Motor den Reihenschlußcharakter; denn bei $\alpha = \text{konst.}$ ist das Feld proportional dem Rotorstrom (Sättigung vernachlässigt). Die Geschwindigkeit kann durch die Bürstenverschiebung geregelt werden. Die Vergrößerung von α hat eine größere Drehzahl zur Folge und umgekehrt.

Mit Hilfe des Zwischentransformators HT kann man die Zahl der Phasen, mit der der Anker gespeist wird, aus drei in sechs, neun oder zwölf verwandeln. Dementsprechend muß auf dem Kommutator eine ähnliche Anzahl von Bürstensätzen angebracht werden. Bei der größeren Phasenzahl wird der Bürstenstrom kleiner, und es ist dann leichter, die Kommutierung zu beherrschen.

17. Der mehrphasige Nebenschlußmotor.

Die mehrphasige Nebenschlußmaschine ist ähnlich der Hauptschlußmaschine aufgebaut, nur ist die Rotorwicklung direkt auf Netzspannung geschaltet. Dies geschieht wieder über einen Transformator, da die induzierte EMK im Rotor gewöhnlich klein wird. Abb. 426 zeigt eine schematische Darstellung eines dreiphasigen Nebenschlußmotors.

Auch in dieser Maschine besteht ein resultierendes Drehfeld, das von den MMKen des Stators und Rotors erzeugt wird. Mit diesem Feld bilden die Rotorströme das Drehmoment.

Im Gegensatz zum Hauptschlußmotor brauchen aber hier die Ströme in entsprechenden

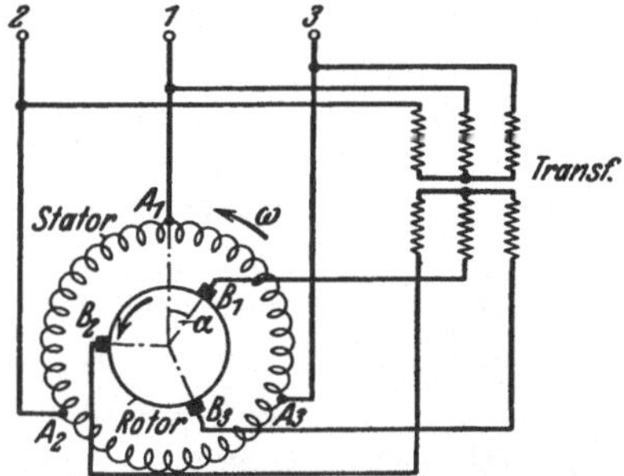

Abb. 426. Schema eines dreiphasigen Nebenschlußmotors.

Wicklungsphasen des Stators und Rotors zeitlich nicht dieselbe Phase zu haben. Da der Stator an die konstante Netzspannung angeschlossen ist, so ist das resultierende Feld auch angenähert konstant und in der Hauptsache durch diese Spannung bestimmt. Wir können daher ein Vektordiagramm (Zeitdiagramm) für den Rotor auftragen, indem wir von einem konstanten Hauptfeld Φ ausgehen. Die induzierte EMK E_{a_2} im Rotor hängt, wie wir in Abschn. 15 gesehen haben, vom Schlupf ab, und sie kann dem Felde um 90^0 vor- oder nacheilen. Wird dem Rotor die Klemmenspannung E_2 von willkürlicher Phase und Größe zugeführt, so erhalten wir im Diagramm Abb. 427 die resultierende Spannung OZ, die den Strom J_2 durch die Impedanz des Rotors treibt.

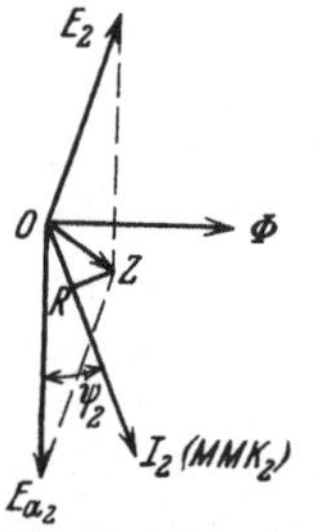

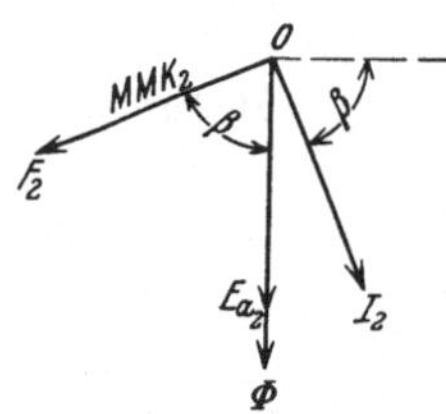

Abb. 427. Zeitdiagramm für den Rotor eines mehrphasigen Nebenschlußmotors.

Ist r_2 der Widerstand und x_{2s} die Reaktanz einer Rotorphase beim Schlupf s, muß $OR = J_2 r_2$ und $RZ = J_2 x_{2s}$ sein, wodurch die Phase des Stromes bestimmt ist. J_2 wird gegen das Feld Φ um den Phasenwinkel $\dfrac{\pi}{2} - \psi_2$ verzögert, und wir erhalten je Phase die elektromagnetische Leistung

$$E_{a_2} J_2 \cos \psi_2 = \text{konst} \cdot \Phi \cdot MMK_2 \cdot \cos \psi_2. \tag{37}$$

Bei gegebener Drehzahl und Feldstärke ist E_{a_2} konstant, und J_2 hängt dann von der Größe und Phase von E_2 ab. Dasselbe gilt für das Drehmoment. Machen wir z. B. E_2 eben gleich groß und entgegengerichtet von E_{a_2}, entsteht kein Rotorstrom und folglich auch kein Drehmoment. Ist E_2 ein wenig kleiner und um einen gewissen Phasenwinkel verschoben, so erhalten wir die Verhältnisse des Diagramms Abb. 427. J_2 ist zeitlich gegen Φ phasenverzögert, was bedeutet, daß die MMK-Kurve des Rotors der Grundwelle des Drehfeldes um den entsprechenden Raumwinkel am Ankerumfang nacheilt (siehe das Raumdiagramm Abb. 428). Folglich wird eine motorische Wirkung auftreten, der Rotor des unbelasteten Motors wird mitgezogen, sobald das entwickelte Drehmoment eine genügende Größe zur Überwindung der Leerlaufverluste hat.

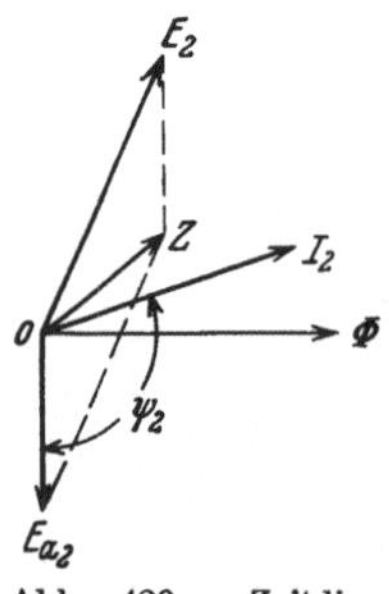

Abb. 428. Raumdiagramm der Größen in Abb. 427.

Dies gilt bei irgendeiner Schlüpfung, und wir sehen hieraus, daß ein mehrphasiger Nebenschlußmotor durch geeignete Wahl der zugeführten Rotorspannung nach Größe und Phase gegenüber der induzierten EMK bei irgendeiner Geschwindigkeit leer laufen kann. Wird der Motor belastet, so wird seine Drehzahl fallen. Wird dabei Φ als konstant angenommen, so nimmt E_{a_2} proportional mit dem Schlupf zu. Es wächst also OZ, so daß sich ein größerer Rotorstrom entsprechend dem geforderten größeren Moment ergibt. Der Motor stellt sich auf diese Weise in einen neuen stabilen Betriebszustand ein.

Abb. 429. Zeitdiagramm für den Rotor einer mehrphasigen Nebenschlußmaschine als Generator.

Hätten wir dagegen E_2 größer als E_{a_2} gemacht und außerdem eine geeignete Phasenlage gewählt, so hätten wir erreichen können, daß J_2 zeitlich vor Φ in Phase liegt (siehe das Zeitdiagramm Abb. 429). Dann wird auch die MMK-Kurve des Rotors dem Grundfeld am Ankerumfang voreilen. Abb. 430 stellt das Raumdiagramm für diesen Fall dar. Dies entspricht einem Drehmoment, das gegen die Drehrichtung wirkt. Wir müssen mechanische Kraft aufwenden, um den Rotor anzutreiben, und haben somit eine generatorische Wirkung. Dieses Ergebnis erhellt auch aus dem Zeitdiagramm, indem J_2 mehr als 90^0 Verschiebung gegen E_{a_2} bekommt. Dasselbe hätten wir auch erreicht, wenn wir nicht E_2, sondern die Drehzahl des Rotors vergrößert, also den Schlupf und die induzierte EMK verkleinert hätten. Ein mehrphasiger Nebenschlußmotor kann also auch bei irgendeiner Geschwindigkeit als Generator arbeiten.

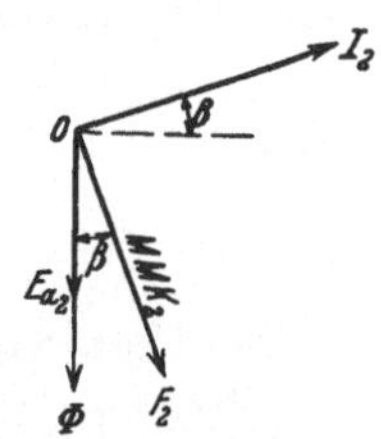
Abb. 430. Raumdiagramm der Größen in Abb. 429.

Die Phasenverschiebung zwischen der Klemmenspannung E_2 und der induzierten EMK E_{a_2} des Rotors ist nun in erster Linie von der Stellung der Bürsten abhängig. Die Klemmenspannungen von Stator und Rotor, E_1 und E_2, haben gleiche Phase. Die Gegen-EMKe E_{a_1} und E_{a_2}, die vom resultierenden Drehfeld im Stator bzw. Rotor induziert werden, sind aber zeitlich um denselben Winkel α gegeneinander phasenverschoben, um den die Bürsten aus der Nullstellung verschoben sind. Ist diese Verschiebung z. B. gegen die Drehrichtung vorgenommen, so eilt E_{a_2} gegen E_{a_1} vor. Denn die Spulengruppen (oder „Phasen") des Rotors sind dadurch um den Winkel α gegen die Drehrichtung des Feldes verschoben, werden also von den Kraftlinien entsprechend früher geschnitten als die entsprechenden Spulengruppen des Stators. Im Rotor wird somit der Phasenwinkel zwischen Klemmenspannung und Gegen-EMK um α kleiner als im Stator. Die Wirkung hieraus ist die gleiche wie eine Verschiebung von E_2 um den Winkel α im Sinne einer Verzögerung, während E_{a_2} ungeändert in Phase gehalten wird.

Für diese Maschine werden also die Arbeitsverhältnisse, d. h. Geschwindigkeit und Generator- oder Motorbetrieb durch Regelung der Bürstenspannung und der Bürstenstellung eingestellt. Die Maschine hat Nebenschlußcharakteristik, weil ihr Hauptfeld praktisch konstante Stärke hat.

Die Mehrphasen-Nebenschlußmotoren können in zwei Gruppen geteilt werden, je nachdem der Stator oder der Rotor mit konstanter Spannung gespeist wird. Die prinzipielle Wirkungsweise ist für die beiden Formen dieselbe. Als Beispiel der rotorgespeisten Motoren wollen wir die von Schrage angegebene Ausführung in Kürze betrachten. Der rotierenden Primärwicklung P wird der Netzstrom über Schleifringe zugeführt. Außerdem trägt der Rotor eine sogenannte

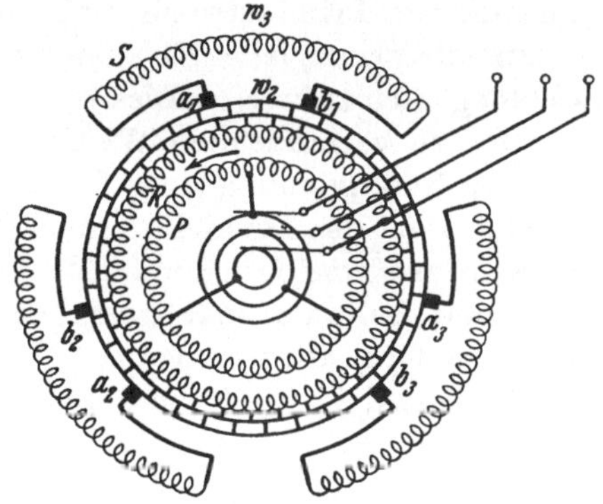
Abb. 431. Zweipoliges Schema des Motors von Schrage.

Regulierwicklung R, die eine gewöhnliche Gleichstromwicklung mit Kommutator ist. Auf dem Kommutator sind doppelte, verschiebbare Bürstensätze angeordnet, die mit einer Statorwicklung S verbunden sind (s. Abb. 431).

Der primäre Drehstrom in der Rotorwicklung P erzeugt ein Drehfeld, das relativ zu den beiden Wicklungen P und R mit der Winkelgeschwindigkeit ω des Stromes rotiert, unabhängig von der Eigenrotation dieser Wicklungen. Gegenüber der feststehenden Wicklung S rotiert das Drehfeld mit der Winkelgeschwindigkeit $s\,\omega$, wenn der Schlupf des Motors gleich s ist. Wird je Windung der Wicklung R die EMK E_{w_2} induziert, so erhalten wir je Windung der Wicklung S die EMK $s\,E_{w_2}$. Da wir mit Hilfe der Bürsten w_2 Windungen der Wicklung R gegen w_3 Windungen der Wicklung S schalten, müssen angenähert die beiden EMKe einander im Gleichgewicht halten, also

$$w_2\,E_{w_2} \approx \pm\, s\,E_{w_2}\,w_3$$

oder

$$s \approx \pm\,\frac{w_2}{w_3}\,.$$

Bei Netzfrequenz f und Polpaarzahl p ist die synchrone Drehzahl des Motors $n_1 = \dfrac{60\,f}{p}$. Die Drehzahl beim Schlupf s wird

$$n_2 = (1 - s)\,n_1 \approx \frac{w_3 \pm w_2}{w_3}\,n_1\,.$$

Die Bürsten a_1, a_2, a_3 werden mechanisch an einem Joch befestigt und ebenso die Bürsten b_1, b_2, b_3 an einem anderen. Durch Drehung der Joche in entgegengesetzter Richtung zueinander wird die Windungszahl w_2 und dadurch die Geschwindigkeit praktisch stufenlos geregelt. Werden die Bürsten paarweise auf dieselben Kommutatorlamellen eingestellt, wird dadurch jede Statorphase für sich kurzgeschlossen, und der Motor läuft dann als gewöhnlicher Induktionsmotor in der Nähe des Synchronismus. Durch Auseinanderschieben der Bürsten wird die Drehzahl erniedrigt oder erhöht, je nach der Richtung der Verschiebung.

Wird die ganze Bürstenanordnung unter Beibehaltung des Abstandes zwischen den Bürsten eines Paares verschoben, so ändert sich dadurch die Phase der in den Windungen w_2 induzierten EMK. Dies beeinflußt die Phase des sekundären Statorstromes, und man hat es daher in der Hand, den Leistungsfaktor des aufgenommenen Primärstromes auf einen günstigen Wert einzustellen.

Für die prinzipielle Wirkungsweise ist es eigentlich nicht nötig, zwei Rotorwicklungen einzuführen. Dies bietet jedoch den Vorteil, daß die mit dem Kommutator zu verbindenden Wicklungen für eine niedrige Spannung unabhängig von der Netzspannung ausgeführt werden können. Wegen der konstanten Geschwindigkeit des Drehfeldes relativ zu den Rotorwindungen wird die induzierte EMK in den von den Bürsten kurzgeschlossenen Spulen proportional der Windungszahl je Spule unabhängig von der Drehzahl des Motors. Für die zweite Rotorwicklung kann nun eine mit Rücksicht auf die Kommutierung günstige Windungszahl je Spule oder Lamelle gewählt werden.

Sachverzeichnis.

Theorie der Wechselströme. Von Dr.-Ing. **Alfred Fraenckel.** Dritte, erweiterte und verbesserte Auflage. Mit 292 Textabbildungen. VI, 260 Seiten. 1930.
RM 20.—; gebunden RM 21.50

Theorie der Wechselstromübertragung (Fernleitung und Umspannung). Von Dr.-Ing. **Hans Grünholz.** Mit 130 Abbildungen im Text und auf 12 Tafeln. VI, 222 Seiten. 1928.
Gebunden RM 36.75

Elektrische Maschinen. Von Professor Dr.-Ing. **Rudolf Richter,** Karlsruhe.

Erster Band: **Allgemeine Berechnungselemente. Die Gleichstrommaschinen.** Mit 453 Textabbildungen. X, 630 Seiten. 1924. Gebunden RM 32.—

Zweiter Band: **Synchronmaschinen und Einankerumformer.** Mit Beiträgen von Professor Dr.-Ing. **Robert Brüderlink,** Karlsruhe. Mit 519 Textabbildungen. XIV, 707 Seiten. 1930. Gebunden RM 39.—

Dritter Band: I. und II. Teil. In Vorbereitung.

Ankerwicklungen für Gleich- und Wechselstrommmaschinen. Ein Lehrbuch. Von Professor Dr.-Ing. **Rudolf Richter,** Karlsruhe. Mit 377 Textabbildungen. XI, 423 Seiten. 1920. Berichtigter Neudruck 1922.
Gebunden RM 20.—

Kurzes Lehrbuch der Elektrotechnik. Von Professor Dr. **Adolf Thomälen.** Zehnte, stark umgearbeitete Auflage. Mit 581 Textbildern. VIII, 359 Seiten. 1929.
Gebunden RM 14.50

Die symbolische Methode zur Lösung von Wechselstromaufgaben. Einführung in den praktischen Gebrauch. Von **Hugo Ring.** Zweite, vermehrte und verbesserte Auflage. Mit 50 Textabbildungen. VII, 80 Seiten. 1928.
RM 4.50

Einführung in die komplexe Behandlung von Wechselstromaufgaben. Von Dr.-Ing. **Ludwig Casper.** Mit 42 Textabbildungen. V, 121 Seiten. 1929.
RM 6.60

Elektrische Starkstromanlagen. Maschinen, Apparate, Schaltungen, Betrieb. Kurzgefaßtes Hilfsbuch für Ingenieure und Techniker sowie zum Gebrauch an technischen Lehranstalten. Von Oberstudienrat Dipl.-Ing. **Emil Kosack,** Magdeburg. Siebente, durchgesehene und ergänzte Auflage. Mit 308 Textabbildungen. XI, 342 Seiten. 1928. RM 8.50; gebunden RM 9.50

Schaltungsbuch für Gleich- und Wechselstromanlagen. Dynamomaschinen, Motoren und Transformatoren, Lichtanlagen, Kraftwerke und Umformerstationen. Ein Lehr- und Hilfsbuch. Von Oberstudienrat Dipl.-Ing. **Emil Kosack,** Magdeburg. Dritte, erweiterte Auflage. Mit 292 Abbildungen im Text und auf 2 Tafeln. X, 213 Seiten. 1931. RM 8.50; gebunden RM 9.50